Reinigung und Desinfektion in der Lebensmittelindustrie

G. Wildbrett (Hrsg.)

BEHR'S...VERLAG

Die Deutsche Bibliothek – CIP-Einheitsaufnahme

Reinigung und Desinfektion in der Lebensmittelindustrie / G. Wildbrett (Hrsg.). – 1. Aufl. – Hamburg:
Behr, 1996
ISBN 3-86022-232-5
NE: Wildbrett, Gerhard (Hrsg.)

© **B. Behr's Verlag GmbH & Co., Averhoffstraße 10, 22085 Hamburg**
1. Auflage 1996, unveränderter Nachdruck 1997

Satz und Druck: Kramer Druck & Verlag
                    33517 Bielefeld

Alle Rechte – auch der auszugsweisen Wiedergabe – vorbehalten. Autoren und Verlag haben das Werk mit Sorgfalt zusammengestellt. Für etwaige sachliche und drucktechnische Fehler kann jedoch keine Haftung übernommen werden.

Geschützte Warennamen (Warenzeichen) werden nicht besonders kenntlich gemacht. Aus dem Fehlen eines solchen Hinweises kann nicht geschlossen werden, daß es sich um einen freien Warennamen handelt.

Vorwort

Hygienisch einwandfreie Lebensmittel besitzen fundamentale Bedeutung für die Volksgesundheit. Deshalb fordert der Gesetzgeber im Umgang mit Lebensmitteln besondere Sorgfalt und schreibt Lebensmittelbetrieben regelmäßiges Reinigen und Desinfizieren vor. Unabhängig davon liegt es im wohlverstandenen Betriebsinteresse, auf ein hohes Hygieneniveau zu achten: Zwar verursachen die dafür notwendigen Maßnahmen Kosten, doch „produzieren" sie Sicherheit und Qualität. Sie bilden die unverzichtbare Voraussetzung dafür, daß sich die Endprodukte auf dem Markt behaupten können. Als integrales Element des Betriebsgeschehens erfordern Reinigung und Desinfektion ein gleiches technologisches Niveau der Verfahren wie die Produktion im engeren Sinn, andernfalls sind die heutigen hohen Erwartungen des Verbrauchers an hygienische Beschaffenheit sowie Haltbarkeit von Lebensmitteln nicht erfüllbar.

Die technologischen Fortschritte in der Erzeugung, Be- und Verarbeitung sowie Distribution von Lebensmitteln während der letzten Jahrzehnte haben allgemein ihren Niederschlag in Lehr- und Fachbüchern gefunden. Sie behandeln die einschlägigen Verfahren ausführlich, ohne Reinigung und Desinfektion ihrer Bedeutung entsprechend zu berücksichtigen. Deshalb hielten es die Autoren für notwendig, dieses Spezialgebiet der Lebensmitteltechnologie in einem eigenen Werk darzulegen, nicht zuletzt auch deswegen, weil grundlegende Beiträge fast ausschließlich älteren Datums sind und folglich bei den heutigen, oftmals kurzfristig angelegten Literaturrecherchen nicht auftauchen. Ziel des Buches ist es, nicht allein Verfahrensprinzipien sowie die erforderlichen technischen und chemischen Hilfsmittel, Wasser eingeschlossen, darzustellen, sondern vor allem auch die Grundlagen, um Möglichkeiten und Grenzen der Verfahren aufzuzeigen, aber auch Voraussetzungen für gezielte Weiterentwicklungen anzubieten.

Die Forderung nach hochwirksamen Hygieneverfahren muß ihre Grenzen dort finden, wo sie die Werkstoffe gefährden. Ein Kompromiß zwischen Wirksamkeit und Materialverträglichkeit ist vielfach notwendig, um kostspielige Schadensfälle zu vermeiden. Aus dem Grund behandelt ein gesondertes Kapitel die Korrosion an Metallen und Kunststoffen ausführlich.

Wo chemische Lösungen an lebensmittelberührenden Oberflächen angewandt werden, läßt sich die Möglichkeit einer unbeabsichtigten Kontamination der Lebensmittel nicht mit absoluter Sicherheit ausschließen. Die damit zusammenhängenden Fragen werden ebenfalls behandelt und die Prinzipien der einschlägigen Spurenanalytik aufgezeigt. Ebenso wird das Lebensmittelbetriebe stark tangierende Abwasserthema abgehandelt.

Rechtsvorschriften unterliegen wesentlich schnellerem Wandel als die Inhalte der meisten übrigen Kapitel. Trotzdem wird der derzeitige gesetzliche Rahmen abgesteckt, soweit er Reinigungs- und Desinfektionsmaßnahmen berührt; Einzelheiten sind allerdings den einschlägigen Sammlungen und Kommentaren zu entnehmen.

Ein Blick auf das Inhaltsverzeichnis läßt den Leser rasch die Komplexität der Thematik erkennen. Ihre adäquate Darstellung hätte einen einzelnen Verfasser überfordert. So ist vorliegendes Buch das Ergebnis der Zusammenarbeit mehrerer ausgewiesener Fachleute aus verschiedenen Disziplinen, die ausnahmslos jahrelang an Universitäten Teilbereiche der Betriebshygiene gelehrt haben und die Praxis aus eigener Tätigkeit bzw. Anschauung kennen. Die Autoren waren bestrebt, möglichst spartenübergreifend die unterschiedlichen Branchen der Lebensmittelwirtschaft zu berücksichtigen. Trotzdem liegt der Schwerpunkt auf den Sektoren Milchwirtschaft und Getränkeindustrie; besonders erstere war immer wieder Schrittmacher neuer Entwicklungen.

Vorliegendes Werk ist einerseits als Lehrbuch für Studierende der Lebensmittel- bzw. Ernährungswissenschaft gedacht, und zwar insbesondere wegen der Darstellung chemischer, physikalischer und technologischer Grundlagen, andererseits als Fach- und Nachschlagewerk für Praktiker, Beratungsingenieure und in der amtlichen Lebensmittelüberwachung Tätige. Ferner soll es Fachleuten aus den Bereichen des Anlagenbaus, der Verfahrenstechnik sowie der chemischen Industrie den Einstieg in das Spezialgebiet der Lebensmitteltechnologie erleichtern. Mögen die Ausführungen darüber hinaus kritischen Verbrauchern als objektive Informationsquelle vor Augen führen, mit welchem Einsatz die Lebensmittelwirtschaft ernsthaft bestrebt ist, den berechtigten Wünschen der Konsumenten in Bezug auf Hygiene gerecht zu werden. Nicht zuletzt belegt die Fülle des vorliegenden Materials, daß Wissenschaftler in Vergangenheit und Gegenwart intensiv daran arbeiten, Zuverlässigkeit, Sicherheit und Umweltverträglichkeit von Reinigung und Desinfektion in Lebensmittelbetrieben weiter zu entwickeln und auf diesem Wege auch zukünftig fortschreiten werden.

Freising, Februar 1995

G. WILDBRETT, F. KIERMEIER

Die Autoren

Prof. Dr. Gerhard Wildbrett studierte an der Technischen Hochschule München Landwirtschaft. Seit der Promotion über „Reinigungs- und Desinfektionsmittel für die Milchwirtschaft" bis 1990 wissenschaftlicher Mitarbeiter an der Süddeutschen Versuchs- und Forschungsanstalt für Milchwirtschaft in Weihenstephan. 1966 Habilitation für „Milchwirtschaft und landwirtschaftliche Technologie", von 1967-1990 Leiter des im Universitätsbereich der Bundesrepublik einmaligen Fachgebietes „Reinigungstechnologie" am Institut für Ernährungswissenschaft der Technischen Universität München. Forschungsarbeiten über Reinigung in Lebensmittelbetrieben und Haushalten (Verfahrensentwicklung und Erfolgskontrolle, Korrosion, Abwasser, Rückstandsprobleme).

Vorlesungsschwerpunkte: Werkstoffe, Reinigung und Desinfektion, Lebensmitteltechnologie sowie Großküchenhygiene für Studierende der Lebensmitteltechnologie, Milchwissenschaft und Ökotrophologie. Zeitweise Lehrauftrag an den Universitäten Stuttgart-Hohenheim und Saarbrücken. Derzeit Lehrbeauftragter für „Entsorgung der Haushalte" an der Technischen Universität München.

Professor Dr. Wildbrett ist Herausgeber von Lehr- und Fachbüchern über Reinigungstechnologie sowie Werk- und Betriebsstoffe im Haushalt und und hat mehr als 150 wissenschaftliche Beiträge in Fachzeitschriften, Lehr- und Handbüchern publiziert.

Dr. oec. troph. Dorothea Auerswald studierte Ökotrophologie an der TU München-Weihenstephan (1977-1982). Promotion über Adsorption und Abspülbarkeit von Tensiden an lebensmittelberührenden Oberflächen. Zunächst (1987-1990) als wissenschaftliche Angestellte am Lehrstuhl für Milchwissenschaft in Weihenstephan tätig: Forschungsarbeiten über rheologische Eigenschaften der Milch. Anschließend bis 1993 kommissarische Leitung des Fachgebietes Reinigungstechnologie, Hygiene, Werkstoffkunde. Seit 1994 bei Biebl & Söhne Hygiene GmbH, Taufkirchen bei München: Fachgebietsleiterin Betriebshygiene. Aufgaben: Beratung, Schulung und Kundenbetreuung in Fragen der Schädlingsprophylaxe und -bekämpfung; Leitung des Qualitätsmanagements (ISO 9000 ff).

Prof. Dr. Friedrich Kiermeier 1932-1937 Assistent bei Prof. Dr. Komm, Institut für Lebensmittelchemie der Techn. Hochschule Dresden; 1935 und 1936 2 bis 3 Monate jeweils zur Kontrolle der Kartoffelmehl-Herstellung in Rathenow. – 1937-1941 wissenschaftlicher Mitarbeiter, später Abteilungsleiter am Institut für Lebensmittelfrischhaltung in Karlsruhe (Lagerungsfragen von Fetten, Geflügel, Dauerbrot). – 1942-1948 Abteilungsleiter am Institut für Lebensmitteltechnologie und Verpackung in München (vorwiegend enzymchemische Fragen). – 1949-1956 Leiter des Instituts für Chemie und Physik der Forschungsanstalt für Milchwirtschaft in Weihenstephan, ab 1957-1976 deren Vorstand und Ordinarius für Milchwissenschaft.

480 Publikationen, 3 Bücher.

Viele Auszeichnungen, darunter 1974 Joseph-König-Gedenkmünze der Deutschen Chemischen Gesellschaft und 1988 das Verdienstkreuz 1. Klasse der BRD.

Prof. Dr. rer. nat. Hinrich Mrozek bestand 1951 seine Meisterprüfung im Molkereifach und studierte an der Universität Kiel Mikrobiologie mit den Nebenfächern Physik und Betriebswirtschaftslehre. Nach seiner Promotion 1957 arbeitete er zwei Jahre in der Produktionskontrolle von Lebensmitteln und wechselte dann in ein mikrobiologisches Labor der chemischen Industrie über.

1946 bis 1989 war er Leiter dieser biologischen Forschungsabteilung, 1972 bekam er einen Lehrauftrag über Lebensmittelmikrobiologie an der Universität Münster und wurde dort 1978 Honorarprofessor. Mit seinen etwa 90 Veröffentlichungen auf dem Gebiet der Lebensmittelmikrobiologie, speziell der Produktionshygiene und Desinfektion, hat sich Prof. Mrozek einen Namen gemacht.

1. Auflage 1993
Unveränderter Nachdruck 1995
DIN A5 · 256 Seiten · Hardcover
DM 149,– inkl. MwSt., zzgl. Vertriebskosten
ISBN 3-86022-082-9

Praktischer Ratgeber

Die Abkürzung HACCP bedeutet „Hazard Analysis and Critical Control Points" und steht für die Risikoanalyse des Produktionsprozesses und die Festlegung von Punkten zu seiner Kontrolle. HACCP ist ein System von Präventiv-Maßnahmen, das – wenn es richtig verstanden und eingesetzt wird – die Sicherung der Lebensmittelqualität gewährleisten kann.

Das aus dem Amerikanischen übersetzte Fachbuch enthält neben der umfassenden Darstellung der grundlegenden Prinzipien des HACCP-Konzepts eine detaillierte Diskussion der biologischen, chemischen und physikalischen Risiken bei der Lebensmittelherstellung. Darüber hinaus wird dem Thema der praktischen Anwendung von HACCP breiten Raum gegeben.

So werden die Entwicklung eines umfassenden Aktionsplans zum HACCP-Einsatz und konkrete Beispiele der erfolgreichen Umsetzung dargestellt.

Interessenten

Das Grundwerk des Behr's Verlages ist eine unabdingbare Hilfe für alle, die im Bereich der Lebensmittelsicherheit sind: Spezialisten in der Qualitätskontrolle und Qualitätssicherung · Technische Leiter · Schulungsleiter · Berater im Bereich der Lebensmittelsicherheit.

Die Herausgeber

Prof. Merle D. Pierson leitet die Abteilung für Lebensmittelwissenschaft und Lebensmitteltechnologie an der staatlichen Universität in Blacksbury, Virginia/USA und verfügt über umfangreiche Erfahrungen aus Forschung und Industrie. Er war Mitglied verschiedener nationaler Kommissionen, insbesondere der HACCP-Kommission des National Advisory Committee on Microbiological Criteria for Foods.

Donald A. Corlett jr. ist seit über 25 Jahren als Berater in der Lebensmittelindustrie tätig. Auch er war Mitglied verschiedener Kommissionen und Vorsitzender der o. g. HACCP-Kommission.

Aus dem Inhalt

HACCP: Definitionen und Grundsätze · Übersicht der biologischen, chemischen und physikalischen Risiken · Risikoanalyse und Festlgegung von Risikogruppen · Festlegung kritischer Kontrollpunkte und deren kritischer Grenzwerte · Überwachung der kritischen Grenzwerte · Verfahren für Korrekturmaßnahmen bei Abweichungen von den kritischen Grenzwerten · Dokumentation des HACCP-Plans · Verifikation des HACCP-Programms · Kontrollpunkte und kritische Kontrollpunkte · Arbeitsplan zur Implementierung von HACCP · Praktische Anwendung von HACCP

BEHR'S...VERLAG

B. Behr's Verlag GmbH & Co. · Averhoffstraße 10 · D-22085 Hamburg
Telefon (040) 22 70 08/18-19 · Telefax (040) 220 10 91
E-Mail: Behrs@Behrs.de · Homepage: http://www.Behrs.de

Inhaltsverzeichnis

1 Einführung
F. KIERMEIER und H. MROZEK

1.1	Bedeutung	13
1.2	Definition der wichtigsten Begriffe	16
1.2.1	Reinigung	16
1.2.2	Waschen und Spülen	16
1.2.3	Desinfektion, Sanitation, Sterilisation	17
1.3	Reinigungs- und Desinfektionsmaßnahmen	20
1.3.1	Schulungsmaßnahmen	20
1.3.2	Hygienekontrollplan	21
1.3.2.1	Kontrolle des Personals	21
1.3.2.2	Kontrolle der Räume, Einrichtungen und Geräte	24
1.3.2.3	Kontrolle von Luft und Wasser	26
1.4	Ökonomische Betrachtungen	27
	Literatur	30

2 Chemische Hilfsmittel zur Reinigung und Desinfektion

2.1	Wasser	33
	F. KIERMEIER	
2.1.1	Allgemeines	33
2.1.2	Zusammensetzung des Wassers	34
2.1.3	Forderungen an das Betriebswasser	36
2.1.4	Aufbereitung des Wassers	38
2.2	Reinigungsmittel	40
	G. WILDBRETT	
2.2.1	Aufgaben und Typen	40
2.2.2	Zusammensetzung und Wirkungsweise	43
2.2.2.1	Alkalische Gerüststoffe	43
2.2.2.2	Säuren	45
2.2.2.3	Komplexbildner	45
2.2.2.4	Tenside	47
2.3	Desinfektionsmittel	56
	H. MROZEK	
2.3.1	Allgemeine Anforderungen	56
2.3.2	Halogene und ihre Verbindungen	58
2.3.2.1	Chlor	58
2.3.2.2	Chlordioxid	59
2.3.2.3	Allgemeines über Aktivchlor abspaltende Verbindungen	59
2.3.2.4	Die wichtigsten Wirkstoffe im einzelnen	61
2.3.2.5	Anwendung von Aktivchlor	62
2.3.2.6	Jod	63

2.3.2.7	Brom	64
2.3.2.8	Fluor	64
2.3.3	Sauerstoff abspaltende Oxidationsmittel (Per-Verbindungen)	65
2.3.3.1	Wasserstoffperoxid	65
2.3.3.2	Organische Persäuren	65
2.3.3.3	Anorganische Perverbindungen	66
2.3.4	Aldehyde	66
2.3.5	Oberflächenaktive Wirkstoffe	67
2.3.5.1	Quaternäre Ammoniumverbindungen	67
2.3.5.2	Amphotenside	70
2.3.6	Guanidine	70
2.3.7	Phenolische Wirkstoffe	72
2.3.8	Halogencarbonsäuren	72
2.3.9	Schwermetallverbindungen	72
2.3.10	Laugen und Säuren	72
2.4	Kombinierte Reinigungs- und Desinfektionsmittel	73
	H. MROZEK	
2.4.1	Definition und Voraussetzungen für die Anwendung	73
2.4.2	Richtige Arbeitsweise und Grenzen der Anwendbarkeit	74
2.4.3	Kombinationen und ihre Wirksamkeit	75
	Literatur	76

3   Grundvorgänge bei der Reinigung

F. KIERMEIER und G. WILDBRETT

3.1	Schmutz	79
3.1.1	Zum Begriff „Schmutz"	79
3.1.2	Zusammensetzung der Rückstände	80
3.1.3	Alterungsvorgänge	83
3.2	Entfernen des Schmutzes	84
3.2.1	Allgemeines	84
3.2.2	Quellen	86
3.2.3	Erhöhen der Löslichkeit	86
3.2.4	Emulgieren und Umnetzen	87
3.2.5	Abtrennen unlöslicher Schmutzpartikel	88
3.2.6	Abtransportieren des Schmutzes von der Oberfläche	89
3.3	Folgevorgänge in der Lösung	91
	Literatur	93

4   Grundvorgänge bei der Desinfektion

H. MROZEK

4.1	Thermische Desinfektion	97
4.1.1	Einleitung	97
4.1.2	Einfluß des Wassergehaltes bzw. der Wasseraktivität	97
4.1.3	Einfluß des pH-Wertes	98
4.1.4	Quantitative Zusammenhänge	98

4.1.5	Hitzeabtötung als Endpunktbestimmung	98
4.1.6	Kinetische Betrachtung der Hitzeabtötung	103
4.2	Chemische Desinfektion	106
4.2.1	Wirkungsmechanismen von Desinfektionsmitteln	106
4.2.2	Desinfektionsaufgabe und Wirkungscharakter der Desinfektionswirkstoffe	107
4.2.3	Zugriffswege für Desinfektionswirkstoffe	109
4.2.4	Quantitative Betrachtungen	111
4.2.5	Wirkstoffspezifische Betrachtungen	114
	Literatur	118

5 Wirksamkeitsbestimmende Faktoren für die Reinigung
G. WILDBRETT

5.1	Merkmale des Reinigungsgutes	122
5.1.1	Konstruktive Ausführung	122
5.1.2	Werkstoffart	125
5.1.3	Oberflächenbeschaffenheit	126
5.2	Chemische Effekte	129
5.3	Temperatureffekte	131
5.4	Mechanische Effekte	134
5.5	Zeiteffekte	141
5.6	Schmutzlast	143
5.7	Kombinationswirkung verschiedener Faktoren	145
	Literatur	147

6 Reinigungsverfahren
D. AUERSWALD

6.1	Systematik	151
6.1.1	Form, Größe und Zusammengehörigkeit der Objekte	151
6.1.2	Grad der Mechanisierung und Automation	151
6.1.3	Mechanik	154
6.1.3.1	Spritzen und Sprühen	155
6.1.3.2	Spülen	161
6.1.3.3	Sonstige mechanische Prinzipien	163
6.1.4	Nutzungshäufigkeit und -dauer der Reinigungslösungen	164
6.1.5	Art der Reinigungsflüssigkeiten	166
6.2	Beispiele für Naßverfahren	168
6.2.1	Verfahren für stationäre Objekte	168
6.2.1.1	CIP für geschlossene Objekte	168
6.2.1.2	Schaumreinigung für offene Oberflächen	174
6.2.1.3	Bürst- und Wischverfahren für offene Oberflächen	176
6.2.2	Verfahren mit Maschinen für transportable Objekte	176
6.2.2.1	Flaschenreinigung	176
6.2.2.2	Fässer- und Containerreinigung	180
6.2.2.3	Reinigung von Kleinteilen	182

6.3	Beispiele für Trockenverfahren	184
	Literatur	184

7 Desinfektionsverfahren
H. MROZEK

7.1	Allgemeines zur Desinfektion der von Lebensmitteln berührten Oberflächen	189
7.1.1	Desinfektion geschlossener Systeme	190
7.1.2	Desinfektion offener Anlagen	191
7.1.3	Verpackungssterilisation	194
7.1.4	Umgebungsdesinfektion	197
7.1.5	Reinraumtechnik	198
7.1.6	Maßnahmen zur Sicherung des Desinfektionserfolges	198
7.2	Händedesinfektion	200
	Literatur	201

8 Kontamination von Lebensmitteln mit Reinigungs- und Desinfektionsmittelresten
F. KIERMEIER

8.1	Reinigungsmittelreste	203
8.2	Desinfektionsmittelreste	203
	Literatur	211

9 Abwasserfragen
G. WILDBRETT

9.1	Anfall	213
9.2	Abwasserbelastungen	215
9.2.1	Belastungsgrößen und ihre Bewertung	215
9.2.2	Belastung durch organische Schmutzstoffe	216
9.2.3	Belastung durch Inhaltstoffe von Reinigungsmitteln	217
9.2.4	Belastung durch keimtötende Wirkstoffe	222
9.3	Wege zu verminderten Abwassermengen und -belastungen	225
9.3.1	Allgemeine Maßnahmen	225
9.3.2	Aufbereiten von Reinigungslösungen	228
	Literatur	231

10 Spezielle Probleme an Kunststoffoberflächen
G. WILDBRETT

10.1	Bedeutung der Kunststoffe	235
10.2	Mechanische Beständigkeit	235
10.3	Temperaturbeständigkeit	237
10.4	Diffusionsprozesse	238
10.5	Hafterscheinungen	241
10.6	Zusammenfassender Vergleich von Kunststoffen mit konventionellen Werkstoffen	244
	Literatur	245

11 Korrosion
G. WILDBRETT

11.1	Metallkorrosion	247
11.1.1	Allgemeine Einführung	247
11.1.2	Rostfreie Edelstähle	250
11.1.3	Aluminium und seine Legierungen	255
11.1.4	Zirkoniumdioxid	258
11.2	Kunststoffkorrosion	259
11.2.1	Abgrenzung	259
11.2.2	Korrosion der Hochpolymeren	259
11.2.3	Einflüsse auf Zusatzstoffe	263
11.3	Korrosionsschutz	265
11.3.1	Vorsorge bei Planung und Installation	265
11.3.2	Inhibierung von Reinigungslösungen	267
11.3.3	Sachgerechte Durchführung von Reinigung und Desinfektion	268
11.4	Aufklärung von Korrosionsschäden	273
	Literatur	274

12 Kontrollmethoden für chemische Hilfsmittel
G. WILDBRETT

12.1	Untersuchung des Betriebswassers	277
12.1.1	Härtebestimmung	277
12.1.2	Chloridbestimmung nach VOLHARD	277
12.2	Konzentrationsbestimmung in Reinigungslösungen	278
12.2.1	Konzentrationsbestimmung in alkalischen Reinigungslösungen	278
12.2.2	Konzentrationsbestimmung in sauren Reinigungslösungen	281
12.3	Konzentrationsbestimmung in Desinfektionslösungen	281
12.3.1	Bestimmung des Aktivchlor- bzw. Aktivjod-Gehaltes	281
12.3.2	Bestimmung des Gehaltes an Wasserstoffperoxid und Peressigsäure	282
12.3.3	Photometrische Mikrobestimmung des Gehaltes an quaternären Ammoniumverbindungen (QAV)	283
12.4	Untersuchung anwendungstechnischer Eigenschaften	284
12.4.1	Messung der Oberflächenspannung	284
12.4.2	Bestimmung des Schaumverhaltens	285
12.4.3	Bestimmung der Schmutzbelastung einer Reinigungslösung anhand des chemischen Sauerstoffbedarfs (CSB)	286
12.4.4	Korrosionstest (Standtest) gegenüber Metallen	288
	Literatur	291

13 Kontrolle der Wirksamkeit von Reinigung und Desinfektion

13.1	Kontrolle des Reinigungseffektes	293
	F. KIERMEIER und G. WILDBRETT	
13.1.1	Einfache Kontrollen	293
13.1.2	Laboratoriumskontrolle	295

13.1.3	Modellversuche	295
13.1.3.1	Probleme bei Modellverschmutzungen	295
13.1.3.2	Bestimmung verbliebener Rückstände	296
13.2	Kontrolle des Desinfektionseffektes	297
	H. MROZEK	
13.2.1	Wirksamkeitsprüfung	297
13.2.2	Überwachung des Desinfektionserfolgs	306
13.2.2.1	Direkte Nachweismethoden	307
13.2.2.2	Indirekte Nachweismethoden	310
13.2.2.3	Probenahmeplan	310
13.2.2.4	Kalkulation des Desinfektionsergebnisses	312
	Literatur	314

14 Lebensmittelkontrolle auf Reste von Reinigungs- bzw. Desinfektionsmitteln

14.1	Biologische Rückstandsnachweise	317
	H. MROZEK	
14.1.1	Quantitative Bewertung von Rückstandsrisiken	317
14.1.2	Qualitative Bewertung von Rückstandsnachweisen	318
14.1.3	Nachweisverfahren	319
14.2	Chemische Kontrollmethoden	320
	G. WILDBRETT	
14.2.1	Grundlagen	320
14.2.2	Reste von Reinigungsmitteln	322
14.2.3	Reste von Desinfektionsmitteln	324
	Literatur	329

15 Gesetzliche Vorschriften und Richtlinien

	H. MROZEK	
15.1	Historische Entwicklung	333
15.2	Die heutige Rechtslage	335
15.2.1	Rohwarenunbedenklichkeit	336
15.2.2	Lebensmittelunbedenklichkeit	337
15.2.3	Personalunbedenklichkeit	338
15.2.4	Vorschriften zur Produktionshygiene	339
15.2.5	Wasserunbedenklichkeit	340
15.2.6	Reinigungsmittel	340
15.2.7	Desinfektionsmittel	341
15.2.8	Reinigungs- und Desinfektionserfolg	342
	Literatur	342

| | Stichwortverzeichnis | 345 |

1 Einführung

F. KIERMEIER und H. MROZEK

1.1 Bedeutung

Lebensmittelbetriebe haben die Pflicht, hochwertige Produkte auf den Markt zu bringen. Zurecht erwartet der Verbraucher vor allem Lebensmittel, die frei von Krankheitserregern und Toxinen mikrobiellen Ursprungs sind, in ihrer Zusammensetzung den verkehrsüblichen Vorstellungen entsprechen und eine produktspezifische Haltbarkeit aufweisen. Das erfordert Maßnahmen, die die Qualität dauerhaft sichern (GMP: good manufacturing practice). Reinigung und Desinfektion sind für diese Qualitätssicherung unverzichtbar und nicht ersetzbar. GMP beschränkt sich aber nicht auf die sachgemäße Durchführung aller Hygienemaßnahmen nach schriftlich fixierten Anweisungen, sondern schließt auch deren nachprüfbare Dokumentation und Erfolgskontrolle ein (ZSCHALER 1989).

Reinigung und Desinfektion wiederholen sich regelmäßig in kürzeren oder längeren Zeitabständen und verlangen große Sorgfalt und hohes Verantwortungsbewußtsein. Deshalb ist die Frage nach der Zuverlässigkeit des Personals, im Falle automatisch ablaufender Hygieneprozesse der technischen Anlagen entscheidend (MROZEK 1982). Aber auch die Automation entbindet den Betrieb nicht von seiner Sorgfaltspflicht, denn die technischen Anlagen bedürfen einer ständigen Wartung.

Die Ziele des Reinigens und Desinfizierens lebensmittelberührender Oberflächen lassen sich wie folgt zusammenfassen (WILDBRETT 1990):

Reinigen:
1. Ästhetische Ansprüche erfüllen
2. Volle Funktionsfähigkeit von Anlagen und Geräten nach Einsatz wiederherstellen
3. Lebensdauer von Anlagen und Geräten verlängern
4. Optimale Lebensmittelqualität gegen chemische Einflüsse sichern

Desinfizieren:
1. Verbraucher vor Gesundheitsgefährdung schützen
2. Optimale Lebensmittelqualität gegen mikrobielle Einflüsse sichern

Hygiene ist unteilbar, nur eine ununterbrochene Kette hygienischer Maßnahmen von der Rohstoffgewinnung bis zum Vertrieb der Endprodukte kann unerwünschte Risiken vermeiden.

Eine Risikoanalyse (Hazard analysis) dient dazu, kritische Prozeßpunkte, Zutaten und menschliche Schwachpunkte (critical control points) zu ermitteln, um Abhilfemaßnahmen zu ergreifen (HACCP; LANGE 1993). Nachweisbare Qualitätssicherung gewinnt im zwischenstaatlichen Warenverkehr zunehmende Bedeutung und kann im Reklamationsfall den Hersteller entlasten. Deshalb wurden hierfür internationale Normen (DIN/ISO 0000 0001) erarbeitet.

Funktionell gesehen sind die Begriffe Reinigung und Desinfektion schwer gegeneinander abzugrenzen: Die Schmutzentfernung als Aufgabe der Reinigung bedeutet gleichzeitig die Beseitigung des Hauptanteils vorhandener Mikroorganismen. Andererseits bewirken Desinfektionslösungen in begrenztem Maße den Abtransport von Verschmutzungen, in denen lebende Mikroorganismen eingeschlossen sein können. Die Hauptaufgabe der Desinfektion, die Keimtötung, kommt ebenfalls dieser nicht allein zu. Reinigungsvorgänge, insbesondere solche

Bedeutung

bei extremen pH-Werten und erhöhten Temperaturen, haben beachtliche keimtötende Wirkung. Bei bestimmten Aufgaben, wie z. B. der Reinigung von Flaschen und Milcherhitzern, spricht man daher von einer chemothermischen Desinfektion. Das „Unschädlichmachen unerwünschter Mikroorganismen" wird gewöhnlich über ein ausgewogenes Programm von Reinigungs- und Desinfektionsmaßnahmen im Rahmen der gesamten Hygienestrategie erzielt. Reinigung und Desinfektion sind ein wichtiges Glied in der Kette von Hygienemaßnahmen eines Lebensmittelindustriebetriebes. Sie sind im davorliegenden Rohstoffbereich und im daran anschließenden Verteilungsbereich von gleichrangiger Bedeutung. In allen diesen Bereichen werden weitere Hygienemaßnahmen ergriffen, die sich in ihrer gemeinsamen Zielsetzung – sichere Lebensmittelversorgung – ergänzen und mehr oder weniger überschneiden. Auf Grund der vielseitigen Technologien in der Lebensmittelindustrie mit ihren zahlreichen Sparten, bei denen die Reinigung und Desinfektion unterschiedlich gehandhabt werden, können in diesem Buch nur die Leitlinien dargestellt werden.

Die Reinigung des Betriebes dient nicht der Verschönerung, sondern ausschließlich der Betriebshygiene. GUTHRIE (1980) sagt hierzu, daß „wir uns nicht länger die Einstellung leisten können, daß es leichter ist, die vielen Krankheiten zu behandeln als sie zu verhindern, so daß die Hygiene mehr und mehr bedeuten wird, um die menschliche Gesundheit zu verbessern und zu erhalten und zwar als eine Maßnahme erster Dringlichkeitsstufe". Hierzu bestehen in allen Ländern zahlreiche Anordnungen und Gesetze (Kapitel 15).

Auch in wirtschaftlicher Richtung sind Reinigung und Desinfektion bedeutsam, da die Aufwendungen dafür ökonomisch ins Gewicht fallen, sei es durch den Verbrauch an Reinigungs- und Desinfektionsmitteln, Wasser und Energie, sei es durch besondere apparative Einrichtungen wie Flaschenwaschmaschinen, sei es durch zusätzlichen Personal-, Raum-, Strom- und Dampfbedarf. Verläßliche Werte sind darüber kaum zu bekommen oder nur mit großem Aufwand für einzelne Zweige eines Betriebes – vgl. hierzu SCHEBLER (1979).

Der Verbrauch an konfektionierten Reinigungs-, Desinfektions- sowie kombinierten Reinigungs- und Desinfektionsmitteln in der deutschen Lebensmittelindustrie einschließlich des Getränkesektors liegt derzeit in der Größenordnung von 130 000 t/a. Davon entfallen etwa 40 000 t/a auf Großküchen (Industrieverband Hygiene und Oberflächenschutz 1994). In den Verbrauchsmengen nicht enthalten sind Grundchemikalien wie Natronlauge oder Salpeter- bzw. Phosphorsäure, welche als solche für Reinigungszwecke verwendet werden. Prognosen über zukünftig zu erwartende Verbrauchsmengen sind nicht möglich: Einerseits könnten steigende Anforderungen an die sensorische wie mikrobielle Qualität der Lebensmittel den Verbrauch ansteigen lassen, andererseits zwingen gesetzliche Auflagen und ansteigende Abwassergebühren zu sparsamem Umgang mit Wasser und chemischen Hilfsmitteln, so daß der Verbrauch sinken könnte. Neue Technologien zur Aufbereitung verschmutzter Reinigungslösungen (Kap. 9) werden den Trend zur Einsparung von Reinigungsmitteln verstärken.

Bereits die Sicherung der Produktion der Rohstoffe erfordert Reinigungs- und Desinfektionsmaßnahmen neben anderen Maßnahmen zur Bekämpfung schädlicher Mikroorganismen. Bei pflanzlichen Lebensmitteln ist, angefangen von der Saatgutbehandlung über den Pflanzenschutz in verschiedenen Stadien der Entwicklung bis zur Ernte, mehrfach gegen schädliche Mikroorganismen vorzugehen. Viele dieser Schädlinge spielen bei der späteren Bearbeitung keine Rolle mehr. Das betrifft z. B. die Rost- und Brandpilze (*Uredinales* und *Ustilaginales*) oder die Mehltaupilze (*Erysiphales* und *Peronosporales*). Dagegen sind viele nicht obligat biotrophe Pilze wie z. B. die Erreger der Ringfäule (*Monilia*-Arten) oder der Fruchtfäule (*Botrytis*, *Phytophthora* u. a.), Pflanzen- und Vorratsschädlinge. Ihre Ausbreitung gefährdet die Verarbeitung, die Rückfuhr mit Verarbeitungsrückständen (Treber, Trester) und auch die Rohwarenerzeugung. Bei der Produktion tierischer Lebensmittel ist der Kampf gegen Krankheit und Kümmern weitreichend eine Frage gezielter Hygienemaßnahmen, insbesondere von Reinigung und Desinfektion. Im Seuchenfall sind alle Bekämpfungsmaßnahmen tierseuchenrechtlich geregelt. Die Prophylaxe als

Bedeutung

ständige Abwehrmaßnahme und die Bekämpfung scheinbar harmloser Saprophyten, die zu schlechter Futterverwertung und „Stallmüdigkeit" führen, verlangt Reinigungs- und Desinfektionsmaßnahmen, die sich von denen in der Lebensmittelindustrie nur durch das zu berücksichtigende Milieu und die Notwendigkeit der Viruswirkung unterscheiden. Die Prophylaxe am Tier selbst, z. B. mit Antibiotika, überschneidet sich mit den Rückstandsfragen, die ebenso die Desinfektionsmittel aus Produktion und Verarbeitung betreffen. Eine Sonderstellung unter den tierischen Lebensmitteln nimmt die Milch ein, denn sie ist ein Spiegelbild aller Maßnahmen am Tier. Von der Gewinnung an werden hier weitgehend die Technologien der Lebensmittelindustrie angewandt. Das extrem anfällige Substrat Milch macht hier Maßnahmen der Keimbekämpfung besonders notwendig.

Zwischen Gewinnung und industrieller Verarbeitung liegt für viele Lebensmittel außer Sammlung und Transport eine mehr oder weniger ausgedehnte Zwischenlagerung. Alle verwendeten Einrichtungen müssen selbstverständlich einer angemessenen Sauberhaltung, im allgemeinen also auch einer Desinfektion, unterworfen werden. Hinzu kommen auf dieser Stufe die Maßnahmen des Vorratsschutzes. Über Temperatur und Luftfeuchtigkeit wird dabei die Vermehrungsmöglichkeit von Mikroorganismen gesteuert. Die Bekämpfung tierischer Schädlinge zur Vermeidung von Fraßverlusten reduziert gleichzeitig die weitere Einschleppung von Verderbsorganismen und insbesondere Krankheitserregern. Eine direkte antimikrobielle Wirkung besitzt unter den anwendbaren Begasungsmitteln (Blausäure, Ethylenoxid, Methylbromid, Phosphorwasserstoff) das Ethylenoxid.

Alle Maßnahmen am Tier und an der Pflanze finden international weitreichend vergleichbare Regelung über die maximal zulässigen Rückstände in Lebensmitteln (Höchstmengenverordnungen für tierische und pflanzliche Lebensmittel, Hemmstoffnachweise). Die Sicherung der industriellen Verarbeitung zu Fertigprodukten für den Verbrauch durch Reinigung und Desinfektion ist Gegenstand dieses Buches. Bei der Verarbeitung erreicht die mikrobiologische Gefährdung ein Maximum. Mit der Rohwarensammlung wird ein artenreicher Anfangskeimgehalt aus einem weiten Einzugsgebiet zusammengeführt. Die industrielle Fertigung, die mehr und mehr vollkontinuierlichen Prozessen zustrebt, führt über konstante Vermehrungsbedingungen zur Selektion standortspezifischer Formen. Damit werden zunehmend potentielle Produktionsschädlinge angereichert. Die Bekämpfung der mikrobiologischen Risiken umfaßt mehrere Gruppen von Maßnahmen:

– Die Reduktion des Keimgehaltes im Lebensmittel selbst, wofür neben Erhitzung und Abtrennung durch Filtration oder Zentrifugieren auch Bestrahlungen verschiedener Art und sogar eine Entkeimung durch Chemikalien (Trinkwasser, Velcorin in Getränken) eingesetzt werden.
– Die Verhinderung oder zumindest Verzögerung der Vermehrung des im Lebensmittel verbliebenen Restkeimgehalts durch Steuerung der Klimafaktoren (Temperatur, Wassergehalt/Wasseraktivität) oder durch keimwidrige Zusätze (Säuren, Konservierungsmittel).
– Der Schutz vor Rekontaminationen, insbesondere von der keimgehaltsreduzierenden Maßnahme an über Keimfreihaltung aller lebensmittelberührten Flächen der Verarbeitungsanlagen und der Verpackung. Dieser Rekontaminationsschutz wird über die Desinfektion zusammen mit den hinzuzurechnenden entsprechenden Effekten der Reinigung erreicht.

1.2 Definition der wichtigsten Begriffe

1.2.1 Reinigung

Nach den Ausführungen von REIFF u. a. (1970) versteht man unter „Reinigung" ganz allgemein die möglichst vollständige Trennung von mindestens 2 Substanzen, die physikalisch locker gebunden aneinanderhaften. Die Trennung soll dauerhaft sein. Nach Entfernung der einen Substanz wird die andere als „rein" bezeichnet. Die Einschränkung „möglichst vollständig" zeigt die Schwierigkeiten auf, die einer absoluten Trennung entgegenstehen, während andere Autoren eine vollständige Trennung fordern (z.B. CERSOVSKY u. NEUBERT 1966). Daß die abzutrennenden Substanzen nur physikalisch „locker" gebunden aneinanderhaften sollen, ist kaum gut zu heißen, man denke an die schwierig zu beseitigenden Niederschläge von Eiweiß in Röhrenerhitzern, oder an die steinartigen Verkrustungen bei Plattenerhitzern. Auch die Forderung, daß die Trennung dauerhaft sein soll, ist zwar berechtigt, jedoch ohne eine besondere Reinigungstechnologie nicht leicht zu verwirklichen, so daß andere Autoren (REINHARD 1973; KIERMEIER u. WILDBRETT 1957) lediglich von einer „lang dauernden Trennung" sprechen. Die Feststellung, daß nach der Reinigung die eine Substanz – hierbei handelt es sich ausschließlich um Oberflächen – als „rein" zu kennzeichnen ist, kann nur relativ gesehen werden. SCHMIDT u. LEISTNER (1981) ziehen dafür den Ausdruck „sensorisch sauber" vor, REINHARDT (1973) „optisch sauber" und FLÜCKIGER (1964) „mikroskopisch sauber". Letzlich sind dies keine schwerwiegenden Unterscheidungen, weil es im Sinne der Definition unerheblich ist, ob das bearbeitete Objekt keimärmer oder nahezu keimfrei geworden ist, womit in den meisten Fällen zu rechnen ist. Als Maßstab der möglichst vollständigen Schmutzentfernung sollte die gereinigte Fläche beim Nachspülen mit kaltem Wasser vollständig „benetzbar" sein (Kap. 3.2.1 und 13.1).

In ähnlich praxisbezogener Weise kann in Anlehnung an MITTAL (1979) eine Oberfläche als rein bezeichnet werden, wenn sie folgende zwei Anforderungen erfüllt:

1. Sie darf nachfolgende Vorgänge – z. B. Wärmeübertragung in Wärmeaustauschern oder Trennvorgänge an Membranen – nicht beinträchtigen.
2. Sie muß die zukünftige Zuverlässigkeit des Produktes, für das die Oberfläche gebraucht werden soll, gewährleisten.

1.2.2 Waschen und Spülen

„Reinigen" ist streng genommen der Oberbegriff für „Waschen" und „Spülen". Eine klare Unterscheidung der einzelnen Begriffe wird durch den allgemeinen Sprachgebrauch verwischt. So werden Zuckerrüben und Kartoffeln vor ihrer Verarbeitung durch Waschen von der anhaftenden Erde befreit. Noch weiter von unserem Begriff der Reinigung entfernt man sich beim „äußeren Reinigen" der Miesmuschel, bei der mit geringer Wasserströmung Algenbewuchs, Schmutz und Byssus-Fäden entfernt werden und bei der „inneren Reinigung" die Mantelhöhle und der Eingeweidesack entsandet werden (LUDORFF u. MEYER 1973). Einen völlig anderen Inhalt hat der Begriff der Reinigung bei der Verarbeitung des Getreides, denn hier reinigt man mit Sieben, Separatoren, Magneten, Aspirateuren und schließlich auch durch Waschanlagen (ROHRLICH u. BRÜCKNER 1966), um die verschiedenen fremden Bestandteile wie Unkrautsämereien, Staub und Eisen abzutrennen. Diesen andersartigen Begriffen der Reinigung ist gemeinsam – wobei das Waschen meist im Mittelpunkt steht – daß das Lebensmittel gereinigt wird, also Kartoffel, Zuckerrüben, Getreide, und nicht die Betriebseinrichtung wie Geräte, Räume usw., was der Inhalt dieses Buches sein soll. Die Definition für die Begriffe „Waschen" und „Spülen" wie sie z. B. von REIFF u. a. (1970)

gebraucht werden, sind wenig befriedigend, da sie sich nicht klar vom Begriff „Reinigen" differenzieren. „Waschen" ist in Analogie zum Reinigen die Schmutzentfernung von im wesentlichen rauhen Oberflächen durch Behandlung mit kalten bis kochend heißen wäßrigen Lösungen ohne Festlegung der Dauer. Der einzige wesentliche Unterschied zwischen „Reinigen" und „Waschen" ist, daß die Grundvoraussetzung für das „Waschen" ein wäßriges Medium ist, was zwar für das „Reinigen" in den meisten Fällen zutrifft, aber keine Bedingung ist.

REINHARDT (1973) unterscheidet noch zwischen Waschen und Abwaschen. Danach werden glatte Flächen wie z. B. Wandfliesen oder Bottichwände mit einer wäßrigen Flotte „abgewaschen", d.h. offene Oberflächen, während das „Waschen" die Säuberung rauher oder unebener Oberflächen mit Hilfe einer wäßrigen Lösung ist. Auch der Begriff „Spülen" grenzt sich ungenau ab: „Spülen" ist die Schmutzentfernung von glattenOberflächen in wäßrigen, fast immer fließenden Systemen. Die Arbeitsbedingungen sind für die so definierte Schmutzentfernung im allgemeinen einfacher als bei den Reinigungs- und Waschprozessen. Charakteristisch für den Spülprozeß ist, daß man dabei infolge des geringeren Haftvermögens des Schmutzes mit wesentlich geringeren Wassermengen arbeitet. Nach REINHARDT (1973) ist „Spülen" ein gesonderter Prozeß, der der eigentlichen Reinigung vor und/oder nachgeschaltet wird. Im Unterschied zur Reinigung durch Waschen oder Abwaschen wird beim Spülen oder Nachspülen davon ausgegangen, daß der hier zu entfernende Schmutz nur ein sehr geringes Anhaftvermögen besitzt, zumal er im wesentlichen in dispergierter oder emulgierter Form vorliegt. Auch in ästhetischer Hinsicht ist das Nach- oder Schlußspülen empfehlenswert. Es macht die Reinigung komplett.

1.2.3 Desinfektion, Sanitation, Sterilisation

Die hygienische Herstellung der Lebensmittel ist für den Verbraucher und für den Lebensmittelproduzenten so bedeutungsvoll, daß sich dies auch in der Fassung des Begriffes „Desinfektion" auswirkt, denn der Gesetzgeber wird in § 10 des deutschen Lebensmittelgesetzes ermächtigt, Hygienevorschriften zu erlassen, damit u.a. die Lebensmittel durch Mikroorganismen und durch Verunreinigungen nicht nachteilig beeinflußt werden.

Dementsprechend wird der Begriff „Desinfektion" in offiziellen Verlautbarungen definiert. Im früheren DAB 6 wurde festgesetzt: „Desinfizieren heißt, einen Gegenstand in den Zustand zu versetzen, daß er nicht mehr infizieren kann". Im DAB 7 der früheren DDR wird dies erweitert zu „Desinfizieren heißt, totes oder lebendes Material in den Zustand zu versetzen, daß es nicht mehr infizieren kann" (BÖSENBERG 1970). Diese Definitionen sind unbefriedigend, denn wenn ein Gegenstand, d. h. eine Betriebseinrichtung, nicht mehr infizieren kann, dann müßte sie steril sein, d. h. keimfrei. Das ist aber für den Lebensmittelbetrieb zu weitgehend, denn es geht letztlich darum, die potentiell pathogenen Keime aus oder von einem Gegenstand oder aus seiner Umgebung zu beseitigen[1] (GUTHRIE 1980). Vom Einzelfall hängt es ab, welche Keimarten darüber hinaus als potentielle Schädlinge zu bekämpfen sind. Die Zuordnung dieser Keimarten zu unterschiedlichen Resistenzstufen ergibt erst das indivuelle Anforderungsprofil an die Desinfektion. Sind hochresistente *Bacillus*-Endosporen als Risikokeime einzustufen, gehen die Anforderungen an die Desinfektion in die einer Sterilisation über.

Diese Einschränkung auf bestimmte Mikroorganismen findet sich auch in der Definition der Schweizerischen Mikrobiologischen Gesellschaft (REBER 1981) wieder: „Desinfektion ist gezielte Elimination bestimmter unerwünschter Mikrorganismen durch Eingriffe in deren Struktur oder Stoffwechsel, unabhängig vom Funktionszustand, mit dem Zweck, eine Übertragung zu verhindern". Damit nähert sich dieser Begriff der amerikanischen

---

[1] Disinfect: To remove potentially pathogenic organisms from an object, or an environment.

Definition der wichtigsten Begriffe

Definition für „Sanitation", der klarstellt, welche Mikroorganismen unerwünscht sind: „Die Anwendung von Verfahren, welche eine Umgebung oder einen Gegenstand unschädlich für die menschliche Gesundheit und für das Wohlbefinden machen[2] (GUTHRIE 1980). Dennoch sieht GUTHRIE (1980) in dieser Gesetzgebung Schwächen, da es augenscheinlich schwierig ist, den Begriff festzulegen, weil das Gesetz nicht feststellt, was ein hygienisches Lebensmittel („sanitary food") ist, sondern lediglich was es nicht sein kann und was es nicht enthalten darf. Daraus geht nach der Meinung von GUTHRIE hervor, daß die Väter des Gesetzes der Ansicht sind, daß es mehr als eine Möglichkeit gibt, in der ein Lebensmittel schädlich für den Verbraucher sein kann.

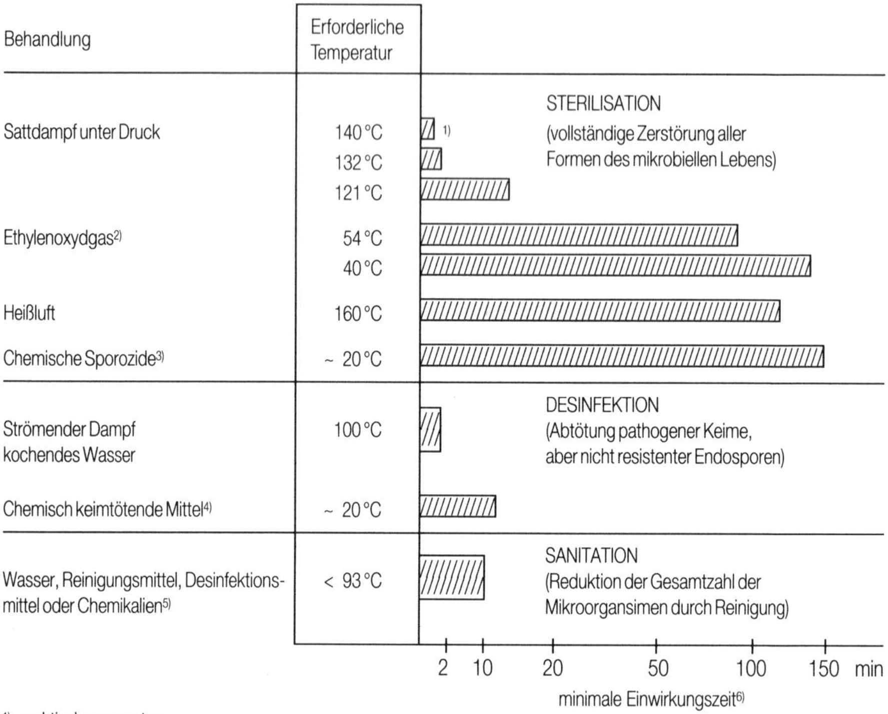

Behandlung	Erforderliche Temperatur		
			STERILISATION
Sattdampf unter Druck	140 °C	[1]	(vollständige Zerstörung aller Formen des mikrobiellen Lebens)
	132 °C		
	121 °C		
Ethylenoxydgas[2]	54 °C		
	40 °C		
Heißluft	160 °C		
Chemische Sporozide[3]	~ 20 °C		
			DESINFEKTION
Strömender Dampf kochendes Wasser	100 °C		(Abtötung pathogener Keime, aber nicht resistenter Endosporen)
Chemisch keimtötende Mittel[4]	~ 20 °C		
			SANITATION
Wasser, Reinigungsmittel, Desinfektionsmittel oder Chemikalien[5]	< 93 °C		(Reduktion der Gesamtzahl der Mikroorgansimen durch Reinigung)

```
2   10    20        50        100      150  min
         minimale Einwirkungszeit[6]
```

[1] praktisch momentan.
[2] 12 % Ethylenoxyd u. 88 % Freon-12
[3] 8 % Formaldehyd + 70 % Isopropylalkohol, Glutaraldehyd (in der Praxis für Hochleistungs-Desinfektion, jedoch keine Routine-Sterilisation)
[4] Alkohol, Chlor, Phenol, quaternäre Ammoniumverbindungen usw.
[5] unterstützt durch physikalische Maßnahmen der Schmutzentfernung
[6] schließt nicht die erforderliche Zeit für das Eindringen in poröse Materialien ein.

Abb. 1.1 Methoden zur Beherrschung von Mikroorgansimen (GUTHRIE 1980)

---

[2] Sanitation: The use of practices which will make an environment or substance harmless to human health and well-being.

Definition der wichtigsten Begriffe

REIFF u. a. (1970) sind der Ansicht, daß der Begriff „Sanitation" über die Begriffe „Reinigung" und „Desinfektion" hinausgeht, weil der Begriff „Hygiene" höhere Anforderngen stellt als üblicherweise von der Desinfektion verlangt wird. So wird z. B. bei der „Sanitation" gefordert, daß *Mycobacterium tuberculosis* abgetötet wird, was in der Lebensmittelindustrie mit den üblichen Desinfektionslösungen, den angewandten Konzentrationen, Temperaturen und Einwirkungszeiten nicht immer der Fall ist. Eine klare Abgrenzung gegen die Sanitation (sanitizing) ist nicht möglich, es sei denn, man ordnet die Begriffe gleichsinnig verschiedenen Sprachräumen zu. Dabei darf gerade für den englischen Sprachraum die Überschneidung mit dem Ausdruck sterilization nicht verkannt werden. Allerdings ist für den Betriebspraktiker „Sterilfahren" gewöhnlich keine echte Sterilisationsmaßnahme, die die sichere Abtötung aller, auch der widerstandsfähigsten Formen beinhalten müßte, z. B. Viren.

Es ist daher verständlich, daß für den Begriff „Desinfektion" unterschiedliche, ja zum Teil widersprüchliche Definitionen existieren. Nach CERSOVSKY u. NEUBERT (1966) muß die „völlige Abtötung aller pathogenen und die Reduzierung der apothogenen Mikroorganismen auf ein solches Maß garantiert werden, daß sie die Qualität der Produkte nicht nachteilig beeinflussen können".

Die schweizerische Lebensmittelverordnung grenzt diesen Zustand (FLÜCKIGER 1964) in Zahlen ein. Danach „ist z. B. eine Milchflasche, bei der pro dm^2 nicht über 100 unschädliche Keime vorkommen, bakteriologisch einwandfrei, ebenso eine 40-Liter-Milchkanne nach der Reinigung mit nicht mehr als 500 000 und vor dem Gebrauch mit nicht mehr als 40 Mio. unschädlichen Keimen". Milch, die in eine Kanne mit 40 Mio. Keimen eingefüllt wird, nimmt pro cm^3 1000 Keime auf. Diese Zahl glaubt man im Hinblick darauf tolerieren zu dürfen, daß z. B. Vorzugsmilch pro cm^3 30 000 Keime enthalten darf. Dennoch werden die Begriffe dadurch nicht klarer. Eine graphische Darstellung (GUTHRIE 1980) soll den Sachverhalt durch einige Beispiele, die sich beliebig vermehren ließen, erhellen (Abb. 1.1), wonach bei der Sanitation nur die Gesamtzahl verringert werden soll, bei der Desinfektion krankheitserregende Keime abgetötet werden müssen. Zum kritischen Vergleich der Wirksamkeit siehe Kap. 2.3.

Zusätzlich erschwert wird diese Diskussion, weil aus medizinischer Sicht der Begriff „Infektion" auf die Übertragung pathogener Mikroorganismen auf empfängliche Lebewesen zu begrenzen ist. Das Vorhandensein von Mikroorganismen an toten Oberflächen wird als Kontamination bezeichnet.

Weiterhin ist zu Abb. 1.1 von GUTHRIE zu sagen, daß die Abrenzung „pathogene" gegen „nichtpathogene" Mikroorganismen schon im medizinischen Gebrauch fließend ist, so daß sie zur Bewertung antimikrobieller Maßnahmen nicht immer zweckmäßig ist, denn es gibt an dieser „Grenze" keinen Resistenzschnitt. *Mycobacterium tuberculosis* besitzt keine generell höhere Resistenz als andere vegetative Keime.

Nachstehende Definition der British Standards Institution ist derzeit für den Lebensmittelsektor international weitgehend akzeptiert:

„Desinfektion ist die Zerstörung von Mikroorganismen, aber üblicherweise nicht von Bakteriensporen; Desinfektion tötet nicht unbedingt alle Mikroorganismen, aber reduziert ihre Zahl auf ein für einen bestimmten Zweck akzeptables Niveau, das z. B. weder gesundheitsschädlich ist, noch die Qualität verderblicher Lebensmittel beeinträchtigt[3]".

---

[3] The destruction of *micro-organisms*, but not usually bacterial spores: it does not necessarily kill all *micro-organisms*, but reduces them to a level acceptable for a defined purpose, for example, a level which is harmful neither to health nor to the quality of perishable goods.

1.3 Reinigungs- und Desinfektionsmaßnahmen

Die Bedeutung der Reinigung und Desinfektion liegt in den Folgen für den Lebensmittelbetrieb, nämlich
- rechtlich, wenn die Gesundheit schädigende Lebensmittel in den Verkehr gebracht werden,
- wirtschaftlich, wenn Verluste durch schlecht haltbare Lebensmittel eingetreten sind, und
- technisch, wenn durch schlecht gereinigte Oberflächen, z. B. Verkrustung, die Herstellung einwandfreier Produkte nicht mehr gewährleistet ist.

Bei der heterogenen Einrichtung eines Betriebes – gleichgültig, ob handwerklich oder industriell – den vielseitigen Apparaturen und deren unterschiedlichen Zustand und Materialien (Holz, Stahl) ist es keine leichte Aufgabe, die Reinigungs- und Desinfektionsmaßnahmen wirksam durchzuführen und zu organisieren.

1.3.1 Schulungsmaßnahmen

WINTERER (1975) ist der Meinung, „daß Hygiene oft mehr vorgetäuscht als praktiziert wird". Verständnis für Hygienemaßnahmen kann nur von demjenigen erwartet werden, der einige Prinzipien der Mikrobiologie erfaßt hat. Denn es wird nicht von einem bakteriologisch geschulten Betriebsleiter oder Laboranten gereinigt und desinfiziert, sondern meist von einem einfachen Arbeiter. Wer eine handwerkliche Arbeit verrichtet, ist gewöhnt, das Resultat seiner Tätigkeit zu sehen und zu beurteilen. Das ist nach erfolgter Reinigung im allgemeinen noch möglich. Dagegen ist der Erfolg einer Desinfektion leider nicht unmittelbar sichtbar, sondern wird erst später spürbar, wenn nicht sorgfältig genug gearbeitet wurde, wie ZSCHALER (1975) an instruktiven Beispielen gezeigt hat (Kap. 13.1).

Daher muß über Hygienefragen des öfteren mit der Belegschaft eines Betriebes diskutiert werden, um immer wieder in das Bewußtsein zu rufen, daß sich unter dem Einfluß des ununterbrochenen Nährstoffangebotes eine unerwünschte betriebseigene Flora, d. h. eine Bakterienpopulation, die an das betreffende Milieu optimal adapiert ist, entwickelt. Mit dieser Adaption an die Nährstoffe und Umweltbedingungen können sich die Keime ungehemmt vermehren, und zwar vor allem die Generationszeit progressiv verkürzen. In Modellversuchen paßte sich z. B. ein Ps. *fluorescens*-Stamm derart rasch an kühle Temperaturen an, daß er seine Hemmphase (lag phase) nach wenigen Passagen von 3–4 auf 1 bis 2 Tage verkürzte. Eine derartige Adaption kann nur durch eine regelmäßige Desinfektion verhindert werden.

MROZEK (1988) unterscheidet folgende Kontaktbereiche zwischen Lebensmittel und dessen Umgebung, denen spezifische Verfahrensprinzipien der Desinfektion zugeordnet werden:

1. Fließwege und geschlossene Systeme	Kreislaufverfahren (CIP)
2. Nebenräume des Produktflusses	Manuelle Einzelbehandlung
3. Außenflächen und offene Systeme	Gerichtete Sprühstrahlen
4. Umgebung	Ungerichtete Sprühmaßnahmen oder Begasung
5. Transportmedien (wie Luft, Wasser, Verpackung)	Entkeimende Aufarbeitung

Weiterhin ist man noch manchmal der Auffassung, daß der Aufwand für wirksame Hygienemaßnahmen kalkulatorisch nicht vertretbar sei. Die richtige Antwort kann das bakteriologische Labor durch Qualitäts- und Haltbarkeitsvergleiche liefern. Da Reinigung und Desinfektion wesentliche Produktionsabschnitte im Zuge der Be- und Verarbeitung von Lebensmitteln darstellen und erhebliche Kosten verursachen, muß eine echte Kontrolle über den Effekt der gesetzten Maßnahme Aufschluß geben. Die Häufigkeit der Kontrollen sollte sich nicht nach der Häufigkeit des auftretenden Schadens, sondern vielmehr nach der Wahrscheinlichkeit des Auftretens einer Fehlleistung richten.

Reinigungs- und Desinfektionsmaßnahmen

Die Kontrolle der Hygienemaßnahmen darf nicht als persönliche Schikane aufgefaßt werden. Das Ergebnis darf weder angezweifelt noch bagatellisiert werden. Es ist also erforderlich, das Betriebspersonal auf allen Ebenen zu schulen (J. SNIJDERS 1988); es darf nicht, so WEIDLE (1970), das Desinfizieren (z. B. das Händewaschen) zu einer symbolischen Handlung werden. Ebenso wie die Kühlkette muß nach EDELMEYER (1985) die „Hygienekette" lückenlos sein; eines ihrer wichtigsten Glieder ist eine permanente und vor allem nachprüfbare wirksame Reinigung und Desinfektion aller Teile eines Lebensmittelbetriebes, seiner Räume, Einrichtungen, Transportmittel, Arbeitsgeräte, und schließlich des Menschen selbst (Kap. 7.2).

1.3.2 Hygienekontrollen

Um den hygienischen Zustand eines Betriebes zu erkennen, muß zielbewußt kontrolliert werden. Der Hygieneplan ist daher nach PROSÉNZ (1981) ein Kontrollplan, aus dem hervorgehen muß:
– was geprüft werden muß,   – wie oft, wann und wo zu prüfen ist, und
– wer zu prüfen hat,   – warum zu prüfen ist.
– wie geprüft werden soll,

1.3.2.1 Kontrolle des Personals

Bei der Fragestellung „was geprüft werden muß" steht die Kontrolle des Personals im Hinblick auf die Gefährdung durch pathogene Keime an erster Stelle – vgl. hierzu SINELL (1980) in seinen Ausführungen über Lebensmittelinfektionen und -intoxikationen. Denn trotz Technisierung und Mechanisierung kommt den Händen in der Lebensmittelherstellung eine entscheidende Bedeutung zu; man denke nur an die Arbeit der Bäcker, Konditoren, Fleischer und Melker. Hierbei ist es unvermeidlich, daß nicht nur die Lebensmittel, sondern auch Maschinen, Geräte, Gemeinschaftshandtücher usw. berührt werden. Dementsprechend spielt vom hygienischen Standpunkt das Waschen der Hände eine bedeutungsvolle Rolle. Nach HOFFMANN (1973) ist die Topographie und das Mikroklima der Hände für die Bakterienentwicklung günstig, weil die Papillarfurchen und Finger- bzw. Handlinien zusammen mit dem Nährstoffangebot durch Schweiß und Schmutz beste Lebensbedingungen für die Mikroorganismen bieten. Welche Infektionsquellen die Hände sind, zeigen die Keimzahlen und die Art der Keime in Waschversuchen (Tab. 1.1). Selbst bei mehrmaliger Wiederholung des Waschens wird nur ein relativ kleiner Teil der Mikroorganismen von den Händen entfernt. Bezogen auf die 1. Waschung vermochte die 2. Einseifung nur rund 31 % und die 3. gar nur 24 % der Mikroorganismen wegzuspülen. In etwa trifft dies auch für die Untersuchungen von DE WITT u. KAMPELMACHER (1982) zu (Tab. 1.2), so daß diese fordern, die Wirkung des Händewaschens zu verbessern.

Tab. 1.1 Gesamtkeimzahl und Art der Mikroorganismen im Waschwasser der Hände (jeweils 500 ml) (HOFFMANN 1973).

Tätigkeit	Zahl	Coli-positiv in %	Gesamt keimzahl	Staphylo-kokken	Hefen	Schimmel-pilze
Küchenpersonal	35	44,9	15 153 000	22 250	239 000	24 600
Serviertöchter	24	5,5	6 584 000	2 100	418 000	3 263
Metzger	61	41,1	41 920 000	199 000	1 115 000	487 000
Bäcker	65	24,5	7 197 000	23 200	764 000	5 190
Landwirte	21	19,0	26 118 000	35 000	34 400	1 023 000
Nicht im Lebens-mittelgewerbe Tätige	44	4,4	5 264 000	5 190	3 150	5 100

Reinigungs- und Desinfektionsmaßnahmen

Tab. 1.2 Durchschnittliche Keimzahlen an den Händen der Beschäftigten in Schlachthöfen (DE WITT u. KAMPELMACHER 1982)

Art bzw. Abteilung des Schlachthofes	Coli-Zahl (log) vor dem Waschen	nach dem Waschen	Salmonellen vor dem Waschen	nach dem Waschen
Geflügel (8)[1]				
Schlächterei (79)[2]	4,86	3,24	43	17
Entbeinen, Verpacken (35)[2]	3,78	2,04	14	0
Personen m. Handschuhen (31)[2]	2,59	1,39	3	0
Schwein (6/116)[3]	3,57	2,16	42	17
Kalb (4/68)	5,05	3,53	–	–
Rind (2/35)	3,01	1,47	–	–

[1] Zahl der Betriebe
[2] Zahl der kontrollierten Personen
[3] 1. Zahl: Anzahl der Schlachthöfe; 2. Zahl: Anzahl der kontrollierten Personen

HOFFMANN (1973) ist sogar der Meinung, daß die Keimzahlen nach dem Händewaschen mit Desinfektionsmitteln nur unwesentlich vermindert werden. SHEENA u. STILES (1982) belegen dies durch umfangreiche Versuche (Tab. 1.3), nach denen beim Händewaschen lediglich mit Chlorhexidin (1,1'-Hexamethylen-bis-[5-(4-chlorphenyl)-biguanid] und Jodophoren die Keime wirksam reduziert werden konnten, während selbst mit sog. germiziden Seifen keine deutlichen Effekte erzielt werden konnten.

Tab. 1.3 Einfluß von Händewasch- und Handtauchmitteln auf die Keimzahl der Hände nach jeweils 15 s währender und genormter Behandlung. – 2 Kontrollmethoden und statistische Auswertung (lateinische Quadrat-Methode; SHEENA u. STILES 1982)

Reinigungsmittel	Keimzahlen beim					
	Handtauchen Werte zu			Händewaschen Werte zu		
	Beginn	1. Waschen	2. Waschen	Beginn	1. Waschen	2. Waschen
Seife	9000	10500	8100	8900	10400	8400
Seife m. Hypochlorit (50 ppm)	7200	9500	6200	–	–	–
Seife mit 1 % TCC[1]	5100	6500	5900	–	–	–
Iodophor (25 ppm)	7000	8200	6300	13300	2400	1700
Chlorhexidin	–	–	–	3700	2200	1800

[1] TCC = antimikrobieller Zusatz

Das Waschen der Hände ist also lediglich eine Vorsorge und sollte nur eine der Stufen in der Hygienekette sein, jedoch ist dies für die Lebensmittelherstellung so bedeutungsvoll, daß Unternehmen die Händereinigung ihren Mitarbeitern durch Merkblätter nahebringen (Tab. 1.4) und die Vorschriften auch kontrollieren und bei Mißachtung mit Bußen belegen sollten (vgl. KLEINERT, 1982).

Reinigungs- und Desinfektionsmaßnahmen

Tab. 1.4 Merkblätter über die Forderungen einer Firma zur persönlichen Hygiene im Lebensmittelbetrieb

Merkblatt
Personal- und Betriebshygiene

Durch Ihre Anstellung bei Lindt & Sprüngli arbeiteten Sie in einem Unternehmen der Nahrungs- und Genußmittelindustrie. Gestützt auf die Bestimmungen in der Schweizerischen Lebensmittelverordnung müssen wir von Ihnen deshalb folgendes fordern:

1. Eine einwandfreie Personalhygiene durch sachgemäße Körperpflege.
2. Spezielle Pflege der Hände durch gründliches Waschen und Reinigen der Nägel vor Arbeitsbeginn und *vor dem Verlassen der Toilette*
3. Ordnung und Sauberkeit am Arbeitsplatz sowie Arbeiten mit sauberen Geräten und Maschinen.
4. Meldung an den Vorgesetzten beim Auftreten von Infektionskrankheiten jeder Art (Schnupfen, Husten, Ausschläge, Wunden).
5. Bei Verletzungen an den Händen, speziell der Finger, dürfen auch mit Verbänden keine Rohmaterialien, Halbfabrikate und Enderzeugnisse berührt werden.
6. Verunreinigte Rohmaterialien, Halbfabrikate und Endprodukte, speziell Ware, die auf den Boden gefallen ist, darf nicht wieder verwendet werden und ist unter Meldung an den Vorgesetzten der Abfallware zuzuschlagen.
7. Frauen und Männer mit langen Haaren müssen in den Produktionsabteilungen einen geeigneten Haarschutz tragen.

Bei Lindt & Sprüngli wird die Personal- speziell die Händehygiene durch Kontrollen nach dem Stichprobenverfahren beim Verlassen der Toiletten überwacht. Diese Kontrollen bestehen darin, daß die Sauberkeit der Hände nach dem sogenannten Abklatschverfahren mikrobiologisch überwacht wird.

Visuell und mikrobiologisch saubere Hände werden durch eine Prämie belohnt 10,- sFr.). Für unsaubere Hände müssen leider Bußen auferlegt werden (3,- sFr.).

Wir appelieren an Ihr Verständnis und zählen auf Ihre aktive Mitarbeit, die Personal- und Betriebshygiene bei Lindt & Sprüngli zu fördern, denn auch Sie wünschen visuell attraktive und saubere Produkte.

Mit bestem Dank!

Ein Merkblatt für
den Mitarbeiter

1. *Saubere Hände*
   Ein gründliches Waschen der Hände ist die erste Pflicht
   – vor jedem Arbeitsbeginn,
   – nach jedem Arbeitsunterbruch,
   – nach dem Aufsuchen der Toilette,
   – nach dem Transportieren von Paletten, Verpackungsmaterialien, Kuvetten, Kehrichteimern usw.

2. *Hand-Arbeit*
   Lebensmittel nie unnötig mit bloßen Händen berühren, wenn möglich saubere Handschuhe benutzen.
   Rohmaterialien, Halbfabrikate und Endprodukte dürfen nur mit sauberen Händen angefaßt werden.
   Produkte nie mit dem Finger degustieren. Fingerschmuck, Armbänder und Uhren sind während der Arbeit abzulegen.

3. *Arbeitskleider*
   Nur saubere Schutzkleider tragen!
   Persönliche Kleidungsstücke (Leibchen, Hemden, Pullover) gehören unter die Arbeitskleider.
   Schmutzige Wäsche nicht herumliegen lassen.

4. *Krankheiten/Verletzungen*
   Bei Erkältungen, Halsschmerzen, Husten, Fieber, eiternden Entzündungen, Nagelbett-Entzündungen, Hautkrankheiten, Durchfall, ansteckenden Krankheiten darf weder mit Lebensmitteln noch in deren Nähe gearbeitet werden.
   Diese Krankheiten oder Verletzungen müssen dem Vorgesetzten sofort gemeldet werden.

Reinigungs- und Desinfektionsmaßnahmen

Danach sind beim Händewaschen folgende Punkte zu beachten:
1. Ärmel hochkrempeln, Schmuck ablegen.
2. Hände mit heißem Wasser sowie Seife, wenn möglich mit Bürste, 30 s gründlich waschen.
3. Hände klar spülen und mit einem Papierhandtuch gründlich trocknen. – Heißlufttrockner führen zu erneuter Kontamination und sind daher eher problematisch (WALLHÄUSER 1990).
4. Nach dem Trocknen die Hände mit einem Desinfektionsmittel durch gutes Einreiben desinfizieren.

Auch die Arbeitskleidung kann nach GROENEWEGEN (1981) ein Keimreservoir erster Ordnung sein, was durch Abklatschfolien leicht zu belegen ist. In vielerlei Betrieben, wie z. B. in einer Butterei, kann dies für die Haltbarkeit des Fertigproduktes bedeutsam sein, so daß der geregelte Wechsel gereinigter Kleidung erforderlich ist (Tab. 1.4, rechte Hälfte, Punkt 3).

1.3.2.2 Kontrolle der Räume, Einrichtungen und der Geräte

Zum Hygieneplan gehört nicht nur die Sorge um die unmittelbar mit dem Lebensmittel in Berührung kommenden Geräte, sondern auch die Hygiene der Umgebung, Räume und Einrichtungen. So müssen nach BENZING (1981) „die Produktionsräume übersichtlich und klar gegliedert sein, so daß sie der Reinigung leicht zugänglich sind. Verkleidungen mit Kacheln sehen zwar schön aus und erwecken den Eindruck von Hygiene und Sauberkeit. Doch dieser Schein trügt: Die meisten Kacheln sind auf der Rückseite nicht glatt, sondern weisen Rillen und Vertiefungen auf, in denen sich Schabennester entwickeln können". Insbesondere sind Betriebsteile mit dauernd erhöhter Temperatur wie Großküchen, Bäckereien und Molkereien davon betroffen. Die Sauberkeit der Umgebung beeinflußt die Hygiene des Lebensmittels, weil durch Luftbewegung und Anfassen Mikroorganismen übertragen werden können. Die Untersuchungen von PUHÁC u. a. (1970) sind in dieser Hinsicht sehr aufschlußreich (Tab. 1.5). In Betrieben mit den technischen Voraussetzungen zur kontinuierlichen Produktion hält MROZEK (1982) die Außendesinfektion der Anlagen auch im laufenden Betrieb, ergänzt durch eine Bekämpfung der Keime im Produktionsumfeld, für erforderlich. Ebenso sollten die Oberflächen im sanitären Bereich überwacht werden, da von dort leicht Kontaminationen in den Produktionsbetrieb geschleppt werden können (Tab. 1.6).

Tab. 1.5 Gesamtkeimzahlen der Geräte und Umgebung vor der Reinigung in einem fleischverarbeitenden Betrieb. – Abstriche mit einer Schablone 5 x 5 cm (PUHÁC u. a. 1970, Auszug)

Geräte bzw. Umgebung	Gesamtkeimzahl je 25 cm² Oberfläche
Metalltische	1500
Transportmulde	3000
Kutter	500
Wagen	2000
Transportkisten	3500
Türen	1500 bzw. 2000
Holztisch	2000
Holzfußboden	2600
Stellage	2400
Wandkachel	400
keramische Bodenplatte	2500

Reinigungs- und Desinfektionsmaßnahmen

Tab. 1.6 Empfohlene Richtwerte für den sanitären Bereich (SPICHER 1982)

Bereich	Kolonien je RODAC-Platte Hygiene-Status:		
	gut	mittel	schlecht
Fußboden	0–25	26–50	>50
Waschbecken	0–15	16–25	>25
Toilettensitze	0– 5	6–15	>15
Tischflächen	0– 5	6–15	>15

Aber auch die mehr oder minder leichte Zugänglichkeit der Geräte und Apparaturen ist oft verantwortlich für deren Reinigungszustand. So konnte HEIN (1980) mit statistisch gesicherten Ergebnissen nachweisen, daß der schwer zugängliche Boden und der Abfüllhahn von Kühlwannen auf dem Bauernhof hohe Gesamtkeimzahlen haben können, je nachdem wie sorgfältig gereinigt wurde (Tab. 1.7). Die Rückwirkungen des Reinigungszustandes der

Tab. 1.7 Einfluß der Zugänglichkeit des Wannenbereiches und der Sorgfalt des Personals auf die Gesamtkeimzahl von Kühlwannen (jeweils geometrische Mittelwerte aus 6 Betrieben) (HEIN 1980)

Hygieneklasse[1]	Zahl der Proben	Gesamtkeimzahlen pro 10 cm^2 im Kühlwannenbereich[2]					
		a	b	c	d	e	f
I	176	2	6	6	19	10	10
II	179	40	56	31	218	143	254
III	183	245	1584	912	4570	977	3650

[1] Bewertung des einzelnen Betriebes nach Zustand der Wanne, Reinigungs- und Desinfektionsverfahren bzw. -mittel bzw. -temperatur bzw. -zeit und -gerät
[2] a = oben am Deckel, b = Seitenwand oben, c = Seitenwand unten, d = Boden, e = Rührer, f = Abflußhahn

Apparaturen und Geräte auf die Qualität der Lebensmittel ist vielfach dokumentiert worden. Als Beispiel werden die Ergebnisse von SING u. a. (1967) angeführt, nach denen Teile des Füllers die Milcherzeugnisse nachhaltig kontaminieren (Tab. 1.8).

Tab. 1.8 Einfluß eines Füllers auf die Gesamtkeimzahl (Plattenzählung) nach 7 Tagen Lagerung bei 7,2 °C bei verschiedenen Produkten (SING u. a. 1967, Auszug)

Produkt	Gesamtzahl				
	Zulauf zum Füller	Ringkanal	Auslauf zum Füllventil	am Füllventil	in der Packung
homogenisierte Milch	<3000	<3000	<3000	<3000	<3000
Magermilch	<3000	<3000	<3000	78000	320000
Rahm	<3000	<3000	<3000	2300000	2600000

Reinigungs- und Desinfektionsmaßnahmen

1.3.2.3 Kontrolle von Luft und Wasser

Im Rahmen eines Hygieneplans ist auch die Kontrolle der Luft und des verwendeten Wassers notwendig. Zweifellos ist für den überwiegenden Teil der Herstellungsverfahren die Luft als Kontaminationsquelle ohne Bedeutung (aerobe Gesamtkeimzahlen von 1000 je m^3), aber für eine Reihe von Betrieben bildet die Infektion mit Mikroorganismen aus der Luft einen, wenn nicht den entscheidenden Faktor für die Produktion. Bei der Herstellung von verpacktem Schnittbrot kann eine einzige Schimmelpilzspore den Verderb nach 3–4 Tagen (KIERMEIER 1944) einleiten, so daß eingehende Kontrollen vorgenommen werden müssen (SPICHER 1982).

Ähnlich ist es beim Verpacken von Käse und Wurst in Scheiben. Auch beim Abfüllen flüssiger haltbar gemachter Milchprodukte (H-Milch, H-Sahne) entstehen die gleichen Probleme, wobei besonders Betriebe in der Hauptwindrichtung von Mülldalden oder im Zentrum einer Stadt gefährdet sind. In diesen Fällen kommt man um eine Luftkonditionierung nicht herum, wobei von Fall zu Fall entschieden werden muß, ob eine Arbeitsplatz- oder Arbeitsraumsanierung erforderlich ist. Es genügt unter Umständen zur Bekämpfung von Luftinfektionen, zum Beispiel in Camembertkäsereien, wenn die Luft staubfrei gefiltert wird (SCHULZ 1953, SCHORMÜLLER 1966). Als weitere Möglichkeit zur Entkeimung von Arbeitsräumen und -plätzen wird die UV-Bestrahlung in Kühlhäusern, Käsereifungsräumen, Flaschenabfüllräumen u. dgl. empfohlen (SCHORMÜLLER 1966).

Das in dem Lebensmittelbetrieb verwendete Brauchwasser muß aus technischen Gründen laufend untersucht werden, da die chemische Zusammensetzung aus mancherlei Gründen (Kap. 2.1) Rückwirkungen auf die Reinigungsvorgänge hat. Durch die zunehmende Umweltbelastung soll sich auch die mikrobiologische Wasserqualität verschlechtert haben (KIRMAIR u. a. 1982). Darüber hinaus kann es, selbst bei Brauchwasser aus dem kommunalen Netz, zu den sogenannten „Durchbrüchen" kommen, bei denen plötzlich erhöhte Keimzahlen im Wasser auftreten (OEHLER 1969). Daher ist auch eine mikrobiologische Kontrolle des Wassers im Lebensmittelbetrieb erforderlich, besonders dann, wenn das Wasser mit dem Lebensmittel Kontakt hat oder wie bei der Butterherstellung selbst Bestandteil des Lebensmittels wird.

Tab. 1.9 Verfahrenskosten für die Reinigung und Desinfektion einer 1000-l-Direktverdampfungswanne bei empfohlenen Verfahren mit unterschiedlichen Reinigungs- und Desinfektions-Systemen (HEIN 1980)

Reinigungs- und Desinfektionsverfahren	Wasser 150/m^3	R+D-Mittel[1]	Strom 17/KWh	Ø Kosten je Kostenart in Dpf Personal 1000/h	kalkul. Kosten[2]	Gesamt-kosten	Anteil von R+D-Mittel	Personal an den Gesamtkosten
Bürste	10,5	48,0	37,4	324,8	11,3	432,0	11,1	75,2
Lanzensprühgerät	9,9	63,4	52,7	291,5	75,6	493,1	12,9	59,1
Hochdrucksprühgerät	12,0	76,8	66,3	291,5	126,0	572,0	13,4	50,9
Radialverteiler (programmgesteuert)	6,0	12,8	20,4	33,3	157,5	230,0	5,6	14,5

[1] Die Kosten wurden für das angewandte Reinigungs- und Desinfektionsmittel (3,20 DM/kg) errechnet
[2] Bei den kalkulatorischen Kosten wurden 3 % kalk. Zinsen auf 100 % der Investitionssumme verrechnet. Die Abschreibungszeit für die Bürste wurde mit 6 Monaten angenommen, während die sonstigen Reinigungs- und Desinfektions-Systeme mit einer Abschreibungszeit von 5 Jahren angenommen wurden.

1.4 Ökonomische Betrachtungen

Während sich die Kosten für die benötigten Reinigungs- und Desinfektionsmittel verhältnismäßig leicht ermitteln lassen (SCHEBLER 1979), ist der Arbeitsaufwand für alle Reinigungs- und Desinfektionsmaßnahmen nur schwierig zu bestimmen. Am ehesten ist dies bei einfachen Systemen wie Kühlwannen (HEIN 1980) möglich (Tab. 1.9). Danach sind die Kosten für die Reinigungs- und Desinfektionsmittel nur 5,6 bis 13,4 % der Gesamtkosten im Gegensatz zu 14,5-75,2 % für Personalkosten. Ähnliches gilt auch für den Bereich des maschinellen Geschirrspülens in Großküchen (Tab. 1.10).

Tab. 1.10 Kostenstruktur beim maschinellen Geschirrspülen mit einer Dreitank-Bandtransport-Maschine (WILDBRETT u. JEHL 1983)

Kosten	Anteil in %
Personal	58,0
Energie	18,3
Maschinen	13,0
Wasser	4,6
Spülmittel	6,1

Für die manuelle, nicht automatisierte Reinigung offener Produktionsanlagen und allgemeine Betriebsreinigung geben OUZOUNIS u. ROSSNER (1992) folgende Kostenaufschlüsselung:

Chemikalien	5 %
Energie und Wasser	12 %
Personal	87 %

Daher bringen automatisierte Verfahren wesentliche Ersparnisse mit sich. Es ist anzunehmen, daß die Verhältnisse bei komplizierten Systemen ähnlich sind.

Tab. 1.11 Kosten für die Bodenreinigung. – Reinigungsleistung einer Raumpflegerin bei Trockenreinigung 300 m²/Std, bei Naßreinigung 100 m²/Std. Kosten der Arbeitsstunde (einschließlich Sozialleistung) 18,– DM; bezogen auf den Quadratmeter: 0,06 DM (trocken), 0,18 DM (naß); JESCHKE (1982)

Arbeitsmethode	Fläche m²	Häufigkeit im Jahr	Gesamtfläche im Jahr m²	Gesamtkosten im Jahr DM
Trockenreinigung innen	1000	260	260000	15600
Naßreinigung innen	500	130	65000	11700
Trockenreinigung innen	800	130	104000	6240
				33540

Ökonomische Betrachtungen

Für die Bodenreinigung hat JESCHKE (1982) die Kosten überschlagsmäßig errechnet (Tab. 1.11), die auf andere Betriebsräume leicht zu übertragen sind. Bei ökonomischen Betrachtungen ist außer acht gelassen, daß die Sicherheit der Produktion sich von selbst bezahlt macht bzw. Pannen unübersehbare Rückwirkungen, z. B. im Absatz, mit sich bringen. KLEINERT (1982) weist ausdrücklich darauf hin, daß qualitätsgeminderte Produkte schwerwiegende finanzielle Folgen haben können, insbesondere wenn sich die Presse damit beschäftigt, auch wenn dafür wenig fundierte Unterlagen vorhanden sind. Es ist daher verständlich, wenn die Firmen eigene Kontrollpläne entwickeln, wofür zwei Beispiele gegeben werden (Tab. 1.12 und 1.13).

Tab. 1.12 Kontrollplan für die Reinigung und Desinfektion in einer Fleischwarenfabrik (MOHS 1975)

Kontrollblatt: Reinigung und Desinfektion .... Woche vom .... bis ....

Fleischwarenfabrik: ....   Abteilung: ....

Verantwortlich: ....   Vertreter: ....

Reinigung: tägl. nach Beendigung der Produktion   Zwischenreinigung: tägl. nach Schichtende

Reinigungsmittel ....ml/ 10 l Wasser (1 Eimer)

.... l/100 l Wasser (Hochdruckwwasserstrahlgerät)

Desinfektion: tägl. nach Beendigung der Produktion

Desinfektionsmittel ....ml/10 l Wasser (1 Eimer)   Sprühgerät .... %ige Konz.

.... ml/10 l Wasser (1 Eimer)   Sprühgerät .... %ige Konz.

Maschinen, Geräte, Räume etc.	Desinfektions- mittel Konz.	Mo Schicht 1 2	Di Schicht 1 2	Mi Schicht 1 2	Do Schicht 1 2	Fr Schicht 1 2	Sa Schicht 1 2	So Schicht 1 2	Bemerkungen
									....
									....
									....
									....
									(Unterschrift)
									Hygienekontrolle Beanstandungen: ja nein
									....
									....
									....
									....
									....
									(Unterschrift)

Ökonomische Betrachtungen

Tab. 1.13 Mikrobiologisches Beurteilungsschema für Kontrollen in einem Lebensmittelbetrieb (ZSCHALER 1975)

Probenbezeichnung	Angabe der Anzahl bestimmter Mikroorganismen auf bzw. in bestimmten Nährböden							Befund
	Plate Count Agar n. 3 Tagen bei 25 °C	Würze-Agar n. 3 Tagen bei 25 °C	Brillant-Grün-Galle–Bouillon n. 3 Tagen bei 37 °C					
	Keimgehalt pro Abstrich	Hefen/g	Schimmel/g	100 ml	5 ml	1 ml	0,1 ml	0,01 ml	
Reinigungskontrolle d. appar. Einrichtungen (Wischermethode)	1– 50 / 51–200	0 / 1–30	1–10 / 11–30	. / .	. / .	. / .	– / –	– / –	gut / ausr.
Letztes Spülwasser von app. Einrichtungen nach Reinigung u. Desinfektion	1– 50 / 51–100	1–2 / 3–5	1–2 / 3–5	– / –	– / –	– / –	– / –	– / –	gut / ausr.
Desinfektionsmittellösung z. Aufbewahren best. Utens. (Stöker, Abstr. usw.)	0 / 0	0 / 0	0 / 1–10	– / –	– / –	. / .	. / .	. / .	gut / ausr.

Probenbezeichnung	Angabe der Anzahl Kolonien auf den mit Nährboden beschickten Luftplatten			Befund
	Würze-Agar n. 3 Tagen bei 25 °C		Fettplatten mit Fleischwasser-Agar n. 5 Tagen bei 25 °C	
	Hefen	Schimmel	Actinomyceten	
Luftkeimgehalt der Fabrikationsräume	1–2 / 3–6	1– 4 / 5–10	0 / 0	gut / ausr.

Besondere Bemerkungen

Für die bakteriologische Beurteilung sämtlicher Proben gelten allgemein die Bezeichnungen sehr gut, gut, ausreichend, zu beanstanden, schlecht. Im Beurteilungsschema sind die Bezeichnungen nicht angeführt, wie „sehr gut" (für Proben mit 0 Keimen auf den einzelnen Nährböden), „zu beanstanden" (für Proben, die die festgelegten Keimzahlgrenzen der einzelnen Nährböden für die Beurteilung „ausreichend" überschreiten) und „schlecht" (für Proben, bei denen über 500 Hefen und Schimmel nachzuweisen sind).

Stöker: Hilfsgerät zum Transport von Margarineportionen (ungeformt).

Literatur

Literatur

BENZING, L. (1981): Grundzüge der Betriebshygiene. Getreide, Mehl, Brot 35, S. 164-166.

BÖSENBERG, H. (1970): Sterilisation und Desinfektion – Begriffsdefinitionen und Anregungen, Goldschmidt informiert, H. 13, 4/70, S. 3-5

CERSOVSKY, H. u. NEUBERT, S. (1966): Die Reinigung und Desinfektion von Anlagen, Geräten und Gefäßen in der landwirtschaftlichen Milchwirtschaft, Arbeiten des Instituts für Milchforschung Oranienburg, H. 14.

DE WITT, J. C. u. KAMPELMACHER, E. H. (1982): Microbiological aspects of washing hands in slaughter-houses, Zbl. Bakt. Hyg; I Abt. Orig. B 176, S. 553-561.

DIEHL, K.-H. (1975): Reinigung eine vorbereitende Maßnahme für die Desinfektion im Lebensmittelbereich, Fleischwirtschaft, 55, S. 1202-1209.

DIN (1990a): Qualitätsmanagement und Qualitätssicherungsnormen, Leitfaden zur Auswahl und Anwendung, DIN/ISO 9000, Beuth Verlag, Berlin.

DIN (1990b): Qualitätssicherungssystem, Modell zur Darlegung der Qualitätssicherung in Design, Entwicklung, Produktion, Montage und Kundendienst, DIN/ISO 9001, Beuth Verlag, Berlin.

DIN (1990c): Qualitätssicherungssystem und Modell zur Darlegung der Qualitätssicherung in der Produktion und Montage, DIN/ISO 9002, Beuth Verlag, Berlin.

DIN (1990d): Qualitätssicherungssystem, Modell zur Darlegung der Qualitätssicherung bei der Endprüfung, DIN/ISO 9003, Beuth Verlag, Berlin.

DIN (1990e): Qualitätsmanagement und Elemente eines Qualitätssicherungssystems – Leitfaden, DIN/ISO 9004, Beuth Verlag, Berlin.

EDELMEYER, H. (1985): Reinigung und Desinfektion bei der Gewinnung, Verarbeitung und Distribution von Fleisch, Holzmann Verlag, Bad Wörishofen.

FLÜCKIGER, E. (1964): Grundzüge der Reinigung und Qualitätsmilcherzeugung in Melkmaschinenbetrieben, Schweiz. Milchzeitung 90, S. 3-16.

GROENEWEGEN, D. (1981): Personalhygiene im Backbetrieb. Getreide, Mehl, Brot 35, S. 162-164.

GRÜN, L. (1976): Zur Entwicklung der Desinfektion und Sterilisation im medizinischen Bereich, GOLDSCHMIDT informiert, H. 36, 1/76, S. 8-10.

GUTHRIE, R. K. (1980): Food Sanitation, AVI Publishing Comp. Inc. Westport, Connecticut.

HEIN, K. (1980): Reinigung und Desinfektion von Kühlbehältern zur Lagerung von Milch in landwirtschaftlichen Betrieben, Diss. Technische Universität München-Weihenstephan.

HOFFMANN, S. (1973): Die Problematik des Händewaschens. Schweiz. Milchzeitung 99, S. 157-158.

Industrieverband Hygiene und Oberflächenschutz (1994), Karlstr., Frankfurt/Main, Persönl. Mitteilung.

JESCHKE, H. (1982): Saubere Böden im Süßwarenbetrieb, Zucker- und Süßwarenwirtsch. 35, S. 202-203.

KIERMEIER, F., HEISS, R. u. KAESS, G. (1944): Beiträge zur Vorratstechnik von Lebensmitteln, Verlag Steinkopff, Dresden u. Berlin.

KIERMEIER, F. u. WILDBRETT G. (1957): Kontrolle von Reinigungsmitteln und Reinigung in der Milchwirtschaft, Milchwiss. 12, S. 310-321.

KIRMAIER, N. et al. (1982): Brauchwasseraufbereitung in der Brauerei mit anodischer Oxidation als Verfahrenskomponente, Brauwiss. 35, S. 57-64.

KLEINERT, J. (1982): Produktqualität und Hygiene in der Schokoladenindustrie, Alimenta, Sonderausgabe, S. 27-33.

LANGE, H. J. (1993): GMP und HACCP bei thermisch behandelten Lebensmitteln, ZFL 44, S. 16-27.

LUDORFF, W. u. MEYER V. (1973): Fische und Fischerzeugnisse, In: F. Kiermeier (Hrsg.): Grundlagen und Fortschritte der Lebensmitteluntersuchung, Band 6, Paul Parey-Verlag, Berlin u. Hamburg.

Literatur

MITTAL, K. L. (1979): Surface contamination: An overview, In: K. L. Mittal (Edit.): Surface contamination, Vol. 1, p. 3-45, Plenium Press, New York.

MOHS, H.-J. (1975): Hygienepläne im Produktionsbereich, In: VDI-Gesellschaft für Verfahrenstechnik u. Chemieingenieurwesen; Düsseldorf (Hrsg.): Symposium über Reinigen und Desinfizieren lebensmittelverarbeitender Anlagen, Kap. 2-4; S. 1-4.

MROZEK, H. (1982): Entwicklungstendenzen bei der Desinfektion in der Lebensmittelindustrie. Deutsche Molkerei-Ztg. 103, S. 348-352.

MROZEK, H. (1988): Technik im Einsatz für Sauberkeit und Hygiene. Neues Stadium der Desinfektion in der Milchwirtschaft. Ernährungswirtsch. H. 8, S. 72-77.

OEHLER, K. E. (1969): Technologie des Trink- und Betriebswassers. In: J. Schormüller (Hrsg.): Handbuch der Lebensmittelchemie Bd VIII, S. 248-433. Springer Verlag, Berlin u. a.

OUZOUNIS, D. u. ROSSNER, D. (1992): Reinigung in der Lebensmittelindustrie. ZFL 43, S. 588-599

PROSÉNZ, K. (1981): Der Hygieneplan. Getreide, Mehl, Brot 35, S. 166-168.

PUHAĆ, J., HRGOVIĆ, N. u. ILIĆ, M. (1970): Über Desinfektionsmaßnahmen in fleischverarbeitenden Betrieben, Goldschmidt informiert H. 13, 4/70, S. 9-12.

REBER, H. (1981): Vorschriften und Anforderungen an Desinfektionsmittel im Lebensmittel- und Spitalbereich. In: Schweiz. Ges. für Lebensmittelhygiene (Hrsg.): Reinigung und Desinfektion in Lebensmittelbetrieben, Schriftenreihe Heft 10, S. 7-13.

REIFF, F. et al. (1970): Reinigungs- und Desinfektionsmittel im Lebensmittelbetrieb. In: J. Schormüller (Hrsg.): Handbuch der Lebensmittelchemie, Band IX, S. 703-781, Springer Verlag, Berlin u. a.

REINHARDT, A. (1973): Reinigungs- und Desinfktionsverfahren, Getreide, Mehl, Brot 27, S. 381-385.

ROHRLICH, M. u. BRÜCKNER, G. (1966): Das Getreide und seine Verarbeitung, In: F. Kiermeier (Hrsg.),: Grundlagen und Fortschritte der Lebensmitteluntersuchung, Bd. 4 Teil 1, Parey-Verlag, Berlin u. Hamburg.

SCHEBLER, A. (1979): Wirtschaftliche Aspekte des technischen Fortschritts beim Produktionsprozeß in der Molkereiwirtschaft. Habilitationsschrift, Techn. Universität München-Weihenstephan.

SCHMIDT, U. u. LEISTNER, L. (1981): Reinigung und Desinfektion in der Fleischwirtschaft, In Th. Schliesser u. D. Strauch (Hrsg.): Desinfektion in der Tierhaltung, FLeischwirtschaft und Milchwirtschaft, Enke Verlag Stuttgart.

SCHORMÜLLER, J. (1966): Die Erhaltung der Lebensmittel, S. 624-642. Enke Verlag, Stuttgart.

SCHULZ, M. E. (1953): Vorbeugende Maßnahmen gegen Fremdschimmel-Infektionen in Camembert-Käsereien, Milchwiss. 8, S. 426-430.

SHEENA, A. Z. u. STILES, M. E. (1982): Efficacy of germicidal hand wash agents in hygienic hand disinfection, J. Food Protect. 45, S. 713-720.

SINELL, H.-J. (1980): Einführung in die Lebensmittelhygiene, Pareys Studientexte; Nr. 21, Parey-Verlag, Berlin u. Hamburg.

SING, E. L. et al. (1967): Effective testing procedures for evaluating plant sanitation, J. Milk and Food Technol. 30, S. 103 111.

SNIJDERS, J. (1988): Good manufacturing practices an Schlachtlinien, Fleischwirtsch. 68, S. 709-715.

SPICHER, G. (1982): Empfehlenswerte Methoden zur Überwachung der Betriebshygiene in Bäckereibetrieben. Getreide, Mehl, Brot 36, S. 189-192.

WALLHÄUSER, K.-H. (1990): Lebensmittel und Mikroorganismen, S. 266-269, Steinkopff Verlag, Darmstadt.

WEIDLE, H. (1970): Händedesinfektion in der Lebensmittelhygiene, Gordian 70, S. 270-271 u. S. 312-314.

WILDBRETT, G. (1990): Reinigung und Desinfektion lebensmittelberührender Oberflächen – Erfordernisse und Risiken, Bayer. Landwirtsch. Jahrbuch 67, Sonderheft 2, S. 159-170.

Literatur

WILDBRETT, G. u. JEHL, R. (1983): Maschinelles Geschirrspülen in Großküchen, Ernährungs-Umschau 28, S. 125-130.

WINTERER, H. (1975): Bakteriologische Kontrolle der Reinigung und Desinfektion von Oberflächen, Milchwirtsch. Berichte Wolfpassing 43, S. 111-114.

ZSCHALER, R. (1975): Auswirkungen ungenügenden Reinigens und Desinfizierens auf Fertigprodukte, In: VDI-Gesellschaft für Verfahrenstechnik u. Chemieingenieurwesen, Düsseldorf, (Hrsg.): Symposium über Reinigen und Desinfizieren lebensmittelverarbeitender Anlagen, Kap. 4-1, S. 1-8.

ZSCHALER, R. (1989): Good manufachturing practice (GMP) in der Lebensmittelindustrie, Zbl. Bakt. Hyg. B 187, S. 546-556.

2 Chemische Hilfsmittel zur Reinigung und Desinfektion

F. KIERMEIER, G. WILDBRETT, H. MROZEK

2.1 Wasser

2.1.1 Allgemeines

Je nach der Lage des Lebensmittelbetriebes wird dieser auf eine andere Herkunft des Wassers zurückgreifen müssen. Dementsprechend ist die Zusammensetzung des Wassers unterschiedlich, je nachdem ob es sich um Grund- oder Oberflächenwasser (Bäche, Flüsse, Seen, Talsperren) oder um Wasser aus betriebseigenen Brunnen („Bohrlochwasser") oder um kommunales Leitungswasser handelt. In jedem Fall muß es die Qualität des Trinkwasssers haben, wobei unter Trinkwasser das von Industrie, Gewerbe und Haushalt zur Bereitung von Lebensmitteln und zur Reinigung von damit in Berührung kommenden Geräten und Gefäßen verwendete Wasser zu verstehen ist (NÖRING 1969). Das für technische Zwecke genutzte Wasser wird als „Betriebswasser" bezeichnet: es muß nicht immer die Qualität eines Trinkwassers haben; es können strengere Maßstäbe gefordert werden, wenn das Betriebswasser mit dem Lebensmittel in Berührung kommt, so daß Inhaltsstoffe des Wassers wie Eisen und Kupfer, Folgen für die Qualität und die Haltbarkeit des Lebensmittels haben. In jedem Fall muß das Betriebswasser so beschaffen sein, daß durch seinen Genuß oder Gebrauch die menschliche Gesundheit nicht geschädigt werden kann. In den meisten Lebensmittelbetrieben ist eine Trennung zwischen Trink- und Betriebswasser schwer möglich, so daß zwangsläufig vorwiegend mit Trinkwasser gereinigt und desinfiziert wird. Der Wasserbedarf der einzelnen Lebensmittelbranchen ist sehr unterschiedlich (Tab. 2.1). Wegen der hohen Kosten für Betriebs- und Abwasser nutzen die Betriebe jede Möglichkeit, Wasser zu sparen. So lohnt es sich, das Nachspülwasser wieder aufzufangen und zu stapeln, um es dann bei der nächsten Reinigung für die Vorspülung zu verwenden (RÄDLER 1977).

Tab. 2.1 Spezifischer Wasserverbrauch für die Produktion einiger Lebensmittel (ATV 1985, KOBALD u. HOLLEY 1990)

Lebensmittel	Wasserverbrauch	
Obst (Sterilkonserven)	m^3/t	2,5 –4,0
Gemüse (Sterilkonserven)	m^3/t	3,5 –6,0
Obst (Gefrierkonserven)	m^3/t	5,0 –8,5
Fruchtsäfte	m^3/t	6,5
Kindernahrung	m^3/t	6,0 –9,0
Bier	m^3/hl	0,485–1,13
Zuckerfabrikation [1]	m^3/t	15
Kartoffelstärke-Gewinnung [2]	m^3/t	0,3
Maisstärke-Gewinnung [3]	m^3/t	1,4 –1,7

[1] Bezug auf verarbeitete Rübenmasse
[2] Überschußwasser bei Waschen von 1 t Kartoffeln
[3] Wasser für Quellprozeß von 1 t Mais

Wasser

Eine weitere wichtige Maßnahme kann die Rückführung des Kühlwassers sein, das angewärmt sich auch zur Kesselspeisung anbietet. KREIPE (1981) bringt für den Wasserbedarf für die Rohspiritus-Herstellung eine instruktive Tabelle (Tab. 2.2), wonach der Verlust für Reinigung und Heizen rund 7,5 % beträgt. Je höher der Verlust ist, um so mehr sollte überlegt werden, ob und in welchem Umfang Betriebswasser zurückgeführt und in welchem Ausmaß hierfür Stapeltanks wirtschaftlich sind.

Tab. 2.2 Wasserbedarf (10 °C) je hl Alkohol als Rohspiritus (Dämpfverfahren; KREIPE 1981)

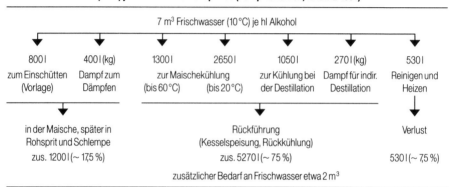

2.1.2 Zusammensetzung des Wassers

Nach Tab. 2.3 schwankt die Zusammensetzung des Wassers in weiten Grenzen. Die Unterscheidung in günstige und ungünstige Werte für die Beschaffenheit ist nicht nur für Trinkwasser (vgl. hierzu Empfehlungen der Europäischen Gemeinschaft zur Qualität des Wassers für den menschlichen Verbrauch: SMEETS u. AMAVIS 1981), sondern ebenso für Betriebswasser gültig (MÄRKI 1969), zum Teil werden sogar höhere Forderungen gestellt, z. B. für die Molkereiindustrie (FUNKE 1970).

Die in Tab. 2.3 unterstrichenen Bestandteile sind die Hauptinhaltsstoffe des Wassers. Magnesium- und Calciumionen bedingen die Härte des Wassers.

Die Summe aller an Hydrogencarbonat-, SO_4^-, Cl^-, NO_3^- und PO_4-Ionen gebundenen Erdalkalien ist die Gesamthärte, üblicherweise ausgedrückt in deutsche Härtegraden (°d), wissenschaftlich exakt ist die Angabe in mval/l, weil in den verschiedenen Ländern die Härtegrade unterschiedlich berechnet werden (Tab 2.4).

Da es eine Härte der Anionen nicht gibt, sind die immer noch in den Wasseranalysen zu findenden Begriffe wie „Carbonat" – bzw. „Nichtcarbonat-Härte" an sich nicht haltbar, denn sie beziehen sich auf die beim Erwärmen unter Entweichen von Kohlendioxid ausfallenden Erdalkalicarbonate bzw. auf die in Lösung bleibenden und an Chlorid, Sulfat usw. gebundenen Erdalkalien, aber sie geben Aufschluß über das Verhalten der Härte beim Erwärmen des Wassers.

Das Ausmaß der Härte im Grundwasser hängt entscheidend von der geologischen Beschaffenheit des durchflossenen Untergrunds ab. Gebiete mit Urgestein (z. B. Schwarzwald oder Zentralalpen) liefern extrem weiches Wasser, kalk- bzw. gipshaltige Formationen (z. B. Jura) dagegen sehr hartes Wasser. Deshalb schwankt

Wasser

die Härte des in verschiedenen Gebieten verfügbaren Wassers innerhalb weiter Grenzen. Eine grobe Übersicht über die derzeitige Härteverteilung in den öffentlichen Wasserversorgungen in der Bundesrepublik Deutschland findet sich in den Begründungen zum Waschmittelgesetz von 1975 (Tab. 2.5). Als Folge verstärkter Auswaschung des Bodens zeigt die Härte des Wassers seit Jahren steigende Tendenz.

Tab. 2.3 Günstige und ungünstige Werte für die Beschaffenheit des Trink- und Betriebswassers [Schema in Anlehnung an HÖLL u. a. (1968), entnommen MÄRKI (1969)]

Eigenschaften bzw. Bestandteil	günstige bzw. tragbare Werte	Grenzwert	ungünstige Werte
Abdampfrückstand mg/l	500	1000	1500–3000 und mehr
Kaliumpermanganatverbrauch (KMnO$_4$) mg/l	bis 6	12	20–40 und mehr
Urochrome mg/l	nicht nachweisbar	0,1	1–50 und mehr
Gesamthärte °d	bis 5	10	15–30 und mehr
Carbonathärte °d	bis 5	8	15–25 und mehr
Nichtcarbonathärte °d	bis 5	10	15–25 und mehr
pH-Wert	7,1–7,5	8,0	8,5–10 bzw. 7–3
Ammonium (NH$_4^+$) mg/l	bis 0,1	0,2	0,3–0,5 und mehr
Magnesium (Mg^{2+}) mg/l	bis 50	100	150–250 und mehr
Calcium (Ca^{2+}) mg/l	bis 50	100	150–250 und mehr
Mangan (Mn^{2+}) mg/l	bis 0,01	0,03	0,1–0,2 und mehr
Eisen (Fe^{2+}) mg/l	bis 0,05	0,1	0,15–0,5 und mehr
Chlorid (Cl$^-$) mg/l	bis 20	30	40–60 und mehr
Sulfat (SO$_4^{2-}$) mg/l	bis 25	50	75–125 und mehr
Nitrit (NO$_2^-$) mg/l	nicht nachweisbar	0,05	0,1–0,2 und mehr
Nitrat (NO$_2^-$) mg/l	bis 20	30	40–60 und mehr
Phosphat (PO$_4^{3-}$) mg/l	bis 0,01	0,02	0,1–0,2 und mehr
aggressives Kohlendioxid (CO$_2$) mg/l bei weichen Wässern	nicht nachweisbar	1,0	3–10 und mehr
bei harten Wässern	bis 2	3,0	10–30 und mehr
Sauerstoff (O$_2$) mg/l	6–8	10	11–15 und mehr

Tab. 2.4 Maßeinheiten für die Härte

	Erdalkali-Ionen mval/l	Deutscher Härtegrad	Englischer Härtegrad	Französischer Härtegrad	Amerikanischer Härtegrad
mval/l Erdalkali-Ionen	1,00	2,80	3,51	5,00	50,00
Deutscher Härtegrad	0,357	1,00	1,25	1,79	17,85
Englischer Härtegrad	0,286	0,80	1,00	1,43	14,30
Französischer Härtegrad	0,20	0,56	0,70	1,00	10,00
USA-Härte	0,02	0,056	0,07	0,10	1,00

Wasser

Tab. 2.5 Härtegrade des in Haushalten der Bundesrepublik Deutschland verfügbaren Wassers

Härtebereiche	Härtecharakteristik	Gesamthärte des Wassers mmol/l CaO	°d	Anteil der versorgten Bevölkerung %[1)
I	weich	< 1,3	< 7	10
II	mittel	1,3–2,5	7–14	45
III	hart	2,5–3,8	14–21	35
IV	sehr hart	> 3,8	> 21	10

[1) alte Bundesländer

In Deutschland ist u. U. selbst in benachbarten Gemeinden, ja Stadtteilen, die Härte des Wassers außerordentlich unterschiedlich (Tab. 2.6); d. h. es ist nicht möglich, von einer „mittleren" Zusammensetzung des Wassers in Deutschland zu sprechen. Selbst einzelne Bestandteile können um mehr als eine Zehnerpotenz schwanken, z. B. Fluor in Mitteldeutschland von 0,06 bis 0,97 mg/l (TÄUFEL u. WOLF 1954).

Tab. 2.6 Unterschiedliche Härtegrade des Wassers in Stadt- und umgebenden Landkreisen (OXÉ 1961)

Stadt- bzw. Landkreis	Anteil an der Gesamthärte	
	< 15 °d in %	> 15 °d in %
Regensburg		
Stadtkreis	35,0	65,0
Rosenheim		
Stadtkreis	100	
Landkreis	50,5	49,5
Darmstadt		
Stadtkreis	100	
Landkreis	40	60

2.1.3 Forderungen an das Betriebswasser

Zwecks Sicherung der Lebensmittelqualität müssen an das Betriebswasser in vieler Hinsicht hohe Anforderungen gestellt werden, wenn dieses direkt in Kontakt mit Produkten kommt oder zum abschließenden Spülen nach beendeter Reinigung bzw. Desinfektion dient. Zu den Anforderungen zählt ein Mindeststandard hinsichtlich Art und Zahl der Keime. Die Verwendung mikrobiell belasteten Wassers zu Reinigungs- und Desinfektionszwecken birgt Gefahren in sich, wenn dadurch Krankheitserreger auf Lebensmittel übertragen werden.

Ferner muß das Wasser geruchlich und geschmacklich einwandfrei sein. Der Gehalt an unerwünschten Stoffen darf die gesetzlich festgelegten Werte nicht übersteigen. Besonders niedrige Grenzen gelten für derzeit unvermeidliche Stoffe, welche ein gesundheitliches Risiko darstellen. Hierzu zählen chlorierte Kohlenwasserstoffe, weil sie einerseits persistent, das heißt auch akkumulationsfähig, und andererseits cancerogenverdächtig sind (Tab. 2.7).

Aufgrund der unterschiedlichen Zusammensetzung des Wassers wird der einzelne Lebensmittelbetrieb spezielle Forderungen an das Betriebswasser stellen, denn eine Trennung in Wasser von Trinkwasser und technischer

Wasser

Tab. 2.7 Parameter, Richtzahlen (RZ) und zulässige Höchstkonzentrationen (ZHK) für Trinkwasser gemäß EG-Richtlinien (80/778) bzw. deutscher Trinkwasser-VO 1990 (HÜTTER 1990; Auszug)

Parameter	Einheit	RZ	ZKH EG	ZKH BRD
Physikalische u. chemische Größen				
pH	–	6,5–8,5	9,5	6,5–9,5
elektrische Leitfähigkeit	$\mu S/m$ 20 °C	400	–	2000 (25 °C)
Chlorid	Cl mg/l	25	–	–
Sulfat	SO_4 mg/l	25	250	240
Kalzium	Ca mg/l	100	–	–
Magnesium	Mg mg/l	20	50	–
Unerwünschte bzw. toxische Stoffe				
Nitrat	NO_3 mg/l	25	50	50
Nitrit	NO_2 mg/l	–	0,1	0,1
Ammonium	NH_4 mg/l	0,05	0,5	0,5
Eisen	Fe mg/l	0,05	0,2	0,2
Mangan	Mn mg/l	0,02	0,05	0,05
Arsen	As $\mu g/l$	–	0,2	0,2
Cadmium	Cd $\mu g/l$	–	50	50
Chrom	Cr $\mu g/l$	–	50	50
Quecksilber	Hg $\mu g/l$	–	1	1
Nickel	Ni $\mu g/l$	–	50	50
Blei	Pb $\mu g/l$	–	50	40
Phenole	Phenol $\mu g/l$	–	0,5	–
Organische Chlorverbindungen [2]	$\mu g/l$	1	–	10 [1]
Polyzyklische aromatische Kohlenwasserstoffe	C $\mu g/l$	–	0,2	0,2
Tenside	MBAS [3] $\mu g/l$ BiAs	–	–	–(200)
Sensorische Parameter				
Geruchsschwellenwert	Verdünnungs-	0	2 (12 °C)	2 (12 °C)
Geschmacksschwellenwert	faktor	0	3 (25 °C)	3 (25 °C)

[1]) Summe der Gehalte an Trichlorethan, Tri- und Tetrachlorethen, Dichlormethan
[2]) ohne Pestizide und ähnliche Substanzen, für die ein eigener Grenzwert gilt, ZHK für Tetrachlormethan: 3 µg/l
[3]) MBAS: methylenblauaktive Substanzen, BiAS: wismutaktive Substanzen (Kap. 9)

Qualität befindet sich erst am Anfang der Entwicklung, wenn diese auch durch die Kostensteigerung für Trink- und Abwasser vorangetrieben wird. Das Wasser muß bei der Reinigung für den einzelnen Lebensmittelbetrieb voneinander abweichende Funktionen übernehmen:

1. Es muß oberflächlich anhaftenden Schmutz beseitigen, z. B. die Erde bei der Kartoffelwäsche vor der Stärkeverarbeitung oder angeklebte Milchreste in der Milchflasche.
2. Es muß die in den Apparaten und Gefäßen zurückgebliebenen Rückstände in die geeignete Form bringen, entweder durch Lösen, z. B. der Zucker, oder durch Vorquellen, z. B. der Eiweißstoffe, oder durch Verflüssigen bei erhöhter Temperatur, z. B. der Fette.

Wasser

3. Für die erforderlichen Reinigungs- und Desinfektionsmittel ist es das geeignetste Lösungsmittel und gleichzeitig das Mittel der Wahl zu deren Beseitigung am Schluß der Reinigung und Desinfektion.

Entsprechend der Eigenart der Lebensmittelproduktion müssen diese Funktionen unterschiedlich erfüllt werden, was spezielle Aufbereitungen nach sich zieht. Über die Anforderungen an Trink- und Betriebswasser hat FRANK (1969) eingehend in seinen Beurteilungsgrundsätzen berichtet.

2.1.4 Aufbereitung des Wassers

U. U. muß die Beschaffenheit des Wassers auf die speziellen Anforderungen eines Lebensmittelbetriebes abgestimmt werden werden. Daher divergieren die Aufbereitungsziele und müssen von Fall zu Fall überdacht werden. Die Eigenschaften müssen so geändert werden, daß das Wasser für eine bestimmte Nutzung geeignet ist, wobei zusätzlich die Abwasservorschriften beachtet werden müssen (Kap 9). „Selbst wenn Richtwerte und Analysen für ein Wasser vorliegen, ist es immer noch schwierig, zu einer richtigen Beurteilung der Verwendungsmöglichkeiten zu gelangen. Solche Richtwerte für einzelne Bestandteile eines Betriebswassers können niemals im einzelnen und für sich allein die Grundlage einer Beurteilung sein, sondern es bedarf dazu der abwägenden Berücksichtigung einer ganzen Reihe von Faktoren" (FRANK 1969).

a) Durch die Klärungs- und Schönungsverfahren werden ungelöste Schweb- und Schwimmstoffe und Kolloide beseitigt, und zwar durch Sedimentation, Flockung, Siebung, Filtration oder Kombination dieser Verfahren (ALEXANDER 1995).

b) Je nach der Herkunft des Wassers für den Betrieb wird das Wasser meistens gechlort sein. Die Chlorung ist das wichtigste Entkeimungsverfahren, zusätzlich werden dadurch eine Reihe von Geruchs- und Geschmacksstoffen abgebaut. Die Chlorung hat jedoch auch Nachteile, so daß unter Umständen entchlort werden muß. Einerseits kann sie Korrosion zur Folge haben, andererseits können sich beim Vorhandensein von Phenolen oder phenolartigen Stoffen, besonders im Oberflächenwasser, geschmacksintensive Chlorphenolverbindungen bilden, die bereits in Konzentrationen von 0,1 mg/kg wahrnehmbar sind (FRANK 1969). Weiterhin können sich leichtflüchtige, unerwünschte Halogenkohlenwasserstoffe bilden, bei denen nachteilige physiologische Wirkungen befürchtet werden, so daß statt der Chlorung die anodische Oxydation zur Entkeimung vorgeschlagen wird (KIRMAIER u. a. 1982). Diese erzeugt allerdings über Kochsalz-Elektrolyse gleichartige Reaktionsprodukte.

c) Vornehmlich bei der Verwendung von Oberflächenwasser müssen die Geruchs- und Geschmacksstoffe durch Aufbereitungsverfahren wie Belüftung, Flockung, Oxidation und Adsorption entfernt werden.

d) Für manche Zweige der Lebensmittelindustrie, z. B. Stärkeherstellung, muß das Wasser eisen- und manganarm bzw. -frei sein, weil sonst die Fertigprodukte gelblich verfärbt werden können. Die zweiwertigen Eisen- und Manganionen werden meist zu höherwertigen, unlöslichen Oxidhydraten oxidiert, die anschließend abfiltriert werden können (ALEXANDER 1995).

e) Die Enthärtung, gegebenenfalls zusammen mit der Entsalzung, ist zweifellos die wichtigste Aufbereitung für das Betriebswasser, bei der der Gehalt an Calcium und Magnesium erniedrigt wird. Freie aggressive Kohlensäure kann mit Kalkmilch entfernt werden:

$$CO_2 \quad + \quad Ca(OH)_2 \rightarrow CaCO_3 \downarrow + H_2O$$
$$\text{freie aggressive Kohlensäure} \quad \text{„Kalkmilch"}$$

$$Ca^{2+} + 2\,HCO_3^- + Ca(OH)_2 \quad \rightarrow 2\,CaCO_3 \downarrow + 2\,H_2O$$

Die „Entcarbonisierung" führt zur Entfernung der Carbonathärte, wobei gleichzeitig der Gesamtmineralstoffgehalt verringert wird, da sowohl das Fällungsmittel als auch die Härtebildner durch Sedimentation und/oder Filtration aus dem Wasser ausgeschieden werden.

Die Nichtcarbonathärte kann durch Zugabe von Soda eliminiert werden:

$$Ca^{2+} + SO_4^{2-} + 2\,Na^+ + CO_3^{2-} \rightarrow CaCO_3 \downarrow + Na_2SO_4$$

Bei dieser Reaktion bleibt der Gesamtmineralstoffgehalt konstant, da eine äquivalente Menge Natriumsulfat entsteht. Mit diesem Verfahren ist eine Enthärtung bis zu 4 °d möglich (FUNKE 1970).

Neben diesen alterprobten Verfahren, die eine gewissenhafte Laboratoriumskontrolle erfordern, sind heute, vor allem in der Industrie, Ionenaustauschverfahren zur Enthärtung gebräuchlich. Hierbei handelt es sich um ein hochmolekulares Grundgerüst eines Duroplasten, meist in Granulatform, in das zahlreiche ionenbildende Ankergruppen, z. B. SO_3^- oder phenolische Hydroxylgruppen eingebaut sind, deren locker gebundene Gegenionen, z. B. Na^+ oder OH^-, gegen andere, in der umgebenden Flüssigkeit gelöste gleichsinnig geladene Ionen ausgetauscht werden können. Die Enthärtung mit Ionenaustauschern verläuft nach der Gleichung

$$2\,Na\bar{A} + Ca^{2+} \rightarrow Ca\bar{A}_2 + 2\,Na^+$$

$\bar{A}$: indiffusibles Anion im Kationenaustauscher

Der Vorgang ist umkehrbar, wobei mit NaCl-Lösungen oder Salzsäure in jeweils ausreichend hoher Konzentration regeneriert wird:

$$\begin{array}{ccccc} Ca\,\bar{A}_2 & + & 2\,NaCl & \rightarrow & 2\,Na\,\bar{A} + CaCl_2 \\ \text{unlöslich} & & \text{löslich} & & \text{unlöslich} \quad \text{löslich} \end{array}$$

Das Kalk-Soda-Verfahren ist zweifellos das ökonomischere, weil es auch sehr harte Wasser enthärtet, während die Ionenaustauscher bei höheren Härtegraden für den industriellen Gebrauch zu teuer werden und die Gefahr der Korrosion besteht, solange die Hydrogencarbonate vorhanden sind (FUNKE 1970). Durch die moderne Entwicklung der Reinigungsmittel ist jedoch diese Gefahr weitgehend gebannt. Die waschaktiven Substanzen gestatten bei weitgehender Beständigkeit gegenüber Härtebildnern, Basen und Säuren Waschvorgänge innerhalb sämtlicher pH-Werte bis herunter zur sauren Reinigung unterhalb des isoelektrischen Bereichs der Proteine.

Die Enthärtung hat eine Reihe von Vorteilen – vgl. zusammenfassend bei WILDBRETT (1981). So konnten LABOTS u. GALESLOOT (1965) und RADEMA u. KOOY (1965) belegen, daß hartes Wasser den Einfluß verschiedener quaternärer Ammonium-Verbindungen und amphoterer Tenside abschwächt, gegenüber *Escherichia coli* 555 zum Teil um über eine Zehnerpotenz (Tab. 2.8).

Bei allen Verfahren der Wasseraufbereitung ist zu beachten, daß sie zu einer – unter Umständen erheblichen – Anreicherung des Keimgehaltes führen können. In Ionenaustauschern, Kies- und Kohlefiltern und allen Reaktionsbehältern finden sich stets Zonen von nahezu stagnierendem Wasser, von denen aus sich eine Aufwuchsflora auf jeder verfügbaren Oberfläche bildet. Auch gute Wasserqualitäten führen durch das ständige Vorbeiführen frischen Wassers genügend Nährstoffe für eine Keimvermehrung heran.

Reinigungsmittel

Tab. 2.8 Einfluß der Härte des Wassers auf die Entwicklung von Escherichia coli 555. – Weiches Wasser: 4°d = 72 ppm $CaCO_3$, hartes Wasser: 25°d = 450 ppm $CaCO_3$; – Einwirkungszeit 1 min. – ≫ = viel höher, > = höher (LABOTS u. GALESLOOT 1965, Auszug)

Desinfektionsmittel [1]		Niedrigste Konzentration (ppm aktives Material) für 10 negative Kulturen	
		weiches Wasser	hartes Wasser
$R-N(CH_3)_2(CH_2\langle O \rangle)Cl$ $R=C_{14}H_{29}$	(95%)	500	500
$C(CH_3)_3-CH_2-C(CH_3)_2\langle O \rangle-O-(CH_2)-$ $-O-(CH_2)_2-N(CH_3)_2(CH_2\langle O \rangle)Cl$	(25%)	1250	1250
$R-N(CH_3)_3 Cl$ $R=C_{16}H_{33}$	(50%)	1000	≫ 10000
$R-O-CH_2-CHOH-CH_2-N(CH_3)-$ $(CH_2-CH_2OH)_2 Cl$ $R=C_{12}H_{25}$	(10%)	1000	5000
$R-NH-CH(CH_3)-CH_3-CH_2COOH$ $R=C_{12}H_{25}+C_{14}H_{29}$	(55%)	11000	≫ 55000
$R-NH-C_2H_4-NH-C_2H_4-NH-C_2H_4-$ $NH-CH_2 COOH$ $R=C_{12}H_{25}$	(10%)	> 5000	≫ 5000

[1] Werte in Klammer: aktives Material im Konzentrat

Bei hohen Anforderungen an die Keimfreiheit muß – insbesondere bei mehrstufigen Aufbereitungsverfahren – als letzte Stufe eine Entkeimung vorgesehen werden, wobei eine gegebenenfalls erforderliche Entchlorungsanlage bzw. ein Kohlefilter zur Beseitigung der entstandenen Chlorierungsprodukte (KIRMAIER 1982) besonders sorgfältig zu warten ist.

2.2 Reinigungsmittel

2.2.1 Aufgaben und Typen

Die Aufgabe des Reinigens besteht darin, unerwünschte Substanzen (Schmutz), vor allem Produktreste von den Lebensmittel berührenden Oberflächen zu entfernen. Dadurch sollen die verschmutzten Oberflächen in einen Zustand versetzt werden, in dem sie wieder uneingeschränkt benutzbar sind, das heißt, eine Beeinträchtigung des Lebensmittels bei der folgenden Produktion vermieden wird. Darüber hinaus dient die Reinigung auch der Werterhaltung, indem sie Schädigungen der Anlagen und Geräte durch korrosive Schmutzanteile verhindert. Je nach Verfahrensweise soll die Reinigung schließlich auch die notwendige Voraussetzung dafür schaffen, daß eine nachfolgende, gesondert ausgeführte Desinfektion möglichst wirksam, das heißt, ungestört durch Schmutzreste erfolgen kann.

Im Interesse einer gesicherten Betriebshygiene genügt es nicht, allein Lebensmittel berührende Oberflächen zu reinigen, sondern auch die Außenflächen be- und verarbeitender Anlagen sowie der benutzten Geräte. Die Produktions- und Lagerräume sind ebenfalls regelmäßig zu reinigen.

Für alle Naßreinigungsprozesse – sie überwiegen in der Lebensmittelindustrie bei weitem – bildet Wasser das mengenmäßig, aber auch von der Funktion her gesehen wichtigste Reinigungsmittel. Obwohl es Schmutzanteile wie beispielsweise viele Salze oder Mono- und Disaccaride zu lösen beziehungsweise Proteine und höher

Reinigungsmittel

molekulare Kohlenhydrate zu quellen vermag, genügt seine Wirksamkeit unter praxisüblichen Bedingungen häufig nicht: Entweder beansprucht die Wirkung zu lange Zeit oder sie bleibt, wie im Falle fettiger Verschmutzungen, sogar völlig unzureichend. Deshalb ist es erforderlich, dem Wasser chemische Substanzen zuzusetzen, welche den Reinigungsvorgang beschleunigen oder vervollständigen.

Reinigungsmittel kommen entweder in Form einzelner Stoffe wie Laugen, Säuren, sogenannter chemischer Grundstoffe zum Einsatz oder als vom Hersteller aus mehreren chemischen Substanzen gemischte Präparate. Letztere lassen sich nochmals unterteilen in vollkonfektionierte Produkte und sogenannte Komponentenmittel, bestehend aus einer chemischen Grundsubstanz wie Natronlauge und einem Wirkstoffkonzentrat als zweiter, gesondert zu beziehender Komponente. Solche Komponentenkombinantionen haben sich in der Getränkeindustrie für die maschinelle Flaschenreinigung weitgehend durchgesetzt.

Wirkstoffkonzentrate bestehen vorwiegend aus Substanzen, um die Härtebildner des Wassers abzubinden und Tensiden, die unter anderem auch einer störenden Schaumentwicklung durch abgelöste Etikettenklebstoffe und Schmutz entgegenwirken. Darüber hinaus sind Korrossionsschutzstoffe sowie Komplexbildner für abgelöstes Aluminium – von Flaschenverzierungen – enthalten (SCHLÜSSLER, 1965). Vorteile der Komponentenmittel sind in folgenden Punkten zu sehen:

1. Alkali und Wirkstoffkonzentrat lassen sich, unabhängig voneinander, so dosieren, wie es die spezifischen Verhältnisse, also beispielsweise Wasserbeschaffenheit, Verschmutzung oder Reinigungsanlage jeweils erfordern.
2. Die Alkalikomponente kann der Betrieb vergleichsweise billiger als in konfektionierten Produkten kaufen.
3. Für sich allein ist das Wirkstoffkonzentrat besser lagerfähig als in Mischung mit den sehr hygroskopischen Alkalihydroxiden.

Diesen Vorteilen steht als Nachteil die Notwendigkeit gegenüber, daß der Betrieb für eine Reinigungsaufgabe zwei Produkte, Lauge und zusätzlich Wirkstoffkonzentrat, vorrätig halten muß. Ferner ist eine doppelte Kontrolle der angesetzten Reinigungslösung, nämlich sowohl hinsichtlich Alkali- wie auch Wirkstoffkomponente, erforderlich.

Aufgrund ihrer Beschaffenheit sind feste und flüssige Reiniger zu unterscheiden. Letztere besitzen besondere Bedeutung für die vollautomatische Reinigung, denn sie lassen sich mittels spezieller Vorrichtungen wesentlich unproblematischer dosieren als Pulver. Allerdings liegt ihr Gehalt an reinigungsaktiven Substanzen niedriger als in festen Reinigern. Eine beschränkte Löslichkeit mancher Einzelsubstanzen, insbesondere aber die wechselseitige Beeinflussung des Lösungsvermögens unterschiedlicher Stoffe im gleichen Ansatz, begrenzen die maximal erreichbare Konzentration flüssiger Reiniger. Da die Löslichkeit chemischer Substanzen mit fallender Temperatur zurückgeht, können einzelne Bestandteile aus dem flüssigen Konzentrat ausfallen, etwa auf dem Transport während der kalten Jahreszeit oder in Folge zu niedriger Temperaturen im Aufbewahrungsraum.

In der Handhabung besitzen pulverförmige Reiniger gegenüber Flüssigprodukten den Vorteil, daß Kleidung und Personal nicht durch Flüssigkeitsspritzer gefährdet werden können. Anderseits besteht für feste Produkte die Gefahr einer Belästigung durch Staubanteile beim Ab- und Umfüllen. Während des Transportes sind Entmischungsvorgange möglich, falls Partikelgröße und Masse der Einzelbestandteile in dem Gemisch differieren. Darüber hinaus müssen angebrochene Gebinde gut verschlossen werden. Anderenfalls nehmen insbesondere stark alkalische Produkte, die sehr hygroskopisch sind, aus der umgebenden Luft erhebliche Mengen Wasserdampf auf. Infolgedessen bilden sich örtlich hochkonzentrierte Alkalilösungen. Sie führen dazu, daß der Inhalt der Gebinde zusammenklumpt. Dadurch kann, wenn der Inhalt fest zusammenbackt, die Entnahme einer Teilprobe sehr erschwert oder nahezu unmöglich werden (WILDBRETT u. a. 1954).

Reinigungsmittel

Tab. 2.9 Kennzeichnung einiger chemischer Grundstoffe für Reinigungszwecke aufgrund der Gefahrstoffverordnung (Stand 04/1994)

Stoffbezeichnung	S-Sätze	Konzentrationsgrenzen (Gew. %)	Symbol/ Gefahrenbezeichnung	R-Sätze
Kaliumhydroxid Natriumhydroxid	S (1/2)-26-37/39-45	0,5–2,0 2,0–5,0 ≥ 5	Xi – reizend C – ätzend C – ätzend	36/38 34 35
Phosphorsäure	S (1/2)-26-45	10–25 ≥ 25	Xi – reizend C – ätzend	36/38 34
Salpetersäure	S (1/2)-23-26-36-45	5,0–20 20–70 ≥ 70	C – ätzend C – ätzend O – brandfördernd C – ätzend	34 35 8–35
Salzsäure	S (1/2)-26-45	10-25 ≥ 25	Xi-reizend C – ätzend	36/37/38 34-37
Amidosulfonsäure	S (2)-26-28	≥ 20	Xi – reizend	36/38

In Klammern gesetzte S-Sätze sind bei der Verwendung im industriellen Bereich nicht erforderlich

Gefahrenhinweise (R-Sätze)
34 Verursacht Ätzungen
35 Verursacht schwere Ätzungen
36 Reizt die Augen
37 Reizt die Atmungsorgane
38 Reizt die Haut

Sicherheitsratschläge (S-Sätze)
1 Unter Verschluß aufbewahren
2 Darf nicht in die Hände von Kindern gelangen
23 Gas/Rauch/Dampf/Aerosol nicht einatmen (geeignete Bezeichnung(en) vom Hersteller anzugeben)
26 Bei Berührung mit den Augen sofort gründlich mit Wasser abspülen und Arzt konsultieren
28 Bei Berührung mit der Haut sofort abwaschen mit viel ... (vom Hersteller anzugeben)
36 Bei der Arbeit geeignete Schutzkleidung tragen
37 Geeignete Schutzhandschuhe tragen
39 Schutzbrille/Gesichtsschutz tragen
45 Bei Unfall oder Unwohlsein sofort Arzt hinzuziehen (wenn möglich dieses Etikett vorzeigen)

Die wichtigsten Anforderungen an Reinigungsmittel sind:
- Hohe Wirksamkeit
- Verträglichkeit für voraussehbare Kontaktmaterialien
- Gute Löslichkeit
- Leichte Dosierbarkeit
- Keine oder nur geringe Schaumentwicklung (Ausnahme: Schaumreinigung)
- Ausreichende Hartwasserbeständigkeit, soweit aufgrund der örtlichen Wasserverhältnisse erforderlich
- Leichte Abspülbarkeit

- Gute Lagerfähigkeit des Konzentrats
- Möglichst geringe Abwasserbelastung
- Möglichst geringe Gefährdung bzw. Belästigung des Personals.

Zum Schutz des Personals verlangt die Arbeitsstoff-Verordnung eine Kennzeichnung auf dem Etikett jedes Gebindes. Dabei müssen, in Abhängigkeit von der Zusammensetzung, die Gefahren beim Umgang mit dem Reiniger sowie Sicherheitsratschläge gemäß Tab. 2.9 (Auszug) angegeben werden.

2.2.2. Zusammensetzung und Wirkungsweise

Nachstehend werden häufig in Reinigungsmitteln vorkommende Bestandteile und ihre Haupteffekte besprochen.

2.2.2.1 Alkalische Gerüststoffe

Art und Menge der alkalischen Komponenten eines Reinigers bestimmen dessen Alkalität. Hinsichtlich ihres Beitrages zu Teilvorgängen während des Reinigungsprozesses differieren die einzelnen Substanzen erheblich (Tab. 2.10). So vermögen Laugen zwar thermisch oder durch Säureeinwirkung denaturierte Proteine sehr gut zu quellen und damit in einen ablösbaren Zustand überzuführen, doch fehlt ihnen jegliche Fähigkeit, Fett zu emulgieren. Lediglich dann, wenn infolge langandauernden Gebrauches der Lösung bei Temperaturen oberhalb 60 °C ein Teil des abgelösten Fettes verseift vorliegt, kann dadurch Natronlauge auf indirektem Wege ein begrenztes Emulgiervermögen entwickeln. Soda zeigt grundsätzlich ähnliche Effekte wie freie Laugen, jedoch wegen der geringen Alkalität in abgeschwächter Form.

Trinatrium-orthophosphat wirkt dispergierend und vermindert durch Ausfällung der Härtebildner die Härte des Wassers. Im Gegensatz dazu wirkt Pentanatrium-triphosphat aus der Reihe der linearen Polyphosphate nicht fällend, sondern komplexierend auf die Härtebildner im Wasser.

Dabei beschränkt sich die Reaktion nicht auf eine einfache Salzbildung; vielmehr werden Calcium- wie auch Magnesiumionen komplex gebunden und bleiben so auch in alkalischer Flotte gelöst:

$$\begin{array}{c} O O O \\ \| \| \| \\ NaO-P-O-P-O-P-ONa \\ | | | \\ O O O \\ \backslash|/Na \\ Ca \end{array}$$

Damit verhindert das Natriumpolyphosphat härtebedingte Ablagerungen aus alkalischen Reinigungslösungen, die gemäß nachstehenden Reaktionsgleichungen entstehen können:

$$Ca(HCO_3)_2 + 2\ NaOH \rightarrow CaCO_3 \downarrow + Na_2CO_3 + 2\ H_2O$$
$$CaSO_4 + Na_2CO_3 \rightarrow CaCO_3 \downarrow + Na_2SO_4$$

Aus der stark alkalisch reagierenden und daher in mancher Hinsicht (Tab. 2.10) hochwirksamen freien Lauge bildet sich zunächst das weniger wirksame Natriumcarbonat. Dieses kann in der zweiten Stufe seinerseits mit etwa vorhandener Gipshärte reagieren. So entsteht aus der Natronlauge als Endprodukt das weitgehend reinigungsinaktive Natriumsulfat.

Im unterstöchiometrischen Konzentrationsbereich verhindert Natriumtriphosphat, daß scharfkantige Kalzitkristalle ausfallen, die einen festhaftenden Beleg bilden. Statt dessen entsteht ein amorpher, leicht ausspülbarer Niederschlag – sog. Threshold effect (COONS u. a. 1987).

Reinigungsmittel

Aufgrund seines komplexierenden Effekts gegenüber mehrwertigen Metallionen vermag Natriumtriphosphat auch vorhandene Kalkablagerungen wieder aufzulösen. Auf der gleichen Reaktion basiert auch seine Wirksamkeit bei der Entfernung von Milchstein. Indem es aus den ausgefällten Proteinen die vernetzenden mehrwertigen Metallionen herauslöst, erleichtert es das Entfernen des Belages.

Silikate verschiedenartiger Zusammensetzung finden sich in vielen konfektionierten Reinigungsmitteln. Es ist üblich, die Silikate anhand des jeweiligen Verhältnisses von Alkalioxid zu Siliciumdioxid zu charakterisieren (Tab. 2.10). Je nach Höhe des Alkaligehaltes tragen sie mehr oder weniger zur Gesamtalkalität bei. Silikate lösen sich kolloidal und bilden deshalb Micellen, welche dazu beitragen, hydrophile Schmutzanteile stabil in der Lösung zu zerteilen. Darüber hinaus kommt den alkaliärmeren Silikaten, zu denen das Disilikat ($Na_2O:SiO_2$ = 1:2) zählt, neben der reinigenden auch eine wichtige korrosionsinhibierende Funktion zu (Kap. 11.3.2).

Neben den vorgenannten Inhaltsstoffen können alkalische Reiniger auch Natriumsulfat oder -chlorid enthalten. Solche Neutralsalze unterstützen in beschränktem Ausmaß die Wirksamkeit von Tensiden und begünstigen anwendungstechnisch wünschenswerte Eigenschaften wie beispielsweise die Rieselfähigkeit (REIFF u. a. 1970). Ihre Effekte sind jedoch relativ gering. Deshalb wird die Menge neuerdings möglichst begrenzt, um die Abwässer von chemischen Stoffen zu entlasten.

Tab. 2.10 Eigenschaften ausgewählter Inhaltsstoffe alkalischer Reiniger (REIFF et. al, 1870; WILDBRETT 1976)

Substanzen	pH[2]	Bewertung[1] der Eigenschaften				
		Emulgier-vermögen	Dispergier-vermögen	Lösevermögen f. thermisch denaturierte Proteine	Stein-verhütung	Netz-vermögen
NaOH	13,3	–	–	+++	–	–
$Na_2O:SiO_2$ = 2:1 [3]	12,8	+	++	++	–	–
$Na_2O:SiO_2$ = 1:1 [4]	12,4	++	++	KA	–	–
Na_2CO_3	11,5	+	(+)	–	–	–
$NaHCO_3$	8,5	–	–	KA	–	–
$Na_2CO_3 \cdot NaHCO_3 \cdot 2 H_2O$ [5]	KA	–	–	KA	–	–
Na_3PO_4	12,0	+	++	–	+	–
$Na_4P_2O_7$	10,25	+	+++	KA	++	++
$Na_5P_3O_{10}$	9,6	++	++	KA	+++	+

[1] Bewertung: – schlecht
    + mäßig
    ++ gut
    +++ sehr gut
    KA keine Angabe

[2] 1 %ige Lösung bei 20 °C
[3] Natriummetasilikat
[4] Natriumorthosilikat
[5] Natriumsesquicarbonat

Da alkalische Reiniger für die verschiedenartigsten Reinigungszwecke eingesetzt werden, können sie sehr unterschiedlich aufgebaut sein (SCHLÜSSLER 1981).

2.2.2.2 Säuren

In einigen Bereichen der Lebensmittelindustrie entstehen produktspezifische Rückstände wie Bierstein – Ablagerungen aus Proteinen, Harzen des Hopfens und insbesondere Ca-oxalat (KLING u. WEDELL 1963) oder der überwiegend aus Trikalziumphosphat bestehende Milchstein (GEFFERS 1959). In Betrieben mit hartem Wasser bildet sich im Warmwasserbereich zusätzlich Wasserstein. Derartige Ablagerungen verlangen sauer eingestellte Reiniger. Ihre Basis bilden häufig Mineralsäuren wie Phosphor- oder Salpetersäure. Letztere wird gelegentlich auch in Form einer Harnstoff-Einschlußverbindung hergestellt: $(CO-NH_2)_2 \cdot HNO_3$; dieses liegt ebenso wie Amidosulfonsäure als Pulver vor. Nur in Ausnahmefällen wird als „Entsteinungsmittel" oder zum Reinigen von Fußböden mit säurelöslichen Verunreinigungen inhibierte Salzsäure verwendet (SCHLÜSSLER 1981).

Die Wirksamkeit der Säuren gegenüber mineralischen Ablagerungen beruht darauf, daß sie die ursprünglich unlöslichen Salze in eine wasserlösliche Form überführen wie z. B.:

$$Ca_3(PO_4)_2 + 4\ HNO_3 \rightarrow Ca(H_2PO_4)_2 + 2\ Ca(NO_3)_2$$

2.2.2.3 Komplexbildner

Chemische Substanzen, welche die Härtebildner komplex abgebunden im Wasser gelöst halten, wirken als „Weichmacher". Unter diesen dominierte lange das Natriumtriphosphat, weil es nicht nur mehrwertige Metallionen komplexieren kann, sondern darüber hinaus verschiedene, den Reinigungseffekt günstig beeinflussende Eigenschaften aufweist (Tab. 2.10). Wegen der Eutrophierungsgefahr in anfälligen Gewässern durch Phosphate aus Wasch- und Reinigungsmitteln wurden in der Vergangenheit zahlreiche chelatbildende Substanzen, insbesondere organischen Säuren daraufhin untersucht, ob bzw. in welchem Umfang sie Triphoshat ersetzen können (BERTH u. a. 1975). Ihr Komplexierungsvermögen übertrifft in der Regel das des Triphosphates deutlich (Tab. 2.11), doch fehlen ihnen andere, im Hinblick auf den Reinigungserfolg wünschenswerte Eigenschaften teilweise, oder ungenügende biologische Abbaubarkeit, abnehmende Wirksamkeit bei erhöhten Temperaturen bzw. die Gefahr einer Reaktivierung von Schwermetallen in Klärschlamm und Boden werfen neue Probleme auf (BERTH u. a. 1975; BERNHARDT 1984).

Tab. 2.11 Kalciumbindevermögen ausgewählter Komplexbildner (JACOBI und LÖHR, 1983)

Substanz		Ca-Bindevermögen bei 20 °C mg CaO/g	90 °C mg CaO/g
Natrium-diphosphat	$Na_4P_2O_7$	114	28
Natrium-triphosphat	$Na_5P_3O_{10}$	158	113
1 Hydroxyethan-1, 1-diphosphonsäure	$CH_3-COH-[PO-(OH)_2]_2$	394	378
Amino-tri(methylenphosphonsäure)	$N-(CH_2-PO_3H_2)_3$	224	224
Nitrilotriessigsäure	$N-(CH_2-COOH)_3$	285	202
Ethylendiamintetraessigsäure	$N_2(CH_2)_2-(CH_2-COOH)_4$	219	154
Zitronensäure	$(CH_2-COOH)_2-COH-COOH$	195	30

Reinigungsmittel

Tab. 2.12 Tensidsystematik und chemischer Aufbau ausgewählter Tensidtypen

Klasse	Unterklasse	Tensidtyp	Struktur		Kurzbezeichnung
Ionogene Tenside	anionaktiv	Alkylcarboxylat	$R-CH_2-COONa$	$R = C_{10}-C_{16}$	–
		Alkylsulfat (Fettalkoholsulfat)	$R-CH_2-O-SO_3Na$	$R = C_{11}-C_{17}$	FAS
		Alkylbenzolsulfonat (linear)	$R-C_6H_4-SO_3Na$	$R = C_{11}-C_{13}$	LAS
		Alkyloxyethylsulfat (Fettalkoholethersulfat)	$R-CH_2-(C_2H_4O)_2-SO_3Na$	$R = C_{11}-C_{13}$	FES
	kationaktiv	Trialkylbenzylammoniumhalogenid	$\begin{array}{c} R_1 \quad\quad R_2 \\ \diagdown\!\!\!\overset{+}{N}\!\!\!\diagup \quad X^- \\ \diagup \quad\quad \diagdown \\ R_1 \quad\quad R_3 \end{array}$	$R_1 = C_1$ $R_2 = C_8-C_{18}$ $R_3 = C_2H_2-C_6H_5$	–
		Alkylpyridiumhalogenid	(Pyridinium-Ring mit X^-)	$R = C_{13}-C_{16}$; X = Halogen	–
	amphoter	Betaïn	$R_1-\overset{+}{N}(R_2)_2-CH_2-COO^-$	$R_1 = C_{17}-C_{18}$ $R_2 = C_1$	–
		Aminoalkylaminosäure	$R_1-(NH-R_2)_2-NH-COOH$	$R_1 = C_{10}-C_{12}$ $R_2 = C_2-C_4$	–
Nichtionogene Tenside	–	Alkylphenoloxethylat	$R-C_6H_4-O-(C_2H_4-O)_nH$	$R = C_8-C_{12} / n = 5-10$	APE
		Fettalkoholethoxylat	$R-O-(C_2H_4-O)_nH$	$R = C_8-C_{18} / n = 3-15$	FAE
		Ethoxypropoxypolymerisat	$HO-(C_2H_4O)_a-(C_3H_6O)_b(C_2H_4O)_c-H$ $a = 30-40; b = 26-30; c = 30-40$		–

Auch Phosphonsäuren – allgemeine Formel

$$R-\underset{\underset{OH}{|}}{\overset{\overset{OH}{|}}{P}}=O \text{ mit } R = C_n H_{2n+1}$$

werden als Komplexbildner in Reinigungsmitteln eingesetzt, zumal sie eine gute Hydrolysenbeständigkeit selbst bei erhöhter Temperatur besitzen (KLOSE 1979).

Auf der Basis des Komplexbildners EDTA wurden inzwischen „Chelationstenside" entwickelt (NOVAK u. a. 1984):

$$\underset{NaOOC-H_2C}{\overset{R-HN-OC}{\diagdown}} N-CH_2-CH_2-N \underset{CH_2-COONa}{\overset{CH_2-COONa}{\diagup}} \qquad R: C_8H_{17} \text{ bis } C_{12}H_{25}$$

Derartige Verbindungen vereinigen in sich die Fähigkeit des EDTA, mehrwertige Metallkomplexe zu binden und die Grenzflächenaktivität eines Tensids.

2.2.2.4 Tenside

Diese Stoffgruppe besitzt für Reinigungsvorgänge außerordentliche Bedeutung. Der Oberbegriff „Tenside" faßt alle amphiphatischen – heute ist der Ausdruck amphiphil gebräuchlich – grenzflächenaktive Stoffe zusammen (GÖTTE 1960). Amphiphil bedeutet, daß im Molekül getrennte Bereiche mit ausgesprochen hydrophilem und lipophilem Charakter vorliegen.

Die lipophile Kette besteht in der Regel aus einer gesättigten, mehr oder weniger langen Kohlenwasserstoffkette, in der ausnahmsweise der Wasserstoff auch durch Fluor substituiert sein kann. Die hydrophile, bevorzugt endständige Gruppe eröffnet die Möglichkeit einer Systematik der vielgestaltigen Tenside. Je nachdem ob die hydrophile Gruppe in Wasser Ionen zu bilden vermag oder nicht, unterteilt man die Tenside in ionogene und nicht-ionogene (Tab. 2.12).

Der amphiphile Aufbau eines Tensids bestimmt dessen Verhalten in wässriger Lösung. Dabei ist ein ausgewogenes Verhältnis von Hydrophilie und Hydrophobie Voraussetzung für ein nutzbares amphiphiles Verhalten: Im Falle von Natriumacetat überwiegt der hydrophile Charakter der Carboxylgruppe viel zu sehr, als das es wie ein Tensid wirken könnte. Andererseits dominiert bei Carboxylaten mit einer Kettenlänge oberhalb C_{18} der hydrophobe Charakter so stark, daß die Wasserlöslichkeit erheblich abnimmt und damit auch die Oberflächenaktivität. Folglich bewegt sich die Kettenlänge gebräuchlicher Tenside annähernd im Bereich zwischen C_8 und C_{18} (Tab. 2.12).

Der Masseanteil der hydrophilen Gruppe (M_n) an der gesamten Molmasse M dient häufig dazu, die amphiphilen Eigenschaften eines Tensids mit Hilfe des HLB-Wertes (Hydrophilic-Lipophilic-Balance) in einer Maßzahl auszudrücken:

$$HLB = 20 \frac{M_n}{M}$$

Reinigungsmittel

Daraus resultiert eine Werteskala von 0–20. Tenside mit HLB-Werten < 10 sind überwiegend öllöslich, mit Werten > 10 dagegen vorwiegend wasserlöslich (STACHE und KOSSWIG 1981). Die gegensätzlichen Bezirke innerhalb eines Tensids gehen mit dem Lösungsmittel Wasser Wechselwirkungen unterschiedlicher Intensität ein.

Während die hydrophile Gruppe eine intensive Wechselwirkung mit den umgebenden Wassermolekülen aufweist, ist diese bei der hydrophoben Kette viel weniger ausgeprägt. Infolgedessen drängt letzteres aus dem Wasser heraus, während die hydrophile Gruppe im Wasser gelöst verbleibt. Liegt aber Öl als Lösungsmittel vor, kehrt sich das Lösungsverhalten um. Infolge dieses gegensätzlichen Verhaltens der beiden Bezirke im Tensidmolekül wandert es bevorzugt in die Grenzflächen ein (Abb. 2.1).

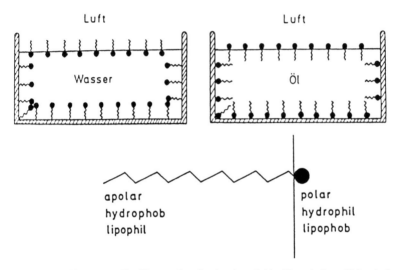

Abb. 2.1 Anreicherung von Tensiden aus der wässrigen bzw. lipiden Phase in Grenzflächen (schematisch)

Quantitativ beschreibt die Gibbs'sche Gleichung das Ausmaß der Tensidanreicherung in der Grenzfläche als Funktion der Tensidkonzentration:

$$c_1 = \frac{c}{R \cdot T} \frac{d\sigma}{dc}$$

c = mittlere Tensidkonzentration im gesamten Flüssigkeitsvolumen unter der Annahme einer gleichmäßigen Verteilung.

c_1 = Tensidkonzentration in der Grenzfläche $\qquad$ R = Gaskonstante

σ = Oberflächenspannung der Lösung $\qquad$ T = absolute Temperatur

Der Wert des Differenzialquotienten kann aus Kurven für die Oberflächenspannung σ der Tensidlösung in Abhängigkeit von der mittleren Tensidkonzentration der Lösung berechnet werden.

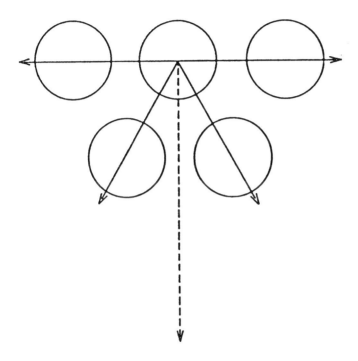

Oberflächenspannung

Abb. 2.2 Erklärung der Oberflächenspannung des Wassers aus den in der Grenzfläche Luft/Wasser wirksamen Kräften (WOLFF 1957).

Indem sich Tenside in der Grenzfläche Wasser/Luft anreichern, ersetzen sie die ursprünglich aus Wassermolekülen bestehende Grenzfläche durch einen Tensidfilm. Dadurch sinkt die Oberflächenspannung des Wassers, die Ausdruck der energetischen Wechselwirkung zwischen den Molekülen in der Grenzschicht Luft/Flüssigkeit und der darunterliegenden Molekülschicht der wässrigen Phase ist. Aus Abb. 2.2 erkennt man, daß sich die Anziehungskräfte zwischen den Molekülen in der Horizontalen gegenseitig aufheben, nicht aber, soweit die darunterliegende Schicht eine Zugkraft auf die oberste Moleküllage ausübt. Daraus resultiert eine von der Oberfläche in das Innere gerichtete Zugkraft, die als Oberflächenspannung bezeichnet wird.

Mittels der gebräuchlichen Tenside gelingt es, die Oberflächenspannung des Wassers bis in den Bereich von etwa $30 \cdot 10^{-3}$ N/m^{-1} abzusenken (Abb. 2.3). Folglich ermöglichen es Tenside der Reinigungslösung, auch in enge

Reinigungsmittel

Tab. 2.13 Oberflächenspannung einiger flüssiger Lebensmittel im Vergleich zu Wasser

Lebensmittel	Meßtemp. °C	Oberflächen- spannung $\frac{1 \cdot 10^{-3} N}{m}$	Meßmethode	Quelle
Leitungswasser	20	73,05	Ringmethode	Mohr 1954
Vollmilch 4,0 % Fett	20	43,4	Ringmethode	Mohr 1954
3,5 % Fett	20	36,5	Plattenmethode	eigene Messungen
Magermilch	20	43,7–47,9	Plattenmethode	eigene Messungen
Rahm 30 % Fett	20	15,6–17,2	Plattenmethode	eigene Messungen
Kondensmilch 7,5 % Fett	20	45,9	Plattenmethode	eigene Messungen
Bier	KA	52	KA	Donhauser 1984
Butterfett	40	32,3	Ringmethode	Mohr 1954

KA = keine Angaben

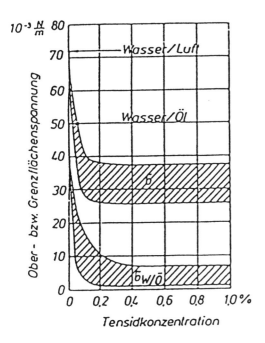

Abb. 2.3 Oberflächen-(σ) bzw. Grenzflächenspannung gegenüber Mineralöl (σ W/Ö) als Funktion der Tensidkonzentration wässriger Lösungen (schraffierte Flächen kennzeichnen den jeweiligen Schwankungsbereich bei Verwendung unterschiedlicher Tenside) (NIVEN 1950).

Spalten einzudringen und dort etwa vorhandene Lebensmittelreste zu entfernen (Abb. 2.4). Damit die Lösung tief genug einzudringen vermag, sollte ihre Oberflächenspannung möglichst unterhalb der des jeweiligen Produktes liegen. Wie Tab. 2.13 jedoch beweist, gelingt das nicht immer, weil einige Lebensmittel eine sehr geringe Oberflächenspannung aufweisen.

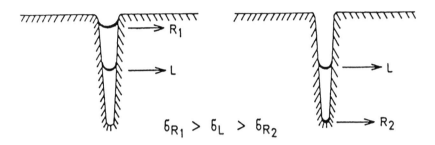

Abb. 2.4 Eindringen eines flüssigen Lebensmittels und einer Reinigungslösung in enge Spalten in Abhängigkeit von der Oberflächenspannung (schematisch);

$\left. \begin{array}{l} \sigma\,R_1 \\ \sigma\,R_2 \end{array} \right\}$ = Oberflächenspannung der Reinigungslösungen R_1 bzw. R_2

$\sigma\,L$ = Oberflächenspannung des Lebensmittels

Tenside wandern in alle vorhandenen Grenzflächen ein, also auch in die Kontaktfläche zwischen Wasser und Fett. Dort vermindern sie die Grenzflächenspannung zwischen den beiden miteinander nicht mischbaren Phasen stark (Abb. 2.3); äußerstenfalls verschwindet die Phasengrenze, das Öl kann in die wässrige Phase übertreten und wird dort emulgiert.

Die Oberflächenspannung einer wässrigen Tensidlösung sinkt mit zunehmender Konzentration solange ab, bis der mögliche Mindestwert erreicht ist. Dieser kennzeichnet jene Konzentration, bei der die Lösungsoberfläche die dichtest mögliche Belegung mit Tensiden aufweist. Im Falle weiterer Tensidzugabe über diesen Punkt hinaus, verbleibt die amphiphile Substanz zwangsläufig im Inneren der Lösung, so daß sich das anfänglich vorhandene Konzentrationsgefälle von der Grenzfläche in das Innere der Lösung immer mehr ausgleicht. Da Tenside im Inneren der Lösung ebenso wie in der Grenzfläche dazu neigen, die Kontaktfläche ihrer apolaren Kohlenwasserstoffketten gegenüber dem polaren Lösungsmittel Wasser zu minimieren, lagern sie sich als Mizellen zusammen. – Als Mizelle bezeichnet man Assoziationen aus zahlreichen, meist elektrisch geladenen Einzelmolekülen bzw. -ionen, die durch Nebenvalenzen oder van-der-Waals'sche Kräfte zusammengehalten werden. – Die Tendenz, Mizellen zu bilden, ist bei niedrigen Konzentrationen sehr gering, tritt aber ausgeprägt hervor, sobald die Lösung mehr Tenside enthält, als maximal in der Oberfläche Platz finden. Folglich ist die Konzentration, bei der die minimale Oberflächenspannung auftritt, zugleich diejenige, bei der die Mizellbildung einsetzt. Sie stellt die „kritische Mizellbildungskonzentration" dar. Wird sie erreicht, ändern sich die physikalischen Eigenschaften einer Tensidlösung deutlich; gleichzeitig nimmt die Waschwirkung erheblich zu (Abb. 2.5).

Reinigungsmittel

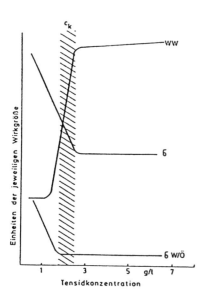

Abb. 2.5 Änderung physikalischer Eigenschaften sowie der Waschwirkung einer Natriumdodecylsulfatlösung in Abhängigkeit von der Tensidkonzentration (σ = Oberflächenspannung; σ W/Ö = Grenzflächenspannung zwischen wässriger Phase und Öl; WW = Waschwirkung; C_K = kritische Micellbildungskonzentration; Auszug: VAN BUEREN u. GROSSMANN 1971).

Mizellen wurden bis vor kurzem entweder als kugelförmige oder laminare Gebilde gedacht; theoretische Überlegungen legen jedoch eine blockförmige Gestalt nahe (Abb. 2.6).

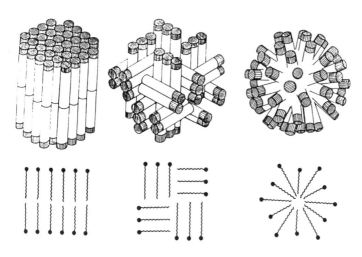

Abb. 2.6 Gestaltung von Tensidmicellen in räumlicher bzw. planarer Darstellung (FROMHERZ 1981).

Reinigungsmittel

Die Mizellbildung ist reinigungstechnologisch deswegen so bedeutsam, weil die entstehenden Tensidaggregate Fett einlagern können und damit die Voraussetzung für eine wirksame Emulgierung des abgelösten Fettes in der Reinigungsflotte vorliegen.

Durch unterschiedliche Mechanismen, z. B. Spritzvorgänge, teilweiser Leerlauf einer Pumpe, kann Luft in die Reinigungslösung eingearbeitet werden. Die in der wässrigen Flotte entstehenden, einzelnen Luftbläschen bilden eine neue Grenzfläche vom Typ „flüssig/gasförmig". Die dorthin wandernden Tenside umhüllen die Lufteinschlüsse mit einem Film. Er stabilisiert die Schaumblasen, nachdem sie aus der Flüssigkeit eingetreten sind – umhüllte Blasen im Gegensatz zu wenig stabilen Nacktblasen[1], wie sie etwa in Sekt vorliegen. – Die zunächst diskreten und daher weitgehend kugelförmigen Schaumblasen verlieren, indem sie sich zu einem Verband zusammenlagern, ihre Selbständigkeit und deformieren dabei zu Polyedern. Typisch für einen solchen Schaum sind die Dreieckskanäle zwischen den sich berührenden Schaumlamellen (Abb. 2.7).

Abb. 2.7 Polyederschaum nach Werdelmann (1984)

Flüssiger Schaum ist ein dynamisches System. Unter dem Einfluß der Schwerkraft, der allerdings Kapillar- und elektrische Abstoßungskräfte entgegenwirken, fließt aus dem oberen Teil der Lamelle einer Schaumblase Flüssigkeit aus. Infolgedessen nimmt die Stabilität der Blase und damit letztlich auch des gesamten Verbandes ab. Bei dickeren Flüssigkeitslamellen entscheidet die Elastizität des Tensidfilms über die Stabilität, denn jeder Blasenbruch beruht darauf, daß ein ungenügend elastischer Tensidfilm örtliche, mechanische Belastungen nicht mehr auszugleichen vermag (SCHMADEL u. KURZENDÖRFER 1976). Als verfahrenstechnische Größen sind das

---

[1] Schaumblasen ohne Umhüllung durch filmbildende Substanzen

Reinigungsmittel

Schaumbildungsvermögen sowie die -stabilität wichtig (TSCHACKERT 1966). Beide Schaumeigenschaften hängen nicht allein von der Art des Tensids, sondern erheblich von äußeren Einflüssen ab (Tab. 2.14).

Tab. 2.14 Einfluß äußerer Faktoren auf das Schaumverhalten von Tensidlösungen

Faktor	Tendenz der Änderung	Änderung von Schaumvermögen	Schaumstabilität
Tensidkonzentration	steigend	zunehmend	zunehmend
Temperatur der Lösung	steigend	zunehmend	abnehmend
Härte des Wassers	steigend	abnehmend [1]	
Schmutzbelastung der Lösung			
a) hydrophiler, kolloidaler Schmutz	steigend	zunehmend	zunehmend
b) hydrophober Schmutz	steigend	abnehmend	abnehmend

[1] härteempfindliche Tenside, insbesondere Carboxylate

Im Gegensatz zu allen übrigen Typen lösen sich nicht-ionogene Tenside infolge einer chemischen Reaktion mit dem Wasser und nicht aufgrund ionischer Dissoziation. Die polaren Ethoxygruppen der Polyglykole bilden kationische Polyoxoniumverbindungen

$$R\text{-}H_2C\text{-}O\text{-}CH_2\text{-}R_1 + H_2O \rightarrow R\text{-}H_2C\text{-}\underset{\underset{HOH}{\uparrow}}{O}\text{-}CH_2\text{-}R_1 \rightarrow R\text{-}(H_2C\text{-}\underset{H}{\overset{|}{O}}\text{-}CH_2\text{-}R_1)^+ + OH^-$$

Sie sind allerdings wenig beständig und zerfallen wieder, wenn die Lösung über eine kritische Temperatur erwärmt wird. Dabei findet eine Trennung in eine tensidreiche, aber wasserarme sowie eine wasserreiche, aber tensidarme Phase statt (LINDNER 1971). Äußerlich zeigen sich die veränderten Lösungsverhältnisse in einer einsetzenden Trübung. Die Temperatur, bei der die Trübung eintritt, hängt von der Tensidkonstitution (Tab. 2.15) und auch von der -konzentration ab. Entmischung und Trübung sind reversibel, gehen also wieder zurück, sobald die kritische Temperatur unterschritten wird.

Tab. 2.15 Trübungstemperaturen von ethoxyliertem Dodecylalkohol als Funktion der Zahl der Ethoxygruppen (EO) (LINDNER, 1964)

Zahl der EO-Gruppen	Trübungstemperatur °C
7	51
9	78
11	93

Die Auswahl eines Tensids mit einer bestimmten Trübungstemperatur gewinnt Bedeutung, wenn es notwendig ist, mögliche Schaumentwicklung beim Reinigen einzudämmen. Schwach gelöste, nichtionische Tenside wirken nämlich schaummindernd. Der Effekt ist beispielsweise für die maschinelle Flaschenreinigung wichtig, bei der relativ große Mengen an Leimsubstanzen von aufgeklebten Etiketten in die Lösung gelangen. Dabei handelt es sich um Klebstoffe (Stärke- oder Caseinleime), welche in Lösung dazu neigen, Schaum zu entwickeln.

Reinigungsmittel

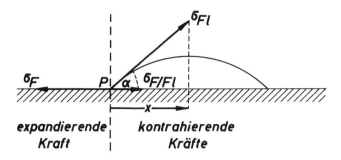

Abb. 2.8 Zusammenspiel der Kräfte in der Peripherie eines Flüssigkeitstropfens im Gleichgewichtszustand partieller Benetzung einer Werkstoffoberfläche (Ableitung der Young'schen Gleichung).

Flüssigkeiten benetzen einen Festkörper infolge der in der Grenzfläche zwischen beiden Phasen auftretenden Wechselwirkungen. Sie haben zur Folge, daß an dem Festkörper ein Flüssigkeitsfilm haftet. Deshalb läßt sich mit Hilfe eines Glasstabes ein Wasserfilm aus einem mit Wasser gefüllten Behälter herausziehen. Die Benetzungs- oder Haftintensität der Flüssigkeit an einem Festkörper hängt einerseits von der Oberflächenspannung des Letzteren (σ_F), andererseits von der Oberflächenspannung der Flüssigkeit (σ_{Fl}) sowie von der zwischen beiden Phasen wirksamen Grenzflächenspannung ($\sigma_{F/Fl}$) ab (Abb. 2.8). Das Zusammenspiel dieser Kräfte läßt einen auf die feste Oberfläche aufgesetzten Flüssigkeitstropfen mehr oder weniger stark zerfließen (spreiten), bis ein Gleichgewichtszustand erreicht ist. In diesem Fall halten sich expandierende und kontrahierende Kräfte die Waage. Es gilt dann gemäß Abb. 2.8 für den Fall partieller Benetzung *(0° < α < 180°)*:

$$\sigma_F = x + \sigma_{F/Fl}$$

Mit $x = \sigma_{Fl} \cdot \cos \alpha$ resultiert daraus die Young'sche Gleichung:

$$\sigma_F = \sigma_{Fl} \cdot \cos \alpha + \sigma_{F/Fl}.$$

α = Randwinkel der Flüssigkeit auf dem Festkörper im Gleichgewichtszustand.

Daraus kann der Betrag der Haftspannung $\sigma_F - \sigma_{F/Fl} = \sigma_{Fl} \cdot \cos \alpha$ bestimmt werden, indem man die Oberflächenspannung der benetzenden Flüssigkeit sowie den Randwinkel α mißt.

Unberücksichtigt bleibt in diesem Ansatz die unter praktischen Gegebenheiten die Benetzung des Festkörpers mitbestimmende Oberflächenrauhigkeit, weil sie im Gegensatz zur Oberflächenspannung keine Materialkonstante darstellt.

Wie aus der Young'schen Gleichung hervorgeht, hängt das Ausmaß der Benetzung unterschiedlicher Festkörperoberflächen durch ein und dieselbe Flüssigkeit von der Oberflächenspannung des jeweiligen Festkörpers ab. Demzufolge können Werkstoffe unterschiedlicher Oberflächenspannung in ihrer Benetzbarkeit durch Wasser erheblich differieren. Man unterscheidet deshalb zwischen hydrophilen d. h. durch Wasser gut benetzbaren und

Desinfektionsmittel

hydrophoben, also schlecht mit Wasser benetzbaren Oberflächen. Tenside fördern die Benetzung der Oberflächen durch wässrige Lösungen, indem sie deren Oberflächenspannung sowie gleichzeitig die Grenzflächenspannung $\sigma_{F/Fl}$ herabsetzen. Beide Größen hängen wiederum von der Tensidkonzentration ab, so daß deren Einfluß auf die Benetzungsintensität leicht einzusehen ist. Hinsichtlich der Benetzungsintensität sind nachstehende Stufen zu unterscheiden:

$\alpha = 0°$ \ \ \ \ \ \ \ \ \ \ vollständige Benetzung

$0° < \alpha < 90°$ \ \ \ \ positive Benetzung

$90° < \alpha < 180°$ \ \ negative Benetzung.

2.3 Desinfektionsmittel

2.3.1 Allgemeine Anforderungen

Desinfektionsmittel dienen der gezielten Bekämpfung von Mikroorganismen. Im Rahmen der Anwendung bei der Lebensmittelherstellung werden an ein Desinfektionsmittel umfangreiche Anforderungen gestellt. Sie betreffen

1. das Desinfektionsmittel als konzentriertes Produkt:
   - hoher Wirkstoffgehalt
   - Transportfähigkeit und Lagerstabilität
   - Löslichkeit, Mischbarkeit und Dosierbarkeit bei der Herstellung von Gebrauchsverdünnungen
2. die Eigenschaften der Anwendungslösung:
   - kurze Abtötungszeiten bei niedrigen Konzentrationen, auch bei tiefen Temperaturen
   - gleichmäßige Wirkung auf alle Arten von Mikroorganismen
   - keine Beeinträchtigung der Reinigungsvorgänge, vielmehr Dispergierung zur Erzielung vollständigen Kontakts zwischen Wirkstoff und Mikroorganismenzellen
   - Unempfindlichkeit gegenüber der Einschleppung von Verschmutzungen
   - ausreichende Stabilität des Wirkstoffs für längere oder mehrfache Benutzung angesetzter und gegebenenfalls zwischengestapelter Lösungen
   - einfache, gegebenenfalls automatisierbare Konzentrationskontrolle der wirksamen Bestandteile
   - kein Angriff auf die zu behandelnden Werkstoffe
   - Anwendungssicherheit und Anwendungsannehmlichkeit durch gute Hautverträglichkeit und Geruchsneutralität
3. das Rückstands- und Entsorgungsverhalten:
   - leichte Inaktivierbarkeit nach Wirkungseintritt
   - Langzeit-Schutzwirkung auf behandelten Flächen
   - gute Abspülbarkeit an Lebensmittel-Kontaktflächen
   - keine Beeinflussung von Geruch und Geschmack des Lebensmittels
   - Unschädlichkeit der Rückstände für Mensch, Tier und Umwelt
   - Abwasserunschädlichkeit

Alle diese Forderungen sind nicht gleichzeitig zu erfüllen, da sie teilweise zueinander im Gegensatz stehen, etwa hinsichtlich Haftvermögen und Abspülbarkeit und allgemein in bezug auf Stabilität und Inaktivierbarkeit.

Desinfektionsmittel

Desinfektionswirkstoffe haben die Aufgabe, Mikroorganismen abzutöten. Sie müssen daher eine ausreichende Reaktionsfähigkeit mit lebenswichtigen Bestandteilen der Mikroorganismen haben, also ihre Baustoffe denaturieren oder Stoffwechselvorgänge unterbrechen. Stoffliche Parallelitäten zwischen Mikroorganismen einerseits und Lebensmittelbestandteilen und dem menschlichen Körper andererseits schließen eine streng abgegrenzte antimikrobielle Wirksamkeit ohne Nebenwirkungen aus. Die weitreichende Einheitlichkeit der Stoffwechselmechanismen bei allen Lebewesen läßt isolierte Eingriffe bei Mikroorganismen nicht zu. Die Frage nach der toxikologischen Unbedenklichkeit ist daher stärker noch als bei der Betrachtung der Reinigungsmittel zu relativieren, also nach quantitativen Überlegungen einschließlich der Nutzen-Schaden-Relation, zu beantworten. Sie kann sich nur auf die sachkundige Anwendung beziehen (Tab. 2.16).

Tab. 2.16 Maximale Arbeitsplatzkonzentration (MAK-Werte) und Risiko-Volumen[1]; Konzentration; MAK-Werte bei üblicher Anwendungskonzentration (MROZEK, 1980 b).

Reinigungs- und Desinfektionsmittel	Konzentration mg/l	MAK-Werte mg/m^3	Risikovolumen m^3 mit MAK
Ozon	0,1– 4000	0,2	0,5 –20000
Chlordioxid	0,1– 300	0,3	0,3 – 1000
Jod	4 – 200	1,0	4 – 200
Schwefelsäure	2000 – 15000	1,0	2000 –15000
Formaldehyd	1000 – 20000	0,6	1666 –33333
Wasserstoffperoxid	300 – 10000	1,4	210 – 7100
Chlor	0,1– 15	1,5	0,07– 10
Natriumhydroxid	3000 – 30000	2,0	1500 –15000
Fluoride (als Fluor berechnet)	1500 – 12000	2,5	600 – 4800
Schwefeldioxid	200 – 30000	5	40 – 6000
Salpetersäure	5000 – 15000	25	200 – 600
Ethanol	400000 –800000	1900	2100 – 4200

[1] bei vollständiger Verdampfung oder Vernebelung von 1 l Anwendungslösung

Entsprechend ihrem biochemischen Reaktionsvermögen (Wirkungscharakter) lassen sich desinfizierende Substanzen auch toxikologisch beschreiben als

- destruktive Wirkstoffe, bei denen die Denaturierung organischer Substanz bestimmend ist: Mögliche Schädlichkeiten sind als „ätzend" gekennzeichnet und sehr stark konzentrationsabhängig.
- inhibitive Wirkstoffe, bei denen der mehr oder weniger gezielte Stoffwechseleingriff im Vordergrund steht. Hierbei ist die „Giftwirkung", als LD$_{50}$ bestimmbar[2], für die Beurteilung geeignet und die Gefährdung stärker von der aufgenommenen Gesamtmenge als von der Konzentration abhängig.

Bei den Wirkstoffen ist zu berücksichtigen, daß Desinfektionsmittel im allgemeinen konfektionierte Produkte sind. Sie können einen oder mehrere Wirkstoffe enthalten. Zur Optimierung anwendungstechnisch wichtiger Eigenschaften enthalten sie weitere Substanzen (Alkalien oder Säuren, Netzmittel, Korrosionsinhibitoren und Komplexbildnern), die bereits als Reinigungsmittelbestandteile beschrieben wurden (Kap. 2.2) und auf die im folgenden nur vereinzelt hingewiesen wird.

[2] Dosis, bei der 50 % der Versuchstiere sterben.

Desinfektionsmittel

Angaben über die keimtötende Wirksamkeit sind auf Prüfungen nach definierten Methoden (Kap. 13) bezogen. Angesichs der Variabilität von Mikroorganismen sind solche Daten auch bei Wahrnehmung aller Standardisierungsmöglichkeit nur bedingt vergleichbar. Eine Berechnung des schwer definierbaren Desinfektionserfolgs ist nach solchen Werten nicht möglich.

2.3.2 Halogene und ihre Verbindungen

Alle Halogene sind entsprechend ihrer Fähigkeit, als starke Oxidationsmittel organische Substanzen chemisch anzugreifen und zu zerstören, für Desinfektionsaufgaben grundsätzlich geeignet. Praktische Bedeutung haben in elementarer Form nur Chlor und Jod. Für die Desinfektion in der Lebensmittelindustrie stellen daneben die Aktivchlor abspaltenden Verbindungen eine wichtige Gruppe von Wirkstoffen, die ebenfalls Oxidationsmittel sind.

2.3.2.1 Chlor

Reines Chlor (Cl_2), gelbgrünes, stechend riechendes, giftiges Gas, ergibt mit 2,3 l Chlorgas, das sind 7,4 g in 1 l Wasser von 20 °C, gesättigtes (ca. 0,5 %iges) Chlorwasser, das neben gelöstem Chlor durch Umsetzung mit dem Wasser Chlorwasserstoff (HCl) und unterchlorige Säure (HOCl) enthält. Praktische Verwendung findet Chlorgas bei der Desinfektion von Trink- und Brauchwasser, sowie bei der Abwasserbehandlung. Die erforderliche Konzentration (0,2 - 50 mg/l) hängt hauptsächlich von der Chlorzehrung durch anorganisches und organisches oxidierbares Material ab, sog. Knickpunkt- oder Brechpunktchlorung[3] (OEHLER 1969).

Chlor wird aus Vorratsbehältern (Stahlflaschen) entnommen oder zum unmittelbaren Verbrauch hergestellt (Kochsalzelektrolyse). Die unter Berücksichtigung der Chlorzehrung für eine schnelle Entkeimung erforderliche Menge wird dem Wasser zugesetzt. Nach entsprechender Verweilzeit in einem Reaktionsbehälter wird die Trinkwasseraufbereitung gewöhnlich mit einer Entchlorung auf Werte zwischen 0,1 und 0,3 mg/l abgeschlossen. Eine aktive Desinfektionswirkung ist dann nicht mehr vorhanden, vielmehr ist mit weiterer Abnahme des Chlorgehalts bis zum Verbrauchsort zu rechnen.

Im Chlor-Ammoniak-Verfahren werden entsprechend den Mengenverhältnissen und dem pH-Wert anorganische Chloramine (NH_2Cl, $NHCl_2$ und NCl_3) gebildet. Diese wirken erheblich langsamer – lt. LAWRENCE und BLOCK (1968) für gleiche Abtötungszeit etwa 25 mg/l $NHCl_2$ statt 1 mg/l Cl_2), bleiben aber auch länger wirksam. Das Verfahren eignet sich zum Schutz langer Leitungsnetze gegen Rekontaminationen und war z. B. nach der deutschen Trinkwasseraufbereitungsverordnung vom 19. 12. 1959 wegen dieser Überlegung bis zu 0,6 mg/l Ammoniumion einschließlich des natürlichen Ammoniumgehalts des Wassers zulässig (OEHLER 1969). Die Trinkwasser-Verordnung vom 5. 12. 1990 in der Fassung vom 26. 2. 1993 läßt im Notfall und bei Vorhandensein von Ammonium Chlorzusätze bis 6 mg/l, nach abgeschlossener Aufbereitung in diesem Fall Konzentrationen bis 0,6 mg/l zu.

---

[3] „breakpoint"-Chlorung der englischsprachigen Literatur: Zugabe von Chlor zur Erreichung eines Überschusses von freiem Chlor (mindestens 0,3 mg/l) nach ausreichender Reaktionszeit (z. B. 30 min) für die Umsetzung mit chlorzehrenden Substanzen.

Chemische Hilfsmittel zur Reinigung und Desinfektion

2.3.2.2 Chlordioxid

(ClO_2), (M: 67,46) rotgelbes, stechend riechendes Gas, wird auf gleiche Art wie Chlorgas verwendet. Durch Elektrolyse (aus einem $NaCl/NaClO_2$-Gemisch) oder durch chemische Umsetzung (aus $NaClO_2$ durch Cl_2 oder HCl) wird die erforderliche Menge ClO_2 erzeugt und durch Einleiten in Wasser die gewünschte Konzentration hergestellt. Eine gesättigte Lösung enthält bis zu 17 % verfügbares Chlor.

ClO_2 wird für Trink- und Badewasserdesinfektion verwendet. Gemäß Trinkwasser-Verordnung vom 5. 12. 1990/ 26. 2. 1993 sind Zugaben von 0,4 mg/l Chlordioxid zulässig, Grenzwert nach abgeschlossener Aufbereitung ist 0,2 mg/l ± 0,02 mg/l. Das Chlorit-Säure-Verfahren

$$5\, ClO_2^- + 4\, H^+ \rightarrow 4\, ClO_2 + Cl^- + 2\, H_2O$$

eignet sich für Kleinanlagen und Notversorgungsmaßnahmen.

Eine stabilisierte ClO_2-Lösung kann als Konzentrat für Desinfektionsaufgaben hergestellt werden.

2.3.2.3 Allgemeines über Aktivchlor abspaltende Verbindungen

Diese Gruppe von desinfizierenden Substanzen ist durch das Vorliegen unterchloriger Säure bzw. ihrer Ionen als aktives Prinzip in wässriger Lösung gekennzeichnet. Die desinfizierende Wirkung von Hypochloritlösungen beruht auf der Eigenschaft der unterchlorigen Säure, durch die Zellwände der Bakterien diffundieren und damit ihre vitalen Bestandteile abtöten zu können. Die desinfizierende Kraft ist direkt proportional der Konzentration an HOCl, also auch eine Funktion des pH-Wertes (SCONCE 1962). Die sehr unterschiedlichen Verbindungen (Tab. 2.17) lassen sich in den beiden Gruppen der anorganischen (in der Hauptsache Hypochlorite) und der organischen Aktivchlor abspaltenden Verbindungen (in praktischer Anwendung heute überwiegend die organischen Chloramine und die Chlorisocyanurate) zusammenfassen.

1. $Na\, OCl + H_2O \rightleftharpoons NaOH + HOCl$
2. $R=NCl + H_2O \rightleftharpoons R=NH + HOCl$

Für die Beurteilung der anwendungstechnischen Eignung sind im wesentlichen folgende Kriterien heranzuziehen:

Wirkstoffgehalt

Dieser wird nicht auf die Aktivchlor abspaltende Verbindung bezogen, sondern direkt als Aktivchlor angegeben. Dieser Wert wird durch jodometrische Bestimmung in saurer Lösung ermittelt (Kap. 12.3). Damit wird das sogenannte „verfügbare" (potentielle) Aktivchlor erfaßt, das entsprechend dem herrschenden Gleichgewicht und seiner Verschiebung durch Wirkstoffverbrauch erst nach und nach freigesetzt wird. Die Aktivchlorbestimmung ohne Ansäuern zur Ermittlung des unter vorliegenden Bedingungen vorhandenen „freien" (aktuellen) Aktivchlors ist ohne praktische Bedeutung und dadurch erschwert, daß der Titrationsendpunkt unscharf ist.

Mischungsverträglichkeit

Aktivchlor abspaltende Verbindungen sind entsprechend ihrem Oxidationspotential nur mit Stoffen mischbar, mit denen keine Redoxreaktion eintritt. Andernfalls würden beide Reaktionspartner so verändert, daß sie für den vorgesehenen Gebrauch unwirksam werden. Begriffe wie Chlorzehrung und Eiweißfehler kennzeichnen diese Erscheinungen, die für die Herstellung von Desinfektionsmitteln auf Aktivchlorbasis ebenso wie für ihre Anwendung bedeutungsvoll sind. Die Zusammenhänge zwischen Redoxpotential und pH-Wert bestimmen weiterhin Stabilität und Reaktionsgeschwindigkeit.

Desinfektionsmittel

Tab. 2.17 Aktivchlor abspaltende Verbindungen

Bezeichnung	Formel	Mol.-Gew.	Gehalt an Aktivchlor in %	Markenname
Natriumhypochlorit	NaOCl	74,5	12,5	„Chlorbleichlauge" Eau de Labarraque
Kaliumhypochlorit	KOCl	90,6		Eau de Javelle
Calciumhypochlorit	Ca(OCl)$_2$ CaCl(OCl)	143 127	70 25–35	Caporit „Chlorkalk"
Chloriertes Trinatriumphosphat	4(Na$_3$PO$_4 \cdot$ 11 H$_2$O)NaOCl		3,5	TSP-Cl
Benzolsulfonchloramidnatrium	C$_6$H$_5$–SO$_2$–N(Na)–Cl	212,7	29,5	Chloramin B
p-Toluolsulfonchloramidnatrium	CH$_3$–C$_6$H$_4$–SO$_2$–N(Na)–Cl	227,7	25	Chloramin T
Natriumdichlorisocyanurat	(Dichlorisocyanurat-Natrium, Triazin-Ring)	220	63	CDB-63
Trichlorisocyanursäure	(Trichlorisocyanursäure, Triazin-Ring)	232,5	91	CDB-91
1,3-Dichlor-5,5-dimethylhydantoin	(Hydantoin-Ring mit 2 N–Cl und (CH$_3$)$_2$)	197	66	Halane

Desinfektionsmittel

Rückstandsunbedenklichkeit

Erfahrungen bei der Trinkwasseraufbereitung lehren, daß Aktivchlor in Konzentrationen, die geruchlich und geschmacklich noch wahrnehmbar sind, ohne Schäden vertragen wird. Eine Verdünnung unter für Trinkwasser zulässige Werte (maximal 0,3 mg/l, nur ausnahmsweise 0,6 m/l in Deutschland) bedeutet demnach toxikologische Unbedenklichkeit. Im allgemeinen führt das Reaktionsvermögen, das sich bei der Anwendung als Wirkstoffverlust auswirken kann, nach Gebrauch zu schneller Inaktitivierung. Ein hoher Eiweißfehler ist daher bei der Rückstandsbetrachtung eine positive Eigenschaft, zumal nach Reaktion verbleibende Chloride (meist NaCl) ebenfalls unbedenklich sind.

Die Eigenschaften der verbleibenden Verbindung nach Chlorabspaltung sind individuell zu betrachten. Für die in der Lebensmittelverarbeitung hauptsächlich verwendeten Wirkstoffe (Chloramine, Chlorisocyanurate) ist durch umfangreiche Untersuchungen die erfordeliche Absicherung durchgeführt.

Ins Abwasser gelangende Aktivchlor-Reaktionsprodukte führen als Schadeinheiten zu der gemäß Abwasserabgabengesetz jeweils festgesetzten Abwasserabgabe. Eine Schadeinheit entspricht 2 kg Halogen, ermittelt als an Aktivkohle adsorbierte organisch gebundene Halogene (AOX), die als Chlor berechnet werden.

2.3.2.4 Die wichtigsten Wirkstoffe im einzelnen

Anorganische Chlorträger

Unterchlorige Säure, HOCl ist als schwach dissoziierte Säure durch Einleiten von Chlorgas in Wasser herstellbar. Sie ist nicht als Reinsubstanz, sondern nur in Form ihrer Salze sowie intermediär in Anwendungslösungen verfügbar.

Natriumhypochlorit, NaOCl, und Kaliumhypochlorit, KOCl, werden durch Elektrolyse von Lösungen der entsprechenden Chloride oder auch durch Einleiten von Cl_2 in die jeweiligen Hydroxidlösungen hergestellt. Man erhält die gelbgrünlichen, leicht nach Chlor riechenden Bleichlaugen (Eau de Labarraque = NaOCl bzw. Eau de Javel = KOCl). Diese Bleichlaugen stellen die Wirkstoffgrundlage für alle flüssigen aktivchlorhaltigen Desinfektionsmittel dar.

Die Eigenschaften der Chlorbleichlaugen werden durch die herstellungsbedingten Bestandteile und Verunreinigungen maßgeblich beeinflußt. Ihre Lagerstabilität wird durch Erniedrigung des pH-Wertes, Licht (besonders durch Wellenlängen unter 500 nm, also UV-Licht), erhöhte Temperatur und durch Schwermetallionen (z. B. Eisen, Kupfer, Mangan, Nickel) oder oxidierbare Stoffe gefährdet.

Lithiumhypochlorit, LiOCl, und Calciumhypochlorit, $Ca(OCl)_2$ bzw. in technischer Qualität als Chlorkalk, [CaCl(OCl) • $Ca(OH)_2$] · 5 H_2O, sind in fester Form vorliegende Hypochlorite. Bei trockener Lagerung ohne CO_2-Zutritt ist gute Lagerstabilität vorhanden. Chlorkalk wird als billiges Grobdesinfektionsmittel bei der Umgebungs- und Seuchenhygiene verwendet, gegebenenfalls in Form der reineren Qualitäten Caporit$_{(R)}$ und Para-Caporit$_{(R)}$. Wegen seines belagsbildenden Calciumgehalts und seiner schlechten Wasserlöslichkeit wird er heute nicht mehr für die Gerätedesinfektion eingesetzt.

Desinfektionsmittel

Chloriertes Trinatriumphosphat, $4(Na_3PO_4 \cdot 11 H_2O) \cdot NaOCl$, ist eine weiße, kristalline Substanz mit 52 % Kristallwassergehalt. Es ist leicht wasserlöslich, wobei sich entsprechend dem Gehalt an Trinatriumphosphat ein alkalischer pH-Wert ergibt, der Wirksamkeit, Korrosivität und Belagsbildung bestimmt.

Organische Chlorträger

Eine Reihe verschiedenartiger organischer Verbindungen enthält Chlor in einer Form, die in wässriger Lösung zur Bildung von unterchloriger Säure führt. Das Chloratom des Aktivchlors ist dabei stets an ein Stickstoffatom gebunden.

Chlorisocyanurate

Die Isocyanursäure, $C_3O_3N_3H_3$, ist der Grundkörper der Trichlorisocyanursäure, $C_3O_3N_3Cl_3$, der Dichlorisocyanursaure, $C_3O_3N_3Cl_2H$, und ihrer Kalium- und Natriumsalze. Aus Gründen der Wasserlöslichkeit und der erforderlichen Einstellung auf alkalische pH-Werte finden nur die Salze praktische Anwendung. Feste aktivchlorhaltige Desinfektionsmittel und insbesondere kombinierte Reinigungs- und Desinfektionsmittel enthalten heute überwiegend Chlorisocyanurate als Wirkstoff. Das beruht darauf, daß sie im pH-Bereich von 6–10 nahezu gleichbleibende Wirksamkeit besitzen. Zur Erzielung ausreichender Lagerstabilität müssen die Produkte wasserfrei sein.

Chloramine

p-Toluolsulfonchloramidnatrium, $CH_3C_6H_4SO_2NClNa + 3 H_2O$, oder Chloramin T ist die wegen ihrer Löslichkeit am häufigsten eingesetzte Verbindung dieser Gruppe. Daneben sind die in Wasser schlechter löslichen Verbindungen wie Benzolsulfonchloramidnatrium, $C_6H_5NaCl + 2 H_2O$ (Chloramin B) und p-Toluolsulfondichloramid, $CH_3C_6H_4SO_2NCl_2$, (Dichloramin T) zu erwähnen.

Die Chloramine sind träge Aktivchlor-Abspalter: Sie haben eine geringe Abtötungsgeschwindigkeit, werden aber auch durch Verschmutzungen nur langsam inaktiviert. Dabei werden sie stark vom pH-Wert beeinflußt: Guter Wirkung bei pH 6 steht sehr geringe Wirksamkeit, aber entsprechende Stabilität oberhab pH 10 gegenüber.

2.3.2.5 Anwendung von Aktivchlor

Erfolgreiche Anwendung Aktivchlor abspaltender Desinfektionsmittel ist in folgenden Konzentrationsbereichen möglich:

0,3 mg/l bis 10 mg/l zur Beherrschung des Wasserkeimgehalts, wobei die Konzentration stets nach Abschluß der Chlorzehrung zu messen ist. Für Trinkwasser sind 0,2 (0,6) mg/l zulässig. Für die Keimfreihaltung von Wasserkreisläufen sind 2-10 mg/l je nach Keimeinschleppung und erwarteter Abtötungszeit, Chlorzehrung und pH-Wert erforderlich. Die Laugenverschleppung in Nachspülbädern kontinuierlich arbeitender Waschanlagen, die zu pH-Werten über 11 führen kann, erhöht den Chlorbedarf:

Desinfektionsmittel

25–50 mg/l für eine Desinfektion nach vorangegangener Reinigung und Zwischenspülung in geschlossenen Systemen;
100–400 mg/l bei der kombinierten Reinigung und Desinfektion nach Vorspülung im pH-Bereich 9,5 bis 11,5;
1000–5000 mg/l für die Desinfektion offener Oberflächen.

Aktivchlorhaltige Lösungen können kalt, mit steigender Wirksamkeit auch bei höheren Temperaturen, z. B. zwischen 40 und 70 °C, eingesetzt werden. Sofern keine reaktionsfähigen Stoffe wie z. B. Eisen oder Eiweiß in der Lösung vorhanden sind, liegt bei 90 °C noch ausreichende Stabilität des Wirkstoffs vor.

Die Abtötungswirkung ist Tab. 2.18 zu entnehmen.

Tab. 2.18 Abtötungszeiten keimtötender Substanzen gegenüber einigen Mikroorganismenarten im Suspensionstest unter idealen Bedingungen ohne Schmutzbelastung bei 20 °C (MROZEK 1982)

Substanz	Anwendungs-konzentration	Erforderliche Zeiten (min) für 99,999 % Abtötung von					
	mg/l	Staph. aureus	Esch. coli	Pseud. aeruginosa	Bac. cereus	Sacch. cerevisiae	Asp. niger
Natriumhydroxid	5000	90	1	1	>120	90	>120
Salpetersäure	5000	1	1	1	120	>120	>120
Natriumhypochlorit	200	1	1	1	60	2,5	20
Jod (Jodophor)	25	1	1	1	>120	2,5	60
Peressigsäure	200	1	1	1	30	1	60
Wasserstoffperoxid	3000	5	10	10	>120	>120	>120
QAV (Zephirol)	250	1	2,5	30	∞	2,5	20
Biguanid	600	2,5	5	10	∞	5	(80)
Monochloressigsäure	3000	40	10	5	>120	10	(40)
Formaldehyd	4000	60	90	30	>120	30	120

2.3.2.6 Jod

Jod wird allgemein in wässriger Lösung zu Desinfektionszwecken verwendet. Nur knapp 200 mg Jod lassen sich bei Raumtemperatur in 1 l Wasser lösen. Höhere Jodkonzentrationen sind zusammen mit Jodiden erreichbar. Zur Herstellung von konzentrierten Desinfektionsmitteln wird die „Solubilisierung" von Jod mit Netzmitteln angewandt (Abb. 2.9). Die entstehenden Jodophore können bis 30 % Jod enthalten. Als Jodträger dienen hauptsächlich nichtionische Netzmittel, z. B. Polyethoxypolypropoxyethanol, aber auch kationaktive Netzmittel oder Polyvinylpyrrolidon eignen sich hierfür.

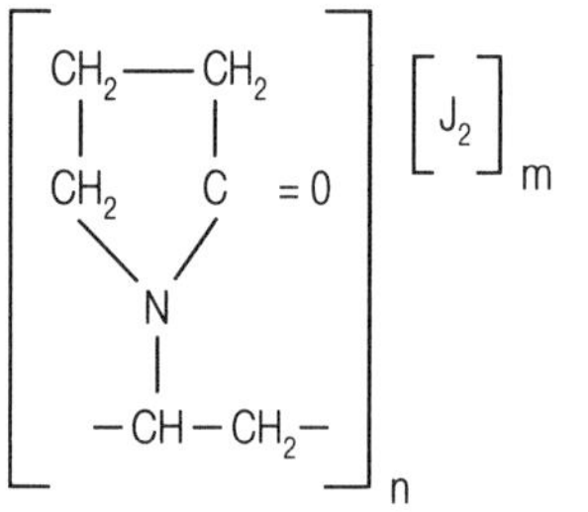

Desinfektionsmittel

Typ PVP – Jod 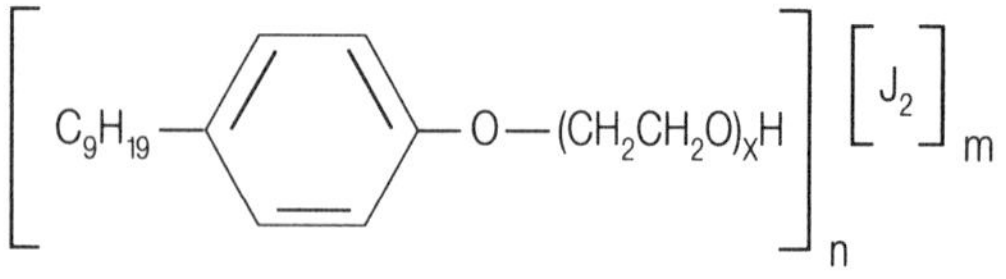   Typ Nonionic-Jodophor

Abb. 2.9 Chemischer Aufbau von Jodophoren

Jod liegt in alkalischer Lösung als Jodid und Jodat vor, denen beiden keine antimikrobielle Wirkung zukommt. Beginnend um den Neutralpunkt steigt die Wirksamkeit mit zunehmendem Säuregrad, bedingt durch das Vorliegen von Jodwasserstoffsäure und Hypojodit in wässrigen Jodlösungen. Eine Optimierung erfordert Säurezusätze, wobei Jodophoren meist Phosphorsäure zugegeben wird. Derartige netzmittelhaltige Jodophore haben einen Jodgehalt von 1–2 %. Da Jod bereits bei Raumtemperatur sublimiert, ist die Anwendung von Jodophoren nur in kalten Lösungen möglich. ANDERSON (1962) gibt 40 °C als obere Temperaturgrenze an.

Wirksame Konzentrationen sind
– 15–50 mg/l für die Desinfektion nach Reinigung und Zwischenspülung
– 50–200 mg/l bei kombinierten Reinigngs- und Desinfektionsaufgaben
– 300–1000 mg/l für die Desinfektion offener Flächen

2.3.2.7 Brom

Brom und einige Bromverbindungen besitzen ähnliche Desinfektionswirkung wie die entsprechenden Chlorverbindungen. Der starke Geruch des Broms schränkt seine Anwendbarkeit in der Lebensmittelindustrie stark ein. Brom in elementarer Form kann als Gas bzw. in wässriger Lösung mit maximal 3,5 % Bromgehalt bei Raumtemperatur verwendet werden. Brom wird ebenso wie Brom-chlor-dimethylhydantoin $C_5H_6O_2N_2ClBr$, für die Wasserentkeimung, insbesondere in Schwimmbädern, empfohlen. Die Verwendung als Chlor-Synergist ist nach Canadischen Patenten (Can. Pat. 579 386 und 579 387) in pulverförmigen Gemischen mit Kaliumbromid neben einer aktivchlorabspaltenden Verbindung möglich. In wässriger Gebrauchslösung wird ein Teil des Aktivchlors verbraucht, um freies Brom zu erzeugen. Derartige Produkte sind auch im Lebensmittelbereich einsetzbar.

2.3.2.8 Fluor

Fluor selbst ist wegen unbefriedigenden toxikologischen Eigenschaften als Desinfektionsmittel ungeeignet. Kieselfluorwasserstoffsäure H_2SiF_6 bzw. ihr Natriumsalz und Ammoniumbifluorid $(NH_4)HF_2$ haben dagegen Eingang in der Lebensmittelindustrie, besonders in Brauereien, gefunden. Natriumfluorid bzw. Natriumdifluorid $(NaHF_2)$ kommen nur noch als technische Konservierungsmittel in Frage, sie sind heute im Lebensmittelbereich unzulässig.

Desinfektionsmittel

2.3.3 Sauerstoff abspaltende Oxidationsmittel (Per-Verbindungen)

Wegen des vergleichbaren Chemismus ist von diesen Oxidationsmitteln eine den Halogenen vergleichbare umfassende antimikrobielle Wirkung zu erwarten. Ausreichendes Oxidationspotential ist aber nur eine Voraussetzung für die Eignung für Desinfektionszwecke neben Löslichkeit, Stabilität und dem spezifischen Reaktionsverhalten an der Zelle. Analog zu Aktivchlor spricht man von Aktivsauerstoff als wirksamem Prinzip.

2.3.3.1 Wasserstoffperoxid

Wasserstoffperoxid (H_2O_2) ist, da es in Wasser und den keimtötend wirksamen Sauerstoff zerfällt, im Hinblick auf Rückstandsbildung ein unbedenklicher Wirkstoff. Es kann daher auch zur Lebensmittelkonservierung verwendet werden. Die relative Stabilität, z. B. in Milch, macht es erforderlich, Rückstande enzymatisch mit Katalase zu spalten. Entsprechend bleiben unbeabsichtigte Rückstände nach Desinfektionsmaßnahmen mit Wasserstoffperoxid (Sterilisation von Verpackungsmaterial) unter ungünstigen Arbeitsbedingungen im Lebensmittel selbst nachweisbar (Kap. 14.2).

Wasserstoffperoxid für Desinfektionszwecke wird in konzentrierter Form (30 % H_2O_2) geliefert und enthält nur die erforderlichen Stabilisatoren, insbesondere gegen katalytischen Zerfall durch Schwermetalle. Anwendungstechnisch wünschenswerte Zusätze können aus Stabilitätsgründen erst unmittelbar vor dem Verbrauch beigefügt werden. Wegen seines rückstandsfreundlichen Verhaltens eignet sich Wasserstoffperoxid besonders für eine lebensmittelnahe Verwendung, wie sie die Verpackungssterilisation und die Anlagendesinfektion bei Betriebsbeginn darstellen. Übliche Anwendungskonzentrationen, angegeben als H_2O_2, sind auf sauberen Flächen

- 1000–10.000 mg/l für eine Kaltdesinfektion
- 100–1.000 mg/l für eine Heißdesinfektion
- 30–300 g/l für eine Heißsterilisation von Oberflächen (Packungsmaterial)

2.3.3.2 Organische Persäuren

Unter der großen Zahl von Mono- und Dicarbonsäuren, die durch Sauerstoffanlagerung in eine Perverbindung überführt werden können, sind mehrere Verbindungen als Desinfektionswirkstoff geeignet. Praktische Bedeutung hat neben der Perameisensäure vor allem die Peressigsäure, $CH_3-CO-OOH$. Peressigsäure (PES) ist bei unterschiedlicher Zusammensetzung in einem weiten Konzentrationsbereich lagerstabil herstellbar. Aus Gründen der Arbeitshygiene und Sicherheit werden allgemein flüssige Produkte mit 2–10 % PES verwendet. Sie haben den typischn stechenden Geruch, der der PES, aber auch der in verschiedenen Konzentrationen vorliegenden Essigsäure zukommt. Der Gehalt an H_2O_2, der ebenfalls in weiten Grenzen variabel ist, ist vor allem bei der Konzentrationkontrolle zu beachten und wegen der geringeren Abtötungsgeschwindigkeit des H_2O_2 getrennt zu bestimmen (Kap. 12.3.2).

Mischungen mit anderen anwendungstechnisch nutzbaren Stoffen sind im allgemeinen erst in Gebrauchsverdünnung möglich. Infrage kommen vor allem Säuren und Netzmittel. Die stark ätzende Wirkung der konzentrierten PES-Produkte macht es erforderlich, daß beim Lösungsansatz, sofern hierfür keine automatischen Dosieranlagen vorliegen, die üblichen persönlichen Arbeitsschutzmittel benutzt werden. Gebrauchsverdünnungen sind dagegen arbeitshygienisch und rückstandsmäßig unbedenklich.

Desinfektionsmittel

PES zeigt nicht nur in Lösungen, sondern auch in der Gasphase gute keimtötende Wirkung. Da eine Inhalation jedoch zu vermeiden ist, kommen Sprüh-und Raumdesinfektionsmaßnahmen nur bei Vorliegen geeigneten Materials in Frage, etwa in abgeschlossenen Sonderräumen zur aseptischen Abfüllung. Als reines Desinfektionsmittel wird PES nach Reinigung und Zwischenspülung eingesetzt. Die Kaltwirkung läßt erfolgreiche Desinfektion bereits unter 10° C zu, die Anwendung höherer Temperaturen ist jedoch ebenso gut möglich. Übliche Anwendungskonzentrationen der PES sind

50–200 mg/l bei der Kaltanwendung gegen vegetative Keime

400–2000 mg/l bei der Kaltanwendung gegen Sporen. Bakteriophagen und Viren werden wie vegetative Keime inaktiviert.

2.3.3.3 Anorganische Perverbindungen

Peroxodischwefelsäure, $H_2S_2O_8$, Peroxomonoschwefelsäure, H_2SO_5 (Caro'sche Säure) und ihre Salze (Caroate) kommen als oxidierende Mineralsäuren für Desinfektionsaufgaben im stark sauren pH-Bereich in Frage. Sie sind entsprechend konfektionierbar und auch für flüssige kombinierte Reinigungs- und Desinfektionsmittel verwendbar.

Als feste Perverbindung ist Natriumperborat, $NaBO_2 \cdot H_2O_2 \cdot 3\ H_2O$, wegen seiner Eignung in alkalischen Gemischen aufzuführen. Sofern kein Aktivator vorliegt, ist es bei Raumtemperatur kaum und erst oberhalb 60 °C gut oxidations- und abtötungswirksam. Übliche Kaltbleichaktivatoren sind Tetraacetylglykoluril (TAGU) und Tetraacetylethylendiamin (TAED). Ihre Wirkung beruht auf der Bildung von Peressigsäure mit dem durch Dissoziation des Perborats in wässriger Lösung vorhandenen Wasserstoffperoxids.

Natriumperoxid, Na_2O_2, kann bei der Wasserentkeimung eingesetzt (10–25 mg/l) werden. Zu erwähnen ist in diesem Zusammenhang Ozon, O_3, das gemäß Trinkwasserverordnung zur Trinkwasserentkeimung zugelassen ist – maximal zugelassener Grenzwert nach Aufbereitung: 0,05 mg/l. Ozon wird in Konzentrationen zwischen 0,1 und 10 mg/l eingesetzt. Wie bei Chlor ist die Zehrung durch oxidierbare Substanzen zu beachten. Ozon muß für den Gebrauch in einem Generator hergestellt werden. Die Wasserlöslichkeit beträgt etwa 1000 mg/l und läßt damit die Gewinnung desinfizierenden Ozonwassers zu. Die mögliche Verwendung für die Raum- und Luftdesinfektion unterliegt wegen der hohen Toxizität des Ozons starken Einschränkungen.

Als Oxidationsmittel, das als Bestandteil von Desinfektionsmitteln Verwendung findet, ist noch Kaliumpermanganat, $KMnO_4$, zu nennen. Eventuelle katalytische Einflüsse von Mangan-Rückständen in Lebensmitteln sind zu berücksichtigen.

2.3.4 Aldehyde

Wegen ihrer zuverlässigen Wirkung auch in Gegenwart merklicher Restverschmutzungen haben verschiedene Aldehyde ihren festen Platz unter den Desinfektionswirkstoffen der Lebensmittelindustrie. Die größte Bedeutung hat der Formaldehyd, HCHO. Formaldehyd ist unter Normalbedingungen ein stechend riechendes Gas, das leicht wasserlöslich ist. 30–40 %ige Lösungen sind handelsüblich. Als oligomere oder polymere Verbindung (Paraformaldehyd) liegt Formaldehyd kristallin vor, wobei die Wasserlöslichkeit mit zunehmendem Polymerisationsgrad abnimmt. Polymerisation tritt bevorzugt in alkalischen Lösungen ein, während im sauren pH-Bereich die monomere Form vorherrscht. Formaldehyd kann zur Desinfektion über die Gasphase benutzt werden. Wegen der guten Wasserlöslichkeit findet nach gasförmiger Verteilung im Raum wieder eine Anreicherung an Oberflächen in Feuchtigkeitsfilmen statt. Für schnelle Keimabtötung werden verhältnismäßig hohe Formaldehydkonzentrationen benötigt. Für amtlich angeordnete Entseuchungen werden 5000–15000 mg/l bei mehrstündiger Einwirkung der Lösung vorgeschrieben. Bei einer Begasung geschlossener Räume (sog. Schlußdesinfektion) sind entsprechend 5000 mg/m^3 anzuwenden, wobei für die nötige Feuchtigkeit (mindestens 70 % rel. Luftfeuchtigkeit) zu sorgen ist.

Formaldehyd wird heute überwiegend in Kombination mit anderen Wirkstoffen eingesetzt, insbesondere mit oberflächenaktiven Wirkstoffen und mit anderen Aldehyden. Als weitere Aldehyde werden in Desinfektionsmitteln neben anderen Verbindungen geringerer Bedeutung die Dialdehyde Glyoxal (OHC-CHO) und Glutardialdehyd (OHC-$(CH_2)_3$-CHO) verwendet. Höherer Siedepunkt bzw. niedrigerer Dampfdruck reduzieren die Geruchsintensität, dementsprechend auch die Anwendbarkeit über die Gasphase. In Lösungen entspricht die Wirksamkeit der des Formaldehyds. Wirksame Aldehyd-Gesamtkonzentrationen in geeigneter Konfektionierung sind bei Kaltanwendung zur Desinfektion von Oberflächen 1000–10 000 mg/l.

2.3.5 Oberflächenaktive Wirkstoffe

Oberflächenaktive Wirkstoffe oder Tenside sind Substanzen, die die Grenzflächenspannung einer wässrigen Lösung gegenüber anderen Phasen herabsetzen und so eine Netz- und Emulgierwirkung entfalten. Diese wird über eine Anreicherung an der Grenzfläche infolge der Molekülstruktur mit einem hydrophilen und einem hydrophoben Teil bewirkt (Kap. 2.2). Tenside verbessern daher allgemein die Wirksamkeit von Desinfektionswirkstoffen. Eine eigene antimikrobielle Wirkung besitzen viele kationaktive Verbindungen und Amphotenside, die alle stark schäumende, gut wasserlösliche Netzmittel sind. Charakteristisch für alle oberflächenaktiven Wirkstoffe ist ihre Hemmwirksamkeit noch in relativ niedrigen Konzentrationen und der große Abstand der wirksamen Konzeintrationen gegen grampositive und gramnegative Bakterien. Als thermostabile Verbindungen vertragen sie in wässriger Lösung Temperaturen über 90 °C. Oberflächenaktive Wirkstoffe können auf feste Oberflächen entsprechend ihrer Materialbeschaffenheit „aufziehen" und schwer abspülbare Haftfilme ergeben (Kap. 8.2).

2.3.5.1 Quaternäre Ammoniumverbindungen

Die zu den kationischen Tensiden zählenden quaternären Ammoniumverbindungen (QAV) haben die allgemeine Formel ($N^+R_1 - R_4$) (A^-). Dabei kann das Stickstoffatom in einem Ring stehen (z. B. Pyridin), der als R_1-R_3 anzusehen ist. Desinfizierende QAV besitzen mindestens einen längerkettigen Alkylrest mit 8–18 C-Atomen. Die beste Wirksamkeit wird je nach sonstiger Struktur des Moleküls und Keimart mit C_{10}-C_{14}-Alkylresten erzielt. Als Anion tritt vorwiegend Chlorid auf; daneben kommen Bromide, Sulfate und andere Anionen vor. Einen Überblick über wichtige QAV gibt Tab. 2.10.

Desinfektionsmittel

Tab. 2.19 Antimikrobiell wirksame Tenside

Bezeichnung	Formel	Mol.-Gew.	Markenname
Alkyldimethylbenzyl-ammoniumchlorid (Alkyl = $C_8 - C_{18}$)	$\left[C_nH_{2n+1} - \underset{\underset{CH_3}{\mid}}{\overset{\overset{CH_3}{\mid}}{N}} - CH_2 - C_6H_5 \right]^+ Cl^-$	ca. 368	Benalkon A, Dodigen 226, Zephirol
Dodecyldimethylbenzyl-ammoniumchlorid	$\left[C_{12}H_{25} - \underset{\underset{CH_3}{\mid}}{\overset{\overset{CH_3}{\mid}}{N}} - CH_2 - C_6H_5 \right]^+ Cl^-$	339,5	Benzalkon C
Dodecyldimethylchlor-benzylammoniumchlorid	$\left[C_{12}H_{25} - \underset{\underset{CH_3}{\mid}}{\overset{\overset{CH_3}{\mid}}{N}} - CH_2 - C_6H_4Cl \right]^+ Cl^-$	408,9	Benzalkon B, Riseptin
p-tert-Octylphenoxyethoxy-ethyl-dimethyl-benzyl-ammoniumchlorid	$\left[C_8H_{17} - C_6H_4 - O - C_2H_4O - C_2H_4 - \underset{\underset{CH_3}{\mid}}{\overset{\overset{CH_3}{\mid}}{N}} - CH_2 - C_6H_5 \right]^+ Cl^-$	466,1	Benzethoniumchlorid, Hyamine 1622, Phemerol
Didecyl-dimethyl ammoniumchlorid	$\left[C_{10}H_{21} - \underset{\underset{CH_3}{\mid}}{\overset{\overset{CH_3}{\mid}}{N}} - C_{10}H_{21} \right]^+ Cl^-$	361,5	Bardac 22

Tab. 2.19 Antimikrobiell wirksame Tenside (Fortsetzung)

Bezeichnung	Formel	Mol.-Gew.	Markenname
Cetyltrimethyl-ammoniumbromid	$\left[C_{16}H_{33} - \underset{\underset{CH_3}{|}}{\overset{\overset{CH_3}{|}}{N}} - CH_3 \right]^+ Br^-$	364,5	Cetrimid Cetavlon
Cetylpyridinium-chlorid	$\left[C_{16}H_{33} - N\!\!\!\bigcirc \right]^+ Cl^-$	339,5	Ceepryn Cepacol
Dodecyl-di(aminoethyl)-glycin	$C_{12}H_{25}(NH\,C_2H_4)_2\,NH\,CH_2\,COOH$	329	Dodicin

Desinfektionsmittel

Desinfektionsmittel

Als kationaktive Verbindungen sind QAV mit anionaktiven Stoffen nicht mischungsverträglich. Entsprechend ihrem Ladungszustand können sie an Oberflächen adsorbiert und der Lösung entzogen werden (etwa an Holz als Werkstoff oder an Filtermasse wie z. B. Cellulose). Wirksamkeitsverluste durch Härtebildner des Wassers müssen durch Komplexbildner ausgeglichen werden.

QAV wirken im pH-Bereich von 5 –10 gut, über 10 fällt die Wirksamkeit merklich, unter 4 stark ab. Wirksame Konzentrationen liegen je nach der zu bekämpfenden Flora und den Anwendungsbedingungen zwischen 100 (grampositive Bakterien und Hefen, Fließweg) und 10000 mg/l (gramnegative Bakterien und Schimmelpilze, an offenen Flächen; Kap. 7.1).

2.3.5.2 Amphotenside

Zu den oberflächenaktiven Wirkstoffen zählen als eigene Gruppe die Amphotenside. Ihre Moleküle sind Zwitterionen (Betaïne), deren Ladungen am hydrophilen Ende z. B. in einer Aminosäure liegen. Ihre anwendungstechnischen Eigenschaften sind weitgehend denen der QAV vergleichbar. Zu beachten ist die Beeinflussung der Eigenschaften durch den pH-Wert. Im alkalischen Gebiet verhalten sie sich wie Aniontenside, unterhalb des isoelektrischen Punktes, der mit wirkstoffabhängigen Abweichungen bei pH 4 liegt, reagieren sie als Kationenside. Wirksame Konzentrationen liegen bei 250–2000 mg/l submers in Lösungen, bei 2000–10000 mg/l an offenen Oberflächen.

2.3.6 Guanidine

Einige Derivate des Guanidins (Iminoharnstoff, $HN = C(NH_2)_2$) besitzen gute antimikrobielle Eigenschaften und werden als Wirkstoffe in Desinfektionsmitteln verwendet (Tab. 2.20). Ihr Wirkungsspektrum ähnelt dem der QAV, also im allgemeinen bevorzugte Wirkung auf grampositive Bakterien und gewöhnlich schwache Wirkung bei Schimmelpilzen. Von Vorteil ist gegenüber QAV, daß schaumfreie Anwendung ohne Werkstoffrisiken möglich ist. Zur Herstellung schaumfreier oberflächenaktiver Lösungen werden Alkoholzusätze empfohlen; Mischungsverträglichkeit besteht mit nichtionischen Netzmitteln und Säuren, nicht jedoch mit Aniontensiden oder Alkalien. Ihr optimaler Wirkungsbereich liegt zwischen den pH-Werten 5 bis 7. Wirksame Konzentrationen sind 200–1000 mg/l bei Fließdesinfektion, 500–3000 mg/l an offenen Oberflächen.

Tab. 2.20 Biguanide

Bezeichnung	Formel	Mol.-Gewicht	Markenname
Alkyldiguanidin $m = 2-6$ $R = C_8 - C_{18}$	$H_2N-\underset{\underset{R}{\mid}}{C}(=NH)-N(H)-(CH_2)_m-N(H)-C(=NH)-NH_2$	ca. 369	Dodigen 180
1,1-Hexamethylen-bis- 5(4-chlorphenyl)bi-guanid	$\text{Cl-C}_6\text{H}_4-N(H)-C(=NH)-N(H)-C(=NH)-N(H)-(CH_2)_6-N(H)-C(=NH)-N(H)-C(=NH)-N(H)-\text{C}_6\text{H}_4\text{-Cl}$	505,5	Chlorhexidin Hibitane
polymeres Biguanid	$\left[-N(H)-C(=NH)-N(H)\cdot HCl-C(=NH)-N(H)-(CH_2)_6- \right]_n$	219,5	Ventocil B

Desinfektionsmittel

2.3.7 Phenolische Wirkstoffe

Vom Phenol, das ursprünglich unter dem Namen Karbolsäure weite Verbreitung als Desinfektiansmittel hatte, ist eine große Gruppe von Wirkstoffen abzuleiten: Kresole, Xylenole mit verschiedenen Substituenten, Halogenderivate usw. Trotz ihrer zuverlässigen Wirksamkeit in Gegenwart starker Verschmutzungen finden sie bei der Lebensmittelproduktion keine entsprechende Anwendung. Geruchs- und Geschmacksbeeinflussung und toxikologische Eigenschaften verbieten das. Man findet phenolische Wirkstoffe im Sozialbereich der Lebensmittelindustrie zur Hände- und Raumhygiene, ferner bei technischen Konservierungsaufgaben (Klebstoffe, herstellungsbedingt in Verpackungsmaterial). Phenolische Wirkstoffe sind als Phenolate in Wasser gut löslich. Diese Lösungen reagieren alkalisch. Die wirksamen Konzentrationen sind je nach Wirkstoff sehr unterschiedlich. Sie liegen teils unter 1000 mg/l, teils über 10 000 mg/l.

2.3.8 Halogencarbonsäuren

Eine Reihe von Carbonsäuren hat ausreichende antimikrobielle – überwiegend mikrobistatische – Eigenschaften für den Einsatz als Konservierungsmittel: Ameisensäure, Essigsäure, Propionsäure, Benzoesäure usw. Durch Halogenierung kann die Wirkung bis in den für Desinfektionszwecke ausreichend mikrobiziden Bereich gesteigert werden. Insbesondere Monochloressigsäure ($CH_2ClCOOH$), Monobromessigsäure ($CH_2BrCOOH$) und Monojodessigsäure (CH_2JCOOH) sind für Desinfektionsaufgaben im pH-Bereich von 1 bis 3 geeignet. Die anwendungstechnischen Eigenschaften werden weitgehend durch den Säuregehalt bestimmt. Liegt dieser hoch genug, ist kombinierte Reinigung und Desinfektion möglich. Wirksame Konzentrationen für die Fließwegdesinfektion liegen zwischen 500 und 3000 mg/l.

2.3.9 Schwermetallverbindungen

Schwermetalle bzw. viele ihrer Verbindungen besitzen gute antimikrobielle Wirkung. Ihre Verwendung als Desinfektionswirkstoff ist stark zurückgegangen, seit festgestellt wurde, daß sie vielfach nur eine reversible Hemmung bewirken. Teilweise werden sie noch als „Synergist" verwendet (z. B. Organozinnverbindungen neben Formaldehyd), teilweise werden sie bei Konservierungsaufgaben benutzt (z. B. Phenylquecksilber-Verbindungen). Der Einsatz in der Lebensmittelindustrie ist außerdem aus toxikologischen Gründen auf Desinfektionsaufgaben ohne Lebensmittelkontakt beschränkt. Praktische Bedeutung hat heute lediglich Silber, dessen „oligodynamische" Wirkung bei der Wasserentkeimung verwendet wird. Man verwendet metallisches Silber in kolloidaler Lösung oder das Elektrokatadynverfahren. Die Wirksamkeit wird durch Chloride und Belastung mit organischen Stoffen eingeschränkt. Im Trinkwasser sind 0,08 mg/l Silber nach abgeschlossener Aufbereitung zulässig.

2.3.10 Laugen und Säuren

Extreme pH-Werte führen zu starker Keimschädigung und Abtötung. Alle als Reinigungsmittelbestandteile aufgeführten Laugen und Säuren sind daher auch als antimikrobielle Wirkstoffe zu erwähnen (Kap. 2.2). Ihre Anwendung als Desinfektionsmittelbestandteil zur pH-Optimierung und -Stabilisierung bewirkt in vielen Fällen additive oder synergistische Wirksamkeitssteigerungen. Deutliche keimschädigende Wirkung beginnt über pH 10 und unter pH 4, wobei starke artspezifische Unterschiede in der Laugen- und Säureempfindlichkeit bestehen. Bemerkenswert ist die ausgesprochene Säurebeständigkeit von Hefen und Schimmelpilzen. In der Praxis ist gewöhnlich mit einem kombinierten chemo-thermischen Effekt zu rechnen, da die meisten Reinigungsoperationen oberhalb 40 °C durchgeführt werden.

2.4 Kombinierte Reinigungs- und Desinfektionsmittel

2.4.1 Definition und Voraussetzungen für die Anwendung

Der hohe zeitliche und materielle Aufwand für Reinigungs- und Desinfektionsarbeiten in der Lebensmittelindustrie macht es wünschenswert, durch Zusamenfassung mehrerer Arbeitsgänge zu einer Vereinfachung und zu Ersparnissen zu kommen. Hierfür bietet sich die gleichzeitige Durchführung der Reinigung und der Desinfektion mit nur einem Mittel an. Die grundsätzliche Möglichkeit einer kombinierten Reinigung und Desinfektion beruht auf folgenden Überlegungen:

1. Die meisten Verschmutzungen in der Lebnsmittelindustrie wie fast alle Rückstände pflanzlicher Lebensmittel, aber auch frische Milchrückstände, lassen sich mit einer einfachen Wasserspülung weitgehend entfernen, weil sie nicht fest haften.
2. Bei den abzutötenden Mikroorganismen handelt es sich praktisch nur um Saprophyten wie Gärungs- und Fäulniserreger: für die menschliche Gesundheit normalerweise unschädliche Keime, die in der Natur weit verbreitet sind.

Für eine erfolgreiche Durchführung müssen daher durch eine verfahrenstechnisch richtig eingesetzte Wasserspülung die an den zu reinigenden Flächen haftenden Verschmutzungen so weitgehend entfernt werden, daß der Desinfektionserfolg nicht wegen Inaktivierungsreaktionen gefährdet ist. Das Fehlen pathogener Keime gestattet im Gegensatz zu den Verhältnissen bei der Seuchenbekämpfung diese Wasserspülung als eine Form der „risikolosen Beseitigung" vorhandener Mikroorganismen durchzuführen. Eine Abtötung der so entfernten Keime ist weder vorher, also in den Anlagen, noch nachher, also im Abwasser, erforderlich.

In der Lebensmittelindustrie verwendet man daher „kombinierte Reinigungs- und Desinfektionsmittel", die schnell wirkende und reaktionsfähige, also auch leicht inaktivierbare Desinfektionswirkstoffe in einer Konzentration enthalten, die höchstens auf mäßige Schmutzbelastung abgestellt ist. Derartige Mittel besitzen gewöhnlich ein kräftiges Reinigungsvermögen, an dem auch die Desinfektionswirkstoffe beteiligt sind, etwa Aktivchlor, das Verschmutzungen oxidativ aufschließt, oder quartäre Ammoniumverbindungen, deren Lösungen die Grenzflächenspannungen herabsetzen. Sie können bei Bedarf, also bei Vorliegen hartnäckiger Verschmutzungen, auch als Mehrzweckmittel verwendet werden. Zum Beispiel wird nach einem ersten Arbeitsgang zur Reinigung, in dem die Desinfektionskomponente lediglich die Reinigung unterstützt, anschließend in einem zweiten Arbeitsgang mit frischer, meist in niedrigerer Konzentration angesetzter Lösung desinfiziert. Für beide Arbeitsgänge wird das gleiche Mittel eingesetzt. Die entsprechende Prüfgruppendefinition der Deutschen Landwirtschafts-Gesellschaft (KIERMEIER u. a. 1966) wurde aufgrund der Erfahungen der Praxis und wissenschaftlicher Überprüfungen (MROZEK, 1961, HESSE, 1968, TERPLAN, 1969, MROZEK, 1969) in die kombinierte Reinigung und Desinfektion in einem Arbeitsgang überführt und geeignete Prüfmethoden aufgenonmen (DLG 1983). Eine Entkeimungszeit von 5 min wird angestrebt.

Für den humanmedizinischen Bereich führte die Deutsche Gesellschaft für Hygiene und Mikrobiologie (DGHM) von der V. Liste (1. 2. 1979) bis zum Erscheinen der VII. Liste mit Nachträgen (1. 1. 1992) eine eigene Gruppe 2b „Flächendesinfektion mit Reinigern" mit begrenzten Konzentrationen für Einwirkungszeiten von 1 h oder 6 h. Diese Gruppe wurde wegen unzureichender Kontrollmöglichkeit bei nachträglichen Zusätzen von Reinigungskomponenten (Seife) und wegen des Risikos einer Inaktivierung durch derartige Zusätze zurückgezogen. Die Reinigungswirksamkeit der zuvor in der Gruppe 2b geführten Produkte kann nur durch die manuelle oder mechanisierte Oberflächenbehandlung ausgenutzt werden, z. B. bei der desinfizierenden Reinigung von Krankenhausfußböden.

Kombinierte Reinigungs- und Desinfektionsmittel

2.4.2 Richtige Arbeitsweise und Grenzen der Anwendbarkeit

Entsprechend den allgemeinen Ausführungen müssen bei der kombinierten Reinigung und Desinfektion alle Voraussetzungen erfolgreichen Arbeitens präziser als bei anderen Reinigungsmaßnahmen erfüllt sein:
1. Lebensmittelrückstände und Verschmutzungen dürfen niemals antrocknen oder auf andere Art altern.
2. Unmittelbar bei Produktionsschluß werden alle sichtbaren Lebensmittelreste entfernt. Geeignete Maßnahmen sind bei offenen Flächen z. B. das Absammeln größerer Butterklumpen in Fertigern oder von Fleisch- oder Teigresten auf Transportbändern, das Abfegen von Rohwarenresten auf Verarbeitungstischen und das Abstreifen rotierender Elemente oder von Transportbändern durch Schaber oder Bürsten an den Umkehrpunkten. Bei geschlossenen Anlagen reicht oft das Absaugen von Flüssigkeitsresten aus Tanks oder das Ausblasen geschlossener Förderwege zur Vorreinigung aus. Bei Herstellung hochviskoser oder pastenförmiger Erzeugnisse wird im allgemeinen eine Demontage geschlossener Anlagen erforderlich, um an den einzelnen Teilen die beschriebenen Vorreinigungsmaßnahmen durchführen zu können.
3. Vorspülung mit sachgerecht temperiertem Wasser, also entsprechend den Eigenschaften und der Zusammensetzung des Lebensmittels möglichst oberhalb der Schmelztemperatur des Fettes und jedenfalls unterhalb der Koagulationstemperatur des Eiweißes. Die Faustregel „Spülen, bis das Wasser klar abläuft" sollte beachtet werden.
4. Kombinierte Reinigung und Desinfektion mit einer ausreichenden Lösungsmenge in einer auf die vorliegenden Verhältnisse abgestimmten Arbeitsweise.
5. Kontrolle der Einhaltung von Konzentration, Temperatur zu Beginn und am Ende der Anwendungszeit. Die Bestimmung der Endkonzentration des Desinfektionswirkstoffes ist z. B. bei reaktiven Wirkstoffen wie Aktivchlor oder Jod die einfachste Wirksamkeitskontrolle.

Alle diese Maßnahmen dienen der Absicherung eines ausreichenden Überschusses an Desinfektionswirkstoff gegenüber den wirkstoffzehrenden Verschmutzungen. Ist dieser Überschuß nicht herstellbar, was mit Hilfe der Endkontrolle der Wirkstoffkonzentration festgestellt werden kann, muß das Verfahren verbessert oder auf getrennte Reinigung und Desinfektion zurückgegangen werden.

So bereitet die ausreichende Vorreinigung bzw. Vorspülung von Anlagen der Speiseeisherstellung im geschlossenen Zustand Schwierigkeiten, die zur Demontage oder zur getrennten Reinigung und Desinfektion zwingen. Fettabscheidungen erschweren allgemein die in einem Arbeitsgang kombinierte Reinigung und Desinfektion, insbesondere hochschmelzende Fette wie z. B. Rindertalg. Aber auch hygienische Gründe können zur Verfahrensänderung zwingen wie z. B. bei der Behandlung der Milchkannen im Rahmen der Bekämpfung der Maul- und Klauenseuche. Hier wurde das ursprüngliche Drei-Bottich-Verfahren „Wasservorspülung – alkalische Desinfektion – Wassernachspülung" in ein zweistufiges Desinfektionsverfahren umgewandelt: alkalische Vorspülung zur Entseuchung der Restmilch – alkalische Entseuchung der Kannen – Wassernachspülung, wo in beiden Laugenbehältern gleiche Lösungen mit einem pH-Wert über 11,5 vorgeschrieben sind.

Eine kombinierte Reinigung und Desinfektion stößt demnach in einigen Fällen auf Schwierigkeiten:
– Bei hartnäckigen Verschmutzungen in geschlossenen Sytemen wie z. B. Erhitzer und Verdampfer, insbesondere wenn es sich um festgebrannte proteinhaltige Rückstände handelt, wie sie in Ultrahocherhitzungs- und Vakuumeindampfanlagen nach längerer Betriebsdauer zu erwarten sind,
– bei wasserunlöslichen oder schwer löslichen Rückständen, wie sie bei der Fleisch- und Fischverarbeitung vorkommen,

- in Betrieben, in denen größere Wassermengen unerwünscht sind, wie z. B. in der Bäckerei, weil die Quellung des Klebers die Reinigungsmaßnahmen sehr erschwert.

2.4.3 Kombinationen und ihre Wirksamkeit

Desinfektionswirkstoffe besitzen jeweils in bestimmten pH-Bereichen optimale keimtötende Wirksamkeit. Die Art der zu entfernenden Verschmutzungen verlangt eine Reinigung bei pH-Werten, die die Schmutzauflösung begünstigen. Der durch reinigungstechnische Anforderungen festgelegte pH-Bereich beeinflußt entsprechend die Wahl eines geeigneten Desinfektionswirkstoffes. Anwendungstechnische Forderungen, wie die nach Korrosionssicherheit, führen zu einer weiteren Einschränkung der Kombinationsmöglichkeiten. Tab. 2.21 zeigt für einige Wirkstoffe die Wirksamkeit in Abhängigkeit vom pH-Wert. Außerhalb der Optimalbereiche ihrer Desinfektionswirksamkeit erfolgt teilweise ein Ausgleich durch die zunehmend keimschädigende Wirkung der alkalischen bzw. sauren Bestandteile der kombinierten Reinigungs- und Desinfektionsmittel. Grundsätzlich arbeitet man bei der kombinierten Reinigung und Desinfektion in einem Arbeitsgang mit relativ geringer Sicherheitsreserve. Die Einhaltung der Arbeitsbedingungen (Konzentration, Zeit, Temperatur) über den gesamten Programmablauf sollte daher nach Möglichkeit über geeignete Meß- und Regeleinrichtungen sichergestellt werden.

Tab. 2.21 Wirkstoffe kombinierter Reinigungs- und Desinfektionsmittel

Reinigungsschwerpunkt	Mineralische Ablagerungen (Bierstein, Milchstein, Rost)	Dispergier- und Emulgieraufgaben (Pflanzliche Rückstände, Fette)	Proteinentfernung (-auflösung)
bevorzugter pH-Bereich	sauer pH unter 3	neutral pH ca. 5–8,5	alkalisch pH über 10
mögliche Desinfektionswirkstoffe	Jod Peressigsäure Wasserstoffperoxid QAV[1]	QAV Biguanide Aldehyde[1] Chlor[1]	Chlor QAV[1]

[1] nur bedingt geeignet

Literatur

Abwassertechnischer Verein (ATV, Hrsg. 1985): ATV-Handbuch der Abwassertechnik 3. Aufl. Bd. V: Organisch verschmutzte Abwässer der Lebensmittelindustrie, Verlag Ernst u. Sohn, Berlin.

ALEXANDER, J. (1995): Wasser. In: G. Wildbrett (Hrsg.): Werk- und Betriebsstoffe im Haushalt. S. 309-315, Verlag E. Ulmer, Stuttgart.

ANDERSON, L. (1962): Jodophore als Desinfektionsmittel in der Milchwirtschaft, Milchwiss. 17, S. 513-517.

BERNHARDT, H. (1984): Studie über die Auswirkungen des Einsatzes von NTA in Wasch- und Reinigungsmitteln auf die aquatische Umwelt. Gas- und Wasserfach 125, S. 49-56.

BERTH, P. et al. (1975): Möglichkeiten und Grenzen des Ersatzes von Phosphaten in Waschmitteln, Angew. Chemie 87, S. 115-123.

BUEREN, H. u.GROSSMANN, H. (1971): Grenzflächenaktive Substanzen, Weinheim, S. 75. Verlag Chemie.

COONS, D. et al. (1987): Performance in detergents, cleaning agents, and personal care products. In: J. Falbe (Hrsg.): Surfactants in consumer products. p. 197-305. Springer Verl. Berlin u. a.

Deutsche Gesellschaft für Mikrobiologie und Hygiene (DGHM, 1992): VII. Liste u. Nachträge der nach den „Richtlinien für die Prüfung chemischer Desinfektionsmittel" geprüfter und von der Deutschen Gesellschaft für Hygiene und Mikrobiologie als wirksam befundenen Desinfektionsverfahren, Stand 1. 1. 1992, mhp-Verlag GmbH, Wiesbaden.

Deutsche Gesellschaft für Hygiene und Mikrobiologie (DGHM) (1979): V. Liste der nach den „Richtlinien" geprüften und von der DGHM als wirksam befundenen Desinfektionsverfahren, Stand 1. 2. 1979, Hyg. + Med. 4, S. 84-105.

Deutsche Landwirtschaftsgesellschaft (Frankfurt/M., 1983): Bestimmungen für die Verleihung und Führung des DLG-Gütezeichens für Reinigungs- und Desinfektionsmittel in der Milchwirtschaft.

DONHAUSER, S. (1984): Reinigung und Desinfektion, D. Weihenstephaner 52, S. 9-12.

FRANK, W. H. (1969): Anforderungen an Trink- und Betriebswasser. In: J. Schormüller (Hrsg.): Handbuch der Lebensmittelchemie Band VIII, Teil 1, Springer-Verlag, Berlin u. a., S. 794-861.

FROMHERZ, P. (1981): Tensidmizellen – ihr molekulares Gefüge, Nachr. Chem. Techn. Lab. 29, S. 537-540.

FUNKE, J. W. (1970): Industrial water and effluent management in the milk processing industry. National Inst. for water, Research council for Scientific and Industrial Research, Pretoria, South Africa.

GEFFERS, H. (1959): Vorgänge bei der Reinigung von Milcherhitzern, Verdampfern und Walzentrocknern. Deutsche Molkerei-Zeitung 80, S. 450-451.

GÖTTE, E. (1960): Vorschläge zur Terminologie der grenzflächenaktiven amphiphilen Verbindungen. Fette, Seifen, Anstrichmittel 62, S. 789-790.

HAILER, E. (1922): Die Desinfektion. Weyls Handbuch der Hygiene, 2 Aufl., VIII. Band, Verlag Johann Ambrosius Barth, Leipzig.

HEDGECOCK, L. W. (1967): Antimicrobial Agents. Lea & Febiger, Philadelphia.

HESSE, H. F. (1968): Zur Eignung kombinierter Reinigungs- und Desinfektionsmittel bei Rohrmelkanlagen. Inaugural-Dissertation, Tierärztliche Hochschule Hannover.

HÖLL, K., PETER, H. u. LÜDEMANN, D. (1968): Wasser, 4. Aufl., W. de Gruyter, Berlin.

HORN, H., PRIVORA, M. u. WEUFFEN, W. (1972): Handbuch der Desinfektion und Sterilisation, Band I: Grundlagen der Desinfektion. VEB Verlag Volk und Gesundheit, Berlin.

HÜTTER, L. A. (1990): Wasser und Wasseruntersuchung, 4. Aufl. O. Salle Verl. Frankfurt/Main und Verl. Sauerländer, Aarau u. a.

JACOBI, G. u. LÖHR, A. (1983): Waschmittel- Inhaltsstoffe In: Ullmanns Enzyklopädie der technischen Chemie 4. Aufl. Bd. 24, S. 81-107, Weinheim, Verlag Chemie.

Literatur

JENNINGS, W. G. (1965): Theory and practice of hard surface cleaning, Adv. Food Res. 14, S. 325-458.

KIERMEIER, F. et al. (1966): Die Prüfung von Reinigungs- und Desinfektionsmitteln in der Milchwirtschaft. Grundlagen und Standards für die Verleihung des DLG-Gütezeichens. Arbeiten der DLG, Band 100, S. 5-44.

KIRMAIER, N. et al. (1982): Brauchwasseraufbereitung in der Brauerei mit anodischer Oxidation als Verfahrenskomponente, Brauwiss. 35, S. 57-64.

KLING, W. u. WEDELL, H. (1963): Reinigung. In: Ullmanns Enzyklopädie der technischen Chemie 3. Aufl. Bd. 14, S. 651-658, München-Berlin, Verlag Urban u. Schwarzenberg.

KLOSE, W. (1979): Phosphorsäuren-Derivate. In: Ullmanns Enzyklopädie der technischen Chemie 4. Auflage Bd. 18, S. 385-387, Weinheim, Verlag Chemie.

KOBALD, M. u. HOLLEY, W. (1990): Emissionssituation in der Nahrungsmittelindustrie, Studie des Fraunhofer- Instituts für Lebensmitteltechnologie und Verpackung München.

KREIPE, H. (1981): Getreide- und Kartoffelbrennerei, Ulmer Verlag, S. 58-68, Stuttgart.

LABOTS, H. u. GALESLOOT, Th. E. (1965): Laboratory evaluation of dairy disinfectants. Examination of surface-active désinfectants by means of the capacity test, Neth. Milk & Dairy J. 19, S. 139-147.

LAWRENCE, C. A. u. BLOCK, S. S. (1968): Disinfection, Sterilization and Preservation. Lea & Febiger, Philadelphia.

LINDNER, K. (1964): Tenside, Textilhilfsmittel, Waschrohstoffe Bd I., S. 875, Wissenschaftl. Verlagsges. m.b.H., Stuttgart.

LINDNER, K. (1971): Tenside, Textilhilfsmittel, Waschrohstoffe Bd. III, S. 2252-2253. Stuttgart, Wiss. Verlagsges. mbH.

MOHR, W. (1954): Die Reinigung und Desinfektion in der Milchwirtschaft, S. 21. Milchwirtschaftl. Verlag Th. Mann KG, Hildesheim.

MROZEK, H. (1961): Der Kuhstall – ein Lebensmittelbetrieb. Molkerei-Ztg. Welt der Milch 15, Beilage Unser Milchvieh Nr. 5, Mai 1961, S. 3-5.

MROZEK, H. (1969): Kombinierte Reinigung und Desinfektion auf dem Bauernhof, Deutsche Molkerei-Ztg. 90, S. 662-666.

MROZEK, H. (1980 a): Allgemeine Grundlagen der Reinigung und Desinfektion in Lebensmittelbetrieben. In: Schweizer. Gesellschaft für Lebensmittelhygiene (Hrsg.): Reinigung und Desinfektion in Lebensmittelbetrieben, Schriftenreihe H 10, S. 14-20.

MROZEK, H. (1980 b): 30. Arbeitstagung des Bundes Österreichischer Braumeister und Brauereitechniker, Dornbirn 11. 9. 1980.

MROZEK, H. (1980 c): Gesichtspunkte für eine zweckmäßige Auswahl geeigneter Desinfektionsmittelwirkstoffe, Arch. f. Lebensmittelhyg. 31, S. 91-99.

MROZEK, H. (1982): Entwicklungstendenzen bei der Desinfektion in der Lebensmittelindustrie. Deutsche Molkerei-Zeitung 103, S. 348-352.

NIVEN jr., W. W. (1950): Fundamentals of detergency, S. 48 u. 65, Reinhold Publishing Corp. New York.

NÖRING, F. (1969): Erschließung des Trink- und Betriebswassers. In: J. Schormüller (Hrsg.): Handbuch der Lebensmittelchemie, Band VIII, Teil 1; S. 183-216. Springer-Verlag, Berlin u. a.

NOVAK, J. et al. (1984): Die Bedeutung von Chelationstensiden in Wasch- und Reinigungsmitteln. Proceedings Welt-Tensid Kongreß München, Bd. IV, S. 154-163, Gelnhausen, Kürle-Verlag.

OEHLER, K. E. (1969): Technologie des Trink- und Betriebswassers. In: J. Schormüller (Hrsg.): Handbuch der Lebensmittelchemie, Bd. VIII, S.240-400, Springer Verl., Berlin u. a.

OXÉ, J. (1961): Die Verteilung der Wasserhärten in der Bundesrepublik Deutschland. Seifen, Öle, Fette, Wachse 20, S. 629-647.

RADEMA, L. u. KOOY, E. G. (1965): Laboratory investigation of the cleaning of bottles in the dairy. Neth. Milk & Dairy J. 19, S. 222-230.

RÄDLER, O. (1977): Moderne Reinigungspraxis in Brauereien, Brauwelt-Verlag, Nürnberg.

Literatur

REDDISH, F. G. (1954): Antiseptics, Disinfectants, Fungicides, and Chemical and Physical Sterilization. Lea & Febiger, Philadelphia.

REIFF, F. et al. (1970): Reinigungs- und Desinfektionsmittel im Lebensmittelbetrieb. In: J. Schormüller (Hrsg.): Handbuch der Lebensmittelchemie, Bd. IX, S.703-781, Springer-Verlag, Berlin u. a.

SCHLIESSER, TH. u. STRAUCH, D. (Hrsg. 1981): Desinfektion in Tierhaltung, Fleisch- und Milchwirtschaft. F. Enke Verlag, Stuttgart.

SCHLÜSSLER, H.-J. (1965): Ziermaterial aus Aluminium – ein Problem bei der Flaschenreinigung, Brauwelt 105, S. 1457-1465.

SCHLÜSSLER, H.-J. (1981): Reinigungs- und Desinfektionsmittel für die Lebensmittelindustrie. In: Ullmanns Enzyklopädie der technischen Chemie, 4. Aufl. Bd. 20, S. 153-156, Verlag Chemie, Weinheim.

SCHLÜSSLER, H.-J. u. MROZEK, H. (1968): Praxis der Flaschenreinigung, Henkel & Cle Düsseldorf (Hrsg.), S. 21-24.

SCHMADEL, E. u. KURZENDÖRFER, C. P. (1976): Schauminhibierung bei Wasch- und Spülmitteln. In: Waschmittelchemie, Heidelberg, S.121-136. Hüthig-Verlag.

SCONCE, J. (1962): Chlorine, its Manufacture, Properties and Uses. ACS Monograph Nr. 154. New York; Reinhold.

SMEETS, J. u. AMAVIS, R. (1981): European communities direktive relating to the quality of water intended for human consumption. Water, Air, and Soil Pollution 15, S. 483-502.

STACHE, H. u. KOSSWIG, K. (1981): Tenside – von der Chemie über die Kolloidchemie zur Anwendung. Tenside/Detergents 18, S. 1-6.

SYKES, G. (1965): Disinfection & Sterilization, 2. Ed., E. & F. N. Spon Ltd., London.

TÄUFEL, K. u. WOLF, G. (1954/55): Über die physiologisch-chemische Bedeutung des Fluors, seine Bestimmung und sein Vorkommen in Trinkwässern der Deutschen Demokratischen Republik. Wissenschaftliche Zeitschrift der Humboldt-Universität Berlin, Mathematisch-naturwissenschaftl. Reihe Nr. 6, Jahrgang IV.

TERPLAN, G., WIESNER, H. U. u. HESSE, H. F. (1969): Zur Reinigung und Desinfektion von Rohrmelkanlagen. Der Effekt getrennter und kombinierter Verfahren bei von Hand und von Automaten gesteuerter Spülung, Arch. Lebensmittelhyg. 20, S. 84-94.

TSCHAKERT, H. E. (1966): Schaum ein anwendungstechnisches Problem: Tenside/Detergents 3, S. 317-394.

WERDELMANN, B. W. (1984): Tenside in unserer Umwelt – heute und morgen. Proceed. Welt-Tensid-Kongreß München 1984, Bd. I, S. 3-21.

WEUFFEN, W. OBERDOERSTER, F. u. KROMER, R. A. (1981): Krankenhaushygiene. 2. Aufl., Johann Ambrosius Barth Verlag, Leipzig.

WILDBRETT, G. (1976): Chemische Komponenten zum Reinigen und Desinfizieren, LWT Report 9, S. 45-54.

WILDBRETT, G. (1981): Technologie der Reinigung im Haushalt, S. 28-32, Ulmer Verlag, Stuttgart.

WILDBRETT, G., KIERMEIER, F. u. GAY, J. (1954): Hygroskopizität und Verpackung von Reinigungsmitteln für die Milchwirtschaft. Fette, Seifen, Anstrichmittel 56, S. 689-694.

WOLFF, K. L. (1957): Physik und Chemie der Grenzflächen Bd. 1, Berlin u a., Springer-Verlag.

3 Grundvorgänge bei der Reinigung

F. KIERMEIER und G. WILDBRETT

3.1 Schmutz

3.1.1 Zum Begriff „Schmutz"

Die bei der Lebensmittelverarbeitung in Maschinen, Geräten, Tanks verbleibenden Rückstände werden allgemein als Schmutz bezeichnet, obwohl es in erster Linie Reste von Lebensmitteln oder deren Bestandteilen sind. Dementsprechend unscharf ist der Begriff, denn der Übergang vom „Lebensmittel" zum „Schmutz" erfolgt fließend: Solange in einem Abfülltank noch verwertbare, d. h. abfüllbare Reste, beispielsweise von Bier, vorliegen, stellt auch der an der Wand anhaftende Film noch ein Lebensmittel dar; im entleerten Tank wird der gleiche Film als Schmutz bezeichnet, der durch Reinigung entfernt werden muß.

Je nach Zusammensetzung des verarbeiteten Lebensmittels variiert die Zusammensetzung des Schmutzes sehr stark: In einem Obstverarbeitungsbetrieb werden Kohlenhydrate und organische Säuren, bei der Fleischwarenproduktion dagegen Fett und Eiweiß den hauptsächlichen Anteil des „Schmutzes" ausmachen. Neben produktspezifischen Verschmutzungen müssen im Zuge des Reinigens auch produktfremde, anderweitig bedingte Schmutzarten entfernt werden. Tab. 3.1 führt, klassifiziert nach ihrem Verhalten gegenüber Wasser und damit ihrer Entfernbarkeit, derartige Schmutzbestandteile beispielhaft auf.

Tab. 3.1 Einteilung von Schmutzbestandteilen in Lebensmittelbetrieben aufgrund ihres Verhaltens gegenüber Wasser (in Anlehnung an SCHRÖDER 1981)

Verhalten gegenüber Wasser	Schmutzbestandteile aus Lebensmittelrückständen	Hilfsstoffen und Umwelt
echt löslich	Salze, Säuren, niedermolekulare Kohlenhydrate	Inhaltstoffe von Reinigungs- und Desinfektionsmitteln (z. B. Tensidfilme)
quellbar	höhermolekulare Kohlenhydrate, Proteine	Leime, Klebstoffe
emulgierbar	Fette, Lipoide	Schmier- und Dichtungsfette
suspendierbar	Rohfaseranteile	Flaschenetiketten, Straßenstaub

Besondere Probleme ergeben sich in Betrieben bzw. Abteilungen mit kürzeren (Wochenende) oder längeren Stillstandszeiten (Kampagnebetriebe etwa in der Kartoffel- bzw. Zuckerrübenverarbeitung). Hierzu zählen auch Betriebe in tropischen Ländern, wie z. B. Molkereien in Nigeria, die wegen Rohstoffmangels nur wenige Monate im Jahr arbeiten oder Kondensmilchfabriken in Australien, die aus wirtschaftlichen Gründen nicht ganzjährig betrieben werden können. Während der Zeiten der Betriebsruhe können sich Rostschichten auf der Oberfläche der Maschinen bilden, Verschmutzungen durch abgelagerten Staub und Ungeziefer eintreten und sich infolge von Zersetzungsprodukten störende Gerüche entwickeln. In den meisten Fällen handelt es sich um sichtbaren

Schmutz

Schmutz auf den Oberflächen der Apparate und Geräte, wenn auch der Ort der Verschmutzung nicht immer oder überhaupt nicht visuell kontrollierbar ist wie im Fall von Rohrleitungen, Ventilen, Abfülleinrichtungen, die nicht täglich zerlegt werden (vgl. MROZEK 1970).

Davon zu unterscheiden ist der unsichtbare Schmutz, der nach der Reinigung verbleibt. Dieser setzt sich in erster Linie zusammen aus den noch vorhandenen Mikroorganismen und den an produktberührten Oberflächen haftenden Resten der Inhaltsstoffe von Reinigungs- und Desinfektionsmitteln. Als Quelle für unsichtbare Kontaminationen kommt zusätzlich das Betriebswasser in Betracht, das nicht allein Mikroorganismen, sondern auch anorganische Stoffe gelöst enthält, die erst nach Verdunsten des Wassers als mineralische Ablagerungen sichtbar hervortreten. Wenn mikrobielle Restverschmutzung auch, quantitativ gesehen, unbedeutend erscheint, so spielt sie doch qualitativ für die Herstellung und Haltbarkeit von Lebensmitteln häufig eine enorme Rolle, da sich die Keime der Restflora entweder während der Standzeit einer Anlage in derselben oder in der nachfolgenden Lebensmittelcharge als Rekontaminationsflora kräftig vermehren können.

3.1.2 Zusammensetzung der Rückstände

Die Zusammensetzung der Rückstände bzw. der Verschmutzung hängt zwar primär vom jeweiligen Lebensmittel ab, variiert aber darüber hinaus je nach Be- bzw. Verarbeitungsverfahren, dem das Lebensmittel unterworfen wird. Wie aus Tab. 3.2. hervorgeht, ist z. B. in einem Röhrenerhitzer für Milch der Mineralstoff-Anteil rund viermal so hoch wie in einem Plattenerhitzer.

Tab. 3.2 Chemische Zusammensetzung einiger Milchrückstände (berechnet auf Trockensubstanz) nach GUTHRIE (1980)

Zusammensetzung	kalter Milch %	Rückstände bei heißer Milch		Milchstein	
		Plattenerhitzer %	Röhrenerhitzer %	Min. %	Max. %
Lactose	38,11	Spur	Spur	0	Spur
Fett	29,9	48,0	23,1	3,6	17,66
Protein	26,6	41,1	30,3	4,1	43,8
Asche	5,3	11,9	46,6	42,3	67,3

Ein Vergleich der Analysenwerte für Rückstände von kalter Milch und Belägen in Milcherhitzern läßt deutlich die thermisch bedingten Veränderungen erkennen: Während die Rückstände an Erhitzerplatten praktisch lactosefrei sind, enthalten sie eindeutig erhöhte Mengen an thermolabilen Milchinhaltstoffen (Tab. 3.2).

Gemäß Abb. 3.1 beginnt die Belagsbildung im Erhitzer bei einer Milchtemperatur von 70 °C und erreicht ihr Maximum bei 80 °C. Große Temperaturunterschiede zwischen Heizmedium und Produkt fördern die Fällung der hitzelabilen Inhaltsstoffe aus der Milch. Die bei 70 °C plötzlich sehr verstärkte Belagsbildung zeigt an, daß daran denaturierte Molkenproteine, vorwiegend ß-Lactoglobulin, beteiligt sind. Während der nachfolgenden Heißhalte-

Schmutz

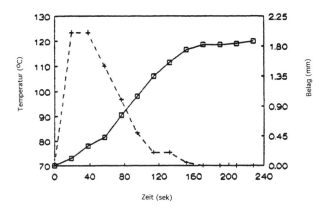

Abb. 3.1 Temperaturverlauf (□—□) und Belagverteilung (+--+) in der Erhitzerabteilung eines Röhrenerhitzers nach 20 Std Betriebszeit bei einer Pasteurisationstemperatur von 85 °C (JEURNINK u. a. 1989)

zeit nimmt die Menge der Ablagerungen wieder ab; bereits denaturierte, nicht angelagerte Proteine verursachen kaum noch Beläge (Abb. 3.1). Darauf basiert der Vorschlag, die intensive Belagsbildung in UHT-Anlagen dadurch zu minimieren, daß die Milch in einem vorgeschalteten Wärmeaustauscher möglichst rasch erhitzt und anschließend so lange bei etwas niedriger Temperatur gehalten wird, bis über 90 % der Molkenproteine denaturiert vorliegen (KESSLER, 1989).

Der in den Rückständen auf Wärmeaustauschplatten wie auch in Verdampferanlagen erhöhte Aschegehalt beruht darauf, daß Phosphate und Citrate mit steigender Temperatur schlechter löslich werden. Das führt vor allem in Verdampferanlagen für Milch zu übersättigten Lösungen, aus denen kristalline Niederschläge entstehen (KESSLER, 1989).

Unterschiede in der Zusammensetzung der Rückstände werden sichtbar und deutlich bei der Verschmutzung von Flaschen (SCHLÜSSLER u. MROZEK 1968) mit Bier, Mineralwasser, Limonade, Fruchtsaft, Milch, Joghurt, Kakao, „Maurer"-Mörtel, mit Rost von Kronkorken, mit Speiseöl oder Resten haushaltsüblicher Reinigungs- und Desinfektionsmittel. Das zur Reinigung verwendete Betriebswasser trägt durch seine Härtebildner zur Belags- und Steinbildung bei, meist Calcium- und Magnesiumphosphat. Nach KIELWEIN (1981) soll dieses unlösliche Calciumsalz der Formel $Ca_4Ca(P_3O_2)_2$ entsprechen. Härteausfällungen entstehen nach SCHLÜSSLER u. MROZEK (1968) insbesondere in den Warm- oder gegebenenfalls Heißwasserspülzonen der Flaschenwaschmaschine.

Die mit alkalischer Reinigungslösung behafteten Transportvorrichtungen und Flaschen transportieren laufend Alkali aus der Spritzabteilung in die Spülzonen, in denen erwärmtes Wasser zwecks allmählicher Abkühlung der Flaschen verwendet wird, was das Ausfällen der Härtebildner erheblich begünstigt.

Die Zusammensetzung des Schmutzes, wie er für die einzelnen Lebensmittel-Produktionen typisch sein soll, ist schwer zu belegen. Am ehesten geben die mit den Reinigungsflüssigkeiten ins Abwasser gelangenden Bestandteile (Kap. 9) eine ungefähre Vorstellung über die im Einzelfall an gereinigten Oberflächen zurückbleibenden Rückstände.

Schmutz

Nicht selten bleiben extrem dünne, unsichtbare Fettfilme zurück. Sie lassen sich in Versuchen mit radioaktiv markierten Verbindungen nachweisen (z. B. GERMSCHEID, 1976). Solche Fettreste können, wie des öfteren beobachtet (ZEILINGER u. a. 1962) sehr stark ranzig werden, so daß die ersten Anteile der neuen Produktion bereits kurz nach der Herstellung sensorisch verändert sein können. Solche Veränderungen sind in Anbetracht des als Kettenreaktion startenden oxidativen Fettverderbs für die gesamte Produktion bedenklich.

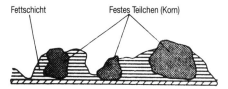
Einzelne Teilchen mit Fett an die Oberfläche gebunden

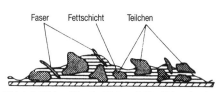
Viele feste Teilchen (Körner) mit Fett an die Oberfläche gebunden

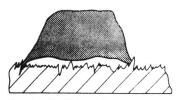
Korn an der Oberfläche verankert

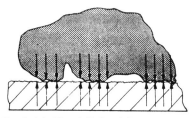
Korn durch Anziehungskräfte festgehalten

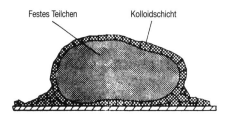
Kolloid an festes Teilchen und Oberfläche festgeklebt

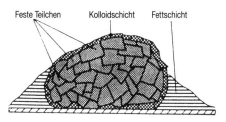
Feste Teilchen durch Kolloid zusammengeklebt und durch Fett an die Oberfläche gebunden

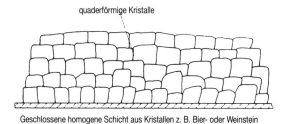
Geschlossene homogene Schicht aus Kristallen z. B. Bier- oder Weinstein

Abb. 3.2 Beispiele für unterschiedliche Ablagerungen und ihre Haftung an lebensmittel-berührenden Oberflächen (KAMM 1976)

Schmutz

Die Haftmöglichkeiten für Schmutz hängen wesentlich von dem Ausmaß der Unebenheiten der Kontaktflächen ab: Je größer die wahre Oberfläche im Vergleich zur geometrischen ist, umso leichter setzt sich Schmutz ab und haftet dort fest. Dabei spielt auch die Ausprägung der oberflächlichen Unebenheiten eine Rolle (SCHLÜSSLER, 1970). Deshalb sollen lebensmittel-berührende Oberflächen möglichst glatt ausgeführt sein – z. B. elektropolierter Edelstahl – (YOON u. LUND, 1989). Daher gilt es, Korrosion und mechanische Aufrauhung im Gebrauch unbedingt zu vermeiden (DAUFIN u. a. 1970). Spezielle Gegebenheiten bieten Trennmembranen mit ihren funktionsbedingt porösen Oberflächen, in die sich Produktreste einlagern können (M. WAHLGREN u. T. ARNEBRANT 1989).

Verschiedene Möglichkeiten der Schmutzfixierung an einer Oberfläche veranschaulicht Abb. 3.2. Wie daraus ersichtlich wird, tragen verklebende bzw. verkittende Anteile, etwa Fett- oder Proteinrückstände oder partiell verkleisterte Stärke wesentlich zur Haftung von Schmutzpartikeln an Oberflächen bei. Umgekehrt können aber auch kristalline Ablagerungen, beispielsweise Calciumphosphate in Milchstein, organische Schmutzkomponenten wie thermisch denaturierte Molkenproteine einschließen.

Neben elektrischen Attraktionskräften, welche Ablagerungen elektrisch entgegengesetzt geladener Proteine an Werkstoffoberflächen verursachen, sind hydrophobe Wechselwirkungen an den Haftmechanismen beteiligt (NASSAUER 1985). Letztere können so stark ausgeprägt vorliegen, daß Schmutzanteile in das Material einwandern (Kap. 10.3).

3.1.3 Alterungsvorgänge

Während der Zeitspanne zwischen Betriebsende und Beginn des Reinigens kann sich der Schmutz in seinem Zustand und seiner Zusammensetzung mehr oder weniger stark verändern. Diese als „Alterung" bezeichneten Vorgänge erschweren in aller Regel das nachfolgende Reinigen. Abgesehen von Säuerungsprozessen, etwa in Milchrückständen, trocknen ursprünglich kolloidal gelöste Produktreste vielfach an. SCHMIDT und CREMLING (1981) zufolge ist der Antrockungsgrad vor allem bei Eiweißresten entscheidend für die Wirksamkeit einer reinigenden Maßnahme, denn nicht angetrocknete Rückstände lassen sich allein mit Wasser leicht abschwemmen. Je mehr sie antrocknen, desto aufwendigere Reinigungsmaßnahmen in Form eines erhöhten Wasser-, Energie- und Reinigungsmittelverbrauches sind notwendig. Deshalb entspricht rechtzeitiges Reinigen ökonomischen wie auch ökologischen Anforderungen. Falls es nicht möglich ist, kurz nach dem Gebrauch vollständig zu reinigen, sollte wenigstens mit Wasser vorgespült werden, um lose haftende Schmutzanteile zu entfernen. Bereits innerhalb sechsstündiger Antrocknungszeit bei 20 °C und 50 % relativer Luftfeuchtigkeit bilden sich adhäsive Proteinschichten auf den Oberflächen aus, die auf V_2A-Stahl als schillender Film wahrzunehmen sind. Diese Schmutzschicht läßt sich weder mit den üblichen Hochdruck- oder Dampfstrahlgeräten noch unter hohem Wassereinsatz beseitigen, sondern bestenfalls durch intensives Bürsten mit einer Reinigungslösung entfernen (SCHMIDT u. CREMMLING 1971). Da in heutiger Zeit nur noch ausnahmsweise, gewissermaßen in Notfällen, manuell mechanisch gereinigt wird, müssen die reinigungsfördernden Faktoren Zeit, Chemie und Temperatur verstärkt eingesetzt werden (WEINBERGER 1977).

Für Fettrückstände treffen nach SCHMIDT (1979) solche reinigungserschwerenden Veränderungen nicht zu. Im Gegensatz dazu berichten BOURNE und JENNINGS (1961), daß selbst an Tristearin im Verlauf der Zeit bisher noch nicht aufgeklärte Veränderungen eintreten, die mit zunehmender Kontaktzeit die Entfettung des Edelstahls deutlich beeinträchtigen (Abb. 3.3).

Entfernen des Schmutzes

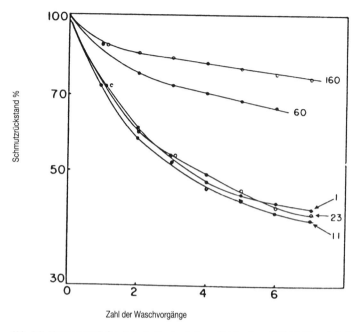

Abb. 3.3 Alterungseinfluß auf die Entfernbarkeit von Tristearin auf Edelstahl nach 1, 11, 23, 60 und 160 Stunden nach der Verschmutzung (0,03 m-NaOH, 65 °C, Reynoldzahl 96000; BOURNE u. JENNINGS 1961).

Diese unterschiedlichen Aussagen über die Entfernbarkeit von Fettschmutz sind vermutlich durch die Versuchstechnik bedingt, denn BOURNE und JENNINGS (1961) pumpen die Reinigungslösung um, während SCHMIDT (1979) mit Hochdruckdüsen reinigt, also mit extrem hoher Mechanik arbeitet.

3.2 Entfernen des Schmutzes

3.2.1 Allgemeines

Das Ziel des Reinigens besteht darin, den Schmutz möglichst vollständig und dauerhaft von den zu reinigenden Oberflächen abzutrennen. Deshalb müssen während des Reinigungsprozesses die zwischen Reinigungsgut und aufgelagertem Schmutz wirksamen Haftkräfte überwunden werden.

Alle in den Reinigungsprozeß einbezogenen Gegebenheiten beeinflussen den Reinigungsvorgang und damit auch dessen Endresultat (Abb. 3.4). Zwangsläufig sind daher auch Art und Zustand der Verschmutzung mitverantwortlich für den Reinigungserfolg (SCHWUGER u. KURZENDÖRFER, 1979). Dabei ist es nicht unerheblich, ob beispielsweise Fett allein vorliegt oder kombiniert mit Eiweiß und/oder Stärke: Nach Modellversuchen von WEINBERGER (1977) verändern gleichzeitig vorhandene Stärkereste Fettschmutz so, daß er zu Beginn der Reinigung zwar leichter beseitigt werden kann, am Ende jedoch vergleichsweise höhere Fettmengen als von reinem Fett zurückbleiben. Auch die Kombination von Casein- und Stärkeresten erleichtert wechselseitig die

Entfernen des Schmutzes

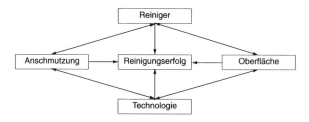

Abb. 3.4 Einflußgrößen auf den Reinigungsvorgang

Entfernung des jeweiligen Bestandteils. Dennoch läßt sich dies kaum verallgemeinern, denn sowohl die Art wie auch der Zustand der Verschmutzung sind so wichtig, daß sich die Reinigungstechnik danach richten muß (Tab. 3.3). Darüber hinaus bestimmen auch die Art des Werkstoffs und dessen Oberflächenbeschaffenheit die Wirksamkeit der Reinigung.

Tab. 3.3 Verschmutzungsarten in der Fleischwirtschaft, empfehlenswerte Verfahrenstechnik und erreichbare Sauberkeit (SCHMIDT und LEISTNER 1981)

Verschmutzungsart	Verfahrenstechnik	Erreichbarer Reinigungserfolg
Fett	Ablösen mit Wasser > 50 °C und Mechanik (Hochdruck, manuell). Emulgieren mit Reinigungsmittelzusatz	Sensorische Sauberkeit
Eiweiß		
nicht angetrocknet	Ablösen mit Wasser (manuell oder maschinell)	sensorische Sauberkeit
angetrocknet	Einweichen, Ablösen mit Mechanik (Hochdruck, manuell)	adhäsive Schicht bleibt oft zurück
angetrocknet und eingebrannt	Einweichen, Ablösen mit Mechanik (Hochdruck, manuell)	Krusten, Beläge und adhäsive Schicht bleiben oft zurück

Im allgemeinen liegen Mikroorganismen eingebettet in organische Rückstände vor, welche ihnen als Nährboden dienen. Grundsätzlich erfolgt die Adsorption von Zellen erst, nachdem sich auf der Oberfläche ein Film makromolekularer Stoffe abgelagert hat (BAIER 1980). Zur Haftung tragen ausgesonderte Schleimschichten bei. Falls diese fehlen, können Mikroorganismen spezielle Verankerungselemente wie extrazelluläre Fibrillen – meistens aus höhermolekularen Kohlenhydraten bestehend – bzw. sogenannte Pili ausbilden (CORPE 1980).

Die zurückbleibenden, vorwiegend adhäsiven Rückstände sind zwar quantitativ gering, sie können aber dennoch die Grundlage für die Entwicklung von Mikroorganismen bilden. Daher spielt die Messung der Restschmutzmenge auf gereinigten Oberflächen in vielen Publikationen (SAUERER 1986) eine große Rolle. Bei der Auswertung der Ergebnisse solcher Untersuchungen sollte man sich der Gefahr von Fehldeutungen bewußt sein; einerseits können die Verunreinigungen ungleichmäßig über die Fläche verteilt vorliegen, andererseits entsprechend der Oberflächenbeschaffenheit des Reinigungsgutes unterschiedlich haften, wobei dies unter Umständen noch durch konstruktive Eigenarten (Rohrverbindungen, Ventile, Krümmer) gesteigert wird.

3.2.2 Quellen

Soweit Protein- oder Kohlenhydratreste hydratisiert vorliegen, lassen sie sich ziemlich leicht abspülen. Falls sie jedoch entweder durch Säuerung (Proteine) oder Wasserentzug (Proteine, Kohlenhydrate) verändert sind, müssen sie zunächst rehydratisiert werden, bevor sie entfernt werden können (BIRD u. FRYER 1989). Der Quellungsprozeß beginnt während des Vorspülens mit Wasser ohne chemische Zusätze. Demzufolge ist zu erwarten, daß die nachfolgende Hauptreinigung mit einer chemischen Reinigungslösung um so rascher (Abb. 3.5) bzw. vollständiger (WEINBERGER 1977) erfolgt, je gründlicher vorgespült wurde.

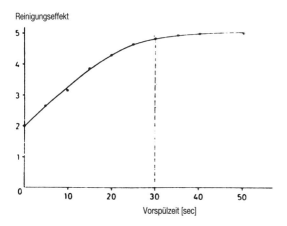

Abb. 3.5 Reinigungseffekt einer Reinigungs- und Desinfektionslösung in Abhängigkeit von der Vorspülzeit (RE = abgelöste Schmutzmenge pro Zeiteinheit [mg · s^{-1}] SCHLÜSSLER 1969)

Im Hauptreinigungsgang beschleunigt alkalische Reaktion der Flotte den Quellungsprozeß. Zusätzlich unterstützend können Tenside wirken, indem sie einerseits die Benetzung der ausgetrockneten, in diesem Zustand meist hydrophoben Schmutzoberfläche verbessern und andererseits die Reinigungsflüssigkeit leichter in Mikroporen und -risse der Schmutzaggregate eindringen lassen.

Je nach pH-Wert der Reinigungslösung bewirken adsorbierte Hydroxylanionen bzw. Protonen eine elektrisch gleichsinnige Aufladung von Schmutz und Unterlage. Sie verringert nicht nur die Haftintensität des Schmutzes, sondern lockert, indem sie auch innerhalb der abgelagerten Schmutzschichten wirksam wird, deren Gefüge. Dadurch kann die Reinigungsflüssigkeit die obersten, am stärksten gequollenen Schichten leichter abtragen. Allerdings haben HERMANA (1981) und GRASSHOFF (1990) beobachtet, daß thermisch denaturierte Eiweißrückstände sich weniger schichtweise, sondern häufiger in Form von Plaques von der Unterlage lösen.

3.2.3 Erhöhen der Löslichkeit

Obwohl ein hoher Quellungsgrad im allgemeinen dazu führt, daß sich kolloidale Verschmutzungen leichter entfernen lassen, kann er unter bestimmten Voraussetzungen die Reinigung sogar erschweren. Falls nämlich

Stärke- oder Proteinrückstände in feine Spalten oder Poren eingeschlossen vorliegen, „spreizen" sie sich infolge Wasseraufnahme in diesen Hohlräumen ein und sind folglich kaum auszuspülen. Deswegen ist es häufig vorteilhaft, Trennmembranen mit enzymhaltigen Spezialprodukten zu reinigen (K. LINTNER u. S. BRAGULLA 1987). Indem sie Eiweiß bzw. Stärke partiell hydrolysieren, verbessern sie deren Wasserlöslichkeit und damit ihre Ausspülbarkeit. Aber auch gegenüber Ablagerungen auf glatten Oberflächen können biologisch aktive Reiniger mit Erfolg eingesetzt werden. Daher zeichnet sich derzeit eine neue Generation enzymhaltiger Spülmittel für Geschirrspülmaschinen ab, die schwächer alkalisch als bisher eingestellt werden können, was aus ökologischer Sicht wünschenswert erscheint.

Mineralische Ablagerungen, Bier- oder Milchstein, sind wasserunlöslich. Es ist deshalb erforderlich, sie durch chemische Umsetzungen mit Säuren in lösliche Salze überzuführen, um derartige Beläge von den Oberflächen zu entfernen. Im Gegensatz zu Phosphor- vermindert Salpetersäure u. U. durch die Biuretreaktion mit Proteinrückständen deren Alkalilöslichkeit (GRASSHOFF 1992), z. B. wenn Milcherhitzer zunächst mit Salpetersäure in einer Konzentration von 2 % und erst anschließend alkalisch gereinigt werden.

3.2.4 Emulgieren und Umnetzen

Erfahrungsgemäß gelingt es, Fettreste allein mit Wasser mechanisch weitgehend abzuspülen, nachdem sie zunächst durch Erwärmen verflüssigt worden sind. Fettfreie Oberflächen lassen sich damit jedoch nicht erzielen: Zum einen ist Fett wasserunlöslich und lagert sich daher aus der Flotte wieder auf dem Reinigungsgut ab (P. WEINBERGER u. G. WILDBRETT 1978), zum anderen haftet die adhäsiv aufgelagerte Schicht in der Regel zu stark an der Werkstoffoberfläche. Deshalb müssen Tenside den Entfettungsprozeß unterstützen. Aufgrund ihres amphiphilen Aufbaues reichern sie sich in der Grenzfläche zwischen wäßriger Lösung und Fett an. Damit entsteht dort eine Fettemulsion. Gleichzeitig wird der Film des thermisch verflüssigten Fettes von den Seiten her zu einem Tropfen zusammengeschoben und schließlich hydrodynamisch abtransportiert (Abb. 3.6).

Den skizzierten Vorgang bezeichnet man allgemein als „Umnetzen", weil die Oberfläche anfänglich durch den Ölfilm, nach erfolgterr Reinigung aber vom Nachspülwasser benetzt wird. Zunächst verdrängt die Reinigungslösung den Ölfilm, die ihrerseits schließlich durch Nachspülwasser ersetzt wird. Die beim Umnetzen wirksame Verdrängungsspannung Δj stellt die Differenz zwischen der Haftspannung der Reinigungslösung und der des Öles an dem Reinigungsgut dar:

$$\Delta j = (\sigma_F - \sigma_{F/R}) \quad - \quad (\sigma_F - \sigma_{F/O})$$

    Haftspannung   Haftspannung
    d. Reinigungs-   d. Öles
    lösung

σ_F = Oberflächenspannung des Festkörpers
$\sigma_{F/R}$ = Grenzflächenspannung Festkörper/Reinigungslösung
$\sigma_{F/O}$ = Grenzflächenspannung Festkörper/Öl

Die Verdrängungsspannung Δj nimmt laut obiger Gleichung einen positiven Wert an, wenn $\sigma_{F/R} < \sigma_{F/O}$. Demzufolge hängt das Umnetzungsvermögen einer Reinigungslösung, d. h. die Fähigkeit, eine Oberfläche

Entfernen des Schmutzes

wirksam zu entfetten, nicht vom absoluten Wert der Haftspannung ab, sondern von ihrer Haftspannung in Relation zu der des zu entfernenden Ölfilms. Elektrolytzusätze unterstützen den entfettenden Effekt tensidhaltiger Lösungen, indem sie in der Grenzfläche Fett/wäßrige Lösung die Ausbildung flüssig-kristalliner Mischphasen begünstigen (SCHWUGER, 1983).

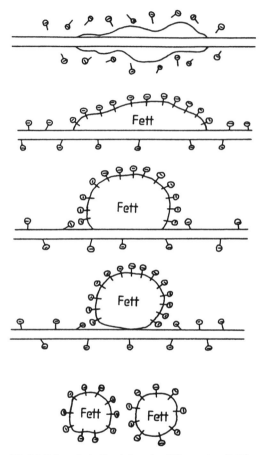

Abb. 3.6 Schematische Darstellung des Ablösens eines Fettfilmes von einer Textilfaser (STACHE u. GROSSMANN 1985)

3.2.5 Abtrennen unlöslicher Schmutzpartikel

In Wasser weder lösliche noch quellbare Schmutzbestandteile – etwa Straßenstaub, Pigmente wie Ruß oder Eisenoxide – müssen mechanisch von der Oberfläche abgetrennt werden. Soweit diese Teilchen ausreichend groß sind, so daß sie aus der laminaren Unterschicht in unmittelbarer Nähe der zu reinigenden Oberfläche in die strömende Flüssigkeit hineinragen, kann diese sie mechanisch fortspülen. An kleineren Teilchen greifen aufgrund des Geschwindigkeitsprofils (Abb. 3.7) jedoch kaum mechanische Kräfte an. Deshalb sind in diesem Fall zusätzliche Effekte wie elektrische Aufladungsvorgänge besonders wichtig. In alkalischer Flotte bewirken die bevorzugt adsorbierten Hydroxylionen, daß sich Reinigungsgut und Schmutzpartikel wegen ihrer gleichsinnigen elektrischen Aufladung gegenseitig abstoßen. Anionische Tenside oder mehrwertige Anionen – z. B. $P_3O_{10}^{5-}$ – verstärken die elektronegative Aufladung. Andererseits wird aus diesem Sachverhalt auch verständlich, daß Kationtenside bzw. pH-Werte um 5 in der Lösung den reinigungsfördernden Ladungseffekt deutlich abschwächen.

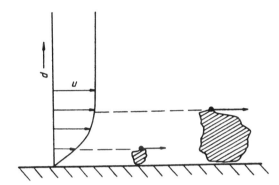

Abb. 3.7 Schematische Darstellung der Einwirkung der Flüssigkeitsströmung auf adhärierende Teilchen unterschiedlicher Größe (SCHWUGER 1983; u = Strömungsgeschwindigkeit; d = Entfernung von der Feststoffoberfläche)

Neben der elektrischen Oberflächenladung erhöhen adsorbierte Tenside den Spaltdruck zwischen haftenden Partikeln und Reinigungsgut, so daß die Haftkräfte zusätzlich abnehmen (SCHWUGER, 1983).

3.2.6 Abtransportieren des Schmutzes von der Oberfläche

Die mechanische Spülwirkung strömender Flüssigkeiten hat WELCHNER (1993) an hochviskosen Produkten in horizontalen Rohrleitungen durch aufschlußreiche Versuche untersucht. Visuelle Beobachtungen zeigen, daß der Abspülprozeß in zwei Stufen abläuft: Zunächst verdrängt die vorrückende Säule des Spülmediums den Produktkern im vollständig gefüllten Rohr. Zurück bleibt eine je nach Produktviskosität und Rohrdurchmesser unterschiedliche Produktmenge. Im folgenden, zweiten Schritt – Freispülen der Rohrwände – fällt die Haftmenge mit zunehmender Spüldauer exponentiell mit gleicher Geschwindigkeit, d. h. unabhängig vom Rohrdurchmesser ab. Als wirksamkeitsbestimmende Parameter erweisen sich die Wandschubspannung und die Produktviskosität, nicht aber der Strömungszustand der Spülflüssigkeit.

Im Verlauf des Freispülens können vier Mechanismen des Stofftransportes wirksam werden und sich überlagern:
1. Plötzliches Ablösen des Produktes von der Rohrwand
2. Axiales Abströmen innerhalb der Produktschicht entlang der Rohrwand
3. Flockenförmiges, temperaturabhängiges Ablösen von Produktanteilen

4. Molekularer, temperaturabhängiger Stofftransport (Diffusion) aus der Grenzfläche in das Spülmedium (Abb. 3.8). Im Fall hochviskoser, niedermolekularer Produkte – z. B. Glukosesirup – oder bei geringen, anhaftenden Restmengen überwiegt dieser Mechanismus den Flockenabtrag. (Abb. 3.9).

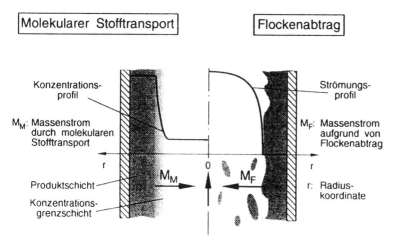

Abb. 3.8 Stofftransport-Mechanismen an der Grenzfläche Produkt/Spülfluid (WELCHNER 1993)

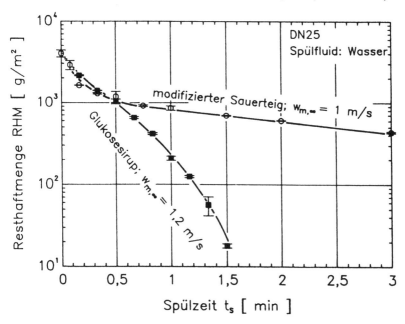

Abb. 3.9 Ausspülverhalten bei Überlagerung von Flockenabtrag und molekularem Stofftransport (Glukosesirup) im Vergleich zu reinem Flockenabtrag (modifizierter Sauerteig) (WELCHNER 1993)

Als praktische Konsequenz aus den Erkenntnissen wird für stark strukturviskose Produkte empfohlen, den Kern mit gesteigerter Strömungsgeschwindigkeit des Wassers auszuschieben. Danach kann das Wasser für kurze Zeit im Kreislauf geführt werden. Nach sehr kurzem Zwischenspülen kann die Hauptreinigung beginnen, ohne die chemische Lösung mit überhöhten Schmutzmengen zu belasten. Die an Rohrleitungen gewonnenen Erkenntnisse sind noch nicht auf Anlagen mit komplizierter Geometrie übertragbar.

In jedem Fall muß Schmutz von der Oberfläche des Reinigungsgutes abtransportiert werden, damit diese schließlich „rein" vorliegt. Dazu leistet die kinetische Energie der strömenden Flüssigkeit den entscheidenden Beitrag. Sle muß nach KLING u. KOPPE (1949) jene Arbeit leisten, die weder thermische noch chemische Energie der Reinigungslösung erbringen können. Dazu ist eine ausreichende Wandschubspannung erforderlich. Besonders wenn Beläge von der Oberfläche von UF-Membranen entfernt werden müssen, ist eine hohe Strömungsgeschwindigkeit in axialer Richtung wünschenswert, um die Ablagerungen wirksam wegzuspülen. Bei Strömungsgeschwindigkeiten zwischen 0,5–3,3 m/s treten an der Membranoberfläche Schwerkräfte von 2–40 kg/(m·s^2) auf (U. M. KULOZIK u. H.-G. KESSLER, 1989). Gleichzeitig soll der Filterdruck senkrecht zur Membran möglichst gering sein. Anderenfalls werden die Ablagerungen verdichtet und lassen sich dadurch wesentlich schlechter abspülen (K. NAKANISHI u. H.-G. KESSLER, 1985). Im Falle des Reinigens mit hohem Spritzdruck trägt auch der eine viskose Schmutzschicht verformende Aufpralldruck zum Schmutzabtrag bei (W. KOLLER 1981).

Allerdings kann die strömende Flüssigkeit Schmutzanteile erst wegspülen, nachdem die Umsetzungsprodukte aus Bestandteilen des Reinigungsmittels und des Schmutzes durch Diffusion aus der nahezu ruhenden Unterschicht in die strömenden Schichten eingewandert sind. Nach Modellversuchen von SCHLÜSSLER (1976) bestimmt der Diffusionsvorgang die Geschwindigkeit der Schmutzentfernung. Seine theoretischen Überlegungen basieren auf den für heterogene Reaktionen geltenden Gesetzmäßigkeiten von NERNST-NOYES-WHITNEY und führen für die Beschreibung des zeitlichen Ablaufes eines Reinigungsprozesses zu einem mathematischen Ausdruck, der formal übereinstimmt mit dem für homogene chemische Reaktionen 1. Ordnung.

Obwohl seine experimentellen Ergebnisse diesen Ansatz bestätigen, schränkt SCHLÜSSLER (1976) ein, daß in der Praxis des Reinigens fester Oberflächen das gesamte System aus Oberflächen, Schmutz und Reinigungslösung wegen der Komplexität der drei Komponenten nur schwer zu überblicken sei und sich deswegen einer theoretischen Betrachtung des zeitlichen Reinigungsablaufes weitgehend entziehe.

3.3 Folgevorgänge in der Lösung

Laut Definition des Begriffes „Reinigen" genügt es nicht, Schmutz lediglich kurzfristig vom Reinigungsgut abzutrennen, vielmehr darf er sich bis zum Ende des Reinigungsprozesses nicht erneut wieder auf den gereinigten Oberflächen absetzen (Redeposition). Deshalb muß die Lösung ein dafür ausreichendes „Schmutztragevermögen" aufweisen; darunter ist die Summe aller mechanischen, chemischen sowie physikochemischen Effekte zu verstehen, die den abgetrennten Schmutz in Lösung halten. Dazu vermag die Kinetik strömender Flüssigkeiten wesentlich beizutragen, da sie Schmutzteilchen daran hindert, wieder auf der gereinigten Oberfläche zu sedimentieren. Darüber hinaus beruhen die dispersionsstabilisierenden Effekte im wesentlichen auf speziellen Reinigungsmittel-Inhaltsstoffen:

Tenside, insbesondere nichtionogene, wirken gegenüber Fett und hydrophoben Schmutzpartikeln deutlich dispergierend (Tab. 3.4), indem sie diese in ihre Mizellen einschließen. Die amphiphile Grenzschicht wirkt als Lösungsvermittler in die wäßrigen Phase, so daß je nach Schmutzart eine stabile Emulsion (Öl, Abb. 3.6) bzw.

Folgevorgänge in der Lösung

Dispersition (Ruß) entsteht. Die stabile Zerteilung durch anionische Tenside resultiert daraus, daß sich die elektrisch gleichartig geladenen Mizellen gegenseitig abstoßen, die durch nichtionogene Tenside auf der Ausbildung eines festgebundenen Hydratwassermantels.

Tab. 3.4 Stabilisierung der Dispersion verschiedenartiger Schmutzbestandteile durch Inhaltsstoffe von Waschmitteln (KLING 1967)

Schmutz Art	Modellsubstanz	Alkylsulfat	Stabilisierende Wirksamkeit von ethoxylierten Produkten	Na-Triphosphat
hydrophob	Paraffin	+	++	--
	Ruß	+	++	--
hydrophil	Ton	-	-	++

++ sehr gut, + gut, - kaum ausgeprägt, -- nicht vorhanden

Hydrophile Schmutzpartikel werden mit Hilfe anorganischer Gerüststoffe stabil in der Lösung zerteilt, denn Tenside sind hier kaum wirksam (Tab. 3.4). Insbesondere mehrwertige Ionen wie beispielsweise $P_3O_{10}^{5-}$ laden die Tonteilchen stark auf. Verstärktes Zetapotential erhöht die Schmutzdispersion und verhindert, daß größere, sedimentierfähige Aggregate entstehen.

Ladungseffekte durch eindiffundierte Ionen aus der Reinigungslösung vermögen größere Aggregate von Protein- oder Kohlenhydratschmutz aufzusprengen. Diese sog. Peptisation erhöht die Schmutzdispersion in die Lösung ebenso wie fortschreitende Hydrolyse solcher hochmolekularer Schmutzstoffe durch Alkali (KIEFERLE u. a. 1955) oder in der Flotte weiterwirkende Enzyme.

Die Tatsache, daß die Inhaltsstoffe eines Reinigers entscheidend dafür sind, daß abgelöster Schmutz wirksam in Lösung gehalten wird, führt zu zwei für die Praxis des Reinigens wichtigen Schlußfolgerungen:

1. Die Gebrauchskonzentration eines Reinigers ist nicht allein auf die gewünschte Schmutzentfernung, sondern auch auf die zu erwartende Schmutzlast abzustimmen.

2. Jede Reinigungslösung besitzt, abgesehen von der Zusammensetzung des Reinigungsmittels, abhängig von Menge und Konzentration, nur einen begrenzten Vorrat an dispergierenden Wirkstoffen. Sie vermag folglich auch nur eine begrenze Menge an Schmutzstoffen stabil zu verteilen. Wird ihr Schmutztragevermögen überschritten, ist die Lösung erschöpft; sie reinigt nur noch unvollständig. Mikroskopisch läßt sich unzureichendes Emulgiervermögen infolge Überladung mit Fett daran erkennen, daß die in der Anfangsphase des Reinigens zahlreichen kleinen Fetttröpfchen in der Lösung zu einer geringeren Zahl größerer Tröpfchen zusammenfließen (MOHR, 1954).

Indirekt hängt die stabil dispergierbare Schmutzmenge auch von dem verfügbaren Lösungsvolumen ab: Konstante Reinigerkonzentration vorausgesetzt, geht dessen absolute Menge mit abnehmendem Wasservolumen zurück. Folglich muß die Reduzierung der einzusetzenden Wassermenge dort ihre Grenzen finden, wo die abgelöste Schmutzmenge das Aufnahmevermögen der verfügbaren Reinigungsflotte erreicht bzw. überschreitet. Anderenfalls besteht die Gefahr der teilweisen Redeposition abgelöster Schmutzanteile. Dieser Sachverhalt ist z. B. beim gewerblichen Geschirrspülen mit den in Gaststätten üblichen Kastendurchschub-Maschinen zu berücksichtigen, wenn das Flottenvolumen reduziert werden soll.

Schmutzbestandteile können Anlaß dafür sein, daß eine Reinigungslösung schäumt, wenn auf mechanischem Wege Luft eingearbeitet wird (Spritzvorgänge, Überschwallen, oder durch luftansaugende Pumpen). Proteine bzw. Kohlenhydrate oder deren in alkalischer Lösung gebildete Abbauprodukte fördern die Schaumentwicklung, auch in tensidfreien Lösungen. Dagegen wirken Lipide grundsätzlich schaumdämpfend bzw. -verhütend. Falls diese allerdings freie Fettsäuren enthalten oder Fette während längerer Verweildauer in der heißen, alkalischen Lösung (Stapelreinigung) teilweise verseift werden, kehrt sich ihre Wirkung um; sie tragen dann ebenfalls zur Schaumgenese bei (SCHLÜSSLER u. MROZEK 1968).

Nicht allein Lebensmittelreste, sondern auch Hilfsstoffe, etwa Kettengleitmittel in Flaschenwaschmaschinen, fördern die Schaumbildung ebenso wie Leimstoffe auf der Basis von Dextrinen, Stärke, Caseinen oder Kunststoffdispersionen für die Etiketten auf Getränke- und Milchflaschen. Die anfallenden Mengen hängen stark von dem angewandten Etikettierverfahren ab.

Abgesehen von dem gezielten Schaumeinsatz für spezielle Aufgaben in der Lebensmittelindustrie (WILDBRETT u. HUBER 1980) gilt es, in Reinigungsprozessen Schaumbildung möglichst zu verhindern, weil sie die wirksame Reinigung behindert. Soweit technische Maßnahmen wie z. B. Begrenzung des Spritzdruckes, Vermindern der Fallhöhe der Reinigungslösung in Rücklaufbehälter, nicht ausreichen, ist es häufig, vor allem aber in Flaschenwaschmaschinen notwendig, Schauminhibitoren zu verwenden (SCHLÜSSLER u. MROZEK 1968). Selbstverständlich müssen die schaumverhütenden Zusätze ebenso wie alle übrigen Inhaltsstoffe eines Reinigungsmittels gut mit Wasser abspülbar sein, damit keine Reste auf den gereinigten Oberflächen zurückbleiben.

Literatur

BAIER, R. E. (1980): Substrate influences on adhesion of microorganisms and their resultant new surface properties. In: G. Britton u. K. C. Marshall (Edit.): Adsorption of microrganisms to surfaces. p. 59-104. J. Wiley and Sons Inc., New York u. a.

BIRD, M. R. u. FRYER, P. J. (1989): The development and use of a simple apparatus for measuring cleaning kinetics. In: H.-G. Kessler u. D. B. Lund (Edit.): Fouling and cleaning in food processing. p. 98-106, Technische Universität München, Selbstverlag.

BODYFELT, F. W., LANDSBERG, J. D. u. MORGAN, M. E. (1979): Implications of surface contamination on multiuse milk containers. In: K. L. Mittal (Edit.): Surface Contamination, Genesis, Detection, and Control. Vol. 2, p. 1009-1032. Plenum Press, New York and London.

BOURNE, M. C. u. JENNINGS, W. G. (1961): Some physicochemical relationships in cleaning hard surfaces, Food Technology 15, S. 495-499.

CORPE, W. A. (1980): Microbial surface components involved in adsorption of microorganisms onto surfaces. In: G. Britton u. K. C. Marshall (Edit.): Adsorption of microorganisms to surfaces. p. 59-104. J. Wiley and Sons Inc., New York u. a.

DAUFIN, G. et al. (1970): Comparision de l'aptitude à la souillure et au nettoyage de differents états de l'acier inoxydable 18-10 utilisé dans l'industrie laitière; Sciences agronomiques Rennes.

DWIGHT, D. W. u. WIGHTMAN, J. P. (1979): Identification of contaminants with energetic beam techniques. In: K. L. Mittal (Edit.): Surface Contamination, Genesis, Detection, and Control. Vol. 2, p. 569-585. Plenum Press, New York and London.

GERMSCHEID, H. G. (1976): Untersuchungsmethoden bei der Entfettung, Galvanotechnik 67, S. 102-108.

GRASSHOFF, A. (1990): Reinigung von Plattenwärmeüberträgern in der Molkereiindustrie: Tenside/Detergents 27, S. 130-135.

GRASSHOFF, A. (1992): Zur Ablösung festverkrusteter Verschmutzungen in Milcherhitzern im Mehrphasenreinigungsverfahren. DMZ Lebensmittelindustrie u. Milchwirtschaft 113, S. 1622-1627.

Literatur

GUTHRIE, R. K. (1980): Food Sanitation, AVI Publishing Comp. Inc., Westport, Connecticut.

HERMANA, W. F. (1981): Fouling, cleaning and corrosion in tubular heat exchangers for the dairy and food industry. In: B. Hallström, D. B. Lund u. Ch. Trägard (Edit.): Fundamentals and applications of surface phenomena associated with fouling and cleaning in food processing. Proceedings p. 256-268, Tylösand Sweden.

JEURNINK, T. J. M., BRINKMAN, D. W. u. STEMERDINK, A. D. (1989): Distribution and composition of deposit in heat exchangers. In: H.-G. Kessler u. D. B. Lund (Edit.): Fouling and cleaning in food processing. p. 25-36. Technische Universität München, Selbstverlag.

KAMM, R. (1976): Reinigung im Lebensmittelbetrieb. Gordian 76, S. 159-165.

KESSLER, H.-G. (1989): Fouling of milk proteins and salts – reduction of fouling by technological measures. In: H.-G. Kessler u. D. B. Lund (Edit.): Fouling and cleaning in food processing. p. 37-45 Technische Universität München, Selbstverlag.

KIEFERLE, F., SEUSS, A. u. WILDBRETT, G. (1955): Über den chemischen Einfluß der Reinigungslauge auf Fett- und Eiweißreste der Milch bei der Flaschenreinigung. Milchwiss. 10, S. 57-62.

KIELWEIN, G. (1981): Reinigung und Desinfektion in der Milchwirtschaft. In: Schließer, Th. u. Strauch, D. (Hrsg.): Desinfektion in Tierhaltung, Fleisch- und Milchwirtschaft. S. 407-443. Enke-Verlag Stuttgart.

KLING, W. (1967): Waschen und Waschmittel. Zur Theorie des Waschens. In: Ullmanns Enzyklopädie der technischen Chemie, 3. Aufl. Bd. 18, S. 306-317, Urban und Schwarzenberg, München u. a.

KLING, W. u. KOPPE, H. (1949): Zur Kenntnis des Waschvorganges VI. Versuch einer Berechnung der Wascharbeit. Melliand Textilberichte 30, S. 23-25.

KOLLER, W. (1981): Reinigung und Desinfektion von Eßgeschirr, Instrumenten und Ausscheidungsbehältern im Krankenhaus. – Grundlagen, Verfahren, Prüfung. Dieter Göschl, Wien.

KRINGS, P., HARDER, H. u. WEBER, R. (1976): Waschen und Waschmittel. In: Henkel u. Cie (Hrsg.): Waschmittelchemie, S. 9-38, Hüthig Verlag, Heidelberg.

KULOZIK, U. M. u. KESSLER, H.-G. (1989): Rinsing behavior of deposited layers in reverse osmosis and ultrafiltration. In: H.-G. Kessler u. D. B. Lund (Edit.): Fouling and cleaning in food processing p. 248-257, Technische Universität München-Weihenstephan, Selbstverlag.

LINTNER, K. u. BRAGULLA, S. (1987): Reinigung und Desinfektion von Membrananlagen. Internat. Z. Lebenmitteltechnol. u. -Verfahrenstechnik 38, S. 78-81.

MOHR, W. (1954): Die Reinigung und Desinfektion in der Milchwirtschaft. Milchwirtschaftl. Verlag Th. Mann, Hildesheim.

MROZEK, H. (1970): Hygienegefahren bei der Lebensmittelherstellung. Archiv Hygiene u. Bakteriologie 154, S. 240-246.

MROZEK, H. (1981): Allgemeine Grundlagen der Reinigung und Desinfektion. Swiss Food 3, H. 10, S. 17-29.

NAKANISHI, K. u. KESSLER, H.-G. (1985): Rinsing behavior of deposited layers formed on membranes in ultrafiltration. J. Food Sci. 50, p. 1726-1731.

NASSAUER, J. (1985): Adsorption und Haftung an Oberflächen und Membranen, München-Weihenstephan, Eigenverlag.

SAUERER, V. (1986): Reinigungsversuche an milchdurchströmten Röhren auf der Basis der zeitabhängigen Rückstandsakkumulation. Dissertation Technische Universität München-Weihenstephan, S. 6-27.

SCHLÜSSLER, H.-J. (1969): Typische Fehler bei der Melkanlagen-Reinigung, Deutsche Molkerei-Ztg. 90, S. 1214-1221.

SCHLÜSSLER, H.-J. (1970): Zur Reinigung fester Oberflächen. Milchwiss. 25, S. 133-145.

SCHLÜSSLER, H.-J. (1976): Zur Kinetik von Reinigungsvorgängen an festen Oberflächen. Brauwiss. 29, S. 263-268.

SCHLÜSSLER, H.-J. u. MROZEK, H. (1968): Chemie und Technologie der Flaschenreinigung, S. 33, 67 u. 83-90. Fa. Henkel u. Cie, Düsseldorf (Hrsg.).

SCHMIDT, U. (1979): Verfahrenstechnik der Reinigung und Desinfektion. I. Mitteilung: Die Wirkung der Hochdruckreinigung auf Fett- und Eiweißverschmutzungen. Fleischwirtschaft 59, S. 1335-1358.

Literatur

SCHMIDT, U. (1980): Verfahrenstechnik der Reinigung und Desinfektion. III. Mitteilung: Die Wirkung der Dampfstrahlreinigung auf Fett- und Eiweißverschmutzungen. Fleischwirtschaft 60, S. 1905-1908.

SCHMIDT, U. und CREMMLING, K. (1981): Verfahrenstechnik der Reinigung und Desinfektion IV. Mitteilung: Die Beeinflussung des Oberflächenkeimgehaltes durch Reinigung und andere Maßnahmen. Fleischwirtschaft 61, S. 1202-1207.

SCHMIDT, U. u. LEISTNER, L. (1981): Reinigung und Desinfektion in der Fleischwirtschaft. In: Th. Schliesser u. D. Strauch (Hrsg.): Desinfektion in Tierhaltung, Fleisch- und Milchwirtschaft, S. 326-406. Enke Verlag, Stuttgart.

SCHRÖDER, W. (1981): Reinigung und Desinfektion im Lebensmittelbetrieb. Getreide, Mehl, Brot, 35, S. 161-168.

SCHWUGER, M. J. (1983): Theorie des Waschprozesses. In: Ullmanns Enzyklopädie der technischen Chemie 4. Aufl. Bd. 24, S. 66-81, Verlag Chemie, Weinheim.

SCHWUGER, M. J. und KURZENDÖRFER, C. P. (1979): Physikalisch-chemische Grundlagen der Reinigung harter Oberflächen. Zbl. Bakt. Hyg., I. Abt. Orig. 168, S. 55-72.

STACHE, H. u. GROSSMANN, H. (1985): Waschmittel, Aufgaben in Hygiene und Umwelt. S. 40-43, Springer, Verlag. Berlin u. a.

STEGER-MEINL, E. u. KIERMEIER, F. (1965): Erfahrungen mit Milchflaschen aus Kunststoff. Milchwiss. 20, S. 79-86.

WAHLGREN, M. u. ARNEBRANT, T. (1989): Protein adsorption onto Polysulfone surfaces and some aspects on fouling of membranes. In: H.-G. Kessler u. D. B. Lund (Edit.): Fouling and cleaning in food processing. p. 200-206, Technische Universität München, Selbstverlag.

WEINBERGER, P. (1977): Über den Reinigungsmittelverbrauch in Haushaltsgeschirrspülmaschinen unter besonderer Berücksichtigung des Phosphatproblems. Diss. Techn. Universität München-Weihenstephan.

WEINBERGER, P. u. WILDBRETT, G. (1978): Beiträge zum maschinellen Geschirrspülen. I. Entfetten von Glasoberflächen unter den Bedingungen des maschinellen Geschirrspülens. Fette, Seifen, Anstrichmittel 80, S. 43-50.

WELCHNER, K. (1993): Zum Ausspülen hochviskoser Produkte aus Rohrleitungen – Wechselwirkungen zwischen Produkt und Spülfluid. Dissertation Technische Universität München-Weihenstephan.

WILDBRETT, G. u. HUBER, K. J. (1980): Beiträge zur Schaumreinigung fester Oberflächen. Fette, Seifen, Anstrichmittel 82, S. 127-130 u. 289-294.

YOON, J. u. LUND, D. B. (1989): Effect of operating conditions, surface coatings and preheatment on milk fouling in a plate heat exchanger. In: H.-G. Kessler u. D. B. Lund (Edit.): Fouling and cleaning in food processing. p. 59-80. Techn. Universität München, Selbstverlag.

ZEILINGER, A. u. BOJKOW, E. (1959): Untersuchungen an Almmilchleitungen aus Polyäthylen. Die Bodenkultur 10, S. 265-278.

ZEILINGER, A. et al. (1962): Zur Frage einer oxidativen Beeinflussung der Milch durch Abschlauchen in Kunststoffrohren. XVI. Internat. Milchwirtschaftskongreß 1962, Vol. A, p. 641-648.

Loseblattsammlung
mit Ergänzungslieferungen
(gegen Berechnung bis auf Widerruf)
Grundwerk 1995 · DIN A5 · ca. 420 Seiten
DM 189,– inkl. MwSt., zzgl. Vertriebskosten
DM 249,– ohne Ergänzungslieferungen
ISBN 3-86022-118-3

Forderungen des Gesetzgebers

Durch die europäische Einigung werden auch die gesetzlichen Formen und die Anforderungen an die Lebensmittelhygiene neu geordnet und gestrafft. Die Auflagen werden klarer beschrieben, der Prävention ein hoher Stellenwert eingeräumt und die Dokumentation der Aktivitäten wie auch die Schulung der Mitarbeiter zwingend gefordert. Der damit verbundene nicht unbeträchtliche Aufwand hat auch positive Seiten, z.B. als Argumentationshilfe bei Verhandlungen mit Geschäftspartnern oder Behörden.

Nutzen für die Wirtschaft

Bei der Gewinnung, Herstellung und Verteilung von Lebensmitteln spielen neben den rechtlichen vor allem auch wirtschaftliche Gesichtspunkte eine große Rolle, wenn nicht sogar die größte Rolle. So verlangen ökonomische Grundsätze eine Minimierung aller Fehler.

Gute Herstellpraxis

Mit der vorliegenden Loseblattsammlung Hygienepraxis bei der Lebensmittelherstellung werden die Grundlagen und Anforderungen an die praktische Betriebshygiene und die Bewertung der Guten Herstellpraxis ausführlich dargestellt.
Die Ausführungen beginnen mit den rechtlichen Grundlagen für die Hygieneanforderungen. Immer dann nämlich, wenn größere Budgetbeträge für deren Durchsetzung benötigt werden, ist die Notwendigkeit solcher Maßnahmen nachzuweisen.
Eine Schlüsselfunktion bei der Qualitätsbeherrschung in der Lebensmittelwirtschaft nimmt der Mensch ein, deshalb wurden nicht nur die Hygieneanforderungen an das Personal behandelt, sondern auch die Menschenführung; denn ebenso wichtig wie die persönliche Hygiene ist auch das Vertrauen und das Verständnis der Mitarbeiter. Gerade letzteres wird in der gesetzlichen Auflage über die Schulung deutlich gemacht.

Fachübergreifende Bedeutung

Die Gliederung des Werkes zeigt auf, daß eine effektive Umsetzung präventiver Hygienemaßnahmen nur im Verbund geschehen kann. Allein fachübergreifendes Denken und Handeln wird dieser Aufgabe gerecht. Das Erkennen, Bewerten und Beherrschen möglicher Kontaminationsquellen (kritischer Punkte) ist in Zukunft die Basis für die Beherrschung der Hygiene.

Herausgeber und Autor

Dr. Heinz Meyer unter Mitarbeit von neun weiteren Autoren.

Interessenten

Qualitätssicherungsbeauftragte · Produktionsleiter und deren Mitarbeiter · Produktentwickler · Produktingenieure · Maschinenbauer · Architekten · Bautechniker · Installateure · Überwachungs- und Zulassungsstellen · Lebensmittelimporteure/-exporteure

Aus dem Inhalt

Rechtsgrundlagen der Betriebshygiene:
Rechtsquellen des betrieblichen Hygienerechts · Rechtliche Anforderungen an die praktische Betriebshygiene · Hygienerechtliche Betriebsorganisation · Sanktionen bei Verstößen gegen Hygienevorschriften

Hygiene, ein Grundpfeiler für die Qualitätssicherung: Lebensmittelhygiene · Mikrobiologische Grundlagen der Hygiene

Unser Umfeld – Kontaminationsmöglichkeiten bei der Herstellung von Lebensmitteln: Die Luft (Erscheint als Ergänzungslieferung) · Das Wasser · Der Mensch · Reinigung und Desinfektion · Schädlinge und ihre Bekämpfung

Die Technik: Gebäude · Maschinen und Apparate (Erscheint als Ergänzungslieferung) · Glossar (Erscheint als Ergänzungslieferung) · Adressen (Erscheint als Ergänzungslieferung)

BEHR'S...VERLAG

B. Behr's Verlag GmbH & Co. · Averhoffstraße 10 · D-22085 Hamburg
Telefon (040) 2270 08/18-19 · Telefax (040) 2201091
E-Mail: Behrs@Behrs.de · Homepage: http://www.Behrs.de

4 Grundvorgänge bei der Desinfektion

H. MROZEK

4.1 Thermische Desinfektion

4.1.1 Einleitung

Um unerwünschte Mikroorganismen abzutöten, werden thermische Vorgänge unbewußt ausgenutzt, seit der Mensch den Gebrauch des Feuers erlernt hat. Bewußt aufgegriffen wird dieses Problem von der Wissenschaft im Zusammenhang mit den Untersuchungen zur Widerlegung der Urzeugung (SPALLANZANI, 1765). Die Kontroversen um diese Frage zogen sich – obwohl bereits seit 1700 der Papin'sche Überdrucktopf bekannt war – sehr lang hin, weil wegen unzureichender Kenntnisse der Zusammenhänge die Rekontaminationsrisiken auch im Experiment nicht beherrscht wurden. Erst 1862 galt der Streit durch PASTEUR als entschieden. Er hielt Rekontaminationskeime aus der Luft in den sog. Schwanenhälsen seiner Kolben zurück.

Für die Lebensmittelpraxis gibt es die Hitzesterilisation, seit 1809 APPERT ein Verfahren der Haltbarmachung in geschlossenen Gefäßen vorstellte und 1810 DURAND die Weißblechdose und DE HEINE die Herstellung konservierter Lebensmittel patentieren ließen. Als 1874 die ersten Überdruck-Autoklaven in Betrieb genommen wurden, existierte bereits eine umfangreiche Konservenindustrie. Die eingehende experimentelle Bearbeitung der Absterbekinetik von Mikroorganismen führte ab etwa 1925 zu einer ausreichenden Sicherheit vor überlebenden *Clostridium botulinum-Sporen* und deren Toxinbildung.

Der Mechanismus der thermischen Abtötung kann allgemein als eine irreversible Denaturierung von Enzymen und Strukturproteinen beschrieben werden. Aus diesem Grunde ist eine molekularbiologische Lokalisierung dieser Vorgänge wenig sinnvoll. Aus dem Vergleich von Abtötungsdaten und Inaktivierungsdaten von Enzymen geht jedoch hervor, daß die Hitzeempfindlichkeit mit der Komplexität der Struktur und dem Wassergehalt zunimmt. Diese Beobachtungen und Vergleiche mit pH-Wert-Einflüssen weisen auf die Parallelität von Keimabtötung und Eiweißgerinnung hin.

4.1.2 Einfluß des Wassergehalts bzw. der Wasseraktivität

So gerinnt Eieralbumin in 30 Minuten wasserfrei bei 160–170 °C, mit 25 % Wasser bei 74–80 °C und mit 50 % Wasser bei 56 °C (PERKINS, 1960). Entsprechende Verhältnisse findet man beim Vergleich von vegetativen Bakterienzellen und Endosporen: Einem Wassergehalt von 70 bis 90 % bei den vegetativen Zellen stehen Werte um 10 %, abgeleitet aus den Werten der Refraktion und der spezifischen Dichte, für Sporen (GOULD, 1977) gegenüber. Nach anderen Untersuchungen (BLACK & GERHARDT, 1962) ist der durchschnittliche Wassergehalt von Endosporen mit 65 bis 80 % nicht wesentlich niedriger als der vegetativer Zellen, doch soll das Wasser in den Sporen sehr ungleichmäßig verteilt sein.

Die Bedeutung des Wassergehalts für die Resistenz wird auch dadurch unterstrichen, daß die Enzymsysteme der Endosporen überwiegend mit denen der vegetativen Zellen identisch sind. Die wesentlich langsamere Wirkung trockener Hitze kann teilweise darauf zurückgeführt werden, daß die gleichzeitig einsetzende Dehydratation die Widerstandsfähigkeit von Zellproteinen gegen eine Hitzekoagulation heraufsetzt. Gegenläufig hierzu steigert die Konzentrierung anderer Zellinhaltsbestandteile jedoch deren mögliche schädigende Wirkung. So ist mit steigender Elektrolytkonzentration mit einem zunehmenden „Aussalzeffekt" zu rechnen (HEDGECOCK, 1967). Zu entsprechenden Ergebnissen führen Untersuchungen, in denen statt des Wassergehalts die für biologische Vorgänge aufschlußreichere Wasseraktivität als Bezugsgröße gewählt wird (CORRY, 1975).

4.1.3 Einfluß des pH-Wertes

Zwischen Eiweißdenaturierung (Koagulation) und pH-Wert bestehen Zusammenhänge, die auf die Thermoresistenz übertragbar sind (HØYEN und KVÅLE, 1977). Als Optimum der Thermoresistenz gilt der pH-Bereich um den Neutralpunkt, etwa pH 6–8 (LAWRENCE und BLOCK, 1968). Unter pH 6 und über pH 8 steigt die Temperaturempfindlichkeit an, werden also die Abtötungszeiten bei konstanter Temperatur kürzer (RUSSELL u. a., 1982).

CERNY (1980 a und b) differenziert weiter und gibt für Bakterien höchste Resistenz bei pH 6–7, für Hefen und Schimmelpilze im Bereich pH 3–6 an. Mit steigender Temperatur werden die Differenzen stets kleiner, während sich deutliche Einflüsse im Bereich niedriger Erhitzungstemperaturen zeigen. Für vegetative Zellen findet CERNY meßbar beschleunigende Wirkung eines geeigneten pH-Wertes bis etwa 65°C, bei Endosporen zeigen sich allerdings noch bei 120–130°C deutliche pH-Einflüsse. Als Mechanismus ist hier eine Beschleunigung der Eiweißdenaturierung anzunehmen, die bei extremen pH-Werten bereits bei Raumtemperatur unmittelbar eintritt.

4.1.4 Quantitative Zusammenhänge

Umfangreiche Untersuchungen über die Kinetik der Hitzeabtötung von Mikroorganismen waren nötig, um über die verschiedenartigen Sterilisationsprozesse sichere Aussagen machen zu können. Diese Untersuchungen können der spezifischen Problemstellung entsprechend zwei Gruppen zugeordnet werden:
1. Sterilisationsmaßnahmen, bei denen Hitzeschädigungen außer acht gelassen werden können
2. Sterilisationsvorgänge, bei denen das die Mikroorganismen enthaltende Material aufgrund seiner Hitzeempfindlichkeit möglichst geschont werden muß.

Für die erste Gruppe wird sichere Abtötung aller Mikroorganismen dadurch erreicht, daß man Testorganismen von extrem hoher Resistenz verwendet und „keine Überlebenden" bei vollständiger Aufarbeitung des Testmaterials zuläßt. Man bestimmt also einen Endpunkt, bei dem keine überlebenden Keime mehr nachweisbar sind (Endpunktmethode), und legt danach Höhe und Dauer der vorzunehmenden Erhitzung fest. In diese Gruppe gehören die meisten Desinfektionsaufgaben im Laboratorium und im Krankenhausbereich. Für die zweite Gruppe werden die Erhitzungsbedingungen für die gewünschte Sicherung der Keimabtötung und der Qualität kalkulatorisch aufgrund quantitativer Versuche und reaktionskinetischer Überlegungen festgelegt. Man verfährt so insbesondere bei der Konservenherstellung und bei der Ermittlung von Pasteurisationsbedingungen.

4.1.5 Hitzeabtötung als Endpunktbestimmung

Für die Bestimmung der erforderlichen Temperatur/Zeit-Relationen nach einer Endpunktmethode ist es nötig, die Resistenz-Bestimmung mit den hintzestabilsten Formen, die unter den vorliegenden Bedingungen als Schädlinge eine Rolle spielen können, vorzunehmen. Allgemein anwendbar ist die Einteilung in 4 Resistenzstufen (Tab. 4.1).

Thermische Desinfektion

Tab. 4.1 Resistenzstufen von Mikroorganismen gegen feuchte Hitze nach KONRICH (1938) und KONRICH u. STUTZ (1963)

Resistenzstufe	Testkeim	Resistenz gegen feuchte Hitze
I	Staphylococcus aureus	1 min 80 °C
II	Sporen von Bacillus anthracis	8–12 min 100 °C
III	Mesophile native Erdsporen	10–15 min 120 °C
IV	Thermophile native Erdsporen	5 min 140 °C

Tab. 4.2 Abtötung von vegetativen Mikroorganismen durch feuchte Hitze (Wasser bzw. gesättigter, luftfreier Dampf)

Testorganismen	Abtötungszeiten (s) bei Temperaturen von °C						
	50	55	60	65	70	75	80
Vibrio cholerae	60	20	10	3			
Salmonella typhi	2700	300	60	20	2	1	
Mycobacterium tuberculosis				10	5	5	
Enterobacter aerogenes		900	180	30	10	3	
Staphylococcus aureus	5400	1200	600	60	20	5	2

In der Praxis werden die Sporen von B. anthracis wegen ihrer Pathogenität nach Möglichkeit durch apathogenes Sporenmaterial vergleichbarer Resistenz ersetzt. Die sog. Hoffmannsporen (HOFFMANN, 1909) sind fortgezüchtete Erdsporen der Bacillus-subtilis-Gruppe, deren Resistenz jedesmal bestimmt werden muß. Die Forderung nach besserer Standardisierung führte zur Entwicklung sog. Bioindikatoren (COSTIN und GRIGO, 1974) mit Bacillus stearothermophilus als Testorganismus. Mit ihnen kann die Prüfung in der Resistenzstufe III durchgeführt werden. Bei der Resistenzstufe IV ist das allgemeine Problem der geringeren Hitzeresistenz standardisierter Kulturformen zu beachten. Die extreme Resistenz natürlich gealterter Dauerformen ist im Laboratorium zumindest nicht in der versuchstechnisch erforderlichen Gleichmäßigkeit zu reproduzieren. Hierbei spielt die Keimdichte im Test eine wesentliche Rolle, worauf im Rahmen der kinetischen Betrachtungen näher einzugehen ist. Versuche nach der Endpunktmethode gehen von einer ausreichend hohen Einsaatdichte aus und geben als Abtötung die Grenze der Erfaßbarkeit überlebender Keime unter den jeweiligen Versuchsbedingungen an. In Tab. 4.2 bis 4.5 sind Angaben von KONRICH u. STUTZ (1963) und SCHLEGEL (1969) zusammengestellt, wobei jeweils die längste angegebene Zeit ausgewählt wurde. Unterschiedliche Angaben beruhen teilweise auf unbeabsichtigten

Tab. 4.3 Abtötung von Endosporen durch feuchte Hitze (Wasser bzw. gesättigter Dampf)

Testorganismen	Abtötungszeiten (min) bei Temperaturen von °C							
	100	105	110	115	120	125	130	135
Bacillus anthracis	15	10						
Clostridium tetani	90	25						
Clostridium botulinum	480	120	90		20			
Mesophile Sporenbildner	>1000	420	120	15	6	4	1	0,5
Thermophile Sporenbildner		420	300					

Thermische Desinfektion

Tab. 4.4 Abtötung von vegetativen Mikroorganismen durch trockene Hitze (Heißluft)

Testorganismen	Abtötungszeiten (min) bei Temperaturen von °C						
	60	80	100	110	120	140	150
Vibrio cholerae	60	15	10				
Shigella dysenteriae		120	30	15	10		
Corynebacterium diphtheriae		120	30	30	20	10	
Escherichia coli			120	30	30	10	
Salmonella typhi			120	60	20	10	
Staphylococcus aureus				120	30	15	10

methodischen Differenzen (Kap. 13), teilweise sind sie Ausdruck des Strebens nach Sicherheit. Selbstverständlich sind Staphylokokken in nativem Eiter, aufgetrocknet in saugfähigem Material, oder Tuberkuloseerreger in Sputum oder durch entsprechende Wachstumsbedingungen extrem schleimige Kulturen von *Leuconostoc mesenteroides* schlechter abzutöten als die gleichen Keime in standardisierter Suspension. Sie können aber in der Praxis durchaus in dieser geschützten Form zu bekämpfen sein. BORNEFF (1977) verlangt für die Resistenzstufe I 100 °C und eine Erhitzungszeit von „Sekunden bis Minuten", in der vegetative Keime auch unter erschwerten Bedingungen abzutöten sind.

Tab. 4.5 Abtötung von Endosporen durch trockene Hitze (Heißluft)

Testorganismen	Abtötungszeiten (min) bei Temperaturen von °C						
	120	130	140	150	160	170	180
Bacillus anthracis				120	90		3
Clostridium botulinum	120	60	60	25		15	10
Clostridium tetani		40		30	12	5	1
Mesophile Sporenbildner				180	90	60	15

Praxisrelevante Angaben über die Abtötungsbedingungen müssen entweder mit erheblichen Sicherheitszuschlägen kalkuliert oder unter weitgehender Annäherung an Praxisbedingungen ermittelt werden. Besonders umfangreiche Untersuchungen liegen auf dem Gebiet der Pasteurisierung vor. HAILER (1922) beschreibt die quantitativen Verhältnisse bei der Abtötung von Salmonellen. So war nach 3 min. Heißhaltung bei 60 °C der Nachweis überlebender Keime in 1 ml stets negativ. Wurden dagegen die 100 ml des Versuchsansatzes vollständig aufgearbeitet, so waren nach 30 min Erhitzung auf 60 °C in 27 von 61 Versuchen noch Überlebende nachweisbar, nach 30 min bei 65 °C wurden immer noch in 6 von 61 Fällen Überlebende gefunden. Für *Mycobacterium tuberculosis* von HAILER zusammengestellte Literaturwerte reichen von 1 min bei 70 °C bis 3–5 min bei 100 °C.

HENNEBERG (1932) kommt in den Untersuchungen, die zur Festlegung der Milcherhitzungsbedingungen gemäß 1. Ausführungsverordnung zum Milchgesetz vom 15. 5. 1931 durchgeführt wurden, zu dem Ergebnis, daß *Mycobacterium tuberculosis* wie auch *Escherichia coli* und Salmonellen unter den Bedingungen der Dauererhitzung (30 min bei 63–65 °C) und der Momenterhitzung auf 85 °C sicher abgetötet werden. Die Untersuchungen von NEVOT u. a. (1958), deren Ergebnisse Tab. 4.6 zusammenfaßt, bestätigen die von Henneberg angenommene

Thermische Desinfektion

Vergleichbarkeit der Hitzeresistenz von Escherichia coli und Mycobacterium tuberculosis ebenso wie die Zusammenhänge zwischen Erhitzungsbedingungen und Ausgangskeimzahl.

Tab. 4.6 Ergebnisse von Versuchen zur thermischen Keimabtötung (NEVOT, 1953)

Keimart	Zahl der Stämme	Abtötungszeiten ($> 10^7$: < 1) in Sekunden bei °C				
		60	65	70	75	80
Brucella	6	110–140	18–45	12–23	5–9	2–3
		170–225	20–56	15–29	8–12	2–4
Corynebacterium diphtheriae	3	25–28	9–10	5	2	2
		28–31	9–10	3	2	2
Mycobacterium tuberculosis	17	200–330	16–47	5–22	2–11	2
		255–370	25–50	6–22	2–10	2–3
Staphylococcus	10	840–910	26–34	8–14	3–5	2
		1080–1330	53–63	12–21	5–8	3–4
β-hämolytische Streptokokken	6	160–300	48–100	3–20	2–9	2–5
		180–600	65–160	8–40	3–11	2–6
D-Streptokokken (Enterokokken)	10	3120–3480	570–630	200–210	25–30	11–12
		5100–5880	1110–1140	240–260	30–35	8–10
Escherichia	13	65–270	25–50	6–13	4–6	2
		85–380	16–60	6–12	3–5	2
Enterobacter/Klebsiella	11	34–390	6–145	4–20	2–10	2–4
		128–580	9–175	5–20	3–10	2–5
Proteus	7	480–540	125–145	18–22	4–5	2
		840–900	150–185	20–30	6–8	2
Pseudomonas	3	102–110	33–37	6–8	4	2–3
		110–135	35–40	9–10	4–6	3
Salmonella	16	30–160	9–49	4–14	2–6	2
		65–200	10–70	4–15	2–5	2–3

Jeweils obere Zeile: Bereich der Abtötungszeiten in physiologischer Kochsalzlösung
Jeweils untere Zeile: Bereich der Abtötungszeiten in Milch

Von besonderer Bedeutung sind die großen Unterschiede der Wirksamkeit feuchter und trockener Hitze, wenn die tatsächlich vorliegenden Arbeitsbedingungen falsch eingeschätzt werden. Das ist immer dann der Fall, wenn statt mit gesättigtem Dampf mit Dampf/Luft-Gemischen gearbeitet wird. Nach Hailer (1922) geht die Wirkung oberhalb 30 % Luftgehalt in die einer Heißluftsterilisation über. Tab. 4.7 gibt eine zusammenfassende Darstellung von Versuchsergebnissen nach KONRICH (1936). WALLHÄUSER (1978) berechnet die Temperaturen von Dampf/Luft-Gemischen nach dem Dalton'schen Gesetz und gibt für 50 % Luftanteil bei 2 bar eine Reduktion von 121 auf 100 °C, für 3 bar von 135 auf 121 °C an. Autoklaven sind heute baulich oder über Programmsteuerung so eingerichtet, daß vorher im Autoklavenraum vorhandene Luft zu Beginn der Erhitzung entfernt wird. Die Kontrolle ist über gleichzeitige Druck- und Temperaturmessung einfach.

Thermische Desinfektion

Tab. 4.7 Schädigung nativer Erdsporen durch Dampf von 120 °C in Abhängigkeit vom Luftgehalt (Zusammengestellt nach KONRICH 1936)

% Luftgehalt	Einwirkungszeit in min					
	1	3	5	10	20	40	60
0	83	99	100				
15	67	88	93	99	100		
35	63	83	90	81	94	100	
50	41	63	70	59	83	100	
75	19	20	49	58	47	99	100
100	0	22	26	26	43	82	100

Luftgehalt = %-Anteil vom ursprünglichen Luftinhalt der Dampfkammer, der während des Versuchs noch vorhanden war.
Schädigung = Zusammenfassung von je 10 Parallelversuchen nach Abtötung (100 % Schädigung) und Wachstumsverzögerung (90–0 % Schädigung)

Vergleichbare Wirksamkeitsverluste treten bei überhitztem Dampf ein. Wie HEICKEN (1936) ermittelte, geht die Abtötungswirkung von überhitztem Dampf mit steigender Temperatur zunehmend in die von trockener Heißluft über (Abb. 4.1). Erhitzung in nicht wässrigem Milieu verlangt allgemein Temperatur/Zeit-Relationen ähnlich denen bei trockener Heißluft. KONRICH und STUTZ (1963) geben die Ergebnisse eines Vergleichsversuchs mit Öl und Heißluft an (Tab. 4.8). Danach ist bei üblichen Autoklaventemperaturen in Öl mit schlechterer Abtötungswirkung als mit Heißluft zu rechnen. In gleicher Richtung sind die Untersuchungen von VOSS und MOLTZEN (1973) über die Veränderung des Keimgehalts in Kunststoffen unter den Temperaturbedingungen eines Extruders zu sehen:

Sowohl bei Verwendung von Granulat mit natürlichem Keimgehalt wie auch bei künstlicher Kontamination mit gefriergetrocknetem Sporenpulver von *Penicillium commune* oder *Bacillus cereus* aus einem Nährboden-Magermilch-Gemisch 1 : 1 kommt VOSS zu dem Ergebnis, daß ein wesentlicher Teil der Keime die werkstoffgerechten Verarbeitungstemperaturen von 120–220 °C überlebt. Entsprechende Untersuchungen von SCHÖBERL und

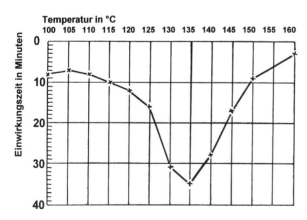

Abb. 4.1 Abtötung von Testsporen (Hoffmann-Sporen an Seidenfäden) durch drucklos überhitzten Wasserdampf. Abtötungszeitangaben für vollständige Aufarbeitung des Testmaterials (HEICKEN 1936)

LUBIENIECKI (1973) mit Sporen von *Bacillus subtilis* und *Bacillus stearothermophilus* (mit destilliertem Wasser vom Nährboden abgeschwemmt, erhitzt, nach 7 Tagen Autolyse zentrifugiert und nach weiterer Kaltlagerung gefriergetrocknet) ergaben sichere Abtötung der Endodporen ab 180 °C. Überraschenderweise war in diesen Versuchen *Bacillus subtilis* widerstandsfähiger als *Bacillus stearothermophilus*.

Tab. 4.8 Abtötung von Endosporen in Öl und Heißluft (Vergleichsversuch, nach KONRICH u. STUTZ 1963)

Medium	Abtötungszeiten in min bei C°						
	140	152	160	170	180	190	200
Heißluft	130	73	33	15	7	3	1,4
Öl	191	86	40	18	8	3,5	1,6

4.1.6 Kinetische Betrachtung der Hitzeabtötung

Entsprechend der Forderung nach sicherem Ausschluß pathogener Keime wurde bei der Ermittlung der Erhitzungsbedingungen allgemein nach Endpunktmethoden gearbeitet. Dabei konnte die Abhängigkeit des Endpunktes vom Umfang der auf überlebende Keime aufgearbeiteten Stichproben nicht unberücksichtigt bleiben. EIJKMAN (1908) stellte in Versuchen mit *E. coli* fest, daß im Temperaturbereich 47,5–52 °C eine Reduktion um 50 % in 0,5–7 min erreicht wird, während vollständige Abtötung teilweise in 20 min eintritt, teilweise in 5 h nicht erreicht wurde. Bei linearer Darstellung der Keimzahl gegen die Zeit kommt er zu Kurven, deren asymptotische Erreichung des Endpunkts typisch ist. Wird die Keimzahl dagegen, wie es heute üblich ist, logarithmisch aufgetragen, so erhält man als Absterbekurve eine Gerade. SCHUBERT (1943) deutet die Keimschädigung im Sinne einer monomolekularen Reaktion. Hiernach ist der Prozentsatz der Überlebenden Keime nur von der Wirkungsintensität der Noxe, aber nicht von der Keimdichte abhängig (Abb. 4.2):

$$\log N_0 - \log N_t = k \cdot t$$

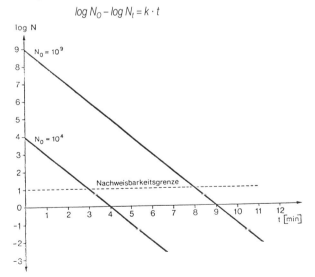

Kalkulationsgerade für logarithmisch lineare Absterbeordnung nach $\log N_0 - \log N_t = k \cdot t$

Abb. 4.2 Einfluß der Anfangskeimzahl auf die Abtötungszeit

Thermische Desinfektion

Ein biologisch-mechanischer Erklärungsversuch für diese angenommene Gesetzmäßigkeit ist die Treffer-Theorie (TIMOFÉEFF-RESSOVSKY u. ZIMMER 1947), die davon ausgeht, daß zur Abtötung ein „Elementarereignis" erforderlich ist, durch das das „Steuerzentrum" des Organismus zerstört wird. Als Elementarereignis kommt dabei jede Form der Energieeinwirkung in Frage. Zur Anpassung an unterschiedliche Verhältnisse wurden Erweiterungen hinsichtlich mehrerer Treffbereiche bzw. Mehrtrefferreaktionen vorgenommen (WEINFURTNER u. JANOSCHEK 1953). Wegen der Streubreite der mikrobiologischen Bedingungen, insbesondere außerhalb standardisierter Laborteste, ist indessen eine exakte Beschreibung nicht möglich. Trotzdem beruhen alle Kalkulationen über Sterilisationsbedingungen auf diesem Ansatz. Die Bezugsgrößen müssen für die jeweiligen Bedingungen bestimmt werden.

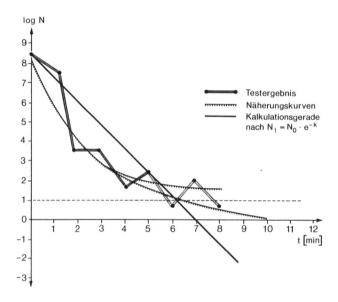

Bei realen Testergebnissen läßt sich eine Kalkulationsgerade nach $\log N_0 - \log N_t = k \cdot t$ im allgemeinen nur durch einen Meßpunkt legen. Im holländischen Standard-Suspensionstest ist das der 5-min-Wert, der alleine bestimmt wird. Näherungskurven berücksichtigen mehrere Einzelwerte. Sie werden unsicher, wenn Einzelwerte unter der methodischen Nachweisbarkeitsgrenze liegen und nicht exakt lokalisiert werden können, also bei Erreichung des „Endpunktes", bei dem Überlebende nicht mehr erfaßt werden.

Abb. 4.3 Testergebnisse und Auswertungsmöglichkeiten eines quantitativen Suspensionstests

Zentrale Größe ist der D-Wert. Man versteht darunter die Zeit in min, in der 90 % der anfänglichen Keime abgetötet sind bzw. der Keimgehalt um eine Zehnerpotenz reduziert wurde. Dieser Wert läßt sich in Abhängigkeit von der Temperatur, dem pH-Wert und den sonstigen Millieubedingungen durch quantitative Suspensionsteste so weit reproduzierbar bestimmen, wie es die Standardisierbarkeit der Testorganismen erlaubt (Abb 4.3). Üblich ist die Angabe eines für die Abtötung von Endosporen günstigen, auf 121,1 °C (250 °F) bezogenen D-Wertes (D_r-Wert) (Tab. 4.9).

Thermische Desinfektion

Tab. 4.9 Resistenz einiger Mikroorganismen gegen feuchte Hitze

Organismus	°C	pH	D-Wert-Bereich
Bac. stearothermophilus	121,1	>4,5	4 –5
Cl. thermosaccharolyticum			3 –4
Desulfotomaculum nigrificans			2 –3
Cl. putrificum			0,1 –1,5
Bac. coagulans			0,1 –0,3
Cl. botulinum			0,1 –0,2
Cl. botulinum	115	7	0,5 –0,6
Cl. botulinum		5	0,25–0,3
Cl. botulinum		4	0,12–0,13
Bac. coagulans	121,1	4–4,5	0,01–0,07
Bac. macerans	100		0,1 –0,5
Byssochlamis nivea	100	<4	0,5 –1
Lactobacillus sp.	65		0,5 –1

Für die Optimierung der Hitzeabtötung benötigt man Angaben über den Gang der D-Werte in Abhängigkeit von der Temperatur. Für weitere Berechnungen verwendet man den Z-Wert, der die Temperaturdifferenz in °C angibt, bei der sich der D-Wert um eine Zehnerpotenz ändert, und den Q_{10}-Wert, der die Änderung der Abtötungsgeschwindigkeit bei 10 K Temperaturänderung angibt. Im relevanten Bereich der Abtötung von Mikroorganismen liegt der Z-Wert bei 10 °C. Damit lassen sich für jede Temperatur Verhältniszahlen über den relativen Abtötungswert im Vergleich zu 121,1 °C angeben. Diese als L-Wert (Letalrate) bezeichnete Größe gibt den Sterilisationseffekt von einer min Erhitzung auf die jeweilige Temperatur an (Tab. 4.10 u. 4.11). Für einen gemessenen Temperaturverlauf läßt sich damit als Summe der L-Wert (bzw. als Integral) das Gesamterhitzungsäquivalent bezogen auf die Wirkung bei 121,1 °C als F-Wert (Zeit in min bei 121,1 °C, die der Wirkung des Erhitzungsverlaufs entspricht) angeben und damit jedes beliebige Hitzesterilisationsverfahren anhand der D-Werte der zu bekämpfenden Mikroorganismen bewerten.

Im Gegensatz zur Hitzebehandlung von Lebensmitteln gibt es für die Anlagenentkeimung keine anerkannte Größe für den erforderlichen Umfang der Keimreduktion entsprechend dem 12 D-Konzept der Konservenindustrie und der 9 D-Empfehlung bei der H-Milchherstellung, also einer Reduktion des ursprünglichen Keimgehalts um 12 bzw. 9 Zehnerpotenzen. Ebensowenig gibt es einen „Leitkeim", auf dessen Resistenz die Angaben zu beziehen sind.

Außer einer empirischen Festlegung von Hitzebehandlungsbedingungen aufgrund von Erfolgskontrollen kommen für kalkulatorische Zwecke nur Temperaturverlaufsmessungen an den Anlagen direkt in Frage. Problematisch ist dabei wegen der sehr unterschiedlichen Wärmeleitfähigkeit der im Anlagenbau verwendeten Werkstoffe die Wahl des Meßpunktes, der stets die thermisch ungünstigste Stelle des Systems sein muß, die als Sitz von Rekontaminationskeimen fungieren kann.

Eine ausführliche Darstellung der Verhältnisse, die insbesondere die Technologie der Lebensmittelerhitzung behandelt, findet sich bei KESSLER (1976 u. 1981).

Chemische Desinfektion

Tab. 4.10 Abtötungsäquivalente (L-Werte) mit $Z = 10\ °C$ (18 °F) für eine Änderung der Abtötungswirkung um eine Zehnerpotenz, bezogen auf 121,1 °C (250 °F)

°C	L	°C	L
120	0,7746	125	2,449
120,5	0,869	125,5	2,748
121	0,975	126	3,083
121,1	1,000	126,5	3,459
121,5	1,094	127	3,881
122	1,227	127,5	4,354
122,5	1,377	128	4,885
123	1,545	128,5	5,481
123,5	1,733	129	6,150
124	1,945	129,5	6,901
124,5	2,183	130	7,746

Tab. 4.11 Abtötungsäquivalente (L-Werte) mit $Z = 8,8\ °C$ (16 °F) für eine Änderung der Abtötungswirkung um eine Zehnerpotenz, bezogen auf 93,3 °C (200 °F)

°C	L	°C	L
70	0,002	85	0,115
71	0,003	86	0,150
72	0,004	87	0,194
73	0,005	88	0,251
74	0,007	89	0,325
75	0,009	90	0,422
76	0,011	91	0,546
77	0,015	92	0,708
78	0,019	93	0,917
79	0,024	94	1,189
80	0,032	95	1,540
81	0,041	96	1,995
82	0,054	97	2,585
83	0,069	98	3,349
84	0,089	99	4,340
85	0,115	100	5,624

4.2 Chemische Desinfektion

4.2.1 Wirkungsmechanismen von Desinfektionsmitteln

Die Zweiseitigkeit der Anforderungen an Desinfektionsmittel – zuverlässige Wirksamkeit, also Ausschaltung aller schädlichen Mikroorganismen, und gleichzeitig völlige Unbedenklichkeit, worunter nicht nur die Vermeidung jeglicher Schädigung der zu behndelnden Objekte, sondern auch des damit in Berührung kommenden Menschen und der Umwelt zu verstehen ist – entspricht zwar einer allgemein gültigen Grundregel aller Hygienemaßnahmen, verlangt aber als Zusammenführung gegenläufiger Eigenschaften stets eine sachgerechte Kompromißlösung.

Chemische Desinfektion

Die sehr unterschiedlichen Desinfektionsaufgaben bei der Gewinnung und Verarbeitung von Lebensmitteln, die sich umfassend gegen pathogene Keime und saprophytäre Verderbserreger wenden müssen, lassen diese Problematik am Beispiel der Händedesinfektion besonders augenfällig darstellen. Man befindet sich hier im Grenzbereich zwischen den technischen und den medizinischen Hygienemaßnahmen, sind doch zur Keimbekämpfung entsprechend der Art der zu desinfizierenden Flächen grundsätzlich verschiedene Anforderungen zu stellen.

4.2.2 Desinfektionsaufgabe und Wirkungscharakter der Desinfektionswirkstoffe

Bei technischen Hygienemaßnahmen dominiert die „tote Fläche", also die Oberfläche der Produktionsanlagen und alle Flächen, die auf dem Weg des Lebensmittels von der Urproduktion bis zum Verzehr damit in Kontakt kommen

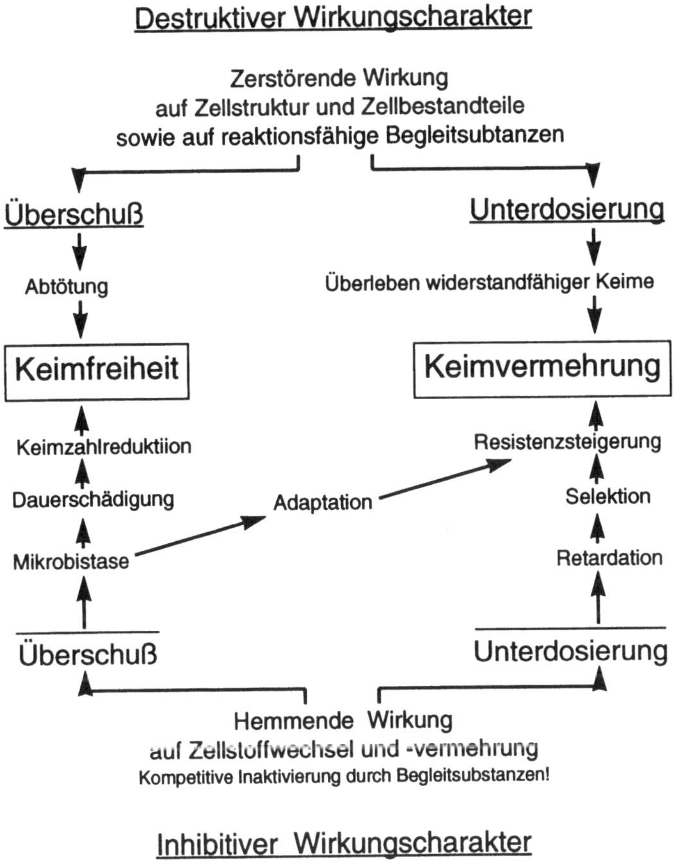

Destruktiver Wirkungscharakter

Zerstörende Wirkung
auf Zellstruktur und Zellbestandteile
sowie auf reaktionsfähige Begleitsubtanzen

Überschuß → Abtötung → **Keimfreiheit** ← Keimzahlreduktiion ← Dauerschädigung ← Mikrobistase ← Überschuß

Unterdosierung → Überleben widerstandfähiger Keime → **Keimvermehrung** ← Resistenzsteigerung ← Selektion ← Retardation ← Unterdosierung

Mikrobistase → Adaptation → Resistenzsteigerung

Hemmende Wirkung
auf Zellstoffwechsel und -vermehrung
Kompetitive Inaktivierung durch Begleitsubstanzen!

Inhibitiver Wirkungscharakter

Abb. 4.4 Reaktionsablauf antimikrobieller Eingriffe in Abhängigkeit vom Wirkungscharakter

Chemische Desinfektion

können. Diese müssen natürlich im Sinne eines umfassenden Materialschutzes geschont werden, sie unterscheiden sich aber stofflich in aller Regel so weit von den Bekämpfungsobjekten, daß Substanzen, die eine nachhaltige Schädigung organischer Zellsubstanz bewirken, vorzugsweise anzuwenden sind.

Bei der Desinfektion „lebender Flächen" ist stets die Ähnlichkeit des stofflichen Aufbaus von Keimen und Keimträgern zu berücksichtigen. Als antimikrobielle Eingriffe im Inneren eines menschlichen oder tierischen Körpers sind ggf. die Wirkungen unerwünschter Rückstände zu verstehen, bei denen die Unbedenklichkeit chemotherapeutisch nutzbarer Wirkstoffe nicht zu erwarten ist.

Auf der intakten Haut der Hand findet zwar bei einer Desinfektionsmaßnahme kein direkter Eingriff in den menschlichen Stoffwechsel statt, aber nur Vertreter weniger Wirkstoffgruppen gestatten eine Anwendung ohne bedenkliche Hautschädigung. An „toten Flächen" ist stets ein Wirkungscharakter zu bevorzugen, bei dem die stoffliche Denaturierung organischen Materials durch einen unspezifisch destruktiven Wirkungsmechanismus (MROZEK 1980) erfolgt, womit gleichzeitig ein umfassendes Wirkungsspektrum zu erzielen ist. Bei der Behandlung „lebender Flächen" muß dagegen ein spezifischer Eingriff erfolgen, der möglichst gezielt auf die zu bekämpfenden Mikroorganismen wirkt. Hierfür eignen sich wegen ihres geringeren Schädigungspotentials vorwiegend Substanzen mit inhibitivem Wirkungsmechanismus, selbst wenn damit auf ein umfassendes Wirkungsspektrum verzichtet werden muß.

Der Ablauf eines antimikrobiellen Eingriffs ist entsprechend dem jeweiligen Wirkungscharakter in Abb. 4.4 schematisch dargestellt. Daraus ist zunächst allgemein abzuleiten, daß destruktive Wirkstoffe dem Risiko der Wirkstoffzehrung und -inaktivierung unterliegen, inhibitive Wirkstoffe eine Resistenzsteigerung auslösen können.

Die Extreme der Wirkungscharaktere lassen sich am Beispiel physikalischer Eingriffe veranschaulichen: Eine Sterilisation durch Abflammen oder Ausglühen wirkt destruktiv und hat eine universelle Zerstörung organischer Substanzen und damit eine irreversible Abtötungswirkung zur Folge. Kühlen und sogar Tiefkühlen wirkt dagegen nur inhibitiv und schließt lediglich Stoffwechsel und Vermehrung aus. Diese Hemmwirkung ist jedoch reversibel, Wiedererwärmung erbringt weitgehende Reaktivierung.

Bei den antimikrobiellen Wirkstoffen finden sich zwischen diesen beiden Extremen fließende Übergänge, wobei der jeweilige Wirkungscharakter oft eine Frage der Konzentration ist und sich der angestrebte Desinfektionseffekt in sehr unterschiedlicher Zeit einstellt. Eine allgemeine Einstufung wichtiger Wirkstoffgruppen zwischen die als Vergleichsparameter gewählten physikalischen Noxen zeigt Abb. 4.5. Die Positionierung definierter Einzelsubstanzen kann dabei jedoch zu Überschneidungen mit benachbarten Wirkstoffgruppen führen.

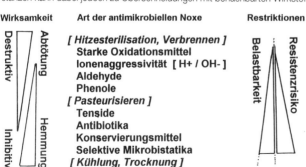

Abb. 4.5 Gradation antimikrobieller Eingriffe nach ihrem Wirkungs-Charakter

Chemische Desinfektion

Im allgemeinen sind von destruktiven Substanzen vergleichsweise kurze Abtötungszeiten zu erwarten, sie sind schnellwirkend. Bei inhibitiv wirkenden Substanzen im strengen Sinne wird das Desinfektionsziel, die irreversible Keimschädigung und damit die Keimabtötung langsamer, im Extremfall nur so langfristig erreicht, daß sie als eine graduell unterschiedliche Beschleunigung natürlicher Absterbeordnungen beschrieben werden kann.

4.2.3 Zugriffswege für Desinfektionswirkstoffe

Für die erwünschte Reaktion zwischen Wirkstoff und zu bekämpfenden Mikroorganismen stellt der für diese chemische Reaktion nötige Kontakt eine Grundvoraussetzung dar, damit der individuelle Abtötungsvorgang einsetzen kann. Hierbei sind zwei Schritte des Zugriffs voneinander abgrenzbar:

Zunächst muß allgemein ein direkter Kontakt der Desinfektionslösung zu den Mikroben gesichert sein. Im Gegensatz zur thermischen Desinfektion, bei der über Wärmeleitung eine Desinfektionswirkung auch ohne unmittelbaren Kontakt mit dem Heizmedium erreicht werden kann, ist bei der Desinfektion mit Chemikalien ohne Wirkstoffkontakt keine Schädigung möglich. Aufgabe des Reinigungsvorgangs ist es in diesem Zusammenhang, Mikroorganismen für den Zugriff der Desinfektionswirkstoffe freizulegen (Abb. 4.6):

Eine festhaftende Aufwuchsflora, die gewöhnlich mehrschichtig aus Zellverbänden von Mikroorganismen aufgebaut ist, kann nur einseitig angegriffen werden. Für tiefer liegende Zellschichten ist der Zugriff stark behindert – setzt er doch eine Penetration der Deckschichten mit unverbrauchten Wirkstoffmolekülen voraus. Ist kein reinigungstechnischer Aufschluß erfolgt, muß mit entsprechender Verlängerung der Abtötungszeit gerechnet werden. Idealer Zugriff besteht auf ungeschützt suspendierte Keime.

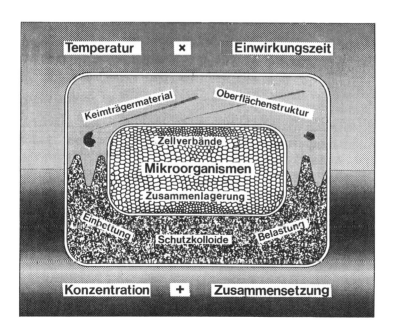

Abb. 4.6 Zugriffsmöglichkeiten für Desinfektionswirkstoffe bei Kontaminationsherden

Chemische Desinfektion

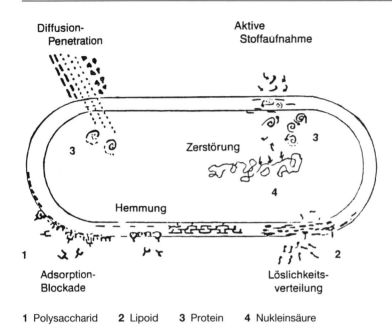

Abb. 4.7 Wirkstoffspezifische Zugänge in die Einzelzelle (MROZEK 1987)

Der Vorgang der Penetration entspricht bereits dem zweiten Schritt des Zugriffs (Abb. 4.7, Ziffer 1-4). Hierbei geht es darum, Wirkstoffmoleküle an die „lebenswichtigen" Zellbestandteile heranzuführen. Dieser Begriff ist bei einer Einzelzelle von Mikroorganismen sehr weit zu fassen. Ob es sich um die Zellwand als semipermeable Membran für die Nährstoffaufnahme und für die Exkretion von Stoffwechselprodukten, um Enzyme des Bau- und Betriebsstoffwechsels oder um die Informationsspeicher der Nukleinsäuren handelt – die Vermehrungsfähigkeit von Mikroorganismen setzt ihre Unversehrtheit innerhalb der Grenzen der Repair-Mechanismen voraus.

Abhängig von Molekülgröße und -konfiguration kommen verschiedene Wege des Zugriffs in Frage: Der äußere Kontakt beginnt mit einer Adsorption über Adhäsion, teilweise durch entgegengesetzte Ladungszustände, teilweise durch korrespondierende Molekülgruppen bzw. Randgruppen gefördert (1). Für große Wirkstoffmoleküle kann der Zugriff hier bereits abgeschlossen sein, das Ergebnis ist eine Störung der Permeabilität der Zellwand und eine Blockade des Stoffwechsels. Mit einer Desorption und einer Reaktivierung ist in Gegenwart von Enthemmungs-, Neutralisations- oder Entgiftungsrnitteln zu rechnen, so daß hier ein typisch inhibitiver Wirkungscharakter vorliegt.

Der Verdünnungseffekt von ausgiebigem Nachspülen verschiebt zwar Verteilungsgleichgewichte, der Weg ins Zellinnere ist darüber aber entsprechend der Solubilisierbarkeit des Wirkstoffs in der Zellwand, meist in deren Lipoidanteilen (2), nicht beliebig umkehrbar. Einen Hinweis in dieser Richtung geben die Konservierungsmittel, deren Wirksamkeit mit zunehmender Dissoziation abnimmt. Teilweise ist auch mit einer aktiven Stoffaufnahme, einer Ingestion (3) zu rechnen, wenn der Wirkstoff für den Metabolismus erkennbare funktionale Gruppen hat. Hier sind organische Säuren und die Alkylreste verschiedener Wirkstoffgruppen zu erwähnen.

Chemische Desinfektion

Für kleine Wirkstoffmoleküle ist ein Eindringen durch Diffusion möglich (4). Solange während dieser Penetration keine Reaktion mit Zellbestandteilen erfolgt, kann mit einer Einwanderung in das Cytoplasma gerechnet werden, bis ein Konzentrationsausgleich mit der umgebenden Lösung erreicht ist. Wegen der Reaktionsfähigkeit von Desinfektionswirkstoffen ist allerdings kein Gleichgewichtszustand, sondern eine fortgesetzte weitere Diffusion von unverbrauchtem Wirkstoff zu erwarten.

Eine Sonderstellung nehmen die Viren und die Bakteriophagen oder Bakterienviren ein. Da sie keinen eigenen Stoffwechsel besitzen, ist eine zuverlässige Inaktivierung aller Arten nur über ihre stoffliche Denaturierung möglich. Gegen „unbehüllte" Viren und Phagen, die als proteingekapselte Nukleinsäuren beschrieben werden können, sind nur destruktive Substanzen erfolgversprechend. „Behüllte" Viren bieten dagegen mit ihren komplexeren lipoidhaltigen Kapseln und anderen Hüllbestandteilen verschiedenartige stoffliche Angriffspunkte, so daß eine Bekämpfung auch mit anderen Wirkstoffen erfolgversprechend sein kann.

4.2.4 Quantitative Betrachtungen

Entsprechend dem Reaktionsmuster eines Wirkstoffs mit den erreichbaren zelleigenen Reaktionspartnern kann der Wirkstoffbedarf abgeschätzt werden, der den für einen Desinfektionserfolg notwendigen Überschuß sicherstellt. Dabei ist sowohl der stoffliche Aufbau der Zellwand als auch die Zellmasse artspezifisch zu berücksichtigen. Abb. 4.8 zeigt beispielhaft die Voraussetzungen unterschiedlicher Widerstandsfähigkeit verschiedener Gruppen von Mikroorganismen:

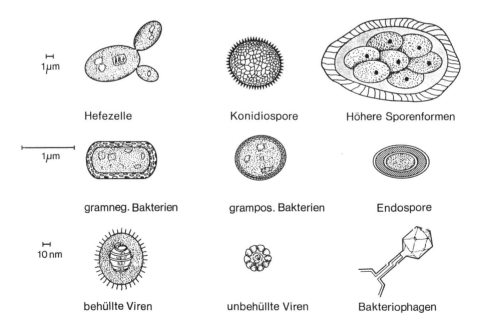

Abb. 4.8 Größen-, struktur- und stoffwechselbedingte Resistenzgruppen von Kontaminanten

Chemische Desinfektion

Die zeilenweise zusammengefaßten Beispiele der Größenklassen erklären zunächst den massenabhängigen Wirkstoffbedarf infolge Wirkstoffzehrung. In jeder Zeile wird gleichzeitig eine Zunahme der Widerstandsfähigkeit durch die Struktur, insbesondere über Ein- oder Mehrschichtigkeit der Membranen, dargestellt. Über die Stoffwechselaktivität, vorzugsweise die Differenz zwischen aktiver Vermehrungsphase und Ruhestadien, ist daneben auch die Zugriffsmöglichkeit für Desinfektionswirkstoffe angedeutet. Die notwendige Unspezifität von Wirkstoffen für technische Desinfektionsaufgaben bewirkt außerdem stets parallele Wirkstoffeinbußen durch unerwünschte Nebenreaktionen.

Geläufig ist hierfür in der Prüftechnik die Bezeichnung „Eiweißfehler", es kommen aber zahlreiche andere Reaktionen in Frage, die zu Aktivitätsverlusten führen (RUSSELL u. a. 1979). Für kationische Wirkstoffe ist so mit

Tab. 4.12 Vorgeschlagene Inaktivierungszusätze zu den verwendeten Subkulturmedien bei der Wirksamkeitsprüfung von Desinfektionsmitteln für Lebensmittelbetriebe

Wirkstoff	Inaktivierungszusatz
Aktivchlor	Na-Thiosulfat
	Na-Thioglykolat
Jodophore	Na-Thiosulfat
	Tween 80 + Lecithin + Histidin
	Na-Cumolsulfonat
	Inaktiviertes Rinderserum
Peroxiverbindungen	Na-Thiosulfat
	Cysteinhydrochlorid
	Katalase
Säuren	Alkalien
Alkalien	Säuren
Aldehyde	Na-Sulfit
	Cystein
	Histidin
	Histidin + Lecithin + Tween 80
	Saponin
	Thioglykolat
	Serum, insbes. Rinderserum
Phenol und Derivate	Tween 80
	Tween 80 + Lecithin + Histidin
	Saponin
	Cystein
	Na-Laurylethersulfat
Quartäre Ammoniumverbindungen	Tween 80
	Tween 80 + Lecithin
Biguanide	Tween 80 + Lecithin
Amphotenside	Tween 80 + Lecithin
	Na-Laurylsulfat
	Na-Laurylethersulfat
	Ammonium-Laurylethersulfat
Organozinnverbindungen	Tween 80 + Lecithin
	Cystein
	1-Mercapto-2-hydroxi-n-dodecan

Chemische Desinfektion

einem „Seifenfehler" zu rechnen. Einen Einblick in die Vielfältigkeit der Störsubstanzen geben die Vorschriften für Entgiftungszusätze oder Inaktivatoren im Rahmen der Prüfung von Desinfektionsmitteln (Tab. 4.12). Aus den zugehörigen Inaktivierungsmechanismen lassen sich darüberhinaus weitere Mischungsunverträglichkeiten und Anwendungsrestriktionen ableiten, zumal einige Entgiftungszusätze Lebensmittelbestandteile sein können oder mit ihnen vergleichbar sind. In der Praxis resultiert daraus die wirkstoffzehrende Schmutzbelastung.

Für die kalkulatorische Bewertung der Wirkstoffverfügbarkeit stellt das verfahrensbedingte „Belastungsverhältnis" (MROZEK1985) die entscheidende Größe dar. Für eine Quantifizierung gilt:

Verfügbares Wirkstoffangebot in der Desinfektionslösung
reduziert um
Wirkstoffzehrung durch Schmutzbelastung

Ist das Ergebnis dieser Betrachtung als Differenz berechnet größer als 0, also positiv, verbleibt ein desinfektionswirksamer Überschuß. Ist es kleiner als 0, also negativ, kann der angestrebte Desinfektionserfolg wegen vollständiger Inaktivierung durch Wirkstoffzehrung nicht mehr erzielt werden.

Weiterhin sind die anwendungstechnischen Gegebenheiten über die lokale Verfügbarkeit des Wirkstoffs zu beschreiben. Als einfach quantifizierbare Relation bietet sich das „Beaufschlagungsverhältnis" an:

Volumen der eingesetzten Desinfektionslösung
in Relation zur
Größe der behandelten Oberfläche

Rechnerisch ergibt sich als Ergebnis einer Division von Volumen durch Fläche die Dimension einer Längeneinheit, die als mittlere Schichtdicke der Desinfektionslösung zu verstehen ist. Über die Wirkstoffkonzentration in der Lösung ergibt sich so die verfügbare Wirkstoffmenge je Flächeneinheit.

Die tatsächliche Verfügbarkeit des Wirkstoffs am Zielort ist technologisch bedingt. Bei den bewegten Lösungen in einem Fließweg bedingt die Turbulenz der Strömung einen beständigen Lösungsaustausch und damit eine kontinuierliche Heranführung ungenutzter Wirkstoffmoleküle. Bei einer Stand- oder Einlegedesinfektion mit ruhender Lösung ist nur ein Austausch über Konvektion möglich. Kalkulatorisch handelt es sich bei diesem „Beanspruchungsverhältnis" um:

Volumenstrom zum Lösungsaustausch
in Relation zum
Volumen des reaktionsfähigen Kontaktfilms

Als Dimension dieser Division ergibt sich rechnerisch eine Zeiteinheit. Sie läßt sich als „Austauschfrequenz" der Heranführung unverbrauchten Wirkstoffs verstehen, der Kehrwert stellt die Reaktionszeit des verfügbaren Wirkstoffs im unmittelbaren Reaktionsfilm dar.

Diese Betrachtung macht verständlich, daß in ruhenden Lösungen einer Standdesinfektion höhere Wirkstoffkonzentrationen erforderlich sind, als wenn mit einer bewegten Lösung gearbeitet wird. Andererseits läßt sich daraus auch ableiten, daß die Wirkstoffabnahme in den umgewälzten Lösungen relativ hoch ist und man dafür zu Einwegverfahren mit verlorenen Lösungen tendiert, sofern keine kontinuierliche Überwachung der Wirkstoffkonzentration mit automatischer Zudosierung der erforderlichen Nachgaben vorgenommen wird. Die für die Erzielung der erforderlichen Desinfektionssicherheit vorzusehenden höheren Wirkstoffkonzentrationen ruhender Lösungen einer Einlegedesinfektion ermöglichen dagegen Wiederverwendung über längere Zeit.

Chemische Desinfektion

Reine Adsorptionsvorgänge finden ihre Begrenzung in einer monomolekularen Schicht. Dabei konkurrieren die Oberflächen der zu bekämpfenden Mikroorganismen bei spezifisch adsorptiv wirkenden oberflächenaktiven Verbindungen mit anderen Grenzflächen und großmolekularen Stoffen. Desinfektionslösungen mit quartären Ammoniumverbindungen (QAV) oder Amphotensiden als Wirkstoff zeigen ein werkstoffspezifisches Haftvermögen, das die Abspülbarkeit mit Wasser auf einem Niveau begrenzt, das gegen Bildung einer Aufwuchsflora restriktiv wirken und meßbare Rückstände in Lebensmitteln verursachen kann (SCHMIDT u. CREMMLING 1978, WILDBRETT 1985). Gemäß Untersuchungen mit QAV erbringen Lebensmittelbestandteile erhebliche Wirkstoffeinbußen (Tab. 4.13). Entsprechend der relativ großen spezifischen Zelloberfläche von Mikroorganismen steigt der Wirkstoffbedarf auch mit der zu bekämpfenden Keimdichte stark an.

Tab. 4.13 Abtötungszeiten im Suspensionstest mit Alkyl-dimethyl-benzyl-ammoniumchlorid in Gegenwart von Lebensmittelbestandteilen (KOPPENSTEINER u. MROZEK 1974)

Belastung Menge (%)	Art des Zusatzes	St. aureus 50	Abtötungszeiten in Minuten für E. coli bei Wirkstoffkonzentration (mg/l) 250	Ps. aeruginosa 1000
ohne		2,5	2,5	5
0,1	Stärke	10	10	10
1,0	Stärke	>240	120	40
0,25	Pepton	5	10	40
1,0	Pepton	5	20	>120
0,25	Albumin	5	5	20
1,0	Albumin	>120	60	60
0,25	Casein	120		60
1,0	Casein	120		>120
0,25	Milchpulver	120		10
1,0	Milchpulver	>120		40
5,0	Serumeiweiß	>120		40

Reaktive Wirkstoffe verhalten sich neben ihrer Permeationsfähigkeit gemäß Molekülgröße und Solubilisierbarkeit (hydrophil/lipophil) entsprechend dem lokalen Konzentrationsgefälle infolge Wirkstoffzehrung, ggf. sogar auch ähnlich einer kompetitiven Nutzung von Stoffwechsel-Transportwegen. Allgemein sind bei reaktiven Wirkstoffen die Risiken unerwünschter Rückstandswirkungen gering.

Inhibitive Wirkstoffe werden als solche angelagert und entsprechend ihrem Molekülbau eingeschleust und inkorporiert. Sie zeigen im Bereich der bei Desinfektionsarbeiten herrschenden Bedingungen keine wesentlichen Veränderungen ihrer Wirkstoffmoleküle und können, beispielsweise durch passende Inaktivatoren, wieder entfernt werden, wodurch die Hemmung aufgehoben wird und Reaktivierung eintritt. Entsprechend dieser relativen Stabilität und der Eignung von Lebensmittelbestandteilen als kompetitive Inaktivatoren kann es im Gegensatz zu den reaktiven Wirkstoffen zu unerwünschten Rückständen in Lebensmitteln kommen.

4.2.5 Wirkstoffspezifische Betrachtungen

Während man bei Antibiotika und anderen chemotherapeutisch nutzbaren Substanzen einen Wirkungsmechanismus mit einem konkret lokalisierbaren Angriffspunkt im Stoffwechsel oder an Struktursubstanzen des zu

Chemische Desinfektion

bekämpfenden Organismus beschreiben kann, ist das bei den unspezifischen Desinfektionswirkstoffen nicht der Fall (Kirchhoff 1974). Gruppenspezifisch läßt sich jedoch ein Reaktionsmuster für destruktive (Abb. 4.9) und destruktiv-inhibitive Wirkstoffe beschreiben und gegebenenfalls auch substanzspezifisch weiter differenzieren.

Der Chemismus der als „starke Oxidationsmittel" zusammenfaßbaren Desinfektionswirkstoffe (Halogene, sog. Aktivhalogen- und Aktivsauerstoffverbindungen) ist als Elektronenaufnahme aus den als Elektronendonator fungierenden, der Oxidation unterliegenden Bestandteile der zu bekämpfenden Mikroorganismen zu beschreiben. Eine Bewertung der Wirkstoffe läßt sich nach ihrem spezifischen Oxidationspotential vornehmen:

$$J_2 + 2e^- \longrightarrow 2J^- + 0{,}54\,V$$

$$Br_2 + 2e^- \longrightarrow 2Br^- + 1{,}07\,V$$

$$Cl_2 + 2e^- \longrightarrow 2Cl^- + 1{,}36\,V$$

$$F_2 + 2e^- \longrightarrow 2F^- + 2{,}87\,V$$

Vorstehend sind sie für die elementaren Halogene aufgeführt, obwohl in dieser Form nur Jod und für Trinkwasser auch Chlor eingesetzt werden. Brom wird in synergistischen Halogengemischen durch Aktivchlor aus Bromiden freigesetzt. Fluor, das wirksamste, aber in molekularer Form anwendungstechnisch nicht beherrschbare Halogen, kann zwar in Form geeigneter Verbindungen eingesetzt werden, sie sollten aus toxikologischen Gründen in der Lebensmittelindustrie heute aber keine Verwendung mehr finden.

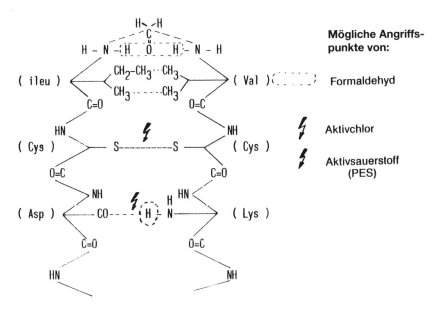

Abb. 4.9 Reaktionsmöglichkeiten destruktiver Wirkstoffe. Mögliche Angriffspunkte von Formaldehyd, Aktivchlor und Aktivsauerstoff an einer Proteinstruktur

Chemische Desinfektion

Den als Elektronendonor geeigneten Reaktionspartnern kann entsprechend ihrem Redoxpotential eine Reaktionswahrscheinlichkeit zugeordnet werden. Als besonders empfindliche Bereiche können die Sulfid- und Wasserstoffbrücken der sekundären Proteinstrukturen bezeichnet werden (Abb.4.9), z. B. die Oxidation von Mercaptogruppen zu Disulfiden. Ungesättigte Verbindungen und reduktive bzw. oxidierbare funktionelle Gruppen sind weitere potentielle Angriffspunkte, wo vielgestaltige Halogenierungen, etwa durch die Bildung organischer Chloramine, deren Funktionsfähigkeit aufheben.

Die als „Ionenaggressivität" zusammengefaßten denaturierenden Wirkungen extremer pH-Wert-Verschiebungen in den stark sauren oder stark alkalischen Bereich führen mit zunehmender Entfernung vom isoelektrischen Punkt der betroffenen Substanz zu einer irreversiblen Schädigung der Funktionsfähigkeit durch Koagulation oder Peptisation. Hydroxylionen können Säureamid-Bindungen spalten. Eine spezifische Wirkung des Kations der Laugen oder des Anions der Säuren ist demgegenüber von untergeordneter Bedeutung.

Als desinfektionswirksam sind in der vielgestaltigen Gruppe der Aldehyde nur wenige niedrigmolekulare Verbindungen, ausgehend vom Formaldehyd, einzustufen. Ihre Wirksamkeit beruht auf einer zweistufigen Reaktion mit endständigen Aminogruppen von Proteinen wie in Abb. 4.10 dargestellt: Über N-Hydroximethylverbindungen entstehen so bei benachbarten Proteinsträngen an Amid-Stickstoffatomen blockierende Methylenbrücken. Das Verfahren zur Herstellung von Galalith aus Casein als einem der ältesten Kunststoffe zeigt allerdings, daß es sich hierbei um einen langsamen Härtungsvorgang handelt, der zudem die Entfernbarkeit durch Reinigungslösungen erschwert. Dialdehyde können mit zwei benachbarten Aminogruppen reagieren und daher etwas schneller zu einer irreversiblen, vernetzenden Blockade der Funktionsfähigkeit des betroffenen Proteins führen. Die für die Bestimmung des Eiweißgehalts der Milch vorgeschlagene „Formoltitration" zeigt den quantitativen Aspekt dieser Reaktionen.

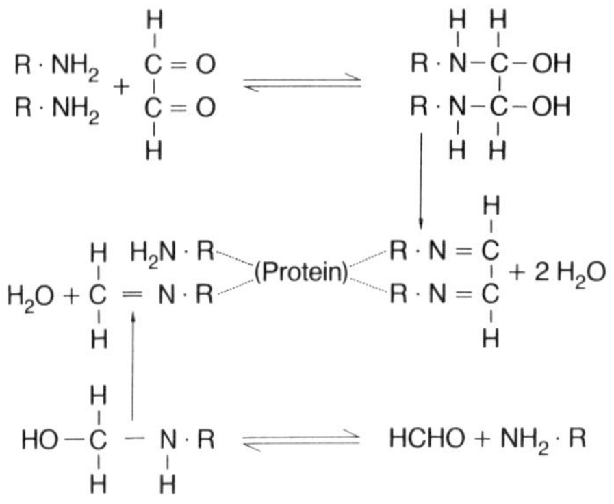

Abb. 4.10 Denaturierung von Protein durch Mono- (unten) und Dialdehyde (oben)

Phenolische Wirkstoffe werden im Rahmen der Lebensmittelhygiene nur für den Sanitärbereich und für die Tierhaltung eingesetzt. Bei ihrer Verwendung als Desinfektionsmittel ist im Gegensatz zum Einsatz bei anderen antimikrobiellen Aufgaben, z. B. als Konservierungsmittel, ein dualer Wirkungsmechanismus zu beschreiben: Phenole sind schlecht oder fast gar nicht wasserlöslich und entsprechend stärker lipophil. Ihr geringes Reaktionsvermögen (= kleiner Eiweißfehler!) bestimmt die Eignung vieler Phenolderivate als Hemmstoff mit Langzeitwirkung bei direktem Kontakt mit organischen Substraten. Für die in wässriger Lösung durchzuführenden

Chemische Desinfektion

Desinfektionsaufgaben müssen sie dagegen über Alkalien als Phenolate löslich gemacht werden. Neben die lipophile Hemm-/Giftwirkung tritt so die Alkaliwirkung, die teilweise auch das Wirkungsspektrum bestimmt. Ähnlich zu bewerten sind die Phenol-Seifenlösungen. Neben die keimschädigende Alkaliwirkung der Seife tritt jedoch eine Reduktion der Wirksamkeit bei überhöhten Seifenzusätzen.

Der Phenolkoeffizient – Quotient wirksamer Konzentrationen in einem Suspensionstest, wobei die Wirkung von Phenol gleich 1 gesetzt wird – nimmt als Wirksamkeitsmaßstab innerhalb dieser Substanzklasse entsprechend den Verteilungskoeffizienten mit steigendem Substitutionsgrad zu. Die Koagulationswirkung des dissoziationsfähigen Wasserstoffs der Phenole wird dabei zunehmend von der Alkaliwirkung auf den kolloidalen Zustand der Proteine durch die Phenolate übernommen. Allgemein gelten Phenole als „Protoplasmagifte" mit enzymschädigender Wirkung. Nach Schädigung der Zellmembran denaturieren sie Proteine. Mit zunehmender Molekülgröße verschiebt sich der Wirkungscharakter in den inhibitiven Bereich.

Halogenierte Phenolderivate besitzen zwar bessere Wirksamkeit, aber auch höheren Eiweißfehler.

Der Wirkungsmechanismus der als „Tenside" zusammenfaßbaren Wirkstoffe besteht einerseits generell in der spezifischen Erniedrigung der Oberflächenspannung und differiert andererseits je nach ihrem Ladungszustand. Physiologische Verhältnisse hinsichtlich der Oberflächenspannung liegen im Bereich von 72,8 mN/m für Wasser und etwa 40 mN/m für Körperflüssigkeiten. Eine Unterschreitung des jeweiligen physiologischen Wertes stört den Stofftransport für den Bau- und Betriebsstoffwechsel durch Entfaltung der tertiären Proteinstruktur, wirkt also antimikrobiell. Bei den nicht-ionogenen Tensiden beschränkt sich die Wirkung hierauf als synergistische Komponente. Aniontenside zeigen zusätzlich eine gewisse antibakterielle Wirkung, ohne jedoch als Desinfektionswirkstoff gelten zu können.

Als Desinfektionskomponenten verwendete Kationtenside, überwiegend quaternäre Ammoniumverbindungen (QAV), und die Amphotenside (Betaïne), die gemäß vorliegendem pH-Wert als Kation oder als Anion auftreten, aber optimal bei pH 7-9 als Kation anzuwenden sind, werden über Ladungsausgleich an die Cytoplasmamembran angelagert. Der Adsorption folgt gemäß elektronenoptischen Darstellungen (LICKFELD 1965) eine die Zellwand schädigende Penetration, woraus ein fortschreitender Austritt von Cytoplasmabestandteilen abgeleitet werden kann.

Daneben können die Wirkstoffmoleküle oberflächenaktiver Wirkstoffe über ihre Alkylgruppen zu Blockaden des Stoffwechsels werden, die Amphotenside auch über ihre Aminogruppen. Ladungszustand und Art der zellwandaffinen Molekülgruppen machen die unterschiedlich unausgeglichenen Wirkungsspektren über Differenzen der spezifischen Affinität zur Zellwand grampositiver oder gramnegativer Bakterien verständlich. Unterhalb der minimalen Hemmkonzentration bis in den Bereich der Reaktivierbarkeit kann neben der artspezifisch unterschiedlichen primären Widerstandsfähigkeit auch selektiv eine sekundäre Resistenzsteigerung auftreten (MROZEK 1967).

Literatur

BLACK, S. H. u. GERHARDT, P. (1962): J. of Bact., 83, S.960-967.

BORNEFF, J. (1977): Hygiene, 3. Aufl., Stuttgart, Thieme Verlag.

CERNY, G. (1980a): Abhängigkeit der thermischen Abtötung von Mikroorganismen vom pH-Wert. 1. Hefen und Schimmelpilze. Z. Lebensm. Unters. Forsch. 170, S. 173-179.

CERNY, G. (1980b): Abhängigkeit der thermischen Abtötung von Mikroorganismen vom pH-Wert. 2. Bakterien und Bakteriensporen. Z. Lebensm. Unters. Forsch. 170, S. 180-186.

CORRY, J. E. L. (1975): Water Relations of Foods. London, Academic Press.

COSTIN, I. D. u. GRIGO, J. (1974): Zbl. Bakt. Hyg., I. Orig. A 227, S. 483-521.

EIJKMAN, C. (1908): Biochem. Zeitg. 11, S. 12.

GOULD, G. W. (1977): J. Appl. Bact. 42, S. 297-309.

HAILER, E. (1922): Die Desinfektion. In: Weyls Handbuch der Hygiene, 2. Aufl., VIII. Band. Verlag Johann Ambrosius Barth, Leipzig.

HEDGECOCK, L. W. (1967): Antimicrobial Agents, Lea & Febiger, Philadelphia.

HEICKEN, K. (1936): Zbl. Bakt., I. Orig. 136, S. 249-255.

HENNEBERG, W. (1932): Prüfungen an Hoch- und Momenterhitzern. Arbeiten aus der Preußischen Versuchs- und Forschungsanstalt für Milchwirtschaft in Kiel, Verlag der Milchwirtschaftlichen Zeitung, Berlin.

HOFFMANN (1909): Deutsche Medizin. Wochenschrift 35, S. 1146.

HØYEM u. KVÅLE (1977): Physical, Chemical and Biological Changes in Food Caused by Thermal Processing. Applied Science Publishers, London.

KESSLER, H.-G. (1976): Lebensmittelverfahrenstechnik – Schwerpunkt Molkereitechnologie. Verlag A. Kessler, Freising.

KESSLER, H.-G. (1981): Food Energeering and Dairy Technology. Verlag A. Kessler, Freising.

KIRCHHOFF, H. (1974): Wirkungsmechanismen chemischer Desinfektionsmittel. II. Spezielle Reaktionsabläufe bei einzelnen Desinfektionsmitteln, Gesundheitswesen und Desinfektion 66, S. 157-163.

KONRICH, F. (1936): Desinfektion, Sterilisation, Entwesung. In: Waldmann, A., und W. Hoffmann: Lehrbuch der Militärhygiene. Springer Verlag, Berlin.

KONRICH, F. (1938): Die bakterielle Keimtötung durch Wärme. Stuttgart, F. Enke-Verlag.

KONRICH, F. u. STUTZ, L. (1963): Die bakterielle Keimtötung durch Wärme. Stuttgart, F. Enke-Verlag.

KOPPENSTEINER, G. u. MROZEK, H. (1974): Über die Inaktivierung der antimikrobiellen Aktivität oberflächenaktiver Wirkstoffe, Tenside-Detergents 11, S. 1-7.

LAWRENCE, C. A. u. BLOCK, S.: (1968): Disinfection, Sterilization and Preservation. Philadelphia, Lea & Febiger.

LEWITH, S. (1890): Arch. Exp. Path. Pharmakol. 26, S. 341.

LICKFELD, K. G. (1965): Elektronenmikroskopische Untersuchungen über morphologische Veränderungen in Bakterien unter dem Einfluß von Desinfektionsmitteln, Zbl. f. Bakt. I. Orig. 197, S. 127-160.

MROZEK, H. (1967): Untersuchungen zum Problem der Resistenzentwicklung gegenüber Desinfektionsmitteln, Brauwissenschaft 20, S. 229-234.

MROZEK, H. (1980): Gesichtspunkte für eine zweckmäßige Auswahl geeigneter Desinfektionswirkstoffe, Archiv für Lebensmittelhygiene 31, S. 91-99.

Literatur

MROZEK, H. (1985): Produktionshygiene zur Qualitätssicherung, Zbl. Bakt. Hyg. I. Abt. Orig. B 180, S. 241-262.

MROZEK, H. (1987): Wirkungsmechanismen physikalischer und chemischer Lethalfaktoren auf vegetative Zellen und Sporen. In: H. Reuter (Hrsg.) Aseptisches Verpacken von Lebensmitteln. Behr's Verlag, Hamburg., S. 93-106.

NEVOT, A., LAFONT, Ph. u. LAFONT, J. (1958): De la destruction des bactéries par la chaleur. Monographie de l'institut National d'Hygiene, No. 18, Paris.

PERKINS, J. J. (1960): Principles and Methods of Sterilization. 2nd Ed. Springfield, Charles C. Thomas.

RUSSELL, A. D., AHONKHAI, I. u. ROGERS, D. T. (1979): Miccrobiological Applications of the Inactivation of Antibiotics and Other Antimicrobial Agents, J. of Appl. Bacteriology 46, S. 207-245.

RUSSELL, A. D., HUGO, W. B. u. AYLIFFE, G. A. J. (1982): Principles and practice of Disinfection, Preservation and Sterilisation. Oxford, Blackwell Scientific Publications.

SCHLEGEL (1969): Allgemeine Mikrobiologie. Stuttgart, G. Thieme Verlag.

SCHMIDT, U. u. CREMMLING, K. (1978): Rückstände von Desinfektionsmitteln im FLeisch, I. Mitteilung: Haftvermögen von Desinfektionsmitteln, Die Fleischwirtschaft 58, S. 307-310, 312-314.

SCHÖBERL, P. u. LUBIENIECKI, M. (1973): Orientierende Untersuchung über das Verhalten von Bazillensporen während der Polyäthylenverarbeitung. Verpackungs-Rundschau 24, S. 490-494.

SCHUBERT, H. (1943): Zbl. Bakt., I. Orig. 149, S. 463-469.

SPALLANZANI, L. (1765): Saggio di osservazioni microscopiche relative al sistema delle generazione dei Signori Needham e Buffon. Modena.

TIMOFÉEFF-RESSOVSKY, N. W. u. ZIMMER, K. G. (1947): Biophysik Bd. 1, Das Trefferprinzip in der Biologie. S. Hirzel Verlag, Leipzig.

VOSS, E. u. MOLTZEN, B. (1973): Untersuchungen über die Oberflächenkeimzahl extrudierter Kunststoffe für die Lebensmittelverpackung, Milchwiss. 28, S. 479-486.

WALLHÄUSSER, K. H. (1978): Sterilisation – Desinfektion – Konservierung. Stuttgart, G. Thieme Verlag.

WEINFURTNER, F. u. JANOSCHEK, A. (1953): Brauwiss. 6, S. 65.

WILDBRETT, G. (1985): Zur Abspülbarkeit keimtötender quaternärer Ammoniumverbindungen durch Wasser und Milch und daraus resultierende Folgen, Archiv Lebensmittelhygiene 36, S. 12-15.

MIKROBIOLOGIE DER LEBENSMITTEL

Grundlagen

Günther Müller, Herbert Weber (Hrsg.)
8. Auflage 1996, DIN A5, XVIII, 562 Seiten, Hardcover
DM 79,50 inkl. MwSt., zzgl. Vertriebskosten, ISBN 3-86022-209-0

Aus dem Inhalt: Allgemeine Mikrobiologie; Mikrobielle Lebensmittelvergiftungen; Verfahrensgrundlagen zur Haltbarmachung von Lebensmitteln; Betriebshygiene und Qualitätssicherung

Milch und Milchprodukte

Herbert Weber (Hrsg.)
1. Auflage 1996, DIN A5, XII, 396 Seiten, Hardcover
DM 189,50 inkl. MwSt., zzgl. Vertriebskosten, ISBN 3-86022-235-X

Aus dem Inhalt: Mikrobiologie: Rohmilch, Trinkmilch, Sahneerzeugnisse, Sauermilcherzeugnisse, Butter, Käse, Dauermilcherzeugnisse, Speiseeis; Starterkulturen für Milcherzeugnisse

Fleisch und Fleischerzeugnisse

Herbert Weber (Hrsg.) · 1. Aufl. 1997, DIN A5, 848 Seiten, Hardcover
DM 289,– inkl. MwSt., zzgl. Vertriebskosten, ISBN 3-86022-236-8

Aus dem Inhalt: Mikrobiologie: Fleisch; ausgewählte Erzeugnisse; Fleischprodukte; Wild; Geflügel; Eier; Fische, Weich- und Krebstiere

Lebensmittel pflanzlicher Herkunft

Gunther Müller, Wilhelm Holzapfel, Herbert Weber (Hrsg.)
1. Auflage 1996, DIN A5, ca. 410 Seiten, Hardcover, ISBN 3-86022-246-5

Aus dem Inhalt: Mikrobiologie von: Obst; Gemüse; Frischsalaten und Keimlingen; Kartoffeln; tiefgefrorenen Fertiggerichten und Convenienceprodukten; Schokolade; Getreide und Mehl; Sauerteig; Patisseriewaren und cremehaltigen Backwaren; Fetten, Ölen und fettreichen Lebensmitteln; Gewürzen, Gewürzprodukten und Aromen; Backhefe und Hefeextrakt; fermentierten pflanzlichen Lebensmitteln; neuartigen Lebensmitteln

Getränke

Helmut H. Dittrich (Hrsg.) · 1. Auflage 1993, DIN A5, 384 Seiten, Hardcover
DM 159,– inkl. MwSt., zzgl. Vertriebskosten, ISBN 3-86022-113-2

Aus dem Inhalt: Mikrobiologie: Organismen in Getränken; Wasser; Frucht- und Gemüsesäfte; Fruchtsaft- und Erfrischungsgetränke; Bier; Wein und Schaumwein; Brennmaischen und Spirituosen; Qualitätskontrolle; Haltbarmachung von Getränken; Reinigung und Desinfektion

BEHR'S...VERLAG

Averhoffstraße 10 · D-22085 Hamburg
Telefon (040) 22 70 08/18-19 · Telefax (040) 22 01 09 1
E-Mail: Behrs@Behrs.de · Homepage: http://www.Behrs.de

5 Wirksamkeitsbestimmende Faktoren für die Reinigung
G. WILDBRETT

Nachdem in Kap. 4 bereits Grundlagen und Verfahrensabhängigkeit der Keimabtötung besprochen worden sind, konzentrieren sich nachstehende Ausführungen auf den Bereich des Reinigens mit einigen ergänzenden Hinweisen auf Desinfektionsfragen.

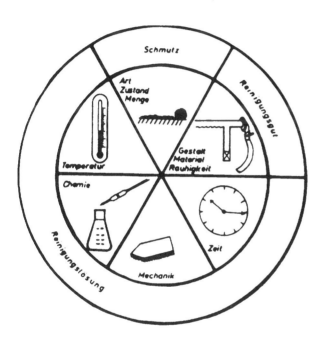

Abb. 5.1 Wirksamkeitsbeeinflussende Größen bei der Naßreinigung

Jeder Naßreinigungsprozeß läuft zwischen den beteiligten Partnern, dem Reinigungsgut, der Verunreinigung und der Reinigungsflüssigkeit ab. Ihre Merkmale (Abb. 5.1) bestimmen den Erfolg reinigender wie desinfizierender Maßnahmen entscheidend. Anlagen, Apparate oder Geräte weisen konstruktions- und materialbedingt Eigenschaften auf, welche durch das jeweilige Lebensmittel weitgehend fest vorgegeben sind. Auch die Verunreinigung hat der Betrieb nur begrenzt in der Hand – durch Auswahl geeigneter Rohwaren und zweckmäßige Prozeßführung läßt sich unter Umständen die Menge, zum Teil auch die Zusammensetzung des abgelagerten Schmutzes günstig beeinflussen. – Folglich bleibt dem Betrieb im wesentlichen nur die Möglichkeit, die verfahrenstechnischen Parameter für den Einsatz der Reinigungs- und Desinfektionslösungen entsprechend seinen spezifischen Bedürfnissen zu variieren mit dem Ziel, Reinigung und Desinfektion so wirksam wie irgend möglich zu gestalten (Abb. 5.1).

5.1 Merkmale des Reinigungsgutes

Während früher vorwiegend funktionale Gesichtspunkte Konstruktion und Installation von Anlagen und Geräten für die Lebensmittelbe- und -verarbeitung bestimmten, sind heute die hygienischen Erfordernisse als gleich bedeutsam anerkannt (REUTER 1983). Die Möglichkeiten für eine wirksame Reinigung und Desinfektion hängen wesentlich von der konstruktiven Ausführung der technischen Anlagen und Einrichtungen sowie von Art und Beschaffenheit der eingesetzten Materialien ab.

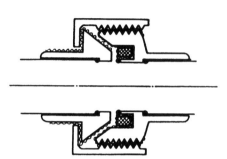

Orte bevorzugter Rückstandsbildung
• mit direktem Fließwegkontakt
~~ mit indirektem Fließwegkontakt

Abb. 5.2 Rohrverschraubungen als Problembereich für eine wirksame Reinigung und Desinfektion nach MROZEK (1970)

5.1.1 Konstruktive Ausführung

Die VDI-Richtlinie 2660 (1971) enthält übereinstimmend mit einschlägigen gesetzlichen Vorschriften z. B. des Milchgeetzes (§ 7 in Verbindung mit § 19 der 1. AVO zum Milchgesetz) die prinzipiellen Anforderungen an die konstruktive Gestaltung von Anlagen zur Produktion bzw. Be- oder Verarbeitung von Lebensmitteln. Danach sollen lebensmittelberührende Maschinen- und Anlagenteile so gestaltet sein, daß sie sich allseitig gut reinigen und desinfizieren, gegebenenfalls auch sterilisieren lassen. Das erfordert einen möglichst ungehinderten, direkten Kontakt der produktberührenden Oberflächen mit den Flüssigkeiten zum Reinigen und Desinfizieren. Deshalb sollen Toträume, starke Staupunkt- und Totwasserströme sowie Spalten vermieden werden. Als problematisch gelten Schraub- oder Klemmverschlüsse, denn sie weisen stets Spalten auf. Solche „atmenden" Verschlüsse sind dann als besonders kritisch anzusehen, wenn das flüssige Produkt die Rohrleitung kalt passiert und in vorhandene Spalten hineinkriecht (Abb. 5.2). Während einer anschließenden Reinigung mit warmer Lösung schließen sich infolge der damit verbundenen thermischen Ausdehnung die mit Produktresten verschmutzten Spalten, so daß die Reinigungsflüssigkeit diese Zwischenräume nicht mehr erfaßt. In den verbleibenden Rückständen können sich Mikroorganismen entwickeln und das nachfolgend hindurchfließende kalte Produkt kontaminieren, nachdem sich die Spalten durch Abkühlung wieder erweitert haben. Weiterhin sollen scharfe Ecken vermieden werden, an denen sich Produkt ansetzen kann. Die nachströmende Reinigungsflüssigkeit erfaßt die dort haftenden Rückstände nur sehr unvollständig, soweit sie im Strömungsschatten liegen. Um diese zu vermeiden, erscheint es zweckmäßig, die Strömungsrichtung während eines Reinigungsprogrammes wenigstens einmal umzukehren. Allerdings

Merkmale des Reinigungsgutes

können die damit verbundenen Druckstoß-Schwingungen in größeren Systemen langfristig Schäden durch Werkstoffermüdung, Resonanzschwingungen (WALENTA u. KESSLER 1984) oder Gewaltbruch verursachen. Plattenapparate mit wiederholt umgelenkter Strömung dämpfen die Druckstoß-Schwingungen soweit, daß sie kaum mehr schädigen können (GRASSHOFF 1983a).

Verschweißte Rohrleitungen als wirksamer Ersatz für verschraubte Rohrleitungen setzen ein hochwirksames Reinigungsprogramm voraus, denn die pauschale Forderung nach leichter Demontierbarkeit einer Anlage, um notfalls manuell nachreinigen zu können (IDF 1980), dürfte unrealistisch sein, gibt es in der Praxis doch häufig Anlagen, die über Jahre hinaus ungeöffnet bleiben (GRASSHOF 1983a).

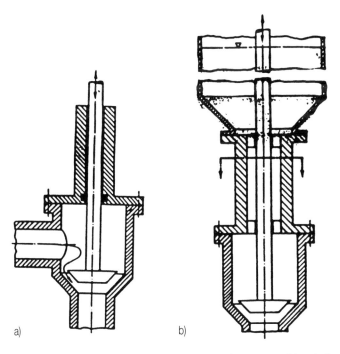

Abb. 5.3 Konstruktive Gestaltung von Abfüllorganen: a) schwer zu reinigende Ausführung, b) reinigungsfreundliche Ausführung

Nicht selten lassen sich Teile einer Anlage, beispielsweise Abfüllorgane und Ventile sowie Meßeinrichtungen mittels Spülverfahren nicht ausreichend reinigen. Sie müssen daher unbedingt leicht zerlegbar sein. Abfüllanlagen mit seitlichem Einlauf für Produkt wie Reinigungsflüssigkeit und vertikal bewegter Kolbenstange bieten erhebliche reinigungstechnische Schwierigkeiten, denn die auf- und abwärtsgleitende Kolbenstange transportiert zwangsläufig haftende Anteile des flüssigen Lebensmittels in den nicht durchspülbaren Raum oberhalb der Meßkammer. Die reinigungstechnisch wesentlich günstigere Konstruktion läßt Reinigungslösung und Lebensmittel von oben herab in die Meßkammer einströmen (Abb. 5.3). Weitere Reinfektionsgefahren gehen von eingebauten Meßsonden, etwa zur Temperatur-, Druck- oder Volumenkontrolle aus. Sie sollen nur soweit unbedingt erforderlich

Merkmale des Reinigungsgutes

und dann von oben in das Produkt eintauchend ausgeführt werden. Rührwerke in Tankbehältern gefährden eine vollständige Reinigung und Desinfektion der Tankwände, falls sie Spritzschatten verursachen. Wegen der schwierigen Reinigungsmöglichkeit sind Rührwerke oberhalb des Flüssigkeitsspiegels des Produktes abzudichten. Unvermeidbare Stichleitungen müssen entweder während des Reinigens ausreichend lang nach dem Prinzip der verlorenen Reinigung mit abfließender Lösung durchgespült oder mittels einer zusätzlichen Rückleitung in einen Reinigungskreislauf eingebunden werden (DEUTSCH 1975). In verbindenden Rohrleitungen entstehen, bedingt durch Konstruktion und Montage eingebauter Schaltelemente, nicht ständig durchströmte Streckenabschnitte. Derartige strömungstechnische Toträume, etwa zwischen Hauptleitung und dem nachsitzenden Ventil in einer seitlichen Abzweigung, bieten besondere Schwierigkeiten: GRASSHOF (1983 b) hat die mechanische Wirksamkeit einer strömenden Flüssigkeit gegenüber einem Fettfilm an Acrylglas-Rohren eingehend studiert und gezeigt, daß der strömungsmechanische Effekt im Totraum mit zunehmender Tiefe desselben stark abfällt. In einem Abstand, entsprechend dem dreifachen Durchmesser der Hauptleitung, erreicht die mittlere Teilchengeschwindigkeit nur rund 4 % des an der Einmündung in die Hauptleitung gemessenen Wertes von 2 m/s nämlich 0,08 m/s. Deswegen sollte der Totraum höchstens ebenso tief sein, wie der Durchmesser der Hauptleitung. Läßt sich die Forderung nicht realisieren, baut man zweckmäßig einen Strömungsteiler ein (Abb. 5.4). Er leitet einen Teilstrom zwangsweise in den Totraum, der damit ebenso effektiv wie die Hauptleitung gereinigt werden kann.

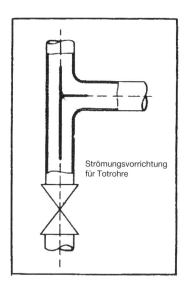

Abb. 5.4 Einbau eines Strömungsteilers in einen Totraum nach GRASSHOFF (1983 b)

Alle hier aufgeführten Anforderungen an die konstruktive Gestaltung und Montage von Anlagen bzw. -teilen für Lebensmittel erhalten dann überragendes Gewicht, wenn aus Gründen der Produktsicherheit aseptisch gearbeit werden muß (REUTER 1983).

5.1.2 Werkstoffart

An Materialien für lebensmittelberührende Oberflächen sind nachstehende Forderungen zu stellen:

Ausreichende Beständigkeit gegen die vorgesehenen Produkte sowie chemischen Lösungen zum Reinigen und Desinfizieren bei den zu erwartenden Temperaturen (VDI 1971; DIN 1984). Demzufolge dürfen die verwendeten Werkstoffe auch keine unerwünschten Stoffe, insbesondere solche mit toxischer Wirkung, an Lebensmittel abgeben. Wegen ihrer hohen Beständigkeit nehmen Edelstähle in vielen Bereichen der Lebensmittelindustrie einen bevorzugten Platz ein (SCHÄFER 1975). Welche Stahllegierung im Einzelfall bevorzugt wird, hängt von den zu erwartenden Betriebsbedingungen ab (IDF 1985); weit verbreitet ist der 18/10 Chrom-Nickel-Stahl. Weiterhin sind unter den metallischen Werkstoffen Aluminium und seine Legierungen sehr wichtig (SCHÄFER 1975). Auch

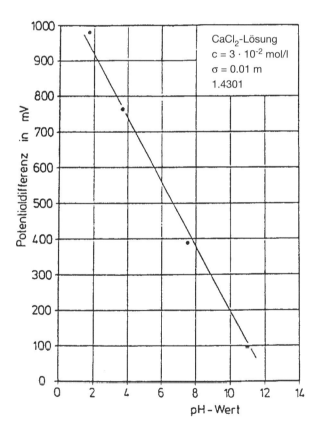

Abb. 5.5 Einfluß des pH-Wertes auf die Potentialdifferenz zwischen Chrom-Nickel-Stahl und CaCl$_2$-Lösung (NASSAUER 1985)

Merkmale des Reinigungsgutes

Glas verhält sich gegenüber den verscheidensten Kontaktmedien sehr neutral (HÄFFNER 1970). Für Plastomere und Elastomere, soweit sie bestimmungsgemäß mit Lebensmitteln in Kontakt kommen, legen die Empfehlungen der Kunststoffkommission des Bundesgesundheitsamtes bzw. die Bedarfsgegenstände-VO 1992 die zulässige Zusammensetzung fest, um die Abgabe unerwünschter Stoffe zu unterbinden. Alle Empfehlungen setzen primär technische Eignung der Materialien voraus, d. h. beispielsweise ausreichende thermische Beständigkeit (Kap. 10.2).

Möglichst geringe Adsorptionstendenz gegenüber Produktanteilen. Je nach Zusammensetzung können Werkstoffe Bestandteile des berührenden Produktes mehr oder weniger stark adsorbieren. Während Kunststoffe eine größere Affinität für lipoide Substanzen zeigen (Kap. 10.3 u. 10.4), lagern Metalle und Glas eher ionisierte Schmutzanteile an. GINN u. a. (1960) haben darauf hingewiesen, daß Adsorptions- und Desorptionsverhalten von der Polarität sowohl der adsorbierten Substanz wie der Feststoffoberflächen abhängen. Deshalb ist die Vorbehandlung der Oberflächen insofern bedeutsam, als sie Vorzeichen und Intensität der Aufladungen entscheidend beeinflußt: Im sauren Milieu zeigt Chrom-Nickel-Stahl ein hohes positives Potential. Es fällt mit steigendem pH-Wert linear ab, so daß im extrem alkalischen Bereich (pH > 12) sogar eine negative Aufladung zu erwarten ist. Ähnlich wie eine stark saure Vorbehandlung verursachen Oxidationsmittel eine positive Aufladung der Edelstahloberfläche gegenüber einer berührenden Elektrolytlösung (NASSAUER 1985; Abb. 5.5).

5.1.3 Oberflächenbeschaffenheit

Nicht allein die Art des Werkstoffes, sondern auch der Oberflächenzustand bestimmt den Erfolg hygienischer Maßnahmen wesentlich mit. Generell lassen sich unter normalem Aufwand glatte Flächen besser reinigen und desinfizieren als aufgerauhte und rissige. Deshalb verlangt DIN 11480 im Hinblick auf eine gute Reinigungsfähigkeit, die Mittenrauhtiefe von Edelstahloberflächen auf maximal 0.8 µm (Rohmilchbereich) bzw. 0.4 µm (Anlagen zur Herstellung von Milch und Milchprodukten) zu begrenzen. Die Mittenrauhtiefe R_a wird vielfach als Maßzahl zwecks Vergleiches von Oberflächen hinsichtlich ihres Feinprofils verwendet. Sie ist wie folgt definiert:

$$R_a = \frac{1}{l} \int_0^l h_i \cdot dx$$

l = Länge der horizontalen Meßstrecke
h_i = Abstand zwischen Istprofil und mittlerem Profil an Meßpunkt i

Allerdings gestattet es der R_a-Wert nur sehr begrenzt, auf die profilabhängige Reinigungsfähigkeit einer Oberfläche zu schließen, denn die Mittenrauhtiefe erfaßt nicht die wirkliche Gestalt der Oberfläche (MASUROVSKI u. JORDAN 1958). Letztere beeinflußt jedoch die Abspülbarkeit zu entfernender Rückstände ganz entscheidend. Die in Abb. 5.6 dargestellten Ergebnisse bestätigen unter sonst identischen Bedingungen an einem sehr bizarren Profil des Edelstahls (mittleres Beispiel) eine ebenso hohe Reinigungsgeschwindigkeit – abgelöste Schmutzmenge / Zeiteinheit – wie an einer extrem glatten Stahl- bzw. Glasoberfläche. Der Befund erklärt sich daraus, daß die

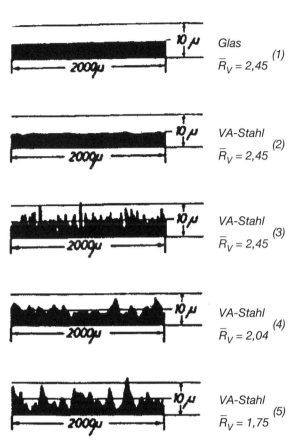

Abb. 5.6 Einfluß der Oberflächengestalt auf die mittlere Reinigungsgeschwindigkeit($\bar{R}_V$) gegenüber Resten von Buttermilch nach SCHLÜSSLER (1970)

vorhandenen Vertiefungen zu eng sind, als daß Produktreste dorthin eindringen könnten; sie bleiben vorwiegend auf den Profilspitzen hängen. Folglich sind die Kontaktflächen und damit auch die zwischen Unterlage und Schmutz wirksamen Haftkräfte in diesem Fall viel geringer als bei sehr glattem Profil. Hingegen wirken sich breitere Zwischenräume reinigungstechnisch nachteilig aus, weil hier Produktreste wie Mikroorganismen mechanisch eingeschlossen werden (Abb. 5.6, untere Beispiele).

Innerhalb des von der DIN 11480 maximal zugelassenen Bereiches bis 1 µm Mittenrauhtiefe bestehen kaum Unterschiede bezüglich Abspülbarkeit haftender Sporen von Bac. stearothermophilus. Selbst bei einer von 0,4 µm auf 6–7 µm erhöhten Mittenrauhtiefe steigt die Zahl der nicht abgespülten Sporen um weniger als eine Zehnerpotenz (Abb. 5.7). Die verbliebenen Sporen verteilen sich ziemlich gleichmäßig über die gereinigte Fläche,

Merkmale des Reinigungsgutes

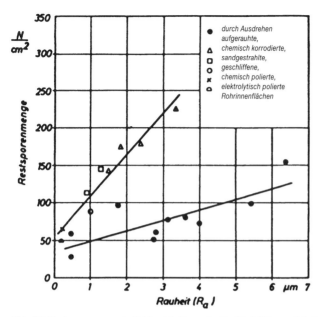

Abb. 5.7 Restsporenmenge in Abhängigkeit von der Rauhheit (Magermilch-Sporenbelag: N_0 = 50000 Sporen je cm^2; 0,3 % NaOH; 70 °C; v = 2 m · s^{-1}; Reinigungszeit = 5 min) nach HOFFMANN und REUTER (1984a)

konzentrieren sich also nicht auf größere Rillen der hochglanzpolierten Oberfläche (R_a = 0,05 μm) bzw. Rillen geschliffener Rohre (R_a = 0,6 μm). Folglich genügen die Anforderungen der zitierten DIN 11480 für milchberührte Oberflächen den praktischen Erfordernissen. Lediglich im Falle aseptisch arbeitender Anlagen verlangt REUTER (1983) wegen der extremen hygienischen Anforderungen, den Mittenrauhwert von 0,1 μm nicht zu überschreiten.

Tab. 5.1 Vergleich zwischen mechanisch polierten und korrodierten Chrom-Nickel-Stahlblechen hinsichtlich Keimanlagerung und -entfernung (Reiniger: 65 % Na-metasilikat, 25 % Na-orthophosphat, 7 % Na-carbonat, 3 % Na-laurylsulfat) nach DAUFIN u. Mitarb. (1970)

Vers. Nr.	Keimzahl vor der Reinigung N_C/N_p[1)]	Keimzahl nach der Reinigung N_C/N_p
1	3,3	46
2	3,9	72
3	4,3	32
4	2,8	27
5	2,8	600
6	2,6	89
7	2,0	21
8	1,7	77

[1)] N_C = Keimzahl auf korrodierten Stahlblechen
N_p = Keimzahl auf polierten Stahlblechen

Weiterhin verhindern insbesondere Korrosionserscheinungen eine wirksame Reinigung. Ursache dafür ist die sehr unregelmäßige Form der durch lokalen Angriff entstehenden Vertiefungen, wie sie chloridhaltige Lösungen an Edelstahl hervorrufen können. Derartige Korrosionsschäden wirken sich in doppelter Hinsicht negativ aus: Einerseits finden Produktreste sowie Mikroorganismen vermehrt Haftstellen, andererseits ist die mechanische Haftung so verstärkt, daß Schmutz und Mikroorganismen nur sehr schwer abgespült werden können, auch wenn die Reinigungslösung neben alkalischen Gerüststoffen ein Tensid enthält (Tab. 5.1).

Selbstverständlich beeinflußt die Mittenrauhigkeit auch die Menge haftender Restflüssigkeit, wenn diese an der Innenwand eines Tankbehälters frei abfließen kann. Deshalb ist es in diesen Fällen sinnvoll, die Mittenrauhtiefe auf Werte unterhalb 2 µm zu drücken. Dagegen wirkt sich eine zwischen 0,23 und 2,3 µm variierte Mittenrauhtiefe für durchströmte Rohrleitungen – Strömungsgeschwindigkeit entsprechend der Praxis etwa $1 \, m \cdot s^{-1}$ – praktisch nicht auf das Freispülverhalten aus (NASSAUER 1985). Aufgrund der Erfahrungen an Metalloberflächen mit vergleichsweise geringen Unregelmäßigkeiten des Profils ist zu erwarten, daß Materialien wie Holz, die eine durch die zahlreichen angeschnittenen Kapillarräume stark strukturierte Oberfläche aufweisen, erhebliche reinigungstechnische Probleme aufwerfen. Erschwerend kommt hinzu, daß Schneidbretter und Hackstöcke infolge des Gebrauchs eine sehr zerklüftete Oberfläche besitzen, die stark verschmutzt und mit zahlreichen Mikroorganismen behaftet vorliegt. Da der Werkstoff Holz unter Wasseraufnahme auch noch deutlich quillt, gelingt es kaum, Schmutz und Bakterien in den tieferen Schichten wirksam zu erfassen. Um die nachteiligen Veränderungen hölzerner Arbeitsflächen wenigstens kurzfristig zu beseitigen, muß die Oberfläche regelmäßig abgezogen werden (SCHMIDT u. LEISTNER 1981). Wegen solcher Schwierigkeiten wird für den milchwirtschaftlichen Bereich dringend davon abgeraten, Holz einzusetzen (IDF 1979).

5.2 Chemische Effekte

Im allgemeinen variiert selbst in ein und demselben Betrieb die Zusammensetzung des Schmutzes sehr stark (z. B. auf den verschiedenen Stationen der Be- und Verarbeitung). Darüber hinaus kann eine bestimmte Schmutzart in unterschiedlicher Beschaffenheit – beispielsweise gelöst oder ausgefällt – vorliegen. Demzufolge bleibt der verständliche Wunsch der Praxis, alle im Betrieb anfallenden Reinigungsaufgaben möglichst mit einem einzigen Universalreiniger erledigen zu können, unerfüllbar. Zusätzlich erschwerend kommt noch hinzu, daß ein Reiniger nicht nur zuverlässig wirksam, sondern darüber hinaus auch ausreichend materialverträglich sein soll. Ohne Rücksicht auf einen eventuellen Angriff gegenüber mehr oder weniger empfindlichen Materialien wären Reinigungsprobleme mit hochwirksamen Produkten sehr viel leichter zu lösen. Aber mit Rücksicht auf den Erhalt teurer Anlagen und Geräte ist es meist erforderlich, einen Kompromiß zwischen dem Wunsch nach höchstmöglicher Effektivität einerseits und ausreichender Verträglichkeit gegenüber nicht selten unterschiedlich beständigen Werkstoffen andererseits zu suchen. Deshalb sollten die Angaben des Herstellers über den Einsatzbereich eines bestimmten Reinigungsmittels unbedingt beachtet werden. Dabei muß der Anwender innerhalb einer Markenpalette auf die genaue, differenzierende Zusatzbezeichnung eines jeden Produktes achten. Da nach jedem Reinigen minimale Schmutzreste zurückbleiben – erst nach unendlich langer Reinigungsdauer ist theoretisch eine absolut saubere Oberfläche zu erwarten (Kap. 5.5) – besteht die Gefahr einer allmählichen Akkumulation des Restschmutzes, falls stets gleichartig gereinigt wird. Um das zu vermeiden, empfehlen DUNSMORE u. a. (1981) einen periodischen Wechsel des Reinigers, falls nicht von Zeit zu Zeit ein extrem wirksames Reinigungsverfahren angewandt werden kann. Auch diese Überlegung widerspricht der bereits erwähnten Beschränkung auf einen

Chemische Effekte

einzigen Universalreiniger. Ferner ist zu beachten, daß in einem Betrieb teils nur gereinigt, teils aber zusätzlich desinfiziert werden muß. Je nachdem, ob Reinigung oder Desinfektion in einem Arbeitsgang oder getrennt erfolgen, diversifiziert sich die benötigte Produktpalette nochmals.

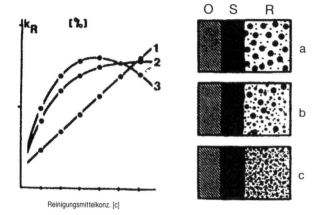

Abb. 5.8 Abhängigkeit der Reinigungskonstanten K_R von der Reinigungsmittelkonzentration und schematische Darstellung des Reinigungsablaufes in Anlehnung an SCHLÜSSLER (1976) [1 = einfache Systeme; 2 u. 3 = zusammengesetzte Systeme; O = Oberfläche, S = aufgelagerte Schmutzschicht, R = schmutzbeladene Reinigungslösung; a = Anfangsphase; b = Ausgleichsphase; c = Endphase (Überschreiten der Grenzkonzentration)].

Die für eine wirksame Reinigung erwünschten chemischen Effekte sind nur gewährleistet, wenn der jeweilige Reiniger ausreichend konzentriert zum Einsatz kommt. Die Kurven für die Abhängigkeit der Reinigungskonstanten K_R –(Kap. 5.5) – von der Konzentration der Lösung können je nach den vorliegenden Gegebenheiten unterschiedliche Charakteristik aufweisen (Abb. 5.8): Der lineare Anstieg von K_R mit zunehmender Konzentration trifft für einfache Systeme zu, wie beispielsweise für die Wirksamkeit von Na-hydroxid gegenüber einem Proteinbelag (JENNINGS 1959). Abweichend davon steigen die Kurven vielfach im unteren Konzentrationsbereich deutlich an, verflachen dann allmählich und bleiben auf einem bestimmten Niveau konstant oder fallen sogar wieder ab, falls eine kritische Grenzkonzentration überschritten wird. Derartige Zusammenhänge gelten für zusammengesetzte, in der Praxis häufig anzutreffende Systeme, falls etwa der Reiniger aus mehreren Substanzen besteht. SCHLÜSSLER (1976) betrachtet den Reinigungsprozeß als einen Vorgang, der hauptsächlich durch Diffusion des Reaktionsproduktes zwischen Schmutz und reinigungsaktiven Bestandteilen der Lösung von der Oberfläche weg in die Lösung hinein bestimmt wird. Er erläutert das Beispiel der Kurve 3 in Abb. 5.8 wie folgt: Bei gleichzeitiger Verkleinerung der Teilchengröße mit steigender Reinigerkonzentration nimmt die Diffusionsgeschwindigkeit und damit der Wert von K_R zu. Dem wirkt zwar die zunehmende Viskosität der Reinigungslösung entgegen, aber offensichtlich überwiegt dieser die Reinigung hemmende Effekt gegenüber der reinigungsfördernden Teilchenzerkleinerung erst oberhalb der kritischen Grenzkonzentration (Abb. 5.8). Für die Praxis folgt daraus die Empfehlung, den vom Hersteller für seine Produkte angegebenen Konzentrationsbereich einzuhalten, um einerseits eine ausreichende Geschwindigkeit und Wirksamkeit des Reinigens zu erreichen und andererseits die ökonomisch wie ökologisch sinnvolle Grenze nicht zu überschreiten.

5.3 Temperatureffekte

Nicht selten widersprechen sich in der Literatur die Aussagen über den Einfluß erhöhter Temperaturen in der Lösung auf den Reinigungsprozeß. Teilweise mögen sie auf mangelhaft definierte Bedingungen während des Reinigens oder unzureichende Untersuchungsmethoden zurückzuführen sein (KULHARNI u. a. 1975). Unabhängig davon sind die Folgen erhöhter Temperatur aber recht komplex: Neben günstigen Effekten sind auch unerwünschte Auswirkungen nicht auszuschließen (Tab. 5.2).

Tab. 5.2 Effekte erhöhter Temperaturen in der Reinigungsflüssigkeit auf die reinigende Wirksamkeit

Positive Effekte	Negative Effekte
verminderte Haftkräfte	schlechtere Entfernbarkeit proteinhaltigen Schmutzes
verminderte Viskosität des Schmutzes	thermisch geschädigte Enzyme
Schmelzen der Fettverschmutzung	vermindertes Schmutztragevermögen für lipide Substanzen
beschleunigte Diffusion	verminderte Löslichkeit der Härtebildner
beschleunigte Quellung	
beschleunigte chemische und enzymatische Reaktionen	
erhöhte Löslichkeit echt löslicher Schmutzbestandteile	

Die Kinetik des Schmutzablösens von einer festen Oberfläche läßt sich für manche Schmutzarten durch die Gleichung beschreiben:

$$\frac{dS}{dt} = -K_R \cdot S$$

S = Schmutzmenge
t = Zeitdauer des Reinigens
K_R = Geschwindigkeitskonstante der Reinigung (Reinigungsfaktor)

Sie entspricht demnach formal dem mathematischen Modell einer Reaktion erster Ordnung, obwohl die Reinigung sicherlich in der überwiegenden Zahl der Fälle einen sehr viel komplexeren Vorgang darstellt (SCHLÜSSLER 1976). Trotzdem gelang es, diese Beziehung für Verunreinigungen, wie sie beispielsweise in Milchhitzern auftreten, experimentell zu bestätigen. Allerdings gilt die Beziehung nicht mehr gegen Ende des Reinigungsprozesses, wenn die sehr fest haftende, direkt dem Reinigungsgut aufgelagerte Schmutzschicht abgelöst werden muß (REUTER 1983). Nach SCHLÜSSLER (1976) bestimmen vorzugsweise Diffusionsvorgänge den Reinigungsablauf. Demnach unterteilt sich die Reinigung, analog dem Ablauf von Reaktionen zwischen einem Feststoff und einer Flüssigkeit, in drei Schritte:

1. Diffusion der Reinigungskomponente zur Schmutzschicht durch eine adhärierende Grenzschicht, bestehend aus Reaktionsprodukten zwischen Schmutz und Inhaltsstoffen der Reinigungslösung;
2. Reaktion mit dem Schmutz einschließlich Adsorption und Orientierung der für die speziellen Grenzschichten des Schmutzes wirksamen Bestandteile;
3. Rückdiffusion der Umsetzungsprodukte in die Reinigungsflotte hinein.

Temperatureffekte

Der letztgenannte Schritt bestimmt die Geschwindigkeit des Reinigungsvorganges insgesamt. Für fettarme Verschmutzungen besteht eine lineare Abhängigkeit des Reinigungsfaktors K_R von der Temperatur, für fettigen Schmutz dagegen eine exponentielle (Abb. 5.9).

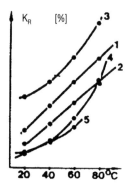

Abb. 5.9 Abhängigkeit der Reinigungskonstanten K_R von der Temperatur der Reinigungslösung für verschiedenartige Verschmutzungen nach SCHLÜSSLER (1976)

1 = Magermilch; 2 = Rotwein; 3 = Triolein; 4 = Kondensmilch; 5 = Trinkmilch

Nachdem mit der Lösung reinigungsaktive Stoffe in verkrustete Ablagerungen eindiffundiert sind, setzen Quellprozesse ein. Ihre Intensität hängt stark von der Temperatur ab. Gerade für die Phase des Quellens bis zum Ablösen der obersten Schmutzschicht konnte GRASSHOF (1983a) über Druckmessungen in einem Reinigungskanal und begleitende visuelle Beobachtungen den dominierenden Einfluß der Temperatur nachweisen. Während der nachfolgenden Phase, in der die Hauptmasse des gequollenen Belages abgespült wird, tritt der Effekt erhöhter Temperaturen deutlich zurück.

Für den exponentiellen Kurvenverlauf in Abb. 5.9 im Falle fettigen Schmutzes kommen verschiedene Ursachen in Betracht: Einerseits nimmt die Viskosität des Schmutzes ab und in Abhängigkeit davon der Diffusionskoeffizient zu, andererseits verläuft geschmolzenes Fett und erhöht damit die für die Schmutzentfernung wichtige Grenzfläche gegenüber der Reinigungsflotte (SCHLÜSSLER 1976). Die wirksame Entfettung einer Oberfläche gelingt nur, wenn die Temperatur der Reinigungslösung mindestens den Schmelzbereich des zu entfernenden Fettes erreicht (Tab. 5.3). Allerdings könnten lipasehaltige Reiniger zukünftig die wirksame Entfettung auch bei niedrigerer Temperatur ermöglichen.

Tab. 5.3 Empfohlene Mindesttemperaturen der Reinigungslösung für die Entfernung unterschiedlicher Fettverschmutzungen nach GROSSE-BÖWING u. HILGERS (1985)

Fett	Mindesttemperatur der Reinigungslösung °C
Olivenöl	30
Butterfett	36–37
Schweineschmalz	50
Rindertalg	53

Temperatureffekte

Den günstigen Effekten erwärmter Lösung, welche dazu beitragen, die Wirksamkeit des Reinigens zu verbessern, stehen auch einige negative Folgen gegenüber (Tab. 5.2). Als solche müssen insbesondere Veränderungen am Schmutz selbst in Betracht gezogen werden. Sie sind vor allem zu erwarten, wenn die Temperatur der Lösung nicht allmählich, sondern plötzlich sprunghaft stark ansteigt. Vermutlich denaturieren dabei primär Proteine. Etwa vorhandene, starke Oxidationsmittel können den nachteiligen Effekt verstärken (WILDBRETT 1981). Darüber hinaus kann sich in der Grenzschicht zwischen Verschmutzung und Flotte eine für letztere weniger durchlässige Deckschicht bilden, welche die Reinigung behindert (SCHLÜSSLER 1976). Weiterhin sind temperaturabhängige Veränderungen in der Flotte selbst zu beachten: Einerseits nimmt zwar die Grenzflächenaktivität der Tenside mit steigender Temperatur zu, doch sinkt andererseits ihre Emulgierkapazität, weil sich die kritische Micellbildungskonzentration in einen höheren Bereich verschiebt (JENNINGS 1965). Inhaltsstoffe wie Enzyme werden durch überhöhte Temperaturen inaktiviert (BERG u. a. 1976) oder partiell abgebaut wie Na-triphosphat, ausreichend lange Einwirkzeit vorausgesetzt:

$$Na_5P_3O_{10} + 2\ NaOH \rightarrow Na_3PO_4 + Na_4P_2O_7 + H_2O$$

Die entstehenden Spaltprodukte wirken weniger gut reinigend als die ursprüngliche Substanz.

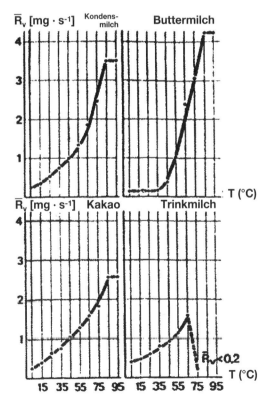

Abb. 5.10 Einfluß der Temperatur auf die reinigende Wirksamkeit einer alkalischen Reinigungslösung gegenüber unterschiedlichen Verschmutzungen auf Glas (SCHLÜSSLER 1970)

Mechanische Effekte

Aus den geschilderten Zusammenhängen resultiert, daß der reinigende Effekt mit steigenden Temperaturen nur bis zu einem kritischen Grenzwert zunimmt und dann entweder konstant bleibt oder sogar wieder zurückgeht (Abb. 5.10).

Wegen des zumindest in einem begrenzten Bereich im allgemeinen die Reinigung fördernden Effektes erhöhter Temperaturen arbeitet die Praxis meistens mit erwärmten Lösungen. Für UHT-Anlagen sind sogar Temperaturen von 140 °C und darüber üblich (REUTER 1983). Gegen das Verfahren, die Lösung durch Einleiten von Dampf direkt zu erhitzen, sprechen trotz relativ niedriger Kosten sowohl die damit verbundene erhebliche Geräuschentwicklung wie auch der Verlust von Kondensat. Plattenapparate zum Aufheizen der Lösung sind vielfach zu teuer, so daß man häufig auf Heizschlangen ausweicht, obwohl sie nur begrenzt leistungsfähig sind.

Die in kalten Betriebsabteilungen eintretenden Abstrahlungsverluste und die nach warmer Reinigung notwendige Abkühlung stehen der warmen Reinigung in diesen Bereichen entgegen. Trotzdem ist aber sorgfältig abzuwägen, ob eine durch mäßig erwärmte Lösung verbesserte Wirksamkeit nicht den Nachteil eines gesteigerten Energieaufwandes überwiegt (DONHAUSER u. LINSENMANN 1985).

5.4 Mechanische Effekte

Um Schmutz von einer festen Oberfläche zu entfernen, müssen die zwischen beiden Komponenten wirksamen Haftkräfte überwunden werden. Chemische und thermische Effekte können die Haftung zwar mindern, aber, abgesehen von echten Lösungsvorgängen, nicht vollständig aufheben. Folglich erfordert die vollständige Abtrennung des Schmutzes noch eine „Restarbeit" unter Einsatz mechanischer Kräfte (KLING 1949). Anstelle der bei manueller Arbeit häufig eingesetzten Bürsten nutzt man im Zuge automatisierter Verfahren vorwiegend die kinetische Energie der Reinigungsflüssigkeit als mechanisch wirksamen Faktor (Abb. 5.11).

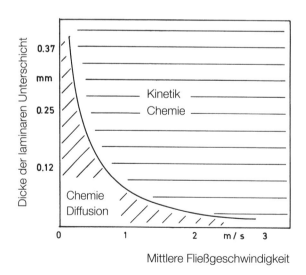

Abb. 5.11 Dickenabnahme der laminaren Unterschicht in Abhängigkeit von der Fließgeschwindigkeit und reinigungswirksame Effekte

Mechanische Effekte

Für eine wirksame Reinigung durch bewegte Flüssigkeiten ist in jedem Fall turbulente Strömung anzustreben. Mit steigender Geschwindigkeit der Flüssigkeit nimmt die Dicke der laminaren Unterschicht ab (Abb. 5.11). Damit verkürzt sich auch der Weg, den chemisch veränderte Schmutzbestandteile durch Diffusion in das Innere der strömenden Flüssigkeit überwinden müssen. Zusätzlich wird die Diffusion dadurch beschleunigt, daß steigende Strömungsgeschwindigkeit auch das Konzentrationsgefälle zwischen bewegter und haftender Flüssigkeitsschicht erhöht. Da sich das Reinigungsgeschehen primär in der Grenzfläche fest/flüssig abspielt, eignen sich Kenngrößen wie Strömungsgeschwindigkeit und Reynoldszahl nur bedingt dazu, die mechanisch wirksame Reinigungskomponente bei Spülprozessen zu beschreiben. Zutreffender läßt sich diese mittels der in der Grenzfläche unmittelbar wirksamen Wandschubspannung τ_W charakterisieren (Abb. 5.12). Sie berechnet sich für ein gerades, hydraulisch glattes Rohr nach der Formel (HOFFMANN und REUTER 1984b)

$$\tau_W = \frac{v^2 \cdot \rho \cdot \lambda}{8} \ [Pa]$$

V = Fließgeschwindigkeit der Reinigungsflüssigkeit

ρ = Dichte der Reinigungsflüssigkeit

λ = Widerstandsbeiwert (seinerseits wiederum abhängig von der Strömungsgeschwindigkeit)

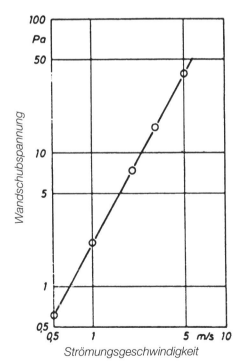

Abb. 5.12 Wandschubspannung in Abhängigkeit von der Strömungsgeschwindigkeit im glatten Rohr (HOFFMANN und REUTER 1984b)

Mechanische Effekte

Für die Praxis gilt die Faustregel, daß die Strömungsgeschwindigkeit zum Reinigen geschlossener Systeme etwa doppelt so hoch sein soll wie die des Produktes. Konkret werden Geschwindigkeiten in der Größenordnung von 1,5 m/s empfohlen (Internationaler Milchwirtschaftsverband 1979). Derartige Fließgeschwindigkeiten bewirken einen ausreichenden Flüssigkeitsaustausch auch aus Toträumen, falls diese nicht länger sind als der Durchmesser der Hauptleitung.

Umlenkungen des Flüssigkeitsstromes durch Rohrbögen oder Querschnittsverengungen erhöhen den Strömungswiderstand unter Umständen wesentlich (Tab. 5.4). Erhebliche Druckverluste und geringere Strömungsgeschwindigkeiten sind die Folge.

Tab. 5.4 Widerstandsbeiwerte einiger Systeme (KESSLER 1976)

Widerstands-beiwerte ζ	Teil	Widerstands-beiwerte ζ	Teil
	Bogen 90°		
0,35	r/d = 1	0,45	$\beta = 20°$
0,2	2	0,6	$= 30°$
0,15	3	0,75	$= 40°$
		0,25	Verengung
		0,02	$\beta = 30°$
	Knie	0,04	$= 45°$
1,3	$\beta = 90°$	0,07	$= 60°$
0,4	$= 45°$		
		0,5 1,5	Durchflußventile
1	Erweiterung	1,5 3	Schrägsitzventile
		3 5	Eckventile

Pulsierendes Ausspülen verbessert den Reinigungseffekt in Toträumen wie beispielsweise in Spalten zwischen Dichtungen und Dichtungssitz. Die dabei entstehenden Druckstöße verändern das Volumen elastischer Teile einer Anlage wie Schläuche bzw. Dichtungen oder auch eingeschlossener Luftblasen. Dadurch wird die Reinigungslösung im Totraum mitbewegt, in die Hauptströmung mit einbezogen und wenigstens teilweise abtransportiert. Mit steigender Pulsfrequenz verbessert sich der Effekt im kritischen Bereich der Toträume (LONCIN u. a. 1975).

Verbreitet ausgenutzt werden die Vorteile pulsierender Reinigung bei Rohrmelkanlagen: Während die Lösung durch das Rohrleitungssytem strömt, wird das Teilvakuum in regelmäßigen Zeitabständen kurzfristig unterbrochen, so daß Luft eintreten kann. Die entstehenden Druckstöße verursachen Turbulenzen. Sie verbessern nicht nur den mechanischen Abspüleffekt, sondern ermöglichen es gleichzeitig, mit einem relativ geringen Flüssigkeitsvolumen die gesamte Anlage wirksam zu reinigen und zu desinfizieren. Infolge der starken Durchwirbelung der Reinigungsflüssigkeit ist es nicht wie bei industriellen Anlagen notwendig, das gesamte Rohrleitungssystem einschließlich des voluminösen Milchsammelgefäßes vollständig zu füllen. Bei der pulsierenden Reinigung unterstützt vermutlich der sogenannte Dupré-Effekt (BOURNE u. JENNINGS 1965) die reinigende Wirksamkeit. Er tritt immer dann auf, wenn eine Flüssigkeit die zu reinigende feste Oberfläche nicht kontinuierlich, sondern in Intervallen überspült. Vermutlich trägt sowohl die vorrückende wie auch die zurückweichende Grenzfläche zwischen Gasphase und Flüssigkeit durch abwechselnd angreifende Druck- und Zugkräfte dazu bei, anhaftenden Schmutz zu lockern (JENNINGS u. a. 1966). Dieser Grenzflächeneffekt hängt nicht von der Kontaktdauer

Mechanische Effekte

zwischen Reinigungsflotte und -gut ab, sondern lediglich von der Zahl der Wechsel zwischen flüssiger und gasförmiger Phase auf der Festkörperoberfläche (Abb. 5.13). Vermutlich besteht der eintretende Effekt darin, daß filmartiger Schmutz – zum Beispiel ein Fettfilm – von der Oberfläche weggeschoben wird. Aus diesem Verständnis heraus scheint es plausibel, daß die Wirksamkeit der Reinigungslösung zwischen Gas- und Flüssigkeitsphase – er läßt sich annähernd vergleichen mit der Erosion durch die an die Küste heranrollende Brandung – mit abnehmender Oberflächenspannung der Reinigungsflotte geringer wird (BOURNE u. JENNINGS 1965).

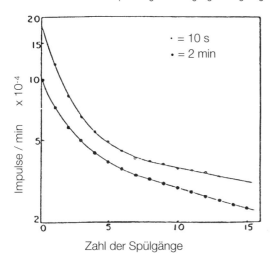

Abb. 5.13 Wirksamkeit der Reinigungszeit auf die Entfernung eines Tristearinfilmes von Edelstahl (JENNINGS 1965)

Analog zu den Ergebnissen von Reinigungsversuchen konnte ein durch Intervallspülen verstärkter Ablöseeffekt auch an einem haftenden Tensidfilm auf verschiedenartigen Werkstoffoberflächen beobachtet werden (HELMSCHROTT u. WILDBRETT 1985). Infolge des Dupré-Effektes gelingt es offenbar, mit vergleichsweise geringen Wassermengen einen besseren Abspülerfolg zu erzielen als mittels kontinuierlicher Überflutung über längere Zeit (Tab. 5.5).

Tab. 5.5 Haftende Rückstände von StAPGE[1)] auf unterschiedlichen Werkstoffen nach Spülen mit kontinuierlichem und unterbrochenem Wasserstrom (12 °C; 1,2 m/s; Vorbehandlung: 100 mg/l, STAPGE, 30 min 20 °C) (Mittelwert aus mindestens 6 Messungen)

Spülphase	StAPGE-Restmengen (in mg/m²) an				
	Stahl	PP	NBR	PA	PMMA
1 × 8 s	2,3 ± 0,3	0,04 ± 0,09	7,0 ± 0,6	1,5 ± 0,2	0,7 ± 0,1
1 × 2 min	2,0 ± 0,2	0,80 ± 0,15	7,0 ± 0,9	1,4 ± 0,1	0,8 ± 0,2
1 × 20 min	1,8 ± 0,1	0,78 ± 0,12	6,4 ± 0,8	1,3 ± 0,2	0,7 ± 0,1
40 × 1–2 s	1,6 ± 0,2	0,67 ± 0,14	6,3 ± 0,6	n. g.[2)]	n. g.

[1)] Stearylalkohol-polyglykolether
[2)] nicht gemessen

Mechanische Effekte

Anders als in geschlossenen Systemen liegen die Verhältnisse, wenn offene Flächen oder Großbehälter im Spritz- oder Sprühverfahren gereinigt werden. Trifft der Spritzstrahl auf ein fest haftendes, nicht deformierbares Schmutzteilchen, baut sich an dessen Stirnfläche ein Staudruck p_s auf:

$$p_s = \frac{v^2 \cdot \rho}{2}$$

v = Strömungsgeschwindigkeit
ρ = Dichte der Flüssigkeit

Demzufolge greift, falls der Spritzstrahl die gesamte Angriffsfläche des Schmutzteilchens A erfaßt, eine Kraft F an:

$F = p_s \cdot A$

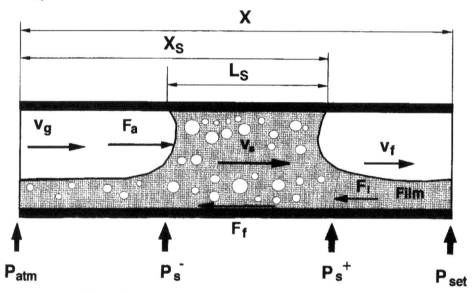

L_s = Pfropfenlänge
P_{atm} = atmosphärischer Außendruck
P_s^- = lokaler Druck an der Rückseite des Pfropfens
P_s^+ = lokaler Druck an der Vorderseite des Pfropfens
P_{set} = Druck im Vakuumsystem
v_g = lokale Gasgeschwindigkeit
v_f = lokale Geschwindigkeit des Flüssigkeitsfilms am Boden
v_s = lokale Geschindigkeit des Flüssigkeitspfropfens
X_s = Wanderungsstrecke des Flüssigkeitspfropfens

Abb. 5.14 Schematische Darstellung eines Flüssigkeitspfropfens (GRASSHOFF u. REINEMANN 1993)

Eine interessante Weiterentwicklung der pulsierenden Reinigung stellt die „Schwallreinigung" unter Ausnutzung einer 2-Phasen-Strömung dar (GRASSHOFF u. REINEMANN 1993): In partiell gefüllten, horizontalen Rohrleitungen strömen Fluid und Gas normalerweise als zwei völlig getrennte Schichten (Schichtströmung). Dabei

Mechanische Effekte

beaufschlagt die Flüssigkeit lediglich den unteren Teil der Rohrinnenwand. Hohe Strömungsgeschwindigkeiten für Gas und Flüssigkeit führen zur Schwallströmung, bei der sich einzelne, mit Luftblasen durchsetzte Flüssigkeitspfropfen (englisch „slugs") ausbilden. Sie bewegen sich auf dem darunter langsamer fließenden Flüssigkeitsfilm mit hoher Geschwindigkeit durch die Rohrleitung. Die Beschleunigung resultiert aus der Druckdifferenz zwischen Vorder- und Rückseite des Pfropfens, die auftritt, weil an seiner Vorderseite mittels einer Vakuumpumpe ein Unterdruck erzeugt wird (Abb. 5.14: p_s+), während auf der Rückseite am Beginn der Wanderungsstrecke etwa Atmosphärendruck herrscht. Die den Flüssigkeitspfropfen treibende Gesamtkraft F ist die Summe mehrerer einwirkender Teilkräfte:

$$F = F_a + F_g - (F_f + F_i)$$

F_a = Axialkraft

F_f = Wandreibungskraft

F_g = Schwerkraft (aufgrund des Gefälles der Rohrleitung; wird im steigenden Teil einer Leitung negativ)

F_i = Prallkraft beim Auftreffen des sich schnell bewegenden Flüssigkeitspfropfens auf den deutlich langsamer fließenden Bodenfilm

Aufgrund der hohen Wanderungsgeschwindigkeiten der Flüssigkeitspfropfen in der Größenordnung von 5–15 m/s errechnen GRASSHOFF u. REINEMANN (1993) für ihre Modellanlage Wandschubspannungen zwischen 50 und 150 N/m. Während der Flüssigkeitspfropfen durch die Rohrleitung wandert, bleibt zwar die Wandschubspannung annähernd konstant, aber seine Länge und damit auch die Einwirkzeit zwischen Reinigungslösung und oberem Rohrsegment nehmen mit wachsender Wanderungsstrecke deutlich ab. Folglich wird der vorwiegend mechanisch bedingte Reinigungseffekt gegen das Ende der Rohrleitung hin geringer. Inwieweit ein zweckmäßig formulierter Reiniger die verkürzten Einwirkzeiten kompensieren kann, ist derzeit noch nicht bekannt. Ebenso fehlen bisher Kontrollen der Schmutzentfernung im Einlaßbereich, wo zwar hohe Turbulenzen in der Flüssigkeit zu beobachten sind, sich aber noch keine Pfropfen bilden konnten.

Die auf die gesamte Länge einer Rohrleitung effektive Schwallströmung setzt eine sorgfältige Programmierung an jeder Einzelanlage voraus, denn der stoßweise Einlaß von Luft in das System ist so zu terminieren, daß sich die Pfropfen vollständig ausbilden können und bis zum Ende der Reinigungsstrecke erhalten bleiben. Inwieweit die bei plötzlichem Lufteintritt in das teilevakuierte System auftretenden Stoßbelastungen für die Anlagen unschädlich sind, bedarf einer gesonderten Prüfung.

Tritt der Spritzstrahl aus einer bewegten Düse aus, trifft er das Schmutzteilchen unter wechselndem Winkel, und die wirksame Kraftkomponente ändert sich ständig in ihrer Richtung und Größe, was die mechanische Abtrennung eines Partikels fördert.

Erwartungsgemäß bestätigt Abb. 5.15, daß steigender Spritzdruck den Reinigungsvorgang beschleunigt. Allerdings darf die zu reinigende Fläche nicht zu stark mit Flüssigkeit beaufschlagt werden, weil sonst die auf der Oberfläche vorhandene Flüssigkeitsschicht die mechanische Wirksamkeit auftreffender Spritzstrahlen mindert und zugleich der Stofftransport senkrecht zur Wand beeinträchtigt wird (BUCHWALD 1973).

Mechanische Effekte

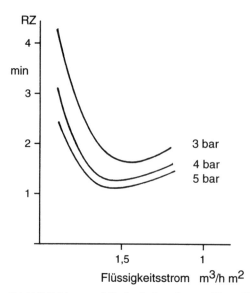

Abb. 5.15 Reinigungszeit für standardverschmutzte Platten (fetthaltige Milchpulverpaste auf Edelstahl) in Abhängigkeit vom Flüssigkeitsstrom und Spritzdruck (RZ = Reinigungszeit; BUCHWALD 1973)

Maßgeblich für die mechanisch wirksame Komponente ist nicht der vor der Düse erzeugte Druck, sondern der Aufpralldruck, jene Kraft, mit der der Spritzstrahl auf die verschmutzte Oberfläche trifft. Er nimmt mit wachsendem Abstand zwischen Spritzdüse und Wand stark ab (Abb. 5.16). Zerteilt sich der Flüssigkeitsstrahl in diskrete Wassertropfen, bestimmt deren Größe die mechanisch wirksame Kraft an der zu reinigenden Fläche maßgeblich.

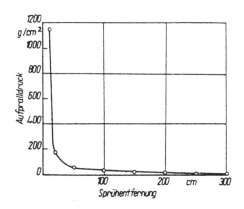

Abb. 5.16 Einfluß der Spritzentfernung (Abstand zwischen Düse und Tankwand) auf den Aufpralldruck des Spritzstrahls (WILDBRETT u. a. 1962)

LONCIN (1977) hat errechnet, daß bei gleichen Kosten für den Betrieb der Pumpe die kinetische Energie und folglich auch die zu erwartende Wirksamkeit pro Kilogramm Reinigungslösung für Tropfen mit 3 mm Durchmesser etwa 5 mal höher ist als bei 1 mm großen Tropfen.

Unterstützend bei der Spritz- bzw. Sprühreinigung dürfte der Dupré-Effekt wirken, der bei bewegter Düse zu erwarten ist, falls der Flüssigkeitsfilm nahezu vollständig abfließen kann, bevor der Spritzstrahl das betreffende Flächenelement erneut beaufschlagt.

Im Sonderfall des Reinigens mittels Ultraschall beruht die mechanische Wirkung auf Kavitation infolge sehr rasch wechselnden Unter- und Überdrucks in der Grenzfläche zwischen Reinigungsflüssigkeit und -gut. An Orten des Druckabfalls bilden sich in der Flüssigkeit momentan kleine Gasblasen, die unmittelbar danach durch Druckanstieg an derselben Stelle implodieren. Wegen seiner hohen Oberflächenspannung eignet sich Wasser besonders für Anwendung von Ultraschall für Reinigungszwecke, weil es viel Energie speichert, die im Augenblick der Implosion frei wird.

Infolge wellenförmiger Fortpflanzung des Schalls bestehen innerhalb des Reinigungsbades unterschiedliche Energiedichten. Maximale Kavitationswirkung ist im Abstand $1/2\ \lambda$ von dem Ort der Energieerzeugung zu erwarten. Allerdings ist die Eindringtiefe der zum Reinigen angewandten Ultraschallwellen in Wasser auf etwa 90 cm beschränkt (DWYER 1966).

Verringerte Keimzahlen an festen Oberflächen beruhen nicht allein auf thermisch oder chemisch bedingter Abtötung der Mikroorganismen; einen Teil derselben spült die strömende Flüssigkeit ab. Da Mikroorganismen sich nur auf bzw. in Schmutz entwickeln können, reduziert jede Reinigung den ursprünglichen Keimgehalt einer Oberfläche. Zahlenmäßig betrachtet, ist das sogar der Hauptanteil – mindestens 90 % (MROZEK 1975). Folglich erhöhen alle die Abspülung mechanisch unterstützenden Faktoren die mit dem Reinigen verbundene Teildesinfektion.

5.5 Zeiteffekte

Im Gegensatz zu den bisher besprochenen Verfahrensparameter bildet die Zeit eigentlich keine unabhängige Größe, denn sie ist stets gekoppelt an die übrigen erfolgsbestimmenden Faktoren des Reinigungsprozesses. Jeder Zeiteffekt bedeutet daher die Einwirkdauer einer Reinigungsflüssigkeit bestimmter Zusammensetzung und Temperatur gegenüber der verschmutzten Oberfläche unter verfahrensbedingt vorgegebenen, mechanischen Kräften. Aber die Tatsache, daß die Einwirkungszeit in Grenzen frei gewählt werden kann, rechtfertigt es, sie als eigenständigen Verfahrensparameter anzusehen, zumal der Erfolg der Hygieneverfahren zu einem erheblichen Teil von einer ausreichend langen Behandlungszeit abhängt, denn verschiedene Einzelvorgänge während des Reinigens aber auch im Zuge der Keimabtötung beanspruchen längere Zeit: Diffusion der Lösung in kolloidale Schmutzablagerungen und Quellen derselben, Diffundieren der Lösung durch die Zellwand in das Zellinnere der Mikroorganismen, Umnetzen fettiger Oberflächen, Diffusion gelöster bzw. chemisch umgesetzter Schmutzanteile. Ebenso erfordert ein der Schmutzablösung vorausgehender Substanzabbau, etwa durch Enzyme, eine Mindestzeit. Allerdings nimmt die Wirksamkeit des Reinigens nicht in jedem Fall mit der Zeit zu, wie das Beispiel des zeitunabhängigen Dupré-Effektes belegt (Kap. 5.4). Falls echt löslicher Schmutz durch Diffusion von der Grenzfläche zwischen Reinigungsgut und Lösung in die strömende Flüssigkeit gelangt, gilt für den Stoffübergang je Flächeneinheit (m) unter dem Einfluß eines Konzentrationsgefälles (Δc) zwischen Wand und Reinigungslösung nach Reuter (1983):

Zeiteffekte

$$\frac{dm}{dt} = \beta \cdot \Delta c$$

β = Stoffübergangskoeffizient
t = Zeit

Soweit auf dem Reinigungsgut untereinander und mit der zu reinigenden Oberfläche durch unterschiedliche Bindungskräfte verbundenen Partikel haften, müssen sie als solche abtransportiert werden. Dann gilt die Beziehung (REUTER 1983):

$$\frac{dm_A}{dt} = -k_R \cdot m_A$$

m_A = je Flächeneinheit adsorbierte Schmutzmenge
k_R = Geschwindigkeitskonstante des Reinigungsvorganges

Aus den beiden vorstehenden Formulierungen für die Zeitabhängigkeit des Schmutzabtrages lassen sich wesentliche Folgerungen ableiten:

1. Die Zeit, die erforderlich ist, um einen gewünschten Reinheitsgrad (Restschmutzmenge pro Flächeneinheit) zu erreichen, hängt wesentlich von der Ausgangsmenge an haftendem Schmutz ab.
2. Pro Zeiteinheit werden gleiche Anteile der jeweils noch auf der Flächeneinheit vorhandenen Schmutzmenge entfernt. Demnach läßt sich theoretisch eine vollständig schmutzfreie Oberfläche erst nach unendlicher Zeit erzielen. Der Praxis steht jedoch nur eine endliche Zeitspanne zur Verfügung. Folglich bleiben geringste Schmutzreste zurück, die sich, stets gleichbleibende Reinigungsbedingungen vorausgesetzt, im Lauf der Zeit anreichern können.
3. Die allmähliche Akkumulation geringster Schmutzrückstände erlaubt es, die Wirksamkeit einer über längere Zeiträume gleichbleibenden Reinigungsoperation selbst dann messend zu erfassen, wenn diese sehr effektiv ist, so daß nach einmaliger Verschmutzung und anschließender Reinigung zu geringe Spuren zurückbleiben, als daß sie erfaßt werden könnten (SAUERER u. a. 1985)
4. Aus obiger Gleichung läßt sich für eine Reinigungslösung vorgegebener Zusammensetzung eine von Temperatur und Ausgangsschmutzmenge weitgehend unabhängige „Halbwertszeit" ableiten, innerhalb derer die Restschmutzmenge auf 50 % des Ausgangswertes zurückgeht (SCHLÜSSLER 1975). Anhand solcher Halbwertszeiten kann die Wirksamkeit von Reinigungsverfahren verglichen werden.

Nachdem in der Praxis fast ausnahmslos komplexe Verschmutzungen vorliegen, sind die Zusammenhänge nicht immer eindeutig und mathematisch faßbar. An Schichten denaturierter Proteine umschließt die Reinigung drei Phasen (Abb. 5.17).

I. Während der anfänglichen Quellphase unter dem Einfluß der alkalischen Lösung findet kein meßbarer Schmutzabtrag statt.
II. Der gequollene, nun mehr gummielastische Ansatz wird nicht schichtenweise, sondern flächig in voller Stärke in Form kleinerer oder größerer Aggregationen abgetragen. Dementsprechend hoch liegt der reinigende Effekt während dieser Phase.
III. Die in Zonen verminderter Strömungsgeschwindigkeit verbliebenen Schmutzanteile werden nur sehr langsam abgetrennt.

Schmutzlast

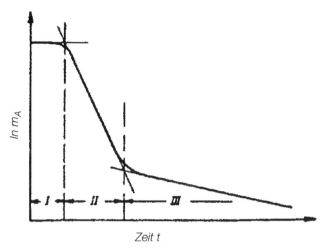

Abb. 5.17 Restschmutzmenge (m_A) einer eiweißhaltigen, festen Verunreinigung in Molkereianlagen in Abhängigkeit von der Reinigungszeit nach REUTER (1983).

Die Abtötung von Mikroorganismen auf einer Oberfläche unter dem Einfluß chemischer Substanzen entspricht ebenso wie die thermische Destruktion im Idealfall einer Reaktion erster Ordnung:

$$\frac{dN}{dt} = -k \cdot N$$

N = Zahl der lebenden Keime pro Flächeneinheit

t = Einwirkzeit

k = Abtötungskonstante

Die starke, formale Vereinfachung des komplexen Geschehens beruht darauf, daß die eingeführte Abtötungskonstante K ähnlich wie die Reinigungskonstante, mehrere wirksamkeitsbestimmende Größen zusammenfaßt, vor allem die Empfindlichkeit der Population gegen die jeweilige keimtötende Substanz unter den vorgegebenen Einsatzbedingungen wie Temperatur, Konzentration sowie Begleitstoffe in der Lösung (CERNY 1975; vgl. auch Kap. 4.1).

Wegen der ausgeprägten Zeitabhängigkeit des reinigenden wie keimtötenden Effektes dürfen die Zeiten für Reinigungs- und Desinfektionsprozesse in der Praxis nicht zu kurz bemessen werden. Die Gefahr unzureichender Behandlungszeiten besteht insbesondere dann, wenn letztere einem Produktionsausfall gleichzusetzen sind (FLÜCKIGER 1977).

5.6 Schmutzlast

Indem die Reinigungsflüssigkeit Schmutz ablöst, reichert sich dieser zunehmend in der Lösung an und bindet Inhaltsstoffe derselben. Infolgedessen geht die Wirksamkeit der Lösung zurück, indem sie oberhalb eines für die jeweilige Reinigungsaufgabe spezifischen Grenzwertes deutlich abfällt (Abb. 5.18).

Schmutzlast

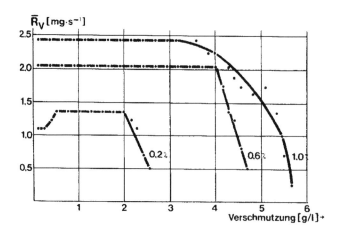

Abb. 5.18 Mittlere Reinigungsgeschwindigkeit ($\bar{R}_V$) in Abhängigkeit von der Schmutzmenge in der Reinigungslösung nach SCHLÜSSLER (1970)

Jede Reinigungslösung verfügt nur über ein begrenztes „Schmutztragevermögen". Ist es weitgehend erschöpft, können sich einmal abgetrennte Schmutzanteile wieder auf dem Reinigungsgut absetzen. Die erschöpfte Reinigungslauge vermag abgelöstes Fett nicht mehr vollständig zu emulgieren. Die ursprünglich kleinen Tröpfchen fließen zu größeren zusammen. Offensichtlich reicht die vorhandene Emulgatormenge nicht mehr aus, um die Oberfläche der kleinen Fetttröpfchen voll zu besetzen und damit eine Zusammenlagerung derselben zu verhindern (MOHR 1954).

Während frei zugängliche Oberflächen die Wirksamkeitskontrolle einer Reinigungslösung durch Augenschein gestatten, entfällt diese Möglichkeit bei geschlossenen Systemen. Deshalb taucht hier die Frage auf, ob die Erschöpfung einer Reinigungslauge anhand irgendeiner, analytisch bestimmbaren Größe ermittelt werden kann. Eine solche Kennzahl wäre insbesondere im Hinblick auf den wiederholten Einsatz einer Lösung im Zuge der Stapelreinigung sehr wertvoll. Saure Schmutzbestandteile neutralisieren, und Proteine binden Alkali aus der Lösung. Beide Vorgänge mindern, eventuell im Verein mit einem Verdünnungseffekt durch eingeschlepptes Wasser – etwa in einer Flaschenwaschmaschine –, die freie Alkalität einer Reinigungslösung. Daher liegt es nahe, aus der Abnahme des titrierbaren p-Wertes und der damit verbundenen Zunahme des m-Wertes (Kap. 12.2) auf die Erschöpfung einer Lauge zu schließen. So geben (REIFF u. a. 1970) als Grenzwert der Wirksamkeit einer Flaschenreinigungslauge p = 2/3 m an. Es wäre ferner denkbar, die eingetretene Belastung der Reinigungsflotte mit oxidierbarem Schmutz als Kriterium für die noch vorhandene Reinigungsaktivität heranzuziehen, und einen Grenzwert für den maximal vertretbaren CSB-Wert festzulegen (HIERATH u. a. 1974). Allerdings setzt die Festlegung solcher Grenzwerte stets die Kenntnis des Reinigungseffektes in Abhängigkeit von derartigen Kenngrößen voraus; ihre Bestimmung stößt bei geschlossenen Systemen wegen der schlechten Kontrollmöglichkeiten der Sauberkeit auf Schwierigkeiten. Keinesfalls ist zu erwarten, daß es gelingen könnte, allgemein gültige Grenzwerte für das Erkennen ungenügender Wirksamkeit verbrauchter Reinigungslösungen zu finden; diese sind vielmehr für jede einzelne Reinigungsaufgabe empirisch zu ermitteln.

Getränkereste sowie Klebstoffe für Etiketten, eventuell auch diese selbst, verursachen in Weich- und Spritzanlagen für die maschinelle Flaschenreinigung Schaumbildung (SCHLÜSSLER 1965). Sie kann mit zunehmender

Zahl der gereinigten Flaschen so stark werden, daß der Abscheider die Etiketten nicht mehr einwandfrei austrägt. Diese Schaumentwicklung begrenzt die Verwendbarkeit der Lauge. Die Schaumdämpfung erfordert mit zunehmendem Flaschendurchsatz steigende Mengen schaumbremsender Zusätze. Daraus resultiert eine wirtschaftlich wie ökologisch bedingte Grenze der Gebrauchsdauer des Laugenansatzes (SCHLÜSSLER 1968 a). Müssen Flaschen mit Aluminiumetiketten bzw. Verzierungen gereinigt werden, beschränkt die Menge an aufgelöstem Aluminium die Verwendbarkeit der Lauge (SCHLÜSSLER 1965). Alle aufgeführten Kriterien hängen mehr oder weniger von den jeweiligen örtlichen Gegebenheiten ab. Der Flaschendurchsatz je Kubikmeter Lauge schwankt je nach Getränkeart und Ausrüstung der Flaschen mit Etiketten und Verzierungen zwischen 10000 und 35000. Er bedingt im übrigen eine so hohe Schmutzlast, daß ein neuer Laugenansatz bzw. -wechsel schon aus hygienischen Gründen angezeigt ist (SCHLÜSSLER 1968 b), wenn die Lauge nicht mittels Membranverfahren aufbereitet wird (Kap. 9.3.2).

Aus Gründen der Arbeitszeit- wie Energieersparnis erscheint es erstrebenswert, möglichst in einem Arbeitsgang gleichzeitig zu reinigen und zu desinfizieren. Gegen diese Verfahrensweise sprechen jedoch in manchen Fällen erhebliche Vorbehalte: Mikroorganismen umhüllender Schmutz mindert die Wirksamkeit der thermischen Desinfektion und behindert bei der chemischen Desinfektion den für die Abtötung notwendigen unmittelbaren Kontakt des Wirkstoffes mit den Zellen, so daß diese überleben können. Schmutzanteile inaktivieren überdies mikrobizide Substanzen stark. Sie reagieren nicht nur mit der Zellsubstanz der Mikroorganismen, sondern auch mit vielen Schmutzbestandteilen wie Proteinen, Lipoproteiden und Milchzucker (HEKMATI u. BRADLEY 1979) sowie mit Polysacchariden (KOPPENSTEINER u. MROZEK 1974). Durch Reaktion mit Natriumhypochlorit entstehen unter anderem Chloramine, die noch begrenzt mikrobizid wirken (WOLF u. COUSINS 1946). Noch empfindlicher als Chlor reagieren Jodophore auf Eiweiß (ANDERSON 1962). Solche Wirkungsverluste erscheinen vor allem bei den häufig üblichen, niedrigen Anwendungskonzentrationen jodhaltiger Produkte bedenklich (WALLHÄUSER 1978). Oberflächenaktive Mikrobizide werden durch Adsorption an Schmutzbestandteile inaktiviert (MROZEK 1970) und zwar Kationentenside stärker als Amphotenside (SCHMITZ 1953).

Im Falle kombinierter Reinigung und Desinfektion in einem Arbeitsgang entscheidet das Verhältnis von Schmutz auf der zu reinigenden Oberfläche zu angebotener Menge an keimtötender Substanz über den erreichbaren mikrobiziden Effekt (Kap. 4.2). Zum Ausgleich des durch Schmutz verursachten Wirkstoffverlustes erfordert die kombinierte Reinigung und Desinfektion stets höhere Mengen an mikrobizider Substanz als die Keimabtötung auf zuvor gereinigten Oberflächen (Kap. 4.2).

Gründliches Vorspülen mit Wasser entfernt lose haftende Produktreste, vermindert damit die Schmutzbelastung der Reinigungslösung und erleichtert so eine effektive Desinfektion während des Reinigens erheblich. Im Gegensatz zur Getränke- und Milchindustrie liegen in fleischverarbeitenden Betrieben schwer abspülbare Fett- und Eiweißreste vor. Daher bleibt das Vorspülen relativ unwirksam. Die kombinierte Reinigung und Desinfektion stößt hier folglich an ihre Grenzen (SCHMIDT u. LEISTNER 1981). Deshalb müßten beispielsweise chlor- oder jodhaltige Desinfektionsreiniger in unwirtschaftlichen Konzentrationen eingesetzt werden, um den zu stellenden hygienischen Anforderungen gerecht zu werden. Fehlt ein solcher Ausgleich des durch Verschmutzungen hervorgerufenen Wirkstoffverlustes, kann sich eine scheinbar resistente Mikroflora entwickeln (EDELMEYER 1985).

5.7 Kombinationswirkung verschiedener Faktoren

Wie Abb. 5.1 zeigt, bestimmen die Verfahrensparameter Chemie, Temperatur, Mechanik und Zeit gemeinsam den Erfolg eines Naßreinigungsverfahrens. Sie wirken stets zusammen und gleichzeitig. Das Ausmaß, in dem jeder

Kombinationswirkung verschiedener Faktoren

einzelne Faktor zum Gesamtergebnis beiträgt, hängt von der Auslegung des Verfahrens ab. Setzt man gedanklich den summarischen Effekt der vier Verfahrensparameter gleich 100 % Wirksamkeit, läßt sich daraus folgern, daß, falls die Wirksamkeit eines der genannten Fatoren reduziert wird, als Ausgleich dafür die eines anderen verstärkt werden muß, soll ein schlechteres Reinigungsergebnis vermieden werden. Abb. 5.19 verdeutlicht den Zusammenhang am Beispiel der Reinigung von Edelstahloberflächen mit unterschiedlicher Strömungsgeschwindigkeit der Reinigungsflüssigkeit: Um die Restschmutzmenge von 25 % zu erreichen, ist bei 36600 Re eine Temperatur der Reinigungslösung von etwa 82 °C erforderlich. Dagegen genügen 40 °C, wenn gleichzeitig die Reynoldszahl verdoppelt wird. Zusätzlich ist anhand der unterschiedlichen Steigung der beiden Regressionsgeraden abzulesen, daß der wirksamkeitssteigernde Einfluß erhöhter Temperaturen im Falle eines intensiveren mechanischen Effektes (höhere Reynoldszahl) vergleichsweise geringer bleibt.

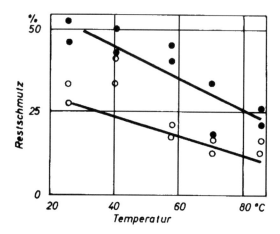

Abb. 5.19 Reinigungswirkung einer strömenden Lösung in Abhängigkeit von der Temperatur und der Reynolds-Zahl (○—○ 36600 Re; ●—● 73200 Re) nach JENNINGS u. a. (1957)

Das Substitutionsprinzip gilt insofern begrenzt, als keiner der Faktoren völlig ausgeschaltet werden kann, wie folgende Überlegung zeigt: Selbst wenn man völlig auf chemische Hilfsmittel verzichtet, gehen vom Wasser chemische Wirkungen auf Schmutzbestandteile aus. Ebensowenig fehlt bei Raumtemperatur jeglicher thermischer Effekt. Im Falle einer weichenden Tauchreinigung tritt ein geringer mechanischer Abstreifeffekt auf, wenn die Teile in die Lösung eingetaucht bzw. wieder herausgenommen werden. Alle erwähnten Faktoren wirken stets für eine längere oder kürzere Zeitspanne auf die Verschmutzung ein und tragen zu ihrer Entfernung bei.

Die Kenntnis solcher Zusammenhänge bietet Ansatzpunkte dafür, ein Reinigungsverfahren zu optimieren. Sicherlich fehlt dem praktischen Betrieb die Möglichkeit, die Interdependenzen zwischen den einzelnen Verfahrensparametern wie im Laboratorium (SCHLÜSSLER 1970) durch eine Vielzahl von Versuchen exakt zu erfassen, aber er kommt nicht umhin, seine Reinigungsprogramme zu testen, um empirisch zu ermitteln, unter welchen Arbeitsbedingungen ein zufriedenstellender Reinigungserfolg sichergestellt werden kann.

Reinigungsverfahren lassen sich mit unterschiedlicher Zielsetzung optimieren:
1. Rationeller Energieeinsatz: Es gilt festzustellen, mit welchem minimalen Einsatz von Energie in Form von chemischen Hilfsmitteln, Wärme und Mechanik die gestellte Aufgabe gelöst werden kann. Dabei sind die

Kombinationswirkung verschiedener Faktoren

Kosten für die verschiedenen Energieformen miteinander zu vergleichen, um die kostengünstigste Kombination der drei Faktoren zu ermitteln.

2. Materialschonung: Erhöhte Temperaturen fördern den Angriff chemischer Lösungen auf Werkstoffe. Deshalb sollte abhängig von der Korrosionsempfindlichkeit des vorliegenden Materials eine bestimmte Temperaturobergrenze nicht überschritten werden, um wertvolle Anlagen oder auch Verschleißteile wie beispielsweise Dichtungselemente aus Kautschuk möglichst lange gebrauchsfähig zu erhalten. Die mit Rücksicht auf empfindliche Materialien abzusenkende Maximaltemperatur muß durch verstärkten Einsatz von Mechanik und/oder chemischer Energie wieder ausgeglichen werden.

3. Abwasserbelastung: Da die zum Reinigen verbrauchten chemischen Substanzen das Abwasser mehr oder weniger stark belasten, ist genau zu prüfen, wie viel Reinigungsmittel unbedingt eingesetzt werden muß, um den notwendigen Reinigungserfolg zu garantieren. Eine etwaige Reduzierung der Reinigermenge kann durch erhöhte Strömungsgeschwindigkeit bzw. Pumpendrücke kompensiert werden, welche den mechanischen Abtrag des Schmutzes von der Oberfläche des Reinigungsgutes intensivieren.

Literatur

ANDERSON, L. (1962): Jodophore als Desinfektionsmittel in der Milchwirtschaft. Milchwiss. 17, S. 513-517.

BERG, M. et al. (1976): Enzyme als Waschmittelkomponente. In: Henkel + Cie (Hrsg.): Waschmittelchemie, S. 155-178, Hüthig Verlag, Heidelberg.

BOURNE, M. C. u. JENNINGS, W. G. (1965): Kinetic studies of detergency III. Dependence of the Dupré-mechanism on surface tension. J. Amer. Assoc. Oil Chemists 42, S. 546-548.

BUCHWALD, B (1973): Reinigung fester Oberflächen: Theoretische Überlegungen zur mechanischen Komponente. Ernährungswirtsch./Lebensmitteltechnik 9, S. 628-643.

CERNY, G. (1975): Gesetzmäßigkeiten des Abtötens von Mikroorganismen unter Berücksichtigung fester Oberflächen. In: VDI-Ges. Verfahrenstechnik u. Chemie-Ingenieurwesen (Hrsg.): Preprints Symops. über Reinigen und Desinfizieren lebensmittelverarbeitender Anlagen, Kap. 1-4, S. 1-13. Karlsruhe 1975.

DAUFIN, G. et al. (1970): Comparaison de l'aptitude á la souillure et au nettoyage de différents etats de surface de l'acier inoxydable 18-10 utilisé dans l'industrie laitière. Publ. Scientifique et technique de Rennes 1970 de l'Ecole Nationale Supérieure Agronomique et du Centre de Recherches.

DEUTSCH, O. (1975): Anforderungen an Produktionsanlagen. VDI-Gesellschaft Verfahrenstechnik und Chemieingenieurwesen (GVC) (Hrsg.): Symposium über Reinigen und Desinfizieren lebensmittelverarbeitender Anlagen; Preprints, Karlsruhe: Kap. 3-1.

DIN (1978): Milchwirtschaftliche Maschinen in Molkereibetrieben – Oberflächen. DIN 11480, Beuth Verlag, Berlin.

DIN (1984): Milchwirtschaftliche Anlagen. Reinigung und Desinfektion; Berücksichtigung der Einflüsse auf Dichtungsstoffe. DIN 11483 Teil 2, Beuth Verlag, Berlin.

DONHAUSER, S. u. LINSEMANN, O. (1985): Die automatische Reinigung. Getränketechnik H. 2, S. 45-49.

DUNSMORE, D. G. et al. (1981): Design and performance of systems for cleaning product-contact surfaces of food equipment: A review. J. Food Protect. 44, S. 220-240.

DWYER, J. L. (1966): Contamination analysis and control. p. 316-328, Reinhold Publish. Comp. New York.

EDELMEYER, H. (1985): Reinigung und Desinfektion bei der Gewinnung, Verarbeitung und Distribution von Fleisch, S. 112-116, Holzmann Verlag, Bad Wörishofen.

Kombinationswirkung verschiedener Faktoren

FLÜCKIGER, E. (1977): Probleme der Reinigung und Desinfektion lebensmittelverarbeitender Anlagen. Lebensmitteltechnologie 10 H. 3, S. 3-10.

GINN, M. E., KINNEY, E. B. u. HARRIS, J. C. (1960): Effect of temperature on critical micelle concentration. J. Amer. Oil Chem. Soc. 37, S. 183-186.

GRASSHOFF, H. (1980): Untersuchungen zum Strömungsverhalten von Flüssigkeiten in zylindrischen Toträumen von Rohrleitungssystemen, Kieler Milchw. Forsch. Ber. 32, S. 273-298.

GRASSHOFF, A. (1983a): Modellversuche zur Ablösung fest verkrusteter Milchbeläge von Erhitzerplatten im Zirkulationsreinigungsverfahren, Kieler Milchwirtschaftl. Forsch. Ber. 35, S. 493-519.

GRASSHOFF, A. (1983b): Die örtliche Flüssigkeitsbewegung und deren Einfluß auf den Reinigungsprozeß in zylindrischen Toträumen, Kieler Milchwirtschaftl. Forsch. Ber. 35, S. 471-492.

GRASSHOFF, A. u. REINEMANN, D. J. (1993): Zur Reinigung der Milchsammelleitung mit Hilfe einer 2-Phasen-Strömung, Kieler Milchwirtsch. Forsch. Ber. 45, S. 205-234.

GROSSE-BÖWING. W. u. HILGERS, G. (1985): Kaltreinigung in der Milchindustrie und auf dem Bauernhof? Deutsche Molkerei-Ztg. 106, S. 100-105.

HÄFFNER, H. (1970): Bedarfsgegenstände aus keramischen Massen, Glas, Glasuren und Email. In: J. Schormüller (Hrsg.): Handbuch d. Lebensmittelchemie Bd. IX., S. 106-155, Springer Verlag, Berlin u. a.

HEKMATI, M. u. BRADLEY jr., R. L. (1979): Effect of milk constituents on the persistence of sodium hypochlorite sanitizers. J. Dairy Sci. 62, S. 47-48.

HELMSCHROTT, D. u. WILDBRETT G. (1985): Minderung des Tensidübergangs von Werkstoffoberflächen auf Lebensmittel, Z. Lebensmittel-Untersuch. u. Forsch. 181, S. 422-426.

HIERATH, D., SCHARF, D. u. SCHLÜSSLER, H.-J. (1974): Versuche zur quantitativen Bestimmung von Verschmutzungen in Reinigungslösungen. II. Reinigungslaugen in der Milchwirtschaft, Milchwiss. 29, S. 385-394.

HOFFMANN, W. u. REUTER, H. (1984 a): Zirkulationsreinigen (CIP) von geraden Rohren in Abhängigkeit von der Oberflächenrauhigkeit. Milchwiss. 39, S. 416-419.

HOFFMANN, W. u. REUTER, H. (1984 b): Wandschubspannung als Bezugsgröße für die Strömungsmechanik beim Zirkulationsreinigen von geraden Rohren. Milchwiss. 39, S. 645-647.

Internationaler Milchwirtschaftsverband (IDF 1979): Design and use of CIP systems in the dairy industrie. Doc. 117, Brüssel.

Internationaler Milchwirtschaftsverband (IDF 1980): General code of hygienic practice for the dairy industry. Doc. 123, Brüssel.

Internationaler Milchwirtschaftsverband (IDF 1985): New stainless steels. Doc. 189, p. 13-23, Brüssel.

JENNINGS, W. G. (1959): Circulation cleaning. III Kinetics of a simple detergent system. J. Dairy Sci. 42, S. 1763-1767.

JENNINGS, W. G. (1965): Theory and practice of hard-surface cleaning. Advanc. Food Res. Vol. 14, S. 326-458, Academic Press, New York, London.

JENNINGS, W. G., MC KILLOP, A. A. u. LUICK, J. R. (1957): Circulation cleaning. J. Dairy Sci 40, S. 1471-1473.

JENNINGS, W. G., WHITAKER, S. u. HAMILTON, W. C. (1966): Interfascial mechanism of soil removal. J. Amer. Assoc. Oil Chemists 43, S. 130-132.

KESSLER, H.-G. (1976): Lebensmittel-Verfahrenstechnik, Schwerpunkt Molkereitechnologie, S. 29 u. 43. Eigenverlag, München-Weihenstephan.

Kombinationswirkung verschiedener Faktoren

KLING, H. W. (1949): Zur Kenntnis des Waschvorganges VI. Versuch einer Berechnung der Wascharbeit. Melliand Textilber. 30, S. 23-25.

KOPPENSTEINER, G. u. MROZEK, H. (1974): Über die Inaktivierung der antimikrobiellen Aktivität oberflächenaktiver Wirkstoffe. Tenside/Detergents 11, S. 1-7.

KUHLHARNI, S. M., MAXCY, R. B. u. ARNOLD, R. G. (1975): Evaluation of soil deposition and removal processes. An interpretive review. J. Dairy Sci. 58, S. 1922-1936.

LONCIN, M. (1977): Modelling in cleaning, disinfection and rinsing. Proc. Symposium Mathematical modelling in food processing, p. 301-335.

LONCIN, M., HAHN, G. u. SCHORNIK, G. (1975): Probleme der Reinigung lebensmittelverarbeitender Anlagen. Ernährungswirtsch./Lebensmitteltechnik 4, S. 180-192.

MASUROVSKY, E. B. u. JORDAN, W. K. (1958): Studies on the relative bacterial cleanability of milk-contact surfaces. J. Dairy Sci. 41, S. 1342-1358.

MOHR, W. (1954): Die Reinigung und Desinfektion in der Milchwirtschaft, S. 29-37. Milchwirtschaftl. Verlag Th. Mann, Hildesheim.

MROZEK, H. (1970): Hygienegefahren bei der Lebensmittelherstellung. Arch. Hyg. u. Bakteriologie 154, S. 240-246.

MROZEK, H. (1975): Anforderungen an die Wirksamkeit von Desinfektionsverfahren und Grenzen der Realisierbarkeit. In: VDI-Ges. Verfahrenstechnik u. Chemie-Ingenieurswesen (Hrsg.): Preprints Symposium über Reinigen und Desinfizieren lebensmittelverarbeitender Anlagen. Kap. 2-3, S. 1-12 Karlsruhe.

NASSAUER, J. (1985): Adsorption und Haftung an Oberflächen und Membranen, S. 56. Eigenverlag München-Weihenstephan.

REIFF, F. u. a. (1970): Reinigungs- und Desinfektionsmittel im Lebensmittelbetrieb. In: J. Schormüller (Hrsg.): Handbuch der Lebensmittelchemie Bd IX, S. 703-781. Springer Verlag, Berlin u. a.

REUTER, H. (1983): Reinigen und Desinfizieren im Molkereibetrieb. – Stand des Wissens und der Technik. Chem.-Ing.-Tech. 55, S. 293-301.

SAUERER, V. u. a. (1985): Reinigungsversuche an Milchleitungen aus unterschiedlichen Materialien in einer Modellanlage. Milchwiss. 40, S. 538-541.

SCHÄFER, K. (1975): Werkstoffe für Produktionsanlagen. In: VDI-Ges. Verfahrenstechnik und Chemieingenieurwesen (Hrsg.). Proc eedings Symposium über Reinigen und Desinfizieren lebensmittelverarbeitender Anlagen. Kap. 4-3, S. 1-13.

SCHLÜSSLER, H.-J. (1965): Ziermaterial aus Aluminium – ein Problem bei der Flaschenreinigung. Brauwelt 105, S. 1457-1465.

SCHLÜSSLER, H.-J. (1968 a): Flaschenreinigungslaugen – Belastungsgrenze und Wirtschaftlichkeit. Schweizer. Brauerei-Rundschau 79, H. 1, o. S.

SCHLÜSSLER, H.-J. (1968 b): Wechsel der Reinigungslaugen. In: H.-J. Schlüßler u. H. Mrozek: Praxis der Flaschenreinigung, S. 95-100. Henkel u. Cie (Hrsg.) Düsseldorf.

SCHLÜSSLER, H.-J. (1970): Zur Reinigung fester Oberflächen in der Lebensmittelindustrie. Milchwissenschaft, 25, S. 135-145.

SCHLÜSSLER, H.-J. (1975): Zur Kinetik von Reinigungsvorgängen an festen Oberflächen. In: VDI-Ges. Verfahrenstechnik und Chemieingenieurwesen (Hrsg.): Symposium über Reinigen und Desinfizieren lebensmittelverarbeitender Anlagen. Kap. 1-2, S. 1-10.

SCHLÜSSLER, H.-J. (1976): Zur Kinetik von Reinigungsvorgängen an festen Oberflächen. Brauwiss. 29, S. 263-268.

Kombinationswirkung verschiedener Faktoren

SCHMIDT, U. u. LEISTNER, L. (1981): Reinigung und Desinfektion in der Fleischwirtschaft. In: Th. Schliesser u. D. Strauch (Hrsg.): Desinfektion in Tierhaltung, Fleisch- und Milchwirtschaft, S. 326-406. Enke Verlag, Stuttgart.

SCHMITZ, A. (1953): Amphotere oberflächenaktive Stoffe als Wasch- und Desinfektionsmittel, Fette, Seifen, Anstrichmittel 55, S. 10-16.

VDI (1971): Hygienemerkmale lebensmittelverarbeitender Anlagen, Richtlinie 2660, Düsseldorf.

WALENTA, W. u. KESSLER, H. G. (1984): Ursachen und Abhilfemaßnahmen bei Schäden an Erhitzern. ZFL 35, S. 548-561.

WALLHÄUSER, K. H. (1978): Sterilisation, Desinfektion, Konservierung. 2. Aufl. S. 345. Thieme Verlag, Stuttgart.

WILDBRETT, G. (1981): Theoretische Grundlagen. In: Technologie der Reinigung im Haushalt, S. 13-138. Ulmer Verlag, Stuttgart.
WILDBRETT, G., PETELKAU, G. u. KIERMEIER, F. (1962): Reinigung und Desinfektion von Tanks II. Untersuchungen mit Hochdrucksprühgerät. Chemie Ing. Technik 34, S. 317-321.

WOLF, J. u. COUSINS, C. M. (1946): Hypochlorite sterilization of metal surfaces infected with bacteria suspended in milk. Nature 158, S. 755.

6 Reinigungsverfahren

D. AUERSWALD

6.1 Systematik

6.1.1 Form, Größe und Zusammengehörigkeit der Objekte

Jedes Reinigungsverfahren muß dem jeweiligen Reinigungsobjekt und der Verschmutzung angepaßt sein. Jedoch lassen sich meist verschiedene Objekte unter anderen Verfahrensoberbegriffen, z. B. der Mechanik, gemeinsam behandeln. Wesentliche Konsequenzen für das Verfahren leiten sich aus Form und Größe der Objekte ab. Diese werden daher eingeteilt in offene Flächen, geschlossene Anlagen, große Hohlbehälter, kleine Behälter und Kleingeräte. Große offene Flächen sind vor Ort zu reinigen. Kleine Behälter und Geräte werden einer Reinigungsmaschine zugeführt oder sind in geeigneter Weise manuell zu behandeln. Große Hohlbehälter (Tanks) und geschlossene Anlagen werden häufig gemeinsam als geschlossene Systeme betrachtet, weil beide über die Fließwege des Produktes oder gesonderte Leitungen zu Kreisläufen zusammengeschlossen werden können, obwohl es sich bei den Hohlkörpern um offene Oberflächen in geschlossenen Reinigungskreisläufen handelt. Da hierbei zusätzlich zu den Pumpen Spritzeinrichtungen notwendig sind, um die Reinigungsflüssigkeit über die Wandungen zu verteilen, plädiert JENNINGS (1965) dafür, den Begriff „Zirkulationsreinigung" geschlossenen Systemen im engeren Sinn vorzubehalten, also Rohren und Schlauchleitungen und Plattenapparaturen, vielfach auch als „Umlaufreinigung" bezeichnet (SCHLIESSER und STRAUCH 1981).

Da die Flüssigkeitsströme bei der Reinigung in großen Anlagen dem Weg des Produktes über Behälter, Rohre, Plattenapparaturen, Füller usw. folgen, hat sich der Begriff Fließreinigung eingebürgert. Dabei werden Abschnitte eines Produktionsweges zusammengefaßt, die ähnliche Anforderungen an die Reinigung stellen, z. B. der Gär- und Lagerkeller einer Brauerei: Das in der Anlage vorhandene CO_2 erfordert Absaugen oder eine saure, chlorfreie Reinigungslösung. Wegen der Gefahr der Vakuumbildung in den Tanks und um die Umgebung möglichst wenig aufzuheizen, ist in diesen Bereichen bei niedrigen Temperaturen zu reinigen.

Fließwege sind heute im allgemeinen zu reinigen, ohne die Anlage zerlegen zu müssen, d. h. für CIP-Verfahren (cleaning in place, das ist die an Ort und Stelle, ohne Demontage erfolgende Reinigung) geeignet. Entsprechend der oben erläuterten Form der Objekte nimmt DONHAUSER (1984) eine Einteilung in geschlossene (Leitungen, kleinere Behältnisse, Plattenapparaturen) und offene CIP-Systeme (wenn die Reinigungsflüssigkeiten über eine Spritzeinrichtung an die Innenwandung geleitet werden) vor. CIP-Verfahren sind in hohem Maß mechanisiert und automatisiert.

6.1.2 Grad der Mechanisierung und Automation

Der Mechanisierungsgrad bedeutet das Ausmaß, in dem technische Hilfsmittel die manuelle Kraftcinwirkung bei der Reinigung ersetzen. Bei manuellen Reinigungsverfahren kann selbst Schutzbekleidung nicht jeglichen Kontakt des Menschen mit den Reinigungsflüssigkeiten vermeiden. Daher müssen die Reinigungslösungen in ihrer Temperatur niedriger (maximal 40–50 °C) und in ihrer chemischen Zusammensetzung milder als bei mechanisierten Verfahren sein. Die Benutzung von Bürsten und Tüchern birgt ein hohes hygienisches Risiko; eine anschließende Sprüh- oder Tauchdesinfektion der gereinigten Flächen ist daher häufig angebracht. Die

Systematik

Flächenleistung manueller Reinigung ist gering (0,1 - 0,2 m²/min; SCHMIDT 1982). Der Erfolg ist weitgehend abhängig von menschlicher Leistungsfähigkeit und Sorgfalt (KRÜGER, 1964). Aus all diesen Gründen werden manuelle Reinigungsverfahren soweit wie möglich ersetzt durch teil- oder vollmechanisierte. Vom Stand der Technik her ist das in den meisten Fällen möglich (Tab. 6.1).

Tab. 6.1 Manuelle Reinigungsaufgaben und mögliche alternative mechanisierte Verfahren (BUCHWALD 1975)

Reinigungsobjekt	manuelle Verfahren	alternative Verfahren
Kleinteile und Werkzeuge wie Messer, Schlachtbestecke	wischen, tauchen	sprühen, spritzen
Brotschneidemaschinen	wischen	sprühen
Kutter, Hack-, Knet-, Rührmaschinen	bürsten, wischen, abspülen mit Schlauch	einschäumen, sprühen, spritzen
Arbeitsflächen, Schneidbretter	bürsten, wischen	einschäumen, spritzen
Formen, Schüsseln, Bleche, Körbe, Horden	bürsten, wischen, tauchen	Behandlung in Wasch-/Spül-, Ultraschallmaschinen; spritzen
Backofen	kehren	trockensaugen
Fußboden	schrubben, wischen	spritzen, bürsten mit einer Maschine
Backformen und -bleche	abkratzen, bürsten	–
Aus Anlagen zu demontierende Teile wie Ventile, Hähne, Verschlüsse, Verschraubungen, Filtersiebe, Meß- und Probenahmeeinrichtungen, Dichtungen, Kolben, Füll- u. Verschließorgane, Zentrifugenteller	tauchen, wischen, bürsten	sprühen, spritzen, Ultraschall

In halbmechanisierten Reinigungsverfahren ersetzen motorbetriebene Bürsten oder Pads (das sind Schwämme, Tücher u. dgl.), ein mit einem Gebläse erzeugter Sog, ein mit einer Pumpe durch Düsen gedrückter Wasserstrahl oder die Weichwirkung eines mittels Preßluft erzeugten Schaumes die menschliche Kraft, die den Schmutz von Oberflächen abtrennt. Jedoch müssen all diese Geräte per Hand geführt werden. Sorgfalt erfordert insbesondere das Führen einer Spritz- bzw. Sprühlanze. Dabei besteht immer noch eine Gefahr für das Personal durch verspritzte Reinigungslösung und Aerosolbildung; außerdem werden die Gelenke belastet. Deswegen wird gelegentlich gefordert, bei der manuellen Hochdruckreinigung möglichst ganz auf chemische Reinigungsmittel zu verzichten (LEISTNER, 1977). Noch sicherer ist es, wenn das Personal nicht mehr unmittelbar die Reinigung ausführen muß wie im Fall vollmechanisierter Verfahren.

Der Grad der Automation bedeutet das Ausmaß des Ersatzes physischer und psychischer Leistungen des Menschen im Rahmen eines mechanisierten Reinigungsprozesses, der sich selbsttätig steuert bzw. regelt. Je höher der Grad der Mechanisierung, umso höher ist in der Regel auch der der Automation. Bei manuellen und halbmechanisierten Verfahren sind die Reinigungsgeräte bereitzustellen und die Lösungen vorzubereiten. Ist eine Reinigungszentrale für Schaum- und Spritzeinrichtungen vorhanden, genügt es, das mobile Gerät anzuschließen. Spül- und Waschmaschinen sind mit Kleinteilen, Formen, Behältern, Kasten etc. zu beschicken; Fässer und Kegs (Systemfaß: Faß mit fest eingebautem Fitting zum Füllen und Entleeren; stellt im Gegensatz zu offenen Fässern ein geschlossenes System dar) sind bei Anlagen geringer Leistung auf die Spritzstation zu setzen. Kontinuierlich arbeitende Anlagen mit hoher Leistung palettieren ab und ziehen das Reinigungsgut automatisch ein (z. B. Flaschen-Reinigungsanlagen). Spritzeinrichtungen sind zum Teil vor der Reinigung in Hohlbehälter zu montieren,

Systematik

häufig aber bereits fest installiert (z. B. Spritzelemente für Niederdruck-Spritzreinigung von Tankbehältern). Zum Zweck des Anschlusses von Produktionsanlagen an Versorgungseinrichtungen für Wasser und Reinigungslösungen wurden manuell herzustellende Verbindungen wie Schlauchleitungen oder Rohrbögen weitgehend ersetzt durch automatisch umschaltbare Ventile. Gelegentlich sind – je nach Erfordernis wöchentlich oder monatlich – Teile, die die mechanische Reinigung ungenügend erfaßt, wie Hähne, Ventile, Dichtungen, Filter, zu demontieren und gesondert zu reinigen.

Ein hohes Automationsniveau schließt die selbsttätige Einstellung und Kontrolle der Reinigerkonzentration ein. Nur noch selten wird die nötige Reinigungsmittelmenge manuell abgewogen bzw. abgemessen und dem Wasser bzw. der unterdosierten Reinigungsflüssigkeit zugefügt. Üblich sind heute, auch bei halbmechanisierten Geräten, Dosierpumpen. Diese können bei konstanter Wasserdurchflußmenge zeitgesteuert oder bei variabler Wasserdurchflußmenge mengenproportional arbeiten (SLAMA 1983). Wird die Lösung nicht neu eingesetzt, sondern soll verbrauchtes Reinigungsmittel nachdosiert werden, kann die Konzentration der Lösung manuell, z. B. durch Titration oder automatisch durch Leitfähigkeitsmessung mit Hilfe von Sonden ermittelt werden (Kap. 12.2). Eine automatische Konzentrationsüberwachung und -regelung mißt kontinuierlich den Istwert der Konzentration, vergleicht diesen mit dem vorgegebenen Sollwert und steuert die Dosierstation und entsprechende Ventile an. Ein ebensolcher Automationsgrad ist bei der Temperaturregelung möglich. Bei Erreichen bzw. Unterschreiten des über Meßfühler kontrollierten Sollwertes werden Ventile für Dampf, Ventile eines Öl- oder Gasbrenners oder eine elektrische Heizung ab- bzw. zugeschaltet.

Den Programmablauf bestimmt bei manuellen und halbmechanisierten Verfahren die reinigende Person durch die Dauer, in der sie ein Objekt behandelt, bzw. die Geschwindigkeit, mit der sie ein Reinigungsgerät über die Oberfläche führt und die Zeit, nach der sie das Reinigungsmedium wechselt. Bei sorgfältiger Arbeitsweise kann nichtautomatisches Arbeiten vorteilhaft sein, weil sich der Ablauf den jeweiligen Erfordernissen, etwa der Hartnäckigkeit der Verschmutzung, leicht anpassen läßt. Auch bei mechanischen Verfahren kann im Handbetrieb die Bedienperson den Programmlauf steuern. Sicherer ist jedoch im allgemeinen der Automatikbetrieb, bei dem die Reinigung nach einem gespeicherten Programm abläuft. Da derzeit noch kein zuverlässiger, automatisch meßbarer Parameter für den Grad der Sauberkeit einer Oberfläche existiert, muß die Hauptreinigung vorerst nach Erfahrungswerten, die mit Rücksicht auf wechselnde Verschmutzungsintensitäten eine ausreichende Sicherheitsspanne beinhalten müssen, zeit- und temperaturgesteuert werden (DIN 1987); eine Entscheidung über Abbruch oder Fortführung der Reinigung mittels laufender Kontrolle des Reinigungserfolges ist derzeit noch nicht möglich. Jedoch können über die zeit- bzw. volumenabhängige Steuerung hinaus Wasser und Reinigungsmittel durch Messen der Qualität der rücklaufenden Flüssigkeiten eingespart werden: Im einfacheren Fall werden Trübung oder Leitfähigkeit des Rücklaufs mit einem Sollwert verglichen (Einpunktschaltung) und die Flüssigkeiten entsprechend gelenkt. Dieses System verlangt allerdings empirisch zu ermittelnde Schwellenwerte und eine annähernd konstante Qualität von Lebensmittel, Wasser und Reinigungsmittel. Weitgehend unabhängig davon ist eine Regelung nach der Differenz- (Zweipunkt-) messung der Qualität im Vor- und Rücklauf (DIN 1987). Auf diese Weise gelingt eine ziemlich exakte Phasentrennung zwischen

– dem in einen gesonderten Behälter einzuleitenden Restprodukt und in den Kanal abzuleitenden Vorspülwasser
– starkt verschmutzter und deshalb zu verwerfender und stapelbarer Reinigungslösung
– Nachspülwasser, das bereits Anteile des nachfolgenden Lebensmittels enthält, und (nach einer sicherheitstechnischen Verzögerungszeit) verwertbarem Produkt.

Systematik

Außerdem kann das Verfahren Anhaltspunkte über die notwendige Nachspüldauer liefern. Eine derartige Steuerung der Medienströme in CIP-Anlagen vermindert nicht nur die Abwasserbelastung, sondern auch den Verbrauch an Spülwasser. Wie CIP-Anlagen besitzen Spül- und Waschmaschinen im allgemeinen ebenfalls eine speicherprogrammierbare Steuerung und darüber hinaus Regelmechanismen für Temperatur, Flüssigkeitsstand (Schwimmerventile), Dosierung chemischer Hilfsmittel und Kontrolleinheiten für z. B. Pumpenfunktion und Spritzdruck.

6.1.3 Mechanik

Als Träger der mechanischen Energie zum Schmutzabtragen können die Reinigungsflüssigkeit, mechanische Hilfsmittel, wie Bürsten oder Schwämme oder eine Kombination beider fungieren (Tab. 6.2; Abb. 6.1). Den Verfahren, deren Mechanik aus der hydrodynamischen Energie (BUCHWALD, 1974) der Lösung resultiert, sind Begriffserläuterungen voranzustellen: Unklarheit herrscht über die Zuordnung der Niederdruck-Spritzverfahren (= NDR): Einerseits rechtfertigt die damit verbundene Berieselung oder Überflutung der gesamten Oberfläche eine

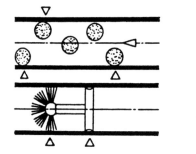

Abb. 6.1 Mechanische Hilfsmittel für die Reinigung von Rohren (BUCHWALD 1975)

Bezeichnung als Spülverfahren. Andererseits werden damit auch nicht geschlossene Objekte gereinigt, auf deren Oberflächen die Lösung, ähnlich den Hochdruck-Spritzverfahren (= HDR), mittels Düsen aufgetragen wird. Da dieses unter Umständen sogar mit Hilfe ein- und desselben, zwischen Hoch- und Niederdruck umschaltbaren Gerätes geschehen kann (EDELMEYER, 1985), erscheint eine gemeinsame Behandlung von HDR und NDR als Spritzverfahren sinnvoll. Ein Hochdruck-Gerät kann auch zur Dampfstrahlreinigung (auch Dampfsprühreinigung) dienen. Hieraus geht hervor, daß zwischen Spritzen und Sprühen nicht immer klar unterschieden werden kann. Zwar geht Spritzen zunächst von einem gebündelten und Sprühen von einem zerteilten Flüssigkeitsstrahl aus. Jedoch zertropft oder zerstäubt jeder Strahl hinter der Düse bzw. dem Zerstäuberteller mehr oder weniger. Das Tropfenspektrum eines Flüssigkeitsstrahles verschiebt sich wegen der Instabilität großer Tropfen gegenüber dem Luftwiderstand mit zunehmender Austrittsgeschwindigkeit aus der Düse und mit wachsendem Abstand von der Düse hin zu kleineren Tropfen (BUCHWALD, 1975). SCHLIESSER u. STRAUCH (1981) sprechen bei Tropfengrößen zwischen 150 und 1000 µm von Spritzen, zwischen 25 und 250 µm von Sprühen.

Systematik

Tab. 6.2 Systematik der Reinigungsverfahren nach Art der angewandten Mechanik

Art des Einsatzes mechan. Kräfte	Arbeitsweise	Anwendungsbeispiele	wesentliche Wirksamkeitsfaktoren			
			Chemie	Temp.	Zeit	Mechanik
ruhende Lösung	einlegen, tauchen	kleine Teile: Flaschen ... demontierte Anlagenteile	+		+	–
	befüllen	verstopfte Membranen	+	(+)	+	–
Weichen	beschichten mit Schaum oder Gel	offene Flächen, offene Behälter, Geräte	+	–	+	–
Bewegte Lösung ohne direkt wirkende mechanische Hilfsmittel	spülen HDR	geschlossene Objekte Maschinen, Geräte, Fußböden, Wände, Arbeitsflächen,	(+)	+		+
	NDR	große Hohlbehälter	+	(+)	(+)	
	dampfsprühen	Milchtanks	+	+		
direkt wirkende mechanische Hilfsmittel in Gegenwart von Lösung	schrubben bürsten,	offene Behälter, Geräte, Kleinteile, Fußböden				+
	wischen	offene Flächen, Fußböden Kleinteile, Geräte				+
	Kugeln mitbefördern	Rohrleitungen			–	+
Kavitation	Ultraschall	Kleinteile, -geräte kleine Behälter, Kegs				+
ohne Flüssigkeit	saugen	Backöfen, Fußböden	–	–		+
	kehren, fegen	Fußböden	–	–		+
	kratzen	Backformen, Waffeleisen	–	–		+
	bürsten	Rohrleitungen	–	–		+
Kombinationen verschiedener Prinzipien	spülen + Kugeln (Schwämme ...)	geschlossene Objekte mit freiem Durchmesser	Kombination der Einzeleffekte (siehe oben)			
	einschäumen + spritzen	offene Flächen u. Behälter				
	sprühen + spritzen	-"-, Kleinteile				
	tauchen + spritzen	Behälter, Kästen, Flaschen, Formen				
	bürsten + spritzen	Flaschen, Außenflächen (Fässer ...)				
	tauchen + überfluten + spritzen	Flaschen				

(+) je nach Reinigungsaufgabe

6.1.3.1 Spritzen und Sprühen

Da sich die Aufprallenergie mit dem Abstand zwischen Düse und Objektoberfläche ändert (Abb. 6.2) und der Abstand sowohl bei manueller Düsenführung als auch bei fest installierten Einrichtungen (wegen der Behälterform) nicht als konstant vorzugeben ist, können die Verfahren nicht nach der wirksamen Energie, sondern nur nach dem an der Düse erzeugten Druck benannt werden. Die Angaben für HDR liegen meist zwischen 25 und 70 bar, reichen aber von mindestens 15 bar (DONHAUSER, 1984) bis zu 180 bar (LUTZ, 1985). Bei zu hohem Druck ist infolge des Rückstoßes die manuelle Handhabung erschwert. Ferner sind ab etwa 70 bar Schäden am Reinigungsobjekt wie Materialverformung (z. B. bei Dämmstoffen aus Kunststoffschäumen), Herausspülen von Fugenmaterial und im

Systematik

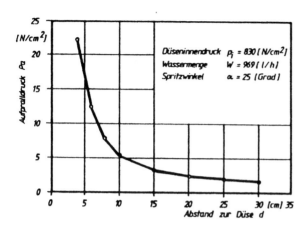

Abb. 6.2 Aufprallenergie eines Spritzstrahles in Abhängigkeit vom Abstand zwischen Düse und Objektoberfläche (ENGLERT 1979)

Extremfall, besonders bei Anwendung saurer Lösung, Lockerung von Fliesen zu befürchten. Deshalb wird für die Fußbodenreinigung im Zweischrittverfahren empfohlen, den Spritzdruck (an der Düse) auf maximal 40 bar zu begrenzen (GMEINER u. a. 1988). Überhöhter Druck führt auch zur unerwünschten Zerstäubung der Reinigungsflüssigkeit und zur Schmutzverteilung im Raum. Als Folge davon können nicht geschützte Lebensmittel und Personen durch die aus der Reinigungslösung entstehenden, schmutz- und keimhaltigen Aerosole belastet werden. Andererseits erreicht zurückprallende Flüssigkeit der HDR Flächen, die dem Düsenaggregat abgewandt oder für eine direkte Reinigung überhaupt schwer zugänglich sind.

Die Angaben für den Düsendruck der NDR reichen von 2 bis 10 bar, wobei der Bereich von 3 bis 10 bar gelegentlich als Mitteldruckreinigung bezeichnet wird (DONHAUSER, 1984). Bei niedrigen Drücken werden unter Umständen nicht alle zu reinigenden Flächenelemente erreicht, Sprühschatten bilden sich z. B. an Rührwerksdurchbrüchen und Thermometerstutzen.

Bei der Dampfstrahlreinigung tritt der aus Reinigungslösung und Dampf erzeugte Strahl mit einem Druck von 5–10 bar aus einer Düse aus (SCHLIESSER und STRAUCH, 1981) und versprüht in feinste Tropfen. Im Vergleich zur HDR ist ein manuelles Dampfstrahlgerät wegen des „weicheren" Strahls leichter zu handhaben, jedoch sind die Schwadenbildung und die damit verbundene Sichtbehinderung nachteilig.

Wegen der beschriebenen Veränderungen des Spritzstrahles auf dem Weg von der Düse zur Oberfläche bringt ein Strahl, der per Definition an der Düse als HD gilt, bei großen Spritzabständen nur die Wirkung eines ND-Strahles in kurzer Distanz zum Reinigungsobjekt. Um die Wirkung eines Hochdruck-Strahles voll zu nutzen, sollte der Spritzabstand im Bereich 10–30 cm liegen. Daher ist eine wirkungsvolle HDR im wesentlichen auf folgende Anwendungsarten beschränkt:
- handgeführte Spritzlanzen, -pistolen
- handgeführte sog. Bodenwäscher, bei denen die Spritzeinrichtung unter einer Haube liegt
- Reinigungsmaschinen, in denen Reinigungsgut wie Fässer (Außenreinigung), Kästen, Kleinteile etc. nahe an den Düsen oder Spritzkränzen eingeordnet oder an diesen vorbeigeführt wird
- Rohre, durch die an einen Schlauch angeschlossene Düsen geführt werden.

Systematik

Dagegen können große Behälter kaum mit Düsen so dicht besetzt werden, daß diese alle Oberflächen über derart kurze Distanzen mit Flüssigkeit beaufschlagen. In Tanks wird Hochdruck vor allem dazu angewandt, um mit einer Düse große Reichweiten bis zu 2–4 m zu erzielen (KESSLER, 1976). Davon und von sehr hartnäckigen Verunreinigungen abgesehen, sind Tanks das klassische Einsatzgebiet der NDR. Faßwaschmaschinen arbeiten im Mitteldruck-Bereich, Spritzstationen von Flaschenwaschmaschinen mit 1,5–3 bar (HEYSE, 1983). Daraus ergeben sich folgende Anwendungsarten für NDR:

- ständig fest installierte Spritzeinrichtungen, vor allem in großen Hohlbehältern wie Tanks; auch an den Stirnseiten des Schlägerzylinders einer Butterungsmaschine (BUCHWALD; 1982 a) oder an kritischen Stellen einer ansonsten im Spülverfahren gereinigten Verdampferanlage (DÜMMLER, 1988);
- temporär, d. h. für die Dauer der Reinigung an fest installierte Leitungen einer Anlage montierte Spritzeinrichtungen; Beispiel: Trocknerreinigung, um die Ablagerung von Produkt an den Spritzeinrichtungen zu verhindern (KESSLER, 1976);
- Reinigungsmaschinen für kleine Behälter, Flaschen und Geräte; Fässer: an aufeinanderfolgenden Stationen Einführung von Spritzdüsen durch das Spundloch; Kegs: am Fitting gegen die Spritzeinrichtung gepreßt (Kap. 6.2.2.2);
- auf ND umschaltbare manuell geführte HDR-Geräte, wobei an die Lanze eine Spritzdüse angeschlossen wird; Einsatz vor allem zur Desinfektion und zum Einsprühen mit Reinigungslösung vor einer HDR, z. B. Zweischrittverfahren zur Fußbodenreinigung (WILDBRETT u. a. 1988);
- handgeführter Schlauch.

Die Wirksamkeit der HDR beruht also im wesentlichen auf einem möglichst scharf umrissenen und sprühnebelfreien, bei einem optimalen Düsenabstand von 10–30 cm mit hoher Aufprallenergie auftreffenden Flüssigkeitsstrahl, der die Schmutzschicht auf- und von der Oberfläche abreißt. Dazu genügen relativ geringe Flüssigkeitsmengen, die allgemein zwischen 50 und 10000 l/h (DONHAUSER 1984) liegen. Als effizient und wirtschaftlich gilt der Bereich zwischen 750 und 1200 l/h Flüssigkeitsdurchsatz. Die mechanische Komponente der NDR dagegen beruht weniger auf der Aufprallenergie des Spritzstrahles als auf der Wirkung des nach dem Auftreffen an der Oberfläche möglichst turbulent ablaufenden Rieselfilmes. Da die Oberfläche hierbei ständig oder über längere Zeit regelmäßig durch einen zusammenhängenden Film überflutet werden muß, sind größere Flüssigkeitsdurchsätze von 5000–12000 l/h (HEYSE 1983) notwendig. BUCHWALD (1974) gibt 60 Re als untere Grenze für einen geschlossenen Rieselfilm, 400 Re als Turbulenzgrenze und 600 Re als Überschwallungsgrenze an, oberhalb der zusätzliche Flüssigkeitsmengen im Rieselfilm ohne nennenswerten Impulsaustausch quer zur Strömung transportiert werden. Im Zentrum eines auf eine Oberfläche treffenden Strahls ist die Teilchengeschwindigkeit gleich Null und daher keine kinetische Energie wirksam (Staupunktströmung nach BUCHWALD 1974; KRÜGER 1975). Dieser unerwünschte Effekt wird vermindert durch Intervallspritzen, d.h. Pausen nach einer jeweiligen Spritzdauer von 15–20 s (HALL u. a. 1986) oder 1 min (DIN, 1987). Prinzipiell ist ein auf eine flüssigkeitsfreie Oberfläche treffender Strahl oder Strom wirksamer als ein kontinuierlich beaufschlagender. Die Intervallspritzung verhindert in Behältern auch die Sumpfbildung, d. h., daß sich stehende, mechanisch unwirksame Flüssigkeit am Boden ansammelt.

Angewandt wird die Intervallspritzung:
- bei der Tank-, Behälter-, Faß-, Keg- und Flaschenreinigung durch rotierende Spritzeinheiten sowie taktweises Spritzen, etwa wenn die Objekte von einer Spritzstation zur nächsten transportiert werden
- bei der Reinigung offener Flächen und Behälter durch gezieltes Führen der Lanze.

Systematik

Die Wirkung des Strahls hängt neben dem durch eine Pumpe erzeugten Druck von der Art der Verteilereinrichtung ab. Diese kann, abgesehen vom einfachsten Fall einer Schlauchleitung, in einer gelochten Ringleitung bestehen, wie sie z. B. in Würzepfannen installiert wird (ROTH 1975). Die intensivste mechanische Wirkung mit allerdings geringer Flächenleistung bringt der gebündelte Strahl einer Voll- (Rund-)strahldüse, die daher bei hartnäckigstem Schmutz, z. B. angetrocknetem oder denaturiertem Eiweiß, nie aber bei mechanisch empfindlichen Oberflächen eingesetzt wird. Bei einem Pumpendruck von 50 bar, einem Durchsatz von 700 l/h und einem Düsenabstand von 20 cm erzeugt eine Vollstrahldüse einen Druck von 41,2 N/cm^2, eine Flachstrahldüse mit einem 25°-Spritzstrahl dagegen nur von 2,2 N/cm^2 (SCHLIESSER und STRAUCH 1981). Mit Flachstrahldüsen läßt sich der Schmutz spachtelartig abtrennen. Mit zunehmendem Spritzwinkel werden die Arbeitsbreite und damit die Flächenleistung größer, gleichzeitig aber der Strahl weicher. Die HDR arbeitet im allgemeinen mit Spritzwinkeln zwischen 15° und 45°; der untere Bereich gilt vor allem für die Behälterreinigung, der obere für offene Flächen und für verformbares Material, z. B. Decken aus Schaumstoff. Zur Dampfstrahlreinigung und zum Einsprühen von Oberflächen mit Reinigungs- und Desinfektionslösungen werden Düsen mit einem Winkel von 50° und 65° eingesetzt (NOSAL 1979). Während der Strahl mit Hilfe einer Lanze gezielt auf die Oberfläche gelenkt werden kann, müssen installierte Verteilereinrichtungen in ihrer Lage, Anzahl, Bohrung und Bewegung dem Objekt so angepaßt sein, daß die von ihnen ausgehenden Strahlen die zu reinigenden Oberflächen möglichst dicht direkt oder indirekt (Rückstrahl oder Rieselfilm) abdecken. Feststehende Spritzköpfe (Igel- oder Sprühköpfe) mit gezielt angebrachten Bohrungen oder Schlitzen lassen zwangsläufig zwischen den gleichzeitig beaufschlagten Auftreffpunkten oder -linien Teilflächen frei, an denen nur ein Rieselfilm wirken kann. Demgegenüber werden bei rotierenden Kugeln diese Lücken etwas kleiner, insbesondere, wenn sie exzentrisch gelagert sind (KAMM 1973), der Druck und allerdings auch das Zertropfen und Zerstäuben nehmen zu (BUCHWALD 1975). Auf einem rotierenden Arm beispielsweise als Fächerdüsen angeordnete Verteilereinrichtungen (Abb. 6.3) können eine höhere Wirksamkeit bringen durch ihre Zahl, gezielte Plazierung und die sich ergebende intervallartige Beaufschlagung (BUCHWALD 1975). Eine noch höhere Energie und lückenlosere Strahlgeometrie zeigen Schleudern oder Turbinen, an denen mehrere Düsen um 2 Achsen rotieren (KAMM 1973; BUCHWALD 1975) und deren Strahlen Behälterinnenflächen taktweise treffen. Die Rotation von Spritzeinrichtungen kann erfolgen (TSCHEUNER 1986) durch

– Rückstoß (Antrieb der Düsen durch den Flüssigkeitsstrom)
– elektromechanische Energie (Antrieb der Düsen durch gesonderten Motor).

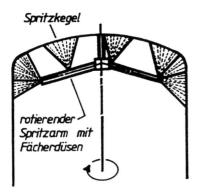

Abb. 6.3 Rotierender Arm mit Fächerdüsen in einem Tank (BUCHWALD 1978)

Systematik

Die höhere mechanische Wirkung beweglicher Spritzelemente wird erkauft durch störungs- bzw. wartungsanfälligere Konstruktionen. Gleitlager verkleben sehr schnell durch Produktreste. In manchen Fällen ist die temporäre Installation der Spritzeinrichtungen für die Dauer der Reinigung günstiger als eine feste Montage. Um Spritzöffnungen bei zirkulierenden Lösungen von gröberen Schmutzteilen freizuhalten, werden Siebe oder Tuchfilter mit vorgeschalteter Druckerhöhungspumpe eingesetzt (ROTH 1975).

Tab. 6.3 Hauptsächliche Objekte für Spritz- und Sprühverfahren

HDR	NDR/MDR	Dampfsprühreinigung
Arbeitsflächen	Behälter	Milchtanks,
Maschinen und Geräte	Tanks	Geräte in der
(z. B. Fischsägen)	Fässer und Kegs	Fleischwirtschaft
Fußböden,	Flaschen	
Wände, Decken	Trockner	
Kasten, Kegs	Außenflächen von	
Förderstraßen	Anlagen	
Brühkessel	Transportketten	
Rührwerke	Spritzschutzwände,	
Kochmulden	Rinnen	
Schälmaschinen	Schlägerzylinder	
Käsewannen	der Butterungsmaschine	
Kutter- und Hackmaschinen		
Butterungsmaschine		

Reinigungsmittel für Spritzverfahren sollten möglichst wenig schäumende Komponenten enthalten, da entstehender Schaum die mechanische Wirksamkeit des auftreffenden Spritzstrahles mindert und sich nur schlecht aus Behältern ausspülen läßt. Ansonsten richtet sich ihre Zusammensetzung nach dem zu reinigenden Objekt und dessen Verschmutzung. Saure Reiniger dienen dem Entfernen von Kalk-, Milch-, Bier- und Urinstein oder Rost; neutrale bis alkalische Produkte werden gegen Fettverschmutzungen, mittel- bis hochalkalische gegen Eiweiß, Fett-, Ruß- und Teerverunreinigungen (z. B. Räucherkammern) angewandt.

Ebenso fallweise zu entscheiden ist über die Auswahl der Reinigungsschritte, Temperatur und Anwendungsdauer (KESSLER 1976). Bei Verschmutzungen, die quellen müssen, empfiehlt es sich, die Oberflächen bei geringem Druck mit relativ konzentrierter Lösung einzusprühen und nach einer Einwirkdauer von 10–15 min mit klarem Wasser unter hohem Druck abzuspritzen (Zweistufen-Verfahren). Die zwangsweise niedrigen Temperaturen in Kühlräumen, Gär- und Lagerkellern (kalt oder 20–30 °C) müssen durch längere Reinigungszeiten und höhere Temperaturen ausgeglichen werden. Faß-, Flaschen- und Utensilien-Reinigungsmaschinen arbeiten dagegen im allgemeinen mit Temperaturen von 70–85 °C; daher genügen pro Spritzstation Taktzeiten von wenigen Sekunden bis zu maximal 3 min. Wegen der schnellen Abkühlung darf der thermische Effekt der Dampfsprühreinigung nicht überschätzt werden. Während die Temperatur des gespannten Dampfes im Kessel noch 140–150° C beträgt, ist sie bis zum Verlassen der Düse bereits auf 90–100° C abgesunken und fällt auf dem Weg zum Objekt weiter rapide ab (SCHLIESSER und STRAUCH 1981). Sinnvoll anwenden läßt sich

Systematik

die Dampfsprühreinigung nur auf kurze Distanzen; die für eine thermische Oberflächendesinfektion notwendige Temperatur von mehr als 90° C wird wegen zu kurzer Einwirkzeiten in der Betriebspraxis kaum erreicht (EDELMEYER 1985). Auch bei der HDR ist mit erheblichen Wärmeverlusten zu rechnen, so daß nur ein relativ geringer Teil der thermischen Energie reinigungswirksam wird (Abb. 6.4).

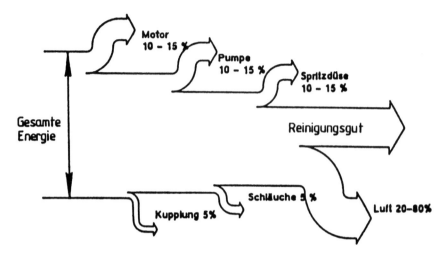

Abb. 6.4 Energieflußdiagramm eines Hochdruckreinigers (VON OERTZEN 1984, modifiziert)

Technische Hilfsmittel und Einrichtungen

Spritzgeräte mit handgeführten Verteilereinrichtungen sind üblicherweise auf HDR hin konstruiert und lassen sich meist einfach auf NDR umstellen. Abgesehen von den sehr einfach gebauten Kaltwasser-HDR-Geräten ist fast immer auch Dampfsprühbetrieb möglich (SCHLIESSER und STRAUCH 1981). Im Prinzip genügt es dazu, die Wassermenge zu reduzieren, die Heizleistung zu erhöhen und eine andere Düse anzuschließen. Ein HDR-Gerät besteht aus folgenden Einrichtungen (nach NOSAL 1979; SCHLIESSER und STRAUCH 1981; Abb. 6.5): Die Wasserversorgung kann erfolgen durch Direktansaugung aus einem Behälter oder durch Druckwasser über einen Wasserkasten mit Schwimmerventil. Erhitzt wird mit einem elektrischen Durchlauferhitzer. Eine Membran oder Kolbenpumpe bringt die Flüssigkeit auf den erforderlichen Druck. Die Dosierungseinrichtung sollte eine stufenlose wählbare Reinigungsmittelzugabe ermöglichen, am einfachsten und daher weniger störanfällig saugseitig vor der Pumpe. Die druckseitige Zugabe mittels Injektoren schont die Pumpe vor chemischem Angriff durch Reinigungsmittel, wird bei der Dampfsprühreinigung angewandt und läßt sich von der Sprühpistole aus ansteuern. Bei einigen Geräten kann auch der Wasserzulauf unterbrochen und der flüssige Reiniger aus einem separaten Behälter direkt angesaugt und versprüht werden. Eine hydraulische oder elektrische Schaltung verhindert beim Schließen der Spritzpistole die weitere Zufuhr von Flüssigkeit und setzt das Gerät auch wieder in Gang.

Das Endorgan besteht aus einer Düse an einem geraden, gebogenen oder gewinkelten Spritzrohr oder einer Spritzpistole, jeweils verbunden mit einem Schlauch und ausgerüstet mit einem Abschaltorgan für den Flüssigkeitsstrom. Im Falle eines Bodenwäschers befindet sich über dem Düsenaggregat eine Spritzwasser

Systematik

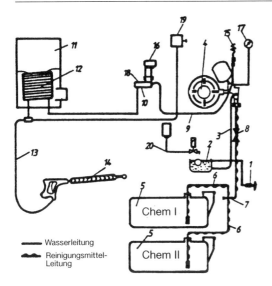

1) Kaltwasserleitung, 2) Schwimmbehälter, 3) Verbindungsleitung, 4) Hochdruckkolbenpumpe, 5) Tank, 6) Saugleitung, 7) Wahlhebel, 8) Dosierventil, 9) Druckleitung, 10) Sicherungsblock, 11) Durchlauferhitzer, 12) Heizschlange, 13) Schlauch, 14) Spritzeinrichtung, 15) Sicherheitsventil, 16) Druckschalter, 17) Manometer, 18) Wassermangelsicherung, 19) Thermostat, 20) Tropfdosiereinrichtung mit Magnetventil.

Abb. 6.5 Funktionsschema eines Hochdruckreinigers nach LUTZ (1985; abgewandelt)

verhindernde Haube. Mobile Reinigungsgeräte vereinen all diese Einrichtungen auf einem fahrbaren Grundrahmen und sind dementsprechend schwer und groß. Bei stationären Reinigungsanlagen werden Heizeinrichtung, Chemikalienbehälter und Pumpe in einer Zentrale aufgestellt und über fest installierte Leitungen mit den Produktionsräumen verbunden. Dort wird das Endorgan mittels Schlauch an Zapfstellen angeschlossen. Über druckseitige Injektoren ist die Reinigungsmitteldosierung hierbei vom Endorgan aus beeinflußbar.

6.1.3.2 Spülen

Der Begriff „Spülen" wird häufig für sehr verschiedenartige Verfahren des Reinigens glatter Oberflächen ohne zusätzliche, mechanische Hilfsmittel benutzt, also auch für Spritzen und Tauchen und ebenso für fast jede Art der Vor- und Nachreinigung mit flüssigen Medien unterschiedlicher Mechanik. Im engeren Sinn bezeichnet „Spülen" Verfahren, bei denen die Reinigungsflüssigkeit in einem – nicht durch eine Düse verteilten – Strom durch geschlossene Objekte wie Rohr- und Schlauchleitungen und Plattenapparate gedrückt oder gesaugt wird. Dabei wird nach einer Füll- bzw. Anlaufphase normalerweise die gesamte Oberfläche gleichzeitig und permanent benetzt (DIN 1987), ausgenommen Rohrmelk- und Schankanlagen (siehe unten). Die Fließgeschwindigkeit muß so hoch sein, daß sie eine turbulente Strömung gewährleistet. Dazu können bei kalter Umlaufreinigung und Nennweite < 50 mindestens 3–4 m/s erforderlich sein, aber über 60° C auch schon 0,5 m/s genügen. Turbulente Strömung fördert den Transport von Reinigungsmittel zur Oberfläche des Reinigungsgutes und den Abtransport des abgetrennten Schmutzes aus dem Objekt. Über ihre mechanische

Systematik

Wirksamkeit beim Abtrennen von Schmutz und adsorbierten Reinigungsmittelrückständen (AUERSWALD 1987) bestehen in letzter Zeit Zweifel: Die Strömungsgeschwindigkeit fällt in einer Grenzschicht vom Rohrinnern zur Wand hin auf Null ab. Damit sinkt auch die Widerstandskraft, mit der die Strömung versucht, die Partikel wegzuschwemmen. Um Teilchen von 0,1 mm Durchmesser von der Oberfläche abzutrennen, würde Wasser eine Strömungsgeschwindigkeit von 40 m/s benötigen (MICHEL und SOMMER 1987). Einen höheren mechanischen Effekt übt die turbulente Zweiphasenströmung aus. Das Gemisch aus Reinigungsflüssigkeit und pulsierend eingelassener Luft erzeugt schnelle Stöße, die den Schmutzabtrag fördern. Außer beim Entfernen von Schmutz (JENNINGS 1965) wurde er auch beim Abspülen haftender Tensidrückstände mit Wasser gemessen (AUERSWALD 1987). Er bleibt auch bei Veränderung des Leitungsquerschnitts erhalten (MICHEL und SOMMER 1987) und wird angewandt bei Schank- (durch pulsierende Pumpen) sowie Rohrmelkanlagen (durch ein gesteuertes Lufteinlaßventil an der Luftleitung, Kap. 5.4) oder Begrenzung des Lösungsmittelvorrates im Zulaufbehälter (MARSHALL 1982). In größeren geschlossenen Anlagen wie Röhren- oder Plattenapparaturen wird er, obwohl reinigungstechnisch wünschenswert, wegen der damit verbundenen Wechselbeanspruchungen, die das ganze System zum Schwingen bringen würden, nicht praktiziert (WALENTA 1988). Da sich bei der Zweiphasenströmung leicht Schaumpolster bilden, sind nicht bzw. schwach schäumende Reinigungsmittel einzusetzen. Ebenfalls einen zusätzlichen mechanischen Effekt üben durch Abstreifen der Oberflächen Gummibällchen oder Schaumstoffschwämmchen aus, die mit der Reinigungsflüssigkeit durch Rohrleitungen gedrückt werden und vor jedem Gebrauch gründlich zu desinfizieren sind. Ein derartiges Ausspülen stellt das am häufigsten praktizierte Verfahren für Bierleitungen dar (HEYSE 1983) und wird auch für Getränkeschank- und Rohrmelkanlagen eingesetzt. Es eignet sich allerdings nur für lange Rohrstücke mit gleichbleibendem Querschnitt, die nicht durch Einbauten unterbrochen sind.

Um schlecht zu reinigende Fließwegschatten zu vermeiden, die sich z. B. an Rohrdurchbrüchen für Meßgeräte bilden, ist während des Reinigens eine Strömungsumkehr wünschenswert. Sie muß bereits bei der Planung einer Anlage berücksichtigt werden und bereitet dabei vor allem wegen der Regelventile Probleme (WALENTA 1988). In modernen Einrichtungen zur Schankanlagenreinigung bildet eine manuell oder elektrisch schaltbare Umkehr der Strömungsrichtung fast die Regel (MICHEL und SOMMER 1987); allerdings sind diese Anlagen relativ einfach gebaut.

Zum einfachen Entleeren sollten Rohrleitungen mit einem leichten Gefälle verlegt sein. Sinnvoll ist es auch, am tiefsten Punkt einer Anlage automatische Entleerungsventile und Kondensatableitungen einzubauen (VON BOCKELMANN 1981). Bei Rohrmelkanlagen dient das Durchsaugen von Schwämmchen dazu, restliches Spülwasser möglichst vollständig zu entfernen.

Als technische Hilfsmittel benötigen Spülverfahren im Prinzip nur eine Pumpe zur Förderung der Reinigungsmedien. Da deren Durchsatz höher als der des Produktes sein soll, werden vielfach eigene Reinigungspumpen eingesetzt, die entsprechend den erwünschten Flüssigkeitsmengen und Fließgeschwindigkeiten dimensioniert sind. Die Reinigungsmittel werden normalerweise in einem Vorlaufgefäß zudosiert; das kann auch ein Produkt-, z. B. der Sirupbehälter eines Vormischers (Premixanlage) sein. Die weiteren Hilfsmittel werden unter CIP besprochen, denn die meisten im Spülverfahren zu reinigenden Objekte sind CIP-geeignet.

Zwar ebenfalls vor Ort und ohne Demontage zu reinigen sind Membran- und Eindampfanlagen; jedoch stellen sie so spezielle Bedingungen an das Verfahren, daß sie nicht mit anderen Anlagenteilen zusammen zu behandeln sind. Die spezifischen Anforderungen von Membranen an die Zusammensetzung der Reinigungsmittel werden im Kap. 11 besprochen. Die Temperatur der Medien sollte im allgemeinen zwischen 40° und

60 °C liegen. Um den Schmutz abzuheben und eine Filtration der Reinigungslösung zu vermeiden, ist der senkrecht auf die Membran gerichtete Anpreßdruck stark zu vermindern (NAKANISHI und KESSLER 1984) und die parallel zu ihr wirkende Kraft durch Erhöhung der Strömungsgeschwindigkeit auf mindestens 2-2,5 m/s zu fördern (GROSSE-BÖWING 1982). Bei anorganischen Membranen ist zusätzlich eine Rückspülung von der Permeatseite aus möglich (GROSSE-BÖWING 1982; KULOZIK 1988). Die erforderliche Reinigungszeit ist im Einzelfall empirisch zu bestimmen und beträgt fast immer pro Reinigungsschritt 15-20 min. Bei längerem Spülen wird ein Refouling befürchtet, d. h. der Aufbau einer Sekundärmembran aus Bestandteilen des Reinigungsmittels.

In Verdampferanlagen bieten die großen inneren Oberflächen der Heizrohre Ansatzstellen für hartnäckige Eiweißverunreinigungen, die mitunter nur noch durch Aufbohren zu entfernen sind. Für die regelmäßige Reinigung von Eindampfanlagen werden 2 prinzipielle Verfahren diskutiert (DÜMMLER, 1988; NYMARK, 1985; Schlammpress-Technik und Industriereinigung, 1984): Nach dem bisher gebräuchlicheren Verfahren mit Verdampfung durchlaufen die Reinigungsmedien die Anlage auf dem Produktweg und werden dabei konzentriert. Durch die Verdampfung entsteht eine turbulente Strömung. Kritische Stellen werden zusätzlich über Sprühdüsen gereinigt. Bei neueren Verfahren fördern zusätzliche Reinigungspumpen große Flüssigkeitsmengen unter hohem Druck (bis zu 1000 bar) ohne Verdampfung durch die Anlage. Über eventuelle Energie- und Zeiteinsparungen des letzteren gegenüber dem ersteren Verfahren besteht Uneinigkeit; sie sind außerdem gegen den höheren technischen und finanziellen Aufwand für vor allem Pumpen und Ventile abzuwägen. Die angegebene Laugen- und Säurezirkulationszeiten liegen im Bereich zwischen 20 und 60 min (KESSLER 1976; DÜMMLER 1988).

Ein Beispiel für die Anwendung von Spülverfahren in der Fleischwirtschaft sind Pökellauge-Injektomaten.

6.1.3.3 Sonstige mechanische Prinzipien

Tauchen und Befüllen

Reine Tauch- und Befüllverfahren werden selten angewandt. Sofern überhaupt noch praktiziert, sind sie mit einer Bewegung der Lösung oder des Reinigungsgutes verbunden: Turbulenz in Tauchweichbädern können einströmender Dampf oder stoßweise eingelassene Sterilluft (z. B. Wirbelreinigung von Kegs) verursachen. Flaschen werden durch Tauchstationen befördert, dabei ein- oder mehrmals gewendet (bei den reinen „Soaker"-Anlagen) und die Lauge umgewälzt. Tauchbäder für z. B. Käseformen sind ebenfalls häufig mit Umwälzpumpen ausgerüstet (REIFF u. a. 1970). Die Kneter von Butterungsmaschinen werden mit Reinigungsflüssigkeit gefüllt und die Schnecken bei gegenläufiger Bewegung mit Höchstdrehzahl betrieben. Zusätzlich wird Reinigungslösung vom Mundstück gegen die Schneckenförderrichtung gepumpt (BUCHWALD 1982 a).

Ultraschall

Die bis in feine Poren und Spalten reichende Wirksamkeit von Ultraschallbädern beruht auf mechanischen Schwingungen. Der Umwandler, der die mechanischen Schwingungen erzeugt, kann in Form einer Sonde in den zu reinigenden Behälter gebracht werden. Meist ist er in einem offenen Tank installiert. In diesen werden Drahtkörbe mit dem Reinigungsgut gesenkt, oder die Objekte durchlaufen dieses Bad auf einem Förderband liegend. Der Zusatz von Reinigungsmitteln (Alkalien, nichtionische Tenside, Sequestriermittel, Korrosions- und Schauminhibitoren) kann die Wirkung der Ultraschallreinigung verbessern und soll vor allem die Wiederablagerung des Schmutzes verhindern. Jedoch nehmen Lösungen niedriger Oberflächenspannung bei der Kavitation weniger Energie auf, die sie dann beim Implodieren freisetzen, als Wasser (DWYER 1966). Die erforderliche Behandlungsdauer ist bei Anwendung von Ultraschall mit 20 s bis 4 min relativ kurz, die optimale Temperatur liegt im Bereich von 50–80 °C. Meistens ist die Ultraschallreinigung mit anderen Techniken zum Vor- und Nachspülen verbunden wie Tauchen, Spritzen oder Schwallen. Die Ultraschall-Reinigung wird gelegentlich bei Kegs, Backblechen, Käseformen und -deckeln, Transportkasten und -wannen für Flaschen, Gebäck, Fleisch, Fisch, Gemüse, Obst und Schneidbrettern angewandt.

Behandlung mit Schaum oder Gel

Die Schaumreinigung bezeichnet das „Verdüsen tensidhaltiger . . . Reinigungsmittel mit Hilfe von Preßluft unter Ausbildung von zumeist feinsahnigem und nicht zu feuchtem Schaum" (EDELMEYER, 1985). Die Schaumlamellen setzen nach und nach Reinigungsflüssigkeit mit den darin enthaltenen chemischen Komponenten frei, die dann bis zum Abfließen des Flüssigkeitsfilmes oder dem Abspritzen auf den Schmutz einwirken. Reinigungsschaum sollte daher stabil sein und auch an senkrechten Flächen gut haften, beim Abspritzen jedoch schnell zusammenfallen. Anwendungsbeispiele für Schaumreinigung: Arbeitstische, Schneidbretter, senkrechte Wände, Decken, Böden, Räucherkammern, Kühlräume, Außenreinigung von Anlagen, Tanks, Leitungen, Fahrzeugen, Förderbänder und -ketten, Großkochanlagen, Kutter, Pökelbehälter, Käsepressen, -wannen, -regale, -paletten, Siebe, Gitter, Schlachtlinien der Geflügel-, Fleisch- und Fischverarbeitung mit Stechwannen, Entblutungsrinnen, Enthäutungs- und Zerlegeanlagen, Eviszerationsförderern (Eviszeration = Ausweiden), Innereienförderern, Bearbeitungstischen, Brühbottichen. Erlauben begrenzte Schaumstabilität oder zu kurze Haftzeit an glatten, wenig saugfähigen Oberflächen (WILDBRETT u. HUBER 1980) keine genügend lange Einwirkdauer, kann statt des Schaumes auch ein Gel als dünner Film aufgetragen werden.

Reinigungsgele sind hochviskose, thixotrope Substanzen, die sehr heiß angewandt werden können und Einwirkzeiten von mehreren Stunden ermöglichen; sie werden mit ND abgespritzt. Als Anwendungsbeispiel führt COX (1970) alte Bierstein-/Proteinverschmutzungen an, ebenso könnte sich diese Reinigungstechnik für Heißluftkonvektomaten in Großküchen eignen.

Bürsten, Wischen, Scheuern

Der mechanische Effekt dieser Verfahren beruht auf dem über Bürste, Tuch, Pad etc. ausgeübten Druck. Sie werden häufig mit Tauch-, Befüll- oder Spritzvorgängen verbunden. Manuelles Bürsten und Wischen beschränkt sich im wesentlichen auf Einzelobjekte, bei denen sehr gezielt zu arbeiten ist (Armaturen, Brotschneidemaschinen), für die es keine Reinigungsgeräte gibt oder wenn sich deren Anschaffung nicht lohnt. Beispiele sind Schlachtbestecke, Fleischwölfe, Siebe, Filter, Milchkannen, Faß-Anstichvorrichtungen, die in der Gastronomie verbleiben sowie Teile, die CIP nicht wirksam erfaßt und die daher ab und zu auszubauen sind (Meßeinrichtungen, Dichtungen etc.). Dagegen können Wände, Decken, Fußböden und die Außenflächen von Anlagen mit mechanisch angetriebenen Geräten gereinigt werden (Kap. 6.2.1.3). Verschiedene Wasch- und Spülmaschinen für bewegliche Objekte enthalten eine, mehrere oder ausschließlich Stationen mit rotierenden Bürsten, an denen das Reinigungsgut vorbeigeführt wird. Das sind z. B. Maschinen für Backformen (SCHRAMM 1987), Brot-, Fleisch-, Fischkasten bzw. -wannen (NEWTON 1984), Bäckerkörbe (Anonym 1985), Hackblöcke, Premixbehälter und Getränkecontainer (REIFF u. a. 1970), Kegs und Flaschen.

6.1.4 Nutzungshäufigkeit und -dauer der Reinigungslösungen

Die Standzeit (KELLER 1988) oder Nutzungshäufigkeit der Reinigungslösungen hängt ab von dem Grad der Verschmutzung, den hygienischen Anforderungen, den Inhaltsstoffen des Reinigungsmittels und den techni-

Systematik

schen Vorausetzungen zum Zurückgewinnen der gebrauchten Flüssigkeiten. Bei verlorener Reinigung wird die Lösung für jeden Reinigungsgang neu angesetzt und danach verworfen. Verlorene Reinigung wird praktiziert, wenn die Lösung durch einmaligen Gebrauch so stark verschmutzt ist, daß sie ihre Wirksamkeit weitgehend verloren hat. Das ist z. B. der Fall bei UHT- und Eindampfanlagen – vgl. aber LAACKMANN (1991) – bei Rohrleitungen, Sammel- und Ansatzbehältern in der Früchteverwertung und bei der Fleischverarbeitung. Auch sind Reinigungslösungen, die reaktive Wirkstoffe wie z. B. Aktivchlor enthalten, nur einmal zu verwenden, da die keimtötende Substanz sich zersetzt.

Weist die Lösung nach der Reinigung noch eine ausreichende Wirksamkeit auf, kann sie in einem eigenen Behälter gestapelt und wiederverwendet werden. Vorher ist sie ggf. aufzubereiten (Kap. 9.3.2) und konzentriertes Reinigungsmittel nachzudosieren, um Wirksamkeitsverluste infolge Verdünnung durch Spülwasser und Reaktion mit Schmutzbestandteilen auszugleichen. Stapelreinigung vermindert gegenüber verlorener Reinigung den Wasserverbrauch und die Abwassermengen, erfordert aber zusätzliche Einrichtungen zum Umlenken (Verbindungsleitungen, Ventile), Lagern (Behälter) und Aufbereiten der Flüssigkeiten und ein kompliziertes Dosiersystem. Zwischen ein- und mehrmaliger Verwendung einer Reinigungslösung ist der Einsatz gebrauchter Lösungen zum Vorspülen einzuordnen.

Die Stapelreinigung wird hauptsächlich im Zusammenhang mit CIP-Verfahren angewandt (Kap. 6.2.1.1). Aber auch bei der Flaschenreinigung sind sehr lange Laugenstandzeiten (Monate) üblich (SCHRÖDER 1984), wobei die Lösung – abgesehen von der Aufbereitung – in der Anlage verbleibt. Neben der Lauge wird hierbei das Wasser der Frischwasserspritzung zur Warmwasser-Zwischenbehandlung bzw. vom Überlauf des Warmwasser-Behälters zur Vorreinigung wiederverwendet. Zur Aufbereitung von Reinigungslösungen bieten sich grundsätzlich folgende Möglichkeiten:

1. Absetzbarer Schmutz wird in einem möglichst zylindrokonischen Stapelbehälter durch einen Ablaßhahn im Boden abgezogen.
2. Schmutz wird durch Zentrifugieren entfernt.
3. Gelöster Schmutz wird durch Tangentialfiltration mittels Membranen abgetrennt; das Permeat kann zu Reinigungszwecken weiterverwendet werden (Kap. 9.3.2).

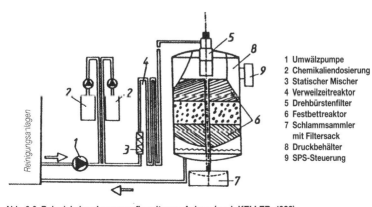

Abb. 6.6 Beispiel einer Laugenaufbereitungs-Anlage (nach KELLER, 1988)

Systematik

4. In einer speziellen Laugenaufbereitungs-Anlage (KELLER 1988; Abb. 6.6) werden zur Reinigungslösung Fällungs-, Flockungs- und Oxidationsmittel zugemischt, die der Zusammensetzung der aufzubereitenden Lösung anzupassen sind. Gelöste Verunreinigungen fallen aus oder lagern sich an ausgeflockte Partikel an und lassen sich durch Sedimentation oder Filtration abtrennen.

5. Ein spezielles Problem stellen die Aluminiumdekors der Getränkeflaschen dar. 1 kg Al verbraucht 1,48 kg Ätznatron (BORG 1986). Durch Behandlung der Lauge mit Kalk wird Natriumaluminat in unlösliches, abfiltrierbares Calciumaluminat umgewandelt. (SCHRÖDER 1984; FRANK 1984).

6.1.5 Art der Reinigungsflüssigkeiten

In der Regel beginnt die Reinigung mit einem Spülgang, für den auch gestapeltes Nachspülwasser, gebrauchte Reinigungslösung oder – im Falle der Membranenreinigung – Permeat verwendet werden kann. Mit dem Vorspülen soll die Schmutzbelastung der nachfolgenden Reinigungslösung reduziert und damit Reinigungsmittel eingespart werden. Wegen der Inaktivierung keimtötender Wirkstoffe durch organischen Schmutz muß bei kombinierter Reinigung und Desinfektion in einem Arbeitsgang besonders gründlich vorgespült werden. An das Vorspülen schließen sich ein oder mehrere Schritte mit einem oder mehreren unterschiedlichen chemischen Mitteln an. Im Falle mehrerer Reinigungsphasen müssen Spülphasen mit Wasser die Reste der verschmutzten Lösung entfernen, insbesondere wenn alternierend eine saure und alkalische Reinigung erfolgt. Den Abschluß bildet eine Spülphase mit frischem Leitungswasser, das mikrobiologisch den Anforderungen der Trinkwasser-VO entspricht.

Ein wichtiges Verfahrenskriterium besteht darin, daß die chemische Desinfektion in einem gesonderten Arbeitsgang oder kombiniert mit der Reinigung erfolgen kann. Aus Gründen der Zeit- und Energieeinsparung wird die Desinfektion, soweit hygienisch vertretbar, in einem Arbeitsgang gemeinsam mit der Reinigung durchgeführt. Die Lösungen alkalischer und saurer Reinigungsmittel, die in Tab. 6.4 mit L und S bezeichnet sind, enthalten daher vielfach auch keimtötende Wirkstoffe. Die Fälle, in denen eine nachgeschaltete Desinfektion (D) üblich ist, sind getrennt aufgeführt. Gesondert zu desinfizieren ist zum einen dann, wenn die Reinigungslösung stark mit Schmutz belastet wird, zum anderen, wenn ein besonderes hygienisches Risiko besteht wie beispielsweise bei der Verarbeitung von Geflügel, Fleisch oder Säuglingskost.

Eine weitere Einteilung der Verfahren ist nach der Reaktion und Anzahl der Reinigungslösungen möglich: Die einphasige Reinigung erfolgt entweder mit einer alkalischen oder sauren Lösung. Da in der Lebensmittelindustrie hauptsächlich Eiweiß-, Stärke- und/oder Fettverschmutzungen zu entfernen sind, dominiert die alkalische Reinigung. Saure Lösungen dienen der Beseitigung mineralischer Ansätze (Kalk-, Milch-, Bierstein). Belagsgefährdete Oberflächen finden sich unter anderem in Erhitzern (vor allem UHT-Anlagen), Verdampfern und Kochkesseln. Da jedoch neben der anorganischen Verunreinigung fast immer gleichzeitig organische Rückstände vorliegen, ist die einphasig-saure Reinigung relativ unbedeutend. Meist schließt sich die saure Reinigung regelmäßig oder sporadisch der alkalischen nach einer Zwischenspülung mit Wasser an. Die umgekehrte Reihenfolge der Flüssigkeiten (W-S-W-L-W in Tab. 6.4) in der mehrphasigen Reinigung ist relativ selten, führt aber manchmal besser zum Ziel (KIEFERLE und WILDBRETT 1953). Die meisten der weiteren in Tab. 6.4 angeführten Verfahren gelten für die maschinelle Reinigung von Fässern, Flaschen, Behältern etc. Sie unterscheiden sich von den zuvor besprochenen im wesentlichen nur dadurch, daß sie oftmals mehrere, aufeinanderfolgende Stationen für Laugen bzw. Wasser enthalten. Abgesehen von ein paar, im wesentlichen

Systematik

Tab. 6.4 Beispiele für die Aufeinanderfolge von Reinigungsschritten in der Lebensmittelindustrie

Abfolge der Reinigungsflüssigkeiten	Anwendungsbeispiele
W–L–fW	Milchtanks, -behälter, Abfüllinie für Süßgetränke, Schankanlagen, Räucherkammern, -haken, Hackmaschinen, Kutter, Behälter, Kasten, Kleinteile, Formen im Tunnelwäscher, Wände, Böden;
W–L–fW–D–fW	Fließweg von Erhitzern zu Füllern im Fruchtsaftbetrieb, Früchteverarbeitungslinie, Geflügelschlachtlinie, Transportsystem für Geflügelinnereien, Schneidbretter, Arbeitsflächen;
wW–L–W–Dampf	Fässer und Kegs innen;
W–S–fW–D–fW	Milchsammelwagen; Außenflächen der Anlagen der Abfüllung von Sauermilchprodukten; Margarinelinie; mit fakultativer Desinfektion: Trinkmilch- und Sahnelager, Puffer- und Drucktanks in Brauereien (sporadisch zusätzlich Lauge), Kochkammern;
W–L–W–S–fW	UHT-Erhitzer, Verdampfer, Separatoren (u. a. Quark-), Käsehorden, -formen, Fässer innen, ZKG, Membranen;
W–L–fW–Sx–fW	Melkanlagen, Erhitzer (Pasteure), Sudwerk, Whirlpool, Würzeleitungen, -kühler, Bierleitungen, Membranen, kontinuierliche Wurst-Produktionslinie;
W–L–fW–Sx–fW–D	Sahnesilos;
W–L–W–S–fW–D–fW	Trinkmilch- und Sahnelager, Anlagen zur aseptischen Abfüllung, Membranen, Schankanlagen, nach CO_2-Absaugung: ZKG, ZKL, Fässer;
W–L–W–S–fW–Dampf	Steriltankanlage, Kegs innen;
W–S–W–L–fW	Käsereianlage, Zentrifugenteller, Membranen;
L–fW	2-Zonen-Waschmaschine (geringe Verschmutzung)[1];
L–wW–fW	3-Zonen-Waschmaschine (mittlere Verschmutzung)[1];
W–L–W–fW	4-Zonen-Waschmaschine (schwierige Verschmutzung)[1];
W–S–fW–fW	4-Zonen Waschmaschine für Al-(Schinken–)Formen;
W–L–L–W–S–fW–Dampf	Fässer, Kegs (innen);
W–L–L–D–fW	Getränkecontainer in einer Reinigungsmaschine nach CO_2-Absaugung;
W–L–L–wW–W–fW	Flaschen;
W–L–L–L–wW–W–fW	Flaschen;
W–D–W	Mineralwasserabfüllung;
Permeat-Spezialprodukt–fW–D–fW	Membranen (D: chlorfrei);

L = alkalische Lösung, evtl. mit desinfizierender Komponente
S = saure Lösung
Sx = saure Lösung zur sporadischen Anwendung bzw. in regelmäßigen Abständen
D = gesonderte chemische Desinfektion
W = Wasser (w – warm, f – frisch, k – kalt)
ZKG bzw. ZKL = zylindrokonische Gär- bzw. Lagertanks
[1] = in der Fleischwirtschaft für z. B. Transportkasten, Paletten, Kleinteile wie Haken (nach VOLZ, 1987)

hier dargelegten Grundregeln müssen die Verfahren den besonderen Bedingungen des einzelnen Betriebes angepaßt werden und das Leistungsprofil des jeweils verwendeten Reinigungsmittels berücksichtigen. Für die Membranreinigung gelten zwar die Schemata der zweiphasigen Reinigung (Tab. 6.4), ggf. mit anschließender Desinfektion, aber vielfach bestehen Membranen aus Materialien, die empfindlich gegenüber den sonst üblichen Säuren und Laugen reagieren. Für die Vielzahl der verschiedenen Membrantypen, -materialien und -verschmutzungen gibt es eine Vielzahl an Spezialprodukten, die sich unter anderem durch spezielle Tensidkombinationen auszeichnen (LINTNER und BRAGULA 1987). Gelegentlich wird eine Reingiung mit enzymhaltigen Mitteln vorgeschlagen. Diese ist zwar im Normalfall zu teuer (KULOZIK 1988), kann aber bei verstopften Membranen helfen. Allerdings kann die erforderliche Reaktionszeit zum Abbau der Verschmutzung Stunden oder sogar Tage betragen (BRAGULLA und LINTNER 1986).

Eine gesonderte Behandlung erfordern ebenfalls Behälter, die zum Zeitpunkt des Reinigens noch Kohlendioxid enthalten wie Gär- und Lagertanks und geschlossene Fässer, denn es neutralisiert die freie Alkalität der Reinigungslösung, wobei Unterdruck entstehen kann, und setzt aus aktivchlorhaltigen Lösungen Chlorgas frei. Daher muß entweder sauer und chlorfrei gereinigt oder vor der Reinigung CO_2 abgesaugt werden, wie z. B. in Keg-Reinigungsmaschinen. Wegen der problematischen Verunreinigungen mit Brandhefe und Hopfenharzen verzichtet man in der Brauerei ungern auf alkalische, aktivchlorhaltige Reiniger. Die Dosierung handelsüblicher alkalischer und saurer Reinigungsmittel liegt allgemein zwischen 0,5 und 3 %, die der sauren Mittel etwas niedriger als die der alkalischen.

6.2 Beispiele für Naßverfahren

6.2.1 Verfahren für stationäre Objekte

6.2.1.1 CIP für geschlossene Objekte

Die Interpretation des Begriffs „CIP" hat über die an Ort und Stelle, ohne Demontage erfolgende Reinigung hinaus eine Erweiterung erfahren. CIP schließt heute mit ein die Verbindung der Objekte untereinander über Produktionswege und mit einer eventuell gemeinsamen Reinigungsanlage, welche die Objekte mit Reinigungsflüssigkeiten versorgt und den Ablauf auf einem hohen Automatisierungsniveau regelt. Mit CIP eng verbunden ist die Stapelreinigung, da sich die Lösungen aus derartigen Kreisläufen relativ leicht zurückgewinnen lassen. CIP bedeutet nicht in jedem Fall, daß keinerlei manuelle Eingriffe notwendig sind. Zwar ersetzen starre Verrohrungen mit automatisch arbeitenden Ventilen manuell einzusetzende Verbindungen wie Umschlußbögen und Schlauchleitungen soweit wie möglich, gelegentlich sind Fließwege immer noch durch das Einsetzen von Paßstücken zu schließen, wie etwa bei Transportlinien für Geflügelinnereien an der Stelle, an der während der Produktion Kästen stehen, und beim Anschluß von Milchsammelwagen. Außerdem sollen manche Armaturen, Pumpen, Separatoren und dgl. gelegentlich demontiert und gesondert manuell gereinigt werden. Folgende CIP-Konzeptionen sind in der Praxis zu finden:

CIP mit Einmalverwendung

Einfachere CIP-Systeme ohne Stapelung der Lösungen arbeiten meist mit dezentral, nahe den Objekten aufgestellten Versorgungseinheiten und kommen daher mit kleinen Flüssigkeitsvolumina und wenigen, relativ einfachen technischen Einrichtungen aus. Im einfachsten Fall werden die Gebrauchslösungen in einem Produktbehälter mit zeitabhängiger Dosierung des Konzentrats angesetzt, durch Dampfinjektion erwärmt und mittels einer Pumpe über die Fließwege des Produkts durch die zu reinigende Anlage geführt. Die Investitionskosten hierfür sind niedrig, aber die Verbrauchskosten für Wasser und Reinigungsmittel gegenüber anderen Konzeptionen höher. Zumindest sollten die Anlagen einen Tank zur Stapelung des Nachspülwassers zur Wiederverwendung für Vorspülzwecke besitzen. Sollen mehrere Anlagen bzw. Objekte von einer gemeinsamen Zentrale mit Reinigungsflüssigkeiten versorgt werden, sind längere Leitungen und damit größere Flüssigkeitsvolumina notwendig.

CIP mit Wiederverwendung
Wegen des höheren technischen Aufwandes für das Stapeln von Reinigungslösungen sind hierbei genauere Überlegungen zur zweckmäßigen Lokalisierung der Versorgungseinheiten anzustellen. Es bestehen 3 Grundkonzeptionen:

Lokalisierte Einheiten:
Jede Produktionsanlage, d. h. jeder zu reinigende Kreislauf (= System), besitzt eine eigene, in nächster Nähe aufgestellte Versorgungseinheit mit den notwendigen Behältern für Reinigungs- und Desinfektionslösungen, Dosier- und Temperiervorrichtungen, Pumpen und Steuereinrichtungen. Es genügen kurze Verbindungsleitungen. Die Reinigung läßt sich optimal den Erfordernissen der einzelnen Anlage anpassen. Ausfälle wirken sich nur begrenzt aus. Es ist jedoch sehr teuer, jede Produktionsanlage mit einer eigenen Reinigungsanlage auszustatten.

Zentralisierte Einheiten:
Eine Zentrale versorgt mehrere Kreisläufe mit bereits in der Konzentration eingestellten und temperierten Reinigungsflüssigkeiten und stapelt diese in großen Vorratsbehältern für nachfolgende Reinigungsoperationen. Die Verbindung der Reinigungszentrale mit den verschiedenen Produktionsanlagen erfordert lange Rohrleitungen, daher große Flüssigkeitsvolumina und hohe Pumpenkapazitäten; auf den langen Verbindungswegen treten Wärmeverluste ein. Diese Konzeption reduziert die Gesamtzahl der Versorgungs- und Regeleinrichtungen eines Betriebes beträchtlich. Sie stößt dort an Grenzen, wo verschiedene Kreisläufe sehr unterschiedliche Anforderungen an die Reinigungsflüssigkeiten stellen. So sind im Gegensatz zu den meisten anderen Anlagen die Objekte der Hefe-, Gär- und Lagerkeller einer Brauerei zwangsläufig kalt bis lauwarm zu reinigen (WULLINGER und GEIGER 1976; WULLINGER u. a. 1977). Auch entspricht es schlechter Hygienepraxis, beispielsweise Rohmilch- und Endproduktanlage mit gleichen Lösungen zu reinigen (BARRON 1984). Eine gewisse Flexibilität ist jedoch erreichbar, indem z. B. der einen UHT-Erhitzer einbeziehende Kreislauf an einen anderen Laugenbehälter angeschlossen wird als der des Milchlagers.

Satelliten-Konzept:
Nahe den einzelnen Produktionsanlagen aufgestellte Chargentanks beziehen über eine Ringleitung von einer gemeinsamen Zentrale die nicht erhitzten Gebrauchslösungen. Von hier aus wird nur das für die jeweiligen Objekte benötigte Volumen über einen Erhitzer in den Kreislauf gepumpt. Diese Konzeption ermöglicht also gegenüber der extremen Zentralisierung einen gezielteren, flexibleren und mit geringeren Verlusten verbundenen Einsatz thermischer Energie und erspart gegenüber den vollständig dezentral aufgestellten Anlagen vor allem Dosierungseinrichtungen.

Neben den hier dargestellten Grundkonzeptionen gibt es Mischformen, die Lokalisierung der Versorgungseinheiten und die Standzeiten der Flüssigkeiten betreffen, z. B. in Form der zentralen Stapelung von Lauge und der lokalen Injektion konzentrierter Säure an der Satellitenstation (DAMEROW 1983).

CIP-geeignete Anlagen, CIP-Hilfsmittel und -Prozesse (= CIP-Komponenten) können hier nur mit einigen wesentlichen Merkmalen und Beispielen angeführt werden. Detaillierte technische Angaben finden sich u. a.

Beispiele für Naßverfahren

bei BUCHWALD 1982 b u. 1987; HAUSER u. MICHEL 1984 a, b u. 1985; HAUSER u. a. 1985; HÜTER 1986; MERDIAN 1979. Produktions- und CIP-Anlagen und -Prozesse sind von der Planungsphase an auf ein Höchstmaß an hygienischer und technischer Sicherheit hin zu konzipieren.

Zu reinigende Anlagen und Objekte
Wegen des hohen Grades an Mechanisierung und Automation wird immer versucht, falls möglich, CIP anzuwenden. Prädestiniert dafür sind große Behälter und geschlossene Anlagen. Bei gezielter Spritzstrahlreinigung eignet sich diese Technik auch für offene Behälter. Es gilt: Je mehr die Produktion kontinuierlich abläuft und je einfacher, größer und geschlossener die Objekte sind, umso eher läßt sich CIP anwenden. Die meisten Poduktionsbereiche der Milch- und Getränkeindustrie, Eiscreme- und Margarineherstellung sind CIP-fähig. Dagegen bleibt CIP in der Fleisch- und Geflügelverarbeitung bisher nur auf wenige Anwendungen beschränkt.

Beispiele für CIP-Anwendung:
– Getränkeindustrie: Anstellbottiche, zylindrokonische Gär- und Lagertanks, Drucktanks, Leitungen, Flaschen-, Faß-, Keg- und Dosenfüller (ohne Füllorgan), Wein- und Safttanks, Filter und -pressen
– Milchwirtschaft: Rohrmelkanlagen; Milchsammelwagen; Tanklager, Platten- und Röhrenerhitzer, Zentrifugen, Butterfertiger, Käsefertiger, Abfüllanlagen
– Fleischwirtschaft: Anlagen zur kontinuierlichen Wurstproduktion, Transportsystem für Geflügelinnereien
– Margarineindustrie: Tanks, Behälter, Rohrleitungen.

Alle Objekte müssen möglichst glatt und ausreichend chemisch und thermisch beständig sein. Einfache Anlagenkonstruktionen erleichtern die Reinigung und sichern ihren Erfolg. Ansatzgefährdete Stellen (eingebaute Meßgeräte, Pumpen, Ventile, Dichtungen, Durchbrüche für Rührwerke etc.) sollten leicht zugänglich und, soweit notwendig, die betreffendenTeile zerlegbar sein. Um alle Oberflächen sicher und gleich bzw. regelmäßig mit einem turbulenten Strom bzw. Rieselfilm zu beaufschlagen, sind unter anderem folgende Überlegungen bereits in die Planung einzubeziehen: Strömungsquerschnitte sind möglichst konstant zu halten, Strömungsschatten und Toträume zu vermeiden z. B. durch Dichtungen, die bündig mit der Rohrinnenwand sind. Ecken, Winkel, scharfe Umlenkungen und unkontrollierte Verzweigungen sind zu vermeiden. Behälter sollten möglichst wenige Einbauten und eine ausreichende Neigung zum richtig dimensionierten Auslauf hin besitzen (DEUTSCH 1975). Behälter müssen be- und entlüftbar sein, damit sie sich bei Flüssigkeits- bzw. Temperaturwechsel nicht verformen. Nicht CIP-taugliche Anlagenteile müssen gekennzeichnet und gesondert behandelt werden.

Reinigungsanlage
Alle Behälter für Reinigungs- und Desinfektionslösungen sowie Spülwasser müssen den Inhalt der gleichzeitig aus ihnen gespeisten Kreisläufe zuzüglich einer Puffermenge fassen. Sie sind mit Füllstandselektroden ausgerüstet. Die Behälter sollen so angeordnet werden, daß die Frischwasserleitung regelmäßig desinfiziert und eine wirksamkeitsmindernde Vermischung von Reinigungsflüssigkeiten verhindert wird (Abb. 6.7). Die Erwärmung kann durch Heizschlangen im Vorratsbehälter, Dampfinjektion in den Vorlauf oder Gegenstromapparate erfolgen. Pumpen sind so zu dimensionieren, daß sie in Abhängigkeit von Temperatur, Rohrquerschnitten und auch bei langen Leitungswegen eine turbulente Strömung bzw. die geforderten Spritzdrücke gewährleisten. Um in Behältern eine Sumpfbildung zu vermeiden, müssen Vor- und Rücklauf im Gleichgewicht stehen; taktweises Spritzen hat einen ähnlichen Effekt. Ventile dienen zur Sperrung bzw. Freigabe von Fließwegen. Ventilstellungen werden ständig an die Steuerzentrale zurückgemeldet. Eine besondere Funktion

Beispiele für Naßverfahren

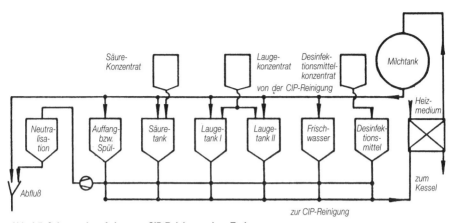

Abb. 6.7 Schema einer Anlage zur CIP-Reinigung eines Tanks

kommt den Doppeldichtventilen zu, die der leckagesicheren Trennung von gleichzeitig laufenden Medien dienen, insbesondere von flüssigen Produkten und Reinigungslösungen, Produkt und Wasser usw. Sie leiten an Nahtstellen der Fließwege durchtretende Flüssigkeiten nach außen ab, machen dadurch Undichtigkeiten sichtbar und verhindern, daß sich Produkt- und Reinigungsflüssigkeiten unbemerkt mischen können. Meßsonden für Temperatur, Konzentration und Strömungsverhältnisse kontrollieren Fließwege und Vorratsbehälter. Filter oder Separatoren dienen der Aufbereitung von Reinigungslösungen, indem sie einen Teil der Verschmutzungen abtrennen. Die Steuerzentrale mit Fließbildern dient der Überwachung der Programmabläufe, und eine speicherprogrammierbare Steuerung kontrolliert Ventile und Motoren, verarbeitet Eingangssignale der Niveau-, Temperatur-, Strömungs- und Leitfähigkeitskontakte und steuert die Wege für Produktion und CIP. Meßdaten werden kontinuierlich gespeichert und können gegebenenfalls über Schreiber aufgezeichnet oder an einem Drucker ausgegeben werden (BUCHWALD 1987). Behälter für die konzentrierte Lauge und Säure müssen in Wannen stehen, die den gesamten Inhalt aufnehmen können, andernfalls muß der Boden inclusiv des Wandsockels flüssigkeitsdicht, ohne Ablauf und chemikalienbeständig sein (DIN 1987). Weitere gesetzliche Vorschriften ergeben sich unter anderem aus dem Wasserhaushaltsgesetz (Anonym 1986 a) und der Gefahrstoff-VO (Anonym 1986 b).

Chemische Hilfsmittel
Sie sind nicht CIP-spezifisch, sondern wiederum den Erfordernissen der jeweiligen Produktionsanlage anzupassen. Wohl aber erfordern in-place-gereinigte Objekte häufiger als andere mehrphasige Reinigungsprozesse. Wegen der automatischen Zudosierung der Konzentrate werden diese in flüssiger Form verwendet.

Programm
Als erster Schritt müssen aus den Anlagen die Reste des verarbeiteten Produktes soweit wie möglich entfernt werden. Dazu werden folgende Verfahren diskutiert:
– Ausblasen mit Preßluft; es wird bei hoher Viskosität des Produktes, z. B. Rahm, und wegen der Gefahr der Schaumbildung als problematisch angesehen (DIN 1987).
– mechanische Hilfsmittel (Molche) können ebenfalls mit Preßluft oder mit Wasser befördert werden.

Beispiele für Naßverfahren

- Ausschieben mittels Wasser ist die häufigste Methode. Dabei erfolgt die Trennung von Produkt und Wasser visuell (Schauglas) oder automatisch, z. B. über Trübungs-, Volumen- oder Leitfähigkeitsmessung.

Tab. 6.5 CIP von Milchsammelwagen
Elemente: Tankwagen mit eingebauten Spritzeinheiten (NDR), Frischwasseranschluß, Anschluß für Reinigungsflüssigkeiten mit indirekter Heizung, leitfähigkeitsabhängige Dosierung.

Arbeitsschritt	Flüssigkeit	Temp. °C	Konz. %	Dauer min
1. Vorreinigung	Frischwasser	kalt	–	2
2. Reinigung	sauer, tensidhaltig	65	0,8	5
3. Zwischenspülung	Frischwasser	kalt	–	1
4. Desinfektion	Kombination von H_2O_2-Peressigsäure	kalt	0,1	3
5. Nachspülen	Frischwasser	kalt	–	0,5

Tab. 6.6 CIP einer Steriltankanlage (DAMEROW 1983; KESSLER 1976)

Arbeitsschritt	Flüssigkeit	Häufigkeit/Dauer	Temp. °C	Konz. %
Vorreinigung	Wasser	3 x 20 s	40– 60	–
Reinigung	alkalisch	10–12 min	65– 75	2,5
Zwischenspülung	Wasser	2 x 40 s	kalt	–
Reinigung	sauer	3–10 min	65– 75	1
Nachspülen	Wasser	5–10 min	65– 75	–
Sterilisieren	Dampf	20 min	130–150	–

Mechanik: Spritzen, Vor- und Zwischenreinigung intervallartig mit Pausen von je 40 s
verlorene Reinigung
mengenproportionale Dosierung der Reinigungsmittel-Konzentrate

Tab. 6.7 CIP von Trennmembranen (KESSLER 1988)

Arbeitsschritt	Flüssigkeit	Temp. °C	Konz. %	Dauer min
Vorspülen	Retourwasser	ca. 15	0	15–30
Reinigung	alkalisch[1]	ca. 70	1	[3]
Zwischenspülen	Trinkwasser	ca. 15	0	[3]
Reinigung	sauer[2]	ca. 60	0,3–0,5	[3]
Nach- bzw. Zwischenspülen	Trinkwasser	ca. 15	0	[3]
(Reinigung	alkalisch	[3]	0,3–0,5	[3])
Spülen	Trinkwasser	ca. 15	0	[3]

[1] Natronlauge, evtl. mit Zusätzen von Komplexbildnern, anionischen Tensiden und Enzymen; pH-Wert = 12–13
[2] Salpetersäure, evtl. mit Zusatz von Phosphorsäure; pH-Wert ca. 2
[3] keine Angabe

Im folgenden sind an Hand von Beispielen wesentliche Elemente und Verfahrensabläufe an in-place-gereinigten Objekten aufgelistet (Tab. 6.5 bis 6.7). Flüssigkeiten werden beim Wechsel abgesaugt; die Milchannah-

Beispiele für Naßverfahren

mesektion mit Meß- und Probeeinrichtungen, ebenso Dreiwegehähne, Dichtungen und Tankdeckel sind getrennt zu reinigen und zu desinfizieren. Für die Reinigung von Membranen (Tab. 6.7) sind die Herstellerhinweise strikt zu beachten, weil die Materialien in ihrer chemischen Beständigkeit deutlich differieren (Kap. 11.2 u. 11.3). Abb. 6.8 zeigt beispielhaft den Programmablauf für CIP eines Plattenerhitzers zur Pasteurisierung von Milch.

Erhitzer-Reinigung

min	5	15 17,5	32,5 35	45	53 55 58 61
	Vorspülen	Säure	Zwisch.sp.	Lauge	Zwisch.sp.	Säure	Nachspülen 90°C (70°C)	Drainage	Nachlauf	Entwäss.
Wasservorlauf										
Lauge										
Säure										
Temperatur 70°C										
Temperatur 90°C										
Reinigungsdruckpumpe										
Reinigungsretourpumpe										
Impuls Drainage										
Impuls Entwässern										
Reinigungsende										
Reinigungszeit min	25	25	10	25	15	25	10	8	2	3	3
Schritt Nr.	1	2	3	4	5	6	7	8	9	10	11	12

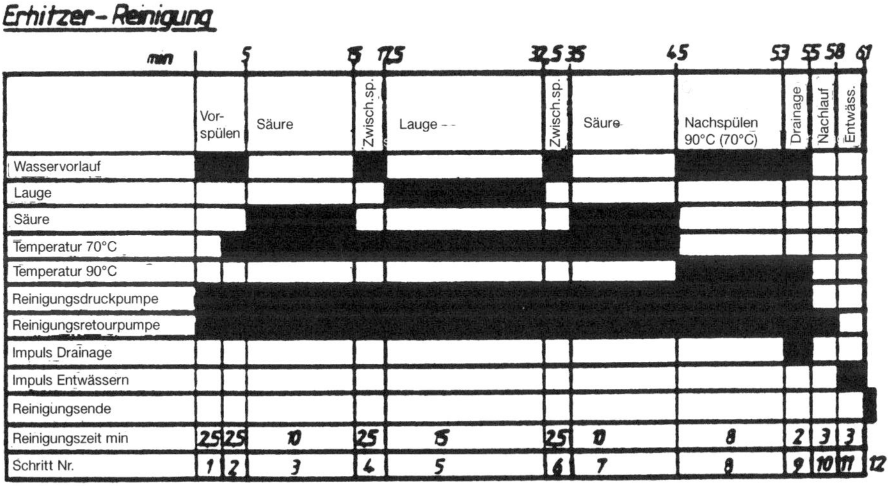

Abb. 6.8 CIP eines Plattenerhitzers für die Pasteurisierung von Milch

Tab. 6.8 und 6.9 zeigen weitere Beispiele für CIP-Verfahren in der Getränkeindustrie bzw. in einem Geflügel-Schlachtbetrieb.

Tab. 6.8 CIP zylindrokonischer Gärtanks in der Brauerei
Elemente: ZKGs mit Spritzeinrichtungen (NDR), Stapeltanks, Pumpen, Leitfähigkeitsmessung und automatische Dosierung

Arbeitsschritt	Flüssigkeit[1]	Konz. %	Dauer min	Rücklauf in
Vorreinigung	Retourwasser	0	3	Ablauf
Reinigung	NaOH-Basis	1	1	Stapeltank
Zwischenspülen	Retourwasser	0	3	Ablauf
Reinigung	sauer	2,5	45	Stapeltank
Zwischenspülen	Frischwasser	0	3	Retourtank
Desinfektion	[2]	1	30	Stapeltank
Nachspülen	Frischwasser	0	3	Retourtank

[1] Alle Reinigungsflüssigkeiten haben Kellertemperatur; Spritzungen in Intervallen von 20 s mit Pausen von 27 s; bei jedem Wechsel der Flüssigkeit Absaugen.
[2] keine Angaben

Beispiele für Naßverfahren

Tab. 6.9 CIP eines Transportsystems für Geflügelinnereien
Elemente: V₂A-Rohrleitungen zum Transport der Innereien; Produktionskästen ersetzt durch Paßstücke

Arbeitsschritt	Flüssigkeit	Konz. %	Temp. °C	Dauer min
Vorspülen	Frischwasser	0	40	5
Reinigen	alkalisch	2	65	30
Zwischenspülen	Frischwasser	0	kalt	15
Desinfektion[1]	Basis Aktivchlor	0,3	40	10

[1] Nachspülen mit Wasser kann entfallen, da gesetzlich nicht vorgeschrieben.

6.2.1.2 Schaumreinigung für offene Oberflächen

Mit der Schaumreinigung sind bei geringem Flüssigkeitsverbrauch relativ lange Kontaktzeiten auch an nicht bzw. schlecht zu tauchenden oder zu befüllenden Objekten wie Wänden (z. B. von Räucherkammern), Außenflächen von Anlagen, Förderbändern, Rinnen etc. zu erreichen. Diese langen Einwirkzeiten sind vor allem dann vorteilhaft, wenn angetrocknete und eingebrannte Verunreinigungen aufgeweicht und gequollen werden müssen, bevor sie abgespritzt werden können. Anderweitig schwer zugängliche Stellen, wie Rauchkanäle, Ventilatoren, äußere Wärmeaustauscherflächen, werden erreicht. Daneben bietet die Schaumreinigung folgende Vorteile:

1. Die Erfassung der gesamten zu reinigenden Oberfläche ist sehr sicher, da unbehandelte Partien von eingeschäumten leicht zu unterscheiden sind.

2. Gegenüber den vorher meist statt der Schaumreinigung verwendeten Verfahren mit Bürsten, Gummiwischern, Tüchern etc. ist das Infektionsrisiko stark vermindert.

3. Bezogen auf die Konzentratmenge sind Schaumprodukte zwar teurer als konventionelle Reiniger, jedoch werden so geringe Mengen verbraucht, daß insgesamt eine Kostenreduzierung möglich ist. – 1 kg Produkt liefert 500 l Schaum ausreichend für eine Fläche von ca. 200 m² (OUZOUNIS u. ROSSNER 1992).

4. Gegenüber konventionellen manuellen Verfahren ist die Flächenleistung stark erhöht.

5. Gegenüber HDR ist die Handhabung angenehmer: geringerer Geräuschpegel, keine Vibrationen, geringere Rückspritzgefahr, keine Aerosolbildung.

6. Die ausführende Person kommt nicht in direkten Kontakt mit der Reinigungslösung.

Der wesentliche Nachteil ist, daß abgesehen von den ins Abwasser eingetragenen, relativ hohen Tensidkonzentrationen durch Schaumanwendung allein wegen dessen geringer Wärmekapazität und -leitfähigkeit Fettverunreinigungen nicht geschmolzen werden können. Ein thermischer Effekt ist trotzdem erreichbar, wenn die Flächen auf eine andere Weise als über den Schaum angewärmt werden können wie etwa Räucherkammern (WILDBRETT u. HUBER 1980).

Technische Hilfsmittel

Für das Erzeugen und Aufbringen des Schaumes werden 2 Gerätetypen beschrieben (EDELMEYER 1985): Der nach dem Injektorprinzip arbeitende Schaumerzeuger saugt das Reinigerkonzentrat über Ventilregelung in den Druckwasserstrom ein und zieht anschließend in diesen Strom die Preßluft ein (Abb. 6.9). Beim zweiten Gerätetyp ist das Schaumreinigungsmittel in gebrauchsfertiger Lösung in einem Vorratstank vorzulegen, und

Beispiele für Naßverfahren

die Preßluft wird darin verwirbelt. An die Geräte wird über einen Druckschlauch eine Lanze mit Ventil oder Düse angeschlossen. Die vorher komprimierte Luft dehnt sich bei Druckentlastung in der Lösung aus und bringt diese wegen ihres hohen Tensidgehaltes zum Schäumen.

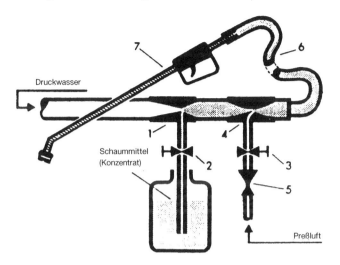

1) Injektor, 2/3) Druckregelventil, 4) Druckluftzufuhr, 5) Druckminderer, 6) Druckschlauch, 7) Schaumlanze.

Abb. 6.9 Prinzipskizze eines nach dem Injektor-System arbeitenden Schaumreinigungsgerätes (nach EDELMEYER, 1985)

Ähnlich der HDR gibt es auch für die Schaumreinigung mobile Geräte und Schaumzentralen, die sowohl als selbständige stationäre Arbeitseinheiten dienen können oder auch als Versorgungseinheit für mehrere, über ein fest installiertes Rohrsystem verbundene Satellitenstationen.

Chemische Hilfsmittel
Schaumreinigungsmittel enthalten generell einen hohen Anteil an schaumfähigen, grenzflächenaktiven Stoffen, vor allem anionische Tenside. Schaumstabilisatoren sind heute nicht mehr unbedingt erforderlich (KELLER 1986). Die weiteren Inhaltsstoffe richten sich nach der jeweiligen Aufgabe und bestimmen vor allem den pH-Wert, die Hartwasserbeständigkeit und das Quellvermögen für angetrockneten, kolloidalen Schmutz. Entsprechend dem weiten Anwendungsgebiet des Verfahrens gibt es saure, neutrale bis schwach und höher alkalische Produkte, auch als kombinierte Reinigungs- und Desinfektionsmittel. Letztere enthalten in der Regel Aktivchlor als mikrobiziden Zusatz. Es besteht die Möglichkeit, außer speziellen konfektionierten Schaumreinigern auch Reinigungsmittel zu verwenden, die ursprünglich für andere Verfahren konzipiert sind, wenn ihnen geeignete Schaumverstärker zugesetzt werden.

Verfahrensablauf
Die Schaumreinigung wird in der Regel kombiniert mit Spritzverfahren zur Vor- und/oder Nachreinigung. Letztere besteht häufiger in einer HDR als in einer NDR. Die Vorreinigung erfolgt oft warm (40°–50 °C),

hauptsächlich um die Wirksamkeit des nachfolgenden Schaumes durch Erwärmen der Flächen zu erhöhen. Die angegebenen Temperaturen beim Schäumen der Reinigungslösung schwanken zwischen Raumtemperatur (z. B. Geflügelschlachtlinien) bis zu 90 °C (Räucherkammern). Die Einwirkzeit des Schaumes liegt normalerweise zwischen 10 und 20 min. Bei hartnäckigen Verschmutzungen wie in Räucherkammern empfehlen sich längere Kontaktzeiten bis 40 min – sofern der Schaum genügend stabil ist. Die anschließende HDR erfolgt meist mit warmem (50° C) Frischwasser. In manchen Fällen empfiehlt sich eine anschließende Sprühdesinfektion (Beispiel: Geflügelschlachtlinie).

6.2.1.3 Bürst- und Wischverfahren für offene Oberflächen

Geräte zur Außenreinigung von Anlagen und zur Reinigung von Wänden und Decken besitzen einen Vorratstank, der die über eine Welle angetriebene Bürste mit Reinigungsflüssigkeit versorgt. Rotierende Bürsten können auch statt der Spritzlanze an HDR-Geräte angeschlossen werden. Für die Bodenreinigung gibt es spezielle Maschinen mit auswechselbaren Bürsten und Scheiben. Die durch einen Elektromotor angetriebenen Geräte arbeiten üblicherweise mit Tourenzahlen im Bereich von 140–180 U/min und einer Flächenpressung von etwa 30–40 g/cm². An der Maschine mitgeführt wird ein Laugentank. Derartige Naßverfahren hinterlassen – wie auch Spritzverfahren – Flüssigkeitsfilme am Boden, die Rutschgefahr bedeuten. Zum Entfernen von Schmutzlauge und Wasser können Gummiwischer eingesetzt werden. Falls allerdings in der Nähe kein Ablauf vorhanden ist, muß die Flüssigkeit durch elektrische Wassersauger in einen Tank aufgenommen werden (LUTZ 1985). Mit einem Wassersauger kombinierte Einscheibenmaschinen erledigen das Schrubben des Bodens und das Aufsaugen der Schmutzlauge in einem für das Bedienungspersonal einzigen Arbeitsgang. Noch breiter, schwerer und leistungsfähiger sind Mehrscheiben-Reinigungsautomaten, die große Bodenflächen ebenfalls gleichzeitig scheuern und trockensaugen. Sollen dagegen auch enge Stellen und senkrechte Wände gleichzeitig gescheuert und trockengesaugt werden, empfiehlt sich ein Gerät, bei dem sich das Endorgan (Bürste bzw. Schwamm und Saugdüse) auf dem Kopf einer Führungsstange befindet und über einen längeren Schlauch mit einem Drucktank verbunden ist (CIMEX, 1984).

6.2.2 Verfahren mit Maschinen für transportable Objekte

6.2.2.1 Flaschenreinigung

Technische Hilfsmittel

Die Flaschenreinigung besaß, hauptsächlich wegen der großen Anzahl der täglich neu zu reinigenden Objekte, für die Getränkeindustrie immer einen hohen Stellenwert und steht deshalb stets auf hohem technischem Niveau. Dabei haben sich mehrere Anlagentypen unterschiedlicher Bau- und Funktionsweise entwickelt (Abb. 6.11). Die heute gebräuchlichen Längsmaschinen unterteilen sich nach dem Ort der Flaschenauf- und -Abgabe in Einend- und Zweiend- (= Doppelend-)Maschinen. Werden keimfreie Flaschen gefordert, sind Zweiendmaschinen unentbehrlich, weil sie die notwendige räumliche Trennung der schmutzigen und sauberen Flaschen ermöglichen. Bei Einendmaschinen geschieht der Abtransport der sauberen Flaschen immer oberhalb der Zufuhr der Schmutzflaschen.

Weichmaschinen sind in reinster Form bei uns nicht mehr üblich (GOTTLIEB 1986). Zumindest die letzte Frischwasserbehandlung erfolgt durch Spritzen (Abb. 6.10). Die Reinigung läuft dann nach dem Prinzip ab:

Beispiele für Naßverfahren

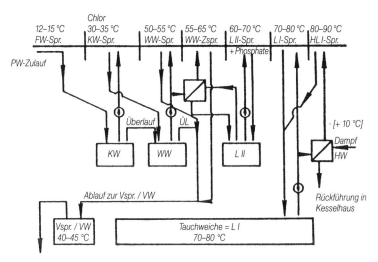

Abb. 6.10 Führung der Reinigungsflüssigkeiten in einer Weich-Spritzmaschine zur Flaschenreinigung (nach GOTTLIEB, 1986). FW = Frischwasser, KW = Kaltwasser, WW = Warmwasser, HW = Heißwasser, LI = Weichlauge, LII = Spritzlauge, ÜL = Überlauf, Spr. = Spritzung, Zspr. = Zwischenspritzung

Einschub – Entleeren – Laugenweiche-1 – Laugenweiche-2 – Laugenweiche-3 – Warmwasserbad – Frischwasserspritzung – Abgabe. Zwischen den Bädern werden die Flaschen um 180° umgelenkt und daduch entleert.

Spritzmaschinen führen die Flaschen mit der Öffnung nach unten durch die Anlage und beaufschlagen dabei ihre Außenflächen durch Überfluten von oben und ihre Innenflächen durch gebündelte Spritzstrahlen von unten nach dem Prinzip: Aufgabe – Entleerung – Vorspritzung – Laugenspritzung-1 – Laugenspritzung-2 – Laugenspritzung-3 – Warmwasserspritzung – Frischwasserspritzung – Abgabe (KESSLER 1976; SCHLÜSSLER u. MROZEK 1968).

Die meisten heute üblichen Anlagen arbeiten nach dem kombinierten Weich-Spritzverfahren. Selbst innerhalb dieses Prinzips gibt es noch Varianten, z. B. Arbeitsweise in Ein- und Zweiendmaschinen. Typisch ist, daß die Einendmaschine mit einem langen Tauchbad beginnt. Der Transportweg und damit die Einwirkzeit der Weichlauge kann durch wiederholtes Umlenken des Transportbandes verlängert werden. Die anschließenden Spritzungen finden auf dem Rückweg durch die Maschine statt. Dagegen besitzen Zweiendmaschinen meistens mehrere Tauchbäder unterschiedlicher Konzentrationen und Temperaturen, zwischen denen die Flaschen durch Umlenken entleert werden. Diesen Bädern schließt sich in Richtung auf das andere Maschinenende eine geringere Zahl von Spritzungen an. Bei den Innenspritzungen mit Drücken von 1,5–3 bar trifft der geschlossene Strahl in Form einer Staupunktströmung auf den Flaschenboden auf und fließt als Rieselfilm an den Wänden ab. Außen werden die Flaschen mit größeren Flüssigkeitsmengen und unter geringerem Druck überflutet, vor allem um die Etiketten abzuschwemmen, ohne sie zu zerfasern (HEYSE 1983). Die wesentlichen technischen Einrichtungen von Flaschenreinigungsmaschinen seien kurz dargestellt (nach GOTTLIEB 1986; HEYSE 1983): Der Flaschentransport erfolgt mittels eines endlosen Transportbandes,

Beispiele für Naßverfahren

dessen Zellen aus Kunststoff oder kunststoffüberzogenem Metall die Flaschen aufnehmen; ein Konus mit Schlitzen ermöglicht die Spritzungen und die dafür notwendige Zentrierung der Flaschenmündungen. Die Flaschen passieren die Maschine taktweise (ältere Anlagen) oder kontinuierlich. In kontinuierlich laufenden Maschinen bewegen sich Spritzrohrschlitten oder oszillierende Spritzrohre ein Stück mit den Flaschen vorwärts und dann wieder zurück. Am Ende der Tauchweichen werden die Etiketten durch eine ansaugende Pumpe zur Austragsvorrichtung transportiert. Diese besteht aus einer sich drehenden Siebscheibe oder -trommel, von denen die Etiketten auf ein Siebband gespritzt und zu einem Auffangbehälter befördert werden.

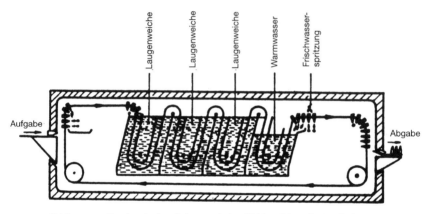

Reinigung von Flaschen in einer Anlage nach dem Weichverfahren (Soeker-Typ)

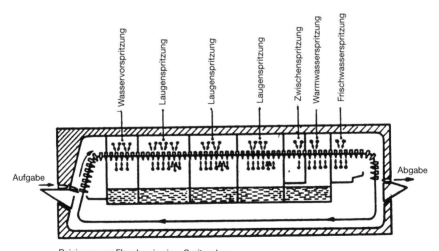

Reinigung von Flaschen in einer Spritzanlage

Abb. 6.11 Gebräuchliche Typen von Flaschenwaschmaschinen

Beispiele für Naßverfahren

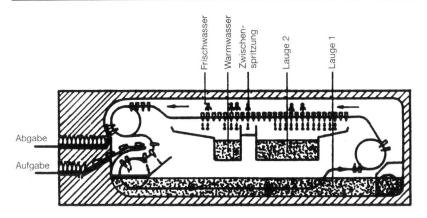

Reinigung von Flaschen in einer Weich- und Spritzanlage

Abb. 6.11 (Fortsetzung)

Der beim Auflösen von Ziermaterial aus Aluminium entstehende Wasserstoff muß ebenso wie die Schwaden abgesaugt werden. Aus Gründen der Wasserersparnis läuft Frischwasser nur für die letzten Spritzungen zu. Danach versorgen die saubereren Stationen die unsaubereren. Die Flüssigkeiten erwärmen sich dabei im Gegenstrom zu den wandernden Flaschen und Transportelementen (Abb. 6.10 und Abb. 6.12). Eine zusätzliche Erwärmung von außen erfolgt nur für die Lauge. Die gereinigten Flaschen werden am Ende auf etwa noch vorhandene Schmutzreste kontrolliert.

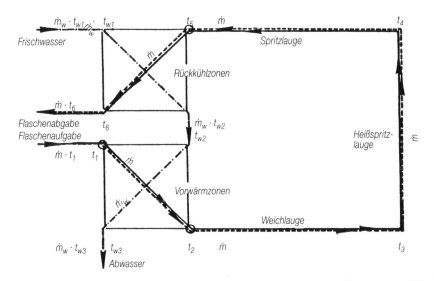

Abb. 6.12 Wärmefluß in einer Flaschenwaschanlage (nach GOTTLIEB, 1986). m_w = Massenstrom der Reinigungsflüssigkeiten, $t_1, t_2, t_3, t_4, t_5, t_6$ = Temperaturen der Flaschen, t_{w1}, t_{w2}, t_{w3} = Temperaturen der Reinigungsflüssigkeiten.

Beispiele für Naßverfahren

Chemische Hilfsmittel

Die Zusammensetzung der Reinigungslösungen richtet sich vor allem nach der Verschmutzung inclusive der Art des Etikettenmaterials und -leimes sowie nach der Wasserhärte. Prinzipiell werden Flaschen alkalisch auf der Basis von Natronlauge gereinigt (1–3 %). Verglichen mit Flaschen für kohlensäurehaltige Getränke und Fruchtsäfte ist für fetthaltige Verschmutzungen (Molkereiflaschen) eine niedrigere Alkalität zweckmäßig, um eine Verseifung zu schäumenden Substanzen zu vermeiden. Die Reinigungslaugen werden angesetzt aus einem voll konfektionierten Reiniger oder aus Natriumhydroxid und einem ätznatronfreien, den betrieblichen Erfordernissen entsprechend ausgewählten Wirkstoffkonzentrat. Es enthält im wesentlichen Netzmittel (vor allem nichtionische Tenside), Antischaummittel (Schaum durch Etikettenpapiere und -leime, Getränkereste, Kettengleitmittel, Pumpen, Spritzen, Überfluten der Lauge), Korrosionsschutzstoffe und Komplexiermittel (für Härtebildner und aufgelöstes Aluminium).

Durch Steinbildung gefährdet sind in besonderem Maße die wärmeren, durch Laugenreste belasteten Nachspülzonen, in denen daher Phosphate, Phosphonsäure (DONHAUSER u. a. 1985) oder Polycarbonverbindungen (LOCHNER 1984) als Komplexbildner eingesetzt werden. Häufig wird in der letzten Zone vor der Endspritzung mit Frischwasser ein Desinfektionsmittel auf Chlorbasis zudosiert. Einer sauren Reinigung bedürfen Heil- und Kurwasserflaschen wegen ihrer Fe-, Ca-, Mg-Salzablagerungen und sogenannte Problemflaschen wie Maurer- und unter Umständen Weinflaschen (bei Weinstein).

Allgemein nehmen die Anforderungen an die chemische Wirksamkeit, Temperatur und Einwirkdauer der Reinigungslösung von Bier- über Milch- zu Weinflaschen zu (SCHLÜSSLER u. MROZEK 1968).

Etiketten sollten möglichst intakt abgeschwemmt und ausgetragen werden; zerfaserte Etiketten verursachen Schaum und belasten die Lauge stark. Da das Quellen und Auflösen des Leimes innerhalb der verfügbaren Weichzeit eine bestimmte Mindestalkalität verlangt, welche Papier angreift, muß, falls Schwierigkeiten durch zerfaserte Etiketten auftreten, eine widerstandfähigere Papierqualität verwendet werden.

Besonderheiten

Die bei der Flaschenreinigung getroffenen Maßnahmen zur besseren Ausnutzung von Energie, Wasser und Reinigungsmitteln bestehen insbesondere in (SCHU 1986; LOCHNER 1984):

– Isolierung der Maschinenoberfläche
– Hintereinanderschalten mehrerer Voreinigungsstufen und prinzipiell feineren Temperaturabstufungen
– Wärmerückgewinnung mittels Plattenwärmeaustauscher zwischen Lauge und Voreinigungsflüssigkeit (Abb. 6.12)
– verlängerten Kontaktzeiten mit der Reinigungslauge
– Füllzeitmaximierung
– verbessertem Laugenrecycling (Kap. 6.1.2)
– verlängerten Abtropfzeiten, um die Laugenverschleppung und damit den Steinansatz in der Nachspülzone zu verringern.

6.2.2.2 Fässer- und Containerreinigung

Getränkecontainer, bauchige Fässer und Systemfässer (Kegs) werden in speziell dafür konzipierten Maschinen gereinigt. Für den unteren bis mittleren Leistungsbereich bis ca. 150 Behälter pro Stunde können es

Beispiele für Naßverfahren

halbautomatische Kabinenanlagen (ENGLMANN 1986) oder Rundläufer sein. Dabei setzt eine Person die Behälter in die Kabine bzw. auf den Rolltisch und entnimmt sie später wieder; die dazwischen ablaufenden Reinigungstakte entsprechen prinzipiell den Stationen der heute gebräuchlicheren Längsmaschinen. Diese sind in der Regel verbunden mit einem Faßeinheber bzw. einer automatischen Palettierung, mit Spundlochsuchern und Wendestationen, welche die Behälter in die für die Innenspritzung nötige Position bringen. Außen werden die Behälter gebürstet und/oder unter Hochdruck abgespritzt (GOTTLIEB 1986). Zur Innenreinigung werden die traditionellen bauchigen Fässer nacheinander auf die rotierenden Spritzköpfe (NDR) für die verschiedenen Flüssigkeiten und Dampf gesetzt. Das Einführen von Spritzköpfen ist bei Kegs, bei denen die Anstecharmaturen an der Öffnung fest eingeschraubt sind, nicht möglich. Daher werden am Fitting Reinigungsventile angekoppelt (Tab. 6.10). Die Reinigungsflüssigkeiten treten am Stechrohr und an der Schließplatte des Fittings strahlförmig aus (SCHIFFERL 1987). Vom Stechrohr breiten sie sich in Form einer Staupunktströmung über den Boden aus und fließen als Rieselfilm an der Wand ab. Die am Fitting austretenden Strahlen reinigen das untere Faßdrittel. Neben Intervallspritzung werden für Kegs auch Ultraschall- und Wirbelreinigung angewandt. Mit ersteren beiden Techniken kann die Keg-Reinigung nach folgendem Muster ablaufen:

- Restbier ausblasen
- Vorspritzen
- Keg mit Lauge-1 füllen
- gefülltes Keg in einer ebenfalls mit Lauge-1 gefüllten Wanne untertauchen und beschallen
- Lauge-1 ausblasen
- Lauge-2 pulsierend spritzen
- pulsierend mit Wasser nachspritzen
- mit Dampf sterilisieren.

Tab. 6.10 Beispiel für den Verfahrensablauf bei der Reinigung von Fässern (GOTTLIEB 1986; HEYSE 1983; ENGLMANN 1986))

Arbeitsgang	Mechanik	Medium	Temperatur °C
Faß einheben			
Außenreinigung	HDR (40 bar) und/oder bürsten	Retourwasser	bis 40
Transpot			
Spundlochsuche und -fixierung			
Einführen der Spritzdüsen			
Innenreinigung	Nieder- oder Mitteldruck	Wasser	30– 40
		Lauge-1	70– 80
		Lauge-2	90– 95
		Wasser	80– 90
		Säure	60– 70
		Wasser	80– 90
Sterilisation		Dampf	120–140
Austropfen			
Abgabe			
Kontrolle (Ausleuchten)			

Beispiele für Naßverfahren

Bei Wirbeltechnik gilt für den Verfahrensteilschritt der Reinigung mit Lauge (GOTTLIEB 1986):
- Einfüllen von 8 l Lauge und stoßweise mit Sterilluft durchwirbeln
- Auffüllen mit ca. 10 l Lauge und Wiederholen der Wirbelreinigung
- Auffüllen bis 80 % des Keg-Volumens und weitere Wirbelreinigung
- Lauge ausblasen mit Sterilluft.

Wegen der geschlossenen Konstruktion kommen Kegs weniger stark verschmutzt als offene Fässer zurück, so daß 20-30 s als Einwirkdauer für die Reinigungslösung genügen (HEYSE 1983.) Bierreste und noch vorhandenes Kohlendioxid sind vor der Reinigung mit Luft auszutreiben, Reinigungslösungen bzw. Wasser während der Reinigung mit Sterilluft.

Chemische Hilfsmittel:

Für Aluminiumfässer empfehlen sich besondere Reiniger mit Spezialphosphaten, -silikaten und Tensiden. Die sonstigen alkalischen Reiniger für Leichtmetall- und Edelstahlbehälter sind meist auf Basis von Natronlauge und Aktivchlor (in der Regel kombinierte Reinigung und Desinfektion) aufgebaut und enthalten häufig Tenside, Komplexierungsmittel sowie Silikate als Korrosionsinhibitoren.

Saure Reiniger wirken z. B. auf Basis von Phosphorsäure mit Zusatz spezieller Tenside und Schauminhibitoren. Sie sollten für eloxierte Fässer nicht regelmäßig angewandt werden (HEYSE 1983). Eine chemische Desinfektion durch Aktivchlor, QAV oder Peressigsäure findet statt in einem Arbeitsgang mit der Reinigung oder in einem getrennten Programmschritt. Alkalische und saure Reinigungslösungen werden, soweit sie sich von ihrer Zusammensetzung her dazu eignen, gestapelt.

Die Sterilisation mit Dampf kann ersetzt werden durch eine chemische Desinfektion auf Basis Aktivchlor oder Peressigsäure (0,1 %; 80 °C) und nachfolgende Frischwasserspritzung.

Die Einwirkdauer der Medien ist über die Zahl der Spritztakte mit z. B. 6 Laugen- und 2 Säurespritzungen à 10 s variierbar. Eine zusätzliche Vorreinigung durch Spritzen oder Weichen mit Wasser oder Lauge kann erforderlich sein.

6.2.2.3 Reinigung von Kleinteilen

Technische Hilfsmittel

Bewegliche Teile, die nicht wie Flaschen oder Fässer verschließbare Abfüllbehälter darstellen, werden in Maschinen mit automatisch ablaufendem Programm gereinigt. Der Maschinentyp ist in Abhängigkeit vom vorhandenen Platz und der geforderten Leistung zu wählen: Fallen gleichartige Objekte relativ kontinuierlich

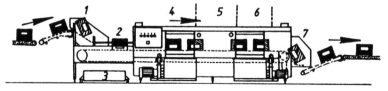

Abb. 6.13 Kastenwaschmaschine (nach GOTTLIEB, 1986)
1) Kastenwendung um 180°, 2) Scherben und grober Schmutz fällt nach unten in 3) Schmutzbehälter, 4) Vorspritzung mit Heißwasser, 5) Hochdruckspritzung mit Heißlauge, 6) Nachspülung mit Warmwasser, 6) Kastenwendung um 180°.

Beispiele für Trockenverfahren

in großen Stückzahlen an, empfiehlt sich eine Tunnelanlage (Abb. 6.13). Sie transportiert das Reinigungsgut auf einem Band liegend, an einem Förderer eingehängt oder in Körbe eingeordnet durch mehrere Behandlungszonen und heißt daher auch Durchlauf-, Bandtransport- oder Kettentransportanlage. Die einzelnen Abteilungen einer Maschine können dabei nach ein- und demselben mechanischen Verfahrensprinzip arbeiten (z. B. Tauchen, HD-Spritzen) oder mehrere, unterschiedliche mechanische Prinzipien nutzen (z. B. Tauchen + Weichen + Bürsten in der ersten Abteilung, Spritzen und Überschwallen in den darauf folgenden Stationen). Am häufigsten dürften Spritzanlagen sein. Für Kunststoffobjekte, wie Flaschenkasten, die sich elektrostatisch aufladen und den Schmutz dadurch besonders anziehen und haften lassen, empfehlen REIFF u. a. (1970) Bürstenwaschanlagen. Auch eine für Polypropylen-Bäckerkörbe konzipierte Anlage besitzt vor den Spritzstationen eine 30 s dauernde Tauchweich-Bürst-Behandlung (Anonym, 1986c). Fischkästen bedürfen mindestens einer HD-Spritzung.

Verbreitet sind Maschinen mit 2–4 Behandlungszonen, wobei auch bei gleicher Anzahl der Zonen die Aufeinanderfolge der Flüssigkeiten unterschiedlich sein kann. Beispiele bilden für Objekte mit geringem Verschmutzungsgrad 2-Zonen-Durchlaufanlagen mit je einer Zone für Lauge (60 °C) und Heißwasser (VOLZ 1987), für leichte bis mittlere Verschmutzung bzw. bei niedrigen hygienischen Anforderungen (Flaschenkasten) 3-Zonen-Anlagen mit Abteilungen z. B. für Heißwasser – Heißlauge – Warmwasser (VOLZ 1987; GOTTLIEB 1986). Stärkere Verschmutzung, die Vorweichen verlangt (eingebrannte Rückstände), erfordert eine 4-Zonen-Anlage mit Stationen für Vorspülwasser – Lauge (60 °C) – Zwischenspülwasser (40-70 °C) – Frischwasser (warm oder kalt). Häufig schließt sich dem Reinigungsprozeß eine Trocknung mit Heißluft (110-130 °C) an. Die Reinigungsdauer läßt sich über Zahl und Größe der einzelnen Zonen und eine variable Geschwindigkeit des Transportbandes den Erfordernissen anpassen.

Für weniger regelmäßig und in geringerer Anzahl anfallendes Reinigungsgut und kleine Stellfläche empfehlen sich eher Schrank- oder Kabinenmaschinen. Ein typisches Beispiel hierfür sind die Geschirrspülmaschinen im Hotel- und Gaststättensektor. Eine Person ordnet oder kippt (Kutterwagen) das Reinigungsgut in die Maschine, wählt das Reinigungsprogramm und entnimmt nach dessen Ablauf die Objekte wieder. Die Kabine wird manuell oder automatisch geschlossen. In der Regel werden die Utensilien mittels rotierender Arme bzw. Düsenkränze oder um die Kammer angeordneter Düsen bespritzt bzw. überflutet. Wie die Schrankmaschinen benötigen rundlaufende Reinigungsmaschinen wenig Platz und nur eine Bedienungsperson. Ebenso wie Tunnelanlagen transportieren „Rundläufer" das Reinigungsgut von Zone zu Zone. Infolge des kombinierten Effektes von chemischer und thermischer Desinfektion – letztere vor allem in der Trockenzone – weist maschinell gespültes Geschirr sehr niedrige Restkeimzahlen auf (KRÜGER 1991).

Chemische Hilfsmittel

Entsprechend der Art der Verschmutzung, der Wasserhärte und den hygienischen Erfordernissen wird, meistens alkalisch, in speziellen Fällen aber auch sauer (z. B. Schinkenformen aus Aluminium), gereinigt und evtl. gleichzeitig oder nachfolgend desinfiziert. Spezielle Reinigungsmittel für Kunststoffkästen enthalten neben der Lauge (z. B. KOH) antistatisch wirkende Komponenten wie QAV, die als Film auf die Oberflächen aufziehen und -trocknen.

Transportable Objekte, die in Maschinen gereinigt werden, sind beispielsweise offene Transport- und Lagerbehälter wie Flaschen-, Fisch-, Fleisch-, Gebäckkästen, Kunststoffkörbe für Brot und Gebäck, Gitterboxen, Wannen, Schalen, außerdem Schüsseln, Satten, Paletten, Käse- und Schinkenformen, Backbleche und -formen, Haken, Besteck, Geschirr, Töpfe, gefüllte Dosen und Kutterwagen.

6.3 Beispiele für Trockenverfahren

Trockene Verfahren sind in der Lebensmittelindustrie im allgemeinen verpönt, weil sie häufig entweder Staub aufwirbeln oder Schmutz verschmieren und so Keime verbreiten. Angewandt werden sie dennoch in folgenden, beispielhaft angeführten Fällen:

- Als Vor- oder schnelle Zwischenreinigung wird grober, lose aufliegender Schmutz wie Federn, Geflügelköpfe etc. vor allem durch Kehren beseitigt.
- Verunreinigungen mit Mehl oder Staub werden, z. B. aus Backöfen und Brotschneidemaschinen, mit einem Industriesauger entfernt.
- Ein Sauger in Kombination mit rotierenden Nylonbürsten entstaubt schonend Filterschläuche in der Müllerei, wobei im Gegensatz zum Waschen eine Demontage entfällt (Anonym, 1983 a).
- In der Kakao-, Schokoladen- und Margarineindustrie besteht die Reinigung unter Umständen allein darin, Polyurethankugeln oder Bürsten („Sputniks") mittels Druckluft durch Rohrleitungen zu schicken (LEY 1986; Anonym 1983 b).

Literatur

AUERSWALD, D. (1987): Haftung ausgewählter Tenside an lebensmittelberührenden Oberflächen. Diss. Techn. Universität München-Weihenstephan.

BARRON, W. (1984): A practical look at CIP. Dairy Industries Internat. 49, S. 34, 35, 37, 39.

BOCKELMANN, J. VON (1981): Contamination – importance of water residues in milking equipment. Kieler Milchwirtschaftl. Forschungsberichte 33, S. 325-327.

BORG, S. (1986): Kontinuierliches Verfahren zur Laugenaufbereitung. Getränketechnik 2, S. 76-79.

BRAGULLA, S. u. LINTNER, K. (1986): Reinigung und Desinfektion von Umkehrosmose-Ultrafiltrations- und Elektrodialyse-Anlagen. Alimenta 25, S. 111-116.

BUCHWALD, B. (1974): Reinigung fester Oberflächen. Praktische Einflüsse der mechanischen Komponente. Ernährungswirtschaft/Lebensmitteltechnik 9, S. 590-598.

BUCHWALD, B. (1975): Einrichtungen zum Reinigen von Apparaten. In: VDI-Gesellschaft Verfahrenstechnik und Chemieingenieurwesen (Hrsg.): Symposium über Reinigen und Desinfizieren lebensmittelverarbeitender Anlagen; Reprints, Karlsruhe, Kap. 3-1, S. 1-3.

BUCHWALD, B. (1978): CIP-Anlagetechnik und ihre Auswirkung auf den Reinigungseffekt. Monatsschrift Brauerei 31, S. 122-128.

BUCHWALD, B. (1982a): Die Reinigung von Butterungsmaschinen. Deutsche Milchwirtschaft 33, S. 207-209.

BUCHWALD, B. (1982b): Eine Lösung für die Reinigungsproblematik von Doppeldichtventilen. Deutsche Molkerei-Zeitung 103, S. 353-355.

BUCHWALD, B. (1987): Kostenminimierung der chemischen Reinigung bei gleichzeitiger Steigerung der Zuverlässigkeit und Überprüfbarkeit. Deutsche Molkerei-Zeitung 109, S. 715-718.

CIMEX (1984): Bodenreinigung: Moderne Technik kann die Kosten senken. Glatter Boden überflüssig. Die Molkerei-Zeitung-Welt der Milch 38, S. 152-154, 157.

COX, D. (1970): Foam and gel cleaning. Food Manufacture 45, S. 37-39.

Literatur

DAMEROW, G. (1975): Anlagen zum Reinigen von Apparaten. In: VDI-Gesellschaft Verfahrenstechnik und Chemieingenieurwesen (GVC) (Hrsg.): Symposium über Reinigen und Desinfizieren lebensmittelverarbeitender Anlagen; Reprints, Karlsruhe, Kap. 3-2, S. 1–13.

DAMEROW, G. (1983): Zirkulationsreinigung, CIP. Deutsche Molkerei-Zeitung 104, S. 1208-1216.

DEUTSCH, O. (1975): Anforderungen an Produktionsanlagen. In: VDI-Gesellschaft Verfahrenstechnik und Chemieingenieurwesen (Hrsg.): Symposium über Reinigen und Desinfizieren lebensmittelverarbeitender Anlagen; Preprints, Karlsruhe: Kap. 3-1, S. 1-13.

DIN (1987): Milchwirtschaftliche Anlagen. Reinigung und Desinfektion nach dem CIP-Verfahren. Fachbericht DIN-NA Maschinenbau (Hrsg.). Beuth Verlag, Berlin u. Köln.

DONHAUSER, S. (1984): Reinigung und Desinfektion. Der Weihenstephaner 52, S. 9-22.

DONHAUSER, S. et. al. (1985): Biologisch abbaubare Tenside. Einlaß bei der Flaschenreinigung im Brauereibetrieb. Brauwelt 125, S. 2422-2426.

DÜMMLER, U. (1988): Reinigungsverfahren an Eindampfanlagen. Deutsche Molkerei-Zeitung 109, S. 208-213.

DWYER, J. L. (1966): Contamination analysis and control, p. 316-325. Reinhold Publishing Corp., New York.

EDELMEYER, H. (1985): Reinigung und Desinfektion bei der Gewinnung, Verarbeitung und Distribution von Fleisch, S. 70-75, Schriftenreihe Fleischforschung und Praxis, Bd. 14, H. Holzmann Verlag, Bad Wörishofen.

ELSE, D. B. (o. J.): Bottle washing & related problems. Lever Industrial Development & Application Center; Schrift Nr. 13343.

ENGLERT, G. (1979): Anforderungen an Hochdruckreiniger. In: Lehrstuhl für Tierhygiene und Nutztierkunde der TU München-Weihenstephan; Institut für Landtechnik, Weihenstephan; Arbeitsgemeinschaft Landwirtschaftliches Bauwesen (ALB) in Bayern e. V., Grub (Hrsg.): Tagungsbericht 6. Weihenstephaner Tagung „Moderne Haltungssysteme und Tiergesundheit" 5. Oktober 1979.

ENGLMANN, J. (1986): Aspekte des modernen Faßkellers. Brauwelt 126, S. 202-206.

FRANK, H. (1984): Aluminiumreduzierung in Laugen der Flaschenreinigung. Brauwelt 124, S. 1136-1138.

GMEINER, M. et al (1988): Untersuchungen zur Hochdruckreinigung rutschhemmender Fliesen für Großküchen. Seifen, Öle, Fette, Wachse 114, S. 777–782.

GOTTLIEB, D. (1986): Vorlesungsskript „Abfüll- und Verpackungstechnik, Teil I". Lehrstuhl für Brauereianlagen, TUM-Weihenstephan.

GROSSE-BÖWING, W. (1982): Reinigung und Desinfektion von Membrananlagen. Deutsche Molkerei-Zeitung 103, S. 1273-1276.

HALL, C. W., FARRALL, A. W. u. RIPPEN, A. L. (1986): Encyclopedia of food engineering. 2nd Edit., p. 149-156, AVI Publishing Company Inc., Westport Connecticut.

HAUSER, G. u. MICHEL, R. (1984a): Automatische Doppelsitzventile im Lebensmittelbetrieb – konstruktive und mikrobiologische Aspekte bei der Armaturenwahl. VDI-Bericht Nr. 545, S. 1089-1108.

HAUSER, G. u. MICHEL, R. (1984b): Technische Kontrollmaßnahmen an Getränkeleitungssystemen. Brauindustrie 69, S. 707-710.

HAUSER, G. u. MICHEL, R. (1985): Rohrleitungen und Armaturen in der Lebensmittel- und Getränkeindustrie. 3 R International 24, S. 195-204.

HAUSER, G., MICHEL. R. u. SOMMER, K. (1985): Hygienische Gesichtspunkte bei der Konstruktion von lebensmittelverarbeitenden Anlagen. Deutsche Milchwirtschaft 36, S. 1733-1738.

HEYSE, K. U. (Hrsg., 1983): Handbuch der Brauereipraxis. Brauwelt Verlag, Nürnberg.

Literatur

HÜTER, H. (1986): Leitfähigkeitsmessung zur Steuerung von CIP-Anlagen. Deutsche Molkerei-Zeitung 107, S. 1588-1596.

JENNINGS, W. G. (1965): Theorie and practice of hard-surface cleaning. Advances in Food Research Vol. 14, S. 326-458.

A. Kärcher GmbH & Co (Winnenden/Württ; o. J.): Grundlagen der Hochdruckreinigung. Kat. 1.1.

KAMM, R. (1973): Apparative Möglichkeiten der Reinigung im Lebensmittelbetrieb. Alimenta 12, S. 27-34.

KELLER, A. (1988): Recycling von Detergentien, ein umweltgerechtes und ökonomisches Verfahren, Alimenta 27, S. 39-42.

KELLER, E. F. (1988): Reinigung und Desinfektion im Lebensmittelbetrieb. Lebensmitteltechnik 18, S. 572-575.

KESSLER, H.-G. (1976): Lebensmittel-Verfahrenstechnik, S. 463-469, Verlag A. Kessler, Freising.

KESSLER, H.-G. (1988): Lebensmittel- und Bioverfahrenstechnik; Molkereitechnologie. 3. Auflage, S. 507-508, Verlag A. Kessler, Freising.

KIEFERLE, F. u. WILDBRETT, G. (1953): Chemische Reinigung von Plattenerhitzern aus nichtrostendem Stahl. Deutsche Molkerei-Ztg. 74, S. 891-893.

KOPP, R. (1975): Zuverlässigkeitskriterien für CIP-Analgen. In: VDI-Gesellschaft Verfahrenstechnik und Chemieingenieurwesen (GVC) (Hrsg.): Symposium über Reinigen und Desinfizieren lebensmittelverarbeitender Anlagen; Reprints, Karlsruhe: Kap. 4-2, S. 1–10.

KRÜGER, K.-E. (1964): Untersuchungen über die Wirksamkeit einer maschinellen Reinigung und Desinfektion von Milchtanks in Molkereibetrieben. Archiv Lebensmittelhygiene 15, S. 53-56, 87, 88.

KRÜGER, R. (1975): Anlagen zum Reinigen von Flaschen und anderen Behältern. In: VDI-Gesellschaft Verfahrenstechnik und Chemieingenieurwesen (Hrsg.): Symposium über Reinigen und Desinfizieren lebensmittelverarbeitender Anlagen. Karlsruhe Preprints, Kap. 3-4.

KRÜGER, S. (1991): Überprüfung der hygienischen Arbeitsweise von Bandgeschirrspülmaschinen. Hyg. u. Medizin 16, S. 1-5.

KULOZIK, U. (1988): Lehrstuhl für Lebensmittelverfahrenstechnik und Molkereitechnologie, Techn. Universität München-Weihenstephan, persönl. Mittlg.

LAACKMANN, H.-P. (1991): Recycling von Reinigungslauge aus Vakuumverdampferanlagen mittels Mikrofiltration. DMZ Lebensmittelind. u. Milchwirtsch. 112, S. 1553-1555.

LEISTNER, L. (1977): Einfluß von Reinigungs- und Desinfektionsmitteln auf die Qualität von Lebensmitteln. Berichte über Landwirtschaft 55, S. 823-827.

LEY, D. (1986): In der Kakao- und Schokoladenverarbeitung für saubere Rohrleitungen sorgen. Zucker- und Süßwarenwirtschaft 39, S. 238-239.

LINTNER, K. u. BRAGULLA, S. (1987): Reinigung und Desinfektion von Membrananlagen – Theorie und Praxis. ZFL 38, S. 78-81.

LOCHNER, H. (1984): Steinausfall bei Flaschenreinigungsmaschinen. Brauindustrie 69, S. 354-356.

LOCKHART, W. A. (1986): Sanitary design. Bulletin International Dairy Federation (IDF), No 204, S. 31-36.

LUTZ, W. (1985): Lexikon für Reinigungs- und Hygienetechnik. Verlag Lutz, Dettingen.

MARSHALL, J. H. (1982): Cleaning and disinfection of large bore milking pipeline machines. Kieler Milchwirtschaftliche Forschungsberichte 34, S. 58-62.

MERDIAN (1979): Sicherheitstechnische Anforderungen an zentralgesteuerte automatisierte Produktionsanlagen. Getränke Industrie 33, S. 17-23.

MICHEL, R. u. SOMMER, K. (1987): Reinigung der Schankanlage. In: Manuskript zum Hochschulkurs „Moderne Getränkeschankanlagen – Theorie und Praxis". Techn. Universität München-Weihenstephan.

Literatur

NAKINISHI, K. u. KESSLER, H. G. (1984): Über die Stabilität der Ablagerungsschicht bei der Ultrafiltration. Chem. Ing. Techn. 56, S. 464-466.

NEWTON, J. (1984): Apparatus for cleaning trays. UK Patent Application GB 2 137 717 A.

N. N. (1983a): Reinigungsgerät für Filterschläuche Typ SRG. Die Mühle 120, S. 248.

N. N. (1983b): First USDA-approved basket centrifuge cleans itself in minutes between batches. Food Engng. 55, S. 116.

N. N. (1983c): Keeping process pipes clean. Food Manufacture 58, S. 41.

N. N. (1984a): RECS – The Ralli evaporator cleaning system installed at the scottish milk marketing board, Galloway creamery.

N. N. (1984b): Verdampferreinigung von Milcheiweiß. Die Molkerei-Zeitung – Welt der Milch 38, S. 155.

N. N. (1985): Modernisation at Gregg's Bakery. Confectionery Manufacture Marketing 22, S. 23.

N. N. (1986a): Fünftes Gesetz zur Änderung des Wasserhaushaltsgesetzes. BGes. Bl. Teil I, S. 1165-1168.

N. N. (1986b): Gefahrstoffverordnung vom 26. 8. 1986 in der Fassung vom 16. 12. 1987 BGes. Bl., Teil I, S. 2721-2743.

N. N. (1986c): Wilkins solves cleaning problems. Confectionary Manufacture and Marketing 23, S. 24-25.

NOSAL G. (1979): Hochdruckreiniger. Landtechnische Zeitschrift 30, S. 1280-1291.

NYMARK (1985): Reinigungsanlagen für Eindampfer. Milchwirtschaftliche Berichte 83, S. 171.

OERTZEN, J. VON (1984): Mit Hochdruck reinigen. Welche Rolle spielt die Düse. Reinigung + Service 10 (März/April), S. 14-18.

OUZOUNIS, D. u. ROSSNER, D. (1992): Reinigung in der Lebensmittelindustrie, ZFL. 43, S. 588-599.

PFEFFERKORN, K. (1973): Rationelle Reinigungstechnik für Fußböden in der Lebensmittelindustrie, Alimenta 12, S. 35-39.

REIFF, F. et al. (1970): Reinigungs- und Desinfektionsmittel im Lebensmittelbetrieb. In: J. Schormüller (Hrsg.): Handbuch der Lebensmittelchemie Bd. IX, S. 703-781, Springer-Verlag, Berlin u. a.

ROTH, K. (1975): Verfahrensprinzipien des Reinigens. In: VDI-Gesellschaft Verfahrenstechnik und Chemieingenieurwesen (Hrsg.): Symposium über Reinigen und Desinfizieren lebensmittelverarbeitender Anlagen; Preprints, Karlsruhe: Kap. 2-1, S. 1-16.

SCHIFFERL, L. (1987): Beitrag zur Reinigung von Kegs. Brauwelt 127, S. 1521-1522, 1533.

Schlammpress-Technik und Industriereinigung (1984): Verdampferreinigung von Milcheiweiß. Die Molkerei-Zeitung – Welt der Milch 38, S. 155.

SCHLIESSER, T. (1981): Grundlagen der Desinfektion. In: T. Schliesser u. D. Strauch (Hrsg.): Desinfektion in Tierhaltung, Fleisch- und Milchwirtschaft, S. 12-13 u. 54-56. Enke-Verlag, Stuttgart.

SCHLÜSSLER, H.-J. u. MROZEK, H. (1968): Praxis der Flaschenreinigung. Hrsg.: Henkel & Cie, Düsseldorf.

SCHMIDT, U. (1982): Reinigung und Desinfektion in Schlacht- und Fleischverarbeitungsbetrieben. Fleischwirtschaft 62, S. 427-434.

SCHMIDT, U. u. LEISTNER, L. (1981): Reinigung und Desinfektion in der Fleischwirtschaft. In: T. Schliesser u. D. Strauch (Hrsg.): Desinfektion in Tierhaltung Fleisch- und Milchwirtschaft, S. 340-344, Enke Verlag, Stuttgart.

SCHRAMM, B. (1987): Maschinenlehre Backwaren, 4. Aufl., S. 294-296. VEB Fachbuchverlag Leipzig.

SCHRÖDER, G. (1984): Aluminiumreduzierung in Laugen der Flaschenreinigung. Brauwelt 124, S. 1060-1066.

SCHU, G. (1986): Wärmebedarf von Flaschenreinigungsmaschinen und Möglichkeiten zur Energieeinsparung. Getränketechnik 2, S. 100-104.

SLAMA, R. (1983): Meß-, Regel- und Dosiersysteme für Reinigungs- und Desinfektionsmittel. Brauindustrie 68, S. 89-92.

TSCHEUSCHNER, H.-D. (Hrsg., 1986): Lebensmitteltechnik, S. 626. Dr. Dietrich Steinkopff Verlag, Darmstadt.

ULANEN, P. (1987): MTK Ultraschall-Waschmaschine. Deutsche Milchwirtschaft 38, S. 189-190.

Literatur

VOLZ, P. (1987): Einsatz von Reinigungsanlagen in der Fleischindustrie. Fleischerei 38, S. 654-655.

WALENTA, W. (1988): Lehrstuhl für Lebensmittelverfahrenstechnik und Molkereitechnologie, Techn. Universität München-Weihenstephan, persönl. Mittlg.

WAP (1987): Reinigungssysteme. Firmenkatalog der WAP-Reinigungssysteme-GmbH & Co, Bellenberg.

WILDBRETT, G. u. HUBER, K.-J. (1980): Beiträge zur Schaumreinigung fester Oberflächen. 2. Schaumeigenschaften und Wirksamkeit. Fette, Seifen, Anstrichmittel 82, S. 289-294.

WILDBRETT, G. et al. (1988): Reinigungsmöglichkeiten für rutschhemmend gestaltete keramische Fliesen für Fußböden in Großküchen. Schriftenreihe der Bundesanstalt für Arbeitsschutz (Hrsg.) Dortmund. Fb551, Wirtschaftsverlag NW, Verlag für neue Wissenschaft GmbH, Bremerhaven.

WULLINGER, F. u. GEIGER, E. (1976): Grundsätzliches zur Reinigung und Desinfektion in der Brauerei. Brauwelt 116, S. 1289-1292.

WULLINGER, F., GEIGER, E. u. WAGNER, D. (1977): Reinigung und Desinfektion mit automatischen Anlagen und Methoden zur Überprüfung der Wirksamkeit. Brauwelt 117, S. 1340-1345.

7 Desinfektionsverfahren

H. MROZEK

7.1 Allgemeines zur Desinfektion der von Lebensmitteln berührten Oberflächen

Eine Desinfektion kann sowohl durch Einwirkung von Chemikalien als auch durch Temperatureinwirkung erreicht werden. Als chemisches Verfahren ist jede Maßnahme anzusehen, die unterhalb der Grenze thermischer Schädigung von Mikroorganismen innerhalb vertretbarer Einwirkungszeiten durchgeführt wird. Eine rein thermische Desinfektion erfordert Pasteurisationsbedingungen (65–100 °C unter Einhaltung bestimmter Mindestzeiten). Kombinationen chemischer und thermischer Wirkung sind dem breiten Bereich der chemothermischen Desinfektion zuzuordnen (30–90 °C). Grundsätzlich ist eine Sterilisation mit entsprechend höherem Aufwand auf diesen Wegen ebenfalls erreichbar. Die thermische Sterilisation setzt allerdings Temperaturen über 100 °C voraus, so daß sie nur unter Überdruck, also in dafür eingerichteten Systemen, vorgenommen werden kann. Für die praktische Durchführung der verschiedenartigen Desinfektionsmaßnahmen stehen prinzipiell die gleichen technischen Möglichkeiten wie für die Reinigung zur Verfügung. In vielen Fällen werden tatsächlich dieselben Anlagen für die Reinigung und für die Desinfektion verwendet. Für die kombinierte Reinigung und Desinfektion ist das zwangsläufig der Fall.

Unterschiedliche technologische Anforderungen ergeben sich, wenn die Reinigung – z. B. bei kurzen Betriebsunterbrechungen – in einem Schnellverfahren durchgeführt werden soll, während für die Desinfektion in Betriebspausen längere Zeiten zur Verfügung stehen. Es kann dann bei normaler Raum- oder Umgebungstemperatur und mit niedrigeren Konzentrationen an keimtötender Substanz vorgegangen werden, ohne daß dadurch die Wirksamkeit des Verfahrens gefährdet wird. Auf starke mechanische Effekte der Desinfektionslösung über Druck, Fließgeschwindigkeit und Turbulenz kann bei der Behandlung gereinigter Flächen im allgemeinen verzichtet werden. Es genügt, daß die zu desinfizierenden Flächen über die vorgesehene Einwirkungszeit von der Desinfektionslösung gleichmäßig benetzt werden. Entsprechend der Wirkstoffzehrung muß möglichst frische Lösung herangeführt werden, um die Kontaktflächen stets mit ausreichenden Mengen an aktiver, keimtötender Substanz zu behandeln. Die Anforderungen an die Abtötungskapazität bei einer spezifischen Desinfektionsaufgabe ergeben sich aus dem Umfang der am Wirkort zu erwartenden Belastung, also Menge und Art von Mikroorganismen und Restverschmutzungen. In erster Linie hängt diese Belastung von der Qualität einer vorausgegangenen Reinigung ab. Entsprechend den allgemeinen Bedingungen der Reinigungsfähigkeit sind daher grundsätzlich zu unterscheiden und getrennt zu behandeln

- die lebensmittelseitigen Innenflächen geschlossener Systeme
- offene Oberfläche im direkten Lebensmittelkontaktbereich
- Außenflächen von Anlagen und ihre Umgebung, soweit eine Keimeinschleppung in den Lebensmittelkontaktbereich möglich ist,

als „Keimbekämpfung an toten Flächen". Die „Keimbekämpfung an lebenden Flächen", also insbesondere die Händedesinfektion des Personals, nimmt daneben eine Sonderstellung ein.

Allgemeines zur Desinfektion der von Lebensmitteln berührten Oberflächen

7.1.1 Desinfektion geschlossener Systeme

Rohrleitungen und Tanks sowie alle in geschlossene Fließkreisläufe zusammenfaßbaren Anlagen besitzen eine optimale Behandlungsfähigkeit. Im sogenannten CIP-Verfahren (cleaning in place) sind dabei alle Innenflächen des direkten Lebensmittelkontaktbereichs problemlos zu erreichen. Die in Kap. 6 beschriebene Technologie kann ebenso bei einer kombinierten oder der getrennten Reinigung und Desinfektion angewandt werden. Vom desinfektorischen Standpunkt aus liegen in CIP-Verfahren besonders günstige Bedingungen vor: Die Zirkulation der Lösung bringt immer wieder frischen Wirkstoff an die Flächen. Mit der Lösung abgeschwemmte Keime bleiben allseitig von wirksamer Lösung umgeben und werden daher schnell abgetötet. Die Temperatur kann nicht nur verfahrensgerecht und automatisch gesteuert, sondern auch den Erfordernissen entsprechend gewählt werden; Grenzen setzen wirtschaftliche, apparative und korrosionstechnische Gegebenheiten. Bei der Wahl der verwendeten Mittel und ihrer Konzentration treten arbeitshygienische Überlegungen zurück, da Gefährdungen oder Belastungen durch direkten Kontakt nicht eintreten können, insbesondere wenn bereits die Konzentratzu- bzw. -nachgabe mechanisiert ist und automatisch gesteuert wird. Für die kontinuierliche Konzentrationsüberwachung sind je nach Art des Wirkstoffes andere Meßeinrichtungen als für Reinigungsmittel erforderlich. Als technologische Begrenzung bei der Wirkstoffauswahl ist neben der Beachtung von Korrosionsrisiken das Schaumverhalten der Lösungen zu berücksichtigen.

Wesentlich ist bei CIP-Verfahren, daß eine Verlängerung der Einwirkungszeit keinen erwähnenswerten Mehraufwand erfordert. Das kommt besonders der chemischen Desinfektion zugute, da mit relativ niedriger Temperatur oder Konzentration gearbeitet werden kann. Bei konsequenter Weiterführung dieses Gedankens kommt man zur sogenannten Standdesinfektion: Das System wird luftfrei mit Desinfektionslösung gefüllt und so bis zur Wiederbenutzung belassen. Diese Verfahren stellen mit Einwirkungszeiten „über Nacht" oder „über Wochenende" ein nicht unerhebliches Materialrisiko dar, das zumindest teilweise auf das verwendete Wasser und seine aggressiven Eigenschaften zurückzuführen ist.

CIP-Verfahren sind generell hochwirksame Reinigungsverfahren. Nach einer Desinfektion ist daher im Einwirkungsbereich der CIP-Lösung mit einem Keimgehalt zu rechnen, der fast ausschließlich aus Rekontaminationskeimen besteht. Diese stammen nur teilweise aus dem verwendeten Nachspülwasser, der Luft oder aus Manipulationseintrag. Teilweise kommen diese Keime auch aus dem sekundären Kontaminationsbereich der Anlage, also aus den verschiedenen Toträumen, die von der CIP-Lösung nicht erfaßt werden können. Dagegen gibt es zwei Alternativen: Regelmäßige Demontage kritischer Teile mit entsprechender Einzelbehandlung oder ausreichende thermische Einwirkung.

Die D e m o n t a g e von Armaturen, Verbindungsteilen, Rührwerken, Meß-, Dosier- und Abfülleinrichtungen ist aus reinigungstechnischen Gründen nur teilweise nötig. Sie ist aber oft die einzige Möglichkeit, den Desinfektionserfolg sicherzustellen. Man führt diese Arbeit zweckmäßigerweise nach einer CIP-(Vor)Reinigung durch, reinigt noch einmal – soweit dies erforderlich ist – von Hand nach und legt die Teile dann in ein Desinfektionsbad ein. Diese Einlegedesinfektion ist ebenso wie eine Standdesinfektion zu bewerten. Bei langen Einwirkungszeiten bestehende Korrosionsrisiken sind möglichst einzuschränken. Mangelhafte Desinfektion tritt bei unzureichend untergetauchten Teilen und durch Lufteinschlüsse ein.

Eine t h e r m i s c h e D e s i n f e k t i o n ist bei CIP-Verfahren erfolgversprechend, soweit ausreichende Wärmeleitfähigkeit durch metallische Werkstoffe besteht. Dichtungsmaterial schränkt die Reichweite einer thermischen Desinfektion entsprechend ein. Gleiches gilt für Lebensmittelrückstände in Toträumen, insbesondere, wenn sie durch regelmäßige Hitzeanwendung „festgebrannt" sind. Damit können gerade die Bereiche, deretwegen aus Sicherheitsgründen thermisch desinfiziert wird, ständige Störungen verursachen. Eine Demontage zur Kontrolle gehört daher zumindest auch zur thermischen Desinfektion.

Wesentliche Fehlerquellen liegen in der Fehlanwendung und Fehleinschätzung der Hitzewirkung, insbesondere bei Verwendung von Dampf. Auf die Wirksamkeitsverluste von Dampf/Luftgemischen wurde bereits näher eingegangen (Kap. 4). Sie spielen unter praktischen Gegebenheiten eine erhebliche Rolle, da die vollständige Luftverdrängung aus komplizierten Anlagen außerordentlich schwierig ist. Beim Dämpfen offener Systeme, also unter atmosphärischen Bedingungen, nimmt 1 kg Dampf etwa ein Volumen von 1,7 m^3 ein. Sein verwertbarer Wärmeinhalt entspricht etwa 23 l Heißwasser, wenn man von der Annahme ausgeht, daß die Wasserwärme nutzbar ist, die zwischen 95 und 70 °C abgegeben wird. Zur wirksamen Desinfektion ist natürlich die Aufheizung der gesamten Anlagenmasse bis zu den Rückwänden der Toträume erforderlich. Die in Tab. 7.1 beigefügten Wärmekennzahlen ermöglichen eine Abschätzung vorliegender Verhältnisse. Zu beachten ist, daß die Wärmeleitzahl auch für die subjektive Beurteilung der erreichten Temperatur entscheidend ist, da der Berührungseindruck hiervon maßgeblich beeinflußt wird: Die größeren Wärmemengen, die bei gleicher Temperatur von metallischen Gegenständen auf die Haut übertragbar sind, bewirken, daß sie heißer erscheinen als Dinge aus Holz oder Kunststoff.

Tab. 7.1 Wärmekennzahlen verschiedener Werkstoffe bei 20 °C (Zusammengestellt nach WAGNER 1993)

Material	spez. Wärmekapazität	Wärmeleitzahl	Linearer Ausdehnungskoeffizient
Dimension	kJ/kg · K	W/m · K	1/K
Wasser	4,181	0,60	0,000063
Eisen/Stahl	0,47–0,54	52–58	0,000012
Aluminium (99,99)	0,90	238	0,000024
Kupfer (rein)	0,39	394	0,000017
Holz[1]	2,40–2,70	0,11–0,25	0,000008
Glas	0,80	0,8	0,000008
Kautschuk	1,80	0,3–1,7	0,000077

[1] Werte je nach Faserrichtung und Wassergehalt unterschiedlich

7.1.2 Desinfektion offener Anlagen

Im Gegensatz zur Desinfektion geschlossener Systeme, bei denen je Flächeneinheit ein relativ großes Lösungsvolumen zur Verfügung steht, muß bei offenen Anlagen im allgemeinen mit einem Flüssigkeitsfilm gearbeitet werden, der in vielen Fällen nur kurzzeitig aufgebracht wird. Damit stehen für die Desinfektion der Flächeneinheit nur sehr geringe Lösungsmengen zu Verfügung. Das gilt auch für Schaumverfahren, die für Reinigungsaufgaben stellenweise eingesetzt werden. Die beanspruchte Verlängerung der Kontaktzeit gilt nur bis zum Aufreißen einer geschlossenen Schaumdecke, die an senkrechten Flächen nur schwer zu erzielen ist. Grundsätzlich sind daher bei der Behandlung offener Oberflächen erheblich höhere Desinfektionsmittelkonzentrationen anzuwenden, um eine vergleichbare Wirkstoffmenge je Flächeneinheit aufzubringen. Da eine Aufheizung auf dem Wege der Oberflächenbehandlung schwierig und unwirtschaftlich ist, scheidet die thermische Desinfektion offener Flächen praktisch aus.

Allgemeines zur Desinfektion der von Lebensmitteln berührten Oberflächen

Die Art der Desinfektionsaufgabe beeinflußt auch die Wirkstoffauswahl. Bei der Desinfektion geschlossener Anlagen werden schnellwirkende, leicht abspülbare Wirkstoffe bevorzugt (z. B. Aktivchlor oder Peressigsäure). An offenen – insbesondere senkrechten – Flächen ist ein gewisses Haftvermögen von Vorteil. Arbeitshygienische Überlegungen hinsichtlich Geruch und Hautverträglichkeit spielen eine besondere Rolle. In der Lebensmittelindustrie werden daher bei getrennter Reinigung und Desinfektion offener Flächen überwiegend oberflächenaktive Wirkstoffe (quartäre Ammoniumverbindungen oder Amphotenside) verwendet. Bei der kombinierten Reinigung und Desinfektion werden Produkte mit Aktivchlor oder quartären Ammoniumverbindungen benutzt.

Die Reinigung offener Flächen (Arbeitstische, Transportbänder und -wagen, Wannen, Misch- und Rührkessel usw.) ist nur teilweise mechanisierbar und wird weitgehend von Hand vorgenommen. Als mechanische Hilfsmittel kommen Dampfstrahl-, Hoch- und Mitteldruckgeräte in Frage (Kap. 6). Nur in Ausnahmefällen sind stationäre Sprüh- oder Berieselungsanlagen realisierbar. Der Reinigungserfolg als Voraussetzung für die Desinfektion kann während der Reinigungsarbeit nur durch Augenschein beurteilt werden. Da diese Bewertung ebenso wie die gleichmäßige Erfassung der Gesamtfläche durch die Reinigung – ausgenommen bei ordnungsgemäßer Schaumreinigung – zweifelhaft ist, muß besonderer Wert auf eine flächendeckende Desinfektion gelegt werden.

Über eine von Hand geführte Vorrichtung (z. B. Sprühlanze) wird die Desinfektionslösung versprüht, dabei läuft trotz dünnen Auftragens die Hauptmenge der Flüssigkeit ab bzw. in Sümpfen zusammen. Den zurückbleibenden Flüssigkeitsfilm läßt man so lange wie möglich einwirken. Gegebenenfalls erfolgt die Entfernung von Desinfektionsmittel-Rückständen unmittelbar vor Produktionsbeginn. Die langsame Eintrocknung bewirkt eine zunehmende Wirkstoffkonzentrierung, die zunächst dem Desinfektionseffekt zugute kommt. Selbst bei der Verwendung korrosionsarmer Mittel können aber korrosive Einflüsse des Wassers Anlaß zu Bedenken geben. Bei der Betrachtung der Korrosionsrisiken durch Desinfektionswirkstoffe und Wasserinhaltsstoffe muß daher ein dem Eintrocknungsvorgang entsprechender Konzentrationsgradient dieser Substanzen berücksichtigt werden.

Für die kontinuierliche Herstellung gleichmäßiger Desinfektionslösungen gibt es eine Vielzahl unterschiedlicher Geräte. Es handelt sich dabei teilweise um bewegliche Einheiten, die an beliebiger Wasserentnahmestelle angeschlossen werden können, teilweise um ortsfeste Zentralstationen mit eigenem Rohrleitungsnetz, das zu den Verbrauchsstellen führt.

Die Zumischung kann im einfachsten Fall nach dem I n j e k t o r p r i n z i p vorgenommen werden. Eine genaue Dosierung ist jedoch hierbei nicht möglich. Sofern nur eine festgelegte Menge an Desinfektionsmittel in oder auf ein bestimmtes Objekt verteilt werden soll, ist dieses Verfahren trotzdem anwendbar. Gegebenenfalls kann strömender Dampf als Verteilungsmedium benutzt werden.

Etwas konzentrationsgenauer sind D o s i e r e i n r i c h t u n g e n , die über Staudruck oder Venturi-Düsen arbeiten (Abb. 7.1). Bei diesen auch als Wirkdruckzumischer bezeichneten Anlagen bewirken die Druckdifferenzen (zwischen H und G in Abb. 7.1), daß das Desinfektionsmittelkonzentrat aus dem über ein Vorratsgefäß geführten Nebenstrom proportional dem Hauptstrom zugeführt wird. Die mischungssichere Trennung der Medien erfolgt im Vorratsbehälter durch Gummibeutel oder Kolben. Bei nicht zu großen Druck- und Durchflußschwankungen arbeiten diese Geräte nach WILDBRETT und KIERMEIER (1962) mit ausreichender Genauigkeit, wenn mit definierten Flüssigkeiten gearbeitet wird.

Allgemeines zur Desinfektion der von Lebensmitteln berührten Oberflächen

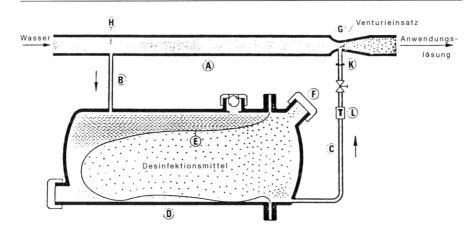

A = Haupt- oder Venturirohr
B = Wasserteilstrom zum Druckbehälter
C = Desinfektionsmittel-Steigleitung
D = Druckbehälter
E = Trennmembran (Gummibeutel)

F = Füllstutzen für Desinfektionsmittel
G = Drosselstelle des Venturirohres
H = Hauptwasserstrom
K = Zumischblende
L = Rückschlagventil

Abb. 7.1 Funktionsschema für Wirkdruckzumischer

Großanlagen arbeiten überwiegend mit Dosierpumpen, die je nach Aufgabenstellung mengenproportional entsprechend dem Zufluß oder zeitabhängig nach rechnerischer Ermittlung bei bekanntem Zufluß dosieren oder auf Grund kontinuierlicher Messung der Konzentration, z. B. über den Leitwert, diese konstant halten.

Bei konstanter Fließmenge genügt die Parallelschaltung einer entsprechend fest eingestellten Dosierpumpe. Bei variabler Fließgeschwindigkeit muß die Dosierung kontinuierlich durchflußabhängig gesteuert werden. Dazu eignet sich als indirekte Methode der Einbau eines Wasserzählers, der jeweils nach einer bestimmten Durchflußmenge einen Steuerimpuls für eine bestimmte Laufzeit der Dosierpumpe gibt. Als direkte Methode wird in den Fließweg ein Ringkolben-Wassermotor eingebaut und diesem die Dosierpumpe direkt angeflanscht (Abb. 7.2). Diese Methode eignet sich besonders für die unregelmäßige Entnahme genau dosierter Mengen. Bei der Impulsdosierung können längere Mischstrecken zwekmäßig sein. Gleichmäßige Durchmischung erreicht man, wenn der Vorlauf einem Sammelbehälter zugeleitet wird. Beim Neuansatz größerer Volumina, etwa für ein CIP-System, wählt man hierfür die zeitabhängige Dosierung.

Die Dosierung zur Konstanthaltung der Konzentration benötigt als Steuergerät eine kontinuierlich arbeitende Meßeinrichtung zur Überwachung der Konzentration. Elektrochemisch erfaßbare Daten wie Leitwert oder Oxidationspotential werden hierbei zur Steuerung der Nachgabeimpulse verwendet. Moderne Dosieranlagen sind „selbstüberwachend", d. h., es wird keine Lösung abgegeben, wenn der Frischwasserzulauf ausfällt oder der Behälter für Desinfektionsmittelkonzentrat leer ist. Auf die erforderliche Trennung der Anlage vom Trinkwassersystem gemäß DIN 1988 und DIN 2000 durch Rückflußverhinderer, Rohrschleife oder Rohrtrenner sei hier ausdrücklich hingewiesen.

Allgemeines zur Desinfektion der von Lebensmitteln berührten Oberflächen

Abb. 7.2 Mengenproportionale Desinfektionsmitteldosierung über Ringkolbenwassermotor und Membran-Pumpe

Die für Reinigungsarbeiten mit besonderer Anforderung an die Reinigungsmechanik verwendeten Hochdruckgeräte haben für Desinfektionsaufgaben keine Bedeutung. Wo die Intensität der Verschmutzungen ein Hochdruckverfahren erfordert, ist eine Desinfektion noch nicht möglich. In solchen Fällen kommt nur eine getrennte Reinigung und Desinfektion in Frage. Für die Desinfektion eignen sich dann die bereits erläuterten Niederdruckverfahren. Sofern Hochdruckgeräte vorwiegend zur Verkürzung der Arbeitszeit eingesetzt werden, wie es z. B. bei der Tankreinigung der Fall ist, wird allerdings vielfach mit kombinierten Reinigungs- und Desinfektionsmitteln gearbeitet: Mit programmgesteuerter Vor- und Nachspülung, gegebenenfalls mit Zusatz eines Desinfektionsmittels zu Beginn der Nachspülphase, werden gute Desinfektionsergebnisse erzielt.

Mobile Hochdruckgeräte mit eigener Dosiereinrichtung zeigen die verfahrensabhängigen Konzentrationsschwankungen entsprechend den Verhältnissen bei Niederdruckgeräten. Ihr Einsatz im Rahmen der Betriebshygiene ist jedoch nicht an ihre Verwendung zur Desinfektionsmittel-Verteilung gekoppelt, sie dienen im allgemeinen der reinigungstechnischen Keimentfernung.

7.1.3 Verpackungssterilisation

Ein Sonderfall der Desinfektion lebensmittelberührter Flächen ist die Behandlung von Verpackungen (HEISS 1980). Die Innenflächen der Verpackungen stehen bis zum Verbrauch des Lebensmittels mit ihm im unmittelbaren Kontakt. In den meisten Fällen bedeutet dies, daß auch Einzelkeime zur Haltbarkeits- und eventuell auch zur Gesundheitsgefährdung werden, falls für sie eine Vermehrungsmöglichkeit besteht. Dies ist abhängig von der Art der Keime und des Lebensmittels, insbesondere aber von der Lagerungstemperatur und

Allgemeines zur Desinfektion der von Lebensmitteln berührten Oberflächen

-dauer. Bei Erzeugnissen, die als „haltbar" deklariert sind oder dafür gehalten werden, erfolgt die Lagerung gewöhnlich bei Raumtemperatur. Außerdem kann ihre Aufbewahrungsdauer sehr lang sein. Unter diesen Gegebenheiten muß von einer Verpackung verlangt werden, daß ihre lebensmittelberührenden Flächen steril sind, sofern das Lebensmittel selbst keinen Konservierungsschutz besitzt.

Grundsätzlich ist zwischen der Behandlung von Mehrweg- und Einweggebinden zu unterscheiden. Mehrweggebinde werden verschmutzt mit Lebensmittelresten zurückgenommen. Produktspezifische Verderbsorganismen sind stets vorhanden. Daneben muß durch den Kontakt mit dem Verbraucher auch mit der Anwesenheit pathogener Mikroorganismen gerechnet werden. Einweggebinde enthalten dagegen einen herstellungsspezifischen Keimgehalt und unspezifische Umweltkontaminanten. Meist handelt es sich dabei um Ruhe- oder Dauerstadien mit erhöhter Resistenz.

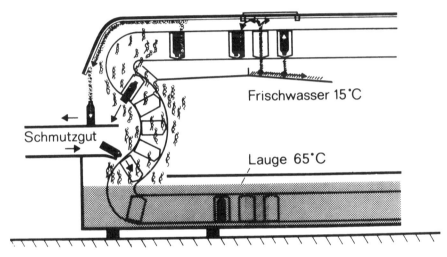

///// querverspritztes Frischwasser
§∜ Tröpfcheninfektion durch Dampf
🝆 abtropfendes Kondensat

Abb. 7.3 Kritischer Rekontaminationsbereich bei einer Einend-Flaschenwaschanlage

Als M e h r w e g g e b i n d e sind Flaschen aus Glas, teilweise auch aus geeigneten Kunststoffen, von großer Bedeutung. Sie werden als Massengut in Waschanlagen (Abb. 7.3) einer kombinierten chemo-thermischen Reinigung und Desinfektion unterzogen (SCHLÜSSLER u. MROZEK, 1968). Mit Behandlungszeiten von 10–25 min bei einem Temperaturmaximum von 65–90 °C und einer Alkalität entsprechend 0,3–3 % NaOH (je nach Art der vorliegenden Verschmutzungen) werden praktisch keimfreie Flaschen erzielt. Dieser Desinfektionserfolg wird durch die Nachbehandlung gefährdet, die zur Abkühlung und zur Entfernung von Reinigungsmittelrückständen erforderlich ist. Rekontaminationsverhütende Maßnahmen sind in den verschieden temperierten Nachspülwasserzonen vorzusehen. Als aktive Maßnahme steht die Chlorierung des Wassers im

Allgemeines zur Desinfektion der von Lebensmitteln berührten Oberflächen

Vordergrund. Entsprechend dem pH-Wert der Spülflüssigkeiten werden Aktivchlordosierungen zwischen 1 und 10 mg/l vorgenommen. Über Frischwasser muß der Anschluß an die trinkwasserzulässige Menge von 0,3 mg/l in der letzten Zone erreicht werden. Eine aktive Desinfektion der Flaschen findet hierbei nicht mehr statt. Die indirekte Rekontaminationsverhütung durch ein niedriges Keimzahlniveau in den Nachspülzonen wird hiermit jedoch gefördert. Zusätzliche Maßnahmen sind das desinfizierende Aussprühen der Nachspülabteilungen, des Maschinengehäuses und der Flaschenabgabe. Hierfür eignen sich die beschriebenen Niederdruckverfahren mit Sprühlanzen oder die Dampfinjektion, bei der sich das Dampf-Desinfektionsmittel-Gemisch an den kälteren Maschinenteilen niederschlägt.

Einweggebinde wie Gläser, Dosen und Kunststoffbehälter, die für kurzlebige oder konservierte Lebensmittel verwendet werden, benötigen im allgemeinen keine Sterilisation. Einfache Sprühtunnel, sogenannte Rinser, genügen für die Entfernung anhaftender Partikel. Diese Aufgabe ist als Reinigungsaufgabe mit Keimentfernung zu verstehen. Anders verhält es sich bei der Abfüllung langlebiger, aber anfälliger Produkte. Die Deklaration „ungekühlt haltbar" erfordert dann eine Sterilisation der lebensmittelberührenden Flächen. Vorgefertigte Packungen wie Becher oder Schläuche können durch Begasung mit Ethylenoxid oder durch Bestrahlung mit γ-Strahlen im Dosisbereich 10–100 kGy sterilisiert werden, wenn sie sich in einer geeigneten Umverpackung befinden. In der Abfüllanlage gefertigte Packungen müssen gegebenenfalls nachsterilisiert werden. Das gilt auch nach der Heißbehandlung beim Tiefziehen oder Flaschenblasen. Die Temperatur-Zeit-Relationen können hierbei für eine Sterilisation zweifelhaft sein, zumal die ungünstigen Bedingungen einer Trockensterilisation herrschen.

Für die Sterilisation unmittelbar vor der Füllung befindet sich Wasserstoffperoxid in hoher Konzentration (20–35 % H_2O_2) im Einsatz, bei der Behandlung von Folien ab Rolle vor der Formgebung auch mit einem Zusatz von Aniontensiden. Diese Folien werden durch das H_2O_2-Bad geführt, womit ein gleichmäßiger Film erzeugt wird. Dieser Film wird wenige Fülltakte später wieder abgedampft, indem man die Folie an Heizelementen vorbeiführt. Diese starke Temperaturerhöhung potenziert die H_2O_2-Wirkung bis in den sporiziden Bereich. Damit eignen sich derartige Abfüllverfahren auch für die aseptische Abfüllung von H-Milch.

Vorgeformte Gebinde können im Produktionsfluß mit einer H_2O_2-Lösung eingesprüht werden. Dabei ist eine gleichmäßige Benetzung schwer zu erzielen, und auch die restlose Beseitigung der Sterilisationslösung bereitet Schwierigkeiten. Das Verfahren ist für begrenzt haltbare bzw. wenig anfällige Füllgüter anwendbar. Eine weitere Behandlungsmöglichkeit im Rahmen des aseptischen Abpackens ist die mit UV-C-Strahlen. Das im Wellenlängenbereich 250–270 nm liegende Absorptionsmaximum von Nukleinsäuren bewirkt hier schnelle Keimabtötung. Die erforderlichen Dosen für 90 % Abtötung liegen zwischen 1 mWs/cm² für farblose gramnegative Bakterien und 100 mWs/cm² für farbige Schimmelpilzkonidien. Damit sind ausreichende Reduktionen der Keimbeladung von Packmaterial und auch von vorgefertigten Gefäßen möglich (CERNY 1977). Die thermische Sterilisation von Verpackungsmaterial wurde 1966 für Milchflaschen aus Glas beschrieben (NIRD 1966). Bei einer Temperatur von 153 °C, entsprechend einem Druck von 5,2 bar und 16,5 s Gesamtbehandlungszeit wurde zu 99 % die gewünschte Keimfreiheit erzielt. Auch für Kunststoffflaschen ist ein derartiges Verfahren anwendbar. In Bechern aus Polypropylen konnten bei 147 °C, entsprechend einem Druck von 4,5 bar und 4 s Bedampfungsdauer Sporenbildnerreduktionen um etwa 6 Zehnerpotenzen ermittelt werden (CERNY 1983). Verschiedene Verfahren der aseptischen Abfüllung in Glasflaschen beschreibt SCHREYER (1985): Heißluftsterilisation bei 270 °C und kombinierte chemothermische Verfahren unter Verwendung von Wasserstoffperoxid. Die in großem Umfang übliche Sterilisation von Lebensmitteln in der

Allgemeines zur Desinfektion der von Lebensmitteln berührten Oberflächen

Verpackung (Dosen, Flaschen und andere Gläser) kann hier nur als Hinweis erwähnt werden: Die Sterilisation nach der Verpackung bedingt schwierigere Probleme bei der Lebensmittelqualität (Hitzeschädigung), während die Sterilisation vor der Verpackung der Lebensmittelqualität gedeihlich ist, aber hohen Aufwand für die aseptische Verpackung erfordert.

7.1.4 Umgebungsdesinfektion

Für eine wirksame Unterbrechung von Kontaminationswegen ist es erforderlich, die Maßnahmen zur Bekämpfung von Mikroorganismen bereits weit außerhalb des direkten Lebensmittelkontaktbereichs zu beginnen. Der angestrebte Erfolg einer Umgebungsdesinfektion kann natürlich nur dann erzielt werden, wenn die zu schützenden Verarbeitungsanlagen selbst stets in einem einwandfreien Zustand gehalten werden.

Die Umgebungsdesinfektion beginnt beim Äußeren aller Anlagen. Hierfür können nach geeigneter Vorreinigung einfache Niederdruck-Sprühverfahren eingesetzt werden, mit denen ein gleichmäßiger Film von Desinfektionslösung auf allen Außenflächen erzeugt wird. Bei der Auswahl der Mittel ist zu beachten, daß äußere Bauteile von Maschinen teilweise aus weniger korrosionsfesten Werkstoffen bestehen oder angreifbare – z. B. lackierte – Oberflächen besitzen. Da ein direkter Lebensmittelkontakt nicht vorgesehen ist, kommen neben oberflächenaktiven Wirkstoffen hierfür auch Aldehyde in Frage. Die Einwirkungszeit sollte möglichst lang sein. Da auf den überwiegend senkrechten Flächen dickere Flüssigkeits- oder auch Schaumschichten nicht länger haften, kommt dem spezifischen Haftvermögen der Desinfektionswirkstoffe größere Bedeutung zu. Maßnahmen zur Rückstandsentfernung sind aus Sicht der Korrosionsrisiken zu bewerten.

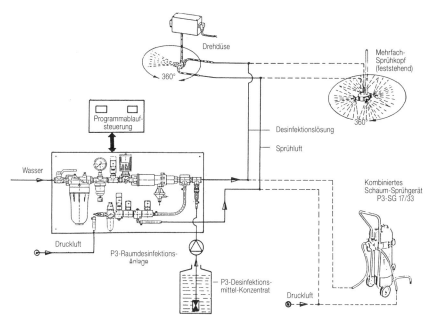

Abb. 7.4 Installationsschema für eine Raumdesinfektionsanlage mit Düsen für abgeschlossene Räume und Sprühgerät für gezielte Oberflächenbehandlung

Die zweite Zone der Umgebungsdesinfektion umfaßt als sog. Raumdesinfektion zusätzlich Fußböden, Wände und Decken. Da Raumdecken und obere Wandflächen bei einfachen Sprühverfahren schlecht erreichbar sind, wendet man besser ein Verdüsungsverfahren an, bei dem über rotierende Düsen oder gerichtete Sprühkegel der gesamte Raum mit einem feinen Nebel bestrichen werden kann (Abb. 7.4). Eine solche Maßnahme muß außerhalb des Raumes steuerbar sein oder programmgesteuert ablaufen. Während der Behandlung dürfen sich im Raum weder Personal noch Lebensmittel befinden. Hierfür sind Produkte einzusetzen, die neben filmbildenden Wirkstoffen für die Langzeitwirkung an allen Flächen, wo sich der Nebel niederschlägt, auch Formaldehyd enthalten, der teils während der Vernebelung, teils aus dem Oberflächenfilm verdampft und dann über die Gasphase auch dort wirksam werden kann, wo die Nebeltropfen keinen Zutritt finden. Von Bedeutung ist hierbei insbesondere die Wirkung auf Schimmelpilze an Decken, die durch ihre Konidienaussaat erheblich zum Rekontaminationskeimgehalt der Raumluft beitragen. Auf diesem Umweg wirkt sich diese Form der Umgebungsdesinfektion auch auf den Luftkeimgehalt aus, obwohl nach der Desinfektion, die sich stets über mehrere (4–6 Stunden) erstrecken sollte, eine ausreichende Frischbelüftung erforderlich ist, um die Arbeitsräume wieder begehbar zu machen. Die Möglichkeit der Neuverkeimung durch Frischluft ist zu berücksichtigen.

Bei der Neuaufnahme dieses Verfahrens sollte mit geeigneten Geräten vor der Inbetriebnahme kontrolliert werden, ob der Formaldehydgehalt in den Arbeitsräumen unter dem vorgeschriebenen MAK-Wert von z. Z. (1993) 0,6 mg/kg liegt (ORTH 1982).

7.1.5 Reinraumtechnik

In konsequenter Weiterentwicklung und gleichzeitiger Anwendung aller möglichen kontaminationsverhütenden Maßnahmen kommt man zur Reinraumtechnik. Sie setzt voraus, daß durch entsprechende Abtrennung ein sterilisierbarer und im Betrieb steril zu haltender Arbeitsraum geschaffen werden kann. Für die Sterilisation von Raum und Anlagen sind alle beschriebenen Maßnahmen zweckmäßig zu kombinieren. Die Erhaltung eines sterilen Zustandes erfordert die vollständige Keimfreiheit aller Zuflüsse in den Reinraum; also zu behandelndes oder abzufüllendes Lebensmittel ebenso wie Verpackungsmaterial, Luft, Wasser und weitere Betriebsmittel. Ein besonderes Problem stellen Reinräume dar, die für Bedienungspersonal begehbar sein müssen. Zu den üblichen Maßnahmen der Personalhygiene kommt dann der Gebrauch von sterilisierter Schutzkleidung, die für jedes Betreten des Raumes neu zur Verfügung stehen muß, ferner die Benutzung von Atemschutzmasken. Bei kleineren geschlossenen Anlagen, z. B. abgekapselten Abfüllstraßen, können Wartungseingriffe über eingebaute sterilisierbare Handschuhe vorgenommen werden. Sorgfältige individuelle Planung ist Voraussetzung für den Erfolg (HORTIG u. GAIL 1983, GAIL 1986).

7.1.6 Maßnahmen zur Sicherung des Desinfektionserfolges

Maßstab für den Erfolg einer Desinfektion ist der mikrobiologische Zustand der Anlagen bei Produktionsbeginn. Dieser Zustand ist das Ergebnis der Keimvermehrung von Rest- und Rekontaminationskeimen (Kap. 13.2.2.4). Die Einschränkung der Vermehrung gelingt durch die
– Reduktion des Nährstoffangebotes
– Trocknung der Oberflächen

Allgemeines zur Desinfektion der von Lebensmitteln berührten Oberflächen

- Einhaltung von vermehrungswidrigen Bedingungen bis unmittelbar vor Produktionsbeginn
- Verkürzung der Zeit, die für eine Vermehrung zur Verfügung steht.

Die Reduktion des Nährstoffangebotes ist im wesentlichen Aufgabe der vorhergehenden Reinigung. Das verwendete (Nachspül-)Wasser begrenzt diese Reduktion entsprechend seiner Beschaffenheit. Sein Mineralstoffgehalt reicht zusammen mit Spuren von Kohlenstoffquellen bereits für die Vermehrung von sog. Wasserbakterien aus. Ein vollständiger Ausschluß der Keimvermehrung ist daher nach einer Nachspülung mit Trinkwasser nicht zu erwarten, wohl aber die Selektion bestimmter Keimgruppen.

Die Trocknung von Oberflächen schließt weitere Vermehrung aus. Sie ist an offenen Flächen und bei niedriger Luftfeuchtigkeit einfach zu erreichen, am schnellsten, wenn mit heißem Wasser nachgespült wird. In geschlossenen Systemen ist eine vollständige Trocknung schwierig. Ein Durchleiten von Luft ist nicht immer möglich, ganz abgesehen von der dadurch verursachten Kontaminationsgefahr.

Die Einhaltung von vermehrungswidrigen Bedingungen wird bei der Standdesinfektion, zu der bei entsprechender Handhabung auch die Einlegedesinfektion zählt, durch Dauerkontakt mit der vorgesehenen Desinfektionslösung sichergestellt. Wird bei der Desinfektion die Nachspülung erst als Vorspülung vor Betriebsbeginn vorgenommen, fehlt zumindest die Vermehrungsmöglichkeit für die Rekontaminationskeime des Trinkwassers. Der völlige Verzicht auf die Nachspülung bei den sog. no-rinse-Verfahren entsprechend den in den USA von der FDA einzeln genehmigten und registrierten Verfahren (Code of Federal Regulations 1991) schließt auch noch das Risiko einer Direktkontamination über den Keimgehalt des Nachspülwassers aus. Damit wird bewußt das im Verlauf der Produktion und während der Zeit bis zum Verzehr der Lebensmittel zunehmende mikrobiologische Risiko gegen das im Verlauf der Produktion sehr schnell abnehmende Rückstandsrisiko eingetauscht. Die hierzulande vorgeschriebene Rückstandsminimierung erfordert das Verwerfen eines Produktionsvorlaufs.

Eine Umgehung des Nachspülrisikos ist schließlich noch durch Zusatz antimikrobieller Stoffe zum Nachspülwasser möglich. Soweit eine Nachspülung mit Trinkwasser erforderlich ist, müssen sich solche Zusätze natürlich auf die für Trinkwasser zugelassenen Stoffe und Mengen beschränken. Hiervon geht allerdings nur ein sehr begrenzter Schutz aus. Das betrifft vor allem die Wirksamkeit gegenüber Keimen, die während der Standzeit der Anlagen auf anderen Wegen, z. B. als Sedimentationskontaminanten aus der Raumluft, auf die zu schützenden Oberflächen gelangen. An dieser Stelle ist ein Verfahren, das seiner Betriebsbezeichnung gemäß als physikalisches Verfahren einzustufen ist, zu erwähnen: die anodische Oxidation zur Wasserdesinfektion (GUTKNECHT u. a. 1981). Das Prinzip dieses Verfahrens ist seit langem bekannt (PRAUSNITZ 1909). Die Entkeimung des Wassers innerhalb des Reaktors kann gleichermaßen auf die direkte Wirkung elektrochemischer Vorgänge und die der dabei gebildeten kurzlebigen und eventuelle langlebigen Reaktionsprodukte, unter denen aus Chlorid gebildetes Chlor hervorzuheben ist, zurückgeführt werden (Bundestags-Drucksache 1982). Die Wasserbeschaffenheit einschließlich einer Belastung mit organischen Substanzen und Mikroorganismen bestimmt, ob eine den Ansprüchen genügende Entkeimung erreicht wird (BORNEFF 1981). Eine Verwendung dieses Wassers für die Entkeimung von Anlagen, wie sie in der Literatur (DACHS 1982) beschrieben wird, ist entweder als reiner Abspüleffekt zu erklären oder auf die Residualwirkung der gebildeten antimikrobiellen Verbindungen, hauptsächlich durch gebildetes Chlor oder keimtötende Chlorverbindungen, zurückzuführen.

Für die Verkürzung der Zeit, die für die Vermehrung von Kontaminationskeimen zur Verfügung steht, kommen neben den beschriebenen Maßnahmen zur Verlängerung des Desinfektionsschutzes auch andere Maßnahmen in Frage. Bei der Trennung von Reinigung und Desinfektion kann die Desinfektion erst kurz vor Betriebsbeginn vorgenommen werden, oder es wird ein zusätzlicher Desinfektions- oder Sterilisationsgang an den Betriebsbeginn gestellt. Letzteres ist bei hohen Haltbarkeitsanforderungen empfehlenswert und beim aseptischen Abfüllen erforderlich.

7.2 Händedesinfektion

Bei der Lebensmittelproduktion spielt der Mensch im Betrieb als Kontaminationsquelle eine Rolle, die nicht hoch genug eingeschätzt werden kann. Die Ausbreitung seiner Körperflora und die Übertragung von Umgebungskeimen durch ihn muß so weit wie möglich eingeschränkt werden. Dem dienen zunächst betriebstechnisch-organisatorische Maßnahmen, die den direkten Kontakt mit den Lebensmitteln überflüssig machen sollen. Ist das nicht möglich, muß zur Risikominderung der Arbeitsplatzwechsel, insbesondere einer von der „unreinen" Rohstoffseite zur „reinen" Fertigproduktseite, eingeschränkt werden. Über saubere, häufig zu wechselnde Schutzkleidung werden weitere Keimverschleppungsrisiken reduziert. Aus Sicherheitsgründen sollte nur solche Schutzkleidung getragen werden, die einer Kochwäsche bzw. einem Desinfektionswaschprozeß unterzogen werden kann.

Besondere Risiken gehen von der menschlichen Hand aus. Wo Handarbeit unvermeidbar ist, muß eine der folgenden Maßnahmen ergriffen werden:
– Reinigung der Hände durch Seifenwäsche
– Händedesinfektion mit geeigneten Mitteln
– Tragen von Handschuhen.

Durch eine gründliche Händereinigung, bestehend aus einer Seifenwäsche und Abtrocknung mit Einmalhandtüchern, ist eine weitgehende Eliminierung der transienten Flora, der sogenannten Schmierkeime, erreichbar. Auch die Hauptmasse eventuell nach Toilettenbesuch anhaftender Darmkeime wird so beseitigt.

In Abhängigkeit von der Waschdauer steigt die Reduktionsrate bis zu einer Minute rasch auf etwa 99,9 % (log RF = 3), dann aber nur noch langsam an (MITTERMAYER u. ROTTER 1975). Die Verbesserungsfähigkeit über eine Nagelbürste (KOLLER u. a. 1976) kann allerdings angesichts der praxisüblichen Verwendung eines feucht-warm gelagerten Gemeinschaftsgeräts kaum empfohlen werden.

Unter Händedesinfektion ist die vorschriftsmäßige Anwendung von Mitteln zu verstehen, die in der gemäß § 10 c des Bundes-Seuchen-Gesetzes vom Robert-Koch-Institut als zuständiger Bundesbehörde im Bundesgesundheitsblatt veröffentlichten Liste (12. Ausgabe vom 1. 1. 1994) oder in der Liste der Deutschen Gesellschaft für Hygiene und Mikrobiologie (VII. Liste mit Nachträgen, Stand 1. 1. 1992) aufgeführt und nach entsprechenden Methoden geprüft sind. Die veröffentlichten Prüfungsrichtlinien der DGHM (BORNEFF u. a. 1981) unterscheiden:
– Die hygienische Händedesinfektion, bei der eine Reduktion um mindestens 99,9 % (log RF $\geq$ 3) in Bezug auf die aufgebrachten Testkeime (E. coli ATCC 11229) bei 30 s Einwirkungszeit verlangt und mit der Wirkung von 60 %igem Isopropanol verglichen wird, und
– die chirurgische Händedesinfektion, bei der die Reduktion der residenten Flora in 5 min Einwirkungszeit mit 60 %igem n-Propanol als Standard verglichen wird.

In beiden Fällen muß die Wirksamkeit des 60 %igen Alkohols mindestens erreicht werden.

Literatur

Entscheidend für die Bewertung einer Händedesinfektion, aber auch der Händewäsche, ist neben der Verwendung geeigneter Mittel die Einhaltung von ausreichend langen Einwirkungszeiten, die weit über dem liegen, was bei normaler Händewäsche üblich ist. Bei der Auswahl der „geeigneten Mittel" ist auch auf die Hautpflege Rücksicht zu nehmen, zumal der betroffene Personenkreis die Händewäsche bzw. -desinfektion sehr häufig durchführen muß.

In Anlehnung an die Prüfverfahren der DGHM wird für die Lebensmittelindustrie die Einführung von Hände-Dekontaminationspräparaten gefordert, die in 30 s die residente Flora um 3 log-Stufen vermindern und *E.coli* um mindestens 3, besser 4 log-Stufen reduzieren (BORNEFF 1983).

Ausgehend von der Tatsache, daß auch eine gute Händedesinfektion keine Keimfreiheit bewirken kann, Keime der residenten Hautflora vielmehr bereits nach kurzer Zeit wieder zur Hautoberfläche durchgearbeitet sind, ist auch die ordnungsgemäße Händedesinfektion für kritische Bearbeitungsvorgänge unzureichend.

Zur residenten Hautflora kann auch *Staph.areus* gehören, und mit dem Vorkommen toxinbildender Stämme ist stets zu rechnen. Sicherheit ist daher nur durch das Tragen von Handschuhen zu erreichen. Dabei soll die Problematik der Arbeit mit Handschuhen nicht verkannt werden, die als Arbeitserschwernis und als Risiko bei Beschädigung des Handschuhes zu bewerten ist. Gute Einweghandschuhe oder leicht desinfizierbare Handschuhe mit glatten Außenflächen stellen aber die Möglichkeit eines Schutzes vor der Verbreitung von Hautflora dar, solange sie unbeschädigt sind (HEEG u. a. 1986).

Literatur

BORNEFF, J. (1981): gwf-Wasser Abwasser 122, S. 141-146.

BORNEFF, J. (1983): Kosmetika, Aerosole, Riechstoffe 56, S. 71-74.

BORNEFF, J. et al. (1981): Zbl. Bakt. Mikr. u. Hyg. B 172, S.534-562.

CERNY, G. (1977): Entkeimen von Packstoffen beim aseptischen Abpacken, 2. Mitt. Untersuchungen zur keimabtötenden Wirkung von UV-C-Strahlen, Verpack. Rundsch. 29, Techn. wissenschaftl. Beilage 77-82.

CERNY, G. (1983): Entkeimen von Packstoffen beim aseptischen Abpacken, 5. Mitt. Entkeimen von Kunststoffbechern mittels Sattdampf in der Aseptikanlage DOG Aseptik 81 der Fa. Gasti, Verpack. Rundschau 34, Techn. wissenschaftl. Beilage, S. 55-58.

Code of Federal Regulations der US Food and Drug Administration (1991): Part 178 – Indirect food additives. Revised April 1, 1991.

DACHS, E. (1982): Brauwelt 122, S.1428-1430.

DIN (1973): Zentrale Trinkwasserversorgung, DIN 2000, Ausgabe November 1973, Beuth-Verlag, Berlin.

DIN (1988): Technische Regeln für Trinkwasserinstallationen – TRWI – Schutz des Trinkwassers, Erhaltung der Trinkwassergeräte. Techn. Regeln des DVGW, DIN 1988 Teil 4. Beuth Verlag, Berlin.

GAIL, L. (1986): Fortschritte der Reinraumtechnik. Concept, Heidelberg.

GUTKNECHT, J. et al. (1981): GIT Fachzschr. f. d. Lab. 25, S. 471-481.

HEEG, P. OSSWALD, W. u. SCHWENZER, N. (1986): Hyg. Med. 11, S. 107-110.

HEISS, R. (1980): Verpackung von Lebensmitteln, Berlin, Springer-Verlag.

HORTIG, H. P. u. GAIL, L. (1983): Reinraumtechnik. Concept, Heidelberg.

KOLLER, W. et al. (1976): Zbl. Bakt. Hyg. I. Orig. B 163, S. 509-523.

Literatur

MITTERMAYER, H. u. ROTTER, M. (1975): Zbl. Bakt. Hyg. I. Orig. B 160, S. 163-172.

NIRD (1966): Dairy Industries H. 3, S. 207-209.

ORTH, R. (1982): Symposium Heft 11, Oktober 1982, S. 36, (Fachheftreihe der Berufsgenossenschaft Nahrungsmittel und Gaststätten, Mannheim).

PRAUSNITZ, W. (1909): Atlas und Lehrbuch der Hygiene, S. 406-407, J. F. Lehmann's Verlag, München.

SCHLÜSSLER, H.-J. u. MROZEK, H. (1968): Praxis der Flaschenreinigung, Firmenschrift aus den Anwendungstechnischen Laboratorien der Firma Henkel & Cie, Düsseldorf.

SCHREYER, G. (1985): Die umweltfreundliche Alternative: H-Milch in der Glasflasche, Deutsche Molk.-Ztg. 106, S. 482-486.

WAGNER, W. (1993): Wärmeübertragung, 4. Aufl., Verlag Vogel-Buch, Würzburg.

WILDBRETT, G. u. KIERMEIER, F. (1962): Dosiergeräte für Desinfektionsmittel. Naturwiss. 17, S. 32-36.

8 Kontamination von Lebensmitteln mit Reinigungs- und Desinfektionsmittelresten

F. KIERMEIER

8.1 Reinigungsmittelreste

Während über das Vorkommen von Desinfektionsmittelresten eine vielseitige, gesicherte Erkenntnis besteht, herrschen über das Vorhandensein von Reinigungsmittelresten in Lebensmitteln nur Vermutungen. Wenn Meldungen darüber erscheinen – meist in der Tagespresse – so beruhen derartige Vorkommnisse meist auf mangelnder Sorgfalt oder auf Betriebsunfällen, sei es, daß das Nachspülen vergessen worden ist, sei es, daß es ein Betriebsunfall war, bei dem die entsprechenden Leitungen nicht geschlossen worden sind oder eine Fehlschaltung vorlag. Diese Unklarheit ist auf die derzeitige Unmöglichkeit zurückzuführen, die fast ausschließlich aus anorganischen Bestandteilen bestehenden Reinigungsmittel im mg-Bereich nachzuweisen. Nimmt man beispielsweise an, daß in einer gereinigten 20-Liter-Kanne ohne Nachspülen 20 ml 1%ige Reinigungsflüssigkeit zurückbleiben, so sind in der Rohmilch 10 mg/l Reinigungsmittel zu erwarten, wobei dessen einzelne Bestandteile wie Silikate, Phosphate oder Carbonate entsprechend niedriger liegen, also nur wenige Milligramm. Dem steht das 100- bis 1000-fache an anorganischen Milchbestandteilen gegenüber. MILLER u. WILDBRETT (1973) haben unmittelbar Zusätze von Reinigungsmitteln zu Milch nur bei unwahrscheinlich hohen Zusätzen, wie sie in der Praxis nicht vorkommen, durch Säuregrad-, pH-Wert- und sensorische Veränderungen erkennen können, wobei die angewandten Reiniger stark alkalisch reagieren (pH-Wert der 1%igen Lösungen 11,9 bzw. 12,4). Es erhebt sich die Frage, welche Bestandteile der Reinigungsmittel überhaupt ein Haftvermögen besitzen, so daß sie dem Nachspülen mit Wasser widerstehen. Die Netzkraft der verschiedenen alkalisch reagierenden Verbindungen wie Ätznatron bzw. Polyphosphate wird im allgemeinen mit schwach bzw. mit mäßig gut beurteilt (REIFF u. a. 1970). Nur die wegen der Netzung zugesetzten Tenside, die lediglich 2–10 % der gesamten Reinigungsmittelmenge ausmachen, sind für eine Kontamination geeignet (Kap. 14.2). Damit mündet das Kontaminationsproblem der Reinigungsmittel in das für Desinfektionsmittel.

8.2 Desinfektionsmittelreste

Die Forschung und die staatliche Überwachung haben sich seit langem mit dem Nachweis der Desinfektionsmittel, insbesondere mit den darin enthaltenen Tensiden in Lebensmitteln, beschäftigt, einerseits weil aus hygienischen und lebensmittelrechtlichen Gründen eine Kontamination damit unerwünscht ist und weil andererseits der beabsichtigte Zusatz eine Fälschung über den Hygienezustand eines Lebensmittels, z. B. den der Rohmilch, darstellt. Der mögliche Nachweis wurde diesen Wünschen gerecht. Auf Grund der Zusammensetzung der Desinfektionsmittel läuft der Nachweis auf den von Chlor-, Jod- und Tensid-Verbindungen hinaus (Kap. 14.2), wenn man von dem Zusatz von Desinfektionsmittellösungen in ihrer Gesamtheit, fast ausschließlich Milch, absieht, was bis zu einer bestimmten Konzentration mit Hilfe von Reduktionsproben (Münch u. a. 1970) möglich ist. Die Kontamination der Lebensmittel mit Desinfektionsmitteln ist über die Bedarfsgegenstände gegeben, die unmittelbar mit diesen in Kontakt kommen. Hierbei gehören alle Gegenstände, die bei der Herstellung, Verarbeitung und Zubereitung sowohl mit der zu verarbeitenden Rohware als

Desinfektionsmittelreste

auch mit dem Zwischen- und/oder Fertigprodukt in unmittelbare Berührung kommen. Dies sind nach REIFF u. a. 1970) z. B.:

In der Fleischerei: Blutwannen, Fleischhaken, Transportwannen, Fleischwolf, Kutter, Füllmaschinen, Brühkessel, Messer, Zerlegungstische, Brätwannen, Pökelfässer.

Bei der Fischverarbeitung: Schaufeln, Gabeln, Fischhaken, Abbrückbretter, Fischkisten, Garbäder, Arbeitstische, Verarbeitungsmaschinen z. B. zum Köpfen, Entgräten.

Bei der Milcherzeugung: Milchgeschirr bzw. Melkmaschinen, Rohrleitungen, Zapfhähne.

Bei der Milchbearbeitung: Pasteure, Ultrapasteure, Homogenisatoren, Milchleitungen, Milchtanks, Butterfertiger.

In der Käserei: Milchtanks, Käsewannen, Käsefertiger, Käseformen, Käsehorden.

In der Bäckerei und Konditorei: Mehlsiebe, Mehlmischer, Teigknetmaschinen, Mulden, Teigwirkmaschinen, Teilungs- und Formungsmaschinen, Schlagmaschinen.

Bei der Weinbereitung: Traubenmühle, Rohrleitungen, Fässer, Filter, Flaschen, Siebe.

In der gesamten Getränkeindustrie: neben den Maschinen und sonstigen technischen Einrichtungen zur Bereitung der Getränke, insbesondere Tanks, Kannen, Flüssigkeitsmaße und Flaschen sowie Getränkeschankanlagen.

Tab. 8.1 Haftung kationaktiver Verbindungen an nichtrostendem Stahl (St) bzw. Polyethylen (PE) in Abhängigkeit von dem Ausmaß des Nachspülens. Konzentration der Lösungen: 1 g/l; Wassermenge je Nachspülung: 1,6 l/m^2; Mittelwerte aus je 3 Versuchen; (WILDBRETT 1962)

Abkürzungen: DOBC = Dodecyl-dioxyethyl-benzylammonium-chlorid
BDDC = Benzyl-dimethyl-diisobutyl-phenoxy-ethoxy-ethylammoniumchlorid
CPC = Cetylpyridiniumchlorid
TDPB = Triphenyl-dodecyl-phosphonium-bromid

Häufigkeit des Nachspülens	Haftende Rückstände von							
	DOBC auf		BDDC auf		CPC auf		TDPB auf	
	St	PE	St	PE	St	PE	St	PE
	in mg/m^2		in mg/m^2		in mg/m^2		in mg/m^2	
1	1,2	0,9	1,4	2,0	1,4	2,1	0,9	1,8
3	1,0	0,6	1,1	1,0	1,2	1,5	0,4	1,4
5	0,8	0,5	0,5	0,9	0,9	1,1	0,3	1,1
10	0,5	<0,4	0,4	0,6	0,4	0,7	0,2	0,7

Bei Betrieben, bei denen optimale hygienische Bedingungen verlangt werden, können sich auf diesen Bedarfsgegenständen die haftengebliebenen Desinfektionsmittelbestandteile summieren. So bevorzugt nach EDELMAYER u. a. (1978) die Gelatine-Industrie ein amphoteres Flächen-Desinfektionsmittel, ein Amphotensid, mit dem Behälter, Rohrleitungen, Förder- und Trockenbänder behandelt werden. Wenn auch die Desinfektionsmaßnahmen durch Spülen mit biologisch sauberem Wasser abgeschlossen sind, so ist es auf Grund des guten Haftvermögens unvermeidlich, daß die Speisegelatine Amphotenside in Höhe von 5–10 mg/kg enthält, die weit unter der minimalen Hemmkonzentration von 90 mg/kg bleiben. Jedoch ist in

Desinfektionsmittelreste

jedem Fall Voraussetzung, daß gründlich mit einwandfreiem Wasser nachgespült wird. Daß dies bei Tensiden nicht leicht ist, wurde wiederholt nachgewiesen, insbesondere von WILDBRETT (1962) in seiner Arbeit über die Bedeutung haftender Rückstände kationenaktiver Desinfektionsmittel für die Milchwirtschaft (Tab. 8.1). Daraus geht hervor, daß selbst bei zehnmaligem Nachspülen immer noch Reste an Tensiden verbleiben und daß die Haftintensität auch vom Werkstoff selbst abhängt. An Glas hafteten fast stets höhere Rückstände als an Stahl oder Polyäthylen, was auch CRAMER (1958) bestätigt, was aber, wie Tab. 8.2 zeigt, von der Konstitution des betreffenden Tensids abhängt, so daß Widersprüche eventuell damit zusammenhängen (EDELMAYER 1982).

Tab. 8.2 Adsorbierte Menge des oberflächenaktiven Stoffes nach verschieden häufigem Waschen (EDELMAYER 1982)

Häufigkeit des Waschens	adsorbierte Menge mg/m²	
	Glas	Metall
1	4,46	0,88
2	2,86	0,69
3	1,47	0,51
5	0,46	–

Daß mit der Höhe der Konzentration des Tensids die haftende Menge zunimmt und mit der Höhe der Temperatur des Spülwassers diese abnimmt, ist einleuchtend (WILDBRETT 1962). Diese haftenden Tenside reichern sich also an den Oberflächen der Bedarfsgegenstände an und können von dort, selbst bei

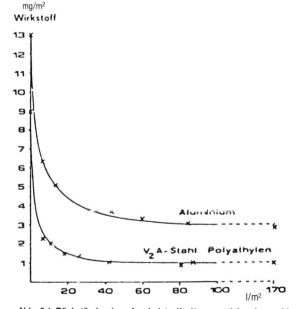

Abb. 8.1 Rückstände einer Ampholytseife (1-prozentig) auf verschiedenen Oberflächen nach Abspülen unter Hochdruck (40 bar) mit Wasser. (SCHMIDT u. CREMMLING 1978a)

Desinfektionsmittelreste

gründlichem Nachspülen und beim Waschen mit Hochdruck, nicht restlos beseitigt werden (Abb. 8.1). Bei der nachfolgenden Produktion gehen dann diese Reste in das Lebensmittel über.

Stärker als kationische neigen nichtionische Tenside dazu, an Stahl haftende Rückstände zu hinterlassen; sie können deshalb auch höhere Rückstände auf nachfolgende Lebensmittel übertragen (DTMAC = Dodecyltrimethyl-ammoniumchlorid; StAPGE = Stearylalkohol-polyglycolether) (AUERSWALD 1987; Abb. 8.2).

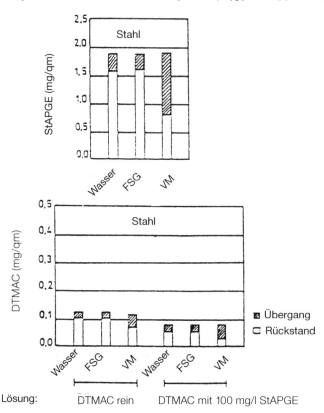

Abb. 8.2 Übergang haftender Rückstände von StAPGE bzw. DTMAC von Edelstahl in Vollmilch, Fruchtsaftgetränk und Wasser (Spüldauer: 2 min; Vorbehandlung des Edelstahls: 30 min Kontakt mit den Lösungen von StAPGE = 100 mg/l bzw. DTMAC = 200 mg/l, nachgespült mit Wasser von 20 °C bei 1 m/s; FSG = Fruchtsaftgetränk, VM = Vollmilch (AUERSWALD, 1987)

Sehr überzeugend haben SCHMIDT u. CREMMLING (1978 b) den Übergang von Desinfektionsmittelresten auf feste Lebensmittel an Fleisch belegt, wobei das erste Fleischstück 70–90 % der vorhandenen Desinfektionsmittel aufnimmt, jedes weitere 50 % des Restes und so fort bis zur Nachweisgrenze der Methode (Tab. 8.3). Dabei bleiben die vom Fleisch aufgenommenen oberflächenaktiven Desinfektionsmittel in der äußersten Schicht haften, ohne weiter in die Tiefe zu diffundieren. Durch Abspülen der desinfizierten Oberflächen, auch mit extrem hohen Wassermengen, konnten diese Rückstände nur unwesentlich vermindert werden, wobei auch dies wieder von der Art des Desinfektionsmittels abhängt (SCHMIDT 1982; Abb. 8.3).

Desinfektionsmittelreste

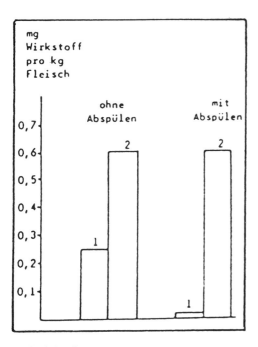

1 = Ampholytseife
2 = quaternäre Ammoniumverbindung

Abb. 8.3 Rückstände im Fleisch nach Desinfektion eines Kunststoffschneidbrettes mit und ohne vorherigem Abspülen (SCHMIDT 1982)

Tab. 8.3 Rückstände in Fleisch und Fett nach der Desinfektion einer Polyethylenoberfläche mit einer 1prozentigen Ampholytseife (SCHMIDT und CREMMLING 1978b).
1 kg = 400 m² Auflagefläche

Material	Oberflächen-behandlung	Rückstände auf Polyethylen $\mu g/cm^2$	1.	2.	Rückstände im Lebensmittel in der aufgelegten Probe 3.	4.	5.	6.
Fleisch	ohne Abspülen	1,0	240	40	20	16	8	4
	mit Abspülen	0,2	32	20	8	4	4	–
Fett	ohne Abspülen	1,0	120	40	32	20	12	
	mit Abspülen	0,2	24	12	–	–	–	–

– = nicht untersucht

Während über die Kontamination der anderen Lebensmittel kaum Ergebnisse vorliegen, so hat man weltweit die Kontamination der Milch untersucht. Eine umfassende Übersicht dazu stammt von DUNSMORE (1983). Dies dürfte einerseits dadurch bedingt sein, daß die Hygiene der Milch eine besondere Bedeutung für den Menschen hat und daß daher in vielen Ländern Rechtsnormen über deren maximalen Keimgehalt vorhanden

Desinfektionsmittelreste

sind, und andererseits erleichtert die Milch als Flüssigkeit die Untersuchung. MILLER u. WILDBRETT (1973) berichten, daß nach den Untersuchungen von KOSIKOWSKI u. a. (1952) von rund 800 Milchproben in den USA 4 % mit Rückständen an quaternären Ammoniumverbindungen (QAV) kontaminiert sind. Anläßlich einer Kontrolle der Anlieferungsmilch in der Staatlichen Molkerei Weihenstephan wurden in 11 von 71 Proben zwischen 1 und 2,75 mg/l QAV festgestellt. Die Proben stammten ausschließlich von Lieferanten, die nachweislich in den zwei Monaten vor dem Untersuchungsdatum kombinierte Reinigungs- und Desinfektionsmittel auf der Basis QAV bezogen hatten.

WILDBRETT (1982) hat in neuer Zeit die Rohmilch aus Erzeugerbetrieben nach Anwendung QAV-haltigen Reinigungs- und Desinfektionsmittel kontrolliert (Abb. 8.4). Danach waren rund 70 % der Proben unter 0,3 mg/l, jedoch immer noch einige Prozente bei 1,0 mg/l und darüber. Wie schwierig die Situation ist, zeigt Abb. 8.5. Danach hilft selbst mehrmaliges Nachspülen mit kaltem Wasser nicht, QAV-Rückstände von Oberflächen zu entfernen. Die nachfolgend durchlaufende Rohmilch löst dank ihres Fettgehaltes nochmals erhebliche Mengen des Desinfektionsmittels ab. LEW (1975) fand bei seinen Untersuchungen bei 4 Proben von 500 Kationtenside in Konzentrationen zwischen 3 und 6 mg/l und in einer Probe Aniontenside in einer Konzentration von 4 mg/l.

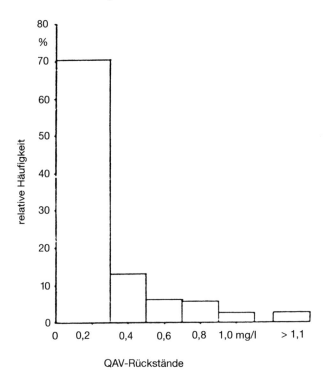

Abb. 8.4 **QAV-Rückstände in Rohmilch aus Erzeugerbetrieben nach Anwendung QAV-haltiger R+D-Mittel (WILDBRETT 1985)**

Desinfektionsmittelreste

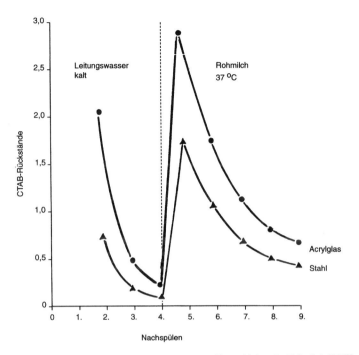

Abb. 8.5 QAV-Rückstände im Nachspülwasser und in nachfolgender Rohmilch (37 °C) aus einer Rohrmelkanlage (WILDBRETT 1985)

Daneben ist wiederholt auf das Vorkommen von Chlor abgebende Substanzen wie Calcium- oder Natriumhypochlorit, Dichlordimethylhydantoin, Chloramin B und T, Dichloramin T und Di- bzw. Trichlor-isocyanursäure in Milch untersucht worden (MANNAERT 1979). Die Erfassung bietet die gleichen Schwierigkeiten wie die Untersuchung auf Reinigungsmittel. Nach MILLER und WILDBRETT (1973) wurden in England 444 Proben Anlieferungsmilch auf Hypochloritrückstände überprüft. Bei den drei Milchannahmestellen waren zwischen 0,7 und 1,1 % der Analysen positiv, der Gehalt an aktivem Chlor betrug zwischen 6–15 mg/l. Als Grund für die Rückstände gaben die Erzeuger an, beim Desinfizieren nicht genügend aufgepaßt zu haben, wegen unzureichender bakteriologischer Qualität des Wassers höher konzentrierte Lösungen anwenden zu müssen, oder aber bewußt hygienische Tests beeinflussen zu wollen.

Eine andere Kontaminationsquelle besteht bei Milch durch die Zitzen nach Desinfektion mit Jodophoren, wobei im allgemeinen die Belastung der Milch damit umso höher ist, je größer die Gebrauchtkonzentration des jodhaltigen Desinfektionsmittels ist (HEESCHEN 1970). BRANDL (1971) weist in einer Übersicht auf einen Versuch mit einzelnen Kühen hin, daß der Jodgehalt in der Milch bei einer Anwendungskonzentration der Jodophore von 5 % um das Doppelte und in 33 %iger Konzentration um das Fünffache ansteigt (Tab. 8.4). Ähnlich sind auch die Befunde von TERPLAN u. a. (1975), die von SCHEYBAL u. a. (1980) bestätigt worden sind. In eingehenden Untersuchungen haben HAMANN u. HEESCHEN (1982) bestätigt, daß die Desinfektion der Zitzen, aber im besonderen die der gesamten Melkanlage mit jodhaltigen Präparaten die Jodkonzentration

Desinfektionsmittelreste

in der Milch zunehmen läßt. Alle Untersucher sind sich darin einig, daß die in der Milch ermittelten Jodgehalte unterhalb der international angegebenen Toleranzgrenzen liegen.

Tab. 8.4 Jodgehalt der Milch von Kühen mit und ohne Euterbehandlung (5 %, bzw. 33 % Iosan CCT)
1 kg = 400 m² Auflagefläche

Kuh Nr.	Iosan CCT Anwendungs- konzentration in %	Durchschnittl. tägl. Milchmenge in kg	Jodgehalt der Milch in ppb (µg/kg) ohne Euterbehandlung		Jodgehalt der Milch in ppb (µg/kg) mit Euterbehandlung		Jod-Belastung der Milch durch die Euterbehandlung in ppb
			Mittel	Extrem- werte	Mittel	Extrem- werte	
1		15,8	135	(122–151)	254	(130–322)	
2		18,5	84	(66–116)	181	(106–254)	
3	5 %	10,7	132	(102–164)	242	(130–356)	
4		10,6	143	(112–179)	308	(198–420)	
5		21,7	59	(50– 66)	205	(98–286)	
Mittelwert		15,5	111		238		127
6		8,7	102	(90–122)	619	(264–900)	
7		8,0	95	(78–111)	432	(235–565)	
8	33 %	8,3	93	(84–110)	447	(178–565)	
9		12,3	93	(90– 98)	436	(270–675)	
10		11,3	92	(84–104)	477	(192–630)	
Mittelwert		9,7	95		482		387

Risikostufe

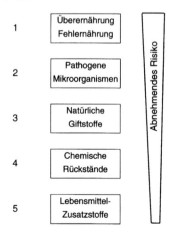

Abb. 8.6 Ernährungsbedingte Risiken (GROSSKLAUS 1989; leicht modifiziert)

Literatur

Insgesamt gesehen ist das Risiko durch etwa eintretende Reste von Reinigungs- und Desinfektionsmitteln gering. In der Rangfolge ernährungsbedingter Risiken stehen chemische Rückstände – u. a. also auch Reste aus chemischen Hilfsmitteln für Hygienemaßnahmen zur Abwehr möglicher Gesundheitsgefahren für den Verbraucher – sehr weit unten (Abb. 8.6; GROSSKLAUS 1989).

Literatur

AUERSWALD, D. (1987): Haftung ausgewählter Tenside an lebensmittelberührenden Oberflächen. Diss. Techn. Universität München-Weihenstephan.

BRANDL, E. (1974): Technologische Aspekte der Euterdesinfektion, Milchwirtsch. Ber. Wolfpassing 41, S. 253-256.

CRAMER, G. (1958): Über das Haftvermögen von Ampholytseifen an den Oberflächen fester Körper. Fette, Seifen, Anstrichmittel 60, S. 3-16.

DUNSMORE, D. G. (1983): The incidence and implications of residues of detergents and sanitizers in dairy products. Res. Rev. 86, S. 1-63.

EDELMEYER, H. (1982): Rückstandsnachweis von Amphotensiden und toxikologische Relevanz solcher Haftrückstände an desinfizierten Oberflächen für die Lebensmittelwirtschaft, FLeischwirtsch. 62, S. 437-439.

EDELMEYER, H., LAQUA, A. u. WIEMANN, M. (1978): Über den Stellenwert amphoterer Desinfektionsmittelspuren in Speisegelatine – Ergebnisse entsprechender rückstandsanalytischer, mikrobiologischer und toxikologischer Untersuchungen. Archiv Lebensmittelhyg. 29, S. 62-65.

GROSSKLAUS, D. (1989): Grundlagen. In: D. Grossklaus (Hrsg.): Rückstände in von Tieren stammenden Lebensmitteln, S. 9-51, Parey Verlag, Berlin u. Hamburg.

HAMANN, J. u. HEESCHEN, W. (1982): Zum Jodgehalt der Milch. Milchwiss. 37, S. 525-529.

HEESCHEN, W. (1979): Residues of drugs, anthelmintics and teat dips in milk and milk products. 6. Iodine teat disinfectants, International Dairy Federation A-Doc 46, S. 8-18.

KOSIKOWSKI, F., HENNINGSON, R. W. u. SILVERMANN, G. J. (1952): The incidence of antibiotics, sulfa drugs and quaternary ammonium compounds in the fluid milk supply of New York State. J. Dairy Sci. 35, p. 533-539.

LEW, H. (1975): Nachweis und Bestimmung ionogener Tenside in Milch. Veröffentlichungen der Landwirtschaftlich-chemischen Bundesversuchsanstalt Linz, Bd. 10, S. 97-102.

MANNAERT, P. (1977): Detergents and disinfectants. In: Internationaler Milchwirtschaftsverband (IDF, Hrsg.): Chemical residues in milk and milk products, Doc. 113, Brüssel.

MILLER, M. u. WILDBRETT, G. (1973): Reste von Reinigungs- und Desinfektionsmitteln in Milch und Milchprodukten. Jahresbroschüre d. Landesverbandes Bayer. Molkereifachleute und Milchwirtschaftler, S. 35-47.

MÜNCH, S., ENKELMANN, D. u. PRINZ, I. (1970): Zur Erkennbarkeit künstlich verfälschter Reduktionsproben, Milchwiss. 25, S. 468-473.

REIFF, F. et al. (1970): Reinigungs- und Desinfektionmittel im Lebensmittelbetrieb. In: J. Schormüller (Hrsg.): Handbuch der Lebensmittelchemie Bd. IX, S. 705-781, Springer Verlag, Berlin u. a.

SCHEYBAL, A. et al. (1980): Zur Kontamination der Milch nach Zitzennachdesinfektion mit Jodophoren, Nahrung 24, S. 563-567.

SCHMIDT, U. (1982): Reinigung und Desinfektion in Schlacht- und Fleischverarbeitungsbetrieben, Fleischwirtschaft 62, S. 427-434.

Literatur

SCHMIDT, U. u. CREMMLING, H. (1978a): Rückstände von Desinfektionsmitteln im Fleisch, I. Haftvermögen von Desinfektionsmitteln, Fleischwirtsch. 58, S. 307-314.

SCHMIDT, U. u. CREMMLING, K. (1978b): Rückstände von Desinfektionsmitteln in Fleisch und Fett nach der Stall- und Betriebsdesinfektion. Fleischwirtsch. 58, S. 648-654.

TERPLAN, G. et al. (1975): Zur Ermittlung und Bedeutung von Rückständen in der Milch nach Anwendung jod- und chlorhaltiger Mittel zur Zitzendesinfektion. Archiv Lebensmittelhyg. 26, S. 180-186.

WILDBRETT, G. (1962): Bedeutung haftender Rückstände kationaktiver Desinfektionsmittel für die Milchwirtschaft. Z. Lebensmitt.-Untersuch. u. -Forschung, 118, S. 40-51.

WILDBRETT, G. (1982): Zur Abspülbarkeit quaternärer Ammoniumverbindungen durch Wasser und Milch und daraus resultierende Folgen. Archiv Lebensmittelhyg. 36, S. 12-14.

9 Abwasserfragen

G. WILDBRETT

9.1 Anfall

Unter den Emissionen aus der Lebensmittelindustrie rangieren die vom Abwasser getragenen an erster Stelle. Sie bestehen überwiegend aus organischen Reststoffen der Rohstoffverarbeitung sowie betrieblichen, vor allem chemischen Hilfsmitteln für Hygienemaßnahmen (KOBALD u. HOLLEY 1990). Die hohe organische Schmutzfracht kommt sowohl in den spezifischen BSB_5-Werten wie auch der Jahresfracht zum Ausdruck. Hinsichtlich der spezifischen Abwassermenge und der organischen Belastung bestehen zwischen den einzelnen Sparten erhebliche Unterschiede. Gemessen an der Jahresfracht bilden, in absteigender Reihenfolge, Brauereien und Mälzereien, Schlacht- und fleischverarbeitende Betriebe zusammen mit Molkereien die Spitzengruppe (Tab. 9.1). Hier sind folglich wesentliche Ansatzpunkte für eine globale Verminderung der

Tab. 9.1 Spezifische Abwassermenge und BSB_5-Werte für einige Zweige der Lebensmittelproduktion (zusammengestellt nach Angaben von KOBALD u. HOLLEY 1990)

Produktionszweig	Spezifische Abwassermenge m^3	Bezugseinheit [1]	Spezifischer BSB_5 $kg\ O_2$	Jahresgesamtfracht [2] BSB_5 $t\ O_2$
Schlachtung Rinder	0,5 –1,0	1 GVE [3]	1,0 – 3,5	13275
Schweine	0,1 –0,3	1 KVE [4]	0,2 – 0,35	10862
Fleischverarbeitung	5 –7	t Schlachtgew.	7 – 9	20905– 51406 [5]
Milchverarbeitung	1 –2 [6]	t verarb. Milch	0,85– 2,5	55528
Käseherstellung	–	t Käse	1,65	46000– 52355
Bierherstellung	0,2 –0,4 [7]	hl verkauft. Bier	0,19	103567–160529 [8]
Süßmostherstellung	0,82–1,42	t verarb. Obst	3,2 – 3,4	14000
Zuckerherstellung	0,5 –1,0	t verarb. Rüben	– [9]	–
Kartoffelproduktherstellung	–	t Produkt	14	7206
Frischfischverarbeitung	7	t verarb. Fisch	7 –43,75	–
Fischkonservenherstellung	–	t [10]	2 –16,2	–
Einwohnergleichwert [11]	0,2	E/d	0,06	0,022

[1] Für Spalten 2 und 4
[2] Alte Bundesländer
[3] Großvieheinheit z. B. 1 Rind
[4] Kleinvieheinheit z. B. 1 Schwein
[5] Aufgrund stark schwankender Meßwerte
[6] Je nach Endprodukt
[7] Angaben ATV (1985)
[8] Je nach Betriebsgröße stark schwankende Meßwerte
[9] –: keine Angaben
[10] keine genauere Angabe
[11] Einwohner pro Tag

Abwasserbelastungen

organischen Schmutzfracht der Abwässer aus der Lebensmittelindustrie insgesamt zu suchen. Mit dem Ziel, örtliche Kläranlagen zu entlasten, können aber Anstrengungen in anderen Sparten sogar wichtiger sein, wenn sie hohe spezifische Schmutzfrachten organischer Art verursachen. Hierzu zählen z. B. die fischverarbeitende Industrie bzw. Herstellerbetriebe für Kartoffelprodukte. Eine Ausnahme bilden die Zucker- und Stärkefabrikation, weil deren Abwässer vorwiegend auf landwirtschaftlichen Nutzflächen verregnet werden (KOBALD u. HOLLEY 1990).

Brauereiabwässer können je nach Betriebsweise BSB_5-Werte zwischen 13,6 (chargenweise Produktion) und 18,5 kg O_2/t (kontinuierliche Produktion) aufweisen. Solche innerhalb einer Sparte zu beobachtenden Unterschiede in der spezifischen Abwassermenge sowie der organischen Emissionen (Tab. 9.1) resultieren nicht allein aus differierenden Herstellungsverfahren für verschiedenartige Produkte (DOEDENS 1985) und Betriebsgrößen, sondern auch aus einer unterschiedlichen technischen Ausstattung. Verwertungsmöglichkeiten für Neben- und Reststoffe können die Abwasserbelastung entscheidend reduzieren (HOLLEY 1991). Vollmechanisierte Produktionsanlagen senken zwar vielfach die Abwassermenge, bedingen aber u. U. einen erhöhten Verbrauch an Reinigungsmitteln (SCHEBLER 1979).

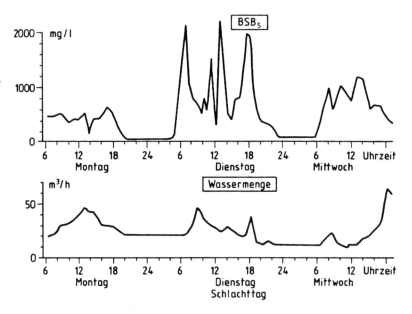

Abb. 9.1 Zeitliche Schwankungen in Qualität und Menge von Abwässern einer Fleischwarenfabrik mit Schlachtung und Verarbeitung (JÄPPELT u. NEUMANN 1985)

In der Regel fällt das Abwasser aus Lebensmittelbetrieben nicht gleichmäßig verteilt über den Tag, sondern gleichzeitig mit den Einleitungsspitzen für häusliche Abwässer an. Besondere Belastungen kommunaler Kläranlagen durch hohe Abwassermengen und darin enthaltene belastende Stoffe können unter folgenden Bedingungen auftreten:

1. Innerhalb eines Tages durch chargenweise Produktion mit jeweiligem Abwasseranfall; Beispiel: Entleerung der Kochkessel bei der Brühwurstherstellung.
2. Innerhalb einer Woche durch Konzentrierung abwasserintensiver Arbeitsgänge auf einzelne Wochentage; Beispiel: Schlachtung (Abb. 9.1).
3. Innerhalb eines Jahres durch ernteterminbedingte Kampagnezeiten; Beispiel: Kartoffelverarbeitung.
4. Innerhalb einer Region durch örtliche Konzentration gleichartiger Betriebe in einem speziellen Anbaugebiet; Beispiel: Kartoffelverarbeitung.

9.2 Abwasserbelastungen
9.2.1 Belastungsgrößen und ihre Bewertung

Vorwiegend die nachstehenden Kenngrößen dienen dazu, Abwässer hinsichtlich der in ihnen anzutreffenden Emissionen einzustufen:

BSB_5 (biochemischer Sauerstoffbedarf; englisch: biochemical oxygen demand BOD): Die Größe entspricht der Sauerstoffzehrung durch biologischen Abbau organischer Substanz unter oxidativen Bedingungen innerhalb fünf Tagen bei 20 °C; Angabe in mg O_2/l. Trotz einiger methodisch bedingter Unsicherheiten – z. B. begrenztes Sauerstoffangebot, Beeinflussung durch unerkannte Hemmstoffe in der Probe – gilt der BSB_5 allgemein als wichtige Kenngröße für Abwasserbelastung durch biologisch abbaubare Stoffe und die dadurch bedingte Sauerstoffzehrung in Gewässern.

CSB (chemischer Sauerstoffbedarf; englisch: chemical oxygen demand COD): Der Wert gibt die der Masse an Kaliumdichromat äquivalente Masse Sauerstoff an, die unter normierten Bedingungen mit den in der Abwasserprobe vorhandenen oxidierbaren Substanzen reagiert; Angabe in mg O_2/l.

Quotient aus BSB_5 und CSB: Er bildet ein Maß für den Anteil biologisch abbaubarer Substanzen an der Gesamtmasse oxidierbarer Abwasser-Inhaltsstoffe. Je mehr sich der Quotient dem Wert 1 nähert, umso besser sind die organischen Inhaltsstoffe des Abwassers biologisch abbaubar.

EGW (Einwohnergleichwert): Er entspricht jener Abwasserbelastung, die statistisch ein Einwohner pro Tag (E/d) verursacht, d. h. einem BSB_5 von 60 g O_2 bzw. 120 g O_2 CSB. Der EGW dient dem Vergleich abwassergetragener Emissionen aus gewerblichen oder Industriebetrieben mit der häuslicher Abwässer und ist eine wichtige Planungsgröße für die erforderliche Kapazität von Abwasserklärwerken.

Neben den genannten Größen finden sich im Abwasserabgabengesetz als weitere Belastungsparameter der Gehalt des Abwassers an Schwermetallen sowie die Fischgiftigkeit als unspezifischer Summenparameter; darüber hinaus ist die AOX-Konzentration eine wichtige Größe.

AOX (adsorbierbare organische Halogenverbindungen): Darunter wird die Summe aller halogenorganischen Verbindungen im Abwasser zusammengefaßt, die aus wäßrigen Lösungen unter normierten Bedingungen an Aktivkohle adsorbiert und deren Halogenatome nach anschließender Mineralisierung mittels festgelegter Analysenverfahren unter Verzicht auf die Identiffzierung einzelner Substanzen erfaßt werden können. – X steht für ein oder mehrere Halogenatome. – Somit stellt der AOX-Wert einen Summenparameter für ein unbekanntes Substanzgemisch ohne Aussage über das damit verbundene Gefährdungspotential dar. Zu den wichtigsten Substanzen dieser Gruppe gehören die Trihalogenmethane, unter denen Chloroform mengenmäßig überwiegt.

Abwasserbelastungen

Die ebenfalls zur Bewertung herangezogene Fischgiftigkeit ist zwar ein praktisch relevanter, ökologischer Test, er vermag jedoch kaum zur Ursachenklärung beizutragen. Erhöhte Fischtoxizität kann z. B. auf Schwermetalle, extreme pH-Verhältnisse, nicht oder nur unvollständig abgebaute Tenside hindeuten.

Tab. 9.2 Schadeinheit (SE) des Abwassers und Schwellenwerte für Direkteinleiter (Anlage A zu § 3 Abw.-Abgaben-Gesetz vom 6. 11. 1990)

Bewertete Schadstoffe bzw. Schadstoffgruppen	volle Maßeinheiten entsprechend 1 SE kg		Schwellenwerte nach Konz. mg/l	Jahresmenge kg
Oxidierbare Stoffe (CSB)	50	Sauerstoff	20	250
Phosphor	3		0,1	15
Stickstoff	25		5	125
AOX	2	Halogen	0,1	10
Quecksilber	0,02		0,001	0,10
Cadmium	0,10		0,005	0,50
Chrom	0,50		0,05	2,50
Nickel	0,50		0,05	2,50
Blei	0,50		0,05	2,50
Kupfer	1,00		0,10	5,0
Fischgiftigkeit G_F [1]	3000 m³ Abwasser: G_F		$G_F = 2$	–

[1] Verdünnungsfaktor, bei dem das Abwasser im Fischtest nicht mehr giftig ist.

Die vom Einleiter zu entrichtenden Abwassergebühren errechnen sich nach Menge und Schadeinheiten (SE). Letztere werden unter Berücksichtigung der Umweltschädlichkeit der einzelnen Stoffe bzw. Stoffgruppen festgelegt. Schadeinheiten sind nur zu berechnen, wenn ein Einleiter die beiden gesetzlich verankerten Schwellenwerte (Konzentration und Jahresmenge) überschreitet (Tab. 9.2).

Die globale Festlegung von SE sagt nichts darüber aus, wie nachteilig sich eine Substanz oder Substanzgruppe im konkreten Einzelfall auf das Abwasser und dessen Behandlung auswirkt, weil u. U. die örtlichen Gegebenheiten mehr oder weniger deutlich von den durchschnittlichen Verhältnissen abweichen.

Zur quantitativen Bestimmung der Schadstoffe bzw. von Summenparametern sind die amtlich vorgeschriebenen Methoden anzuwenden (Ges. Deutscher Chemiker, Fachgruppe Wasserchemie 1994).

9.2.2 Belastung durch organische Schmutzstoffe

Reinigungsflüssigkeiten, insbesondere Vorspülwässer und Reinigungslösungen, sind mit organischen Produktresten beladen, die sich in den Werten für BSB_5 (Tab. 9.1) und CSB niederschlagen. Die Angaben für Schlachtbetriebe (Tab. 9.1) schließen nicht die Emissionen durch das Schleimen von Därmen ein; dafür fallen pro Darm nochmals 2000–5000 l mit einer spezifischen Schmutzfracht von 9–26 kg O_2 BSB_5 an. Weitere Quellen intensiver Belastung aus Schlachthöfen stellen neben Exkrementen und Mageninhalt der Tiere Blut- und Fettreste dar (JÄPPELT u. NEUMANN 1985).

In Molkereien erhöht, abgesehen von Milchverlusten, vor allem ablaufende Molke die organische Fracht des Abwassers entscheidend: Wird diese nicht verwertet, sondern in das Abwasser eingeleitet, erhöht sich der BSB_5-Wert des Käsereiabwassers um ein Vielfaches auf bis zu 37,5 kg O_2/t verarbeiteter Milch (KOBALD u.

Abwasserbelastungen

HOLLEY 1990). Ferner muß der täglich anfallende Zentrifugenschlamm entsorgt werden, im allgemeinen – nach Hygienisierung durch Erhitzen mit Natronlauge – über das Abwasser (Norddeutscher Genossenschaftsverband 1993), was den BSB_5- wie CSB-Wert erhöht. Pauschal dürften rund 90 % des gesamten BSB_5 eines Molkereiabwassers auf Milchbestandteile und nur 10 % auf milchfremden Schmutz zurückgehen (Bundesamt für Ernährung 1985).

Die hohe Sauerstoffzehrung im Brauereiabwasser – sie kann bis auf 9 g/l ansteigen – geht vor allem auf Bierverluste im Gär-, Lager- und Filter- sowie im Flaschenkeller zurück. Die hier anfallenden Abwassermengen übertreffen die aus den übrigen Produktionsabschnitten (GLAS 1988). Außer Produktverlusten bzw. -resten in Reinigungslösungen belastet auch die Flaschenausrüstung mit aufgeklebten Etiketten die Abwässer aus Getränkeindustrie sowie Trinkmilchbetrieben erheblich mit organischen Stoffen. Legt man eine mittlere Stundenleistung einer Flaschenwaschmaschine mit 30 000-40 000 Flaschen und einen Leimauftrag von 15–25 g/m^2 – das entspricht 105–175 mg Leim pro 70 cm^2 Etikettenfläche – bei Streifenleimung zugrunde, so errechnen sich daraus stündlich zwischen 3 und 7 kg Leimeintrag in die Reinigungslauge (SCHROPP 1994). Als weitere Emissionen kommen noch Extraktstoffe aus Etiketten und Papierfasern hinzu. Folglich stammen 60–90 % der gesamten CSB-Fracht des Abwassers eines Getränkebetriebes aus der Flaschenreinigung (FALTER 1990).

9.2.3 Belastung durch Inhaltsstoffe von Reinigungsmitteln

Daten über den Verbrauch an Reinigungsmitteln für Be- und Verarbeitungsanlagen und -räume in Lebensmittelbetrieben fehlen bisher weitgehend. Für die Reinigung milchwirtschaftlicher Anlagen sind Richtwerte publiziert (Tab. 9.3). Darüber hinausgehende, substanzspezifische Verbrauchsschätzungen liegen für den

Tab. 9.3 Verbrauchsrichtwerte für Wasser, Dampf und Reinigungsmittel zur CIP-Reinigung milchwirtschaftlicher Anlagen (DIN 1988; Auszug)

Objekte	Dimensionen	Füllvolumen	Richtwerte[1] für Verbrauch in							
			Einmal-Verwendungs-System				Mehrfachverwendungs-System mit Stapeln			
			Wasser[2]	Dampf	Lauge	Säure	Wasser	Dampf	Lauge	Säure
					(100 % Konz.)				(100 % Konz.)	
		l	m^3	kg	kg	kg	m^3	kg	kg	kg
Rohrleitung	DN 40– 50 m	100	0,52	47	1,05	0,70	0,20	40	0,07	0,04
	DN 50–100 m	350	1,27	77	2,55	1,70	0,48	60	0,18	0,12
	DN 65– 50 m	300	1,12	70	2,25	1,50	0,43	55	0,15	0,10
Tank	1000 l	200	0,44	44	0,90	0,60	0,17	50	0,06	0,04
	4000 l	200	0,59	50	1,20	0,80	0,23	60	0,08	0,05
	10000 l	200	0,59	58	1,20	0,80	0,23	77	0,08	0,05
	40000 l	300	0,80	100	1,80	1,20	0,34	143	0,12	0,08
	100000 l	350	1,04	120	2,10	1,40	0,39	150	0,14	0,10
Erhitzer	5000 l/h	200	2,00	360	12,00	3,00	1,16	280	0,84	0,21
(Durchsatz)	15000 l/h	800	8,00	650	98,00	12,00	4,65	350	3,65	0,84

[1] Reinigungsstation unmittelbar neben dem zu reinigenden Objekt; maximal 5 m Rohrleitung.
[2] Für Zwischen- und Nachspülen; Vorspülung mit aufgefangenem Nachspülwasser.

Abwasserbelastungen

milchwirtschaftlichen Sektor vor (WILDBRETT u. BÖHNER 1990 a, b). Abwasserkennwerte, wie sie für verschiedene Sparten der Lebensmittelindustrie vorhanden sind (KOBALD u. HOLLEY 1990) weisen den quantitativen Beitrag chemischer Reinigungsmittel nicht gesondert aus. Es gilt jedoch als sicher, daß die mit dem höchsten Hygienerisiko behafteten Sparten, nämlich schlachtende und fleischverarbeitende Betriebe, Molkereien und Brauereien, die höchsten Mengen an Reinigungs- und Desinfektionsmitteln in das Abwasser eintragen.

Reaktion von Reinigungslösungen: Je nach Reinigungsmitteltyp reicht die Reaktion der Lösungen von stark sauer bis extrem alkalisch. Extreme Werte sind im Abwasser jedoch unerwünscht, weil zum einen saure Lösungen die Materialien des Abwasser-Kanalsystems angreifen, zum anderen unphysiologisch alkalische Reaktion die biologische Aktivität in Kläranlagen gefährden kann. Deshalb hat der Gesetzgeber den zulässigen pH-Bereich für einzuleitende Abwässer auf 6,5–9 eingegrenzt. Die Vorschrift gilt für den Zeitpunkt des Einleitens, es ist aber nicht auszuschließen, daß mikrobieller Abbau von Kohlenhydraten zu Säuren im Kanalsysten den pH-Wert unter die zulässige Grenze absenkt und damit erhöhte Betonagressivität auslöst.

Die betriebsinterne Sammlung der verschiedenen Abwasserströme kann nicht nur verhindern, daß die zeitlich schwankenden Abwassermengen ungepuffert in die Kanalisation fließen, sondern kann auch der notwendigen pH-Regulierung dienen. Allgemein ist in der Lebensmittelindustrie ein Alkaliüberschuß durch verbrauchte Laugen zu erwarten, der teilweise neutralisiert werden muß. Allerdings nehmen die anfallenden Mengen an verbrauchten Reinigungslaugen infolge vermehrter Wiederverwendung alkalischer Lösungen (Kap. 9.3) gegenüber früher ab. Zur Neutralisation dienen entweder Mineralsäuren oder Kohlendioxid. Letzteres besitzt gegenüber den Mineralsäuren Vorteile: Als Neutralisationsprodukte entstehen gut wasserlösliche Alkalicarbonate bzw. Erdalkalicarbonate, und eine Überneutralisation ist ausgeschlossen, denn überschüssiges Kohlendioxid entweicht. Die Verwendung von CO_2-haltigem Rauchgas für Neutralisationszwecke vermindert zudem noch die Emission mit der Abluft, wenn auch nur geringfügig, da erfahrungsgemäß lediglich wenige Prozente der anfallenden Gasmenge benötigt werden (Burdosa Verfahrenstechnik 1986).

Sulfate: Brauereien reinigen Edelstahloberflächen zum Teil mit Schwefel- statt mit Salpetersäure. Zwar eliminieren Kläranlagen Sulfate nicht, doch entsteht durch Reaktion mit dem natürlichen Calciumgehalt des Abwassers schwerlöslicher Gips, so daß die Fließgewässer trotzdem kaum zusätzlich belastet werden dürften. Über das Umweltverhalten der gelegentlich zum Reinigen verwendeten Sulfaminsäure fehlen bisher Angaben.

Stickstoffverbindungen: Mengenmäßig überwiegt bei weitem die Salpetersäure. Daneben tragen stickstoffhaltige Verbindungen wie Harnstoff, Amidosulfonsäure, quaternäre Ammoniumverbindungen und Amphoten-

Tab. 9.4 Zusammenfassung der geschätzten, abwasserbelastenden Phosphor- und Stickstoffmengen aus Reinigung und Desinfektion von Milchverarbeitungsanlagen

Nährstoffquelle	eingeleitete Mengen			
	Phosphor		Stickstoff	
	min. t/a	max. t/a	min. t/a	max. t/a
R+D-Mittel	457	1395	1054	2934
Produktreste	393		2283	
Summe	850	1788	3337	5217

side sowie Chloramine bzw. Chlorisocyanurate nur wenig zur Stickstoffbelastung des Abwassers bei. Laut Tab. 9.4 erreicht der Stickstoffeintrag durch Reinigungs- und Desinfektionsmittel für milchwirtschaftliche Anlagen im Minimum 50 %, maximal aber 130 % der mit Produktresten in das Abwasser gelangenden Stickstoffmengen. Auch in Brauereien erhöht Salpetersäure für Reinigungszwecke den Nitratgehalt des Abwassers – festgestellter Höchstwert: 26 mg/l (GLAS 1988).

Phosphorverbindungen: Früher enthielten alkalische Reiniger vielfach Phosphate als vielseitig wirksamen Bestandteil (Kap. 2.2). Inzwischen ist, wie auf dem Waschmittelsektor, ein Trend zu phosphatarmen bzw. -freien Industriereinigern erkennbar, um den Eutrophierungseffekt in stehenden Gewässern und im Küstenbereich einzudämmen. Folglich dürften die aus Reinigungsmitteln stammenden Phosphor-Emissionen, die noch vor wenigen Jahren den Eintrag aus Milchprodukten erheblich übertrafen (Tab. 9.4), deutlich zurückgehen. Weiterhin besteht jedoch derzeit der Einsatz von Phosphorsäure zum Entfernen alkaliunlöslicher, anorganischer Ablagerungen fort, weil sie darüber hinaus auch -gegenüber organischen Verschmutzungen reinigend wirkt: Nachteilig ist die, verglichen mit Salpetersäure, wesentlich niedrigere Menge Phosphorsäure, die einer Schadeinheit entspricht (Tab. 9.5).

Tab. 9.5 Abwasserbelastungen durch handelsübliche Reinigungsmittel (WAGEMANN 1989)

Reinigungsmittel	Handelsübliche Konzentration %	Belastungsstoffe Art	Gehalt %	Belastende Säuremenge kg/SE
Salpetersäure	50	Nitrat-N	11	225
Phosphorsäure	50–60	Phosphor	20	<20
Alkaliphosphate	2–20	Phosphor	0,5–5,0	50–500

Abwasserkläranlagen eliminieren über ihre biologische Stufe rund ein Drittel der Phosphatfracht im Abwasser. Trotzdem ist eine zusätzliche Phosphatfällung auf Dauer unausweichlich, um die Phosphorfracht aus anderen Quellen – etwa Fäkalien aus den Haushalten – wirksam zu reduzieren (Tab. 9.6). Damit wird die Bedeutung des insgesamt rückläufigen Phosphoreintrages infolge reinigender Maßnahmen in Lebensmittelbetrieben weiter abnehmen.

Tab. 9.6 Maximaler Stickstoff- und Phosphoreintrag aus milchwirtschaftlichen Betrieben in die Gewässer im Vergleich zu anderen Immissionsquellen (alte Bundesländer, 1989) [AUERSWALD et al. (1989), HAMM (1989), ATV (1987a)]

Herkunft der Abwässer	Eintrag von			
	N t/a	%	P t/a	%
Haushalte	101000	21	35600	11
Landwirtschaft (incl. diffuse Quellen)	432600	55	33500	41
davon Milcherzeugerbetriebe	300 [1]	(0,1)	509 [1]	(1,5)
Industrie	191000	24	12000	15
davon Molkereien	1702 [1]	(0,9)	1064	(8,9)
Sämtliche Einleiter	785200	100	81100	100

[1] unter Berücksichtigung einer 33 %igen Eliminationsrate in zweistufigen Kläranlagen

Abwasserbelastungen

Schwermetalle: Niederländischen Untersuchungen an Molkereiabwässern zufolge dürften die zu erwartenden Schwermetallkonzentrationen die abgabefreien Grenzwerte (Tab. 9.2) nicht überschreiten. Am ehesten nähern sich die Chrom-, Blei- und Quecksilbergehalte den Schwellenwerten (IDF 1979). Dabei ist allerdings unklar, ob bzw. wieweit Reinigungsmittel selbst von der Produktion her Schwermetallspuren aufweisen. Früher gebräuchliche schwermetallhaltige Druckfarben für Etiketten auf Getränkeflaschen dürften zukünftig kaum mehr verwendet werden und daher die Abwässer aus Getränkebetrieben nicht mehr belasten.

Organische Inhaltsstoffe: Reinigungsmittel für die Lebensmittelindustrie beinhalten organische Komponenten, vorwiegend Tenside, in einer Menge bis zu 10 %, entsprechend einem maximalen CSB von 20 kg/t. Schaumreiniger als tensidreiche Spezialprodukte benötigen zusätzlich organische Schaumstabilisatoren. Frisch angesetzte Laugen für Flaschenwaschanlagen können aufgrund zugesetzter Reinigungsverstärker, Netzmittel und Schauminhibitoren einen CSB in der Größenordnung von 1,5–2 g O_2/l aufweisen (FALTER 990). Tenside nehmen unter den biologisch abbaubaren organischen Stoffen insofern eine Sonderstellung ein, als sie sich aufgrund ihrer Grenzflächenaktivität an die Zelloberfläche von Mikroorganismen und Einzellern aktiv anlagern. Das erleichtert den Kontakt zwischen Substrat und Enzymen. Wegen ihrer emulgierenden Fähigkeit können sie aber auch Phospholipide in der Zellmembran solubilisieren und damit ihre Durchlässigkeit so welt verändern, daß Cytoplasma austritt. Im Falle mikrobizider Verbindungen treten toxizitätsverstärkende Reaktionen mit lebenswichtigen Zellinhaltsstoffen hinzu (SCHÖBERL 1993).

Da sich Tenside durch Schaumentwicklung ungünstig auf Gewässer auswirken und Wasserpflanzen sowie Fische schädigen können, wurden in der BRD erstmals 1964 durch Gesetz Tenside gefordert, die zu mindestens 80 % biologisch abbaubar sind. Andere Länder sind zwischenzeitlich dieser Initiative gefolgt. Zur Kontrolle der biologischen Abbaubarkeit dienen der OECD-Auswahltest bzw. der praxisnähere OECD-Bestätigungstest, vor allem in der modifizierten Form des coupled-unit-Tests. In letzterem werden zwei Reaktionsgefäße, eines mit Zufuhr der Testsubstanz als einziger Kohlenstoffquelle eines ohne diese Belastung, parallel betrieben. Um in beiden Einheiten vergleichbare Abbaubedingungen zu schaffen und aufrecht zu erhalten, wird einmal täglich ein Teil des Klärschlamms zwischen den beiden Gefäßen ausgetauscht (GERIKE u. JASIAK 1984). Das nur mit einem synthetischen Abwasser beschickte Gefäß dient als Kontrollansatz (GERIKE 1987). Der Bestätigungstest ist nur auszuführen, falls eine Substanz im Auswahltest nicht die geforderte Abbaurate erreicht.

Für die Berechnung der Abbaurate A gilt:

$$\%A = 100\% - \frac{(x-a) \cdot 100\%}{z}$$

x = restliche Tensidkonzentration im Ablauf des Testansatzes

a = Blindwert im Ablauf des Kontrollansatzes

z = Tensidkonzentration im Zulauf zum Testansatz

Die Bestimmung nicht abgebauter anionischer Tenside beruht auf ihrer Reaktion mit dem kationischen Farbstoff Methylenblau zu einem elektroneutralen und daher wasserunlöslichen Farbkomplex, der mit Chloroform extrahiert und dann photometrisch quantifiziert werden kann. Die Ethoxygruppe nichtionischer Tenside reagiert mit Bariumjodwismutat. Der Niederschlag wird abfiltriert, in Ammoniumtartrat wieder aufgelöst und potentiometrisch mit Carbamat titriert. Zur photometrischen Konzentrationsbestimmung kationischer Tenside dient deren Reaktionen mit dem anionischen Farbstoff Disulfinblau. Die skizzierten Bestimmungsverfahren (Ges. Deutscher Chemiker, Fachgruppe Wasserchemie 1994) sind nicht substanzspezifisch, sondern stellen nur Summenparameter für den Abbau von Tensiden einer Klasse dar. Deshalb

Abwasserbelastungen

erfolgt die Angabe als methylenblauaktive Substanz (MBAS ≙ anionischen Tensiden), wismutaktive Substanz (BiAS ≙ nichtionischen Tensiden) bzw. disulfinaktive Substanz (DAS ≙ kationischen Tensiden).

Die erwähnten Analysenmethoden erfassen lediglich den sog. Primärabbau, der bei ionischen Tensiden in der ω-Oxidation der Kohlenwasserstoffkette besteht, z. B. für LAS:

$$R\text{-}CH\text{-}(CH_2)_n\text{-}CH_3 \longrightarrow R\text{-}CH\text{-}(CH_2)_n\text{-}COOH$$

$$\underset{SO_3Na}{\bigcirc} \qquad \underset{SO_3Na}{\bigcirc}$$

Auf den ersten Blick erscheint die Veränderung am Tensidmolekül geringfügig, doch verliert die Substanz durch die veränderte Polarität der ursprünglich hydrophoben Kohlenwasserstoffkette ihre typische Grenzflächenaktivität und ihre Ökotoxizität. Außerdem ist die Bestimmung als MBAS nicht mehr möglich (GERIKE 1987).

Der biologische Abbau soll nicht auf der Stufe des Primärabbaus stehenbleiben, sondern die organische Substanz möglichst vollständig eliminieren. Im Falle ionischer Tenside folgen auf die ω-Oxidation weitere, kettenverkürzende Schritte durch ß-Oxidation sowie gegebenenfalls oxidative Ringöffnung und Desulfonierung. Am Ende des vollständigen Abbaus stehen Kohlendioxid, Wasser und evtl. Sulfat. Abgesehen von einem vollständigen Metabolismus besteht auch die Möglichkeit, daß Tensidbruchstücke in die Zelle eingebaut werden. Umfassende Übersichten über biologische Abbauwege für Tenside finden sich bei SWISHER (1970) bzw. SCHÖBERL (1993).

Tab. 9.7 Biologische Abbaubarkeit einiger Tenside (GERIKE 1987 Auszug)

Tenside	% Biologische Abbaubarkeit[1]			
	Primär[2]		Total[3]	
	Auswahltest	Bestätigungstest	Auswahltest	Bestätigungstest[4]
Anion. Tenside				
LAS	95	90–95	7	73 ± 6
TPS	8–25	36	10–13	41 ± 9[5]
C_{13-18}-sek. Alkansulfonate	96	–	80	93 ± 5
C_{12}-Fettalkoholsulfat	99	–	88	–
C_{16-18}-Fettalkoholsulfat	–	99	–	97 ± 7
C_{16-18}-α-Sulfofettsäuremethylester	99	–	–	98 ± 6
Nichtion. Tenside				
C_{12}–C_{14}-Fettalkoholethoxylate (30 EO)	99	98	–	59 ± 20
i-Nonylphenolethoxylat (9EO)	6–78	97	–	48 ± 6
EO-PO-Blockpolymere	32	7	18	2 ± 4

[1] OECD-Methoden
[2] Gemessen als MBAS- bzw. BiAS-Abnahme
[3] Gemessen als Abnahme des C-Gehaltes
[4] Coupled-unit-test
[5] Gemessen als Abnahme des CSB

Abwasserbelastungen

Zwar können Primär- und Totalabbaubarkeit von Tensiden graduell differieren, doch besteht eine parallele Tendenz beider Kriterien insofern, als sich hohe Raten beim Primärabbau mit guter oder wenigstens mittlerer Totalabbaubarkeit decken. Hingegen sind Tenside, bei denen der erste Abbauschritt langsam erfolgt, auch insgesamt unzureichend abbaubar (Tab. 9.7). Wegen ungenügender biologischer Abbaubarkeit dürfen „harte" Tenside wie das früher verbreitet gebräuchliche Tetrapropylenbenzolsulfonat nicht mehr für Reinigungszwecke verwendet werden. Die Schwierigkeiten bezüglich seines biologischen Abbaus resultieren aus der Anhäufung tertiärer Kohlenstoffatome in der Kohlenwasserstoffkette.

Zwar verlangt der Gesetzgeber nur eine biologische Abbaurate von mindestens 80 % innerhalb 3 Std im Labortest, doch genügt diese, um die Fließgewässer von Tensiden wirksam zu entlasten. Aus dem Vergleich der zu erwartenden Konzentrationen an anionischen sowie nichtionischen Tensiden, basierend auf den Verbrauchsmengen pro Kopf sowie der Kenntnis der Wasserführung und der Zahl der über ein Flußsystem entsorgten Personen - mit den in den wichtigsten Flüssen der alten Bundesländer festgestellten Restmengen (0,01 - 0,03 mg/l) errechnet sich eine Tensidelimination zwischen 97 und 99 % (GERIKE 1987). Die Restmengen liegen damit größenordnungsmäßig um ein bis drei Zehnerpotenzen niedriger als die LC_{50}-Werte der meisten anionischen bzw. nichtionischen Tenside. Allerdings befriedigen solche Angaben – Lethaldosis für 50 % der Versuchstiere – nicht, denn ökologisch sind letztlich die LC_0-Dosen, besser noch die NOEC (no observed effect concentration) ausschlaggebend.

Zahlreiche Tests wurden entwickelt, um die aquatische Toxizität von Tensiden zu prüfen. Ökotoxische Tests, die nur mit der Originalsubstanz ausgeführt werden, lassen Effekte evtl. vorhandener Bruchstücke der Ausgangssubstanz außer acht. Den Mangel beheben Versuche mit einer kontinuierlich arbeitenden Modellkläranlage im Labor, bei denen das abfließende Wasser, praxisähnlich verdünnt als Testmedium dient. Angaben zur Ökotoxizität einzelner Tenside sind der Fachliteratur (SCHÖBERL 1993) zu entnehmen.

Die gesetzliche Forderung nach biologischer Mindestabbaubarkeit beschränkt sich derzeit auf anionische und nichtionische Tenside, welche die Hauptmenge der reinigungstechnologisch eingesetzten grenzflächenaktiven Substanzen ausmachen. Für kationische Tenside wurde von einer solchen Forderung abgesehen, da sie vorwiegend durch Reaktion mit im Überschuß vorhandenen anionischen Tensiden zu elektroneutralen, wasserunlöslichen Verbindungen oder durch Adsorption an Schmutzstoffe aus dem Abwasser entfernt werden. Sie finden sich daher hauptsächlich im Klärschlamm und werden im Zuge der Weiterbehandlung desselben anaerob abgebaut (SULLIVAN 1983). Die Restmengen an DAS in deutschen Fließgewässern bewegen sich zwischen 0,004 und 0,090 mg/l (theoretisch zu erwartende Konzentration aufgrund des Verbrauchs an kationischen Tensiden, überwiegend Distearyl-dimethylammoniumchlorid DSDMAC als Weichspüler für Textilien: 0,045 mg/l).

9.2.4 Belastung durch keimtötende Wirkstoffe

Jede chemische Desinfektion erfordert einen Wirkstoffüberschuß, der einen ausreichenden keimzahlvermindernden Effekt absichern muß. Demzufolge weisen die abfließenden Lösungen wenigstens unmittelbar hinter dem desinfizierten Objekt, aber auch die anfängliche Fraktion des Nachspülwassers noch unverbrauchte Wirkstoffreste auf. In Modellversuchen an einer Rohrmelkanlage haben BÖHNER und GUTHY (1991) je nach Ausgangskonzentration in der frischen Lösung nach dem Gebrauch noch die Hälfte bis zwei Drittel des ursprünglichen Aktivchlorgehaltes ermittelt.

Abwasserbelastungen

Per definitionem wirken Desinfektionsmittel auf Mikroorganismen toxisch. Zwar ist ihre keimtötende Wirkung im Anwendungsbereich erwünscht, nicht aber im Abwasser, weil sie eine potentielle Gefahrenquelle für die Funktionsfähigkeit der biologischen Abwasserreinigung bildet. Mangels geeigneter Daten definieren KUNZ und FRIETSCH (1986) die Beeinträchtigung der Funktionstüchtigkeit einer Kläranlage: „ . . . wenn die aufgrund vergleichbarer Kläranlagentypen wahrscheinlich erreichbaren durchschnittlichen Reinigungsleistungen permanent, vorübergehend oder periodisch nicht erreicht werden bzw. der Kläranlagenbetrieb sich in einem labilen Zustand befindet, der sich in deutlich wahrnehmbaren Anzeichen wie Bläh- oder Schwimmschlamm bemerkbar macht." Die Reinigungsleistungen beinhalten die Elimination absetzbarer Stoffe, den Abbau gelöster organischer Verbindungen und gegebenenfalls die Stickstoff-Elimination.

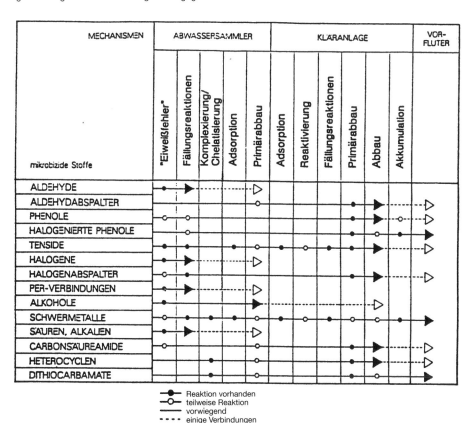

Abb. 9.2 Globale Abschätzung der Wege mikrobizider Stoffe von Anwendung bis zum Vorfluter (KUNZ u. FRIETSCH 1986)

Desinfizierende Substanzen müssen als Voraussetzung für ihre irreversible Wirkung auf Mikroorganismen sehr leicht mit organischer Materie reagieren. Demnach besteht eine hohe Wahrscheinlichkeit dafür, daß unverbrauchte Reste keimtötender Substanzen auf dem Weg zur Kläranlage in vielfältiger Weise reagieren bzw.

Abwasserbelastungen

verändert werden. Hinsichtlich der Umsetzungen im Abwasser und der ökologischen Bedeutung ihrer Reaktionsprodukte differieren die mikrobiziden Wirkstoffe erheblich:

Sehr reaktive Verbindungen wie Aldehyde, Peroxide und Halogene werden schon im Abwasserkanal weitestgehend inaktiviert, oder es beginnt der mikrobielle Abbau (Alkohole). Deshalb gelangen sie gar nicht als solche in die Kläranlage, ausreichende Wegstrecke bis dorthin vorausgesetzt. Auch die mikrobiziden Halogencarbonsäuren gelten als ökologisch verträglich (FALTER 1990). Den bisher genannten Wirkstoffen steht eine Gruppe relativ beständiger Substanzen gegenüber, die wie Phenole, insbesondere halogeniert, und halogenabspaltende Verbindungen gegenüber, welche teilweise Kläranlagen passieren und in den Vorfluter gelangen können (Abb. 9.2). Metabolite halogenierter Phenole wirken manchmal sogar stärker bakterizid als die Ausgangssubstanzen (KUNZ u. FRIETSCH 1986).

Abgesehen von chemischen Reaktionen im Abwasser tragen Verdünnung, Verflüchtigung von Wirkstoffen wie Alkoholen oder Aldehyden und irreversible Adsorption an Schichtsilikate dazu bei, daß die mikrobizide Konzentration vom Anfallsort der verbrauchten Lösungen bis zur Kläranlage abnimmt und i. a. unter die minimale Hemmkonzentration für die Biozoenose absinkt.

Als Resümée ergibt sich, daß bemerkbare Auswirkungen auf die biologische Stufe von Kläranlagen bei kontinuierlichem Zulauf restlicher Desinfektionsmittel-Wirkstoffe kaum zu erwarten sind, da sich die Mikroflora an unterschwellige Dosen mit der Zeit adaptiert (KUNZ u. FRIETSCH 1986). Stören können aber stoßweise ins Abwasser gelangende Mengen mikrobizider Substanzen oberhalb der minimalen Hemmkonzentration. Erstes Anzeichen für eine Störung ist nachlassende Nitrifikation, denn Nitrifikanten reagieren sehr empfindlich auf Mikrobizide. Im Anfangsstadium ist eine gestörte Funktionsfähigkeit der biologischen Klärstufe nicht offensichtlich. Sie läßt sich nur über genügend häufige Kontrollen von Zu- und Ablauf erkennen. Folglich ist schleichende, unbemerkte Abnahme der Reinigungsleistung durch unterschwellige Hemmwirkung nicht auszuschließen. Die Lokalisation der Störquelle wird erschwert, wenn mehrere Einleiter an einen Abwasserkanal angeschlossen sind. Besonders gefährdet sind kleine Anlagen mit hoher Belastung (ATV 1988). Zwar existieren Vermutungen, daß Reste chemischer Desinfektionsmittel aus Lebensmittelbetrieben an Störungen der biologischen Abwasserreinigung beteiligt seien, doch steht bisher ein eindeutiger Beweis aus (vgl. hierzu die Beispiele bei KUNZ u. FRIETSCH 1986). Der zunehmende Zwang zu innerbetrieblicher Abwassersammlung und -vorbehandlung macht solche Störfälle zukünftig immer unwahrscheinlicher.

Die Reaktion der Reste von aktivem Chlor mit organischen Stoffen im Abwasser kann u. a. zu chlorierten Kohlenwasserstoffen führen. Es können biologisch schlecht abbaubare Verbindungen entstehen, aus Huminsäuren Trihalogenmethane und schwer flüchtige Halogenkohlenwasserstoffe. Nicht unterschätzt werden sollte die Möglichkeit, daß die Reaktionsprodukte auf Organismen des Vorfluters toxisch wirken und sich als persistente Substanzen in der Nahrungskette anreichern. Der Hauptanteil der gewässergetragenen AOX entfällt auf nichtflüchtige Chlorierungsprodukte von Lignin, Tannin und Huminsäuren (ATV 1987b).

In welchem Ausmaß AOX entstehen, hängt einerseits von den pH-Verhältnissen im Abwasser ab, andererseits von den Reaktionspartnern: Hypochlorit wirkt im neutralen und alkalischen Bereich oxidierend, bei niedrigem pH-Wert überwiegen Chlorierungsreaktionen, so daß mit der Bildung halogenorganischer Verbindungen zu rechnen ist. Durch Reaktion mit organischen Stickstoffverbindungen entstehen Chloramine, welche zu einem späteren Zeitpunkt keimtötend wirken (LASCHKA, 1990). Im Gegensatz zu anderen Chlorverbindungen verursacht Chlordioxid keine AOX, weil es ausschließlich oxidierend wirkt. Aus der Gruppe der Haloformen ist insbesondere Chloroform zu erwarten, wenn endständige Methylgruppen in α-Stellung zu einer Carboxygruppe vorliegen (RAFF u. a. 1987). Erfahrungsgemäß reagieren nur 0,1 bis 2 %, in huminstoffhaltigem Abwasser bis zu 8 % (RAFF u. a. 1987) zu AOX. In Molkereiabwässern ist unter der Annahme, daß 0,1 % des restlichen Aktivchlors AOX bilden, bundesweit mit einer Konzentration von 0,005 mg/l oder 0,22 t jährlich zu rechnen, das entspricht 7,8 mg/t verarbeiteter Milch (BÖHNER u. GUTHY 1991).

Halogenabspaltende Mikrobizide tragen u. U. auch durch ihren Eigengehalt an AOX zur Abwasserbelastung bei, wie Untersuchungen an Produkten zum maschinellen Geschirrspülen (LASCHKA 1990) oder desinfizierendem Reiniger (Norddeutscher Genossenschaftsverband 1993) belegen.

Phenolische Substanzen aus Gerste, Würzen und Malz reagieren ebenfalls mit desinfizierendem Restchlor im Abwasser. In Brauereiabwässern werden hauptsächlich 2,6-Dichlor- und 2,3,5-Trichlorphenol festgestellt (GLAS 1988). Um die unerwünschten ökologischen Effekte von Aktivchlorresten im Abwasser zu vermeiden, kann Peressigsäure (PES) mit gutem Erfolg zum Desinfizieren von Melkanlagen eingesetzt werden. Da PES in alkalischen Lösungen nicht bakterizid wirkt, muß die bisher praxisübliche kombinierte Reinigung und Desinfektion in einem Arbeitsgang durch einen alkalischen Reinigungsschritt, gefolgt von einer gesonderten Desinfektion mit PES ersetzt werden (GUTHY u. BÖHNER 1991).

9.3 Wege zu verminderten Abwassermengen und -belastungen
9.3.1 Allgemeine Maßnahmen

Steigende Abwassergebühren und schärfere Auflagen für das Einleiten von Abwasser zwingen dazu, alle innerbetrieblichen Möglichkeiten auszuschöpfen, um Menge wie Frachten des Abwassers zu reduzieren. Dafür finden sich in der Literatur zahlreiche Vorschläge (z. B. IMMERZ u. GUTHY 1985, ATV 1985, KOBALD u. HOLLEY 1990, Norddeutscher Genossenschaftsverband 1993), wie Tab. 9.8 ohne Anspruch auf Vollständigkeit zeigen soll. Darüber hinaus können nachstehend nur einige Aspekte gesondert behandelt werden; eine erschöpfende Darstellung würde, selbst wenn sie auf Hygienemaßnahmen in Lebensmittelbetrieben beschränkt bliebe, den einzuhaltenden Rahmen sprengen, weil die Maßnahmen auf die jeweiligen Gegebenheiten wie beispielsweise Betriebssparte und -größe, Technisierungsgrad und Produktpalette abgestimmt sein müssen. Darüber hinaus sind zusätzliche Vorkehrungen im Produktionsbereich unverzichtbar – z. B. Reduzierung von Produktverlusten durch Überlaufen, Leckagen oder Überschäumen.

Allein gründliches Vorspülen der zu reinigenden Oberflächen kann dem Abwasser erhebliche Produktreste fernhalten: bei Eindampfanlagen für Magermilch 48 % und für Vollmilch 29 % der insgesamt durch Reinigen anfallenden Schmutzfracht (PALMER u. KELLEY 1984). Um einen möglichst hohen Effekt zu erzielen, sollte wenigstens das Vorspülen unmittelbar anschließend an das Produktionsende erfolgen. Darüber hinaus spart die Reinigung ohne lange Standzeiten in verschmutztem Zustand Reinigungsmittel und/oder Energie, denn physikalisch, chemisch oder mikrobiell veränderte Rückstände sind im allgemeinen erheblich schwerer entfernbar als nicht gealterte Verschmutzungen. Der Effekt des Vorspülens ist deutlich produktabhängig. Er korreliert bei flüssigen bzw. pastösen Rückständen mit deren Viskosität, wenn auch der CSB nicht proportional zur verbleibenden Haftmenge ansteigt, weil die spezifische CSB-Fracht der Rückstände auch von der Zusammensetzung, d. h. vor allem von ihrem Fettgehalt abhängt (Tab. 9.9). Deshalb lohnt es sich stets, Fette abzutrennen. Sog. Fett- oder Ölabscheider, die für Schlachthöfe obligatorisch sind, trennen Fett von Wasser aufgrund des Dichteunterschiedes. Liegt Fett allerdings zusammen mit Tensiden, also emulgiert vor, ist

Wege zu verminderten Abwassermengen und -belastungen

Flotation (Abtrennung von Schwimmstoffen mit Hilfe feiner Luftblasen) geboten. Sie scheidet außer Fett und Tensiden auch kolloidal gelöste Eiweißstoffe ab. Zugesetzte Flockungsmittel erhöhen den Trenneffekt (JÄPPELT u. NEUMANN 1985).

Tab. 9.8 Beispiele für Ansatzpunkte zur Minderung der Abwassermengen und -belastungen aus Lebensmittelbetrieben

Reduzierung von	Ansatzpunkte	Zweck
1. Abwassermengen	1.1 Planung und Installation von Produktions- und Reinigungsanlagen	1.1.1 Optimiertes Verhältnis von Oberflächen zu Produktmengen
		1.1.2 Kurze Fließwege
	1.2 Stapelung von Spülflüssigkeit und noch wirksamen Reinigungslösungen	1.2.1 Wiederverwendung von Spül- u. Reinigungsflüssigkeiten
		1.2.2 Nutzung der restlichen Wirksamkeit gebrauchter Reinigungslösungen
	1.3 Trockene Vorreinigung	
2. Zu entfernende Produktreste	2.1 Planung und Installation von Produktionsanlagen	2.1.1 Optimiertes Verhältnis von Oberflächen zu Produktmengen
		2.1.2 Reinigungsfreundliche Konstruktion
	2.2 Optimierung des Produktionsprozesses	2.2.1 Verminderte Ablagerungen, z. B. an Wärmeaustauschern
	2.3 Entfernung verwertbarer Produktreste aus Behältern, Rohrleitungen, Anlagen und von Arbeitsflächen vor Reinigungsbeginn	2.3.1 Rückgewinnung verwertbarer Reststoffe
	2.4 Trockene Vorreinigung	2.4.1
3. Abzuleitende Mengen von Reinigungs- und Desinfektionsmitteln	3.1 Planung und Installation von Reinigungsanlagen unter Einsatz von Regeleinrichtungen	3.1.1 Automatisation oder Mechanisierung von Reinigungs- und Desinfektionsprozessen
		3.1.2 Verminderte Mischphasenbildung
		3.1.3 Sparsamer Verbrauch an chemischen Hilfsmitteln durch exakte Dosierung
	3.2 Einsatz von Dosierhilfen	3.2.1
	3.3 Aufbereitung gebrauchter Reinigungslösungen	3.3.1 Ausnutzung der Reinigungskapazität chemischer Lösungen
	3.4 Thermische Desinfektion	3.4.1 Ersatz für chemische Desinfektion
4. Qualitative Belastungen des abgegebenen Abwassers	4.1 Auswahl chemischer Hilfsstoffe	4.1.1 Verzicht auf besonders abwasserkritische Substanzen
	4.2 Aufteilung des Abwassers in Teilströme	4.2.1 Rückgewinnung verwertbarer Reststoffe
	4.3 Innerbetriebliche Abwassersammlung und -behandlung	4.3.1 Vermeidung stoßartiger Belastungen
		4.3.2 Senkung der Abwassergebühren

Wege zu verminderten Abwassermengen und -belastungen

Tab. 9.9 Einfluß der Produktviskosität auf die spezifische Rückstands-Fracht (in Anlehnung an DOEDENS 1985)

Produkt	Viskosität mPa·s	Haftmengen %	relativ[1]	Spezif. Rückstandsschmutz-Fracht kg BSB_5/t	relativ
Magermilch	1,4	0,10	1	0,072	1
Vollmilch	2,0	0,26	2,6	0,26	3,6
Kakaotrunk	21,0	0,47	4,7	0,69	9,6
Rahm (40 %)	91	0,95	9,5	3,80	52,6
Buttermilch	500	2,3	23	1,47	20,4
saure Sahne	9000	3,5	35	7,0	97,5

[1] Bezogen auf % Haftmengen

Innerbetriebliche Ausgleichsbehälter oder -becken gestatten die kontinuierliche Abgabe des Abwassers in die Kanalisation, evtl. sogar während der abwasserarmen Nachtstunden. Dazu müssen die Stapeleinrichtungen groß genug geplant werden (DOEDENS 1985): Betriebe mit drei Arbeitsschichten benötigen ein Fassungsvermögen des 1,2fachen der maximal zu erwartenden Tages-Abwassermenge. Ausgleichsbehälter dienen auch der pH-Regulierung und im Falle unvorhersehbarer, aber niemals gänzlich auszuschließender Betriebsstörungen, der Neutralisation größerer Mengen unverbrauchter Mikrobizide mittels geeigneter Inaktivatoren (Kap. 4.2), um Störungen der biologischen Abwasserreinigung vorzubeugen (ATV 1988). Schließlich kühlen die Lösungen von der meistens zu hohen Anwendungstemperatur so weit ab, daß sie unbedenklich in die Kanalisation abgegeben werden können.

Mechanisierung und Automation von Reinigungsprozessen tragen wesentlich dazu bei, die Abwassersituation eines Betriebes zu verbessern, vorausgesetzt, daß die Anlagen regelmäßig kontrolliert und gewartet werden, wie das Beispiel der Flaschenwaschmaschine in Brauereibetrieben verdeutlicht: Zwar lassen sich verschleppungsbedingte Laugenverluste durch ausreichend lange Abtropfzeiten auf minimal 15 ml je Flasche begrenzen, größer ist jedoch der Einfluß des Maschinenzustandes. Steinartige Ablagerungen an dem Förderband können in ihren Poren wesentlich höhere Laugenmengen transportieren und die Verschleppung auf bis zu 100 ml pro Flasche ansteigen lassen. Damit gehen erhebliche Laugenmengen ungenutzt verloren. Deshalb ist die Maschine regelmäßig zu entsteinen (SCHROPP 1994).

Nur voll funktionsfähige Regeleinrichtungen gestatten es, die Vorteile eines automatisch gesteuerten Ablaufes von Hygieneprogrammen wie exakte Dosierung chemischer Zusätze, genaue Einhaltung vorgegebener Temperaturen und Zeiten, minimale Mischphasenbildung und Leckageanzeigen optimal zu nutzen. Deshalb bedürfen alle Meßinstrumente der regelmäßigen Kontrolle und Wartung.

Das vielfach praxisübliche Stapeln benutzter Reinigungslösungen ist meistens ökonomisch wie ökologisch sinnvoll, weil unverbrauchte Leistungsreserven erneut zum Reinigen genutzt werden. Dagegen erscheint es kaum sinnvoll, mikrobizide Lösungen zu stapeln, denn in den meisten Fällen läßt die Wirksamkeit zwischenzeitlich deutlich nach, etwa weil sich die keimtötende Substanz teilweise verflüchtigt (Aldehyde) oder unter Licht- bzw. Wärmeeinfluß unkontrolliert umsetzt (Peroxide, Aktivchlor, Phenole). Selbst Lösungen beständiger Wirkstoffe (QAV) können während der Standzeit Wirksamkeit einbüßen, indem sie mit organischen Schmutzresten in der Lösung weiterreagieren.

Innerbetriebliche Maßnahmen zielen hauptsächlich auf Neutralisation, Temperaturausgleich und Fettabscheidung hin. Für eine zusätzliche Abwasserreinigung besteht die Wahl zwischen aerober und anaerober

Behandlung. Letztere wird beispielsweise für Molkereiabwasser angeboten und besitzt gegenüber der aeroben Reinigung den Vorteil, daß bei etwa gleichem Restkohlenstoffgehalt im Abfluß Biogas als Energieträger gewonnen werden kann. Darüber hinaus fällt wesentlich weniger Überschußschlamm an, der beseitigt werden muß. Nachteilig sind eine größere Empfindlichkeit gegen schwankende Betriebsparameter und ein im allgemeinen höherer Anteil an nicht abbaubaren Stoffen (BINDER 1994).

Abwassertechnisch optimale Betriebsführung verlangt vielseitige Kenntnisse und hohe Motivation. Regelmäßige Schulung und Fortbildung sind daher unerläßlich.

Kein in die Umwelt eingetragenes Reinigungs- oder Desinfektionsmittel ist umweltfreundlich. Alle betrieblichen Maßnahmen können nur das Belastungsausmaß verringern, aber nicht jegliche Emission vermeiden. Folglich ist der Wert von Entwicklungen im Produktionsbereich, welche den Verschmutzungsgrad reduzieren (LUND u. SANDU 1986) wie etwa die Vorerhitzung der Milch vor der Ultrahocherhitzung (KESSLER 1989) nicht hoch genug einzuschätzen. Reduzierte Ablagerungen auf Wärmeaustauscher-Platten verlängern die Betriebszeiten zwischen den Reinigungsoperationen und senken damit den spezifischen Reinigungsmittelverbrauch pro Masseneinheit eines Produktes.

Falls Keime auf thermischem Wege technologisch sinnvoll abgetötet werden können, läßt sich damit der Chemikalienverbrauch absenken. Dabei sind die hierfür gültigen Gesetzmäßigkeiten (Kap. 4.1) unbedingt zu beachten. Beispielsweise läßt sich an Arbeitstischen die erforderliche Mindesttemperatur kaum erreichen und über die notwendige Zeitspanne aufrechterhalten. In solchen und ähnlichen Fällen ist chemische Desinfektion unumgänglich.

9.3.2 Aufbereiten von Reinigungslösungen

Saure Reinigungslösungen können, sieht man von extremen, unpraktikablen pH-Werten ab, organische Schmutzbestandteile in der Regel nur suspendieren, aber nicht lösen. Diese sedimentieren aus ruhenden Lösungen. Nach Abzug des Bodensatzes oder aufschwimmenden Fettes sind die Lösungen ohne spezielle Aufbereitung wieder verwendbar, bis ihre Säurekapazität erschöpft ist. Es genügt, Lösungsverluste und Verdünnung mit Spülwasser durch Konzentratzugabe auszugleichen. Dagegen liegen in alkalischer Lösung organische Schmutzbestandteile hauptsächlich echt bzw. kolloidal gelöst, in Gegenwart von Tensiden auch teilweise emulgiert, aber nur zu einem geringen Teil suspendiert vor. Deswegen läßt sich im allgemeinen der Schmutz lediglich unzureichend durch Sedimentation abtrennen (SCHLÜSSLER 1978), wenn nicht, wie für gelöstes Aluminium in Flaschen-Reinigungslaugen beschrieben (BORG 1986), eine Ausfällung durch Zusatz von Chemikalien erfolgt. Zusammen mit dem Schlamm werden bis zu 40 % der Laugenmenge abgezogen (LAACKMANN u. LAACKMANN 1990). Mittels Zentrifugieren gelingt es zwar, suspendierten Schmutz aus der Lauge zu entfernen, aber nur begrenzt kolloidalen Schmutz, da sich dieser in seiner Dichte zu wenig von der Lösung unterscheidet (LAACKMANN 1991). Als wirksame Methode zur Aufbereitung verschmutzter Reinigungslaugen hat sich die Tangentialfiltration (cross flow filtration) erwiesen, bei der die verschmutzte Lösung mit hoher Geschwindigkeit (2–4 m/s) bei geringem Transmembrandruck über die Trennmembran strömt. Je nach Porengröße der Membran hält sie größere und auch kleinere Schmutzanteile zurück. Den höchsten Trenneffekt erzielt die Umkehrosmose (Abb. 9.3). Erwartungsgemäß weisen so aufbereitete Lösungen nur einen sehr geringen BSB_5-Restwert deutlich unterhalb des mit der Mikrofiltration erzielbaren Resultates auf.

Wege zu verminderten Abwassermengen und -belastungen

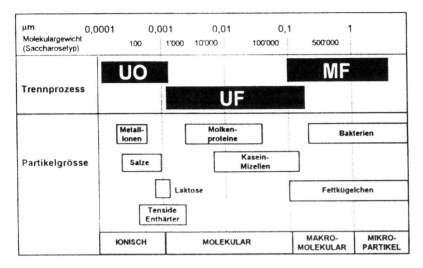

Abb. 9.3 Einsatzbereiche der Membranverfahren der Umkehrosmose, Ultrafiltration und Mikrofiltration (HENCK 1993)

Der mit abnehmendem Porendurchmesser steigende Retentionseffekt, gemessen als CSB, tritt bei Fettverschmutzungen deutlicher als bei reinem Proteinschmutz hervor. Für Vollmilchreste in der Lauge gelten ähnliche Retentionsraten wie für reinen Proteinschmutz. Dessen niedermolekulare Hydrolysenprodukte erreichen mit abnehmender Porenweite einen höheren prozentualen Anteil im Permeat. Die Trennmembran hält nicht nur unverseifte, sondern, wenn auch in geringerem Ausmaß, verseife Fettsäuren in meßbaren Mengen zurück (Tab. 9.10.).

Tab. 9.10 Einfluß der mittleren Porengröße der Trennmembranen bei unterschiedlichen Verschmutzungsarten auf verschiedene Kenngrößen 6 Std. nach Versuchsbeginn (Mittelwerte aus je 4 Versuchen; 50 °C; Transmembrandruck 2 bar; v 4 m/s, Konzentration der gelösten Schmutzstoffe konstant; nach HENCK 1993, Auszug)

	Retentionsraten aus 2 % NaOH mit						
	Protein		Fett		Vollmilchpulver		
Trenngrenze μm	CSB[1] %	Hi[2] %	CSB[1] %	VFS[3] %	CSB[1] %	N-Verbindungen %
1,4	18	35	75	18	14	10
0,1	55	50	92	42	63	59
0,05	62	54	94	51	65	62

[1] Retention organischer Stoffe, gemessen als CSB-Abnahme
[2] Hydrolyseindex
[3] Retention verseifter Fettsäuren

Während des Trennprozesses bildet sich auf der Membraninnenseite eine den Flux durch die Membran behindernde Deckschicht aus. Fetthaltige Reinigungslösungen verursachen einen Fettfilm, der, Messungen

Wege zu verminderten Abwassermengen und -belastungen

des Widerstandes der Deckschicht zur Folge, den freien Porendurchmesser verengt und den Widerstand für den Durchtritt polarer Ionen erhöht. Allerdings bleibt der Fettfilm nicht konstant erhalten, sondern wird mindestens temporär durch Tenside, die infolge partieller Verseifung des Fettes entstehen, abgelöst, so daß sich Flux und CSB im Permeat zeitweise erhöhen. Steigende Überströmgeschwindigkeit steigert die Wandschubspannung und behindert die Deckschichtbildung durch Fett sowie Hydrolysenprodukte der Proteine, nicht aber durch wenig abgebaute Proteine. Fett wirkt der Verdichtung der Proteinschicht entgegen, ohne daß sich dadurch die Retention organischer Substanz wesentlich verschlechtert. HENCK (1993) folgert daraus, daß die Porengröße der Membran und nicht die Deckschicht über die Trennleistung entscheidet. Im Gegensatz dazu vermutet POHL (1990), daß aufgelagertes Protein den Durchtritt von Lactose und ihren Abbauprodukten durch eine Mikrofiltrationsmembran adsorptiv behindert, denn die Trennleistung aus proteinfreier Natronlauge bleibt geringer als aus einer proteinhaltigen Lauge.

Erhöhter Transmembrandruck steigert den Widerstand der Deckschicht aus proteinhaltiger Lauge, nicht aber bei reiner Fettverschmutzung. Folglich ist es nur dann ratsam, den Transmembrandruck zwecks verbesserter Prozeßleistung zu erhöhen, wenn die Lösung entweder vorwiegend Fettverschmutzung oder stark hydrolysierte Proteinreste enthält. Gleichzeitig permeieren damit verstärkt Fette und Tenside, während die Proteinretention zunimmt ((HENCK 1993).

In hartem Wasser beteiligen sich auch Erdalkaliseifen an der Deckschichtbildung. In das vermutlich vernetzte Gerüst ist Fett eingelagert. Damit verstopfen die Poren. Praxisübliche Kombinationen aus Komplexbildnern und nichtionischen Tensiden vermögen den Belag zu emulgieren. Entgegengesetzt scheint die Wasserhärte bei Proteinen zu wirken, denn der Flux ist gegenüber härtefreiem Wasser leicht erhöht. Die Erklärung könnte darin liegen, daß vernetzte größere Partikel nicht in die Poren einzudringen vermögen und sich die Deckschicht leichter ablösen läßt. Infolge solcher Reaktionen fällt das Permeat nahezu calciumfrei an (HENCK 1993).

Mit steigender Gebrauchsdauer einer Lösung findet ein Abbau von Lactose zu Lactulose und anderen, nicht identifizierten Spaltprodukten statt, der durch Lufteintrag verstärkt wird (POHL 1990). Außerdem unterliegen Schmutzbestandteile hydrolytischen Prozessen (Kap. 3.3), zumal da die Lösung während mehrwöchiger oder gar -monatiger Gebrauchsdauer häufig erhitzt wird. Die Lauge neigt dann vielfach zum Schäumen. In der Folge sinkt der Flux drastisch ab, und die mechanische Wirkung der strömenden Lösung am Reinigungsgut ist vermindert. Deshalb sollten schäumende Lösungen vollständig erneuert werden (LAACKMANN 1991).

Ein willkommener Nebeneffekt der Laugenaufbereitung mittels Membranen besteht darin, daß die Schwermetalle Chrom und Nickel, da sie überwiegend an organische Schmutzanteile gebunden sind, im Retentat zurückbleiben. Falls dadurch die für Klärschlamm zulässigen Grenzwerte überschritten werden, ist das Retentat als Sondermüll zu entsorgen. Prinzipiell kann es auch direkt in den Faulturm der Abwasserkläranlage gegeben und dort anaerober Behandlung unterzogen werden, ohne daß eine gestörte Biogasproduktion zu befürchten wäre. Zusatzmengen entsprechend 10 % der täglichen CSB-Fracht werden als unproblematisch angesehen. Bei höheren Zugaben von Retentat sollte dieses neutralisiert werden, um störende Carbonatausfällungen im Faulturm zu vermeiden (HENCK 1993). Schließlich besteht die Möglichkeit, das Retentat zu filtrieren und zusammen mit der Filterhilfe als stichfeste Masse auf einer Deponie abzulagern (LAACKMANN 1991).

Die durch die bisher aufgezeigten Entsorgungswege erzielbare CSB-Entlastung des Abwassers entfällt, falls das Retentat letzterem zugeführt wird. Dabei ist eine stoßweise Belastung des den Betrieb verlassenden Abwassers unbedingt zu vermeiden. In diesem Fall beschränkt sich der Vorteil der Laugenaufbereitung darauf, daß der durchschnittliche Laugenverbrauch um 50–80 % gesenkt wird (HONER 1992, LAACKMANN 1991), da die gesamte Lösungsmenge nur in mehrmonatigem Abstand vollständig erneuert werden muß und darüber hinaus nur die relativ geringen Flüssigkeitsverluste durch frische Lauge ersetzt werden müssen. Diese Zugabe stellt eine tägliche Regeneration eines Teils der Reinigungslauge dar.

Theoretisch wäre es durch Elektrolyse ebenfalls möglich, Reinigungslösungen zu reinigen und Reinigungsmittel wieder zurückzugewinnen. Der dafür erforderliche Strombedarf liegt jedoch mit 10 KWh je kg Natronlauge sehr hoch (LONCIN 1977).

Literatur

Abwassertechnischer Verein (ATV, Hrsg. 1985): Lehr- und Handbuch der Abwassertechnik. 3. Aufl. Bd. V: Organisch verschmutzte Abwässer der Lebensmittelindustrie. Ernst u. Sohn, Berlin.

Abwassertechn. Verein (ATV), Fachausschuß 2.1 (1987a): Stickstoff und Phosphor in Fließgewässern. Korrespondenz Abwasser 34, S. 1215-1223.

Abwassertechnischer Verein (ATV): Fachausschuß 2.3 (1987b): AOX und Abwassertechnik. Korrespondenz Abwasser 34, S. 1224-1227.

Abwassertechnischer Verein (ATV, 1988): Einleiten von Abwasser aus gewerblichen und industriellen Betrieben in eine öffentliche Abwasserkläranlage. Korrespondenz Abwasser 35, S. 276-281.

AUERSWALD, K., ISERMANN, K. u. WERNER, O. (1989): Stickstoff- und Phosphateintrag in Fließgewässern über diffuse Quellen. In: Bundesministerium f. Umwelt, Naturschutz und Reaktorsicherheit u. Bundesministerium f. Ernährung, Landwirtschaft u. Forsten (Hrsg. 1990): Maßnahmen der Landwirtschaft zur Verminderung der Nährstoffeinträge in die Gewässer, Bonn.

BINDER, H. (1994): Biologische Reinigung hochbelasteter Abwässer der Lebensmittelindustrie. Deutsche Milchwirtsch. 45, S. 327-331.

BÖHNER, B. u. Guthy, K. (1991): Abschätzung der Belastung milchwirtschaftlicher Abwässer durch chlorabspaltende Desinfektionsmittel. Deutsche Milchwirtsch. 42, S. 981-984 u. 1286-1289.

BORG, S. (1986): Kontinuierliches Verfahren zur Laugenaufbereitung. Getränketechnik 2, H 4, S. 76-77.

Bundesamt für Ernährung (Hrsg. 1985): Statistisches Jahrbuch. Kohlhammer, Wiesbaden.

Burdosa Verfahrenstechnik (1986): Neutralisationsverfahren mit Hilfe von Chemikalien, Rauchgas oder Kohlensäure. Firmenschrift 6/75, Gießen-Rödgen.

DIN (Hrsg. 1988): FNA Maschinenbau: Milchwirtschaftliche Anlagen, Reinigung und Desinfektion nach dem CIP-Verfahren. DIN-Fachbericht 18, Beuth, Berlin.

DOEDENS, H. (1985): Molkereien. In: ATV Lehr- und Handbuch der Abwassertechnik. 3. Aufl. Bd. V: Organisch verschmutzte Abwässer der Lebensmittelindustrie S. 410-456. Ernst u. Sohn, Berlin.

FALTER, W. (1990): Abwasserfragen beim Einsatz von Reinigungs- und Desinfektionsmitteln in der Getränkeindustrie. Getränkeind. 44, S. 524-531.

GERIKE, P. (1987): Environment impact. In: J. Falbe (Hrsg.): Surfactants in consumer products p. 450-474. Springer Berlin u. a.

GERIKE, P. u. JASIAK, W. (1984): Tenside im Test zur Erkennung stabiler Metabolite. Ber. Welt-Tensidkongreß 1984 München, Bd. 1, S. 195-208, Kürle, Gelnhausen.

Literatur

Ges. Deutscher Chemiker, Fachgruppe Wasserchemie (Hrsg. 1994): Deutsche Einheitsverfahren zur Wasser-, Abwasser- und Schlammuntersuchung, Verl. Chemie, Weinheim.

GLAS, K. (1988): Bestimmung, Verhalten und Bewertung verschiedener Kontaminationsstoffe im Brauch- und Abwasserbereich der Brauerei. Diss. Techn. Universität München-Weihenstephan.

GUTHY, K. u. BÖHNER, B. (1991): Zur Anwendung der Peressigsäure als Desinfektionsmittel in Melkanlagen. DMZ Lebensmittelind. u. Milchwirtsch. 112, S. 1118-1125.

HAMM, A. (1989): Kompendium: Auswirkungen der Phosphat-Höchstmengen VO für Waschmittel auf Kläranlagen und in Gewässern. St. Augustin.

HENCK, M. A. (1993): Recycling von Reinigungslaugen mit Hilfe der Crossflow-Filtration in der Milchwirtschaft. Diss. ETH Zürich Nr. 10190.

HONER, C. (1992): Recovering used CIP chemicals. Dairy Field 175, S. 40-41.

HOLLEY, W. (1991): Emissionen der Lebensmittelindustrie und ihre Vermeidung. In: R. Heiß (Hrsg.): Lebensmitteltechnologie 4. Aufl. S. 415-425. Springer Verlag, Berlin u. a.

IMMERZ, J. u. GUTHY, K. (1985): Molkereiabwasser – Möglichkeiten und Grenzen der Beseitigung Teil 1-4. Deutsche Molkerei-Ztg. 106, S. 1110-1116, 1138-1144, 1510-1515 u. 1646-1653.

Internationaler Milchwirtschaftsverband (IDF, Hrsg., 1979): Control of water and waste water in the dairy industry. B-Doc. 75, Brüssel.

JÄPPELT, W. u. NEUMANN, H. (1985): Schlacht- und Fleischverarbeitungsbetriebe. In: ATV Lehr- und Handbuch der Abwassertechnik. 3. Aufl. Bd. V: Organisch verschmutzte Abwässer der Lebensmittelindustrie, S. 320-382. Ernst u. Sohn, Berlin.

KESSLER, H.-G. (1989): Fouling of milk proteins and salts – reduction of fouling by technological measures. In: H.-G. Kessler u. D. B. Lund (Hrsg.): Fouling and cleaning in food processing, p. 37-45, Prien 1989.

KOBALD, M. u. HOLLEY, W. (1990): Emissionssituation in der Nahrungsmittelindustrie. Studie des Fraunhofer-Institus für Lebensmitteltechnologie und Verpackung München.

KUNZ, P. u. FRIETSCH, G. (1986): Mikrobiozide Stoffe in biologischen Kläranlagen. Springer, Berlin u. a.

LAACKMANN, E. u. LAACKMANN, H. P. (1990): Reinigungslaugenrecycling mit Hilfe von Mikrofiltrationsanlagen. Deutsche Milchwirtsch. 41, S. 634-636.

LAACKMANN, H. P. (1991): Recycling von Reinigungslauge aus Vakuumverdampferanlagen mittels Mikrofiltration. DMZ Lebensmittelind. u. Milchwirtsch. 112, S. 1553-1555.

LASCHKA, D. (1990): Beitrag der Wasch- und Reinigungsmittel zum AOX-Gehalt in kommunalem Abwasser. In: Bayer. Landesamt f. Wasserforschung (Hrsg.): Umweltverträglichkeit von Wasch- und Reinigungsmitteln, Oldenbourg, München.

LONCIN, M. (1977): Modelling in Cleaning, Disinfection and Rinsing. Proc. Sympos. Mathematical Modelling in Food Processing, Lund, Inst. of Technol., S. 301-335.

LUND, D. B. u. SANDU, C. (1986): Produktansatzbildung in der Lebensmittelverarbeitung – Mechanismen und Kontrollmöglichkeiten ZFL 37, S. 376-391.

Norddeutscher Genossenschaftsverband (Hrsg. 1993): Richtlinien für Molkereiabwässer 1993. Schmidt u. Klaunig, Kiel.

N. N. (1987): Abwasserreinigung in der Milchwirtschaft unter besonderer Berücksichtigung der anaeroben Reinigungstechnik. Deutsche Molkerei-Ztg. 108, S. 275-280.

PALMER, J. u. KELLY, P. (1984): Evaporator waste losses occuring during washdown: IDF-Document No. 184: Dairy Effluents, Brüssel.

Literatur

POHL, J. (1990): Untersuchungen an einer Mikrofiltrationsanlage zur Regeneration verschmutzter Reinigungslauge. Diplomarbeit Techn. Universität München-Weihenstephan.

RAFF, J., HEGEMANN, W. u. WEIL, L. (1987): Versuche zum Verhalten mikrobiozider Verbindungen in Kläranlagen. 1. Natriumhypochlorit. Gas u. Wasserfach 128, S. 319-323.

SCHEBLER, A. (1979): Wirtschaftliche Aspekte des technischen Fortschritts beim Produktionsprozeß in der Molkereiwirtschaft. Habilitationsschrift Techn. Universität München-Weihenstephan.

SCHLÜSSLER, H.-J. (1978): Laugenstandzeiten und Laugenaufbereitung. Brauwelt 118, S. 1583-1586.

SCHÖBERL, P. (1993): Biologischer Tensidabbau. In: K. Kosswig u. H. Stache (Hrsg.): Die Tenside, S. 409-464. Hauser, München u. Wien.

SCHROPP, H.-P. (1994): Staatl. Brautechnische Prüf- u. Versuchsanstalt Weihenstephan, persönl. Mitteilung.

SULLIVAN, D. E. (1983): Biodegradation of a cationic surfactant in activated sludge. Water Res. 17, S. 1145-1148.

SWISHER, R. D. (1970): Surfactant biodegradation. In: Surfactant Science Ser. Vol. 3, Dekker, New York.

WAGEMANN, W. (1989): Einfluß von Reinigung und Desinfektion auf die Abwasserbeschaffenheit. Deutsche Milchwirtsch. 40, S. 1672-1675.

WILDBRETT, G. u. BÖHNER, B. (1990a): Abschätzung der Phosphor- und Stickstoffbelastungen in Abwässern in Milcherzeugerbetrieben. DMZ, Lebensmittelind. u. Milchwirtsch. 111, S. 1080-1084.

WILDBRETT, G. u. B. Böhner (1990b): Phosphor- und Stickstoffbelastungen in Abwässern aus milchverarbeitenden Betrieben. DMZ, Lebensmittelind. u. Milchwirtsch. 111, S. 1176-1179 u. 1246-1249.

3. neu bearbeitete und
aktualisierte Auflage 1994
2 Bände, Hardcover, DIN A 5, 1500 Seiten
DM 279,– inkl. MwSt., zzgl. Vertriebskosten
ISBN 3-86022-122-1

Ausführliche Information für die Praxis

Das aktuelle Grundwissen über Lebensmittel und ihre Inhaltsstoffe ist heute über eine unübersehbare Anzahl von Quellen verstreut und damit selbst Fachleuten schwer zugänglich.
Das Lebensmittel-Lexikon enthält in zwei Bänden rund 13.000 Begriffe aus dem Bereich Nahrung. Vier Herausgeber – Dr. Alfred Täufel, Prof. Dr. Waldemar Ternes, Dr. Liselotte Tunger und Prof. em. Dr. Martin Zobel – haben mit 27 Autoren sowohl Lebensmittel als auch weitgehend alle bisher bekannten Nahrungsinhaltsstoffe erfaßt.
Der Leitfaden ist die lebensmittel- und ernäh-rungswissenschaftliche Betrachtungsweise. Mit den ebenfalls dargestellten Aspekten der Lebensmittelchemie, -technologie und -hygiene ergibt sich das umfassende Kompendium des aktuellen Fachwissens.

Systematisches Wissen über Lebensmittel

Das Lebensmittel-Lexikon liefert Ihnen zu jedem Stichwort: Definition, Art, Sorte, die wissenschaftlichen Namen (binäre Nomenklatur), Zusammensetzung, Herkunft, Bedeutung für die menschliche Ernährung, ernährungswissenschaftliche Bedeutung, Verarbeitung, Verwendung. Zu Nahrungsinhaltsstoffen werden beschrieben: Chemische Struktur, chemische, physikalische und lebensmitteltechnologische Eigenschaften, Vorkommen, Gewinnung, Verwendung, Bedeutung, physiologische Wirkung. Das gleiche gilt für Zusatzstoffe und Kontaminanten.

Interessenten

Die Nachschlagemöglichkeit für alle, die in
• Lehre
• Praxis
• Forschung und Entwicklung
mit Lebensmitteln und Ernährung befaßt sind. Fachleute und andere an den Zusammenhängen zwischen Gesundheit und Ernährung Interessierte aus den Bereichen
• Agrarwissenschaften
• Botanik, Ernährungsindustrie
• Gastronomie
• Gemeinschaftsverpflegung
• Gesundheitswesen
• Hauswirtschaft
• Lebensmittelchemie
• Lebensmittelhandel
• Lebensmitteltechnologie
finden im Lebensmittel-Lexikon Sachwissen schnell, einfach, übersichtlich und konzentriert.

BEHR'S...VERLAG

B. Behr's Verlag GmbH & Co. · Averhoffstraße 10 · D-22085 Hamburg
Telefon (040) 22 70 08/18-19 · Telefax (040) 22 01 09 1
E-Mail: Behrs@Behrs.de · Homepage: http://www.Behrs.de

10 Spezielle Probleme an Kunststoffoberflächen

G. WILDBRETT

10.1 Bedeutung der Kunststoffe

Als eigenständige Gruppe von Werkstoffen, die durch gezielte Variation ihres chemischen Aufbaus den Erfordernissen des jeweiligen Verwendungszwecks sehr gut angepaßt werden können, ergänzen Kunststoffe die Palette der konventionellen Materialien wie Metalle, Gläser oder Keramik. Deshalb haben sie auch im Bereich der Gewinnung, Be- und Verarbeitung von Lebensmitteln einen festen Platz gefunden (Tab. 10.1).

Tab. 10.1 Beispiele für den Einsatz von Kunststoffen im wiederholten Kontakt mit Lebensmitteln

Kunststoffe	Einsatzbeispiele
Polyethylen	Schneidunterlagen und Hackstöcke für Fleisch
	Alm-Milchleitungen
	Transportbehälter für Fleisch
	Fischkisten
Polypropylen	Käseformen, Molkeleitungen
Polyvinylchlorid, hart	Wand- und Deckenverkleidungen in fleischverarbeitenden Betrieben
Polyvinylchlorid, weich	Schläuche für flüssige Lebensmittel
Polyamid	Kaltmilchleitungen
Polyester (glasfaserverstärkt)	Lager- und Transporttanks für Wein
Polymethylmethacrylat	Milchleitungen
	Schneidunterlagen für FLeisch und Fisch
Polytetrafluorethylen	Dichtungselemente
	Beschichtung von Schmelzpfannen
Synthesekautschuk	Förderbänder, Schläuche für flüssige Lebensmittel, Dichtungselemente

Alle Oberflächen, die bestimmungsgemäß wiederholt mit Lebensmitteln in Kontakt treten, müssen sich leicht reinigen und desinfizieren lassen. Dieser generellen Forderung (FAO/WHO 1983) müssen Kunststoffe ebenso genügen wie die konventionellen Werkstoffe. Deren Eigenschaften sind infolge ausgiebiger Erfahrungen im täglichen Gebrauch wohl bekannt. Sie galten schließlich als so selbstverständliche Charakteristika fester Werkstoffe, daß diese anfänglich auch kritiklos auf Kunststoffe übertragen wurden, bis sich nach wiederholten Fehlschlägen die Erkenntnis durchzusetzen begann, daß die synthetischen Werkstoffe Besonderheiten aufweisen, die sie deutlich von den herkömmlichen Materialien abheben. Eine genaue Kenntnis dieser durch ihre spezielle stoffliche Beschaffenheit bedingten Eigenarten auch im Hinblick auf ihr Verhalten im Reinigungsprozeß ist unerläßlich, sollen die Vorteile der Kunststoffe für den Einsatz im Lebensmittelbereich erfolgreich genutzt werden.

10.2 Mechanische Beständigkeit

Im Lieferzustand weisen Kunststoffgegenstände durchwegs bestechend glatte Oberflächen auf. Sie sind deshalb aus hygienischer Sicht Naturstoffen mit offener Struktur wie Holz eindeutig überlegen. Aber im täglichen Gebrauch unterliegen Kunststoffteile häufig mechanischer Abnutzung durch Abrieb oder Verletzungen mittels harter Gegenstände. Die in der Lebensmittelindustrie vorwiegend anzutreffenden Thermo-

Mechanische Beständigkeit

plaste sind deutlich weicher als Metalle oder Glas (Tab. 10.2), folglich rauhen Kunststoffe im praktischen Einsatz leicht auf. Verstärkt trifft das für weiche Materialien wie Polytetrafluorethylen, Kautschuk oder Weich-PVC[1] zu. Tägliches Reinigen von PVC-Schläuchen mit harter Bürste schädigt die innere, milchberührende Oberfläche so, daß sie bereits nach wenigen Wochen deutliche Kratzspuren aufweist (KIERMEIER u. a. 1968).

Tab. 10.2 Relative Härte (gemessen als Härte nach Vickers 0,981 N/mm²) einiger Thermoplaste im Vergleich zu Metallen und Glas

Werkstoffe	relative Härte
Polyethylen[1]	1
Polypropylen	2
Hart-Polyvinylchlorid	3
Aluminium 99,5 % halbhart	7
Chrom-Nickel-Stahl (18/8)	40
Glas	155

[1] hohe Dichte (HD)

Infolge zunehmender Aufrauhung erreicht die wahre Oberfläche mit der Zeit ein Mehrfaches des geometrischen Wertes. Der Betrag der für die Schmutzhaftung verantwortlichen gesamten freien Oberflächenenergie steigt drastisch an. Unebenheiten bieten Schmutz und Mikroorganismen zusätzliche Auflageflächen. Entstehende enge Vertiefungen und Hohlräume erschweren Reinigung und Desinfektion aus geometrischen Gründen (Kap. 5.1). Demzufolge findet LEESMENT (1959) nach mechanischer Bearbeitung der Oberflächen auf gereinigten Polyethylenplättchen eine im Vergleich zu nicht beanspruchten Mustern erhöhte Restkeimzahl. Dagegen widerstehen die mitgeprüften Metallproben der gleichen mechanischen Behandlung offensichtlich, ohne sich gravierend zu verändern (Tab. 10.3).

Tab. 10.3 Durchschnittliche Kolonienzahl auf gereinigten Versuchsplättchen nach Aufrauhung im Vergleich zu unbeschädigten Materialproben (LEESMENT 1959)

Werkstoffe	Kolonienzahl je Plättchen auf	
	unbeschädigter Oberfläche	beschädigter Oberfläche
Polyethylen[1)]	4	85[2)]
Polyethylen[4)]	6	55[2)]
Rostfreier Stahl	3	5[3)]
Aluminium	7	9[3)]

[1)] ohne genaue Definition
[2)] Unterschied zu unbeständiger Oberfläche statistisch gesichert ($p \leq 0{,}1\,\%$)
[3)] kein Unterschied zu unbeschädigter Oberfläche
[4)] hohe Dichte

Die Empfindlichkeit insbesondere thermoplastischer Werkstoffe gegen Abrieb beschränkt den Einsatz mechanischer Hilfsmittel zum Reinigen. Harte Bürsten und Scheuermittel können zwar anfänglich den

---

[1] Abkürzungen s. Tab. 11.10

Reinigungserfolg verbessern, doch erschweren sie jede nachfolgende Reinigung wesentlich, so daß kaum mehr entfernbare Schmutzreste und Ansammlungen von Mikroorganismen zurückbleiben (LEESMENT 1958). Solche Kunststoffteile sind unbrauchbar und müssen daher ausgewechselt werden.

Im Gegensatz zu Scheuermitteln oder Bürsten kann mechanische Energie in Form turbulenter Strömung der Reinigungsflüssigkeit mit gutem Erfolg angewandt werden, um deren Wirksamkeit auch an Kunststoffoberflächen zu intensivieren (Kap. 10.5).

10.3 Temperaturbeständigkeit

Innerhalb eines begrenzten Bereiches fördern erhöhte Temperaturen der Reinigungsflüssigkeit die Schmutzentfernung (Kap. 5.3). – Spezielle Probleme bei Anwendung erhöhter Temperaturen für die Wirksamkeit des Reinigens von Kunststoffoberflächen werden im Kap. 10.4 behandelt. – Wenn auch die obere Grenze der thermischen Dauerbelastbarkeit bei vielen Thermoplasten relativ niedrig liegt, so kann die Temperatur der Reinigungslösungen die in der Tab. 10.4 angeführten Grenzwerte unbedenklich um 20 % übersteigen (JACOBI 1960), da die thermische Beanspruchung in diesem Falle nur kurze Zeit dauert. Oberhalb 60 °C können an Schneidbrettern und Messergriffen aus Kunststoffen unerwünschte Veränderungen eintreten (EDELMEYER 1985). Aber selbst ohne wesentliche thermische Belastung des Kunststoffes während des Reinigens können sich Rohrleitungen aus manchen thermoplastischen Materialien im Laufe der Zeit schon bei Raumtemperatur durchbiegen (kalter Fluß). Nur ausreichende Unterstützung kann verhindern, daß allmählich mehr oder weniger deutlich durchhängende „Rohrgirlanden" entstehen, welche sich nur unvollständig ausspülen lassen. Bei der Auswahl eines Kunststoffes für die Fertigung von Anlagenteilen oder Geräten ist stets die voraussehbare, maximale sowie langdauernde Temperaturbelastung im praktischen Gebrauch zu berücksichtigen, ganz besonders dann, wenn eine thermische Desinfektion mit heißem Wasser (über 90 °C) oder sogar Dampf in Betracht gezogen werden muß. In diesen Fällen sollten grundsätzlich nur Materialien verwendet werden, die mindestens bis 100 °C beständig sind.

Tab. 10.4 Dauerbelastungstemperaturen für ausgewählte thermoplastische Werkstoffe (JACOBI 1960)

Werkstoffe	Maximale Temperatur °C
Polyvinylchlorid	50
Polystyrol	65
Polyethylen[1]	60– 90
Polypropylen	70–100
Polymethylmethacrylat	75
Polyamid (Perlontyp)	80–100
Polyethylenterephthalat	100
Polytetrafluorethylen	325–330

[1] hohe Dichte

Die Haltbarkeit elastischer Gummidichtungen hängt unter anderem auch von der thermischen Belastung durch chemische Lösungen ab. Deshalb enthält DIN 11483 (DNA 1981) Empfehlungen für die maximalen Reinigungstemperaturen und zwar in Abhängigkeit einerseits von den chemischen Hilfsstoffen zum Reinigen und Desinfizieren, andererseits von dem jeweiligen Kautschuktyp.

10.4 Diffusionsprozesse

Anders als Glas und Metalle besitzen Kunststoffe wegen ihres organischen Aufbaus keine für wanderungsfähige Stoffe völlig undurchdringliche Oberfläche. Daher beschränken sich die Wechselwirkungen zwischen Kunststoffen und Lebensmitteln nicht auf oberflächliche Haftmechanismen; ausreichende Affinität zu dem Werkstoff vorausgesetzt, können Lebensmittelbestandteile in Kunststoffe eindiffundieren. So wurde z. B. in Polyprophylen eingedrungenes Fett nachgewiesen (STEGER-MEINL u. KIERMEIER 1965). Ungleich intensiver als an Polypropylen laufen Diffusionsprozesse an Materialien ab, die, wie beispielsweise Weich-PVC, neben dem hochpolymeren Grundgerüst größere Mengen niedermolekularer Zusätze enthalten. Bei PVC-Schläuchen hängt das Ausmaß der Fetteinwanderung entscheidend von Art und Menge des verwendeten Weichmachers ab (WILDBRETT u. a. 1971). Aber selbst weichmacherfreie Schlauchmaterialien wie Ethylen-Phenylacetat-Copolymerisat sowie Silikonkautschuk nehmen im Kontakt mit Milch Fett auf (Abb. 10.1).

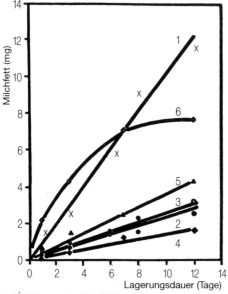

1: PVC/Dinonylphthalat = 52/47;
2: PVC/Alkylsulfonsäurephenolat/Polyadipat = 67/5/27;
3: PVC/Diethylhexylphthalat/Polyadipat = 67/5/27;
4: PVC/Polyadipat = 48/48;
5: Ethylen-Phenylacetat-Copolymerisat;
6: Silikonkautschuk

Abb. 10.1 Fetteinwanderung in ausgewählte Schlauchmaterialien in Abhängigkeit von der Kontaktzeit mit Rohmilch

Milchflaschen aus Polyethylen (HD), in geringerem Maße auch Polycarbonat nehmen Geruchsstoffe aus Fruchtsäften auf und geben diese an nachfolgend eingefüllte Milch im Lauf mehrerer Tage wieder ab. Nach abwegiger Verwendung von Kunststoff-Milchflaschen als Vorratsbehälter für Schädlingsbekämpfungsmittel

Diffusionsprozesse

können bei erneutem Gebrauch sogar Anteile dieser toxischen Stoffe in Milch übertreten. Die Kontamination läßt sich nachweislich auch durch intensives Reinigen der Flaschen nach vorausgegangener unsachgemäßer Verwendung nicht verhindern (BODYFELT u. a. 1979). Derartige Phänomene sind vermutlich auf Diffusionsvorgänge an den genannten Kunststoffen zurückzuführen. Wegen solchen, nicht auszuschließenden Mißbrauchs von Milchflaschen dürften Mehrwegbehälter aus Polyethylen bzw. Polycarbonat kaum den Anforderungen an Behälter für pasteurisierte Grad-A-Milch genügen (BODYFELT u. a. 1979).

Aufgrund ihres hydrophoben Grundcharakters lagern die meisten Kunststoffe nur sehr wenig Wasser ein. Aber mehr oder weniger hydrophile, plastifizierende Zusätze erhöhen die Aufnahmefähigkeit für Wasser drastisch. Wieviel Wasser in die Materialien eindringt, hängt ebenso wie im Falle der Fetteinwanderung von der Art des zugesetzten Weichmachers ab; diejenigen Substanzen, welche die Wasseraufnahme besonders stark fördern, verursachen die geringste Fettimmigration (vgl. Abb. 10.1 und Abb. 10.2).

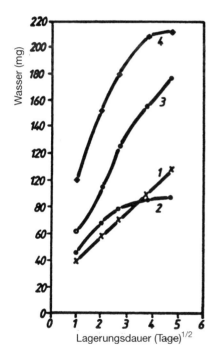

Abb. 10.2 Wasseraufnahme in Schlauchmaterialien (Abschnitte 10 cm lang) in Abhängigkeit von der Kontaktzeit mit destilliertem Wasser bei 40 °C (Zusammensetzung der Schlauchmaterialien s. Abb. 10.1)

Wasser dringt auch bei einer Desinfektion mit Dampf in PVC-Schläuche ein. Das in Form kleinster Tröpfchen eingelagerte Wasser läßt den ursprünglich transparenten Schlauch trüb erscheinen. Zugleich wird das Material meßbar steifer (WILDBRETT u. a. 1971). Die geschilderte Immigration von Wasser und Fett in pastifiziertes PVC läßt erwarten, daß andererseits wanderungsfähige Inhaltsstoffe aus den Schlauchmaterialien in die Kontaktmedien austreten können. Gemäß Abb. 10.3 vermögen Reinigungslösungen aus PVC-

Diffusionsprozesse

Schläuchen Weichmacher zu extrahieren. Der Effekt hängt entscheidend vom pH-Wert der Lösung ab. Im pH-Bereich zwischen 9 und 12 nimmt die Auswanderungstendenz der Phthalate deutlich zu, und zwar bei dem unter Mitverwendung von Polyadipat plastifizierten PVC mehr als an dem nur Dibutylphthalat enthaltenden Material (Abb. 10.3). Der Weichmacherentzug konzentriert sich auf die milchführende Grenzschicht, die dadurch an Weichmacher verarmt und allmählich versprödet. Infolge in der Praxis unvermeidbarer, mechanischer Beanspruchung durch Biegen entstehen auf der Innenseite feine Risse, in denen trotz sorgfältigen Reinigens Lebensmittelreste und Mikroorganismen zurückbleiben können (KIERMEIER u. a. 1968).

Zusammen mit dem Weichmacher emigrieren auch als Stabilisatoren zugesetzte Stearate in die Reinigungslösung. Vermutlich bildet das Alkali aus der ausgedrungenen Reinigungslösung mit dem Zink- bzw. Calciumstearat wanderungsfähige Natriumseifen, die dann in der Reinigungslösung gefunden werden (WILDBRETT 1973).

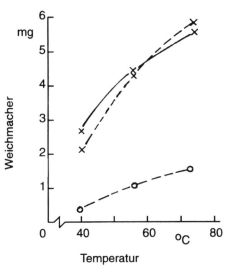
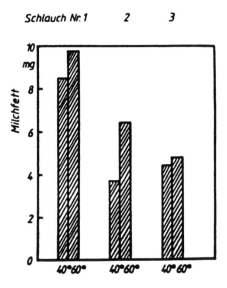

Abb. 10.3 Einfluß der Temperatur auf die Auswanderung von Phthalat-Weichmachern aus PVC-Milchschläuchen in Reinigungslösungen (24 Std. Kontaktzeit; – – – Reinigungslösung A; ––– Reinigungslösung B; × = PVC-Dinonylphthalat 55/45; ○ = PVC-Diäthylhexylphthalat/Polyadipat 70/5/25)

Abb. 10.4 Fetteinwanderung in PVC-Schläuche nach 180 Stunden Wechselkontakt mit Milch, Wasser und Reinigungslösung unterschiedlicher Temperatur (Schlauchlänge 1 m; 1 = PVC/Dinonylphthalat: 55/45; 2 = PVC/Alkylsulfonsäureester/Polyadipat: 70/5/25; 3 = PVC/Diethylhexylphthalat/Polyadipat: 70/5/25) (KIERMEIER u. a. 1969)

Die Geschwindigkeit, mit der Difffusionsprozesse ablaufen, hängt ebenso wie die der Schmutzablösung wesentlich von der herrschenden Temperatur ab. Während des Reinigens von Kunststoffoberflächen dürften beide Vorgänge miteinander konkurrieren. Daraus erklärt sich, daß entgegen der ursprünglichen Annahme bei 60 °C keine bessere Entfettung von Weich-PVC zu erwarten ist als bei 40 °C (Abb. 10.4). Der Sachverhalt belegt wiederum, daß die an Metall- oder Glasoberflächen gültigen Gesetzmäßigkeiten für die Reinigung nicht ohne weiteres auf Kunststoffoberflächen übertragen werden dürfen.

10.5 Hafterscheinungen

Im Gegensatz zu Metallen oder Glas sind Kunststoffe energiearm und weisen daher nur eine vergleichsweise niedrige Oberflächenspannung auf (ZISMAN 1964). Andererseits besitzen Wasser bzw. Reinigungslaugen und -säuren eine relativ hohe Oberflächenspannung (72–73 · 10^{-3} N/m). Daher reicht die den Tropfen expandierende Oberflächenspannung der Kunststoffe nicht aus, um Wasser frei auf der Oberfläche spreiten zu lassen (Kap. 2.2.2.4). Daher werden Kunststoffe als hydrophob bezeichnet, während Glas bzw. Metalle im reinen Zustand aufgrund ihrer hohen Oberflächenkräfte gut durch Wasser benetzbar, also hydrophil sind.

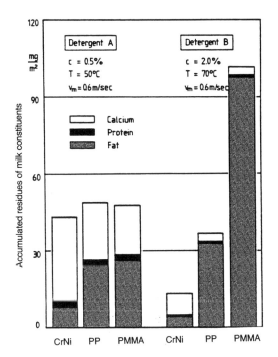

Abb. 10.5 Ablagerungen von Fett, Eiweiß und Calcium in durchströmten Rohrleitungen nach 30maligem Gebrauch (Durchfluß von Rohmilch bei 37 °C; Spülen mit Wasser und Reinigung mit handelsüblichen Reinigern)

Hafterscheinungen

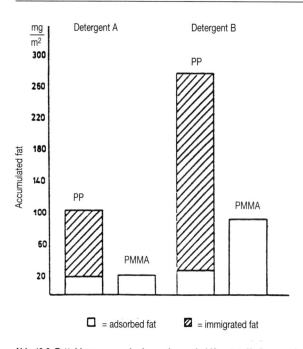

Abb. 10.6 Fettablagerung und -einwanderung bei Kunststoffrohren nach wiederholtem Durchfluß von Rohmilch, Spülen mit Wasser und Reinigung mit handelsüblichen Reinigern nach jedem Kontakt mit Milch

Je niedriger die Oberflächenspannung der benetzenden Flüssigkeit liegt, um so besser benetzt sie auch energiearme Festkörper. Deshalb bilden Öle – ihre Oberflächenspannung liegt im Bereich zwischen 30 u. 50×10^{-3} N/m – auf Kunststoffen gleichmäßige, dünne, festhaftende Filme, die sich nur schwer verdrängen lassen. Zwar gelingt es mittels erwärmter Reinigungslösungen, die Hauptmasse des geschmolzenen Fettes mechanisch abzuspülen, aber der zurückbleibende Restfilm haftet an Kunststoffen hartnäckiger als an Metallen. Die nach einmaligem Reinigen nur verhältnismäßig geringen Rückstände akkumulieren trotz regelmäßigen Reinigens mit alkalischen Lösungen im Laufe einer längeren Gebrauchsdauer, und zwar an hydrophoben Oberflächen stärker als an Chrom-Nickel-Stahl. Polypropylen (PP) ist lipophiler als Polymethylmethacrylat (PMMA). Die höheren Fettreste an letzterem (Abb. 10.5) widersprechen dem nicht, da nur die oberflächlich abgelagerten Rückstände wiedergegeben sind. Zusätzlich enthält PP, nicht aber PMMA, erhebliche Mengen eindiffundierten Fettes (WILDBRETT u. SAUERER 1989). Folglich liegt die Gesamtmenge der durch Reinigen nicht entfernten Fettreste bei PP, wie zu erwarten, deutlich höher als an PMMA (Abb. 10.6). Im Gegensatz zu Fett bleiben die Protein- sowie Kalkrückstände an Polymethylmethacrylat (PMMA) sowie Polypropylen (PP) deutlich unterhalb der an Edelstahl beobachteten Mengen (Abb. 10.5). Letzterer weist im Vergleich zu beiden Kunststoffen ein deutlich höheres Oberflächenpotential auf, welches hauptsächlich für die Anlagerung der negativ geladenen Milchproteine verantwortlich ist (Nassauer 1985). Aus gleichem Grund haften Mikroorganismen an Kunststoffmembranen weniger als an Metall (NASSAUER u. KESSLER 1984). Auch hydrophile Stärke haftet an Polyethylen merklich schwächer als an Glas oder Stahl (Tab. 10.5).

Hafterscheinungen

Tab. 10.5 Rückstände von Kartoffelstärke (Auftrag: 2 mg/20 cm² = 100 %) auf Schmutzträgern aus unterschiedlichen Werkstoffen nach Reinigung durch Spritzen (Mittelwerte aus drei Versuchen mit je 6 Schmutzträgern)

Werkstoff	Rückstände %
18/8 Chrom-Nickel-Stahl	14,25
Glas	1,28
Porzellan, glasiert	1,93
Polyethylen	0,26

Die Schwierigkeiten beim Entfetten hydrophober Oberflächen, wie sie auch beim Waschen von Synthesefasern bekannt sind (CZICHOCKI u. a. 1974), beruhen auf der intensiven Haftung öliger Verschmutzungen. In diesem Fall ist die Haftspannung lipoider Verschmutzungen größer als die der Reinigungsflotte. Eine spontane Umsetzung an Oberflächen setzt jedoch die umgekehrten Verhältnisse voraus; es muß nämlich

$(\sigma_F - \sigma_{F/R})$ > $(\sigma_F - \sigma_{F/Ö})$ sein.
Haftspannung der   Haftspannung des
Reinigungslösung   Ölfilms

σ_F = Oberflächenspannung Testkörper

$\sigma_{F/R}$ = Grenzflächenspannung zwischen fester Oberfläche und Reinigungslösung

$\sigma_{F/Ö}$ = Grenzflächenspannung zwischen fester Oberfläche und Öl

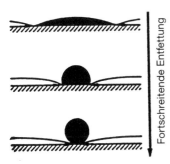

Abb. 10.7 Verdrängen eines Ölfilms von der festen Oberfläche durch eine benetzende Reinigungslösung (schematisch)

Diese Voraussetzung könnte nur mit Hilfe extrem gut benetzender Tenside erfüllt werden (WILDBRETT u. HOFFMANN 1980). Deshalb gelingt es nicht, Kunststoffoberflächen spontan umzunetzen. Es verbleibt vielmehr eine Restarbeit (KLING und KOPPE 1949), die zusätzliche Kräfte erfordert. Unterstützend können hier mechanische Effekte strömender Lösungen dazu beitragen, den zunächst zu einer Kugelkalotte zusammengeschobenen Ölfilm (Abb. 10.7) von der Unterlage abzutrennen. Verbleibende Fettreste werden ranzig und verursachen so unangenehme Geruchsentwicklung bei Kunststoffgegenständen (STEGER-MEINL u. KIERMEIER 1965), zumal Mikroorganismen das Fett als Nährstoffquelle nutzen können, wie FRANK (1984) an gereinigten Milchflaschen aus Polyethylen beobachtet hat. Der hydrophobe Charakter von Kunststoffen nimmt unter Umständen im Laufe längerer Gebrauchszeiten ab. Silikatablagerungen aus Reinigungslösungen (WILDBRETT 1968) oder ein sich ausbildender, kaum sichtbarer Film aus Milchresten (SAUERER 1989) verbessern die Benetzbarkeit durch Wasser ebenso wie etwaige Oxidationsprozesse an Polyethylen (GALEMBECK u. a. 1979).

10.6 Zusammenfassender Vergleich von Kunststoffen mit konventionellen Werkstoffen

Tab. 10.6 bietet einen zusammenfassenden Überblick über ausgewählte, reinigungstechnische Eigenschaften von Kunststoffen einerseits und konventionellen Materialien wie Chrom-Nickel-Stahl bzw. Glas andererseits. Die Zusammenstellung belegt, daß sich letztere in mancher Hinsicht völlig anders verhalten als Kunststoffe. Folglich lassen sich die für konventionelle Werkstoffe entwickelten Verfahren nicht ohne weiteres auf Kunststoffe übertragen, sondern müssen den besonderen speziellen Gegebenheiten an diesen Materialien angepaßt werden.

Tab. 10.6 Vergleich von Thermoplasten mit konventionellen Werkstoffen hinsichtlich einiger reinigungstechnischer Eigenschaften

Eigenschaften	Glas	Chrom-Nickel-Stähle	Polyethylen	Hart-PVC	Weich-PVC	NBR-Kautschuk[1]
Temperaturbeständigkeit	+++ empfindlich gegen Temp.-sprünge	+++	+	(+)	(+)	+
Härte	+++ (spröde)	++ bis +++	(+)	+	−	−
Benetzbarkeit durch wäßrige Lösungen	+++	+++	−	(+)	+	− bis (+)[2]
Benetzbarkeit durch Fett	+	+	+++	++	+ bis ++[2]	++
Lösungstendenz in wäßrigen Lösungen	(+) bis +	− bis +[3]	−	−	+ (Zusatzst.)	+ (Zusatzst.)
Alterungsbeständigkeit	++ bis +++[2]	+++	(+) bis +	(+) bis +[2]	(+) bis +[2]	(+) bis +[2]
Immigrationsmöglichkeit für Schmutz	−	−	(+) bis +[4]	−	+ bis ++[2]	+ bis ++[2]
Emigrationsmöglichkeit für Inhaltsstoffe	−	−	− bis (+)[4]	− bis (+)	+ bis ++[2]	+ bis ++[2]
Beständigkeit gegen Mikroorganismen	+++	+++	+++	+++	− bis (+)[2]	− bis (+)[2]

[1] Nitril-Butadien-Kautschuk, [2] je nach Zusammensetzung, [3] Ionenabgabe, [4] je nach Kristallitätsgrad, Zusatzst. = Zusatzstoffe

+++ = sehr hoch   ++ = hoch   + = mäßig   (+) = gering   − = nicht vorhanden

Literatur

BODYFELT, F. W., LANDSBERG, J. D. u. MORGAN, M. E. (1979): Implications of surface contamination on multiused milk containers. In: K. L. Mittal (Hrsg.): Surface contamination Vol. 2, S. 1009-1032, Plenum Press New York u. London.

CZICHOCKI, G. u. a. (1974): Radiochemische Bestimmung der Fettdesorption mittels wässriger Lösungen von Polyglykolätherderivaten. IV. Internationale Tagung über grenzflächenaktive Stoffe, Bd. 2, S. 611-616. Akademie Verlag, Berlin.

Deutscher Normenausschuß (1981): Milchwirtschaftliche Anlagen; Reinigung und Desinfektion, Berücksichtigung der Einflüsse auf Dichtungsstoffe. DIN 11483 Teil II., Beuth Verlag, Berlin.

EDELMEYER, H: (1985): Reinigung und Desinfektion bei der Gewinnung, Verarbeitung und Distribution von Fleisch. Holzmann Verlag, Bad Wörishofen.

FAO/WHO (1983): Codex alimentarius Commission: Recommended international code of practice general principles of food hygiene. Codex Alimentarius Vol A, Rom.

FRANK, H. (1984): Besiedlung und Schädigung von Kunststoffen durch Mikroorganismen. Forum Mikrobiologie 8, S. 339-345.

GALEMBECK, F. et al. (1979): Investigation of the interaction of certain low energy liquids with Polytetrafluorethylene and its implications in the contamination of polymeric surfaces. In: K. L. Mittal (Hrsg.): Surface contamination Vol 1, S. 57-72. Plenum Press, New York u. London.

JACOBI, H. R. (1960): Kunststoffe, Eigenschaften. In: Ullmanns, Enzyklopädie der techn. Chemie 3. Aufl. Bd. 11, S. 15-41, Urban u. Schwarzenberg, München und Berlin.

KIERMEIER, F., EVERS, K.-W. u. WILDBRETT, G. (1969): Untersuchungen und Betrachtungen zur Anwendung von Kunststoffen für Lebensmittel. XIV. Erfahrungen mit einem praxisnahen Prüfverfahren für Milchschläuche. Deutsche Lebensmittel-Rundschau 65, S. 305-311.

KIERMEIER, F., HOFFMANN, J. u. RENNER, E. (1968): Beeinflussung der Milchqualität durch Melkmaschinenschläuche. Deutsche Molkerei-Ztg. 89, S. 851-861.

LEESMENT, H. (1958): Untersuchungen über die Ursachen von Farbveränderungen in Polyethylen-Kunststoffen. Milchwiss. 13, S. 495-496.

LEESMENT, H. (1959): Über die Reinigung und Desinfektion einiger in der Milchwirtschaft verwendeter Werkstoffe. 15. Internat. Milchwirtsch. Kongr. London, Bd. 4, S. 1986-1991.

NASSAUER, J. (1985): Adsorption und Haftung an Oberflächen und Membranen, München-Weihenstephan, Eigenverlag.

NASSAUER, J. u. KESSLER, H.-G. (1984): Untersuchungen zur Ionenadsorption an Ultrafiltrationsmembranen. ZFL 35, S. 484-490.

SAUERER, V. (1989): Reinigungsversuche an milchdurchströmten Rohren auf der Basis der zeitabhängigen Rückstandsakkumulation. Diss. Techn. Universität München-Weihenstephan.

SAUERER, V. u. WILDBRETT, G. (1986): Untersuchungen zum Reinigungsverhalten von Kunststoffen. Gesellschaft für Kunststoffe in der Landwirtsch. Darmstadt, Eigenverlag, S. 33-40.

STEGER-MEINL, E. u. KIERMEIER, F. (1965): Die Polyäthylen-Milchkanne und ihre Einsatzfähigkeit im Molkereibetrieb. Milchwiss. 20, S. 240-246.

WILDBRETT, G. (1968): Zur Reinigung und Desinfektion von Kunststoffoberflächen. 2. Hygienische Beschaffenheit von Kunststoffoberflächen und ihre Folgen. Fette, Seifen, Anstrichmittel 70, S. 289-294.

WILDBRETT, G. (1971): Das Verhalten von Plastikschläuchen gegenüber Milch und Reinigungslösungen. Molkereitechnik Bd. 22, S. 48-62, Th. Mann Verlag, Gelsenkirchen.

Literatur

WILDBRETT, G. (1973): Zur extrahierenden Wirksamkeit von Reinigungslösungen gegenüber PVC-Milchschläuchen. Milchwiss. 28, S. 443-446.

WILDBRETT, G., EVERS, K.-W. u. KIERMEIER, F. (1971): Untersuchungen und Betrachtungen zur Anwendung von Kunststoffen für Lebensmittel. XVI. Diffusionsvorgänge an PVC-Schläuchen für Lebensmittel. Werkstoffe u. Korrosion 22, S. 753-759.

WILDBRETT, G. u. HOFMANN, G. (1988): Zur Benetzung unterschiedlicher Geschirrmaterialien durch Tensidlösungen. Hauswirtschaft u. Wissenschaft 36, S. 90-94.

WILDBRETT, G. u. SAUERER, V. (1989): Cleanability of PMMA and PP compared with stainless steel. In: H.-G. Kessler u. D. B. Lund (Edit.): Fouling and cleaning in food processing. p. 163-177. Techn. Universität München-Weihenstephan, Selbstverlag.

ZISMAN, W. A. (1964): Relation of the equilibrium contact angle to liquid and solid constitution. In: Contact angle, wettability and adhesion. Advanc. in Chemistry Ser. 43, S. 1-51, American Chem. Soc. Washington D. C.

11 Korrosion

G. WILDBRETT

Als unerwünschte Nebenwirkung reinigender und desinfizierender Maßnahmen kann an Geräten und Anlagen bzw. Teilen derselben Korrosion eintreten. Spätestens gegen Ende des Reinigens liegen die Materialoberflächen frei von abdeckenden Schmutzresten vor, so daß die Lösungen direkt auf die Werkstoffe einwirken können.

DIN 50900 definiert Korrosion als die Reaktion eines metallischen Werkstoffes mit seiner Umgebung, die eine meßbare Veränderung desselben bewirkt und zu einer Beeinträchtigung der Funktion eines metallischen Bauteils oder eines ganzen Systems führen kann. In den meisten Fällen ist diese Reaktion elektrochemischer, gelegentlich auch chemischer oder metallphysikalischer Natur.

11.1 Metallkorrosion

11.1.1 Allgemeine Einführung

Die früher breit gefächerte Palette der in der Lebensmittelindustrie verwendeten metallischen Werkstoffe hat sich im Laufe der vergangenen Jahrzehnte sehr stark eingeengt; rostfreie Edelstähle, die korrosionstechnisch weitaus sicherer sind als viele Metalle, dominieren in weiten Bereichen. Dieser Umstand mag dazu beitragen, daß die Praxis Korrosion, die erhebliche wirtschaftliche Verluste zur Folge haben kann, deutlich unterschätzt. Neben den verschiedenen Edelstahlsorten sind insbesondere Aluminium und seine Legierungen häufiger anzutreffen. Deshalb werden nachfolgend diese beiden Gruppen metallischer Werkstoffe berücksichtigt und ergänzend dazu wird kurz auf Zirkondioxid eingegangen. Zusätzliche Angaben zur Korrosionsbeständigkeit anderer, hier nicht behandelter Metalle, finden sich in den Dachema-Werkstofftabellen (DECHEMA 1994).

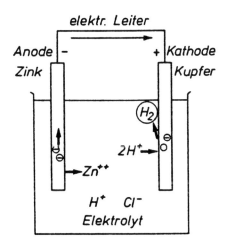

Abb. 11.1 Auflösung von Zink und Abscheidung von Wasserstoff in einem galvanischen Element

Metallkorrosion

Generell ist die Wahrscheinlichkeit eines Metallangriffes durch Lösungen chemischer Reinigungs- und Desinfektionsmittel höher zu veranschlagen als eine Materialgefährdung durch Lebensmittel. Falls Korrosion eintritt, sind kaum chemische Metallauflösung, sondern fast immer elektrochemische Prozesse zu erwarten. Letztere unterscheiden sich von rein chemischen Reaktionen in zwei wesentlichen Punkten:

1. Elektrochemische Reaktionen beschränken sich nicht auf den Ort der Metallauflösung, sondern laufen teilweise räumlich getrennt davon ab, etwa in Form einer Wasserstoffabscheidung an der Kupferkathode (Abb. 11.1).
2. Zwischen den Reaktionspartnern findet ein Elektronenaustausch statt. Die Stärke des entstehenden „Korrosionsstromes" ist nach Faraday der aufgelösten Metallmenge proportional.

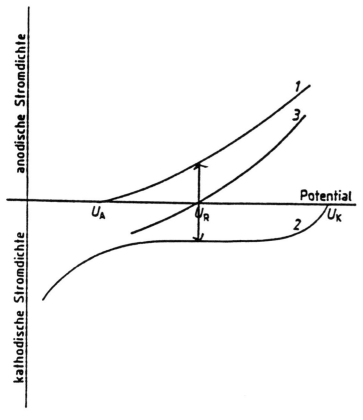

1 = Teilstromdichte-Potential-Kurve für die anodische Teilreaktion mit Gleichgewichtspotential U_A
2 = Teilstromdichte-Potential-Kurve für die kathodische Teilreaktion mit Gleichgewichtspotential U_K
3 = Summenstromdichte-Potential-Kurve für die anodische Teilreaktion mit Ruhepotential U_R

Abb. 11.2 Teilstromdichte- und Summenstromdichte-Potentialkurven eines Metalls in wäßriger Lösung (DIN 1982)

Metallkorrosion

Demzufolge sind die beiden Teilprozesse sowie die Gesamtreaktion für den Fall der Korrosion des Wasserstofftyps wie folgt zu formulieren:

Anodische Reaktion: $Me \rightarrow Me^{n+} + ne^-$
Kathodische Reaktion: $nH^+ + ne^- \rightarrow n/2\, H_2$

Gesamtreaktion: $Me + nH^+ \rightarrow Me^{n+} + n/2\, H_2$

Häufig fungiert im Elektrolyten gelöster Sauerstoff anstelle von Protonen als Elektronenakzeptor (Korrosion des Sauerstofftyps):

Anodische Reaktion: $Me \rightarrow Me^{n+} + ne^-$
Kathodische Reaktion: $n/4\, O_2 + n/2\, H_2O + ne^- \rightarrow nOH^-$

Gesamtreaktion: $Me + n/4\, O_2 + n/2\, H_2O \rightarrow Me^{n+} + nOH^-$

Zwischen der elektrochemisch unedleren Anode, an der die Metallionen in Lösung gehen, und der elektrochemisch edleren Kathode, an der die freigesetzten Elektronen von einem Oxidationsmittel aufgenommen werden, stellt sich eine von den jeweiligen Gegebenheiten abhängige Potentialdifferenz ein, welche die Triebkraft für die anodische Metallauflösung ist.

Aus dem Vorgang der anodischen Metallauflösung wie auch der kathodischen Reduktion durch Elektronenaufnahme resultieren Teilströme, die zusammengefaßt die Summenstromdichte-Potentialkurve liefern (Abb. 11.2).

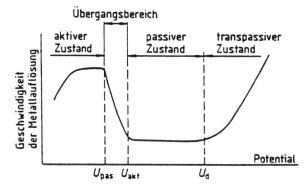

U_{pas} = Passivierungspotential
U_{akt} = Aktivierungspotential
U_d = Durchbruchspotential

Abb. 11.3 Potentialbereiche für den aktiven, passiven und transpassiven Zustand eines passivierbaren Metalles (schematisch nach DIN 50900; 1982)

Der Verlauf der anodischen Teilstromdichte-Potentialkurve in Abb. 11.2 gibt die Verhältnisse an einer Metalloberfläche im aktiven Zustand wieder. Er verändert sich völlig, falls das Metall passivierbar ist. In diesem

Metallkorrosion

Fall sinkt die Teilstromdichte nach Erreichen eines Maximums mit steigendem Potential wieder stark auf einen für den passiven Zustand charakteristischen, geringen Wert ab; es gehen nur minimale Metallmengen in Lösung. Wird das Potential noch edler, setzt nach Überschreiten des sog. Durchbruchpotentials transpassive Korrosion ein (Abb. 11.3). Dieser Zustand kann beispielsweise während des Kontaktes nichtrostender Edelstähle mit Reinigungs- und Desinfektionslösungen eintreten.

11.1.2 Rostfreie Edelstähle

Zusätze von Chrom und Nickel erhöhen die Beständigkeit des korrosionsanfälligen Eisens erheblich: Zwar verhält sich metallisches Chrom elektrochemisch ähnlich wie Eisen, aber durch Reaktion mit Luftsauerstoff bildet sich das wesentlich korrosionsbeständigere Chromtrioxid Cr_2O_3 – gelegentlich wird auch die Bildung von Chromationen CrO_4^{2-} – als Ursache der hohen Passivität genannt (HORNBOGEN 1987). Im oxidierten Zustand liegt die Korrosionsrate von Chrom um Größenordnungen unterhalb der des Eisens. Es schützt daher das Eisen gegen Korrosion durch oxidierende Säuren. Komplementär dazu reduziert Nickel als weiterer Legierungsbestandteil die Anfälligkeit rostfreier Edelstähle gegenüber nichtoxidierenden Medien wie beispielweise Laugen oder organischen Säuren, in begrenztem Umfang sogar gegen verdünnte Mineralsäuren (WRANGLÉN 1985). Es wird angenommen, daß die schützende Wirkung des Nickels vor allem auf einer Stabilisierung der austenitischen Struktur beruht (EVANS 1971), so daß die in der Lebensmittelindustrie häufig verwendeten Chrom-Nickel-Stähle unter den für Reinigungs- bzw. Desinfektionszwecke üblichen Arbeitsbe-

Tab. 11.1 Materialverträglichkeit chemischer Inhaltsstoffe von Reinigungs- und Desinfektionsmitteln für nichtrostende Edelstähle (IDF 1983; leicht abgeändert)

Inhaltsstoffe	Maximale Konz. %	Temp. °C	Materialverträglichkeit[1] für nichtrostenden Edelstahl, Werkstoff-Nr.[4]				Anmerkungen
			1.4301	1.4401	1.4541	1.4571	
Alkalien							
Na-hydroxid	5	140	+	+	+	+	
Na-carbonat	5	100	+	+	+	+	
Na$_3$-phosphat	5	100	+	+	+	+	
Na-disilikat	5	100	+	+	+	+	
Na-metasilikat	5	100	+	+	+	+	
Säuren							
Phosphorsäure	5	80	+	+	+	+	A
Salpetersäure	5	80	+	+	+	+	
Salpetersäure-Harnstoff	5	80	+	+	+	+	B
Schwefelsäure	2,4	70	–	–	–	–	
Amidosulfonsäure	0,25	80	+	+	K. A.[5]	K. A.	C
	2	40	+	+	K. A.	K. A.	
Salzsäure	0,1	20	–	–	–	–	
Komplexbildner							
Glukonsäure	2	80	+	+	+	+	
Zitronensäure	2	80	+	+	+	+	
Pentanatriumtriphosphat	2	80	+	+	+	+	
Ethylendiamintetraacetat	1	80	+	+	+	+	D

Metallkorrosion

Tab. 11.1 Materialverträglichkeit chemischer Inhaltsstoffe von Reinigungs- und Desinfektionsmitteln für nichtrostende Edelstähle (IDF 1983; leicht abgeändert) (Fortsetzung)

Inhaltsstoffe	Maximale Konz. %	Temp. °C	Materialverträglichkeit[1] für nichtrostenden Edelstahl, Werkstoff-Nr.[4]				Anmerkungen
			1.4301	1.4401	1.4541	1.4571	
Tenside							
Na-dodecylsulfonat	1	80	+	+	+	+	
Nonylphenol-polyglykolether	1	80	+	+	+	+	
Mikrobizide							
Wasserstoffperoxid	1,0	20	+	+	+	+	
Diisobutylphenoxyethyl-dimethylbezylammonium-chlorid (QAV)	0,02	40	+	+	+	+	
Dodecyldiaminoethylglycin (Amphotensid)	0,1	40	+	+	+	+	
Na-hypochlorit[2]	0,02	40	±	±	±	±	E
Trinatriumphosphat chloriert[2]	0,02	40	+	+	+	+	E
Na-dichlorisocyanurat[2]	0,025	30	±	±	±	±	E
Jod[3]	0,002	20	+	+	+	+	

[1] + In der Regel nicht korrosiv, Masseverlust $\leq 0{,}1 \text{ g} \cdot \text{m}^{-2} \cdot \text{d}^{-1}$
  ± unter ungünstigen Bedingungen Korrosion möglich, mit Vorsicht zu verwenden
  − in der Regel korrosiv, von Verwendung wird dringend abgeraten

[2] Aktivchlorkonzentrationen in der Lösung entsprechend folgenden Konzentrationen der reinen Substanzen:
  Na-hypochlorit 0,04 %; Trinatriumphophat (chloriert) 0,6 %; Na-isocyanurat 0,08 %

[3] Korrosion in der Gasphase möglich

[4] Werkstoffnummer 1.4301: Cr 17/19 %, Ni 10,5/13,5 %, C max 0,07 %
  1.4401: Cr 16,5/18,5 %, Ni 10,5/13,5 %, C max 0,07 %, Mo 2,0/2,5 %
  1.4541: Cr 17/19 %, Ni 9/12 %, C max 0,08 %, Ti 5 x % C (max 0,8 %)
  1.4571: Cr 16,5/18,5 %, Ni 10,5/13,5 %, C max 0,08 %, Mo 2,0/2,5 %, Ti 5 x % C (max 0,6 %)

[5] keine Angabe

Anmerkungen: A chem. rein; chlorid- u. fluoridfrei
  B Konz. an Salpetersäure
  C nur frische oder bei Raumtemperatur gestapelte Lösungen verwenden, um Hydrolyse zu korrosivem Na-bisulfat zu vermeiden; für Edelstahl 1.4401 2 %ige Lösung bis 70 °C verträglich
  D unter bestimmten Einsatzbedingungen Verfärbungen möglich (golden bis schwarz); obwohl unansehnlich, unschädlich
  E Einstellung auf pH ≥ 9, um Korrosionsgefahr zu minimieren

dingungen nicht großflächig angegriffen werden. Gelegentlich nach wiederholten Reinigungszyklen zu beobachtende Verfärbungen – sie können regenbogenartig, hellgelb oder auch blauviolett auftreten – beruhen darauf, daß aus der Oberfläche Chrom, Nickel und Eisen in geringen Mengen unter Komplexbildung herausgelöst werden. In der an diesen Elementen verarmten Schicht bilden sich aus dem geringen Anteil von Titan (0,03 %) unter Oxidation Titanoxidhydrate, die weitere Korrosion verhindern (KÜPPER u. a. 1983). Messungen des elektrochemischen Potentials zeigen jedoch, daß sich der Passivitätsgrad von Chrom-Nickel-Stahl je nach Art der angewandten Reinigungslösung verändert; im Vergleich zu oxidierend wirkenden Reinigungslösungen, beispielsweise ver-

Metallkorrosion

dünnter Salpetersäure, senkt 1%ige Natronlauge das elektrochemische Potential deutlich ab (NASSAUER 1985). Der Stahl liegt also „aktiviert", nach Kontakt mit verdünnter Salpetersäure dagegen in „passiviertem" Zustand vor.

Anhaltspunkte für die Materialverträglichkeit einzelner chemischer Komponenten von Reinigungs- und Desinfektionsmitteln liefert Tab. 11.1.

In dem sehr dünnen, halbleitenden Chromoxidfilm austenitischer Chrom-Nickel-Stähle sind Mikrofehlstellen statistisch höchst wahrscheinlich. Durch sie hindurch gelangen die sehr beweglichen Chloridionen, aber auch Jodidionen, mit ihrem kleinen Ionenradius bis auf das Metall (RESCHKE 1955). Gelegentlich wird auch eine Sauerstoff verdrängende Chemisorption von Chloridionen als Korrosionsursache angenommen (MECKELBURG 1990). In dem Fall stehen den kleinen aktiven Zentren große oxidische und daher passive Kathodenflächen gegenüber. Folglich setzt anodisch intensiver Metallangriff ein, der dünne Bleche in kurzer Zeit durchlöchern kann (Lochfraß). Allerdings ist im Falle von Peressigsäure eine Repassivierung der Löcher möglich, vorausgesetzt deren Öffnung ist weit genug, um die Lösung frei ein- und austreten zu lassen, so daß die in Abb. 11.4 wiedergegebenen Reaktionen in der Vertiefung gehemmt werden. Da eine derartige Repassivierung in Hypochloritlösungen nicht eintritt, sondern sich die Lochbildung mit der Zeit eher verstärkt, wird das von letzteren ausgehende Risiko für eine Durchlöcherung höher eingeschätzt als die mit dem Einsatz von Peressigsäure verbundene Korrosionsgefährdung (IDF 1988 a).

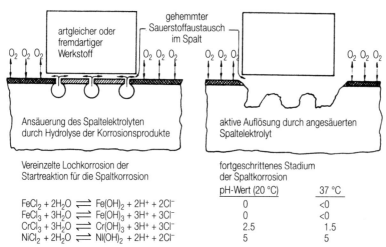

Abb. 11.4 Schematische Darstellung der Vorgänge bei der Spaltkorrosion an rostfreien Edelstählen durch chloridhaltige Lösung (SCHÄUBLE 1987)

Niedrige pH-Werte und/oder die Gegenwart von Oxidationsmitteln wie Peressigsäure fördern die Lochkorrosion entscheidend. Daher begünstigen Oxidationsmittel Lochfraß, falls zum Ansatz Wasser mit einem Chloridgehalt von ≥ 35 mg/l verwendet wird (IDF 1988). Im Gegensatz dazu besteht nach Ansicht des Technischen Ausschusses des Deutschen Brauerbundes erst dann Korrosionsgefahr, wenn das Wasser deutlich mehr als 300 mg/l Chlorid enthält (SCHÄUBLE 1987).

Metallkorrosion

In engen, schlecht durchströmten Spalten enthält die Flüssigkeit weniger gelösten Sauerstoff als an der freiliegenden und daher ungehindert umspülten Oberfläche. Letztere nimmt gegenüber dem Spalt ein edleres elektrochemisches Potential an. Es entsteht ein „Belüftungselement". Demzufolge setzt Spaltkorrosion am Boden des Spaltes ein, wo die Sauerstoffkonzentration am niedrigsten ist. Dort begünstigen zudem hohe Metall- und, als Folge hydrolytischer Prozesse, Wasserstoffionenkonzentrationen, die Metallauflösung. Abb. 11.4 verdeutlicht die Rolle des Sauerstoffs sowie der durch Hydrolyse primär entstehenden Metallchloride. Dabei können sich korrosionsbeschleunigend pH-Werte < 0 einstellen.

Für den Beginn der Spaltkorrosion ist es prinzipiell gleichgültig, ob zwei Edelstahloberflächen oder zwei unterschiedliche Werkstoffe den Spalt bilden. Erfahrungsgemäß begünstigen insbesondere quell- und saugfähige Dichtungsmaterialien Spaltkorrosion, indem sie Anteile des Kontaktelektrolyten zurückhalten (SCHÄUBLE 1987).

Selbst relativ niedrige Chloridkonzentrationen in Lösungen von Peressigsäure genügen, um schon bei Raumtemperatur Spaltkorrosion an Chrom-Nickel-Stählen auszulösen. Dabei hängt jedoch die Inkubationszeit bis zum Korrosionsbeginn – potentiometrisch ermittelt – entscheidend von der Chloridkonzentration ab. In Gegenwart von 35 mg/l Chlorid wird Spaltkorrosion durch 300 mg/l Peressigsäure innerhalb 60–120 min beobachtet; höhere Chloridkonzentrationen verkürzen die Zeitspanne auf wenige Minuten. Ähnlich fördern Temperaturen oberhlab 30 °C den Metallgriff (IDF 1988 a).

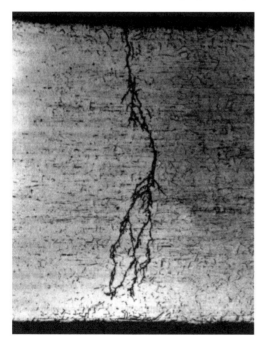

Abb. 11.5 Spannungsriß-Korrosion an austenitischen Chrom-Nickel-Stählen (IDF 1980)

Als Vorstufe für Spannungsriß-Korrosion (Abb. 11.5) an austenitischem Chrom-Nickel-Stahl tritt im allgemeinen Lochkorrosion auf. Voraussetzung dafür ist, daß in Gegenwart des Halogenidionen enthaltenden

Metallkorrosion

Elektrolyten bei erhöhter Temperatur – in der Regel > 60 °C – Zugspannungen oberhalb eines kritischen Wertes einwirken. Letztere können im Werkstoff selbst als Eigenspannung vorliegen oder von außen aufgebracht sein (aufeinander gepreßte Platten eines Wärmeaustauschers). Dabei bleibt es für die Entstehung der Spannungsriß-Korrosion unerheblich, ob die mechanische Beanspruchung permanent statisch oder in Form niederfrequenter Schwingungen erfolgt. Primär initiieren einwirkende Zugkräfte stets Gleitvorgänge an der Metalloberfläche, welche die schützende Chromoxidschicht, örtlich begrenzt, verletzen. Halogenidionen im Elektrolyten finden somit Angriffspunkte an der neu gebildeten metallischen Oberfläche und vermindern die normalerweise nach derartigen Gleitvorgängen eintretende Repassivierung der Stahloberfläche; Lochkorrosion ist die Folge (SCHÄUBLE 1987).

Selbst wenn die mittlere Halogenidionen-Konzentration im Elektrolyten unkritisch bleibt, kann sie an der Stahloberfläche durch Ionenadsorption an aufgelagerten Ablagerungen so weit ansteigen, daß örtlicher Angriff einsetzt (SCHÄUBLE 1987). Haben sich davon ausgehend die ersten Ansätze für feine Risse gebildet, können diese sich sehr rasch weiterentwickeln, denn der Kerbeffekt der Rißspitzen verstärkt den Spannungszustand. Er ruft, in Kombination mit Querschnittsveränderungen bei austenitischen Edelstählen intrakristalline Korrosionsrisse hervor (BARGEL u. SCHULZE 1988).

Chrom vermag Stahl höchstens sehr begrenzt gegen Korrosion durch Chloridionen zu schützen. Dagegen verbessert Molybdänzusatz die Beständigkeit des Chrom-Nickel-Stahls gegen Lochkorrosion durch chloridhaltige Lösungen (WRANGLÈN 1985).

Korrosionsermüdung stellt an sich keine Korrosion dar, denn sie tritt ohne Kontakt mit einem korrosiven Medium ein, falls ein Metallteil zyklisch oder fortwährend über seine Dauerfestigkeit hinaus mechanisch beansprucht wird (z. B. rasch arbeitende Ventile in Abfüllanlagen, Homogenisatoren). Korrosive Lösungen beschleunigen jedoch die Schadensentwicklung. Insbesondere Halogenidionen fördern unter bestimmten

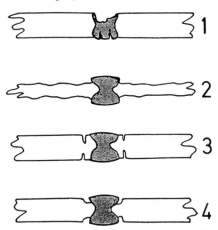

1: Selektive Korrosion am Schweißmaterial (unedler als Grundmetall)
2: Selektive Korrosion des Grundmetalls (unedler als Schweißmaterial)
3: Schweißnahtzerfall (seitlich der Schweißnaht)
4: Messerschnitt-Korrosion (unmittelbar neben der Schweißnaht)

Abb. 11.6 Erscheinungsformen der Korrosion an Schweißnähten in austenitischem Chrom-Nickel-Stahl (schematisch nach IDF 1981 d)

Voraussetzungen den Prozeß. Loch- oder Spaltkorrosion entwickelt dann potentielle Ausgangspunkte für „Ermüdungsbrüche". Im Gegensatz zum Erscheinungsbild der Spannungsriß-Korrosion sind die typischen Ermüdungsrisse unverzweigt, häufig muschelartig ausgebildet, doch können überlagernde Korrosionserscheinungen das Bild stark verändern (IDF 1988 b).

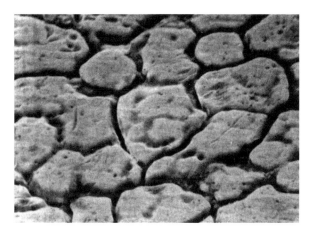

Abb. 11.7 Interkristalline Korrosion von Chrom-Nickel-Stahl (IDF 1988)

Stärker als die Bleche selbst sind Schweißnähte und deren nähere Umgebung korrosionsgefährdet. Werden austenitische Chrom-Nickel-Stähle mit 0,08–0,10 % Kohlenstoff während des Schweißens in den kritischen Temperaturbereich zwischen 400 °C und 800 °C erwärmt, reagieren sie empfindlich auf saure und sogar neutrale, chloridhaltige Lösungen. In dem genannten Temperaturbereich bildet sich durch Reaktion des Chroms mit dem stets im Stahl vorhandenen Kohlenstoff Chromcarbid und zwar vorwiegend an den Korngrenzen. Dadurch sinkt der schützende Chromoxidgehalt in der schmalen Zone entlang der Korngrenzen u. U. so weit ab, daß er für eine Passivierung des Stahls nicht mehr ausreicht und interkristalliner Angriff in Form eines „Schweißnahtzerfalls" bzw. als „Messerschnittkorrosion" eintritt (IDF 1981 d). Abb. 11.6 zeigt neben den genannten Korrosionserscheinungen noch weitere, mögliche Korrosionsformen an geschweißtem Chrom-Nickel-Stahl. Danach kann ein selektiver Angriff auf das Schweißmaterial selbst stattfinden, etwa in Form von Lochfraß. Ausgelöst wird er durch chloridhaltige Lösungen, begünstigt durch Spalten und Vertiefungen im Schweißmaterial. Selektive Korrosion des Grundmetalls ist unter aggressiven Verhältnissen zu erwarten, falls das verwendete Schweißmaterial wesentlich edler als das Grundmetall ist. Abb. 11.7 zeigt ergänzend zu Abb. 11.6 das mikroskopische Erscheinungsbild interkristalliner Korrosion an Chrom-Nickel-Stahl.

11.1.3 Aluminium und seine Legierungen

Wegen seines stark negativen, elektrochemischen Potentials ist metallisches Aluminium sehr korrosionsanfällig. Dank seiner hohen Affinität zu Sauerstoff kann es trotzdem in den verschiedensten Bereichen der Lebensmittelindustrie ziemlich problemlos eingesetzt werden, denn es überzieht sich an der Luft mit einem wasserunlöslichen Oxidfilm, der vor angreifenden Medien schützt. Folglich ist Korrosion vor allem dann zu erwarten, wenn die oxidische Schutzschicht auf der Oberfläche zerstört wird.

Metallkorrosion

Wasser greift bei Raumtemperatur Reinaluminium (Reinheit ≥ 95 %) kaum an: die primär einsetzende Reaktion

$$2\,Al + 6H_2O \rightarrow 2\,Al\,(OH)_3 + 3H_2$$

kommt rasch zum Stillstand, weil die Hydroxylionenkonzentration ausreicht, daß das Löslichkeitsprodukt des kaum wasserlöslichen Aluminiumhydroxids überschritten wird. Die sich auf dem Metall ablagernde Schicht schirmt das Aluminium gegen weiteren Angriff ab. Die in Kontakt mit destilliertem Wasser entstehende, schwach grau gefärbte Deckschicht aus Böhmit – ALO(OH) – entwickelt sich bei mittleren Temperaturen stärker als zwischen 80 °C und 100 °C.

Im Gegensatz dazu ruft Leitungswasser häufig dunkle Verfärbungen an Aluminium hervor, die auf eingelagerte metallische Aluminiumpartikel – 1 bis 20 μm groß – in der Böhmitschicht zurückgehen (ALTENPOHL 1953 u. 1955). Insbesondere geringe Mengen gelöster Silikate sowie Natriumhydrogencarbonat scheinen derartige Verfärbungen zu verursachen (SCHLÜSSLER 1965). Verhüten läßt sich die sog. Brunnenwasserschwärzung u. a. durch Dämpfen (mindestens 10 min mit Dampf von 110 °C) bzw. Auskochen mit destilliertem oder enthärtetem Wasser als vorbeugende Maßnahmen. Um bereits eingetretene Verfärbungen zu beseitigen, wird Behandlung mit 0,5 %iger Sodalösung bei 75 °–85 °C empfohlen (ALTENPOHL 1953).

Alkalische Lösungen greifen Reinaluminium großflächig an, nachdem die Oxidschicht durchbrochen ist:

$$2Al + 2NaOH + 6H_2O \rightarrow 2NaAl\,(OH)_4 + 3H_2$$

Diese Reaktion bildet die notwendige Voraussetzung dafür, daß Aluminiumkapseln und -etiketten auf Getränkeflaschen in Flaschenwaschanlagen abgelöst werden können. Mit zunehmender Aluminiumkonzentration in der Reinigungslauge und dem damit verbundenen Verbrauch an Natronlauge läßt die Geschwindigkeit der Metallauflösung nach. Deshalb ist es üblich, der Lauge Komplexbildner zuzusetzen, um zu erreichen, daß das Metall während der relativ kurzen Verweildauer in der Weichlauge vollständig abgelöst wird. Komplexbildner sequestrieren abgelöstes Aluminium und verhindern außerdem die Aluminatbildung, welche die metallauflösende Wirksamkeit der Reinigungslauge schwächt und unerwünschte Niederschläge auf Flaschen und in der Reinigungsanlage verursacht (SCHLÜSSLER u. MROZEK 1968).

Tab. 11.2 Materialverträglichkeit chemischer Inhaltsstoffe von Reinigungs- und Desinfektionsmitteln für <u>Aluminiumwerkstoffe</u> (IDF 1983; leicht abgeändert)

Inhaltsstoffe	Maximale Konz. %	Temp. °C	Materialverträglichkeit[1] gegenüber Aluminiumwerkstoffen, Werkstoff-Nr.[3]			Anmerkungen
			3.0255	3.0515	3.2315	
Alkalien						
Na-hydroxid	0,5	50	–	–	–	
Na-carbonat	1,0	50	±	±	±	
Na$_3$-phosphat	1,0	50	±	±	±	
Na-disilikat	3,0	60	+	+	+	
Na-metasilikat	3,0	60	+	+	+	

Metallkorrosion

Tab. 11.2 Materialverträglichkeit chemischer Inhaltsstoffe von Reinigungs- und Desinfektionsmitteln für Aluminiumwerkstoffe (IDF 1983; leicht abgeändert) (Fortsetzung)

Inhaltsstoffe	Maximale Konz. %	Temp. °C	Materialverträglichkeit[1] gegenüber Aluminiumwerkstoffen, Werkstoff-Nr.[3]			Anmerkungen
			3.0255	3.0515	3.2315	
Säuren						
Phosphorsäure	2,0	55	–	–	–	
	1,0	60	±	–	±	
Salpetersäure	2,0	55	–	–	–	
	1,0	50	–	–	–	
Salpetersäure-Harnstoff	2,0	55	+	±	±	A
Schwefelsäure	2,0	55	±	±	±	
Amidosulfonsäure	2,0	55	+	+	+	B
	5,0	20	+	K.A.[4]	K.A.	
Salzsäure	0,1	20	–	–	–	
Komplexbildner						
Glukonsäure	2,0	55	±	±	±	
Zitronensäure	2,0	55	+	+	+	
	10,0	20	+	+	+	
Na_5-triphosphat	0,18	70	K.A.	±	K.A.	
Tenside						
Na-dodecylsulfonat	0,01	60	+	+	+	
Nonylphenol-polyglycolether	1,0	60	+	+	+	
Mikrobizide						
Diisobutylphenoxyethyl-benzylammonium-chlorid (QAV)	0,02	50	+	+	+	
Dodecyldiaminoethylglycin (Amphotensid)	0,1	30	+	+	+	
Na-hypochlorit[2]	0,0085	60	–	K.A.	K.A.	
	0,015	40	–	–	–	C
Na_3-phosphat (chloriert)[2]	0,02	30	+	+	+	
Jod	0,002	20	±	±	+	

[1] + In der Regel nicht korrosiv, Masseverlust $\leq 7\,g \cdot m^{-2} \cdot d^{-1}$
 ± mäßig korrosiv, Masseverlust $> 7\,g \cdot m^{-2} \cdot d^{-1}$, $\leq 21\,g \cdot m^{-2} \cdot d^{-1}$
 – korrosiv, Masseverlust $> 21\,g \cdot m^{-2} \cdot d^{-1}$, von der Verwendung wird dringend abgeraten

[2] Aktivchlorkonzentrationen in der Lösung entsprechend folgenden Konzentrationen der reinen Substanzen:
 Na-hypochlorit 0,017 % bzw. 0,030 %; Trinatriumphophat (chloriert) 0,6 %

[3] Werkstoffnummer 3.0255: Reinaluminium Fe $\leq 0,40\,\%$, Si $\leq 0,25\,\%$, andere einzeln $\leq 0,07\,\%$
 3.0515: AlMn1: Mn 0,9–1,5 % Fe 0,7 %, Si 0,5 %, Mg 0,3 %, andere einzeln $\leq 0,2\,\%$
 3.2315: AlMgSi1: Mg 0,6–1,2 %; Si 0,7–1,3 %; Fe 0,5 %; Mn 0,04–1,0 %, andere einzeln $\leq 0,25$

[4] keine Angabe

Anmerkungen: A Konz. an Salpetersäure
 B nur frische oder bei Raumtemperatur gestapelte Lösungen verwenden, um Hydrolyse zu korrosivem Na-bisulfat zu vermeiden;
 C Lochfraß

Metallkorrosion

Salzsäure ausgenommen, können Reinigungsmittel auf der Basis von Mineralsäuren sowie Glukon- und Amidosulfonsäure in den für Reinigungszwecke gebräuchlichen Konzentrationen eingesetzt werden, da sie nur relativ wenig und großflächig angreifen. Entgegen dieser Aussage (SCHÄUBLE 1987) beurteilt der IDF (1983) in seiner Beständigkeitstabelle für Aluminium die Einsatzmöglichkeiten der meisten Mineralsäuren für Aluminiumoberflächen zurückhaltender (Tab. 11.2). Peressigsäurelösungen (bis 300 mg/l) greifen wegen ihrer oxidierenden Eigenschaft Aluminium wenig an, solange der Chloridgehalt 35 mg/l nicht überschreitet. Durch Disproportionierung aus Na-hypochlorit entstehende Chloridionen verursachen punktförmigen Angriff. Die mit der Disproportionierung einhergehende Erniedrigung des pH-Wertes fördert die Korrosion zusätzlich:

$3 NaClO \rightarrow 2 NaCl + NaClO_3$ (katalysiert durch Schwermetallionen oder Licht)

Darüber hinaus kann ähnlich wie mit H_2O_2-Lösungen eine dunkle Verfärbung der Oberfläche eintreten. Die Entstehung des Lochfraßes durch Chloridionen an Aluminium erfolgt weitgehend analog zu den für Chrom-Nickel-Stahl beschriebenen Verhältnissen. Dabei entstehen an der Oberfläche am Rande der Löcher weiße Pusteln von Aluminiumhydroxid, die den Austausch der Flüssigkeit innerhalb und außerhalb des Loches erschweren und dadurch den Metallangriff innerhalb der Lochfraßstelle intensivieren (WRANGLÈN 1985).

Applikation von Wasser oder Reinigungslösungen unter hohem Druck verstärkt den Angriff auf Aluminium: Eine alkalische Hypochloritlösung (pH 11; 60 °C; 250 mg/l) verursacht kraterförmige Anfressungen, begleitet von intensiv dunkelbraun bis schwarz verfärbten Oberflächen. Steigender Druck (1110 bzw. 2130 kPa, gemessen vor der Düse) verstärkt die metallangreifende Wirkung der Lösung deutlich. Falls die Reinigung ungleichmäßig über die Oberfläche verteilte Ablagerungen hinterläßt, beispielsweise Härteausfällungen, fördern diese die Korrosion an den nicht abgedeckten Flächenelementen (WILDBRETT 1967).

Da die Korrosionsbeständigkeit des Aluminiums auf einem geschlossenen Oberflächenfilm aus Aluminiumoxid beruht, hängt sie wesentlich von der Reinheit des Metalls ab. Nicht nur Inhomogenitäten durch eingeschlossene Fremdmetalle sind kritisch, auch Kupferionen, die sich entweder aus dem berührenden Lebensmittel oder aus der Reinigungslösung bzw. dem Wasser – Kupferquelle kann eine Messingarmatur sein – an Aluminiumoberflächen niederschlagen, verursachen schwere Korrosion, indem sie mit dem umgebenden, unedleren Aluminium Lokalelemente bilden. Andererseits können Fremdmetallzusätze wie Magnesium oder Mangan die Beständigkeit von Aluminium verbessern. So besitzt eine Al-Mg-Si-Legierung, sog. Anticorodal, eine höhere Resistenz als das reine Metall. Voraussetzung dafür ist allerdings, daß die zulegierten Metalle in Form einer festen Lösung und nicht im Elementarzustand fein verteilt bzw. als intermetallische Ausfällungen vorliegen (IDF 1980).

Spannungsriß-Korrosion ist weder an Reinaluminium noch an AlMg1-3- bzw. AlMgSi1-Legierungen beobachtet worden (IDF 1980).

11.1.4 Zirkoniumdioxid

Für die neu entwickelten Membrantrennverfahren wird neben Aluminiumoxid als weiterer metallischer Werkstoff Zirkoniumoxid eingesetzt. Es ist hervorragend beständig gegen Natronlauge (bis 5 %), alkalische Inhaltsstoffe von Reinigungsmitteln, aber auch Säuren (bis 5 % Salpeter-, Phosphor- oder Schwefelsäure), Salzsäure ausgenommen. Ebensowenig greifen nach KINNA (1991) Tenside das Metall an. Folglich können die gebräuchlichen Reinigungsmittel bei den praxisüblichen Temperaturen ohne Korrosionsrisiko verwendet werden, falls das Material für Stützkörper wie z. B. Kohlenstoff ebenfalls ausreichend korrosionsbeständig ist.

Gegenüber den in der Lebensmittelindustrie verwendeten mikrobiziden Wirkstoffen ist Zirkoniumdioxid ebenfalls widerstandsfähig (Henkel Hygiene GmbH 1991).

11.2 Kunststoffkorrosion

11.2.1 Abgrenzung

Definitionsgemäß bezieht sich der Begriff „Korrosion" nur auf Metalle (Kap. 11.1.1). Trotzdem wird er nicht selten auch für nichtmetallische Werkstoffe angewandt (z. B. HORNBOGEN 1987, SCHÄUBLE 1987). Allerdings bestehen gewisse Schwierigkeiten, Korrosionsvorgänge von Alterungsprozessen abzugrenzen (STUART 1967). Alterung bezeichnet irreversible Veränderungen, die im Laufe der Zeitspanne zwischen Herstellung und Beobachtung fast unmerklich eintreten. Sie resultieren nicht aus der bestimmungsgemäßen Funktion von Geräten oder Bauteilen, ausgelöst werden sie vielmehr durch Faktoren des natürlichen oder technologischen Klimas, vor allem durch Lufttemperatur und -feuchtigkeit, Strahlung, Dämpfe, Gase oder Flüssigkeit (SIPPEL 1959). Im Unterschied dazu seien hier unter Korrosion irreversible Eigenschaftsänderungen verstanden, die im besonderen auf Reinigung und Desinfektion zurückgehen, so daß Kunststoffteile oder -gerätschaften ihre Funktion überhaupt nicht mehr oder nur noch unzureichend erfüllen und folglich erneuert werden müssen.

11.2.2 Korrosion der Hochpolymeren[1]

Elektrochemische Vorgänge als Korrosionsformen sind nur für Metalle, nicht aber für Kunststoffe charakteristisch (Tab. 10.7). Letztere unterliegen vorwiegend physikalischen Veränderungen oder chemischen Reaktionen. Schon allein mit der Benetzung des hochpolymeren Werkstoffes durch das Kontaktmedium kann Korrosion einsetzen. Da die organischen Materialien wegen ihrer geringen Dichte im Gegensatz zu Metallen vielfach, wenn auch nur geringfügig, Flüssigkeit aufnehmen, ist als zweiter Schritt eine langsamer oder schneller verlaufende Diffusion des Kontaktmediums in den Kunststoff möglich, die ihn quellen läßt. Aus der Tatsache, daß wäßrige Reinigungs- bzw. Desinfektionslösungen in die Werkstoffe diffundieren, resultiert ein weiterer wesentlicher Unterschied zur Metallkorrosion: Im Falle der Kunststoffe bleibt der Korrosionsvorgang nicht auf die Oberfläche beschränkt, sondern findet auch oder sogar vorwiegend im Material selbst statt.

Hinsichtlich des Diffusionswiderstandes und der einsetzenden Quellung differieren die Hochpolymeren erheblich: Die meisten in der Lebensmittelindustrie als Werkstoffe verwendeten Materialien nehmen nur wenig Wasser auf (PP $\leq$ 0,1 %, PS $\leq$ 0,3 %). Dagegen unterscheiden sich die verschiedenen PA-Typen in dieser Hinsicht sehr deutlich (6-PA > 10 %, 11-PA = 1,5 % Wasseraufnahme). Das Beispiel belegt, wie stark die Wasseraufnahme auch von der Hydrophilie des jeweiligen Materials abhängt. Aus der Temperaturabhängigkeit der Diffusion erklärt sich, daß Behandlung von Kunststoffgegenständen mit erwärmten Lösungen oder sogar Dampf die Wasseraufnahme sehr beschleunigt. Selbstverständlich müssen in der Lebensmittelindustrie technisch eingesetzte Kunststoffe wasserbeständig sein. Allerdings kann Wasser an PE, PMMA sowie dessen Copolymerisat mit Acrylnitril Spannungsriß-Korrosion auslösen (SCHÄUBLE 1987). In der Regel widerstehen die Hochpolymeren auch Säuren und Laugen in den zum Reinigen gebräuchlichen Konzentrationen. Für Materialien mit spaltbaren Bindungen wie Polyester, PC oder PA gilt das allerdings nur begrenzt (Tab. 11.3).

---

[1] Abkürzungen für Kunststoffe s. Tab. 11.10, S. 274

Kunststoffkorrosion

Tab. 11.3 Chemische Beständigkeit von Hochpolymeren gegenüber Inhaltsstoffen von Reinigungs- und Desinfektionsmitteln (DOLEŽEL 1978; Auszug aus SCHÄUBLE 1987)

Werkstoffe[2]	Beständigkeit[1] gegen					
	verdünnte Säuren nicht oxid.	Säuren oxid.	verdünnte Laugen	H_2O_2 1 %	PES 0,3–1 %	Hypochlorit 200 mg/l
ABS	4	0	4	4/20[3]	–	–
GUP	4	1	2	4/60–65	–	4/25–90[4]
MF	2	–	4	4/20	–	–
PA	0	0	4	4	4	0
PC	4	2	0	4	–	–
PE	4	4	4	4/20	–	4/20 bzw. 60[5]
PETP	4	3	3	–	1[6]	–
PF	2	2	2	–	–	2–3/20
PMMA	4	2	4	2–3/20	–	–
PP	4	0	4	4	4	1–2/20
PS	4	2	4	–	–	4/30
PTFE	4	4	4	–[7]	–[7]	–[7]
PVC (hart)	4	3	4	4/60	–	–
SB	4	0	4	–	–	–[8]

[1] 4 = beständig; 3 = fast beständig; 2 = bedingt beständig; 1 = bedingt beständig bis unbeständig; 0= unbeständig; – = keine Angabe
[2] Abkürzungen s. Tab. 11.10
[3] Maximale Anwendungstemperatur in °C für angegebene Beständigkeit
[4] Je nach Typ
[5] LD-PE untere, HD-PE obere Temperaturgrenze
[6] Unbeständigkeit gegen entstehende Essigsäure
[7] Keine speziellen Angaben, gilt jedoch als generell chemikalienbeständig
[8] Gilt als generell etwas chemikalienempfindlicher als reines PS.

Daher sollten derartige Werkstoffe nicht für Teile in Kreisläufen verwendet werden, die täglich sauer und alkalisch gereinigt werden müssen.

Kritischer als Laugen und Säuren in den praxisüblichen Konzentrationen sind oxidierend wirkende Lösungen, also z. B. Salpeter- oder Peressigsäure, denn viele der in Frage stehenden organischen Materialien sind selbst unter den relativ milden Einsatzbedingungen für Reinigungs- und Desinfektionszwecke oxidationsanfällig. Dagegen zeichnet sich insbesondere PTFE durch besonders hohe chemische Widerstandsfähigkeit aus (Tab. 11.3).

Unter den in der Lebensmitteltechnologie heute gebräuchlichen, synthetischen polymeren Trennmembranen weisen PVDF sowie PSU hohe Resistenz gegenüber einer breit gefächerten Palette möglicher Wirkstoffe in Reinigungs- bzw. Desinfektionsmitteln auf; weniger beständig ist jedoch CA. Auch die Oxidationsbeständigkeit der Membranwerkstoffe reicht offensichtlich aus, daß sowohl Wasserstoffperoxid wie auch Peressigsäure für Desinfektionszwecke unter praxisüblichen Einsatzbedingungen verwendbar sind. Ebenso schädigen keimtötende quaternäre Ammoniumverbindungen, Aldehyde sowie Bisulfit in üblichen Anwendungskonzentrationen die aufgeführten Hochpolymeren nicht (Henkel Hygiene GmbH 1991). Etwas kritischer erscheint in

Kunststoffkorrosion

diesem Bereich Aktivchlor (Tab. 11.4). Etwaige Schäden an Trennmembranen infolge unsachgemäßer Reinigung oder Desinfektion äußern sich, bezogen auf den Lieferzustand, in stark erhöhtem Wasserflux bei gleichzeitig deutlich vermindertem Trennvermögen (BRAGULLA u. LINTNER 1986).

Tab. 11.4 Chemische Beständigkeit organischer Werkstoffe für Trennmembranen gegenüber Inhaltsstoffen von Reinigungs- und Desinfektionsmitteln (DOLEŽEL 1978; technische Informationen der Henkel Hygiene GmbH 1991)

Werkstoffe[2]	Beständigkeit[1] gegen					
	verdünnte Säuren nicht oxid.	Säuren oxid.	verdünnte Laugen	H_2O_2	PES	Aktivchlor
CA	1–2/20[3]	1–2/20	1–2/20	4	4	2–3[4]
PA	0	0	4	4	4	0
PEH	–	–	–	0	0	0
PP	4	2	4	4	4	1–2/20[5]
PSU	4	4	4	4	4	4
PVDF	4	4/50	4	4	4	4

[1], [2], [3] = s. Anmerkungen 1–3 zu Tab. 11.3
[4] Maximal 50 mg/l
[5] Spannungsrißkorrosion

Tab. 11.5 Beständigkeit unterschiedlicher Kautschuktypen gegenüber Inhaltsstoffen von Reinigungs- und Desinfektionsmitteln (IDF 1981 b, Auszug)

Polymerbasis[2]	Beständigkeit[1] gegen			
	Na-hydroxid $\leq 5\%$[3]	Na-hypochlorit $\leq 150\,mg/l$	Salpetersäure 0,5–1 %	quaternäre Ammoniumverb.[4] 1 %
SBR	2	2	1	3
NBR	3	2	1	3
NR	2	2	0	3
CR	2	2	1	3
PIBI	3	3	2	2
EPDM	3	3	2	2
PSI[5]	3	3	2	3

[1] 3 = sehr gut, 2 = gut, 1 = bedingt beständig, 0 = unbeständig
[2] Abkürzungen s. Tab. 11.10
[3] Bis zur oberen zulässigen Betriebstemperatur der einzelnen Kautschuksorten; zu den übrigen Inhaltsstoffen keine Angaben über maximal zulässige Temperaturen, daher ist davon auszugehen, daß die praxisüblichen Temperaturen für Reinigung und Desinfektion gelten.
[4] Generell für die Wirkstoffe dieser Gruppe zutreffend
[5] Je nach Typ Unterschiede möglich

Die für Dichtungszwecke oder als Schläuche bzw. Melkmaschinenteile eingesetzten Kautschuktypen widerstehen verdünnter Phosphorsäure bzw. Natronlauge bis zu einer Konzentration von 5 % (Tab. 11.5). Die geringer alkalisch reagierenden Lösungen von Silikaten oder Phosphaten beeinträchtigen daher Kautschuk ebenfalls nicht. Hingegen schädigt Salpetersäure schon in 1 %iger Gebrauchslösung je nach Oxidationsemp-

Kunststoffkorrosion

findlichkeit die Elastomeren mehr oder weniger. Der Angriff erfolgt entweder an den nach der Vulkanisation verbliebenen Doppelbindungen oder an vernetzenden Schwefelbrücken. Der dadurch bedingte Elastizitätsabfall beeinträchtigt die Funktionsweise von Dichtungen und Zitzengummis der Melkmaschinen. Allerdings verlieren Kautschuktypen, bei denen die Doppelbindungen in den Seitenketten (z. B. EPDM) und nicht in den Hauptketten (z. B. SBR) vorliegen, weniger an Elastizität. Auch die Angaben in Tab. 11.6 bestätigen die hohe Oxidationsbeständigkeit von EPDM selbst unter extremen Einsatzbedingungen; sie entspricht danach etwa derjenigen hochbeständiger Fluorelastomere. Zugleich belegt die Aufstellung den zunehmend schädigenden Einfluß steigender Temperatur und Konzentration von Peressigsäurelösungen auf oxidationsempfindliche Elastomere wie ABR oder Silikonkautschuk.

Tab. 11.6 Verträglichkeit von Peressigsäurelösungen für Kautschuk (IDF 1988a)

Peressigsäure (Wirkstoff)-Konz. mg/l	Temp. °C	ABR[2]	PIBI	Verträglichkeit[1] für EPDM	PSI	Fluoroelastomer E Typ	G Typ
500	20	+	+	+	+	+	+
	60	+	+	+	+	+	+
	85	±	+	+	+	±	+
1000	20	+	+	+	+	+	+
	60	−	+	+	−	+	+
	85	−	±	+	−	−	+
2500	20	+	+	+	±	+	+
	60	−	+	+	−	+	+
	85	−	−	+	−	−	+
5000	20	+	+	+	−	+	+
	60	−	+	+	−	+	+
	85	−	−	+	−	−	+

[1] + einsetzbar; kein oder nur geringfügiger Angriff
± bedingt einsetzbar, begrenzter Angriff möglich
− nicht empfehlenswert; deutlicher Angriff möglich.
[2] Abkürzungen s. Tab. 11.10

Neben sauerstoffabspaltenden Mikrobiziden kann auch Aktivchlor, unsachgemäß angewandt, Elastomere korrodieren. Aus Lösungen keimtötender Jodophore kann Jod in Gummi einwandern und später wieder in das nachfolgende Lebensmittel zurückdiffundieren, das dadurch u. U. einen arzneiartigen Fremdgeschmack annimmt (IDF 1981 b).

Wie Metalle können auch Hochpolymere Spannungsriß-Korrosion unterliegen, falls gleichzeitig ausreichend hohe Zugspannung und aggressive Medien einwirken. Doch im Gegensatz zu Metallen liegen dem Angriff ausschließlich zeitabhängige physikalische Prozesse zugrunde. Schon allein die Benetzung durch eine aktive Flüssigkeit steigert momentan Kerbspannungen an stets vorhandenen Schwachstellen des Polymergerüstes. Als solche fungieren Inhomogenitäten, etwa in Form eingeschlossener Fremdteilchen, submikroskopischer Hohlräume, schwankender Anordnung benachbarter Molekülketten oder auch festigkeitsmindernder Mikrorisse (sog. crazes) bzw. Einkerbungen (FISCHER 1967). Die in die Fehlstellen eindringende Flüssigkeit übt dort einen Quellungsdruck aus, welcher die Kerbspannung erhöht und dadurch die Rißausbreitung erleichtert (DOLEŽEL 1978). Nicht nur Salpetersäure (PE und PP) oder Natronlauge (PMMA) lösen Spannungsriß-Korrosion aus, sondern vielfach auch Tenside (SCHÄUBLE 1987). U. a. aus diesem Grund verbietet sich der Einsatz quaternärer Ammoniumverbindungen zur Desinfektion von Membrananlagen, weil das Stützgerüst häufig aus spannungsrißempfindlichem PSU besteht (Henkel Hygiene GmbH 1991). Die Empfindlichkeit gegen Spannungsriß-Korrosion nimmt mit steigender Molekülgröße des Plastmaterials ab (HORNBOGEN 1987).

Anschließend ist nachdrücklich darauf hinzuweisen, daß die Angaben zur Korrosionsanfälligkeit hochpolymerer Werkstoffe nur allgemeine Richtlinien wiedergeben können. Unterschiedliche Typen ein- und desselben Grundmaterials (unterschiedlicher Polymerisationsgrad bzw. verschiedenartige Herstellungsverfahren), aber auch Verarbeitungsverfahren, die den Ordnungszustand der Kettenmoleküle beeinflussen, können die Beständigkeitseigenschaften erheblich verändern (STUART 1967).

11.2.3 Einflüsse auf Zusatzstoffe

Die vielfältigen, zum Zwecke der Stabilisierung oder Eigenschaftsänderung des hochpolymeren Materials verwendeten Zusatzstoffe beeinflussen die Beständigkeit von Fertigerzeugnissen entscheidend. Deshalb kann die tatsächliche Chemikalienbeständigkeit eines Kunststoff- oder Kautschukerzeugnisses von den Angaben in den Tab. 11.3 –11.6 mehr oder weniger abweichen. Jedoch erreichen qualitativ hochwertige Dichtungen als Fertigerzeugnisse der jeweiligen Typen die in Tab. 11.5 angeführten Beständigkeiten. Insgesamt gesehen mangelt es jedoch derzeit noch weitgehend an allgemein zugänglichen Angaben darüber, wie die in den Hochpolymeren stets enthaltenen Begleit- und Zusatzstoffe das Verhalten der Fertigerzeugnisse gegenüber Reinigungs- und Desinfektionslösungen beeinflussen. Daher sind nur ziemlich pauschale Aussagen hierüber möglich: Hydrophile, niedermolekulare Zusatzstoffe bzw. Reste von Hilfsstoffen für die Gewinnung der organischen Werkstoffe begünstigen die Wasseraufnahme in das Material hinein. PE (HD-Typ) mit 0,03 % Asche nimmt innerhalb 30 Tagen bei 20 °C nur 0,03 %, bei einem Aschegehalt von 1,9 % aber 0,26 %, also rund neunmal soviel Wasser auf (DOLEŽEL 1978).

Tab. 11.7 Zusammensetzung der Versuchsschläuche in Abb. 11.8 (nach Angabe des Herstellers)

Bestandteil	% Anteil in Schlauch			
	1	2	3	4
PVC	52,3	67,0	67,0	47,5
Polyadipat	–	26,8	26,8	47,5
Dinonylphthalat	47,2	–	–	–
Di-2-ethylhexyl-phthalat	–	–	5,5	–
Alkylsulfonsäure-ester des Phenols bzw. der Methylphenole	–	5,5	–	–
Stearinsäure	0,1	0,2	0,2	0,2
Ca- und Zn-Seifen	0,4	0,5	0,5	–
Aminocrotonsäure-ester	–	–	–	4,8

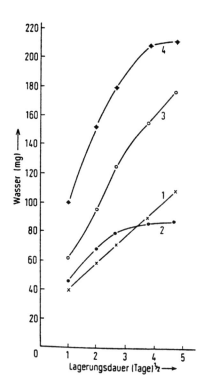

Abb. 11.8 Wasseraufnahme unterschiedlicher PVC-Schläuche in Abhängigkeit von der Lagerzeit (Temp.: 40 °C; Schlauchmaterialien s. Tab. 11.7)

Unter den eigenschaftsverändernden Zusätzen nehmen Weichmacher deshalb eine herausragende Position ein, weil sie in hohen Mengen beigemischt werden. Art und Menge des Weichmachers bestimmen die Wasseraufnahme in das Fertigerzeugnis entscheidend (Abb. 11.8).

Die meisten niedermolekularen, höchstens oligomeren Weichmacher, aber auch andere Additive sind grundsätzlich in begrenztem Umfang migrationsfähig. Deshalb vermag bereits Wasser ohne jeglichen Zusatz Weichmacher auf Polyadipat-Basis aus Weich-PVC herauszulösen (RUUSKA u. a. 1987).

Höchstwahrscheinlich reagiert Alkali aus der immigrierten Reinigungsflüssigkeit mit den als Stabilisatoren dem PVC zugesetzten Stearaten und fördert dadurch die Weichmacherextraktion. Indem das entstehende Na-stearat als Seife den Weichmacher emulgiert, verstärkt es die Auswanderung in die Reinigungslösung oberhalb pH 9 überproportional (Abb. 11.9). Dafür spricht, daß in der Reinigungslösung neben Phthalat sowohl Stearat als auch Zink nachgewiesen werden konnten. Der in der Reinigungslösung mit pH 12,5 unerwartet niedrige Phthalatgehalt hängt vermutlich damit zusammen, daß die ausgewanderten Phthalsäureester partiell hydrolysiert vorlagen und sich daher der Extraktion mit Petrolether entzogen haben. Erwartungsgemäß beschleunigt erhöhte Temperatur der Reinigungsflüssigkeit die Weichmacherextraktion (WILDBRETT 1973).

Korrosionsschutz

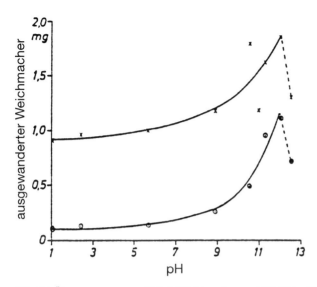

Abb. 11.9 Übergang monomerer Phthalat-Weichmacher aus PVC-Milchschläuchen in Reinigungslösungen (x–x PVC/Dibutylphthalat 65/35; ●–● PVC/Polyadipat/Di-2-ethylhexylphthalat 68/27/5)

Da vornehmlich die obersten Schichten des Schlauches an Weichmacher verarmen, verspröden diese. Zusätzlich vermindert eingedrungenes Wasser seine Flexibilität, indem es die nicht am PVC haftenden Weichmacheranteile teilweise abschirmt. So entstehen, falls der Schlauch durch Biegen mechanisch beansprucht wird, auf der produktberührenden Oberfläche feine Risse. Sie erschweren wirksame Reinigung und Desinfektion sehr (WILDBRETT u. a. 1971).

Grundsätzlich sind ähnliche Vorgänge auch für Zitzengummis in Melkmaschinen anzunehmen. Schwarzes Abfärben von Gummiteilen ist darauf zurückzuführen, daß aus dem angegriffenen Grundgerüst des Elastomeren Ruß freigesetzt wird. Es ist also kein direkter Angriff der Reinigungslösung auf den Stabilisator (SORGE 1986).

11.3 Korrosionschutz

11.3.1 Vorsorge bei Planung und Installation

Schutz der Anlagen und Geräte vor Korrosion ist Aufgabe sowohl der Anlagen- und Reinigungsmittelhersteller wie auch der Lebensmittelbetriebe selbst (Tab. 11.8). Nur in Zusammenarbeit können sie kostspieligen Korrosionsschäden vorbeugen und damit vorzeitige Ersatzbeschaffung vermeiden. Häufig gehen die Ursachen für spätere Korrosionsschäden bereits auf die Planung zurück. In der Projektionsphase sind deshalb nicht nur die Anlagen selbst, sondern auch deren Umfeld, also Gebäude sowie Hilfseinrichtungen (z. B. Heizanlagen) zu berücksichtigen.

Korrosionsschutz

Tab. 11.8 Maßnahmen zum Schutz lebensmittelverarbeitender Anlagen vor Korrosion durch Reinigung und Desinfektion

Bereich	Schutzmaßnahmen	Zuständigkeit
Planung und Konstruktion	Konstruktion	Anlagenhersteller
	Werkstoffauswahl	Anlagenhersteller + Lebensmittelbetrieb
	Werkstoffverarbeitung	Anlagenhersteller
Reinigungs- und Desinfektionsmittel	Einsatz von Inhibitoren	Reinigungsmittelhersteller
	Verwendungshinweise	
Betrieb	Auswahl chemischer Hilfsmittel	Reinigungsmittelhersteller + Lebensmittelbetrieb
	Durchführung von Reinigung und Desinfektion	Reinigungsmittelhersteller + Lebensmittelbetrieb
	Überwachung	Lebensmittelbetrieb

Planung beinhaltet u. a. Entscheidungen über die geeigneten Werkstoffe. Ihre Auswahl hängt von den Anforderungen des späteren Betreibers ab. Daher benötigt der planende Ingenieur möglichst detaillierte Angaben des zukünftigen Anlagenbetreibers sowohl über die vorgesehenen Produktionsverfahren als auch über die beabsichtigten Reinigungs- und Desinfektionsmaßnahmen.

Die konstruktive Gestaltung darf nicht nur einseitig auf die Funktionsfähigkeit einer Anlage ausgerichtet erfolgen, sondern muß unbedingt neben hygienischen auch korrosionstechnische Erfordernisse mitberücksichtigen. Deshalb soll die konstruktive Anlagenprojektierung beispielsweise den leitenden Kontakt zwischen Werkstoffen unterschiedlicher Beständigkeit vermeiden. Besonders gefährdet sind Toträume und Spalten, in denen Feuchtigkeit (z. B. Kondenswasser) oder Flüssigkeitsreste zurückbleiben können, denn sie stellen vielfach ein erhöhtes Korrosionsrisiko dar. Es ist deshalb bei der Installation auch stets darauf zu achten, daß Anlagen und Rohrleitungen grundsätzlich leerlaufen können, so daß ein Materialangriff während der u. U. längeren Betriebspausen vermieden wird. Verschweißte Rohrleitungen ersetzen die insbesondere bei nicht mehr voll funktionsfähigen Dichtungen kritischen Verbindungsstellen zwischen den einzelnen Rohrabschnitten. Allerdings sind die Schweißverbindungen sorgfältig und sachgemäß auszuführen: Die Schweißnähte dürfen weder Löcher noch Risse oder ähnliche Mängel aufweisen, welche Korrosion fördern könnten. Verschweißte Bleche sollen im Schweißbereich mindestens ebenso glatt sein wie die übrige Oberfläche. Daher sind Schweißnähte durch Schleifen, Polieren oder andere adäquate Verfahren bis mindestens 20 mm beidseitig der Schweißraupe nachzuarbeiten (IDF 1985).

Die Auswahl geeigneter Werkstoffe trägt wesentlich dazu bei, Korrosionsrisiken zu vermeiden. Falls die Gefahr einer durch Halogenide induzierten Korrosion besteht, ist die Verwendung molybdänstabilisierter Stähle dringend anzuraten (IDF 1980).

Kunststoffüberzüge (z. B. Impalieren von Alumimium) oder Oxidfilme (z. B. Eloxieren) müssen porenfrei sein, anderenfalls sind die blanken, ungeschützten Teilflächen verstärkt korrosionsgefährdet. Um einen porenfreien Oxidfilm auf Aluminium zu erzielen, wird die primär an der Luft entstehende, relativ dünne Aluminiumoxidschicht durch Anodisieren in Schwefelsäure künstlich verstärkt (WRANGLÈN 1985). Die entstehende Deckschicht besteht aus einem direkt dem Grundmetall aufgelagerten, porenfreien Film, überlagert von einer porösen Deckschicht. Diese muß daher verdichtet werden, etwa durch Heißwasser- oder Dampfbehandlung. Dabei bilden sich in den ursprünglichen Hohlräumen nadelförmige Aluminiumoxid-Kristalle, welche die Poren verschließem (GÖRHAUSEN u. PUDERBACH 1979).

An wärmeisolierten Edelstahlinstallationen tritt gelegentlich unerwartete Korrosion auf, wenn nämlich das Isolationsmaterial (z. B. PU) bei erhöhten Temperaturen geringe Mengen Salzsäure abgibt. Ebenso können chloroprenhaltige Klebstoffe an Edelstahl Chloridkorrosion verursachen. Es ist deshalb ratsam, stattdessen Klebstoffe auf der Basis von NBR oder Epoxidharz zu verwenden (IDF 1981 e).

11.3.2 Inhibierung von Reinigungslösungen

Während Edelstahl im allgemeinen unter praxisüblichen Bedingungen ausreichend korrosionsbeständig gegen Reinigungs- und Desinfektionslösungen ist, erfordern Aluminiumoberflächen vielfach spezielle Inhibitoren. Für alkalische Produkte sind Silikate allgemein üblich. Ihre Wirksamkeit beruht darauf, daß sie zu den anodischen Bezirken der Metalloberfläche wandern und diese passivieren. Natriumsilikate bilden in Wasser durch Hydrolyse elektrophoretisch wanderungsfähige Kolloidanionen des Typs [mSiO$_2$ · nSiO$_2$]$^{2n-}$. Gut schützende Filme erfordern einen gewissen Gehalt an Calciumsalzen; der natürliche Calciumgehalt der

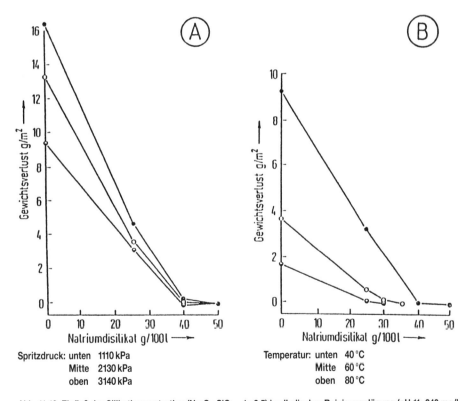

Abb. 11.10 Einfluß der Silikatkonzentration (Na$_2$O : SiO$_2$ = 1 : 2,5) in alkalischer Reinigungslösung (pH 11; 240 mg/l Aktivchlor) auf die Masseverluste von Reinaluminium (99,5 %) infolge Einwirkung eines gebündelten Strahls nach 100 Spritzzyklen (alternierend je 1 min Reinigungslösung bzw. Leitungswasser) (A: Temp. konst. 80 °C; B: Druck konst. 1110 kPa)

Gebrauchswässer dürfte hierfür ausreichen (WRANGLÈN 1985). Der entstehende Silikatfilm unterbindet den direkten Kontakt zwischen alkalischer Lösung und Metalloberfläche. Schon eine Belegung der Aluminiumoberfläche mit $3 \cdot 10^{-4}$ mg/m^2 erweist sich als ausreichend schützend. Die Affinität von Aluminium zu Silikat in Gegenwart alkalischer Lösungen scheint stärker zu sein als die anderer Metalle. Infolge der Adsorption läßt sich eine deutliche Abnahme an aggregiertem Silikat in der Lösung beobachten (WILDBRETT u. a. 1967).

Wird die Silikatadsorption mechanisch gestört, etwa durch einen Spritzstrahl, steigt die Korrosivität alkalischer Lösungen; je höher der Spritzdruck liegt, umso höhere Silikatkonzentrationen sind erforderlich, um Aluminium wirksam zu schützen. Einen analogen Effekt verursachen auch erhöhte Temperaturen in der Lösung (Abb. 11.10).

Ähnlich wie Silikate reduziert auch Alkylbenzolsulfonat die Flächenkorrosion von Aluminium durch alkalische Lösungen bis zu einer maximalen Konzentration entsprechend 2 % Natriumhydroxid, aber auch den Säureangriff. Auch dabei dürften Adsorptionsvorgänge am Metall den schützenden Effekt verursachen (GERMSCHEID 1981).

Handelsübliche, alkalische Reinigungs- und Desinfektionsmittel enthalten etwa das 2-3fache der zur völligen Inhibierung eines Angriffs auf Aluminium erforderlichen Mindestmenge an Silikat (WILDBRETT u. a. 1967). Selbst verdünnte Lösungen von Natronlauge lassen sich mittels Silikat ($Na_2O : SiO_2 = 1 : 3.5$) wirksam inhibieren; allerdings verfärbt sich das Metall schwarz.

Durch Zusatz eines frisch bereiteten Gemisches aus Natriumsilikat und Aluminationen (beispielsweise aus Natriumsulfat und Alkali) läßt sich auch die Verfärbung verhindern, wenn die Temperatur der Lösung mindestens 60 °C beträgt. Die Schutzwirkung soll im Gegensatz zu der von Metasilikaten augenblicklich einsetzen (IDF 1981 a). Der Hinweis auf die zeitlich verzögerte Inhibitorwirkung des Metasilikats steht allerdings im Widerspruch zu der sonstigen Literatur (ROSSMANN 1979).

In sauren Lösungen sind Silikate nicht verwendbar, doch unterdrücken organische Verbindungen wie Harnstoff, Nitrate oder andere oxidierend wirksame Substanzen die Aluminiumkorrosion (IDF 1980).

11.3.3 Sachgerechte Durchführung von Reinigung und Desinfektion

Lebensmittelbetriebe können wesentlich dazu beitragen, Korrosionsrisiken zu vermeiden, indem sie Reinigungs- und Desinfektionsmaßnahmen sachgerecht ausführen. Dabei ist zu berücksichtigen, daß prinzipiell alle die Wirksamkeit gegen Schmutz und Mikroorganismen steigernden Faktoren, die Gefahr eines Materialangriffs verstärken. Deshalb sollten Konzentrationen, Temperatur und mechanische Kräfte nicht über das für eine ausreichende Wirksamkeit notwendige Maß erhöht werden. Tab. 11.9 liefert für die Anwendung handelsüblicher Formulierungen Konzentrations- und Temperaturobergrenzen im Hinblick auf die Korrosionssicherheit. Die Angaben über den mit Rücksicht auf die Lochkorrosion von Edelstählen höchstzulässigen Chloridgehalt des Wassers gelten für Chrom-Nickel-Stahl Werkstoff-Nr. 1.4301. Soweit dieser durch Zusatz von Molybdän stabilisiert ist, wird für die aufgeführten Mineralsäuren noch ein um rund 50 % höherer Chloridgehalt toleriert (SCHÄUBLE 1987). Demgegenüber hält der IDF (1980) nur max. 50 mg/l Chlorid für vertretbar, falls saure Reiniger verwendet werden. Der hohe Grenzwert von 500 mg/l Chlorid für alkalische Lösungen auf der Basis von Natronlauge (Tab. 11.9) wird deswegen für vertretbar erachtet, weil der pH-Wert von 13–14 in der Lösung die Korrosionsgefahr wesentlich vermindert. Allerdings gelten für nickelfreie Chromstähle Grenzwerte, die deutlich unterhalb der Angaben in Tab. 11.9 liegen.

Korrosionsschutz

Tab. 11.9 Empfohlene maximale Einsatzbedingungen für typische Reinigungs- und Desinfektionsmittel unter Berücksichtigung der Materialverträglichkeit (Auszug DIN 1983 u. 1984 und SCHÄUBLE 1987)

Typ des RM bzw. DM[1]	Zulässiger Chloridgehalt in Ansatzwasser (mg/l)	Maximale Einsatzbedingungen für Chrom-Nickel-Stahl			Maximale Einsatzbedingungen für EPDM-Dichtungen		
		Konz. Gew.%	Temp. °C	Zeit h	Konz. Gew.%	Temp. °C	Zeit h
RM: Basis NaOH	500	5	140	3	5	140	∞[6]
Kombin. R + DM Basis: NaOH + NaOCl[2]	300	5	70	1	5	70	1
RM: Basis HNO$_3$	200	5	90	1	–	–	–
		–	–	–	1	90	0,5
RM: Basis H$_2$SO$_4$	150	1,0–1,5[4]	60	1	–	–	–
RM: Basis H$_3$PO$_4$	200	5	90	1	2	140	1
DM: Basis NaOCl[3]	300	0,03	20	2	–	–	–
		0,03	60	0,5	0,5	60	0,5
DM: Basis CH$_3$COOOH	300	–	–	–	1	90	0,5
		0,0075	90	0,5	–	–	–
		0,15	20	2	–	–	–
DM: Basis Jodophor	300	0,005[5]	30	24	0,5	30	24

[1] RM = Reinigungsmittel, DM = Desinfektionsmittel
[2] pH ≥ 11
[3] pH ≥ 9
[4] Für molybdänstabilisierte Chrom-Nickel-Stähle 3,5 %
[5] Entsprechend 50 mg/l Aktivjod
[6] unbegrenzt

Hartnäckige Ablagerungen in Brauereitanks erfordern alkalische, aktivchlorhaltige Lösungen. Da der pH-Wert in solchen Lösungen nicht unter 9 absinken soll, muß vor dem Reinigen das restliche Kohlendioxid aus zylindrokonischen Tanks mit Luft ausgeblasen werden. Anderenfalls neutralisiert das noch in relativ großer Menge vorhandene Kohlendioxid die Alkalikomponente zu reinigungsunwirksamem Natriumhydrogencarbonat:

$$NaOH + H_2CO_3 \rightarrow NaHCO_3 + H_2O$$

Dadurch sinkt der pH-Wert rasch ab und kann die kritische Grenze von 9 unterschreiten (Abb. 11.11). Zusätzlich begünstigt Kohlensäure die Chloridbildung aus Hypochlorit:

$$2NaOCl + H_2CO_3 \rightarrow Na_2CO_3 + 2HOCl$$
$$2HOCl \leftrightarrows 2HCl + O_2$$
$$Na_2CO_3 + 2HCl \rightarrow 2NaCl + H_2CO_3$$

Jeder Materialangriff erfolgt zeitabhängig. Deshalb sind die in Tab. 11.9 angegebenen maximalen Kontaktzeiten unbedingt einzuhalten. Demzufolge verbietet sich eine Standdesinfektion von Edelstahloberflächen mit aktivchlorhaltigen Lösungen. Ferner müssen Rohrleitungen, Behälter und Apparate nach beendeter Desinfek-

Korrosionsschutz

tion mit Aktivchlor gründlich nachgespült werden, damit nicht während der u. U. langen Standzeit bis zur nächsten Betriebsperiode Korrosion eintritt. Ähnliche Korrosionsgefahren bestehen im Bereich nicht mehr voll funktionsfähiger Dichtungselemente, die nicht über die ganze Fläche schließen; es entstehen besonders korrosionsgefährdete Spalte, in denen aus Aktivchlor gebildete Chloridionen wirksam werden können.

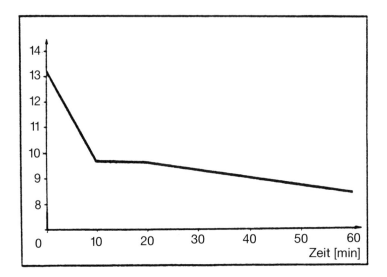

Abb. 11.11 **pH-Abfall einer alkalischen Reinigungslösung in Abhängigkeit von der Reinigungszeit eines zylindrokonischen Gärbehälters (POGODA u. a. 1980)**

Vor Anwendung aktivchlorhaltiger Lösungen müssen Schmutzreste möglichst vollständig entfernt werden, denn organische Substanz vermag Chlorid zu adsorbieren. An Schmutzreste adsorbierte Chloridionen bilden auch dann ein Korrosionsrisiko, wenn Wärmeaustauscher im ersten Schritt vor Anwendung von Lauge sauer gereinigt werden mit dem Ziel, die anorganischen Bestandteile herauszulösen und damit die Angriffsmöglichkeit für die nachfolgende alkalische Lösung zu verbessern.

Nach saurer Reinigung ist vor der chemischen Desinfektion auf der Basis von Aktivchlor unbedingt so lange nachzuspülen, bis das ablaufende Wasser neutral reagiert, um durch Säurereste geförderte Chloridkorrosion zu vermeiden.

Die Geschwindigkeit des Materialangriffes hängt wesentlich von der Temperatur der Kontaktmedien ab. Dem tragen die je nach Arbeitstemperatur unterschiedlichen Grenzwerte für die Anwendungsdauer beispielsweise von Natriumhypochlorit Rechnung (Tab. 11.9). Die Begrenzung auf max. 30 °C für den Einsatz von Jodophoren resultiert daraus, daß bei höherer Temperatur aus der Lösung Jod sublimiert. Dieses kann sich oberhalb des Flüssigkeitsspiegels auf dem Metall wieder niederschlagen und korrodiert dann (ANDERSEN 1962). Ferner sollten Jodophorlösungen einen pH-Wert nicht unterhalb 3 aufweisen, weil sonst die Korrosionsanfälligkeit nichtrostender Edelstähle zunimmt und diese punktuell entweder durch Jodidionen oder durch mit dem Wasser eingetragene Chloridionen korrodiert werden (SCHÄUBLE 1987).

Korrosionsschutz

Müssen Oberflächen aus Werkstoffen unterschiedlicher Korrosionsbeständigkeit gemeinsam gereinigt und desinfiziert werden, sind die Verfahrensparameter auf das empfindlichste Material abzustimmen. Das gilt insbesondere für Anlagen der modernen Trenntechniken: PSU-Membranen widerstehen chemischen Lösungen zum Reinigen in einem weiten pH-Bereich sehr gut, zwischen pH 6 und 9 sogar bis zu 100 °C. Trotzdem liegt häufig die maximal zulässige Grenztemperatur je nach Modulausführung sehr viel niedriger (Abb. 11.12).

Selbst so stabile Werkstoffe wie PP sind durch oxidierende Säuren gefährdet. Deswegen sollten salpetersaure Reinigungslösungen auf keinen Fall angewandt werden (Microdyn 1990).

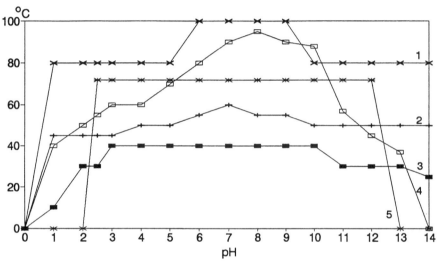

1 = PSU
2 = Spiralwickelmodul
3 = Kassettenmodul
4 = Hohlfasermodul
5 = Rohrmodul

Abb. 11.12 Stabilität von Trennmodulen mit PSU-Membranen als Funktion des pH-Wertes und der Temperatur der Reinigungslösung je nach Modulausführung (Henkel Hygiene GmbH 1991)

PSU hält auch stark alkalischen Lösungen stand, doch würden diese die vielfach für Wickelmodule verwendeten Abstandshalter aus PA angreifen. Daher sind schwächer alkalische Produkte vorzuziehen. Das Membranmaterial kann bedenkenlos mit Bisulfit desinfiziert werden (Henkel Hygiene GmbH 1991), doch scheitert der praktische Einsatz daran, daß das Gehäuse aus Chromnickelstahl bei dem für eine ausreichende Mikrobizidie notwendigen pH-Wert von 3,5 oder darunter korrodiert wird. Der Angriff erfolgt nicht durch die Lösung selbst, sondern über die Gasphase durch SO_2-Dämpfe in Gegenwart von Sauerstoff und zwar unabhängig davon, ob der Kontakt auf Dauer oder nur kurzzeitig besteht. Korrosion ist in einer Bisulfitkonzentration von 0,2 % experimentell nachgewiesen, doch genügen vermutlich bereits 0,05 % (SMITH u. BRADLEY 1985).

Korrosionsschutz

Die aufgeführten Beispiele belegen die Schwierigkeiten, welche die sachgemäße Reinigung und Desinfektion von Anlagen mit organischen Trennmembranen bereiten kann. Wegen der speziellen Anforderungen an die Reinigung sowie der spezifischen Eigenschaften der in solchen Anlagen verwendeten Materialien erscheint es unzweckmäßig, diese in das allgemeine CIP-System eines Betriebes einzubeziehen. Eine gesonderte Behandlung mit eigens dafür entwickelten chemischen Reinigungs- und Desinfektionsmitteln ist zu empfehlen (BRAGULLA u. LINTNER 1986). Zumindestens bei dem gegenwärtigen Entwicklungsstadium der Anlagen wie der Reinigungsverfahren sollte sich die Praxis von Anlagen- und Reinigungsmittelherstellern genauestens beraten lassen, denn das Risiko einer durch unwissentlich fehlerhaftes Arbeiten verursachten Materialschädigung ist deutlich größer als bei den herkömmlichen Lebensmittelanlagen.

Elaste sind nur begrenzt hitzebeständig und außerdem oxidationsempfindlich. Salpetersäure sowie oxidierend wirkende Desinfektionsmittel dürfen wegen der unterschiedlichen Empfindlichkeit der verschiedenen gebräuchlichen Kautschuktypen nur mit der notwendigen Vorsicht eingesetzt werden (DIN 1984).

Nicht entfernte Produktreste, z. B. Milchstein, rufen an Kautschukoberflächen u. U. feine Risse hervor. Als Ursache werden adsorbierte Reste von Desinfektionslösungen angenommen, welche während der unter diesen Umständen langen Kontaktzeiten angreifen (SORGE 1986). Als Folge der Schädigung können Elastizität und Zugfestigkeit von Zitzengummis um bis zu 35 % abnehmen (ASATYRAN 1986). Sorgfältiges Reinigen beugt solchen unerwünschten Veränderungen vor.

Prophylaktische Maßnahmen des Korrosionsschutzes innerhalb des Lebensmittelbetriebs dürfen sich keinesfalls auf die Planung sachgerechter Reinigungs- und Desinfektionsverfahren beschränken. Zusätzlich muß jeder Betrieb deren ordnungsgemäßen Ablauf regelmäßig überwachen. Vollautomatisierte CIP-Anlagen bieten dafür gute Voraussetzungen, da Reinigungszeiten sowie -temperaturen der Reinigungsflüssigkeiten aufgezeichnet und deren Konzentrationen mittels Messung der elektrischen Leitfähigkeit laufend überwacht und notfalls ergänzt werden. Soweit allerdings nur teilweise automatisiert oder sogar manuell gearbeitet werden muß, erfordert die Überwachung der wichtigsten Verfahrensparameter einen höheren Arbeitsaufwand. Keinesfalls dürfen zur manuellen Reinigung scharfkantige Werkzeuge verwendet werden, welche den schützenden Oxidfilm auf Metalloberflächen verletzen können und dadurch die Korrosionsgefahr erhöhen.

Im Rahmen vorbeugender Maßnahmen sollten eingehende Chargen saurer Reiniger, vor allem Grundchemikalien wie Salpeter-, Phosphor- oder Schwefelsäure, die nur in technischem Reinheitsgrad angeliefert werden, auf ihren Chloridgehalt überprüft werden. Falls sich dabei ein Chloridgehalt herausstellt, der dazu führen kann, daß o. g. Grenzwerte in der Gebrauchslösung überschritten werden, ist die Lieferung zu beanstanden. Selbstverständlich muß auch das zum Ansetzen der Lösungen verwendete Gebrauchswasser auf seinen Chloridgehalt kontrolliert werden; gegebenenfalls ist es mit Kondensat zu vermischen, um den Chloridgehalt herabzudrücken.

Im Lauf der Zeit werden in jedem Betrieb technische Änderungen oder Ergänzungen an bestehenden Installationen oder auch ganzer Anlagen notwendig. Sie sind, wie auch Reparaturen, so auszuführen, daß nicht zusätzliche kritische Bereiche entstehen, in denen Produkt- oder Lösungsreste zurückbleiben und Korrosion auslösen können.

Darüber hinaus sind Verschleißteile wie Dichtungen oder Trennmembranen regelmäßig in geeigneten Zeitabständen auf ihren Zustand zu überprüfen und gegebenenfalls zu erneuern. Für Zitzengummis in Melkmaschinen erscheint es sinnvoll, die bisher vielfach übliche, starre Empfehlung, sie nach einer bestimmten Gebrauchsdauer – im allgemeinen sechs Monate – zu erneuern, durch eine die tatsächlichen Betriebsstunden (einschließlich Reinigungszeiten) berücksichtigende Regelung zu ersetzen (SORGE 1986).

Die Bedeutung von Kontroll- und Wartungsarbeiten unterstreichen BOULTON u. SORENSEN (1988) ausdrücklich. Sie folgern aus den Ergebnissen ihrer elektrochemischen Untersuchungen an Chrom-Nickel-Stählen im Kontakt mit alkalischen Hypochloritlösungen, daß in der Praxis viel eher schlechte Wartung und Handhabung von CIP-Programmen Korrosionsschäden verursachen als unzureichende Beständigkeit der Edelstähle.

11.4 Aufklärung von Korrosionsschäden

Jeder Korrosionsschaden erfordert sorgfältige, umfassende Recherchen. Die Aufklärung der Ursache(n) kann sich schwierig gestalten, weil das komplexe Korrosionsgeschehen sehr unterschiedliche Gründe haben kann. Wenn sich auch der Korrosionsprozeß am Werkstoff abspielt, muß doch der Schaden nicht zwangsläufig in dessen Beschaffenheit oder Verwendung begründet sein. Zwar können, beanspruchungsgerechte Materialauswahl vorausgesetzt, Fehler wie unsachgemäße Installation – leitender Kontakt mit Fremdmetallen, Verwendung ungeeigneten Isolationsmaterials, Ecken mit Schwitzwasserbildung – oder mangelhafte Qualität einzelner Bauteile Korrosion begünstigen, doch läuft diese nur in Gegenwart eines Elektrolyten ab. Dieser beeinflußt den Korrosionsprozeß in vielfältiger Weise, die unbedingt geklärt werden muß. Daher empfiehlt es sich, bei Schadensfällen durch Erhebungen bzw. Untersuchungen zu folgenden Punkten systematisch vorzugehen (SCHÄUBLE 1987):

– Lokalisierung und Charakterisierung der Korrosionsstelle
– Kontrolle der Schadensstelle
– Chemische Analyse der Kontaktmedien
– Werkstoffe, Verarbeitung und Montage
– Ausführungsdetails für die Anlagenteile
– Funktionale Zusammenhänge.

Abgesehen von den Werkstoffdaten sind möglichst genaue und vollständige Angaben über pH-Wert, den Gehalt an Chlorid sowie oxidierend wirksamen Stoffen (z. B. Sauerstoffsättigung), Temperatur sowie Dauer des Kontaktes mit dem korrodierten Werkstoff sowohl für alle berührenden Produkte wie auch für Spülwasser und chemischen Lösungen notwendig (IDF 1981 c). Zusätzliche Informationen über den Aufstellungsort und die dort herrschenden Temperaturen sowie Luftfeuchten (Schwankungsbreiten), durchgeführte Reparaturen oder Veränderungen der ursprünglichen Anlagen können die Ursachenklärung erleichtern.

Je genauer und vollständiger die vorgenannten Daten erhoben werden, um so sicherer läßt sich die wahre Ursache für den eingetretenen Schadensfall ergründen. Eine umfassende Klärung und Beurteilung ist unerläßlich, um nicht nur den eingetretenen Schaden kurzfristig abzustellen, sondern darüber hinaus eine Wiederholung sicher auszuschließen.

Literatur

Tab. 11.10 Abkürzungen für Kunststoffe und organische Membranwerkstoffe

Abkürzung	Werkstoff
Plastomere	
ABS	Acryl-Butadien-Styrol-Copolymerisat
GUP	Glasfaserverstärkte ungesättigte Polyester
MF	Melamin-Formaldehyd-Harz
PA	Polyamid
PC	Polycarbonat
PE	Polyethylen
PETP	Polyethylenterephthalat
PF	Phenol-Formaldehyd-Harz
PMMA	Polymethylmethacrylat
PP	Polypropylen
PS	Polystyrol
PU	Polyurethan
PTFE	Polytetrafluorethylen
PVC	Polyvinylchlorid
SB	Styrol-Butadien-Copolymerisat
Elastomere	
CR	Chloropren-Polymerisat
EPDM	Ethylen-Propylen-Dien-Mischpolymerisat
NBR	Nitrilkautschuk
NR	Naturkautschuk
PIBI[1]	Isopren-Isobuten-Kautschuk (Butylkautschuk, mit Phenolharz und Dimethylol vernetzt)
PSI	Polysilikon
SBR	Styrol-Butadien-Kautschuk
Membranwerkstoffe	
CA	Celluloseacetat
PA	Polyamid
PEH	Polyetherharnstoff
PP	Polypropylen
PSU	Polysulfon
PVDF	Polyvinylidenfluorid

[1] entspricht IIR (nach ISO)

Literatur

ALTENPOHL, D. (1953): Das Verhalten von Rein- und Reinstaluminium in kochendem Wasser. Aluminium 29, S. 361-369.

ALTENPOHL, D. (1955): Einiges zur Brunnenwasserschwärzung des Aluminiums und ihre Verhütung. Metalloberfläche 9, S. 118-121.

ANDERSON, L. (1962): Jodophore als Desinfektionsmittel in der Milchwirtschaft. Milchwiss. 17, S. 513-515.

ASATRYAN, F. (1986): Effect of sanitary treatment on elasticity and strength of teat cup liners. zit. nach Dairy Sci. Abstr. 48, 2426.

BARGEL, H. J. u. SCHULZE, G. (1988): Werkstoffkunde, 5. Aufl., S. 65-69, VDI-Verlag, Düsseldorf.

BOULTEN, L. u. SORENSEN, B. M. (1988): Corrosion of stainless steels in hypochlorite cleaning-in-place solutions. New Zealand J. Dairy Sci. Technol. 23, S. 37-49.

Literatur

BRAGULLA, S. u. LINTNER, K. (1986): Basics of cleaning and disinfection for ultrafiltration, reverse osmosis and electrodialysis plants. Alimenta 25, S. 111-116.

DECHEMA (1994): Werkstofftabellen. Weinheim, Verl. Chemie.

DIN (1982): Korrosion der Metalle, Begriffe, DIN 50900. Beuth Verlag, Berlin.

DIN (1983): Milchwirtschaftliche Anlagen, Reinigung und Desinfektion, Berücksichtigung der Einflüsse auf nichtrostenden Stahl. DIN 11483 Teil 1, Beuth-Verlag, Berlin.

DIN (1984): Milchwirtschaftliche Anlagen. Reinigung und Desinfektion. Berücksichtigung der Einflüsse auf Dichtungsstoffe DIN 11483 Teil 2. Beuth Verlag, Berlin.

DOLEŽAL, B. (1978): Beständigkeit von Kunststoffen und Gummi, C. Hanser Verlag, München und Wien.

EVANS, U. R. (1971): The corrosion and oxidation of metals: London E. Arnold Publisher.

FISCHER, F. (1967): Spannungsrißverhalten von Polyäthylen, Polystyrol und Polyamid. In: H. A. Stuart (Hrsg.): Alterung und Korrosion von Kunststoffen. Korrosion H. 20, S. 15-21. Verlag Chemie, Weinheim/Bergstr.

GERMSCHEID, G. (1981): Tenside in der industriellen Reinigung. In: H. Stache (Hrsg.): Tensidtaschenbuch 2. Aufl., S. 338-369, Hanser Verlag, München.

GÖRHAUSEN, H. J. u. PUDERBACH, H. (1979): Einsatzmöglichkeiten der Elektronenmikroskopie auf dem Gebiet anodisch erzeugnter Aluminiumoxidschichten. Metall 33, S. 250-253.

Henkel Hygiene GmbH (Hrsg. 1991): Techn. Information, Düsseldorf.

HORNBOGEN, E. (1987): Werkstoffe. Aufbau und Eigenschaften von Keramik, Metallen, Polymer- und Verbundwerkstoffen. 4. Auflage, S. 181 u. 258, Springer Verlag, Berlin u. a.

Internationaler Milchwirtsch. Verband (IDF 1980): Corrosion in the dairy industry. IDF Bull., Doc. 161, Brüssel.

Internat. Milchwirtsch. Verband (IDF 1981a): Corrosion inhibitors for aluminium alloys in contact with cleaning agents containing sodium hydroxide. IDF-Bull. Doc. 139 Broch. Nr. 6, Brüssel.

Internat. Milchwirtsch. Verband (IDF 1981b): Rubber corrosion in the dairy processing industry. IDF Bull. Doc. 139, Broch Nr. 4, Brüssel.

Internationaler Milchwirtschaftsverband (IDF, 1981c): Main parameters determining the conditions of use of dairy plant and connected with corrosion. IDF Bull. Doc. 139, Broch. Nr. 1, Brüssel.

Internationaler Milchwirtschaftsverband (IDF, 1981d): Corrosion associated with welds in austenitic stainless steels. IDF Bull Doc. 139, Broch. Nr. 3, Brüssel.

Internat. Milchwirtschaftsverband (IDF 1981e): Corrosion initiated by thermal insulating material. IDF-Bull. Doc. 139, Broch. Nr. 2, Brüssel.

Internationaler Milchwirtschaftsverband (IDF, 1983): Table of corrosiveness of chemical substances in detergent and disinfectant formulas against metals commonly used in the dairy industry. IDF Bull. Doc. 161, Brüssel.

Internationaler Milchwirtschaftsverband (IDF, 1985): Surface finishes of stainless steels. IDF Bull. Doc. 189, p. 3-12, Brüssel.

Internationaler Milchwirtsch. Verband (IDF, 1988a): Corrosion by peracetic acid solutions. IDF-Bull. Doc. 236, S. 3-9, Brüssel.

Internat. Milchwirtschaftsverband (IDF 1988b): An introduction to the electrochemical principles of corrosion. IDF-Bull. Doc. 236, S. 10-20, Brüssel.

KINNA, J. (1991): Neuentwicklungen, Standzeiten, Adsorptions- und Permeationseigenschaften. Vortrag 30. 10. 1991 in Weihenstephan.

KÜPPER, J., EGERT, B. u. GRABKE, H.-J. (1983): Entstehung und Aufbau farbiger Schichten auf rostfreiem Stahl. II. Verfärbungen unter Bedingungen in einer Geschirrspülmaschine. Werkstoffe u. Korrosion 34, S. 84-88.

Literatur

MECKELBURG, E. (1990): Korrosionsverhalten von Werkstoffen, S. 14, VDI Verlag, Düsseldorf.

Microdyn Modulbau GmbH u. Co KG (1990): Behandlungshinweise für Microdyn Module.

NASSAUER, J. (1985): Adsorption und Haftung an Oberflächen und Membranen, München-Weihenstephan, Selbstverl.

POGODA, F.-J., R. Scharf u. H.-J. Schlüßler (1980): Saure Reinigungsmittel für Großraum-Gärtanks, Brauwelt 120, S. 52-55.

RESCHKE, L. (1955): Aluminium und Magnesium. In: F. Tödt (Hrsg.): Korrosion und Korrosionsschutz, S. 422-468, de Gruyter u. Co., Berlin.

ROSSMANN, Ch. (1979): Untersuchung zur Reinigung von Werkstücken aus Aluminium mit wäßrigen Lösungen. Metalloberfläche 33, S. 475-484.

RUUSKA, R. M. et al. (1987): Migration of contaminants from milk tubes and teat liners: J. Food Protect. 50, S. 316-320.

SCHÄUBLE, R. (Hrsg., 1987): Korrosion in der Getränkeindustrie, S. 25-39, 79, 116, 125-130, 165-166, 320. Carl Verlag, Nürnberg.

SCHLÜSSLER, H.-J. (1965): Brunnenwasserschwärzung von Aluminium. Aluminium 41, S. 45-51.

SCHLÜSSLER, H. J. u. MROZEK, H. (1968): Chemie und Technologie der Flaschenreinigung, S. 46-52. Hrsg.: Henkel u. Cie., Düsseldorf.

SIPPEL, A. (1959): IUPAC Symposium „Alterung von Kunststoffen", S. 38-42, C. Hanser Verlag, München.

SMITH, K. E. u. BRADLEY jr., R. L. (1985): Effectiveness and corrosion problems of bisulfite as a sanitizer for polysulphone ultrafiltration membranes. In: Fouling and cleaning in food processing. Madison, Wisconsin 14.-17. July 1985.

SORGE, G. (1986): Comments on CIP of milking machine rubber ware. Milchwiss. 41, S. 1-4.

STUART, H. A. (1967): Physikalische Ursachen der Alterung von Kunststoffen. In: H. A. Stuart (Hrsg.): Alterung und Korrosion von Kunststoffen. Korrosion H. 20, S. 87-94, Verlag Chemie, Weinheim/Bergstr.

WILDBRETT, G. (1967): Kritische Einflüsse auf Werkstoffe und ihre Oberfläche durch Reinigungsvorgänge. Deutsche Molkerei-Ztg. 88, S. 1-6.

WILDBRETT, G. (1973): Zur extrahierenden Wirksamkeit von Reinigungslösungen gegenüber PVC-Milchschläuchen. Milchwiss. 28, S. 443-446.

WILDBRETT, G., EVERS, K.-W. u. KIERMEIER, F. (1971): Diffusionsvorgänge an PVC-Schläuchen für Lebensmittel. Werkstoffe und Korrosion 22, S. 753-759.

WILDBRETT, G., GRUNDHERR, K. V. u. KIERMEIER, F. (1967): Zum Verhalten von Natriumsilikat als Korrosionsinhibitor für Aluminium in alkalischen Lösungen. Werkstoffe und Korrosion 18, S. 217-222.

WRANGLÈN, G. (1985): Korrosion und Korrosionschutz, Berlin. Springer Verlag.

12 Kontrollmethoden für chemische Hilfsmittel

G. WILDBRETT

12.1 Untersuchung des Betriebswassers

12.1.1 Härtebestimmung

Prinzip:

Die härtebildenden Erdkaliionen im Wasser werden durch Titration mit Diakali-dihydrogen-ethylendiamin (EDTA) in gepufferter Lösung (pH ca. 10) komplexiert. Der Verbrauch an EDTA ist ein Maß für die Gesamthärte.

Geräte:

200-ml-Weithals-Erlenmeyerkolben; 100-ml-Vollpipette; 1-ml-Meßpipette mit Päleusball oder Sicherheitspipette; 10- od. 20-ml-Bürette.

Reagentien:

Indikator-Puffertabletten; konz. Ammoniaklösung (p. a.; d = 0,91); Titriplex A, für harte Wässer > 8° dH; Titriplex B, für weiche Wässer ≤ 8° dH.

Durchführung:

In 100 ml des zu prüfenden Wassers 1 Indikator-Puffertablette lösen, 1 ml Ammoniaklösung zugeben, bis die rote Farbe über einen grauen Farbton nach grün umschlägt.

Besondere Hinweise:

Berechnung:

1 ml Titriplex A ≙ 5,6° dH
1 ml Titriplex B ≙ 1,0° dH
(DIN 1993a)

12.1.2 Chloridbestimmung nach VOLHARD

Prinzip:

Ausfällen des Chlorids als Silberchlorid und Rücktitration des nicht zur Fällung verbrauchten Silbernitrats.

Geräte:

300-ml-Weithals-Erlenmeyerkolben; 100-ml-Vollpipette; 25-ml-Vollpipette; 5-ml-Meßpipette; 25-ml-Meßzylinder; 25-ml-Bürette.

Reagentien:

0,1 n-Silbernitrat-Lösung (p. a.); 2 n-Salpetersäure p. a., Eisen-III-ammoniumsulfat-Lösung (Indikator); 0,1 n-Ammoniumrhodanid-Lösung (p. a.).

Konzentrationsbestimmung von Reinigungslösungen

Durchführung:

100 ml des zu untersuchenden Wassers mit einem Überschuß an Silbernitrat versetzen und mit 25 ml 2 n-Salpetersäure ansäuern. Nach dem Durchschwenken 5 ml Eisen-III-ammoniumsulfat-Lösung als Indikator zugeben und das überschüssige Silbernitrat sofort mit 0,1 n-Ammoniumrhodanid-Lösung zurücktitrieren. Der Umschlagpunkt ist erreicht, wenn eine rot-braune Färbung auftritt.

Besondere Hinweise:

Berechnung:

$$\text{Chlorid-Gehalt} = \frac{3{,}545 \cdot (v-x) \cdot f}{1000} \ [\%]$$

$3{,}545$ = Äquivalenzgewicht Cl / 10
v = ml Vorlage an 0,1 n-Silbernitrat-Lösung
x = ml Verbrauch 0,1 n-Ammoniumrhodanid-Lösung
f = Normalitätsfaktor der 0,1 n-Ammoniumrhodanid-Lösung

Reagenzzubereitung:

Herstellung des Indikators Eisen-III-ammoniumsulfat: 1 Teil 25 %ige Salpetersäure und 1 Teil Eisen-III-ammoniumsulfat in 8 Teilen destilliertem Wasser gelöst.

Da Silbernitrat unter Lichteinfluß nicht beständig ist, muß die Titration sofort nach Zusatz des Indikators erfolgen, weil sich sonst die Lösung grau verfärbt, so daß der Endpunkt der Titration schlecht zu erkennen ist.

Mittels der angegebenen Methode läßt sich der Chloridgehalt des Wassers sowie in Reinigungsmitteln bestimmen (AUTENRIETH u. KELLER, 1959).

12.2 Konzentrationsbestimmung von Reinigungslösungen

12.2.1 Konzentrationsbestimmung in alkalischen Reinigungslösungen

Prinzip:

Alkalimetrie

Geräte zur Titration:

200-ml-Weithals-Erlenmeyerkolben; 20-ml-Vollpipette; 10- bzw. 20-ml-Bürette.

zur Zerstörung von Aktivchlor:

1-ml-Vollpipette mit Pipettierhilfe; Heizquelle; Siedesteinchen; Uhrglas.

Reagentien zur Titration:

0,1 %ige Methylorange-Lösung; 0,1 %ige Phenolphthalein-Lösung; 1 n-Salzsäure p. a.

zur Zerstörung von Aktivchlor:

30 %iges Perhydrol p. a.

Konzentrationsbestimmung von Reinigungslösungen

Durchführung:

In aktivchlorhaltigen Reinigungslösungen zuerst das die Indikatoren ausbleichende Aktivchlor mit Hilfe von Perhydrol zerstören. Dazu 20 ml der zu untersuchenden Reinigungslösung mit 1 ml 30%igem Perhydrol versetzen und nach Zugabe einiger Siedesteinchen den Erlenmeyerkolben mit dem Uhrglas abdecken, 3 min schwach sieden lassen und Kolben unter fließendem Wasser auf Raumtemperatur abkühlen. Bei aktivchlorfreien Reinigern erübrigt sich die Vorbehandlung. Zur besseren Erkennung des Umschlagpunktes von Methylorange wird neben der Analysenprobe eine Vergleichslösung hergestellt und diese mit 2 Tropfen 0,1%ige Methylorange-Lösung versetzt. Abgekühlte Analysenprobe mit 3 Tropfen 0,1%iger Phenolphthaleinlösung versetzen und unter Umschwenken langsam und tropfenweise mit 1 n-Salzsäure auf farblos titrieren. Zu der entfärbten Probe 2–3 Tropfen Methylorange-Lösung geben und aus der nicht nachgefüllten Bürette weiter titrieren, bis die nach der Zugabe von Methylorange entstandene Gelbfärbung gegen Zwiebelrot (orange) umschlägt. Der Äquivalenzpunkt ist mit der ersten deutlichen Farbänderung zur Vergleichslösung erreicht.

Besondere Hinweise:

Berechnung:

$$p\text{-Wert} = x_1 \cdot f \cdot 5$$
$$m\text{-Wert} = x_2 \cdot f \cdot 5$$

x_1 = Verbrauch an 1 n-Salzsäure zur Titration gegen Phenolphthalein

x_2 = Verbrauch an 1 n-Salzsäure zur Titration vom Umschlagspunkt des Phenolphthaleins bis zum Umschlagspunkt des Methylorange

f = Normalitätsfaktor der Salzsäure

5 = Faktor zur Umrechnung von vorgelegtem Lösungsvolumen auf 100 ml Reinigungslösung

Gesamtalkalität = $p + m$

freie Alkalität = $p - m$

gebundene Alkalität = $2m$

Die Hersteller von Reinigungsmitteln geben in ihren Unterlagen häufig einen produktspezifischen Titrierfaktor an, der es gestattet, aus dem Verbrauch an Meßlösung direkt die Konzentration der Reinigungslösung in Prozent zu errechnen.

Zur Bestimmung der Konzentration von Reinigungslösungen eignet sich auch die Messung der elektrischen Leitfähigkeit, da diese direkt proportional dem Ionengehalt wässriger Lösungen und damit auch der Reinigerkonzentration ist. Als kontinuierlich arbeitende Methode dient die Messung der elektrolytischen Leitfähigkeit vor allem der ständigen Konzentrationsüberwachung in automatisierten Reinigungsprozessen. Deswegen enthalten die Gebrauchsinformationen der Hersteller häufig auch Angaben über die spezifische elektrische Leitfähigkeit der verdünnten Lösungen ihrer Produkte. Die in Reinigungslösungen übertretenden Schmutzmengen sind im allgemeinen zu gering, als daß sie die elektrische Leitfähigkeit merklich erhöhen würden; die Ionenkonzentration der Inhaltsstoffe der Reinigungsmittel dominiert eindeutig (Abb. 12.1).

Konzentrationsbestimmung von Reinigungslösungen

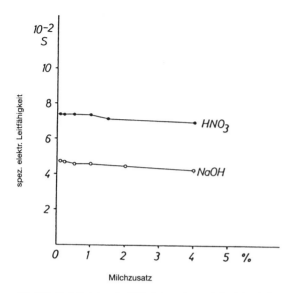

Abb. 12.1 Einfluß steigenden Vollmilchzusatzes auf die elektrolytische Leitfähigkeit von Natronlauge (1 %ig) bzw. Salpetersäure (1 %ig) bei 20 °C

Mit steigender Temperatur nimmt die elektrische Leitfähigkeit zu. Daher muß entweder die Lösung auf einen einheitlichen Wert eingestellt oder für eine kontinuierliche Kontrolle eine Temperaturkompensation vorgesehen werden.

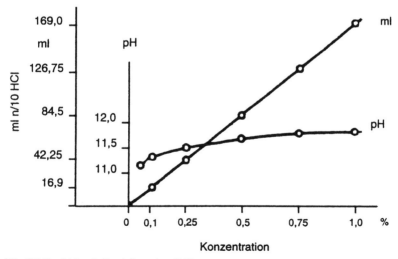

Abb. 12.2 Vergleichende Darstellung der pH-Werte und Titrationsalkalität eines Reinigers bei verschiedenen Konzentrationen (DAMM u. MROZEK 1964)

Konzentrationsbestimmung in Desinfektionslösungen

Als ungeeignet zur Konzentrationsbestimmung erweist sich dagegen die Messung des pH-Wertes, da keine lineare Abhängigkeit der Meßwerte von der Konzentration vorliegt und außerdem in den meistens extremen pH-Bereichen der Reinigungslösungen die Meßwerte auch bei deutlichen Konzentrationsunterschieden nur geringfügig differieren (Abb. 12.2).

12.2.2 Konzentrationsbestimmung in sauren Reinigungslösungen

Prinzip:
Azidimetrie

Geräte: :
200-ml-Weithals-Erlenmeyerkolben, 20-ml-Vollpipette, 1 Tropfflasche, 10- bzw. 20-ml-Bürette.

Reagentien:
0,1 %ige Phenolphthalein-Lösung, 1 n-Natronlauge p. a.

Durchführung:
20 ml der zu untersuchenden Reinigungslösung mit 3 Tropfen Phenolphthalein-Lösung versetzen und unter Umschwenken tropfenweise mit 1 n-Natronlauge bis zum Farbumschlag von farblos nach schwach rosa titrieren.

Besondere Hinweise:
p-Wert = Verbrauch an 1 n-Natronlauge pro 100 ml Reinigungslösung bis zum Endpunkt der Tritation gegen Phenolphthalein.

Berechnung der Acidität:

$$\text{p-Wert} = x \cdot f \cdot 5$$

x = ml Verbrauch an Natronlauge

f = Normalitätsfaktor der Natronlauge

5 = Faktor zur Umrechnung von vorgelegtem Lösungvolumen auf 100 ml

Bezüglich Tritierfaktor und elektrischer Leitfähigkeit gelten die entsprechenden Hinweise in Kap. 12.2.1.

12.3 Konzentrationsbestimmung in Desinfektionslösungen

12.3.1 Bestimmung des Aktivchlor- bzw. Aktivjod-Gehaltes

Prinzip:
Jodometrie

Geräte:
200-ml-Weithals-Erlenmeyerkolben, 100-ml-Vollpipette; 5-ml-Vollpipette; 10-ml-Meßpipette; 1-ml-Vollpipette; 20-ml-Bürette.

Reagentien:
5 %ige Kaliumjodid-Lösung (p. a. täglich frisch angesetzt); 20 %ige Schwefelsäure (p. a.); 0,1 n-Natriumthiosulfat-Lösung (p. a.); 2 %ige Stärkelösung (Indikator).

Konzentrationsbestimmung in Desinfektionslösungen

Durchführung:
100 ml der zu untersuchenden Lösung in der angegebenen Reihenfolge mit 5 ml Kaliumjodid-Lösung und 10 ml Schwefelsäure versetzen, gut durchmischen und 1 min stehen lassen. Danach mit 0,1 n-Natriumthiosulfat-Lösung auf hellgelb titrieren. Kurz vor dem Endpunkt 1 ml 2 %ige Stärkelösung hinzufügen, bis zum völligen Verschwinden der blauen Farbe unter ständigem Umschwenken weitertitrieren.

Besondere Hinweise:
Berechnung:

$$\text{Aktivchlor-Gehalt} = \frac{x \cdot f \cdot 3{,}545 \cdot 1000}{100} \ [\text{mg/l}]$$

x = Verbrauch an 0,1 n-Natriumthiosulfat [ml]
f = Normalitätsfaktor der 0,1 n-Natriumthiosulfat-Lösung
3,545 = Äquivalentgewicht Chlor / 10

Das Verfahren ist ebenso anwendbar zur Bestimmung von Aktivjod; dabei entfällt der Zusatz von Kaliumjodid.

$$\text{Aktivjod-Gehalt} = \frac{x \cdot f \cdot 12{,}690 \cdot 1000}{100} \ [\text{mg/l}]$$

12,690 = Äquivalentgewicht Jod / 10

(MOHR 1954)

12.3.2 Bestimmung des Gehaltes an Wasserstoffperoxid und Peressigsäure

Prinzip:
Der Gehalt der Lösung an Wasserstoffperoxid wird zunächst titrimetrisch mit Kaliumpermanganat und anschließend in dem gleichen Ansatz der Gehalt an Peressigsäure jodometrisch bestimmt.

Geräte:
300-ml-Weithals-Erlenmeyerkolben; 100 ml-Vollpipette; 20-ml-Vollpipette; 2-ml-Vollpipette; 2 x 10- bzw. 20-ml-Bürette.

Reagentien:
25 %ige Schwefelsäure p. a.; 0,1 n-Kaliumpermanganat-Lösung p. a.; Kaliumjodid p. a.; 1 %ige Stärkelösung; 0,1 n-Natriumthiosulfat-Lösung p. a.

Durchführung:
100 ml der zu untersuchenden Desinfektionslösung im Erlenmeyerkolben mit 20 ml 25 %iger Schwefelsäure versetzen und mit 0,1 n-Kaliumpermanganat-Lösung bis zum ersten Farbumschlag nach schwach rosa titrieren. Nach Zugabe einer Spatelspitze festen Kaliumjodids und 2 ml 1 %iger Stärkelösung wird die gleiche Probe mit 0,1 n-Natriumthiosulfat-Lösung bis zum völligen Verschwinden der Blaufärbung weiter titriert.

Besondere Hinweise:
Berechnung:

$$\text{Wasserstoffperoxid-Gehalt} = \frac{x_1 \cdot f_1 \cdot 1{,}7 \cdot 1000}{100} \ [\text{mg/l}]$$

$$\text{Peressigsäure-Gehalt} = \frac{x_2 \cdot f_2 \cdot 3{,}8 \cdot 1000}{100} \ [\text{mg/l}]$$

x_1 = ml Verbrauch an K-permanganat-Lösung
x_2 = ml Verbrauch an Na-thiosulfat-Lösung
1,7 = Äquivalentgewicht Wasserstoffperoxid / 10
3,8 = Äquivalentgewicht Peressigsäure / 10
f_1 = Normalitätsfaktor K-permanganat-Lösung
f_2 = Normalitätsfaktor Na-thiosulfat-Lösung

(HENKEL u. CIE 1978)

12.3.3 Photometrische Mikrobestimmung des Gehaltes an quaternären Ammoniumverbindungen (QAV)

Prinzip:
Bildung eines wenig wasserlöslichen Komplexes aus Kationtensid und anionischem Farbstoff Eosin und dessen photometrische Bestimmung nach Extraktion in Dichlorethan.

Geräte:
1000-ml-Meßkolben; 10-ml-Bürette; 3-ml- u. 10-ml-Vollpipetten; 100-ml-Erlenmeyerkolben mit Schliffstopfen; 20-ml-Meßzylinder; 50-ml-Zentrifugengläser, Zentrifuge für 4000 U/min, Schüttelmaschine, Wasserstrahlpumpe, Spektralphotometer, 4 cm Glasküvetten.

Reagentien:
Cetyl-trimethyl-ammoniumbromid-Lösung (Referenzsubstanz) 1000 µg/l zum Aufstellen der Eichreihe; verdünnte Natronlauge oder verdünnte Salzsäure reinst; 0,1 %ige Eosinlösung, gelblich; 1,2-Dichlorethan p. a.

Durchführung:
Die zu analysierende Lösung durch Zusatz von verdünnter Natronlauge bzw. Salzsäure auf einen pH Wert zwischen 5 und 7 einstellen, da stärker saure Lösungen das Eosin zerstören und alkalische Lösungen zu einer Extinktionsminderung führen würden. Je nach Gehalt an Kationtensid 1–20 ml Lösung in einen 100-ml-Erlenmeyerkolben mit Schliff einpipettieren und auf ein Gesamtvolumen von 20 ml mit aqua dest. auffüllen, 3 ml 0,1 %ige Eosinlösung zusetzen und den entstehenden Komplex mit 1,2 Dichlorethan extrahieren. Dazu den Kolben gut verschließen und 15 min lang schütteln. Ansatz in Zentrifugengläser überführen, diese mit

Korkstopfen verschließen und 10 min bei 4000/U/min zentrifugieren. Die obere, wässrige Phase mittels Wasserstrahlpumpe absaugen und die Extinktion der organischen Phase gegen einen Blindwert in 4-cm-Küvetten bei 542 nm messen.

Besondere Hinweise:
Alle zur QAV-Bestimmung benötigten Glasgeräte vor Gebrauch 24 h in ein Chromschwefelsäurebad legen und mit Leitungswasser sowie aqua dest. gründlich nachspülen. Zum Aufstellen der Eichreihe eine Stammlösung z. B. von Cetyl-trimethylammoniumbromid mit einem QAV-Gehalt von 1000 µg/l herstellen. Aus Ansätzen mit 2, 4, 6, 8 und 10 ml dieser Lösung den QAV-Gehalt laut Methode ermitteln. In regelmäßigen Zeitabständen und bei jeder neuen Eosincharge ist diese Eichkurve zu überprüfen. Da sich, abhängig von der Eosincharge, die Intensität des zu messenden Komplexes mit der Zeit ändern kann, empfiehlt es sich, die Messung stets nach einer konstanten Standzeit (z. B. 15 min) vorzunehmen. (WILDBRETT u. a. 1971).

12.4 Untersuchung anwendungstechnischer Eigenschaften

12.4.1 Messung der Oberflächenspannung

Messung mit Stalagmometer

Prinzip:
Läßt man eine Flüssigkeit langsam aus einer Kapillare austropfen, so ist die Zahl der aus einem vorgegebenen Flüssigkeitsvolumen gebildeten Tropfen umgekehrt proportional der Oberflächenspannung der Flüssigkeit. Mit Hilfe der Tropfenzahl einer Eichflüssigkeit bekannter Oberflächenspannung, die aus dem gleichen Stalagmometer ausfließt – in der Regel destilliertes Wasser – läßt sich die Oberflächenspannung der zu untersuchenden Flüssigkeit berechnen.

Geräte:
50-ml-Bechergläser; Stalagmometer, Päleusball.

Durchführung:
Grundsätzlich das Stalagmometer vor der Messung mit der jeweiligen Meßlösung mind. 1-mal vorspülen; zurückbleibende Reste mit Filterpapier abtupfen. Danach die Prüfflüssigkeit mittels aufgesetztem Päleusball bis über die obere Ringmarke luftblasenfrei hochsaugen und Meniskus genau auf die obere Ringmarke einstellen. Beim anschließenden Austropfen der Flüssigkeit die Tropfen zählen, bis der Flüssigkeitsspiegel die untere Ringmarke passiert. Die Skaleneinteilung ober- oder unterhalb der Ringmarke ermöglicht ein genaues Ablesen von Bruchteilen des letzten Tropfens.

Besondere Hinweise:
Berechnung der Oberflächenspannung aus der Tropfenzahl:

$$\sigma = 72{,}75 \cdot \frac{Z_w}{Z} \cdot \frac{\rho}{\rho_w} \; [10^{-3} \, \text{N/m}]$$

σ = Oberflächenspannung der zu messenden Flüssigkeit bei 20 °C
72,75 = Oberflächenspannung von destilliertem Wasser bei 20 °C
Z_w = gemessene Tropfenzahl von destilliertem Wasser

Untersuchung anwendungstechnischer Eigenschaften

Z = gemessene Tropfenzahl der Tensidlösung
ρ = Dichte der Lösung bei 20 °C
ρ_w = Dichte von destilliertem Wasser bei 20 °C

Voraussetzung für zuverlässige Werte ist, das Stalagmometer peinlichst sauber zu halten. Dazu wird in das Gerät nacheinander 2 mal Chromschwefelsäure – Einwirkungszeit mind. 2 h –, 2 mal heißes Wasser und 2 mal destilliertes Wasser mit Hilfe eines Päleusballes hochgesaugt und auslaufen lassen. Geringfügig von 20 °C abweichende Temperaturen verändern das Ergebnis nicht wesentlich; die geringen Abweichungen können aber berechnet und das Ergebnis entsprechend korrigiert werden.

Messung mit Tensiometer (Plattenmethode)
Für tensidhaltige Lösungen eignet sich die Messung mittels Tensiometer unter Verwendung einer senkrecht aufgehängten speziell aufgerauhten Platinplatte besser als die stalagmometrische Methode. Dabei wird die Flüssigkeit mittels eines höhenverstellbaren Tisches gegen die Unterkante der Platte geführt, bis die Flüssigkeit die Platte benetzt (anspringt). Die aus der Benetzung resultierende Zugkraft auf die Platte wird mittels Torsionswaage bestimmt und daraus die Oberflächenspannung der Flüssigkeit (σ) errechnet:

$$\sigma = \frac{F}{l_b \cdot \cos \alpha} \; [10^{-3} \, \text{N/m}]$$

F = gemessene Kraft
l_b = Benetzungslänge ($\triangleq$ Umfang der Platinplatte = 2 l + 2 d)
α = Benetzungswinkel (bei vollständiger Benetzung, die den Regelfall bildet, $\alpha = 0°$, d. h. $\cos \alpha = 1$)

Besonderer Hinweis:
Der wesentliche Unterschied zwischen der stalagmometrischen und tensiometrischen Bestimmung besteht darin, daß bei der Plattenmethode nach der Benetzung keine weitere Oberfläche neu gebildet wird, so daß die Anreicherung des Tensids in der Grenzfläche nicht gestört wird. Im Gegensatz dazu entsteht beim Austropfen der Flüssigkeit aus dem Stalagmometer ständig eine neue Oberfläche, in welche Tenside eindiffundieren. (WOLF 1957, WOLLENBERG 1965).

12.4.2 Bestimmung des Schaumverhaltens

Prinzip:
Durch Einschlagen von Luft in die Lösung unter definierten Bedingungen wird ein Schaum erzeugt, dessen Volumen nach beendetem Schlagen sowie einer vorgegebenen Standzeit bestimmt wird (in Anlehnung an DIN 53902).

Geräte:
1000-ml-Meßzylinder; genormter Schlagstößel (DIN 53902); Stoppuhr; thermostatisiertes Wasserbad bis 50 °C; Thermometer.

Durchführung:
200 ml der Reinigungslösung in der vom Hersteller empfohlenen Anwendungskonzentration in den Meßzylinder einfüllen, im Wasserbad auf 30 ° ± 1 °C temperieren und nach Erreichen der Temperatur 15 min stehen

Untersuchung anwendungstechnischer Eigenschaften

lassen. Beim Schlagvorgang innerhalb von 30 s 30 gleichmäßige Stöße ausführen – bei jedem Stoß die Lochplatte vom Boden des Meßzylinders bis zum Anschlag am Deckel heben und wieder senken. 30 s und 10 min nach beendetem Schlagen das Volumen des erzeugten Schaumes zwischen Flüssigkeitsspiegel und Schaumoberfläche ablesen, wobei der Schalgstempel im Zylinder verbleibt.

Besondere Hinweise:

$$\text{Schaumstabilität} = \frac{\text{Schaumvolumen nach 10 min}}{\text{Schaumvolumen nach 0,5 min}}$$

Da das Schaumverhalten der Lösungen u. a. auch von der Härte des verwendeten Wassers abhängt, empfiehlt es sich, die Lösung mit Wasser des mittleren Härtebereichs (7 °–14 ° dH) anzusetzen. (WILDBRETT 1972).

12.4.3 Bestimmung der Schmutzbelastung einer Reinigungslösung anhand des Chemischen Sauerstoffbedarfs (CSB)

Prinzip:
Oxidation oxidierbarer Inhaltsstoffe einer Probe der Reinigungslösung mit einem Überschuß an Kaliumdichromat unter definierten Bedingungen und Rücktitration des nicht verbrauchten Dichromats mittels Eisen-II-ammoniumsulfat. DIe angegebene Methode gilt für einen CSB-Wert über 15 mg/l.

Geräte:
Rückflußkühler mit Normschliff, 300-ml-Erlenmeyerkolben mit Normschliff; Heizvorrichtung; Glasperlen (mit Chromschwefelsäure gereinigt, mit aqua bidest. gespült); Thermometer für den Bereich 140–160 °C; 1000-ml-Meßkolben; 10-ml-Vollpipette; 20-ml-Vollpipette; 50-ml-Meßzylinder; 25-ml-Bürette; Pinzette, Tropfflasche.

Reagentien:
Schwefelsäure p. a. (d = 1,84); Schwefelsäure p. a., silbersulfathaltig; Kaliumdichromat-Lösung, 0,02 mol, quecksilbersulfathaltig (p. a.); Kaliumdichromat-Lösung, 0,02 mol, p. a.; Ammoniumeisen-II-sulfat-Lösung p. a., 0,120 mol; Ferroin-Indikator-Lösung, 0,025 mol; Kaliumhydrogenphthalat-Lösung p. a.

Reagenszubereitung:
Alle Lösungen sind in aqua bidest. anzusetzen.
- Für die silbersulfathaltige Schwefelsäure 10 g Ag_2SO_4 in 35 ml Wasser unter portionsweiser Zugabe von 965 ml Schwefelsäure lösen.
- Für die 0,02 molare quecksilbersulfathaltige Kaliumdichromat-Lösung 80 g $HgSO_4$ in 800 ml Wasser und 100 ml Schwefelsäure lösen. Nach dem Abkühlen 5,884 g $K_2Cr_2O_7$ (Urtitersubstanz 2 h bei 105 °C getrocknet) in der Quecksilbersulfat-Lösung auflösen und das Volumen mit aqua bidest. auf 1000 ml ergänzen.
- Für die Ammoniumeisen-II-sulfat-Lösung (Konz. = 0,120 molar) 47,1 g $(NH_4)_2Fe(SO_4)_2 \cdot 6 H_2O$ in Wasser und 20 ml Schwefelsäure lösen und nach Abkühlen mit aqua bidest. auf 1000 ml ergänzen. Den Titer dieser Lösung täglich wie folgt bestimmen:

    10 ml Kaliumdichromat-Lösung mit Wasser auf 100 ml verdünnen und mit 30 ml Schwefelsäure sowie nach dem Abkühlen mit 2 Tropfen Ferroin-Indikator-Lösung versetzen und mit Ammoniumeisen-II-sulfat-Lösung titrieren. Die Konzentration dieser Lösung berechnet sich wie folgt:

Untersuchung anwendungstechnischer Eigenschaften

$$c = \frac{V_o \cdot c_D \cdot f}{V_x} \quad \text{[mol/l]}$$

- c = Konzentration der Ammoniumeisen-II-sulfat-Lösung
- V_o = vorgelegtes Volumen der Kaliumdichromat-Lösung in ml.
- c_D = Konzentration der Kaliumdichromat-Lösung in mol/l.
- f = Äquivalenzfaktor (hier f = 6)
- V_x = Verbrauch der Ammoniumeisen-II-sulfat-Lösung in ml.

– Für die Kaliumchromat-Lösung (0,02 mol/l) zur Titereinstellung 5,884 g $K_2Cr_2O_7$ (Urtitersubstanz 2 h bei 105 °C getrocknet) in Wasser lösen und auf 1000 ml ergänzen.
– Für die Kaliumhydrogenphthalat-Lösung 0,17 g Substanz (2 h bei 105 °C getrocknet) in 5 ml Schwefelsäure (d = 1,84) lösen und mit Wasser auf 1000 ml ergänzen. Bei 4 °C aufbewahrt, ist diese Referenzlösung etwa 1 Woche verwendbar.

Durchführung:
20 ml der Analysenprobe in das Schliffgefäß pipettieren, Glasperlen mittels Pinzette und 10 ml der quecksilbersulfathaltigen Kaliumdichromat-Lösung zugeben und mit Kolbeninhalt gut mischen. Dem Gemisch unter Umschwenken im Eisbad oder unter fließendem kalten Wasser langsam und vorsichtig 30 ml silbersulfathaltige Schwefelsäure zugeben. – Örtliche Überhitzung vermeiden, um Verluste an flüchtigen Stoffen möglichst weitgehend auszuschließen. – Nach Aufsetzen des Kühlers das Reaktionsgemisch innerhalb von 10 min zum Sieden erhitzen und danach weitere 110 min bei 148 ± 3 °C schwach sieden lassen. Nach Abkühlen auf etwa 60 °C Kühler mit aqua bidest. durchspülen, bis der Gefäßinhalt auf mindestens 100 ml verdünnt ist. Nach weiterem Abkühlen auf Raumtemperatur dem Kolbeninhalt 2 Tropfen Ferroin-Indikator-Lösung zugeben und das noch vorhandene Dichromat mit Ammoniumeisen-II-sulfat-Lösung über einen blaugrünen Farbton nach rotbraun zurücktitrieren. In gleicher Weise sind der Blindwert mit 20 ml Wasser und eine Referenzlösung mit 20 ml Kaliumhydrogenphthalat-Lösung zu titrieren. Der chemische Sauerstoffbedarf dieser Lösung beträgt 200 mg/l.

Besondere Hinweise:
Alle benötigten Geräte sind absolut sauber zu verwenden und gegebenenfalls mit Chromschwefelsäure zu reinigen und abschließend gründlich mit aqua bidest. nachzuspülen. Berechnung des Chemischen Sauerstoffbedarfs (CSB):

$$\rho = \frac{c \cdot f}{V_P} (V_B - V_E)$$

- ρ = CSB, ausgedrückt als Sauerstoff in mg/l.
- c = Konzentration der Ammoniumeisen-II-sulfat-Lösung in mol/l.
- f = Äquivalenzfaktor (hier f = 8000 mg/mol).
- V_B = Verbrauch an Ammoniumeisen-sulfat-Lösung bei der Blindprobe in ml.
- V_E = Verbrauch an Ammoniumeisen-sulfat-Lösung bei der Analyseprobe in ml.
- V_P = Volumen der bei der Untersuchung vorgelegten Analyseprobe in ml.

Falls der Gehalt der Analyseprobe an Chloridionen > 10 g/l ist, müssen diese aus schwefelsaurer Lösung als Chlorwasserstoff ausgetrieben und gebunden werden (z. B. durch Calciumhydroxid) (vgl. Deutsche Einheitsverfahren z. B. Wasser-, Abwasser- und Schlamm-Untersuchung H 41-2). Überschreitet der CSB den Wert von 300 mg/l, ist die Probe auf das doppelte Volumen zu verdünnen. Falls erforderlich, ist diese Verdünnung so oft zu wiederholen, bis der CSB im Bereich von 15 bis 300 mg/l liegt. (Deutsche Einheitsverfahren zur Wasseruntersuchung H 41, DIN 1993b, HIERATH u. a. 1974).

12.4.4 Korrosionstest (Standtest) gegenüber Metallen

Prinzip:
Orientierende Prüfung der Materialverträglichkeit von Reinigungs- und/oder Desinfektionslösungen gegenüber Edelstahl bzw. Aluminium (oder auch anderen, im Einzelfall interessierenden Metallen) ausgeführt an dauernd, vollständig eingetauchten Prüfblechen. Die eintretende Korrosion wird anhand des eingetretenen Masseverlustes sowie durch mikroskopische Oberflächenkontrolle festgestellt.

Geräte:
2-l-Gefäß aus PE; Eintauchgefäß für Metallproben: Entweder ein Glasgefäß mit einem dicht festverschließbaren, nichtmetallischen Deckel oder ein Becherglas ohne Ausguß mit einem Rundkolben als Kühler darauf (Abb. 12.3); Wasserbad mit Thermostat; Trockenschrank; Exsiccator mit Kieselgel; Analysenwaage mit einer Empfindlichkeit von ± 0,1 mg; Binokular mit mindestens 20-facher Vergrößerung; Magnet-Rührer (50–500 U/min); Filterpapier oder Baumwolltuch (fettfrei).

Reagentien:
Petrolether p. a., rückstandsfrei, SP 40–60 °C; 10 %ige Natriumhydroxid-Lösung p. a.; Salpetersäure p. a., d = 1,40; 48 %ige Flußsäure p. a.; Säuregemisch: 100 ml Salpetersäure und 20 ml Flußsäure und 880 ml aqua dest. vorsichtig mischen. (1 l Lösung reicht zur Vorbehandlung von 24 Blechen.); 25 %ige Salpetersäure p. a.: 385 ml Salpetersäure (d = 1,40) in 615 ml aqua dest. geben. (1 l verdünnte Säure reicht zur Vorbehandlung von 24 Blechen.)

Metalle:
Abmessungen der Bleche mindestens 5 x 5 x 0,1 cm, Reinaluminium: 99,5 % halbhart, Werkstoffnummer 3.0255, Gesamtbeimengungen höchstens 0,5 %, darunter Silicium höchstens 0,3 %, Eisen höchstens 0,4 %; Chrom-Nickel-Stahl, Werkstoffnummer 1.4301.

Durchführung:
Länge und Breite der Testblende so genau wie möglich messen, die Dicke bis auf ± 0,1 mm genau ablesen.

Vorbehandlung der Bleche:
Chrom-Nickel-Stahl mit Petrolether und fettfreiem Filterpapier oder Baumwolle reinigen und an der Luft trocknen lassen. (Auf den gesäuberten Blechen dürfen keine Fingerabdrücke verbleiben.) Bleche 40 min in Säuregemisch vollständig eintauchen, ohne daß sie sich berühren, danach mit Leitungswasser 1 min lang spülen, um alle Säurereste zu beseitigen, mit aqua dest. nachspülen. Aluminium mit Petrolether entfetten, dann 20 s vollständig in 10 %ige Natriumhydroxid-Lösung von konstant 60 °C eintauchen, ohne daß sich die Bleche berühren. Nach gründlichem Abspülen mit Leitungswasser, das restliche Wasser mit fettfreiem Filterpapier entfernen, Bleche 2 h in verdünnte Salpetersäure bei Raumtemperatur vollständig eintauchen, ohne daß sich die Bleche berühren, mit Leitungswasser und aqua dest. gründlich abspülen.

Untersuchung anwendungstechnischer Eigenschaften

Nach dieser Vorbehandlung alle Bleche 1 h im Trockenschrank bei 105 °C trocknen und anschließend vor dem Wiegen, auf 0,1 mg genau, mindestens 24 h im Exsiccator aufbewahren.

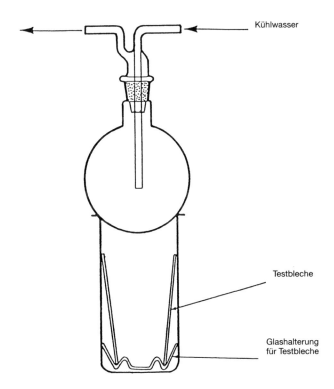

Abb. 12.3 Prüfgefäß für Korrosionstest (IDF 1977)

Je 4 der vorbereiteten und gewogenen Platten vollständig in die Testlösung eintauchen (Abb. 12.3). Ist kein Gefäß vorhanden, in dem alle 4 Platten ohne sich zu berühren untergebracht werden können, muß der Versuch in mehreren Gefäßen durchgeführt werden. – Die Aluminiumbleche verbleiben 1 h, Edelstahlbleche 24 h in der Lösung. Falls die Testlösung Gasbildung verursacht, Platten nur partiell in die Lösung eintauchen. Kontinuierliche Gasentwicklung während des Tests ist als Anzeichen starker Korrosion zu betrachten, der Test kann abgebrochen werden und die untersuchte Reinigungs- oder Desinfektionslösung als unbrauchbar zur Verwendung an den geprüften Metallen eingestuft werden. Nach beendetem Test Bleche unter fließendem Leitungswasser abspülen. Die Bleche aus Edelstahl bei 60 °C vollständig in eine Lösung aus 200 ml Salpetersäure (d = 1,40) und 800 ml aqua dest. eintauchen, mit aqua dest. abspülen bis alle Säurereste entfernt sind. Aluminiumbleche 3 min bei Raumtemperatur vollständig bedeckt in konzentrierte Salpetersäure (d = 1,40) eintauchen, mit aqua dest. gründlich bis zur Säurefreiheit spülen. Die behandelten Bleche werden wie bei der Vorbereitung für den Korrosionstest getrocknet und gewogen.

Untersuchung anwendungstechnischer Eigenschaften

Berechnung der Korrosionsrate:

$$\Delta M = (M_O - M_T) - (M - M_B) \; [g]$$

ΔM = Masseänderung
M_O = Masse der Bleche vor Einwirkung der Testlösung
M_T = Masse nach beendetem Test und Entfernen der Korrosionsprodukte
M = ursprüngliches Gewicht der Vergleichsbleche, die nur der Vor- und Nachbehandlung unterzogen werden.
M_P = Masse der Vergleichsbleche nach Vor- und Nachbehandlung

$$\text{Korrosionsrate} = \frac{\Delta M \cdot 10^4 \cdot 1440}{A \cdot t} \; [g \cdot m^{-2} \cdot d^{-1}]$$

t = Zeitdauer des Tests in min
A = eingetauchte Oberfläche des Bleches in cm^2
10^4 = Faktor zur Umrechnung der tatsächlichen Prüffläche auf m^2
1440 = Faktor zur Umrechnung der tatsächlichen Einwirkdauer der Lösung auf 24 h.

Auswertung der Ergebnisse:
Reinigungs- und Desinfektionsmittel müssen als unbrauchbar deklariert werden, wenn die nachstehenden Höchstwerte überschritten werden:
Für Aluminium:

Kontaktzeit min.	maximal zulässiger Masseverlust $(g \cdot m^{-2} \cdot d^{-1})$
0,5	50
0,5– 1,9	15
2,0–10,0	5
>10,0	2

Bei Chrom-Nickel-Stahl muß die Korrosionsrate innerhalb der Fehlergrenze des Testes liegen ($\leq 0{,}2 \; g \cdot m^{-2} \cdot d^{-1}$). Auch wenn die Korrosionsrate die genannten Werte nicht überschreitet, ist eine Aufrauhung der Oberfläche ein deutlicher Hinweis darauf, daß das geprüfte Mittel für das betreffende Matall nicht verwendbar ist, da stärker aufgerauhte Flächen den Reinigungs- und Desinfektionsvorgang beeinträchtigen.

Besondere Hinweise:
Sollen Metalle auf ihre Einsatzmöglichkeit im Hinblick auf ein Reinigungs- oder Desinfektionsmittel untersucht werden, so wird die Lösung des Mittels als feste Größe vorgegeben und der Test mit verschiedenen Metallen durchgeführt. Im Korrosionstest sollte das Verhältnis der geprüften Oberfläche der Testplatten (in cm^2) zum Volumen der Testlösung (in ml) niemals < 1 : 10 sein. Der Test wird bei der höchsten, vom Hersteller des Reinigungs- und/oder Desinfektionsmittels empfohlene Anwendungstemperatur ($\pm 1 \, °C$) durchgeführt. Fehlt

die Angabe, sollte die Temperatur bei Reinigungslösungen und kombinierten Reinigungs- und Desinfektionslösungen 60 °C (± 1 °C) betragen, bei Desinfektionsmitteln 40 °C (± 1 °C).

Die Testlösung wird beispielsweise durch einen Magnet-Rührer mit 50–500 U/min (als optimal gelten 125 U/min) bewegt.

Bei starken Niederschlägen können die Konzentrationen der Säuren zum Entfernen der Korrosionsprodukte und die Einwirkzeit verdoppelt werden.

Der Test ist nicht dafür geeignet, Lochfraß zu erfassen, daher sind Löcher kein Grund, das Mittel als ungeeignet abzulehnen, sie müssen aber als deutliches Zeichen dafür interpretiert werden, daß beim Gebrauch dieser speziellen Lösung größte Vorsicht hinsichtlich Gebrauchszeit, Temperatur und Konzentration geboten ist. Unter diesen Umständen sollte ein auf Korrosionstests spezialisiertes Labor zur Untersuchung zugezogen werden. Schäden am Rand der Bleche müssen besonders vermerkt und sollten ebenfalls von einem Speziallabor untersucht werden. Das Korrosionsverhalten von Reinigungs- und/oder Desinfektionslösungen gegenüber Metallen kann im Wechseltauschversuch praxisnäher als im Standversuch überprüft werden (IDF 1978). Da nur Speziallaboratorien über die dafür erforderlichen vollautomatischen Anlagen verfügen, wird hier auf die Beschreibung verzichtet. (IDF 1977 u. 1978).

Literatur

AUTENRIETH u. KELLER, O. (1959): Quantitative chemische Analyse, 10. Aufl., S. 222, Dresden u. Leipzig, Th. Steinkopff Verlag.

DAMM, H. u. MROZEK, H. (1964): Die Flaschenreinigung in der Brauerei. Brauwelt 31/32, S. 524-531.

Gesellschaft Deutscher Chemiker u. DIN (Hrsg. 1993a): Deutsche Einheitsverfahren zur Wasser-, Abwasser- und Schlammuntersuchung H 6. Härte des Wassers. Verlag Chemie, Weinheim u. a. und Beuth Verlag, Berlin.

Gesellschaft Deutscher Chemiker u. DIN (Hrsg. 1993b): Deutsche Einheitsverfahren zur Wasser-, Abwasser- und Schlammuntersuchung H 41, Bestimmung des chemischen Sauerstoffbedarfs (CSB). Verlag Chemie, Weinheim u. a. und Beuth Verlag Berlin.

Henkel u. Cie, Düsseldorf (1978): Persönl. Mitteilung.

HIERATH, D., SCHARF, R. u. SCHLÜSSLER, H.-J. (1974): Versuche zur quantitativen Bestimmung von Verschmutzungen in Reinigungslösungen und Reinigungslaugen in der Milchwirtschaft. Milchwiss. 29, S. 385-394.

Internationaler Milchwirtschaftsverband Brüssel (IDF, 1977): Standard procedure for testing the corrosivness of detergents and/or sterilants on metals and alloys intended for use in contact with milk and milk products. Internat. Standard 77: 1977.

Internationaler Milchwirtschaftsverband Brüssel (IDF, 1978): Standard procedure involving alternate immersion and emersion for testing the corrosivness of detergents and/or sterilants on metals and alloys intended for use in contact with milk and milk products. Internat. Standard 85: 1978.

MOHR, W. (1954): Die Reinigung und Desinfektion in der Milchwirtschaft, S. 39-42 u. 153-155. Milchwirtschaftlicher Verlag Th. Mann, Hildesheim.

WILDBRETT, G. (1972): Schaummessungen an Reinigungslösungen für Melkanlagen. Fette, Seifen, Anstrichmittel 74, S. 234-239.

Literatur

WILDBRETT, G., MILLER, M. u. KIERMEIER, F. (1971): Photometrische Mikrobestimmung der Reste keimtötender QAV in Milch. Z. Lebensmittel Untersuch. Forsch. 145, S. 216-223.

WOLFF, K. L. (1957): Physik und Chemie der Grenzflächen Bd. 1, Springer Verlag, Berlin u. a.

WOLLENBERG, H. (1965): Erscheinungen an Grenzflächen: Oberflächenspannung und Adsorptionserscheinungen. In: J. Schormüller (Hrsg.): Handbuch der Lebensmittelchemie Bd. II/1. Teil, S. 112-144. Springer Verlag, Berlin u. a.

13 Kontrolle der Wirksamkeit von Reinigung und Desinfektion
F. KIERMEIER und G. WILDBRETT, H. MROZEK

Wie in Kap. 3 u. 4 ausführlich dargestellt, hängt der Reinigungs- und Desinfektionseffekt von zahlreichen Faktoren ab. Hier wie da ist die Wirksamkeit einer Reinigungs- oder Desinfektionsmaßnahme nicht immer leicht zu kontrollieren, am einfachsten bei Glasflächen oder auszuleuchtenden glatten Metallflächen, schwierig oder nur über Hilfsmaßnahmen bei Rohren, Hähnen, Abfüllvorrichtungen und geschlossenen Apparaten wie Butterungs-, Teigknetmaschinen und Strangpressen. Oft kann der voraussichtliche Effekt nur durch Modellversuche geklärt werden, wobei diese den praktischen Verhältnissen nur schwer gerecht werden, wenn Ablagerungen die Oberfläche verändern. Besonders undurchsichtig werden die Reinigungs- und Desinfektionserfolge, wenn die Maschinen oder Gerätschaften nicht auseinander genommen werden und die Reinigung im Umlauf betrieben wird („Cleaning in place: CIP"). Als Beispiel hierfür sind die komplizierten Maschinenaggregate einschließlich der meist über 100 m langen Rohranschlüsse in den Molkereien zu nennen. Da die Qualität der jeweiligen Produktion von der einwandfreien Beschaffenheit und von den technischen Gegebenheiten bestimmt wird, sind für die Betriebskontrolle in erster Linie Schnellmethoden erforderlich. Bei Betriebsstörungen bzw. bei Unklarheiten über Qualitätseinflüsse wird man zu eingehenderen Stufenkontrollen und Modellversuchen greifen.

13.1 Kontrolle des Reinigungseffektes
13.1.1 Einfache Kontrollen
Die Anforderung an eine gereinigte Oberfläche kann nicht hoch genug gestellt werden, da sie letztlich über den Erfolg der anschließenden bzw. gleichzeitig laufenden Desinfektionsmaßnahmen entscheidet. Die visuelle Kontrolle spielt bei Reinigungsarbeiten eine große Rolle, weil sie zunächst schnell darüber orientiert, welchen Zustand die Oberfläche bzw. der Apparat aufweist. Bei über das Wochenende ruhenden Apparaten wie Abfüllern oder Rührtrommeln kann der Geruchseindruck vor Beginn der neuen Produktion wichtig sein, vor allem, wenn sich in der Zwischenzeit in Lebensmittelrückständen aromaabgebende Mikroorganismen, z. B. bei Teigresten *Bacillus subtilis* und bei Milchresten *Streptococcus lactis*, entwickelt haben. Bei leicht zugänglichen Oberflächen wie Milchkühlwannen kann man nicht einwandfrei gereinigte Stellen mit einer UV-Lampe mit Licht der Wellenlänge 366 nm sichtbar machen, da diese auf der dunkelviolett reflektierenden Fläche bläulichweiß bis gelblich fluoreszieren (HEIN 1980). Ebenso ist die Probe auf einwandfreie Benetzung zwar nicht absolut objektiv, dafür aber einfach durchzuführen. Dies setzt jedoch visuelle Zugänglichkeit voraus und ist in erster Linie für die Prüfung gereinigter Glasflächen geeignet. Verläßt nach SCHLÜSSLER (1968) eine Flasche vollständig mit Wasser benetzt die Anlage, so kann daraus gefolgert werden, daß sich keinerlei Rückstände wie z. B. Fett auf der Oberfläche befinden, da sonst der Wasserfilm nicht geschlossen ist. Der Benetzungsfilm muß ca. 1 min erhalten bleiben, und es dürfen sich keine Tropfen zeigen. Auf längere Benetzungszeit braucht nicht geprüft zu werden, da je nach den äußeren Bedingungen bald ein Antrocknen des Wasserfilms beginnt. Daß darüber hinaus keine Verschmutzungen in der Flasche sichtbar sein dürfen, ist selbstverständlich und wird durch den Gesetzgeber zwingend vorgeschrieben. Der Flaschenkontrolleur am Leuchtschirm hat somit eine nicht zu unterschätzende, verantwortungsvolle Aufgabe. In einzelnen Großbe-

Kontrolle des Reinigungseffektes

trieben wird das Ausleuchten durch apparative Einrichtungen unterstützt. Die Forderung, daß bei einer Flasche der Wasserfilm geschlossen ist und frei von sichtbaren Verschmutzungen sein muß, ist eine Minimalforderung. Ist die Flasche aus der Anlage nicht tropfenfrei, so ist sie meist nicht ausreichund gereinigt; ist ein geschlossener Wasserfilm zu beobachten, so muß jedoch nicht in allen Fällen der Reinigungseffekt zufriedenstellend sein. Oft haften noch extrem kleine Schmutzpartikelchen an der Glaswand, obwohl der Wasserfilm lückenlos ist. Bei der erneuten Abfüllung – beispielsweise mit Mineralwasser – sind solche kleinen Schmutzteilchen, wie schon erwähnt, dadurch von Nachteil, weil die Abfüllung unruhig wird. Obwohl die Flaschen tropfenfrei sind, „kochen sie über". An den Stellen, an denen kleine Schmutzpartikelchen haften, benetzt das Spülwasser die Oberfläche nicht völlig. Zu erkennen ist diese Stelle jedoch visuell kaum. An diesen Stellen wird während oder nach der Füllung die Kohlensäure entbunden und veranlaßt die Entwicklung von Glasbläschen. Die Tatsache, daß eine einwandfreie Benetzung nicht einem niedrigen Keimgehalt gleichzusetzen ist, weist ebenfalls darauf hin, daß die Benetzbarkeitskontrolle nur begrenzte Aussagekraft hat. Ferner ist aus der Praxis bekannt, daß Flaschen die Reinigungsanlagen mit einem Dampfbeschlag („Schwitzen") verlassen können; werden sie anschließend mit Wasser angespült, so ist der Wasserfilm über eine ausreichende Zeit geschlossen. Oftmals beschlagen sich Flaschen mit Dampf, die bei längeren oder kürzeren Standzeiten der Anlage dem Wasserdampf über den Spülzonen ausgesetzt sind. Dieser Feststellung braucht vom Reinigungseffekt her gesehen keine Aufmerksamkeit geschenkt werden, da es sich nur um eine Kondensierung von Dampf auf dem meist schon abgekühlten Flaschengut handelt. Verlassen jedoch während der laufenden Reinigung mit einem Kondensatfilm behaftete Flaschen die Anlage, so müssen die Ursachen gesucht und die Fehler abgestellt werden. Vor allem sind die Temperaturen der Spülwässer gemäß der Betriebsanleitung für die Reinigungsanlage richtig einzustellen und die Innen- und Außenspritzung zu überprüfen. Da der Flaschenkontrolleur nicht unterscheiden kann, ob es sich um eine Tropfenflasche – also um eine schlecht gereinigte Flasche – oder nur um eine dampfbeschlagene Flasche handelt, muß dafür gesorgt werden, daß die Flaschen die Anlage mit einem geschlossenen Wasserfilm ohne Kondensbeschlag verlassen.

Um den Restschmutz nachzuweisen, sind zahlreiche Vorschläge gemacht worden, die den Nachteil haben, daß sie erst nach 18 bis 24 h eine Aussage erlauben, währenddessen die Produktion weitergelaufen ist. Als einfache Kontrollen auf eiweißhaltige Rückstände haben sich Farbstoffe wie Carbolfuchsin, Säurefuchsin, Methylenblau, Carbolgentiana-violett, Kristall-violett und Malachitgrün bewährt. Nach BEUTLING (1979) liegt die Grenze der Sichtbarkeit sowohl bei Blut (als Modellsubstanz für Fleischreste) als auch bei Milch, wenn die Farbstofflösung auf etwa 1:100 verdünnt worden ist. Hierbei ist noch ein leicht gefärbter, rauher Film auf der Oberfläche feststellbar. Im allgemeinen ist damit eine Anfärbung der Milch und des Blutes bis zu einem Verdünnungsgrad von 10^{-1} möglich. Zu beachten ist, daß Malachitgrün Blut nur unzureichend anfärbt und Säurefuchsin für Milch weniger geeignet ist.

Die Kontrollen nach einem Färbeverfahren sind nur bei ungefärbtem Glas möglich. Für die Untersuchung füllt man in die gereinigte Flasche einige ml Farbstofflösung und spült mit dieser die Innenwandung der Flasche gut aus. Anschließend wird die Farbstofflösung ausgeschüttet und die Farbe mit handwarmem Frischwasser ausgewaschen, bis das ablaufende Wasser nicht mehr gefärbt ist; das restliche Spülwasser ablaufen lassen. Dann bringt man die Flasche in einen Winkel von 45° in einen gebündelten Lichtstrahl, wobei sich die meisten Verunreinigungen als angefärbte Punkte, bei Carbolfuchsin rot, sichtbar werden (SCHLÜSSLER 1968). Dieses Anfärbeverfahren läßt sich in verschiedener Richtung modifizieren: Bei <u>gefärbten</u> Flaschen wird der an den Verschmutzungsresten haftende Farbstoff mit einem Lösungsmittel extrahiert und die Farbintensität der Lösung gemessen. Je nach der Zusammensetzung eines Lebensmittels kann der von ihm stammende

Restschmutz auf spezielle Bestandteile gezielt untersucht werden, z. B. bei stärkehaltigen Erzeugnissen mit der Jod-Stärke-Reaktion und bei fetthaltigen Produkten mit Rhodamin B. Erfahrungsgemäß lassen sich Stärkereste sehr schwer von Oberflächen entfernen (WEINBERGER u. WILDBRETT 1978 a), so daß eine Bewertung des Reinigungserfolges mit der Jod-Stärke-Reaktion sehr empfindlich auf geringste Reste anspricht.

13.1.2 Laboratoriumskontrolle

Bei den Betriebsapparaturen, -tanks und -behältern ist es nicht leicht, meist sogar unmöglich, praxisnahe Kontrollen durchzuführen. HEIN (1980) hat die zu kontrollierenden Flächen mit definierten Flüssigkeitsmengen besprüht bzw. abgespült. Wenn steril gearbeitet wird und geeignete Lösungen, z. B. 1/4 konzentrierte und sterile Ringer-Lösung, angewendet werden und überdies mit einem sterilen Kunststoffschaber Schmutzrückstände abgekratzt werden, so kann am Wannenauslauf die Spülflüssigkeit aufgefangen und darin das Eiweiß quantitativ bestimmt werden, eventuell nach Vorkonzentrierung. In der gleichen Spülflüssigkeit kann man auch das Fett quantitativ über eine Glycerinbestimmung erfassen. Diese sehr empfindliche Methode erlaubt über Umrechnung, auf rund 0,2 mg Fettrückstand zu schließen. Diese Spülprobe gibt Auskunft darüber, welche Lebensmittelreste an den Oberflächen verblieben sind. Sie sagt aber nicht aus, ob die kritischen Stellen in einer Apparatur einwandfrei gereinigt worden sind. Hierfür wird nach HEIN (1980) mit Chloroform getränkter, chemisch reiner Watte die zu prüfende Fläche innerhalb einer 10 x 10 cm großen Maske mit 5 Wattebäuschen nacheinander von allen Rückständen gereinigt. Die Wattebäusche werden in der Soxhlet-Apparatur 4 Std. lang mit Chloroform extrahiert, der Fettrückstand verseift und darin das Glycerin bestimmt. GALESLOT u. a. (1967) gehen noch einen Schritt weiter, indem sie polierte Stahlplättchen (150 mm x 25 mm x 1 mm) mit hitzebständigen Sporen von *Bacillus stearothermophilus* , C 953 – von den Autoren wird hierfür der Name *Bacillus calido lactis* bevorzugt – besprühen und an ausgewählten Stellen in den zu prüfenden Tanks mit einem klebenden Mittel befestigen. Nach der Reinigungsprozedur, bei der die Sporen alkalische Lösungen überleben (z. B. 0,6 %ige NaOH von 80 °C, 50 % nach 20 min), werden die Platten entnommen, bei 50 °C getrocknet und dann in eine große Petrischale gelegt. Darauf gießt man vorsichtig einen Nährboden (Kap. 13.2), etwas dicker als die Platten, und bebrütet 24 Std. bei 55 °C. Die restlichen Keime orientieren über den Reinigungseffekt (Berechnung vgl. 3.2). Für die Laboratoriumskontrolle bieten sich noch eine Reihe von Methoden an, die sich aber von dem eigentlichen Problem, ob die Reinigung bei einer bestimmten Apparatur genügt oder nicht, entfernen. Sie sind lediglich Modellversuche mit Platten oder mit Rohren verschiedenen Materials, die die verschiedenen Einflüsse veranschaulichen, so daß man den Reinigungserfolg beurteilen kann.

13.1.3 Modellversuche

13.1.3.1 Probleme bei Modellverschmutzungen

Bei derartigen Modellversuchen spielt die Art der Verschmutzung eine wichtige Rolle; sie ist deshalb möglichst genau zu definieren. TRAUTMANN (1981) schlägt als Modellschmutz für Entfettungsversuche ein Gemisch aus 5 Anteilen partiell hydrierten Speisefettes, 1 Teil Rindertalg und 2 Teilen Methyloleat vor – Schmelzpunkt des Gemisches: 43,5 °C, Tropfpunkt: 44,5 °C. Allerdings kann je nach Reinigungsproblem eine andere Fettzusammensetzung zweckmäßig sein, für Versuche unter Bedingungen des maschinellen Geschirrspülens z. B. reines Butterfett, Butter oder Schweinefett (WEINBERGER u. WILDBRETT 1978 b).

Kontrolle des Reinigungseffektes

Modellverschmutzungen aus Stärke lassen sich je nach Stärketyp sehr unterschiedlich entfernen, denn sie differieren in reinigungstechnologisch wichtigen Eigenschaften wie Quellbarkeit, Verkleisterungstemperatur oder Lipidgehalt. Getreidestärken haften wesentlich hartnäckiger als Kartoffel- oder phosphatierte Stärke (LINDERER u. WILDBRETT 1993).

Zusätzlich beeinflussen die Vorbehandlung der Stärkesuspension sowie die Dicke der aufgetragenen Schicht das Reinigungsverhalten erheblich (LINDERER 1993). Reproduzierbare Reinigungsergebnisse setzen einen Stärkefilm konstanter Dicke voraus. Stückige Anschmutzungen wie sie DIN 44990 Teil 2 (DIN 1987) vorsieht, sind schwerlich reproduzierbar zu applizieren und während des Reinigens wieder abzulösen. Deswegen haben LANG u. a. (1991) eine Vorrichtung entwickelt, um Stärkefilme konstanter Beschaffenheit auf ebene Glasplatten aufzutragen. Für vergleichende Untersuchungen mit kalziumreichen, thermisch denaturierten Proteinfilmen hat GRASSHOFF (1988) eine spezielle Präparationstechnik erarbeitet.

Je praxisnäher, d. h. im allgemeinen auch je komplexer die Anschmutzung sein soll, um so schwieriger wird es, reproduzierbare Anschmutzung und Reinigungsergebnisse zu erzielen. Weitere Komplikationen ergeben sich daraus, daß der Reinigungserfolg zusätzlich von der Schmutzmenge sowie dem Material und der Oberflächenbeschaffenheit der Schmutzträger abhängt.

13.1.3.2 Bestimmung verbliebener Rückstände

Die quantitative Bestimmung der Rückstände nach dem Reinigen gestaltet sich meistens schwierig, weil i. a. nur sehr geringe Mengen Restschmutz vorliegen. Für die Kontrolle auf Fettrückstände bestehen nach TRAUTMANN (1981) folgende Möglichkeiten:

visuell:	Anschmutzung mit angefärbtem Fett und Abmustern der Schmutzträger vor und nach dem Reinigen
photometrisch:	Ablösen des Restfettes mit Alkohol und Transmissionsmessung an der Lösung
radiometrisch:	radioaktive Markierung des Fettes und Messung der Restaktivität auf den gespülten Oberflächen
gravimetrisch:	Wiegen der befetteten Schmutzträger vor und nach dem Reinigen
konduktometrisch:	Bestimmung des Entfettungsvorganges an einer Elektrode in der Spülflotte über die Zunahme der elektrischen Leitfähigkeit.

Ferner kann Restfett IR-spektrofotometrisch bestimmt werden, indem es mit einem Lösungsmittel von der gereinigten Oberfläche abgetrennt und als Film auf eine KBr-Tablette aufgetrocknet wird. Da in diesem Fall die jeweilige Filmdicke unbekannt ist, muß ein innerer Standard – z. B. Polystyrol – in der Probe gelöst werden, über dessen Absorption die Schichtdicke erfaßt werden kann (MILLER u. a. 1981). Soweit neben Fett auch Proteinreste vorliegen, können diese nach dem Entfetten mit Natronlauge abgelöst werden. Nach saurer Hydrolyse und Reaktion mit Ninhydrin erfolgt die quantitative Bestimmung spektralphotometrisch. Schließlich können in einem letzten Schritt etwaige anorganische Bestandteile im Restschmutz mit Säure abgelöst und flammenphotometrisch quantifiziert werden (SAUERER 1989).

Stärkereste lassen sich mittels einer abgewandelten Anthronmethode im Mikromaßstab bestimmen (LANG u. WILDBRETT 1989). RIETZ u. a. (1993) haben das Verfahren mit dem Ziel einer vereinfachten Durchführung weiterentwickelt.

Kontrolle des Desinfektionseffektes

Nicht allein der mikrobiellen Kontrolle dient die Biolumineszenzmethode, eine enzymatische ATP-Bestimmung: In Anwesenheit von Mg^{2+} entsteht aus ATP, Luciferin und Luciferase unter Freisetzung von Diphosphat ein Enzym-Substrat-Komplex mit Adenylmonophosphat (AMP). Dieser zerfällt unter oxidierenden Bedingungen in decarboxyliertes Oxiluciferin, Enzym, Kohlendioxid und AMP. Die damit einhergehende Lichtemission ist der ATP-Menge im Versuchsansatz direkt proportional und wird im Luminometer gemessen. Die Nachweisgrenze liegt i. d. Größenordnung von 10^{-13} g ATP. Erfaßt werden nicht nur vermehrungsfähige Keime, sondern auch ATP-haltige Lebensmittelrückstände. Die Bewertung der Meßergebnisse – ausgedrückt in relativen Lichteinheiten – erfolgt durch Vergleich mit einem Kontrollwert, der entweder dem methodischen Blindwert entspricht oder aber die Grenze für eine ausreichende und evtl. zusätzlich für eine optimale Reinigung markiert. Die Methode eignet sich für Kontrolluntersuchungen an besonders kritischen Punkten der Lebensmittelgewinnung (AUMANN u. a. 1993) oder -verarbeitung (SINELL 1992) nach dem HACCP-Konzept.

Gegenüber anderen Kontrollverfahren besitzt die Biolumineszenz-Messung den Vorteil, daß die Ergebnisse wenige Minuten nach der Probenahme vorliegen und daher die Reinigung, falls notwendig, sofort wiederholt werden kann (MEVS 1992). Zusätzlich gestatten tragbare Meßgeräte auch die Kontrolle vor Ort. Nachteilig ist vor allem, daß die Ergebnisse nicht unabhängig von der die Abstriche vornehmenden Person sind und Sporen nicht erfaßt werden, weil sie kaum ATP enthalten. Ein Vergleich der Ergebnisse von trockenen und nassen Oberflächen ist nicht zulässig, weil der Abstrich von letzterem mehr Schmutzreste bzw. Bakterien aufnimmt.

Der generelle Nachteil der genannten Verfahren zur Kontrolle gereinigter Oberflächen besteht darin, daß die Schmutzreste möglichst quantitativ abgetrennt werden müssen. Die damit verbundene Unsicherheit vermeiden Verfahren, welche direkt an den Oberflächen ausgeführt werden können: Die früher eingesetzte Tracermethodik (JENNINGS 1965; HEIN 1980) mit radioaktiven Isotopen zur Markierung von Schmutzkomponenten ist heutigentags u. a. wegen der Entsorgungsprobleme mit den meistens vergleichsweisen großen Spülflüssigkeitsmengen nicht mehr akzeptabel. Stattdessen werden für lebensmittelberührende Oberflächen Elektronenmikroskopie und die energiedispersive Röntgenspektroskopie angewandt (DE GOERDEREN u. a. 1989). Letztere erfaßt einzelne chemische Elemente und erlaubt quantitative Angaben.

Der Aufbau von Filmen auf festen Oberflächen läßt sich ellipsometrisch verfolgen, indem man die Reflexionsänderung von linear polarisiertem Licht an einer Grenzfläche mißt. Umgekehrt kann auch das Ablösen filmartiger Verschmutzungen mit dieser Methode kontrolliert werden (ANEBRANT 1989). GRASSHOFF (1988) hat das Ablösen eines Milchbelages von Schmutzträgern in einem Zirkulationssystem mit einer Videokamera festgehalten und anhand der photographischen Aufnahmen die freigelegten, d. h. vollständig gereinigten Flächenelemente gemessen. Allerdings eignet sich diese Technik zwar für den Fall, daß Beläge, die sich optisch von der Unterlage abheben, stückweise entfernt werden, aber nur bedingt im Fall schichtweisen Schmutzabtrags.

13.2 Kontrolle des Desinfektionseffektes

13.2.1 Wirksamkeitsprüfung

Die Wirksamkeitsprüfung von Desinfektionsmitteln besteht aus der Prüfung auf Hemmwirkung (allgemein = mikrobiostatische Wirkung, gegen Bakterien gerichtet = bakteriostatisch, gegen Pilze gerichtet = fungistatisch) und der Bestimmung der Abtötungswirkung (entsprechend mikrobiozid, bakterizid und fungizid). Der

Kontrolle des Desinfektionseffektes

allgemeinere Begriff „antimikrobiell" für alle Formen der keimwidrigen Wirkung (entsprechend antibakteriell gegen Bakterien und antimykotisch gegen Pilze gerichtet) sollte bei Desinfektionsmitteln vermieden werden.

Die Prüfung eines Desinfektionsmittels beginnt zweckmäßigerweise mit der Prüfung auf Hemmwirkung. Wird Hemmwirksamkeit festgestellt, sind für alle weiteren Untersuchungen deren quantitative Verhältnisse von Bedeutung. In den meisten Fällen muß bei der Prüfung auf Abtötungswirkung zur Ausschaltung der Hemmwirkung mit einem Entgiftungszusatz gearbeitet werden, um Fehlschlüsse zu vermeiden. Die Kenntnis der Hemmwirkung eines Desinfektionsmittels ist für die Beurteilung seines Rückstandsverhaltens erforderlich. Darüber hinaus gibt die Relation zwischen hemmwirksamer und abtötungswirksamer Konzentration Hinweise auf Wirkungscharakter und -mechanismus eines Desinfektionswirkstoffes.

Eine vollständige Wirksamkeitsprüfung umfaßt

1. die qualitative Prüfung auf Hemmwirkung, z. B. nach einer Agrardiffusionsmethode wie dem Lochtest (DRAWERT 1982),

2. die qantitative Bestimmung der minimalen Hemmkonzentration (MHK), z. B. in einer Verdünnungsreihe (BECK u. a. 1977, BORNEFF u. a. 1981),

3. gegebenenfalls die Ermittlung einer geeigneten Entgiftungssubstanz (Enthemmungszusatz zum Subkulturmedium) nach den unter 1 und 2 genannten Methoden,

4. die Bestimmung der Abtötungswirkung, gewöhnlich nach einer Suspensionsmethode (BECK u. a. 1977, BORNEFF u. a. 1981, Deutsche Landwirtschafts-Gesellschaft 1983),

5. die Bestimmung des praktischen Desinfektionswertes im Modellversuch, z. B. im Keimträgertest (BORNEFF u. a. 1981, Deutsche Landwirtschafts-Gesellschaft 1983).

Tab. 13.1 Aussagekraft unterschiedlicher Prüfmethoden für Desinfektionsmittel

Untersuchungsmethode	Aussagekraft der Untersuchungsbefunde für die	
	Wirksamkeitsprüfung	Praxis
Agardiffusionstest	Feststellung antimikrobieller Eigenschaften und Notwendigkeit der Quantifizierung	Möglichkeit von Rückstandswirkungen
Hemmreihe	Beeinflussungsgrenze bei Abtötungsversuchen	Gefährdungsgrenze für Fermentationen
Entgiftungsversuch	Wahl des optimalen Subkulturmediums, Hinweis auf Wirkstoffart	Reaktivierungsrisiken
Suspensionstest	Abtötungswirkung bzw. Widerstandsfähigkeit von Testorganismen	Ausreichend vorgereinigte Systeme, Umlaufverfahren
dgl. mit Belastung	Eiweiß-, Seifen- usw. -fehler Hinweis auf Wirkstoffart und Wirkungscharakter	Verschmutzte, höchstens vorgespülte Systeme Umlaufverfahren
Kapazitätstest	wie vorstehend	Mehrfach genutzte Lösungen
Keimträgertest (submers)	Kombinierte Reinigungs- und Desinfektionswirkung (Keimentfernung und Abtötung)	Einlegeverfahren, Standdesinfektion
Oberflächentest	Penetrationsvermögen und Inaktivierbarkeit (Durchdringung eines Kontaminationsfilms)	Behandlung offener Flächen, Umgebungsdesinfektion

Kontrolle des Desinfektionseffektes

Die Auswahl der Prüfmethoden und insbesondere die Festlegung der variablen Parameter der verschiedenen Prüfungen richten sich nach den Erfordernissen des Einzelfalls (Tab. 13.1). Im Interesse der Vergleichbarkeit und Reproduzierbarkeit ist eine weitgehende Standardisierung nötig, wobei jedoch aufgrund vorgegebener biologischer Fakten trotz methodisch sachgerechten Arbeitens eine gewisse Schwankungsbreite der Ergebnisse nicht ausgeschlossen werden kann. Die in der letzten Stufe angestrebte Praxisrelevanz der Aussagen führt stets weitere Variable ein und damit zu geringerer Vergleichbarkeit von Versuchsergebnissen.

Allgemein sind im Rahmen von Prüfungen auf Desinfektionswirksamkeit zu standardisieren:

1. Testorganismus
   Keimart und Stamm sind genau festzulegen. Volle Vergleichbarkeit erfordert die Verwendung von Mikroorganismen der anerkannten Reinkulturensammlungen wie
   – der Deutschen Sammlung von Mikroorganismen (DSM, Braunschweig)
   – oder der American Type Culture Collection (ATCC, Rockville, Maryland),
   die mit ihrer laufenden Stammnummer als Referenz verwendet werden können. Auch diese Kulturen können natürlich von Passage zu Passage ihre Eigenschaften ändern. Arbeitskulturen sollten nicht länger als einen Monat geführt werden. Stammkulturen, die nur monatlich überimpft werden, sind in größeren Abständen (z. B. alle zwei Jahre) zu erneuern. Für die längerfristige Konstanthaltung sind gefriergetrocknete Kulturen geeignet.

   Zur Standardisierung der Testorganismen gehört die Einstellung der gewünschten Keimzahl, die Homogenität der Keimsuspension und der physiologische Zustand der Keime, der sich aus Art des Nährbodens, Bebrütungstemperatur und -dauer sowie der Zahl der Passagen ergibt.

   Die Auswahl geeigneter Testorganismen richtet sich nach dem vorgesehenen Anwendungsgebiet des zu prüfenden Desinfektionsmittels. Sie sollte zumindest je eine grampositive und gramnegative Bakterienart, eine Hefe und einen Schimmelpilz umfassen.

2. Antimikrobieller Eingriff
   Das Desinfektionsmittel muß in genau festgelegter und kontrollierter Konzentration vorliegen, wobei sich die Kontrolle – soweit möglich – auf den Desinfektionswirkstoff beziehen soll. Wichtig ist die Kontrolle des pH-Werts und die Standardisierung des zur Herstellung der Lösung verwendeten Wassers. Neben destilliertem Wasser hat sich ein standardisiertes Hartwasser mit z. B. 15° d (mit 0,36 g $CaCl_2 \cdot 6\ H_2O$ und 0,31 g $MgSO_4 \cdot 7\ H_2O$ in 1 Liter destilliertem oder vollsalztem Wasser) als zweckmäßig erwiesen, da einige Wirkstoffe insbesondere im Grenzbereich der Wirksamkeit durch die Wasserhärte beeinflußt werden (Kap. 2.1).

   Die Temperatur der Testlösung ist im Thermostaten auf ± 1 °C konstant zu halten. Kurze Einwirkungszeiten sind mit der Stoppuhr auf 5–10 s genau einzuhalten, bei Zeiten von einer Stunde aufwärts genügt eine Genauigkeit auf etwa ± 1 min.

3. Erfassung überlebender Keime
   Der Nachweis der Abtötung ist grundsätzlich ein quantitatives Problem (Kap. 4). Entsprechend ist die Größe der Stichproben am Ende einer Einwirkungszeit und die Art der Aufarbeitung von entscheidender Bedeutung für das Testergebnis. Die Grenze der Nachweisbarkeit überlebender Keime im Rahmen einer Versuchsanordnung muß konstant und aus dem Protokoll ableitbar sein. Die Kulturbedingungen zum Nachweis überlebender Keime sind nach Nährböden, Bebrütungsdauer und -temperatur festzulegen. Der

Kontrolle des Desinfektionseffektes

Nährboden muß die wirkstoffspezifischen Entgiftungszusätze enthalten, damit die Unterbrechung des Wirkstoffkontaktes entsprechend der vorgesehenen Versuchszeit sofort erfolgt. Das gleiche gilt auch für die sogenannten Unterbrechungsmedien, in die das entnommene Kontrollvolumen zur weiteren (quantitativen) Auswertung zunächst übertragen wird.

Eine Verlängerung der Bebrütungsdauer kann zur vollständigen Erfassung vorgeschädigter Keime zweckmäßig sein. Offizielle Testmethoden legen Bebrütungstemperatur und -dauer, die der Testkeimgruppe angemessen ist, fest. Übliche Bebrütungszeiten sind 1–3 Tage, bei Schimmelpilzen bis 7 Tage.

4. Testanordnung

Eine Festlegung der Testanordnung erfolgt im Rahmen der unten beschriebenen Gruppen von Prüfungsmethoden. Sie betrifft vor allem die Art des Kontaktes zwischen den Wirkstoffen der Desinfektionsmittel und den Keimen.

Von allgemeiner Bedeutung ist hier das Belastungsverhältnis, also die Relation zwischen Aktivsubstanz und solchen Stoffen, die entsprechend ihrer Reaktionsfähigkeit mit dem Abtötungsvorgang in Konkurrenz treten können. In der Hauptsache ist hierbei an Eiweiß zu denken. Die in der Praxis zu erwartende Schmutzbelastung wird im Test durch unterschiedliche Eiweißzusätze (Serum, Magermilch, Hefeautolysat, in erster Linie heute allgemein Albumin) standardisierbar gemacht. Neben der Bestimmung dieses Eiweißfehlers spielt noch die erwähnte Hartwasserempfindlichkeit und der sogenannte Seifenfehler eine Rolle (Richtlinien der DGHM 1972).

Publizierte Prüfungsvorschriften gibt es in der Bundesrepublik Deutschland von der Deutschen Gesellschaft für Hygiene und Mikrobiologie (DGHM), der Deutschen Landwirtschafts-Gesellschaft (DLG), der Deutschen Veterinärmedizinischen Gesellschaft (DVG) und der Mitteleuropäischen Brautechnischen Analysenkommission (MEBAK). An ausländischen Methoden verdient der Holländische Standardsuspensionstest der Kommissie voor Phytopharmazie (früher als 5-5-5-Test bezeichnet) Erwähnung (VAN KLINGEREN 1978), ferner die Vorschriften der Association Francaise de Normalisation (AFNOR 1981). Die Prüfmethoden des Internationalen Milchwirtschaftsverbandes (IMV/IDF/FIL) liegen in verschiedensprachigen Fassungen vor, so daß sie international eingesetzt werden können. In USA und Übersee werden die

Tab. 13.2 Einfluß der Prüfmethodik auf die Bewertung von Desinfektionswirkstoffen (MROZEK 1982)

Wirkstoff	Suspensionstest		Keimträgertest, submers	Oberflächentest, dünne Schicht
	unbelastet	belastet = Kapazitätstest		
Aktivchlor	+	–	+	–
Jod	+	(+)	+	–
Peressigsäure	+	(+)	+	(+)
Wasserstoffperoxid	(+)	(+)	(+)	(+)
QAV	(+)	(+)	–	–
Formaldehyd	–	(+)	(+)	+
Phenolderivate	+	+	+	+

+   (+)   –
günstig   ungünstig

Kontrolle des Desinfektionseffektes

Methoden der Association of Official Analytical Chemists (AOAC 1980) vielfach angewandt. Internationale Bedeutung sollen dem Europarat vorgeschlagene Prüfungsbestimmungen erhalten (VAN KLINGEREN 1983). Die folgenden Methodenbeschreibungen enthalten angesichts dieser Vielzahl unterschiedlicher Methoden nur die verallgemeinerungsfähigen Grundzüge.

Allgemein ist zu beachten, daß die Art der Prüfmethoden die Wirksamkeit der verschiedenen Wirkstoffe unterschiedlich beeinflußt (Tab. 13.2) und ein Desinfektionsmittel nach einer Methode als gut geeignet, nach einer anderen als mangelhaft oder unwirtschaftlich bewertet werden kann (WERNER 1977).

Prüfung der Hemmwirkung

Entsprechend den allgemeinen Überlegungen in Kap. 4 bestimmt man, ob und in welchem Umfang ein Desinfektionsmittel die mikrobielle Vermehrung hemmt. Diese Prüfung muß stets unter Bedingungen durchgeführt werden, die eine solche Vemehrung zulassen. Die Prüfsubstanz wird daher direkt in den Nährboden (die Nährlösung) eingebracht.

Bei der qualitativen Prüfung arbeitet man mit festen Nährböden. Agardiffusionsteste erlauben einen demonstrativen Nachweis antimikrobieller Eigenschaften. Man vermischt dafür den verflüssigten und auf Gußtemperatur (45–50 °C) abgekühlten Nährboden mit einer Testkeimsuspension, gießt in Petrischalen aus und läßt erstarren. Dann stanzt man mit einem durch Abflammen sterilisierten Korkbohrer Löcher von 10 mm Durchmesser aus, in die man die Prüfsubstanz oder ihre Lösung hineingibt. Nach angemessener Bebrütung wächst der Einsaatkeimgehalt, der über 10^4 je ml Nährboden liegen soll, zu einem dichten Rasen aus. Hemmwirkung erkennt man an der Bildung von Hemmhöfen um die Löcher mit Prüfsubstanz, in denen keine Koloniebildung stattfindet und der Nährboden unverändert erscheint.

Zu einem gleichen Erscheinungsbild führen Varianten des Lochtests, bei denen die Prüflösung in aufgesetzte Zylinder gefüllt oder aufgesaugt in kreisförmige Filterpapierscheiben aufgelegt wird (Abb. 13.1). Der besonders einfache „Aufstreutest", bei dem pulverförmige Substanzen direkt auf den Nährboden aufgebracht werden, führt zu ungleichförmigen Hemmzonen.

Abb. 13.1 Qualitative Prüfung auf antimikrobielle Eigenschaften. Oben: Lochtest, unten: Blättchentest. Links: keine Hemmwirkung, rechts: unbewachsene Hemmhöfe

Eine quantitative Auswertung dieser Tests zum Vergleich verschiedener Substanzen ist nicht zweckmäßig. Der sich entsprechend der Diffusionsverteilung entwickelnde Konzentrationsgradient konkurriert mit der Vermeh-

Kontrolle des Desinfektionseffektes

rungsgeschwindigkeit der eingebrachten Keime. Daher sind nur bei entsprechender Eichung durch mitlaufende Standards halbquantitative (Relativ-)Aussagen für eine Substanz möglich.

Die quantitative Bestimmung der Hemmkonzentration erfordert die Herstellung einer Konzentrationsreihe in Nährböden und die Ermittelung der Grenzkonzentration, bei der eingeimpfte Keime noch zur Entwicklung kommen. Allgemein eingeführt ist die Bestimmung der Minimalen Hemmkonzentration (MHK) im Röhrchentest (Reihenverdünnungstest). Hierfür wird das zu prüfende Mittel in abgestuften Konzentrationen vorgelöst und dann mit Nährlösung weiter verdünnt, so daß eine Konzentrationsreihe mit ausreichend enger Stufung entsteht. Anschließend wird mit den gewünschten Testorganismen beimpft und bebrütet. Nach 2 bis 7 Tagen erfolgt Auswertung auf sichtbares Wachstum (Trübung, Bodensatz, Haut). Die niedrigste Konzentration, in der noch kein Wachstum aufgetreten ist, ist die MHK (Abb. 13.2).

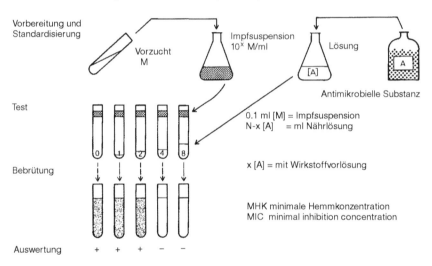

Abb. 13.2 Versuchsablauf zur quantitativen Feststellung antimikrobieller Eigenschaften im Reihenverdünnungstest (Hemmreihe).

Eine entsprechende Versuchsanordnung mit Agarnährboden läßt die Prüfung mehrerer Testkeime auf einer Petrischale zu. Man setzt in ausreichendem Abstand Impfstriche auf den Nährboden oder impft nach festem Muster mit dem Impfstempel. Wegen der Möglichkeit einer Wirkstoffadsorption in Agar-Agar sind die Ergebnisse nicht voll vergleichbar mit denen einer Hemmreihe.

Ermittlung einer geeigneten Entgiftungssubstanz

Eine Bestimmung der keimtötenden Wirkung ist nicht möglich, wenn bei der vorgesehenen Versuchsanordnung im Subkulturmedium zum Nachweis überlebender Keime durch das eingeimpfte Kontrollvolumen die MHK des Wirkstoffs überschritten wird. Aber schon bei geringeren Restkonzentrationen ist mit unsicheren Ergebnissen zu rechnen, da vorgeschädigte Zellen bereits durch niedrige Konzentrationen gehemmt werden können.

Zur Ermittlung des optimalen Enthemmungsmittels werden feste oder flüssige Nährböden mit Zusätzen bekannter Inaktivierungsmittel und Kombinationen daraus hergestellt. Sofern die Wirkstoffbasis zumindest teilweise bekannt ist, beginnt man mit dem entsprechenden Zusatz gemäß Tab. 13.3. Entsprechend einer Hemmreihe wird dann das zu prüfende Desinfektionsmittel in Konzentrationen von der MHK an aufwärts zugesetzt. Nach Beimpfung mit Testorganismen und üblicher Bebrütung wird festgestellt, welcher Zusatz die MHK am stärksten heraufgesetzt hat.

Tab. 13.3 Zusätze zur Ausschaltung antimikrobieller Nachwirkungen in der Subkultur

Inaktivator	%	Amphotensid	Biguanide	Formaldehyd	Halogene	Perverbindungen	Phenole	QAV	Schweflige Säure	Schwermetallverb.
Na-thiosulfat	0,1–1				x	x				
K-Schmierseife	0,1–0,5							(x)		
Tween 80	1–3	x	x				x	x		
Lecithin	0,1–1	x	x					x		
Saponin	3	(x)						(x)		
Cystein	0,1									x
Histidin	0,1			x	x					
Brenztraubensäure	0,05–0,1								x	

x = empfohlene Substanzen bzw. Kombinationen
(x) = mögliche Ergänzungen

Bestimmung der Abtötungswirkung

Die am besten standardisierbare Form der Bestimmung der Abtötungswirkung ist die Prüfung im Suspensionstest ohne Belastung (im reinen Milieu). Der ideale, allseitige Kontakt des Desinfektionswirkstoffs bei homogen verteilten Keimen in wässriger Suspension führt zu Werten der Konzentration, Temperatur und Einwirkungszeit, die zur Abtötung einer Population <u>mindestens</u> erforderlich sind.

Man verwendet stets Keime einer jungen Agar-Kultur, die durch laufendes (tägliches) Überimpfen möglichst in logarithmischer Phase gehalten wird, schwemmt mit Wasser oder physiologischer Kochsalzlösung auf und stellt durch Trübungsmessung oder mikroskopische Kontrolle die gewünschte Keimzahl grob ein. Im Zeitpunkt „0" setzt man die vorgeschriebene Einsaatmenge der vorbereiteten Desinfektionslösung zu, die in einem Thermostaten auf der vorgesehenen Temperatur gehalten wird. Sofortige gleichmäßige Durchmischung sorgt für gleichmäßige Kontaktbedingungen. Nach der mit der Stoppuhr gemessenen Einwirkungszeit entnimmt man ein Kontrollvolumen und impft direkt in ein Subkulturmedium zum Nachweis überlebender Keime – qualitative Auswertung = Endpunktbestimmung – (Abb. 13.3) oder in sterile Inaktivierungs- und Verdünnungsflüssigkeit (quantitative Auswertung = Bestimmung der Absterbeordnung), aus der man nach üblicher Methodik eine Keimzahlbestimmung ansetzt. Entsprechend wird die Anfangskeimzahl kulturell bestimmt.

Ursachen für unstetige Ergebnisse sind neben möglichen Schwankungen biologischer Eigenschaften insbesondere unzureichende Homogenisierung und Durchmischung sowie Kontamination über Gefäßränder und Wandungen, die nicht mit der Desinfektionslösung beaufschlagt wurden. Eine Absicherung durch größeren Versuchsumfang schreibt z. B. die DLG vor (3 Parallelen), die DGHM verlangt zwei voneinander unabhängige Gutachten.

Kontrolle des Desinfektionseffektes

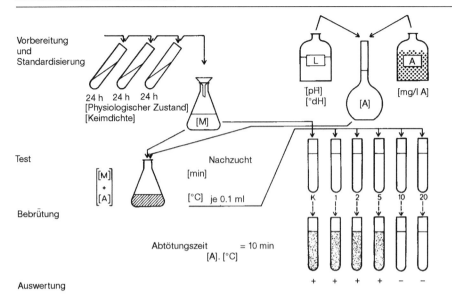

Abb. 13.3 Versuchsablauf bei der Feststellung mikrobizider Eigenschaften im Suspensionstest nach einer Endpunktmethode

Beide Ausführungsformen des Suspensionstests können zur Annäherung an Praxisbedingungen mit Belastungszusätzen (z. B. Eiweiß, Seife, Betriebsverunreinigungen) durchgeführt werden. Bereits die direkte Verwendung einer Bouillon-Kultur als Einsaat erhöht die Proteinbelastung merklich. Stärkere Belastungen werden durch die oben erwähnten Zusätze erzielt. Tab. 13.4 gibt die Relationen zwischen Belastungszusatz und Praxisbedingungen wider. Für das Versuchsergebnis ist der Zeitpunkt der Eiweißzugabe von entscheidender Bedeutung. Die gleichzeitige Zugabe mit den Keimen entspricht im allgemeinen den Verhältnissen in der Praxis. Eine vorzeitige Zugabe insbesondere größerer Belastungsmengen kann bereits vor Zugabe der Testkeime zur Inaktivierung führen.

Tab. 13.4 Belastung von Desinfektionslösungen mit Proteinen im Test und bei der praktischen Anwendung

Testmethode	Proteinbelastung in mg/l
DLG-Suspensionstest (D)	10
Standard-Suspensionstest (NL)	330
DGHM-Flächentest (D)	4500
Chick-Martin-Test (GB)	48800
Desinfektionsaufgabe	
Brauereitank, Standdesinfektion	1 – 10
Milchleitung, ungespült	75 – 300
CIP-Stapellösung (ca. 4 Wochen)	500 – 2000
Schlachthoffußboden, vorgespült	500 – 3000
dgl., ohne Vorspülung	5000 – >50000

Kontrolle des Desinfektionseffektes

Eine besondere Form des Suspensionstests mit zunehmender Belastung ist der Kapazitätstest, für den eine genaue Beschreibung des Internationalen Milchwirtschaftsverbands (1962 a) oder bei der AOAC (1980) vorliegt. Hierbei wird in regelmäßigen Intervallen je zehnmal Keimsuspension mit Belastungsmaterial zugesetzt und ein Kontrollvolumen entnommen. Zahl und Reihenfolge negativer Subkulturen geben ein Maß für die Belastungsfähigkeit der Prüflösung.

Bestimmung des praktischen Desinfektionswertes

Im Rahmen einer Desinfektionsaufgabe sind die zu bekämpfenden Keime zumindest teilweise an festen Oberflächen zu erwarten. Das gilt insbesondere nach einer Reinigung, bei der lose anhaftende Keime bereits abgeschwemmt und entfernt sein sollten. Eine verbleibende Aufwuchsflora ist nicht nur erstaunlich fest auf der Oberfläche verankert, sie besteht oft auch aus mehreren Zellschichten übereinander. Dadurch bieten die Zellen der äußeren Lagen auch nach ihrer Abtötung noch einen wirksamen Schutz für weiter innen gelegene Zellen. Modellversuche sollen diese Verhältnisse simulieren, wobei bessere Standardisierung stets zunehmende Entfernung von Praxisbedingungen bedeutet.

Im Rahmen eines Modellversuchs kann jedes vorkommende Material als Keimträger benutzt werden. Die Dimension der Keimträger muß der Versuchsanordnung angepaßt sein:

– Größere Flächen (z. B. 6 x 6 cm) bei Behandlung offen liegender Oberflächen
– kleine Stücke (z. B. 1 x 2 cm) bei Submersversuchen.

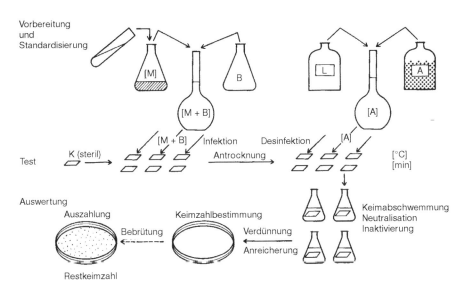

Abb. 13.4 Versuchsablauf bei der Prüfung auf desinfizierende Wirkung an festen Oberflächen im Keimträgertest mit quantitativer Auswertung

In Submersversuchen soll die Bewegung in der Desinfektionslösung die fließende Lösung imitieren. Kleine Keimträger sind durch Abschütteln einfacher quantitativ aufzuarbeiten als große Flächenstücke (Abb. 13.4). Der Versuchsablauf beginnt mit der standardisierten Kontamination der Keimträger mit einer Keimsuspension,

Kontrolle des Desinfektionseffektes

die zur Verbesserung des Haftvermögens mit Eiweiß versetzt wird, das gleichzeitig als Schmutzbelastung und als Schutzkolloid wirkt. Einheitliche Antrocknungsbedingungen (Zeit, Temperatur, Luftfeuchtigkeit, senkrechte oder waagerechte Lagerung) sind erforderlich, um einen ausreichenden Grad der Reproduzierbarkeit zu erreichen.

In Submersverfahren geht man entsprechend einem Suspensionstest vor, indem man die Keimträger zum Zeitpunkt „0" in die vorbereitete, temperierte Desinfektionslösung gibt und nach der vorgesehenen Zeit zur Prüfung auf Restkeimgehalt entnimmt. Im Oberflächenverfahren kann man nur einen Film der Desinfektionslösung aufbringen, wobei die gleichmäßige Verteilung über die kontaminierte Fläche von entscheidender Bedeutung ist.

Die Kontrolle auf überlebende Keime kann in entsprechend dimensionierten Gefäßen durch Abschütteln erfolgen. Einige Methoden sehen die Rückgewinnung der Keime durch direkte Abnahme (Tupferabstrich oder Abdruck auf feste Nährböden) vor. Wird auf eine quantitative Auswertung verzichtet, können alle Keimträger in Nährlösung untergetaucht bebrütet werden. Auf ausreichende Inaktivierung ist zu achten. Wird ein Zwischenbad zum Abspülen von Desinfektionsmittelresten verwendet, so ist dessen Abspülwirkung zu berücksichtigen.

Beispiele für Submersmethoden sind der DLG-Cup-Test, der als Modell für Rohrleitungen aus Edelstahl sogenannte Penicillin-cups (Zylinder aus 18/10-Chromnickelstahl, 8 ± 1 mm äußerer Durchmesser, 10 ± 1 mm lang) verwendet, oder der DVG-Keimträgertest, bei dem 1 cm^2 große Blechstücke von 0,8 mm Dicke aus einer Aluminiumlegierung (AlMgSi 1 nach DIN 1725, DIN 1783) oder aus Weichholz (3 mm dickes, abgelagertes, unbehandeltes Lindenholz) verwendet werden. Die DVG schreibt allgemein nur eine „Einlegemethode" vor, bei der die Keimträger 2 min lang in die zu prüfende Lösung eingebracht werden und vollkommen bedeckt sein sollen, im übrigen aber die Einwirkungszeit in vertikaler Stellung verbringen. Für Mittel, die in der Lebensmittelhygiene eingesetzt werden, kann ein Einlegeverfahren angewandt werden, bei dem die Keimträger die gesamte Einwirkungszeit in der Lösung verbringen. Als Flächendesinfektionstest ist die DGHM-Methode zu erwähnen, bei der 6 x 6 cm große Stücke aus Weich-PVC und Keramik (DIN 16951) vorgeschrieben sind.

13.2.2 Überwachung des Desinfektionserfolgs

Aufgabe von Reinigung und Desinfektion ist, die Herstellung hochwertiger und haltbarer Lebensmittel zu sichern. Aufgabe der mikrobiologischen Betriebskontrolle ist dementsprechend, die Einhaltung des hierfür erforderlichen mikrobiologischen Reinheitsgrades zu überwachen. Die notwendigen Kontrollen können erfolgen:

- durch Überwachung der Arbeitsbedingungen bei Reinigung und Desinfektion,
- durch Prüfung gereinigter oder betriebsbereiter Anlagen auf ihren mikrobiologischen Zustand,
- durch mikrobiologische Ausgangskontrolle der hergestellten Produkte, oder
- als gezielte Reklamationsüberwachung.

Eine Erfolgskontrolle im eigentlichen Sinn ist nur am erzeugten Lebensmittel selbst möglich. Zuverlässige Angaben über die mikrobiologische Gefährdung der Erzeugnisse können nur in entsprechender Anzahl vorgenommene Haltbarkeitsproben liefern. Vom Umfang her problematisch werden diese Untersuchungen, wenn es um den Nachweis sehr niedriger Keimgehalte, im Extremfall also um An- oder Abwesenheit potentieller Produktschädlinge geht. Ebenso wie die in ihrer Erfassungsmöglichkeit lückenhafte Reklama-

Kontrolle des Desinfektionseffektes

tionsüberwachung erhält man durch derartige Untersuchungen mit der sachbedingten Verzögerung Hinweise darauf, ob zum Produktionszeitpunkt Kontaminationen in einem statistisch ermittelbaren Umfang vorgelegen haben. Methodisch gesehen handelt es sich bei diesen Untersuchungen um Keimgehaltsbestimmungen im Lebensmittel mit den zugehörigen Anreicherungs- und Differenzierungsverfahren, auf die hier nicht näher eingegangen werden kann (SCHMIDT-LORENZ 1979).

Die an anderer Stelle (Kap. 12) beschriebene Kontrolle der Arbeitsbedingungen, insbesondere also von Konzentrationen und Gebrauchswert – also Nutzungsdauer und Schmutzbelastung – der Lösungen, ihrer Temperatur und Einwirkungszeit, ist zwar ausreichend, um die vorgesehene Wirksamkeit zu sichern, über Rekontaminationsrisiken und damit über den Desinfektionserfolg sind jedoch keinerlei Aussagen möglich. Hierfür bedient man sich einer Reihe von direkten und indirekten Methoden des Keimnachweises, die im Rahmen der Betriebskontrolle und zur Lokalisierung von Rekontaminationen in sinnvoller Kombination anzuwenden sind.

13.2.2.1 Direkte Nachweismethoden

Kontaktverfahren wie Abklatsch- oder Abdruckverfahren dienen dem direkten Nachweis von Keimen auf definierten Flächen. Man verwendet entweder Nährböden auf einem Träger (Glasplatte, Metallspange, Kunststofffolie) und drückt diese auf die zu prüfende Fläche oder man drückt die zu prüfenden Gegenstände (z. B. Dichtungen oder Verschraubungen) auf einem Nährboden in einer Petrischale ab. In beiden Fällen erhält man nach Bebrütung ein Abbild der Keimbeladung der geprüften Fläche.

Abklatschverfahren sind besonders anschaulich und für Demonstrationszwecke gut geeignet, allerdings nur bei relativ hohem Keimgehalt aussagekräftig (Abb. 13.5). Die Zugänglichkeit der lebensmittelberührten Flächen von Produktionsanlagen begrenzt die Anwendungsmöglichkeit.

Abb. 13.5 Nachweis von Oberflächenkeimgehalt im Kontaktverfahren mit sog. Abklatschplatten, Bewertungsstufen +++ links oben, ++ rechts oben, + links unten, 0 rechts unten

Kontrolle des Desinfektionseffektes

Da die Keimübertragungszeit vom Objekt auf den Nährboden keineswegs vollständig und auch kaum zu standardisieren ist, kann die Auswertung höchstens halbquantitativ erfolgen. Empfehlenswert ist eine grobe Stufung (Koloniedichte je cm^2):

- 0   = kein Wachstum (0)
- +   = wenige, einzeln liegende Kolonien (< 1)
- ++ = zahlreiche, jedoch überwiegend noch abgrenzbare Kolonien (1–10)
- +++ = rasenförmiges Wachstum (» 10)

Abstrichverfahren bedienen sich eines sterilen Tupfers zur Übertragung des Keimgehalts von der zu prüfenden Oberfläche auf den Nährboden. Sie haben den Vorteil der Anpassungsfähigkeit an das Prüfobjekt: Für den Abklatsch unzugängliche Bereiche werden erreichbar (Abb. 13.6); mit einem steril angefeuchteten Tupfer können große Flächen zur Sammlung des Keimgehalts abgestrichen werden; es lassen sich durch Mehrfachausstrich Auswertungen auf verschiedenen Nährböden vornehmen. Hinsichtlich der Quantifizierbarkeit der Ergebnisse ist der Abstrich dem Abklatsch keineswegs überlegen. Das gilt auch, wenn die Tupferwatte zur vollständigen Rückgewinnung des Keimgehalts ausgeschüttelt oder gar lösliche (Alginat-)Tupfer verwendet werden.

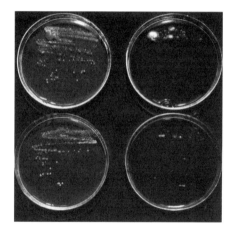

Abb. 13.6 A
Tupferabstriche können zwar unterschiedliche Bewuchsdichten ergeben, für die quantitative Auswertung fehlen jedoch verläßliche Bezugsgrößen

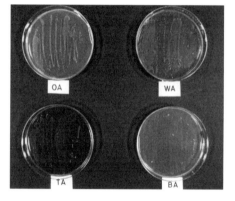

Abb. 13.6 B
Tupferabstriche ermöglichen differenzierende Auswertung durch Ausstrich auf verschiedenen Nährböden (OA = Orangenserumagar, WA = Würzeagar, TA = Tomatensaftagar, BA = Bouillonagar)

Eine vollständige Abnahme des Keimgehalts durch den Tupferabstrich ist ebenso wie beim Abklatsch nicht zu erwarten; die Zuordnung zu einer definierten Kontrollfläche ist unsicher. Daher sollte die Auswertung wie für den Abklatsch angegeben halbquantitativ vorgenommen werden.

Das Einbettungsverfahren eignet sich zum Nachweis des Keimgehalts an kleineren, nach Möglichkeit flachen Gegenständen. Man legt sie auf einen erstarrenden oder festen Nährboden und überschichtet mit einer

Kontrolle des Desinfektionseffektes

weiteren Lage. Auch dieses Verfahren ist sehr anschaulich. Es eignet sich besonders zur Kontrolle des Rekontaminationseinflusses von Packmaterial (Papier, Folien) und Flaschenverschlüssen (Kronenkorken; GDCh 1982).

Tab. 13.5 Vergleich verschiedener Untersuchungsmethoden zur Bestimmung des Keimgehalts in gereinigten Flaschen (SCHLÜSSLER u. MROZEK 1968)
(Ergebnisse einer Untersuchung mit 152 Flaschen, angegeben jeweils als Durchschnittskeimgehalt je Flasche)

Verschlußart Untersuchungsart		steriler Zellstoffstopfen		Bügelverschluß	
		Ausrollen	Ausschütteln	Ausrollen	Ausschütteln
Ansatz sofort	Bakterien	0,1	16	0,3	9
	Hefen	0,4	0	0,3	1
	Schimmel	42	140	47	92
Ansatz nach 24 Stunden	Bakterien	4	740	23	4600
	Hefen	0,4	0,2	2	0,1
	Schimmel	51	14	130	13

Tab. 13.6 Keimhalt in ungereinigten Bierfässern, durch wiederholtes Ausschütteln mit 250 ml physiologischer Kochsalzlösung bestimmt

Zahl der Ausschüttelung	\multicolumn{8}{c}{Keimgruppe}

Zahl der Ausschüttelung	Bakterien				Hefen			
Faß-Nr.	1	4	6	7	1	4	6	7
1.	$3,25 \times 10^6$	$1,57 \times 10^7$	$8,25 \times 10^9$	$2,5 \times 10^6$	$1,9 \times 10^9$	$2,75 \times 10^5$	$2,5 \times 10^8$	$7,5 \times 10^8$
2.	$6,5 \times 10^6$	$4,5 \times 10^6$	$1,85 \times 10^9$	$8,75 \times 10^5$	$1,3 \times 10^3$	$2,5 \times 10^5$	$1,25 \times 10^9$	1×10^8
3.	$2,5 \times 10^5$	5×10^5	$9,25 \times 10^8$	$2,75 \times 10^5$	$5,75 \times 10^7$	$2,5 \times 10^5$	$2,5 \times 10^8$	$5,25 \times 10^6$
4.	$2,5 \times 10^5$	$7,5 \times 10^5$	$1,52 \times 10^9$	$4,25 \times 10^4$	$1,4 \times 10^7$	$2,5 \times 10^5$	5×10^7	$1,9 \times 10^6$
5.	$2,5 \times 10^3$	$6,75 \times 10^6$	$2,75 \times 10^8$	$2,75 \times 10^4$	6×10^6	$7,5 \times 10^4$	1×10^8	$1,27 \times 10^6$
6.				$1,37 \times 10^5$				$3,25 \times 10^5$
7.				$2,5 \times 10^4$				$2,75 \times 10^5$
8.				3×10^3				$1,8 \times 10^5$
9.				$1,75 \times 10^4$				$1,77 \times 10^5$
10.				$2,5 \times 10^3$				$5,75 \times 10^4$

Fertigpackungen und Flaschen prüft man nach einem Beschichtungs- oder Ausrollverfahren oder nach einer Ausschüttelmethode. Im ersten Fall bringt man einen verflüssigten Nährboden bei Gußtemperatur in das Gebinde und verteilt ihn möglichst gleichmäßig auf der Innenfläche. Insbesondere in Glasflaschen ist damit eine quantitative Auswertung möglich. Die Ausschüttelmethode kann direkt mit einer Nährlösung, die zur Bebrütung im Gebinde verbleibt, durchgeführt werden. Die Auswertung ist dann qualitativ möglich, das Verfahren also insbesondere bei Kontrollen von Einweggebinden für haltbare bzw. Sterilerzeugnisse sinnvoll. Für eine quantitative Auswertung wird die Schüttelflüssigkeit (Sterilwasser, physiologische Kochsalzlösung oder eine Flüssigkeit, die die Benetzung und Suspendierung von Schmutzteilchen begünstigt) je nach

Kontrolle des Desinfektionseffektes

erwartetem Keimgehalt direkt, verdünnt oder membranfiltriert aufgearbeitet. Im Rahmen einer Stufenkontrolle bei der Flaschenreinigung können Ausroll- und Ausschüttelverfahren nebeneinander angewandt werden (Tab. 13.5). Beim Ausrollverfahren werden Klumpen von Mikroorganismen meist unzerteilt als eine Kolonie gezählt. Es wird aber auch der echte Restkeimgehalt erfaßt, der an der Innenwandung haftend die Reinigungsbehandlung überlebt hat. Durch das Ausschüttelverfahren wird bevorzugt der nur lose anhaftende Rekontaminations-Keimgehalt, meist aus dem Nachspülwasser, nachgewiesen. Die Koloniezahlen können insgesamt infolge Zerteilens von Keimaggregaten höher liegen. Die Unvollständigkeit der Keimerfassung läßt sich durch Mehrfachausschüttelungen nachweisen. Je nach Oberflächenbeschaffenheit der geprüften Gebinde nimmt die Keimausbeute von Ausschüttelung zu Ausschüttelung unterschiedlich ab (Tab. 13.6), wobei Einbauten wie bei Containern oder Bierfässern die Unstetigkeit der Ergebnisse erhöhen.

13.2.2.2 Indirekte Nachweismethoden

Größere Anlagen, unzugängliche Fließwege und den laufenden Produktionsfluß kann man nur indirekt kontrollieren. Grundsätzlich verwendet man hierfür die Spülmethode, bei der der Keimgehalt einer geeigneten Spülflüssigkeit, gegebenenfalls als Differenz zwischen zwei Entnahmestellen, als Maß für den Anlagenkeimgehalt ermittelt wird.

Die Art der Spülflüssigkeit richtet sich nach dem Umfang der zu kontrollierenden Anlagen. Nur für begrenzte Systeme lassen sich labormäßig sterile Spülmittel bereitstellen. Wird keine Sterilitätskontrolle beabsichtigt, ist das im allgemeinen auch nicht erforderlich. In einem wie üblich betriebenen Erhitzer behandeltes Leitungswasser ist ausreichend keimarm, und in vielen Fällen genügt Leitungswasser, dessen Keimgehalt als Blindwert in Ansatz gebracht wird. Schließlich kann im Sinne einer Stufenkontrolle auch das Lebensmittel selbst als „Spülmedium" aus dem Verarbeitungsgang entnommen werden. Hiermit erzielt man die praxisrelevante Keimabnahme von den gereinigten Flächen.

Von entscheidender Bedeutung ist die Sorgfalt bei der Probenahme. In den meisten Fällen ist hierfür ein Eingriff in den normalen Fließweg, also auch in den Reinigungs- und Desinfektionsweg erforderlich. Daraus resultiert die Gefahr des sog. Hahnfehlers, d. h., der Miterfassung eines produktionsirrelevanten Umgebungskeimgehalts. Gründliches Reinigen und Abflammen der Probenahmestelle und ein ausreichender Vorlauf („vorschießen lassen") grenzen diese Fehlermöglichkeit ein.

Bei der Fließwegkontrolle aus dem letzten Spülwasser ist stets an Nachwirkungen von Reinigungs- und Desinfektionsmittelresten zu denken. Entsprechend den spezifischen Probenahmebedingungen muß das Probenahmegefäß mit Neutralisations- und Entgiftungszusätzen beschickt sein. Die Aufarbeitung solcher Proben muß stets unmittelbar nach Probenahme geschehen, um unnötig verlängerte Einwirkungszeiten von Rückständen zu vermeiden. Entsprechend ist das Vorliegen von gechlortem Leitungswasser zu berücksichtigen. Alle indirekten Proben einer Stufenkontrolle dienen der Lokalisierung von Kontaminationsherden. Eine quantitative Auswertung ist über die allgemeine Skala (0 bis +++) hinaus nicht zweckmäßig.

13.2.2.3 Probenahmeplan

In der Routinekontrolle wird die Überwachung des Desinfektionserfolgs gewöhnlich auf die Kontrolle der Arbeitsbedingungen, die mikrobiologische Kontrolle der Ausgangsqualität und Haltbarkeitsproben des Produktes beschränkt. Kontaminationsempfindliche Stellen des Produktionsganges sollten aber auch routinemäßig überwacht werden. Überall, wo Lebensmittel zur Verlängerung der Haltbarkeit behandelt (z. B.

pasteurisiert) werden, ist eine Kontrolle zwischen diesem Schritt und der Abfüllung regelmäßig erforderlich, also an geeigneten Stellen zwischen Erhitzerausgang und Ausgang der Abfüllmaschine. Die Konstruktion vieler Abfüllanlagen macht diese Kontrolle notwendig (Abb. 13.7), um den richtigen Zeitpunkt zusätzlicher Reinigungsmaßnahmen frühzeitig zu erkennen.

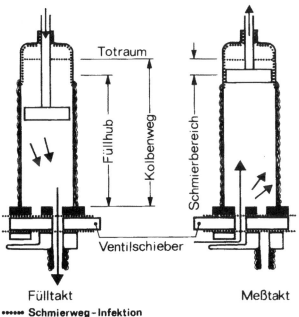

●●●●● **Schmierweg-Infektion**
〰〰 **Fließweg-Infektion (Kondenswasser)**

Abb. 13.7 Beispiel eines Abfüllelements mit Kontaminationswegen, für deren Überprüfung eine Demontage erforderlich ist (MROZEK 1970).

Zur Routineüberwachung wie zur Störungsaufklärung gehören die Untersuchungen zur Messung des allgemeinen Rekontaminationsrisikos. Hierzu rechnet in erster Linie die Überwachung des verwendeten Wassers, an das häufig über die Trinkwasser-Verordnung hinausgehende Anforderungen zu stellen sind. Regelmäßiger Überwachung bedarf auch der Luftkeimgehalt in den Produktionsräumen. Der Luftkeimgehalt stellt ein entsprechend den Ergebnissen auf Sedimentationsplatten kalkulierbares zusätzliches Risiko für Abfüllkontaminationen dar und gehört zum allgemeinen Primärkontaminationsrisiko an allen Außenflächen.

Im Sinne einer Routinekontrolle bedeutet „regelmäßig" tägliche Untersuchungen an festgelegten Kontrollpunkten. Angesichts der Labilität mikrobiologisch relevanter Umweltbedingungen ist auch bei scheinbarer Konstanz der Überwachungsbefunde keine wesentliche Verlängerung der Untersuchungsabstände zu empfehlen.

Bei mikrobiologisch bedingten Produktionsstörungen muß zur Lokalisierung der Ursachen unverzüglich eine vollständige Stufenkontrolle durchgeführt werden (Tab. 13.7). Auf dem gesamten Verarbeitungsweg sind in möglichst engen Abständen Proben zur Kontrolle des Keimgehaltsverlaufs zu entnehmen. Durch Abklatsch

Kontrolle des Desinfektionseffektes

oder Abstrich ist der Anlagenzustand zu überprüfen, wobei die sensorische Direktkontrolle bei der Demontage zum Zweck der Probenentnahme bereits wertvolle Hinweise gibt. Zu beachten ist dabei, daß auch übelriechende Rückstände noch kulturell untersucht werden müssen, da sie infolge chemischer und/oder thermischer Einflüsse durchaus frei von vermehrungsfähigen Keimen sein können.

Tab. 13.7 Untersuchungsmethoden und Probenahmestellen am Beispiel einer Betriebskontrolle bei der Limonadenherstellung

Art der Kontrolle	Anwendungsbereich
Stufenkontrolle	Wasser, Zucker, Grundstoff, Saftansatz, Vorlauf und Ausgang Mischimprägnieranlage, Vorlauf Füller (Ringkanal), Füllung in Betriebsflasche und in sterile Flasche, Kronenkorken aus Packung und aus Verschließer
Abklatschkontrolle	Wandung Wasserbehälter; Wandung, Deckel, Rührwerk Saftansatztank
Tupferkontrolle	Füllventile, Zentriertulpen, Kronenkorker – im Betrieb und nach Demontage
Flaschenreinigungs-Kontrolle	Ausrollen von gereinigten Betriebsflaschen und sterilen Flaschen nach Maschinendurchlauf, Keimgehalt Nachspülwässer, Tropfwasser, Abstrich Wandung Nachspülzonen und Flaschenabgabe (Lichtbrett)
Umgebungskontrolle	Luft (Sprühnebel, Wrasen) bei Flaschenabgabe, Transportketten, Füller, Füller außen (Kondensatablauf)

13.2.2.4 Kalkulation des Desinfektionsergebnisses

Ziel aller Maßnahmen der Betriebshygiene ist eine allen Anforderungen genügende mikrobiologische Reinheit der Anlagen bei Beginn der Lebensmittelverarbeitung.

Der mikrobiologische Zustand einer Anlage im produktionsbereiten Zustand (N_A) hängt ab von (MROZEK 1979):

- der Belastung mit Mikroorganismen am Ende des vorhergehenden Produktionsabschnittes (Anfangskeimgehalt N_O),
- der Keimentfernung durch einfache Spül- und Reinigungsmaßnahmen, wobei eine Abtötung dieser Keime nicht erforderlich ist (Reduktion der Keimbeladung durch Reinigung N_R),
- der Keimabtötung durch Desinfektion oder im Zusammenhang mit Reinigungsmaßnahmen (Reduktion der Keimbeladung durch Abtötung N_D),
- der Wiederbeladung mit Mikroorganismen nach Abschluß der Reinigungs- und Desinfektionsmaßnahmen (Keimbeladung durch Kontamination N_K),
- der Vermehrung von Rest- und Kontaminationskeimgehalt während der Standzeit bis zum nächsten Betriebsbeginn (Vermehrungsfaktor f als Funktion der jeweiligen Vermehrungsbedingungen und der Dauer der Standzeit).

Für alle Glieder der sich so ergebenden Formel

$$N_A = (N_O - N_R - N_D + N_K) \cdot f$$

sind in geeigneten Vesuchsanordnungen nach den angegebenen Methoden größenordnungsmäßige Näherungswerte experimentell bestimmbar, sie sind auch einzeln kalkulierbar.

Kontrolle des Desinfektionseffektes

Die mikrobiologisch-analyrtisch exakte Bestimmung eines jeden Einzelgliedes stellt jedoch einen erheblichen Eingriff in den gesamten Ablauf dar. Man muß dafür zunächst durch Zwischenspülung mit einer sterilen Lösung die zuvor verwendete keimschädigende Reinigungs- oder Desinfektionslösung verdrängen, ausspülen oder neutralisieren und das System abkühlen, schließlich durch geeignete Maßnahmen den vorhandenen Restkeimgehalt vollständig sammeln:

1. Der erste Schritt, die Zwischenspülung, bedeutet einen zusätzlichen Arbeitsgang, der mit Keimentfernung verbunden ist und so die Anfangslast für den weiteren normalen Betriebsablauf reduziert.
2. Der letzte Schritt, die Keimerfassung, kann ein „richtiges" Ergebnis nur liefern, wenn diese den jeweils vorhandenen Restkeimgehalt vollständig in die Kontrollflüssigkeit überführt, und das wäre einer Sterilisation durch Keimentfernung gleichzusetzen (vgl. hierzu Tab. 13.6).

Eine quantitative Betrachtung läßt sich unter Berücksichtigung betriebsspezifischer Gegebenheiten durchführen (Tab. 13.8). Maßnahmen wie grobmechanische Vorreinigung, Wasservorspülung und einfache Kaltreinigung entfernen je etwa 90 % vorhandener Verschmutzungen einschließlich des entsprechenden Anteils des Keimgehalts N_0. Das bedeutet jeweils eine Reduktion um eine Zehnerpotenz oder 1 D-Wert (dezimaler Reduktionswert; Kap. 4.1.6).

Tab. 13.8 Änderungen des Anlagenkeimgehalts infolge Reinigung und Desinfektion

Arbeitsgang	Effekt in %	D-Wert	Gesamteffekt D-Wert
Grobreinigung (Restentleerung)	90	1	1
Vorspülung (Kaltwasser)	90	1	2
Reinigung (kalt 30 °C)	99–99,9	2 bis 3	4 bis 5
Desinfektion	99,99–99,999999	4 bis 8	8 bis 13
Nachspülung (Wasserkeimgehalt 1 je 10 ml bis 10 je ml)	(Rekontamination)	–4 bis –6	
Standzeit (Keimvermehrung)	(Zunahme)	–1 bis –2	0 bis 8
Vordesinfektion	99,99–99,999999	4 bis 8	4 bis 16

Wird die Reinigung bei erhöhter Temperatur durchgeführt, also etwa im Pasteurisationsbereich, so erzielt man über die Hitzewirkung (etwa 3–4 Zehnerpotenzen Reduktion) hinaus eine weitere Abnahme des Keimgehalts um 2–3 Zehnerpotenzen. Als Kalkulationsgröße für die erforderliche Abtötungskapazität einer Desinfektionslösung kann man also davon ausgehen, daß eine Kaltreinigung die anfängliche Belastung mit Keimen aller Art um 3–5 Zehnerpotenzen, eine Heißreinigung um 7–9 Zehnerpotenzen erniedrigt.

Ausgehend von einem 0,1 mm dicken Haftfilm mit 1 000 000 Keimen je ml wäre der Anfangskeimgehalt 10 000 Keime je cm². Vor der Desinfektion sind dann als Restkeimgehalt bei Kaltreinigung mindestens 1 Keim auf 10 cm² oder höchstens 10 Keime je cm², bei Heißreinigung mindestens 1 Keim je 10 m² und höchstens 10 Keime je m² zu erwarten. Um die Anlagen eines Betriebes mit größenordnungsmäßig 100 m² zu desinfizierender

Literatur

Fläche sicher zu entkeimen, wäre eine weitere Reduktion um 4 Zehnerpotenzen nach einer Heißreinigung und um 8 Zehnerpotenzen nach einer Kaltreinigung erforderlich. Dem entsprechen die ausgewiesenen Wirksamkeiten von Desinfektionsmitteln mit Reduktionen um 5–8 Zehnerpotenzen. Wenn sich die Rekontaminationsrisiken und die Vermehrungsraten klein halten lassen, sind demnach die gestellten Forderungen erfüllbar.

Störungen beruhen im allgemeinen auf erschwerter Zugriffsmöglichkeit zu den Kontaminationskeimen, die in der Arbeitsweise nicht berücksichtigt wird. Ursachen sind teils konstruktive Merkmale der Anlagen (Kap. 5.1), vielfach aber ungünstige Oberflächenstrukturen, die überwiegend als Dauergebrauchsfolgen entstehen. Falsche Materialbehandlung (Kap. 11) hat hieran einen wesentlichen Anteil. Diese Ursachen bedingen eine primär oder sekundär mangelhafte Reinigungsfähigkeit, die es durch geeignete Maßnahmen zu überwinden gilt.

Literatur

ANEBRANT, T. (1989): Ellipsometry studies of protein, peptide and surfactant adsorption onto metal and silicon surfaces. In: H.-G. Kessler u. D. B. Lund (Edit.): Fouling and cleaning in food processing. p. 178-185. 5.-7. June 1989, Prien.

Association of Official Analytical Chemists (AOAC): Official Methods of Analysis. 13. Auflage, Washington 1980.

Association Francaise de Normalisation (AFNOR, 1981): Recueil de normes francaises des antiseptiques et désinfectants, 1re édition, édité par l'AFNOR, Paris-La Défense.

AUMANN, K., BICHMANN, L. M. u. ORDOLFF, D. (1993): Untersuchungen über Kochendwasser- und Zirkulationsreinigung für Melkanlagen. Kieler Milchwirtschaftl. Forsch. Ber. 45, S. 25-42.

BECK, E. G. et al. (1977): Empfehlungen für die Prüfung und Bewertung der Wirksamkeit chemischer Desinfektionsverfahren. Zbl. Bakt. Hyg. 1. Abt. Orig. B 165, 335.

BEUTLING, D. (1979): Modellversuche zum Nachweis des Reinigungseffektes in der Lebensmittelindustrie. Mh. Vet.-Med. 34, S. 868-870.

BORNEFF, J. et al. (1981): Deutsche Gesellschaft für Hygiene und Mikrobiologie, Richtlinien für die Prüfung und Bewertung chemischer Desinfektionsverfahren. Erster Teilabschnitt (Stand 1. 1. 1981). Zbl. Bakt. Mikrob. und Hyg. Reihe B, 172, 534.

Deutsche Gesellschaft für Hygiene und Mikrobiologie (Hrsg. 1972): Richtlinien für die Prüfung chemischer Desinfektionsmittel. 3. ergänzte Auflage. Gustav Fischer Verlag, Stuttgart.

Deutsche Landwirtschafts-Gesellschaft e. V.: Bestimmungen für die Verleihung und Führung des DLG-Gütezeichens für Reinigungs- und Desinfektionsmittel in der Milchwirtschaft, Stand 1. 1. 1983.

Deutsche Veteränermedizinische Gesellschaft (Hrsg. 1974): Richtlinien zur Prüfung chemischer Desinfektionsmittel für die Veteränermedizin. 8. 11. 1974 mit Nachtrag vom 31. 5. 1976.

DIN (1987): Elektrische Geschirrspülmaschinen für den Hausgebrauch. Gebrauchseigenschaften, Prüfungen. DIN 44990 Teil 2 (Entwurf). Beuth Verlag, Berlin.

DRAWERT, F. (Hrsg. 1982): Brautechnische Analysemethoden. Methodensammlung der Mitteleuropäischen Brautechnischen Analysenkommission (MEBAK), Band III, Selbstverlag der MEBAK, Freising-Weihenstephan 1982.

GALESLOOT, Th. E. et al. (1967): A sensitive method for the evaluation of cleaning processes with a special version adapted to the study of the cleaning of tanks. Neth. Milk & Dairy J. 21, S. 214-221.

GDCh-Fortbildungskurs 129/82. Mikrobiologische Prüfung von Verpackungsmaterial für Lebensmittel. II: Vorschriften. Manuskriptdruck. Darmstadt 1982.

Literatur

DE GOEDEREN, G., PRITCHARD, N. J. u. HASTING, A. P.M. (1989): Improved cleaning processes for the food industry. In: H. G. Kessler u. D. B. Lund (Hrsg.): Fouling and cleaning in food processing, p. 115-130, 5.-7. June 1989, Prien.

GRASSHOFF, A. (1988): Zum Einfluß der chemischen Komponenten alkalischer Reiniger auf die Kinetik der Ablösung festverkrusteter Beläge aus Milchbestandteilen von Erhitzerplatten, Kieler Milchw. Forsch. Ber. 40, S. 139-177.

HEIN, K. (1980): Reinigung und Desinfektion von Kühlbehältern zur Lagerung von Milch im landwirtschaftlichen Betrieb. Dissertation Techn. Universität München-Weihenstephan.

HOFFMANN, W. u. REUTER, H. (1984): Zirkulationsreinigen (CIP) von geraden Rohren in Abhängigkeit von der Oberflächenrauhigkeit, Milchwiss. 39, S. 416-419.

Internationaler Milchwirtschaftsverband (IDF), Brüssel: Standards 18 (1962 a), 19 (1962 b) und 44 (1967).

JENNINGS, W. G. (1965): Theory and practice of hard surface cleaning. Adv. Food Res. 14, S. 325-458.

VAN KLINGEREN, B. (1983): A two-tier system for the evaluation of disinfectants. Drukkerij Elinkwijk BV, Utrecht.

VAN KLINGEREN, B. u. MOSSEL, D. A. A. (1978): Zbl. Bakt. Hyg. I. Abt. Orig. B 166 540.

LANG, V. u. WILDBRETT, G. (1989): Eine Methode zur Bestimmung nativer und derivatisierter Stärke auf gespültem Geschirr. Z. Lebensmittel – Unters. Forsch. 188, S. 243-247.

LANG, V. et al. (1991): Methode zur definierten Verschmutzung ebener Flächen mit Stärke. Seifen, Öle, Fette, Wachse 117,S. 104-105.

LINDERER, M. (1993): Wirksamkeit des maschinellen Geschirrspülens gegenüber Stärkerückständen. Dissertation Techn. Universität München-Weihenstephan.

LINDERER, M. u. WILDBRETT, G. (1993): Untersuchungen zum maschinellen Geschirrspülen. Erarbeitung eines Prüfverfahrens. Seifen, Öle, Fette, Wachse 119, S. 822-828.

MEWS, U. (1992): Schnelle Hygienekontrolle. DMZ Lebensmittelind. u. Milchwirtsch. 114, S. 1627-1628.

MILLER, M., REGNER, P. u. WILDBRETT, G. (1981): IR-spektralphotometrische Bestimmung von Milchfett in Kunststoffrohren. Z. Lebensmitt. Untersuch. u. Forsch. 173, S. 107-108.

MROZEK, H. (1970): Hygienegefahren bei der Lebensmittelherstellung, Arch. Hyg. Bakt. 154, S. 240-246.

MROZEK, H. (1979): Der Desinfektionserfolg und sein Nachweis. Brauwelt 119, S. 723-746.

MROZEK, H. (1982): Entwicklungstendenzen bei der Desinfektion in der Lebensmittelindustrie. Deutsche Molkerei-Zeitung 103, S. 348-352.

RIETZ, M., RUBOW, K. u. TEUSCH, M. (1993): Bewertung der Reinigungsleistung beim Geschirrspülen. Seifen, Öle, Fette, Wachse 119, S. 340-348.

SAUERER, V. (1989): Reinigungsversuche an milchdurchströmten Rohren auf der Basis der zeitabhängigen Rückstandsakkumulation. Dissertation Techn. Universität München-Weihenstephan.

SCHLÜSSLER, H.-J. u. MROZEK, H. (1968): Praxis der Flaschenreinigung. Henkel & Cie GmbH (Hrsg.), Düsseldorf.

SCHMIDT-LORENZ, W. (Hrsg. 1979-1983): Sammlung von Vorschriften zur mikrobiologischen Untersuchung von Lebensmitteln. Verlag Chemie, Weinheim.

SINELL, H.-J. (1992): HACCP und Lebensmittelgesetzgebung. Fleischwirtsch. 69, S. 1328-1337.

TRAUTMANN, M. (1981): Methoden zur Messung der Entfettung fester Oberflächen. Tenside Detergents 18, S. 73-78.

WEINBERGER, P. u. WILDBRETT, G. (1978a): Beiträge zum maschinellen Geschirrspülen. 2. Mitt. Entfernen von Stärkerückständen von Glasoberflächen. Fette, Seifen, Anstrichmittel 80, S. 80-85.

WEINBERGER, P. u. WILDBRETT, G. (1978b): Beiträge zum maschinellen Geschirrspülen. I. Entfetten von Glasoberflächen unter den Bedingungen des maschinellen Geschirrspülens. Fette, Seifen, Anstrichmittel 80, S. 43-50.

WERNER, H. P., RATHMACHERS, B. u. BORNEFF, J. (1977): Zbl. Bakt. Hyg. I. Abt. Orig. B 160, S. 60-75.

Wichtigkeit. Das Ziel ist die Gewährleistung eines gesundheitlich unbedenklichen, qualitativ hochwertigen und bekömmlichen Erzeugnisses, das für den menschlichen Genuß tauglich und für den freien Warenverkehr geeignet ist.
Aktualisiert wurde dieses Standardwerk durch Rechtsvorschriften mit Kommentierung.
Durch regelmäßige Ergänzungslieferungen wird das Werk erweitert und auf den neuesten Stand gebracht.

Interessenten

Das Handbuch Lebensmittelhygiene als umfassendes Kompendium des aktuellen Fachwissens ist ein praxisnahes Nachschlagewerk für alle im Lebensmittelbereich Tätigen: Führungskräfte und Praktiker aus den Bereichen Lebensmittelgewinnung und -verarbeitung · Überwachungsbehörden und Untersuchungsämter · Verantwortliche in der Qualitätssicherung · Lebensmittelmikrobiologen · Lebensmitteltechnologen · Rückstandsforscher und Toxikologen · Auszubildende und Studierende im Bereich der Lebensmittelwissenschaften.

Loseblattsammlung
mit Ergänzungslieferungen
(gegen Berechnung, bis auf Widerruf)
Grundwerk 1994 · DIN A5 · ca. 1000 Seiten
DM 198,50 inkl. MwSt., zzgl. Vertriebskosten
DM 259,– ohne Ergänzungslieferungen
ISBN 3-86022-178-7

Bedeutung der Hygiene

Die hygienische Qualität der Lebensmittel wird vom Konsumenten immer wieder kritisch in Frage gestellt. Daher kommt dem Erkennen, Bewerten und Vermindern von Risiken für die Gesundheit des Menschen durch unerwünschte Mikroorganismen und unerwünschte Stoffe in der Nahrung eine besondere Bedeutung zu.

Qualitätssicherung

Lebensmittelhygienische Maßnahmen müssen eine einwandfreie Urproduktion sichern und die Umstände und Bedingungen, die zu hygienischen Gefährdungen bzw. zu Qualitätsbeeinträchtigungen führen, erforschen. Weiterhin müssen sie Verfahren angeben, die zur Kontrolle bei der Gewinnung, Herstellung, Behandlung, Verarbeitung, Lagerung, Verpackung, dem Transport und der Verteilung von Lebensmitteln eingesetzt werden können.
Das Prinzip einer produktionsbegleitenden Qualitätssicherung ist dabei von besonderer

Herausgeber und Autoren

Herausgeber und Autor des Werkes ist Prof. Dr. W. Heeschen, Leiter des Instituts für Hygiene der Bundesanstalt für Milchforschung in Kiel.
Weitere Autoren:
Prof. Dr. J. Baumgart, Dr. A. Blüthgen, RA D. Gorny, Prof. Dr. G. Hahn, Dr. P. Hammer, Prof. Dr. H.-J. Hapke, Prof. Dr. R. Kroker, Prof. Dr. H. Mrozek, Prof. Dr. Dr. h.c. E. Schlimme, Prof. Dr. H.-J. Sinell, Prof. Dr. A. Wiechen, Dipl.-Biol. R. Zschaler.

Aus dem Inhalt

Verderbnis- und Krankheitserreger · Mikrobieller Verderb · Durch Lebensmittel übertragbare Infektions- und Intoxikationskrankheiten und Parasitosen · Hefen und Schimmelpilze als Verderbniserreger · Rückstände und Verunreinigungen · Agrochemikalien · Tierarzneimittelrückstände · Bedeutung von Rückständen der Reinigungs- und Desinfektionsmittel · Radionuklide

BEHR'S...VERLAG

B. Behr's Verlag GmbH & Co. · Averhoffstraße 10 · D-22085 Hamburg
Telefon (040) 22 70 08/18-19 · Telefax (040) 22 01 09 91
E-Mail: Behrs@Behrs.de · Homepage: http://www.Behrs.de

14 Lebensmittelkontrolle auf Reste von Reinigungs- und Desinfektionsmitteln

H. MROZEK, G. WILDBRETT

Rückstände von Reinigungs- und Desinfektionsmitteln sind in Lebensmitteln gesetzlich unzulässige Fremdstoffe. Sie sind aus ernährungsbiologischer Sicht im günstigsten Falle als unverdaulich zu beschreiben, können aber auch dosisabhängig schädlich odr sogar gefährlich sein.

Um Lebensmittel auf evtl. Rückstände derartiger Kontaminanten überwachen zu können, sind spezielle Analysenmethoden erforderlich. Hierfür kommen sowohl biologische Verfahren, die auf der physiologischen Funktionsfähigkeit dieser Substanzen basieren, als auch chemisch-analytische Verfahren in Frage.

14.1 Biologische Rückstandsnachweise

14.1.1 Quantitative Bewertung von Rückstandsrisiken

Desinfektionsmittel enthalten gezielt antimikrobiell wirksame Substanzen. Daher liegt der Gedanke nahe, Rückstände dieser Verbindungen auch in Lebensmitteln mit einem mikrobiologischen Verfahren nachzuweisen. Im Prinzip kommen hierfür verschiedene Verfahren in Frage, die in Kap. 13.2.1 beschrieben sind. Allerdings ist dabei die Reaktionsfähigkeit der Desinfektionsmittel und die Möglichkeit ihrer Inaktivierung durch Lebensmittelbestandteile zu berücksichtigen. Insbesondere hängt die Nachweisbarkeitsgrenze vom Eiweißgehalt des jeweiligen Lebensmittels ab. Damit wird auch der mikrobiologische Rückstandsnachweis in erster Linie zu einem quantitativen Problem. Grundsätzlich ist mit Rückständen in drei verschiedenen Konzentrationsbereichen zu rechnen:

1. Mit den unvermeidbaren Rückständen, wie sie auch bei Einhaltung der verkehrsüblichen Sorgfalt an desfinzierten Oberflächen zu erwarten sind. Unvermeidbar sind in jedem Fall die bei Nachspülung mit Trinkwasser im Flüssigkeitsfilm zurückbleibenden Mengen. Hierbei handelt es sich stets um sehr geringe Mengen (Tab. 14.1; s. auch Kap. 8). Viele Wirkstoffe lassen sich bis unter die Nachweisbarkeitsgrenze abspülen. Sofern sie jedoch im Nachspülwasser enthalten sind, wie das insbesondere bei Chlor der Fall sein kann, entfällt diese Prüfungsmöglichkeit.

Tab. 14.1 Rückstände von Desinfektionsmitteln auf Oberflächen nach Behandlung mit 1-%igen Lösungen und Spülung mit Trinkwasser (SCHMIDT u. CREMMLING 1978)

Desinfektionsmittel	Rückstand in mg/m² bei			
	nichtrostendem Stahl	Aluminium	Glas	Polyethylen
Aktivchlor	–	0–0,04	–	0–0,2
Formaldehyd	–	–	–	0,6
QAV	4–5	4	–	4–6
Amphotensid	1–2	3–4	0,5	1–2

Biologische Rückstandsnachweise

2. Mit vermeidbaren, aber möglichen und abschätzbaren Restmengen, wie sie insbesondere bei fehlerhafter Arbeitsweise vorkommen können. Als wesentliche Fehler sind überhöhte Konzentrationen der angewandten Desinfektionslösungen und mangelhafte Nachspülung anzusehen. Diese Mengen sind kalkulierbar, falls die verwendete Lösung vollständig aus dem behandelten System ablaufen kann. Abhängig von der Art des behandelten Werkstoffes und seiner Oberflächenbeschaffenheit, Temperatur und Abtropfzeit sowie den Eigenschaften der vorliegenden Lösung sind Haftwassermengen von 2,5 bis 50 mg/m^2 zu erwarten (SCHLÜSSLER 1979). Bei einer Wirkstoffkonzentration von 200 mg/l bedeutet das maximal 10 mg/m^2 und bei gleichmäßiger Verteilung im Gesamtvolumen in einer 0,5-l-Flasche 0,7 mg/l, in einem 25 000-l-Tank 0,002 mg/l.
3. Größere, unkalkulierbare Mengen geraten in das Lebensmittel, wenn sich in Leitungen und Behältern Restmengen ansammeln können. Höhere Rückstandkonzentrationen können auftreten, wenn keine gleichmäßige Durchmischung im Rahmen der Produktion erfolgt. Das gleiche tritt natürlich bei absichtlichen Zusätzen ein, wenn sie etwa zur Haltbarkeitsverlängerung oder zur Beeinflussung des Ergebnisses mikrobiologischer Qualitätskontrollen vorgenommen werden.

14.1.2 Qualitative Bewertung von Rückstandsnachweisen

Neben der quantitativen Seite wirft auch die rein qualitative Bewertung mikrobiologischer Rückstandsnachweise Probleme auf. Das Ergebnis „Hemmstofftest positiv" ist zunächst völlig unspezifisch und besagt nur, daß im Versuchansatz Bedingungen geherrscht haben, die die Vermehrung des Testorganismus verzögert oder unterbunden haben. Hierfür kommen als Ursache neben Desinfektionsmittelrückständen sehr verschiedenartige Einflüsse in Frage:

1. Konservierungsmittel:
Die wenigen, heute zulässigen Stoffe für die Lebensmittelkonservierung werden allgemein in möglichst niedriger Dosis und damit an der Grenze ihrer Hemmwirksamkeit eingesetzt. Konzentrationen, wie sie sich bei der Vermischung mit unkonservierten Lebensmitteln ergeben können, sind nicht mehr gegen die Entwicklung von Mikroorganismen wirksam. Mit einem mikrobiologischen Rückstandnachweis können daher nur normale oder überhöhte Konzentrationen mit einfachen Methoden nachgewiesen werden.

2. Antibiotika:
Tierische Lebensmittel werden nach den nachfolgend angegebenen Methoden auf unzulässige Rückstände von Antibiotika überwacht. Der Nachweis dieser mikrobiostatischen Wirkstoffe ist dank ihrer relativen Stabilität einfach. Die penicillinaseempfindlichen Betalaktame sind dabei die einzige Gruppe von Antibiotika, die mit einem einfachen mikrobiologischen Vergleichstest identifiziert werden kann.

3. Andere Hemmstoffe:
Zahlreiche Stoffe mit Hemmstoffeigenschaften können in Lebensmitteln vorkommen wie verschiedene Chemotherapeutika, Parasitenbekämpfungsmittel, Pflanzenschutzmittel, natürliche Pflanzenbestandteile mit Hemmstoffcharakter, antagonistisch wirkende Stoffwechselprodukte usw. Ihr Auftreten in wirksamer Konzentration ist ungewöhnlich, löst aber gerade daher gegebenenfalls Verunsicherung aus.

4. Phagen:
Obwohl nicht zu den Hemmstoffen gehörig, muß doch auf die Möglichkeit eines Bakteriophagen-Einflusses hingewiesen werden. Störungen von bakteriellen Fermentationsprozessen können ebensogut durch Hemmstoffe wie durch Phagen ausgelöst werden. Insbesondere wenn ein Hemmstofftest mit einer Reinkultur aus dem Betrieb durchgeführt wird, ist an diese Störungsmöglichkeit zu denken.

14.1.3 Nachweisverfahren

Desinfektionsmittel sind im Gegensatz zu den potentiellen Hemmstoffen der beschriebenen Gruppen in den meisten Lebensmitteln nicht stabil. Ein biologischer Nachweis muß daher stets so früh wie möglich versucht werden. Als Methoden sind zu erwähnen:

Der gemäß Verordnung über eine Güteprüfung und Bezahlung der Anlieferungsmilch (Milch-Güteverordnung) vom 9. 7. 1980 vorgeschriebene Test zur „Feststellung von Stoffen mit antibiotischer Wirkung (Hemmstoffe) in Milch". Mit *Bacillus stearothermophilus var. calidolactis* als Testorganismus wird hierbei die Ausbildung von Hemmhöfen um Filterpapierscheibchen, die mit der zu untersuchenden Probe getränkt sind, auf einer Agaroberfläche bewertet. Die Mitführung von zwei Konzentrationsstufen Penicillin und eine Penicillinase-Kontrolle ist ausdrücklich vorgesehen.

Als Routinemethode für Massenuntersuchungen ist der Brillantschwarz-Reduktionstest (nach KRAACK u. TOLLE 1967) ein bewährtes Verfahren. Mit dem gleichen thermophilen Sporenbildner als Testorganismus arbeitet man in Mikrotitertabletts, die in der Vertiefung 0,1 ml Agar-Indikator-Sporengemisch enthalten und mit 0,1 ml der Probe überschichtet werden. Nach Vordiffusion und Bebrütung erfolgt Ablesung auf Farbumschlag (= negativ). Bei hemmstoffhaltigen Proben bleibt der Nährboden dunkelblau-violett. Kombinierte Reinigungs- und Desinfektionsmittel wirken hierbei erst positiv, wenn sie in Milch in höheren Konzentrationen vorliegen, als für die Anwendung in wässriger Lösung vorgesehen ist. Desinfektionsmittel auf Basis QAV oder Amphotensid werden in niedrigeren Konzentrationen nachgewiesen (MÜNCH 1970).

Für den Nachweis von Hemmstoffen in Milch sind zahlreiche weitere Formen von Reduktionstesten beschrieben, bei denen verschiedene Milchsäurebakterien als Testorganismus verwendet werden: Mit thermophilen Organismen (Joghurt-Kultur) ist ein Hemmstoffnachweis nach spätestens 3 h am Ausbleiben einer Methylenblau-Reduktion zu erkennen.

In der Schweiz hat die Eidgenössische Forschungsanstalt für Milchwirtschaft (EFAM) eine Prüfung auf Hemmwirksamkeit in die Zulassungsbedingungen für Reinigungs- und Desinfektionsmittel aufgenommen, bei der die Säuerungsfähigkeit verschiedener Reinkulturen (Rahmsäurewecker, Joghurtkultur, Käserei-Mischkultur, ggf. Propionsäurebakterien) unter ihrem Einfluß quantitativ verfolgt und eventuelle Hemmeffekte mit technologisch möglichen Rückstandsmengen verglichen werden.

Eine Untersuchung auf Hemmstoffe ist für Fleisch gemäß Fleischhygiene-Gesetz vom 8. 7. 1993 in der Fleischhygiene-Verordnung vom 30. 10. 1986 in der Fassung vom 24. 6. 1994 vorgeschrieben; das Verfahren ist in der „Allgemeinen Verwaltungsvorschrift über die Durchführung der amtlichen Untersuchungen nach dem Fleischhygiene-Gesetz" (Vwv.Fl.hyg.) vom 11. 12. 1986 enthalten. Die Untersuchung ist stichprobenartig und bei Verdacht auf Hemmstoffe anzuwenden und richtet sich definitionsgemäß gegen unerlaubte Antibiotikarückstände. Mit Bacillus subtilis BGA als Testkeim wird auf Agar die Hemmwirkung von Gewebeteilen aus Niere und Muskulatur mit Antibiotika-Standards (Penicillin G-Na und Streptomycin) verglichen.

Die Verordnung über diätetische Lebensmittel vom 25. 8. 1988 enthält in der Fassung vom 24. 6. 1994 in § 14 die Vorschrift, daß in diätetischen Lebensmitteln für Säuglinge oder Kleinkinder bei Verwendung von Milch, Milcherzeugnissen oder Milchbestandteile Bakterienhemmstoffe mit biologischen Untersuchungsverfahren nicht nachweisbar sein dürfen. Nach Anlage 5, die ersatzlos gestrichen wurde, waren die üblichen mikrobiologischen Untersuchungsmethoden zum Nachweis von Hemmstoffen, die das Ergebnis der nachfolgenden Keimzahlbestimmungen beeinflussen können, zugrunde zu legen. Damit konnte jede „anerkannte" Methode angewandt werden.

Chemische Kontrollmethoden

Eine Version eines Hemmstoffnachweises für die Gärungsindustrie, die sich im Vergleich zur üblichen Gärmethode durch besondere Empfindlichkeit auszeichnet, beschreibt RADLER (1971). In dem gärfähigen Substrat und in hemmstofffreien Vergleichsproben werden mit dem zu prüfenden Gärungsorganismus Verdünnungsreihen in Zehnerpotenzen 5-fach parallel angesetzt. Nach entsprechender Bebrütung (bei gärenden Hefen 4 Tage bei 28 °C) wird der sich in jeder Reihe nach dem MPN (= most probable number)-Verfahren ergebende Keimgehalt ermittelt. Liegt dieser Keimgehalt in der Verdachtsprobe mindestens um den Faktor 4 niedriger als in der Vergleichsprobe, so wird auf Anwesenheit von Hemmstoffen geschlossen. Dagegen ist bei der üblichen Gärmethode eine Aussage erst bei der vollständigen Hemmung einer größeren Einsaat zu erhalten (Tab. 14.2).

Tab. 14.2 Empfindlichkeitsgrenzen des Hemmstoffnachweises nach RADLER u. a. (1971)

Hemmstoffe	Empfindlichkeitsgrenze in mg/l bei der	
	Keimzahlmethode	Gärmethode
Kaliumsorbat	60	200–300
Natriumazid	1	1,5–2,5
Natriumfluorid	10	50–75
p-Chlorbenzoesäure	3	15–25
Actidion	< 0,05	0,12
Monobromessigsäure	2	2,5–3,5
PHB-Propylester	50	

14.2 Chemische Kontrollmethoden

Mikrobielle Verfahren zur Kontrolle von Lebensmitteln auf Reste chemischer Reinigungs- oder Desinfektionsmittel können lediglich anzeigen, ob Hemmstoffe in wirksamer Konzentration vorliegen. Der Hemmstofftest ist also nur ein qualitativer Vortest, der im Falle einer nachweislich verminderten Aktivität von Mikroorganismen durch eine chemische Analyse ergänzt werden muß. Im günstigsten Fall wird dabei die Hemmsubstanz chemisch identifiziert, meistens jedoch nur der Substanztyp – z. B. Oxidationsmittel, Kation- oder Amphotensid – bestimmt. Ferner hat die chemische Analyse die Aufgabe sicherzustellen, daß tatsächlich Rückstände von Chemikalien zum Reinigen oder Desinfizieren und nicht etwa natürliche Hemmstoffe (TERPLAN u. ZAADHOF 1967) vorliegen.

14.2.1 Grundlagen

Ob in einem Lebensmittel vorhandene Rückstände entdeckt werden oder nicht, hängt von der Leistungsfähigkeit der verfügbaren Analytik ab. Dem Rückstandsanalytiker stehen heute vielfach hochentwickelte Methoden zur Verfügung, die es erlauben, Kontaminationsstoffe selbst im ppb-Bereich (= µg/kg) zu erfassen. Immer sensiblere Methoden erhöhen das Risiko einer Fehlinterpretation der Meßwerte. Deswegen seien nachstehend einige Grundlagen bzw. Grundbegriffe, im wesentlichen auf der Basis einer EG-Entscheidung über den Nachweis der Rückstände von Stoffen mit hormonaler bzw. thyreostatischer Wirkung (1991), erläutert.

Chemische Kontrollmethoden

Blindwert

Je niedriger die erfaßbaren Stoffkonzentrationen liegen, umso eher ist zu erwarten, daß die Matrix einen geringen Gehalt des gesuchten Kontaminationsstoffes vortäuscht. Diesen jeweiligen, matrixbedingten Blindwert muß die Definition eines Meßwertes berücksichtigen. Zum Zwecke der Blindwertbestimmung ist das gesamte Analysenverfahren an einer typischen, den Analyten (Verdachtssubstanz, Kontaminationsstoff) nicht enthaltenden Probe wiederholt durchzuführen. Aus den Meßwerten werden die scheinbare Analytenkonzentration sowie deren Standardabweichung berechnet.

Für die Untersuchung eines Lebensmittels auf Reste von Reinigungs- bzw. Desinfektionsmitteln müssen alle Blindproben aus Betrieben beschafft werden, in denen nicht nur zum Zeitpunkt der Probenahme, sondern auch während einer angemessenen Zeitspanne davor, die Verdachts- und verwandte Wirkstoffe in dem betreffenden Betriebsbereich sicher nicht angewendet wurden. Dazu ist es erforderlich, die eingesetzten Reinigungs- und Desinfektionsmittel zu analysieren, um repräsentative Blindwerte des Lebensmittels garantieren zu können. Erschwerend fällt ins Gewicht, daß auf allen Stufen der Gewinnung, Verarbeitung sowie Verpackung Anlagen und Geräte gereinigt und desinfiziert werden müssen, folglich in jedem Bereich die Möglichkeit einer Kontamination besteht.

Die Ermittlung des Blindwertes verlangt besondere Sorgfalt, wenn äußere Einflüsse den Gehalt an Verdachtsstoffen, d. h. potentielle Inhaltsstoffe chemischer Reinigungs- bzw. Desinfektionsmittel erhöhen können, ohne daß tatsächlich eine Kontamination mit Resten dieser chemischen Hilfsmittel stattfindet. So kann beispielsweise Bier bei sachgemäßer Herstellung auch dann bis zu 0,1 mg/l Formaldehyd enthalten, wenn nicht mit diesem Wirkstoff desinfiziert wird (KRÜGER u. BORCHERT 1990). Tierische Lebensmittel können, wie das Beispiel Milch belegt, infolge jahreszeitlich oder standortbedingt unterschiedlicher Fütterung bzw. abhängig vom Laktationsstadium sehr schwankende Blindwerte aufweisen. Einem Bericht des Internationalen Milchwirtschaftsverbandes (1982) zufolge schwankt der natürliche Jodgehalt der Milch ohne Gebrauch jodhaltiger Desinfektionsmittel zwischen 5 und 186 µg/kg; aus den USA stammen sogar Werte zwischen 247 und 287 µg/kg (GALTON u. a. 1986). Hier genügen Literaturangaben über einen durchschnittlichen Gehalt eines Lebensmittels an derartigen Verdachtsstoffen keinesfalls, um zu entscheiden, ob im konkreten Fall eine unzulässige Kontamination mit Resten jodhaltiger Desinfektionsmittel stattgefunden hat oder nicht. Vielmehr muß der jeweils relevante Blindwert an repräsentativen Stichproben ermittelt werden, anderenfalls besteht die Gefahr, entweder – bei Annahme eines zu hohen Blindwertes – eine tatsächliche Kontamination zu übersehen, oder – bei einem zu niedrigen Blindwert als Ausgangsbasis – irrtümlich auf eine Kontamination zu schließen.

Nachweisgrenze

Dieser Grenzwert entspricht dem niedrigsten Meßwert, der mit ausreichender statistischer Sicherheit auf die Anwesenheit eines unzulässigen Verdachtsstoffes schließen läßt. Eine Methode zur qualitativen Kontrolle auf nicht erlaubte Kontaminationsstoffe muß es ermöglichen, Rückstände in einer Höhe, wie sie nach illegaler Anwendung zu erwarten ist, mit ausreichender Sicherheit (mindestens 95 % Wahrscheinlichkeit) zu entdecken (ARNOLD 1988).

Die Nachweisgrenze kann wie folgt ermittelt werden: Man bestimmt den Blindwert B an einer ausreichenden Zahl repräsentativer Blindproben (s. o.) und errechnet daraus die Nachweisgrenze zu $B + 3s_B$ (s_B = Standardabweichung des Blindwertes). Damit beträgt gemäß der Gauß'schen Normalverteilung – ob diese Voraussetzung erfüllt ist, muß stets geprüft werden – die Wahrscheinlichkeit, einen tatsächlichen Rückstand mit dem Blindwert zu verwechseln, nur 0,135 %.

Alternativ zu diesem Vorgehen kann bei spektralphotometrischen Verfahren, in denen repräsentative Stichproben nur sog. weißes Rauschen verursachen, letzteres als Blindwert dienen. Dann entspricht die Nachweisgrenze dem Dreifachen dieses Rauschens.

Bestimmungsgrenze

Weist der Analysenbefund darauf hin, daß die Probe den Rückstand des gesuchten Stoffes enthält, bedeutet das nicht gleichzeitig auch, daß sich dessen Menge mit ausreichender Sicherheit quantifizieren läßt, denn das setzt eine substanzspezifische Mindestkonzentration voraus. Die Untergrenze der Bestimmbarkeit wird daher zu $B + 6 s_B$ festgelegt (MARR u. a. 1988). Existiert für die gesuchte Substanz ein zulässiger Grenzwert, muß die Bestimmungsgrenze der Analysenmethode zuzüglich des dreifachen Wertes der Standardabweichung unterhalb der zulässigen Konzentration liegen.

Aufgrund vorstehender Definition erscheint es sinnvoll, Rückstandswerte (R) wie folgt anzugeben:

$R < B + 3 s_B$: Die Verdachtssubstanz ist nicht nachweisbar (die Nachweisgrenze muß beziffert werden).

$B + 3 s_B < R < B + 6 s_B$: Keine Bezifferung der Rückstandskonzentration, sondern lediglich $R > B + 3 s_B$ (der überschrittene Grenzwert ist zahlenmäßig anzugeben).

$R > B + 6 s_B$: Die Rückstandskonzentration wird beziffert; es ist hinzuzufügen, ob eine Korrektur für die anzugebende Wiederfindungsrate vorgenommen wurde.

Nachweis- wie Bestimmungsgrenze charakterisieren zusammen mit anderen Kriterien, beispielsweise Präzision oder Empfindlichkeit, das Leistungsvermögen eines Analysenverfahrens. Dabei liefern die beiden erstgenannten Kriterien nur mehr oder minder genaue Schätzwerte für den äußersten Leistungsbereich. Sie dürfen keinesfalls mit rechtsverbindlichen, strafbedrohten Grenzwerten verwechselt werden (KRÜGER u. BORCHERT 1990).

14.2.2 Reste von Reinigungsmitteln

Die anorganischen Bestandteile von Reinigungsmitteln für den Lebensmittelsektor, nämlich Natrium, Kalium, Carbonate, Phosphate (bzw. Phosphorsäure), Silikate, Sulfate (bzw. Schwefelsäure), Chloride u. a. sind auch natürliche Inhaltsstoffe von Lebensmitteln, deren Massenanteil in ein und demselben Lebensmittel vielfach erheblich schwankt. Deshalb lassen sich geringe Reste von Reinigungsmitteln in Lebensmitteln anhand solcher Werte kaum mit vertretbarer Sicherheit analytisch feststellen. Selbst wenn 10 ml einer 1 %igen Natronlauge pro Liter bzw. Kilogramm Lebensmittel übertreten, ist die gegenüber dem originären Natriumgehalt eintretende Erhöhung nicht immer signifikant (Tab. 14.3). Für andere Inhaltsstoffe gelten ähnliche Verhältnisse.

Als lebensmittelfremde und daher potentielle Indikatorsubstanzen könnten synthetische Tenside dienen. Nur wenige Autoren – z. B. HARKE u. a. (1978), WOO u. LINDSAY (1982) – haben bisher diesen Weg beschritten. Allerdings wurden dazu Analysenverfahren zur Wasser- bzw. Abwasseruntersuchung herangezogen. Für die Anwendung auf Lebensmittel fehlen die wünschenswerten Angaben zur Leistungsfähigkeit der Verfahren, weshalb sie nicht in Tab. 14.5 erscheinen.

Chemische Kontrollmethoden

Tab. 14.3 Schwankungen des natürlichen Natriumgehaltes ausgewählter Lebensmittel und dessen Veränderungen durch Zusatz 1 %iger NaOH in unterschiedlicher Höhe

Lebensmittel	originär[2]	Größenordnung des Natriumgehaltes nach Zusatz von 1 %iger NaOH	
		1 ml/l	10 ml/l
	mg/l	mg/l	mg/l
Apfelsaft	6–50	11–55	63–107[+)]
Orangensaft (Muttersaft)	5–16	10–21	62–73[+)]
Weißwein	5–40	10–45	62–97[+)]
Meerrettich[1]	10–320	15–325	67–377[-)]
Tomatenmark[1]	3600–8200	3605–8205	3657–8257[-)]

[1] Stoffmengenkonzentration in mg/kg
[2] nach SOUCI u. a. (1988)
[+)] Erhöhung gegenüber natürlichem Schwankungsbereich signifikant
[-)] Erhöhung gegenüber natürlichem Schwankungsbereich nur im Extremfall signifikant

Die bestehenden Schwierigkeiten haben dazu geführt, daß wiederholt versucht wurde, Reste von Reinigungsmitteln indirekt festzustellen, etwa über eine pH-Verschiebung. Das mehr oder weniger ausgeprägte Pufferungsvermögen der Lebensmittel erschwert jedoch den Nachweis der Reste konfektionierter Reinigungsmittel, so daß z. B. in Milch erst Zusatzmengen in der Größenordnung von 4 % meßbare Veränderungen des pH-Wertes hervorrufen (MILLER u. WILDBRETT 1973). Lediglich ungepufferte Reinigungslösungen mit extremem pH-Wert wie Natronlauge oder Mineralsäuren verschieben schon in Zusatzmengen < 1 % den pH-Wert der Milch eindeutig (HENNINGSEN 1976).

Gelangen Anteile einer Reinigungslösung in Lebensmittel, entspricht das einem Wasserzusatz, der den Gefrierpunkt beispielsweise von Milch verändert, durch dessen Bestimmung sich zwar die Vermischung mit Wasser, aber nicht der Übergang von Reinigungsmitteln belegen läßt. Lösungen pulverförmiger Reiniger verringern aufgrund ihres höheren Elektrolytengehaltes die Gefrierpunktserhöhung im Vergleich zu Lösungen flüssiger Reiniger, so daß der Wässerungsgrad scheinbar vermindert und damit noch schwieriger nachweisbar wird (BUCHBERGER 1986). Auch die sensorische Kontrolle kontaminierter Milchproben im Vergleich zu einem einwandfreien Standard vermag geringe Reinigungsmittelreste nicht aufzuspüren (MILLER u. WILDBRETT 1973). Hemmstoffpositive Befunde sind allerdings nur nach sehr hohen Zusatzmengen von Reinigungs- und Desinfektionsmitteln zu erwarten, welche Milch sensorisch so stark verändern, daß sie ungenießbar wird (LAUERMANN u. a. 1981). Hingegen genügen nach WOO u. LINDSAY (1982) etwa 10 mg/kg eines anionischen Tensids, daß Butter erkennbar seifig-ranzig schmeckt.

Generell ließen sich die Nachweismöglichkeiten für Reste von Reinigungsmitteln verbessern, müßten diese obligatorisch mit einer lebensmittelfremden Kennsubstanz versetzt werden. Soweit kombinierte Reinigungs- und Desinfektionsmittel verwendet werden, kann eine Kontrolle der Lebensmittel auf Rückstände der keimtötenden Komponente Erfolg versprechen (Kap. 14.2.3).

Das zu erwartende Ausmaß einer Kontamination von Lebensmitteln durch anhaftende bzw. verschleppte Reinigungsmittel-Reste läßt sich in Modellversuchen abschätzen, etwa durch Bestimmen der Natriumreste in

Chemische Kontrollmethoden

gereinigten Flaschen. Allerdings beeinträchtigt steigender Natriumgehalt des Spülwassers die Sicherheit der Ergebnisse (ROESICKE u. RENKAMP 1990). Eine Abschätzung der voraussichtlichen Rückstandsmengen anhand der Haftwassermengen an gereinigten Oberflächen (SCHLÜSSLER u. KOCH 1979) liefert für Tenside wegen ihres ausgeprägten Haftvermögens keine relevante Aussage. Dazu sind Abspülversuche notwendig, bei denen die anhaftenden Restmengen mit einem Lösungsmittel von den behandelten Oberflächen abgelöst und darin quantitativ bestimmt werden (NASSAUER 1985). Dabei zeigen sich erhebliche Differenzen hinsichtlich des Abspülverhaltens unterschiedlicher Tensidtypen (HELMSCHROTT u. WILDBRETT 1985). Auch anorganische Reinigungsmittel-Bestandteile differieren deutlich hinsichtlich ihres Abspülverhaltens. So läßt sich Natronlauge schlecht, Salpetersäure hingegen gut ausspülen (PLETT u. LONCIN 1984). Im übrigen führen konstante Haftwassermengen mit einem bestimmten Gehalt an Chemikalienresten je nach dem Verhältnis von Behälteroberfläche zu Füllvolumen zu völlig unterschiedlichen Rückstandskonzentrationen im Lebensmittel (Tab. 14.4).

Tab. 14.4 Rückstandskonzentrationen von Reinigungsmitteln in Abhängigkeit von der Behältergröße (Annahmen: Reinigungsmittelkonzentration im letzten Spülwasser: 50 µg/l; Haftwassermenge: 10 ml/m^2; vollständig gefüllte Behälter) in Anlehnung an TREETZEN u. a. (1989)

Behältergröße	Rückstandskonzentration µg/l
0,5 l	1,0
50 l	0,01
25 000 l	0,001

14.2.3 Reste von Desinfektionsmitteln

Größeres Interesse als Reste von Reinigungsmitteln haben verständlicherweise die Rückstände keimtötender Substanzen gefunden, weil sie mikrobielle Prozesse in der Lebensmittelindustrie empfindlich stören können (DUNSMORE 1983). Tab. 14.5 gibt einen Überblick über die bisher zur Kontrolle von Lebensmitteln auf etwaige Reste mikrobizider Wirkstoffe angewandten methodischen Prinzipien, ergänzt durch die verfügbaren Angaben über ihre jeweilige Leistungsfähigkeit. Abgesehen von der Jodidbestimmung in Milch stehen allerdings Ringversuche mit den aufgeführten Methoden derzeit noch aus.

Während die meisten mikrobiziden Wirkstoffe mit Lebensmittel-Inhaltsstoffen, vor allem Proteinen, chemisch reagieren und sich danach nicht mehr als solche analytisch erfassen lassen (reaktive Wirkstoffe), treten andere nur in physiko-chemische Wechselwirkung mit organischen Begleitstoffen der Matrix (nichtreaktive Substanzen). Zur erstgenannten Gruppe zählen Peroxide, Halogenverbindungen sowie Aldehyde. Die Menge ihrer bestimmbaren Rückstände im Lebensmittel nimmt mit der Zeit ab: Elementares Jod wird zu Jodid reduziert, aus desinfizierendem Chlor entstehen Chloride, Aldehyde werden durch Alkylierungsreaktionen mit Lebensmitteln abgebunden.

Proteine verursachen einen rascheren Verlust an desinfizierendem Chlor als Milchfett oder Lactose. 24 Stunden nach dem Zusatz zu Milch ist damit zu rechnen, daß sich > 80 % des mikrobiziden Wirkstoffes nicht mehr analytisch erfassen lassen. Hypochlorit reagiert rascher und verschwindet daher auch schneller als Chlorisocyanurat (VAN HEDDEGHEM u. a. 1980). Folglich versagt in diesen Fällen die jodometrische Bestimmung des verfügbaren Chlors. In Großbritannien ist deshalb der Zusatz einer bestimmten Menge

Chemische Kontrollmethoden

Tab. 14.5 Analysenmethoden für Rückstände chemischer Desinfektionsmittel in Lebensmitteln

Substanz	Lebensmittel	Methodisches Prinzip	Best.-grenze[1] mg/kg (l)	Wiederholbarkeit[2] %	Wiederfindung %	Anmerkungen	Literatur
DDBAC[3]	Fischprodukte	HPLC	5–10	6,3–21	86,3–91,0	Wiederfindung je nach Fischprodukt., Bestätigung durch DC (Nachweisgrenze 10 mg/kg) möglich	REUVERS u. a. 1989
	Milch	Photometrie des Eosin-QAV-Komplexes	0,5	4,8	99,4	Daten für 0,5–10 mg/l; Lecithin bis 2 g/l stört nicht	WILDBRETT u. a. 1971
DDBAC[3] CTAB[4]	Milch Rahm, Joghurt, Quark	Photometrie des Eosin-QAV-Komplexes	0,2 1,0	5,9–7,5	98,1 62–65 101 (Joghurt)	Daten für 0,2–1 mg/l Milch bzw. für 1,0–5 mg/l Milchprodukte; Nachweisgrenze 0,1–0,5 mg/l je nach Produkt	WILDBRETT u. EINREINER 1977
CTAB[4]	Milch	Photometrie des Bromphenolblau-QAV-Komplexes	0,5	3,16	70	–	FABER u. a. 1978
QAV	Bier	Photometrie des Eosin-QAV-Komplexes	0,2	5–7	–	Nachweisgrenze: 0,1 mg/l keine Spezifizierung d. QAV angegeben	GLAS 1993
DDEG[5]	Gelatine	Photometrie des Orange II-Tensid-Komplexes	1,6	–	100 ± 5	DC des dansylierten Tensids u. Fluoreszenzmessung (Best.grenze: 3 ng) zur halbquantitativen Best. möglich	EDELMEYER u. a. 1978
Chloramin T	Eiscrem	DC als Toluolsulfonamid Densitometrie der Flecken	10 (= ca. 2,5 mg/l Aktivchlor)	–	88,5	–	RONDAGS u. BELGAARS 1978
Gesamtjod	Rindfleisch Weizenmehl Milch	GC als 2-Jod-3-Pentanon	0,05	0,02–0,14 0,02–0,07	91,4–97,2 93,8–97,1 92,8–99,6	Kombination mit MS als Bestätigungstest möglich	MITSUHASI u. KAMEDA 1990

Chemische Kontrollmethoden

Tab. 14.5 Analysenmethoden für Rückstände chemischer Desinfektionsmittel in Lebensmitteln (Fortsetzung)

Substanz	Lebensmittel	Methodisches Prinzip	Best.-grenze[1] mg/kg (l)	Wiederholbarkeit[2] %	Wiederfindung %	Anmerkungen	Literatur
Jodid	Jodiertes Speisesalz Milch	HPLC als 4-Jod-2,6-Dimethylphenol; Detektion durch UV	0,5 ng J	–	0,4–2,9	Br reagiert bei pH 1 wie J (Best.grenze: 0,2 ng)	VERMA u. a. 1992
Wasserstoffperoxid	Nudeln Trockenfisch Milch	Potentiometrie des durch zugesetzte Katalase freigesetzten Sauerstoffs	0,1 0,01	<5	77–99	Enzymreaktion in geschlossenem Gefäß, Probenahme aus Kopfraum; Wiederfindung in den meisten Lebensmitteln >90 %	TOYODA u. a. 1982
	Nudeln Fischerzeugnisse	Oxidation von 4-Aminoantipyrin zu Chinonimin, Photometrie	0,05–2	0,01–0,05 mg/kg	70,7–98,5	Wiederfindung je nach Produkt und Konzentration	ITO u. a. 1981
	Past. Rahm	Photometrie nach Reaktion mit Ti(IV)-chlorid	–	–	78	Wiederfindung sofort nach Zusatz von Peroxid; Genauigkeit bis 100 mg/kg: 10 % des Zusatzes	BLACK u. CUNNIGTON 1985
Wasserstoffperoxid	Milch, Joghurt	Photometrie nach Reaktion mit Ti(IV)-4-(2)-pyridilazoresorcinol	0,1	<1,5	–	Fe^{3+} und Cu^{2+} erhöhen, NaH_2PO_4 und Zitronensäure mindern Analysenwerte	MATSUBARA u. a. 1981
Monohalogencarbonsäuren	Bier	GC der ethylierten Säuren	0,01	5–6	–	Kopfraumanalyse	GLAS 1993
		GC nach Reaktion mit Pentafluorbenzolbromid	0,01–0,02 (Chloressigs.) 0,01 (Bromessigs.)	–	–	EC-Detektor; mit Chloressigsäure entsteht in Nebenreaktion teilweise Bromid	GILSBACH 1986

Chemische Kontrollmethoden

Tab. 14.5 Analysenmethoden für Rückstände chemischer Desinfektionsmittel in Lebensmitteln (Fortsetzung)

Substanz	Lebensmittel	Methodisches Prinzip	Best.-grenze[1] mg/kg (l)	Wiederholbarkeit[2] %	Wiederfindung %	Anmerkungen	Literatur
Formaldehyd	Bier	HPLC nach Reaktion mit Dinitrophenylhydrazin	0,1	2,3	96,4–102,9	Kombination mit MS als Bestätigungstest möglich	DON-HAUSER u. a. 1986
	Fleisch	Photometrie nach Reaktion mit	0,2	–	–	Messung in oberster Schicht kontaminierter Fleischstücke	SCHMIDT u. CREMMLING 1978
		Chromotropsäure	4	–	–	Messung an Fleischstücken von Schlachttieren aus FA-behandelten Ställen	

[1] Für flüssige Lebensmittel gilt: mg/l
[2] Als Maß für die Wiederholbarkeit dient bei den zitierten Arbeiten, wenn dort nicht anders angegeben, der Variationskoeffizient. Die Wiederholbarkeit entspricht dem Maß der Übereinstimmung zwischen voneinander unabhängigen Ergebnissen, gewonnen unter wiederholbaren Bedingungen (dasselbe Verfahren, identisches Testmaterial, dasselbe Personal in demselben Labor mit denselben Geräten, kurzer zeitlicher Abstand) (EG 1991).
[3] Diisobutylphenoxyethyl-dimethyl-benzylammoniumchlorid
[4] Cetyl-trimethyl-ammoniumbromid
[5] Dodecyl-diaminoethyl-glycin

Chlorat zu Hypochloritlösungen zwingend vorgeschrieben. Chlorat, das in unkontaminierten Lebensmitteln nicht zu erwarten ist, kann als Indikatorsubstanz für eine stattgefundene Kontamination mit Hypochloritlösung dienen (EISSES u. DIJKMANN 1987); es läßt sich nach Erhitzen in einer mit Salzsäure angesäuerten Probe jodometrisch bestimmen (HULSTKAMP u. BRUDERER 1973). Überdies bietet diese Methode den Vorzug, daß nicht wie bei der direkten Erfassung des desinfizierenden Chlors, Proben irrtümlich als kontaminiert erscheinen, obwohl sie lediglich dem Licht ausgesetzt waren, aber kein Hypochlorit enthalten (EISSES u. STOUDESDIJK 1962, CHAMBERS u. MCDOWELL 1962).

Rückstände von Chloramin T lassen sich über den Chlorträger Toluolsulfonamid auch nachträglich noch nachweisen, wenn das wirksame Chlor bereits völlig aufgezehrt ist (KONG TSE LAM u. a. 1970).

Wasserstoffperoxid verschwindet wie desinfizierendes Chlor, indem es mit Lebensmittel-Inhaltsstoffen, beispielsweise Ascorbinsäure, reagiert. Es ist daher 24 Stunden nach der Kontamination u. U. nicht mehr feststellbar. Allerdings bestätigt sich bei ultrahocherhitzter Milch der Verdacht auf einen früheren Übergang vom Wasserstoffperoxid, wenn die Probe schon innerhalb 4–5 Std. nach dem Abfüllen kein Vitamin C mehr enthält (LECHNER 1975). Zugesetzte Peroxidase kann dazu dienen, vorhandenes Wasserstoffperoxid zu spalten. Die freigesetzte Sauerstoffmenge wird unter Verwendung geeigneter Akzeptoren photometrisch erfaßt. Die Nachweisgrenze für derartige Verfahren wird auf 1 mg/l Milch (GILLILAND 1969), die Bestimmungsgrenze auf 15 mg/l Milch (LECHNER 1975) beziffert. Mit handelsüblichen Indikatorstäbchen für Peroxide gelingt es im Schnelltest, noch 4 mg H_2O_2 pro Liter Milch sicher nachzuweisen (LECHNER 1975). Ferner lassen

Chemische Kontrollmethoden

sich Restmengen von Wasserstoffperoxid in Tee, Kaffee und Milch auch fluorimetrisch auf der Basis der durch Mn^{2+} katalysierten Oxidation von 2-Hydroxynaphthylaldehyd-thiosemicarbazon bestimmen (PEINADO u. a. 1986).

Die Kontamination von Milch durch jodhaltige Desinfektionsmittel (Jodophore) wird allgemein über die Bestimmung des Gesamtjodidgehaltes kontrolliert. Allerdings ist dazu die genaue Kontrolle des natürlichen Jodidgehaltes einer repräsentativen Vergleichsprobe erforderlich (Kap. 14.2.1). Der Jodidgehalt kann ohne Vorbehandlung der Probe mit einer ionenselektiven Elektrode erfolgen, da > 90 % der gesamten Jodmenge als nicht an Milchproteine gebundenes Jodid vorliegen (HAMANN u. HEESCHEN 1982). Allerdings stören SH-Gruppen, wenn Milch stärker erhitzt wird als es den üblichen Pasteurisationsbedingungen entspricht (LACROIX u. WONG 1980). Für extrem niedrige Jodgehalte sind aufwendigere Methoden, insbesondere AAS vorzuziehen (Tab. 14.6).

Tab. 14.6 Methoden zur Bestimmung von Jodid in Milch (IDF 1982)

Analysenprinzip	Nachweisgrenze ng/kg	Wiederfindung %	Präzision[2] %
Photometrie[1]	10	94–103	–
AAS	0,2	–	–
Röntgenstrahlen-fluorescenz	100	–	± 10
GLC	10	80–100	3–10
Volumetrie	(mg/kg-Bereich)	93	0,6–3,3
Potentiometrie	40	101 ± 7	3,4

[1] Basis: Katalyse der Reaktion zwischen Cer IV-salzen und Arsentrioxid
[2] Präzision ist der Grad der Übereinstimmung von Ergebnissen aus wiederholter Durchführung des Analysenverfahrens unter vorgeschriebenen Bedingungen. Sie wird durch Ringversuche ermittelt und schließt Wiederholbarkeit und Reproduzierbarkeit ein (EG 1991).

Tab. 14.7 Veränderungen der Oberflächenspannung von Vollmilch durch Zusatz eines quaternäre Ammoniumverbindungen enthaltenden Reinigers (Gehalt unbekannt; LEANDRO-MONTES 1970)

Reinigerzusatz g/l	Oberflächenspannung der Milch 10^{-3} N/m
0 ohne Wässerung	43,5 – 46,5
20 % Wasserzusatz	43,5 – 46,5
0,2	< 43,0
0,5	41,5 – 42
1,0	< 41

Nichtreaktive Mikrobizide (Kation- und Amphotenside) lagern sich zwar adsorptiv an Lebensmittel-Inhaltsstoffen an, doch bleiben sie als solche unverändert und können daher unter geeigneten Bedingungen extrahiert und anschließend quantitativ bestimmt werden. Abgesehen von den in Tab. 14.5 aufgeführten Bestimmungsverfahren wird vereinzelt über einen indirekten Nachweis der Tenside in flüssigen Lebensmitteln aufgrund ihrer Grenzflächenaktivität berichtet: Während zugesetztes Wasser – bis zu 20 % Wasserzusatz – die Oberflächenspannung der Milch nicht verändert, erniedrigen quaternäre Ammoniumverbindungen enthaltende Reinigungslösungen ihre Oberflächenspannung (Tab. 14.7). Allerdings setzt dieser Effekt relativ hohe Kontaminationsraten voraus: 0,2 g Reinigerkonzentrat in Milch sind nur zu erwarten bei Verfahrensfehlern bzw. Betriebsstörungen. Ein analoger Effekt quaternärer Ammoniumverbindungen tritt auch bei Bier auf (GLAS 1993). Es wäre jedoch prüfenswert, ob die destabilisierende Wirkung kationischer Tenside auf den Schaum des Bieres nicht auf niedrigere Zusatzmengen anspricht als die Oberflächenspannung.

Selbst sorgfältiges Nachspülen kann nicht verhindern, daß von mikrobiziden Wirkstoffen Restmengen an den behandelten Oberflächen zurückbleiben. Für die dadurch verursachte Kontamination bestehen bisher kaum verbindliche, bewertende Empfehlungen. Sie müßten höchstzulässige, weil technisch unvermeidbare Wirkstoffspuren in Lebensmitteln definieren (Kap. 14.1). Für Bier werden derzeit nachstehende, maximal zulässige Grenzwerte empfohlen (KRÜGER u. BORCHERT 1990):

Formaldehyd 0,1 mg/l

Monochloressigsäure 0,05 mg/l (BGA) bzw. 0,04 mg/l (ALS)

Monobromessigsäure 0,04 mg/l (BGA) bzw. 0,03 mg/l (ALS).

(ALS = Arbeitsgruppe Lebensmitteltechnischer Sachverständiger)

Als oberer Grenzwert für Reste quaternärer Ammoniumverbindungen in der gesamten Milchmenge eines Erzeugerbetriebes wurden 0,5 mg/l – berechnet als Cetyl-trimethyl-ammoniumbromid – vorgeschlagen (WILDBRETT 1985). In der Mischmilch einer Molkerei wäre der Grenzwert niedriger anzusetzen, weil die Konzentration an Kationtensid durch Vermischen mit Lieferchargen aus Betrieben abnimmt, welche mit andersartigen Wirkstoffen desinfizieren.

Literatur

ARNOLD, D. (1988): Statistische Auswertung von Analysenergebnissen, ein wichtiges Hilfsmittel zur Beurteilung analytischer Verfahren und Einzelergebnisse. In: Ges. Deutscher Chemiker (Hrsg.): Analytik von Rückständen pharmakologisch wirksamer Stoffe. S. 188-200. Behr's Verlag Hamburg.

BLACK, R. G. u. CUNNINGTON, B. R. (1985): Detection of residues of hydrogen peroxide in pasteurized cream. J. Food Protection 48, S. 987-989.

BUCHBERGER, J. (1986): Untersuchungen zum Gefrierpunkt der Milch. Deutsche Molkerei-Ztg. 107, S. 244-252.

CHAMBERS, J. u. MCDOWELL, J. (1962): Incidence and control of sodium hypochlorite in farm milk in Northern Ireland. Proc. Internat. Dairy Congress Vol. C, S. 425-432.

DE LA LUZ-MERINO-TEILLET, M. et al. (1987): Improved picrate method for the spectrophotometric determination of non-ionic surfactants. Analyst 112, S. 1323-1325.

DONHAUSER, D., GLAS, K. u. WALLA, G. (1986): Nachweis von Formaldehyd im Bier. Monatsschrift f. Brauwiss. 39, C. 004-060.

DUNSMORE, D. G. (1983): The incidence and implications of residues of detergents and sanitizers in dairy products. Residue Rev. 86, S. 1-63.

EDELMEYER, H., Laqua, A. u. WIEMANN, M. (1978): Über den Stellenwert amphoterer Desinfektionsmittelspuren in Speisegelatine – Ergebnisse entsprechender rückstandsanalytischer, mikrobiologischer und toxikologischer Untersuchungen. Archiv Lebensmittelhyg. 29, S. 62-65.

Literatur

EISSES, J., u. DIJKMAN, A. J. (1987): A modified Rupp-Wode test for the large-scale testing of milk for contamination with disinfectants containing available chlorine. Netherland Milk and Dairy J. 41, S. 201-206.

EISSES, J. u. STOUDESDIJK, J. F. (1962): Detection of hypochlorite in milk: Proc. Internat. Dairy Congress Vol. C 449-456.

Europäische Gemeinschaft (1991): Entscheidung über den Nachweis der Rückstände von Stoffen mit hormonaler bzw. thyreostatischer Wirkung. Zitiert nach : Z. Lebensmittel Untersuchung und Forschung 197 (1993) Ges. S. 29-34.

FABER, S. G. et. al. (1978): Spectrophotometric determination of quaternary ammonium compounds in milk. Warenchemicus 8, S. 138-142.

GALTON, D. M., PETERSON, L. G. u. ERB, H. N. (1986): Milk iodine residues in herds practicing iodophor premilking teat disinfection. J. Dairy Sci. 69, S. 267-271.

GILLILAND, S. E. (1969): Enzymatic determination of residual hydrogen peroxide in milk. J. Dairy Sci. 52, S. 321-324.

GILSBACH, W. (1986): Gaschromatographische Bestimmung von Monohalogenessigsäuren in Bier und weinhaltigen Getränken. Deutsche Lebensmittel-Rundsch. 82, S. 107-111.

GLAS, K. (1993): Staatl. Brautechn. Prüf- u. Versuchsanstalt Weihenstephan. Persönl. Mitteilung.

HAMANN, J. u. HEESCHEN, W. (1982): Zum Jodgehalt der Milch. Milchwiss. 37, S. 525-529.

HARKE, H., BESTMANN, G. u. LINKE, M. (1978): Nachweis oberflächenaktiver Desinfektionsmittel in Fleisch und Fleischwaren. Gordian 78, S. 7-8.

HEDDEGHEM VAN, A., DE MOOR, H. u. HUYGHEBAERT, A. (1980): Wisselwerking tussen melkbestanddelen en chlorhoudende desinfectia. Med. Fac. Landbouw Rijksuniv. Gent 45, S. 103-111.

HELMSCHROTT, D. u. WILDBRETT, G. (1985): Minderung des Tensidübergangs von Werkstoffoberflächen auf Lebensmittel. Z. Lebensmittel Untersuchung und Forschung 181, S. 422-426.

HENNINGSEN, D. (1976): Welche Möglichkeiten haben Molkereien, Reinigungs- und Desinfektionsmittelzugaben zur Rohmilch festzustellen? Deutsche Milchwirtschaft 27, S. 722-734.

HULSTKAMP, J. u. BRUDERER, G. (1973): Der Nachweis des sogenannten aktiven Chlors in Milch. Schweizer. Milchwirtschaftl. Forsch. 2, S. 17-28.

Internationaler Milchwirtschaftsverband (IDF) Brüssel (1982): Iodide in milk and milk products. Doc. 152.

ITO, Y. et al. (1981): Improved 4-Aminoantipyrine colorimetry for detection of residual hydrogen peroxide in noodles, fish paste, dried fish, and herring roe. J. Ass. off. Anal. Chem. 64, S. 1448-1453.

KONG TSE LAM, S. T. A., PATER, A. u. WEITS, J. (1970): Nachweis von Chloramin T in Speiseeis. Deutsche Lebensmittel-Rundsch. 66, S. 96-97.

KRAACK, J. u. TOLLE, A. (1967): Brilliantschwarz-Reduktionstest mit Bac. stearothermophilus var. calidolactis zum Nachweis von Hemmstoffen in der Milch. Milchwiss. 22, S. 669-673.

KRÜGER, E. u. BORCHERT, C. (1990): Analytische und rechtliche Bewertung von Ergebnissen der Bestimmung bierfremder Inhaltsstoffe. Brauwelt 130, S. 684-687.

LACROIX, D. E. u. WONG, N. P. (1980): Determination of iodide in milk using the iodide specific ion electrode and its application to market milk samples. J. Food Protection 43, S. 672-674.

LAUERMANN, G., MROZEK, H., SCHARF, K. u. SCHOLZ, S. (1981): Können Reinigungsmittelreste in Melkanlagen zu positiven Hemmstoffwerten in der Milch führen? Milchpraxis 19, S. 152-153.

LEANDRO-MONTES, A. (1970): Detection of surfactants in liquid milk. An. Soc. cient. argent. 190, S. 99-105.

LECHNER, E. (1975): Zum Nachweis von H_2O_2 in UHT-Milch. Z. Lebensmittel Untersuchung und Forschung 159, S. 39-42.

Literatur

MARR, J. L, CRESSER, M. S. u. OTTENDORFER, L. J. (1988): Umweltanalytik. S. 21-22. T. Thieme Verl., Stuttgart, New York.

MATSUBARA, C. u. TAKAMURA, K. (1981): Spectrophotometric method for determination of traces of hydrogen peroxide by the titanium-(IV)-4-(2-pyridylazo) resorcinol reagent: application to assay of hydrogen peroxide in methanol solution. Japan Analyst 30, S. 682-684.

MILLER, M. u. WILDBRETT, G. (1973): Reste von Reinigungs- und Desinfektionsmitteln in Milch und Milchprodukten. Jahresbroschüre des Landesverbandes Bayer. Molkereifachleute und Milchwirtschaftler. S. 35-47.

MITSUHASI, T. u. KANEDAY, Y. (1990): Gaschromatographic determination of total iodine in foods. J. Ass. off. Anal. Chem. 73, S. 190-193.

MÜNCH, S., ENKELMANN, D. u. PRINZ, I. (1970): Zur Erkennbarkeit künstlich verfälschter Reduktionsproben. Milchwiss. 25, S. 468-472.

NASSAUER, J. (1985): Adsorption und Haftung an Oberflächen und Membranen. S. 70-85. Eigenverlag München-Weihenstephan.

N. N. (1980): Verordnung über die Güteprüfung und Bezahlung der Anlieferungsmilch (Milch-Güteverordnung) vom 9. 7. 1980. BGBl. I, S. 878-894.

N. N. (1982): Verordnung über diätetische Lebensmittel (Diätverordnung) in der Neufassung vom 21. 1. 1982. BGBl. I, S. 71-88 u. S. 1434-1437.

N. N. (1986): Allgemeine Verwaltungsvorschrift über die Durchführung der amtlichen Untersuchungen nach dem Fleischhygiene-Gesetz – Vw. v. Fleisch Hyg. vom 11. 12. 1986. Bundesanzeiger Anlage 238 vom 23. 12. 1986.

PEINADO, J., TORIBIO, F. u. PÉREZ-BENDITO, D. (1986): Fluorometric reaction rate method for determination of hydrogen peroxide at the nanomolar level. Analytical Chem. 58, S. 1725-1729.

PLETT, E. A. u. Loncin, M. (1984): Entfernen von Reinigungs- und Desinfektionsmitteln aus Rohren und Plattenwärmeaustauschern. Chem.-Ing.-Technik 56, S. 306-308.

RADLER, F., REINHARD, SR. M. L. u. JURCZYK, R. (1971): Biologisches Verfahren zum unspezifischen Nachweis gärungshemmender Substanzen im Wein. Z. Lebensmittel-Unters. u. -Forschung 146, S. 332-337.

REUVERS, Th. H. A. et al. (1989): Rapid high-performance liquid chromatographic method for the determination of bencetonium chloride residues in fish products; confirmation by thin layer chromatography. J. Chromatography 467, S. 321-326.

ROESICKE, J. u. RENKAMP, L. (1990): Zur Problematik von Reinigungsmittelrückständen in maschinell gewaschenen Flaschen. Brauwelt 130, S. 408-413.

RONDAGS, T. M. u. BELJAARS, R. R. (1978): Spectrodensitometric determination of chloramine T (Halamide) in ice cream. Warenchemicus 8, S. 11-18.

SCHLÜSSLER, H.-J. u. KOCH, F. (1979): Zur Frage der Kontamination von Lebensmitteln durch Reinigungs- und Desinfektionsmittel unter praktischen Betriebsbedingungen. Monatsschrift f. Brauerei 32, S. 80-88.

SCHMIDT, U. u. CREMMLING, K. (1978): Rückstände von Desinfektionsmitteln im Fleisch. II. Nachweis von Desinfektionsmitteln in Fleisch und Fett nach der Stall- und Betriebsdesinfektion. FLeischwirtsch. 58, S. 648-650.

SOUCI, S. W., FACHMANN, W. u. KRAUT, H. (1988). Die Zusammensetzung der Lebensmittel; Nährwerttabellen 1986/87. Wissenschaftl. Verlagsges. mbH Stuttgart.

TERPLAN, G. u. ZAADHOF, K. J. (1967): Vorkommen und Nachweis von Hemmstoffen in Milch. Milchwiss. 22, S. 761-771.

TOYODA, M., ITO, Y. u. FUJII, M. (1982): Rapid procedure for the determination of minute quantities of residual peroxide in food by using a sensitive oxygen electrode. J. Agric. Food Chem. 30, S. 346-349.

Literatur

TREETZEN, U., KRÜGER, E. u. GRONEICK, E. (1989): Bestimmung von Desinfektionsmitteln in Spülwasser. Monatsschrift für Brauwiss. 42, S. 211-218.

VERMA, K. K., ARCHANA-JAIN u. ARCHANA-VERMA (1992): Determination of iodide by highperformance liquid chromatography after precolumn derivatization. Analyt. Chem. 64, S. 1484-1489.

WILDBRETT, G. (1985): Zur Abspülbarkeit keimtötender quaternärer Ammoniumverbindungen durch Wasser und Milch und daraus resultierende Folgen. Archiv Lebensmittelhyg. 36, S. 12-15.

WILDBRETT, G. u. EINREINER, F. (1977): Photometrische Mikrobestimmung der Reste keimtötender QAV in Milch. 3. Methodische Verbesserung und Erweiterung. Z. Lebensmittel Untersuchung und Forschung 165, S. 34-38.

WILDBRETT, G., MILLER, M. u. KIERMEIER, F. (1971): Photometrische Mikrobestimmung der Reste keimtötender QAV in Milch. Z. Lebensmittel Untersuchung und Forschung 146, S. 216-223.

WOO, A. H. u. LINDSAY, R. C. (1982): Anionic detergent contamination detected in soapyflavored butters. J. Food Protection 45, p. 1232-1235.

15 Gesetzliche Vorschriften und Richtlinien

H. MROZEK

15.1 Historische Entwicklung

Lebensmittelsicherheit ist seit alters her eine Aufgabe, bei der der ehrbare Handwerksbrauch – heute der Stand der Technik – durch die zuständigen Einrichtungen der jeweiligen Gemeinschaftswesen – heute durch den Gesetzgeber – nach anerkannten Regeln – heute nach meist gesetzliche Vorschriften – überwacht wird: Vorschriften sollen einen angestrebten Zustand sichern und gehen daher überwiegend vom Erfolg aus. Es soll erreicht werden, daß niemand geschädigt oder „mehr als den Umständen entsprechend unvermeidlich" gefährdet wird.

Die Vielgestaltigkeit der im Rahmen des Lebensmittelrechts und speziell der Lebensmittelhygiene regelungsbedürftigen Sachverhalte kann aus der Zusammenstellung der beeinflußbaren Risiken in Tab. 15.1 abgeleitet werden. Die Schwierigkeit der Fixierung gesetzlicher Anforderungen beruht einerseits auf den jeweiligen analytischen Möglichkeiten, andererseits auf den Erwartungen bezüglich des wünschenswerten Soll-Zustandes, nicht zuletzt aber auch darauf, daß Sauberkeit als selbstverständliche Voraussetzung, die keiner näheren Definition bedarf, gesehen wurde.

Tab. 15.1 Beeinflußbare Risiken

Risikobereich	Risikofaktoren
1. Produktionsanlagen	Planung, Konstruktion und Installation Reinigungssorgfalt Rohwarenkeimgehalt Korrosion
2. Rohwarenerzeuger	Rückfuhr von Schadorganismen über Transportgebinde / -fahrzeuge über Futtermittelrücknahme
3. Produktion	Rekontamination in Anlagen Reste von Spülflüssigkeiten Mikrobielle Qualitätsfehler Kontamination über Packungen Fehl- oder Überlagerung
4. Betriebspersonal	Rohwarenkeimgehalt Reinigungs-/Desinfektionsmaßnahmen Rücknahme keimhaltiger Mehrweggebinde
5. Verbraucher	Humanpathogene Mikroorganismen Anthropozoonosen-Erreger Toxinbildner / Toxine Rückstände / Fremdstoffe Verderbsorganismen

Historische Entwicklung

Für die Bewertung von Meßdaten, die durch chemische Analyse gewinnbar sind, hat die Steigerung der Erfaßbarkeit und der Meßgenauigkeit dazu geführt, daß eine Freiheit von unerwünschten Substanzen im Sinne von „nicht nachweisbar" vielfach nicht mehr zu erzielen ist. Für das aufgrund der Ermächtigungen in § 5 des deutschen Nahrungsmittelgesetzes vom 14. 5. 1879 erlassenen Gesetz über blei- und zinkhaltige Gegenstände vom 25. 6. 1887, der ersten quantifizierten Schadstoffregelung, gelten unter 10 % Blei in Legierungen für Eß-, Trink- und Kochgeschirre noch als zulässig. In der Fassung vom 2. 3. 1974 ist dieses Gesetz heute noch gültig, sofern man nicht aus § 30, 1 LMBG vom 15. 8. 1974 (zuvor § 4 b, 5 des LMBG vom 21. 12. 1958) eine andere Bewertung ableitet. Häufig werden heute Grenzwerte in Größenordnungen von mg/kg (ppm), oft sogar noch von μg/kg (ppb) als unbefriedigend angesehen. Für hochtoxische Rückstände wie z. B. Mykotoxine wird bereits der ng/kg Bereich angestrebt.

Bei der Betrachtung mikrobiologischer Grenz- und Richtwerte stehen die untersuchungstechnischen Fragen der Reproduzierbarkeit eines Befundes im Vordergrund. Gleichverteilung des Keimgehaltes ist um so weniger zu erwarten, je niedriger er ist. Sie ist schon bei einer Probenentnahme aus den hergestellten Lebensmitteln als letzter Erfolgskontrolle für die Reinigung und Desinfektion und bei optimaler Aufbereitung nur begrenzt erreichbar. Wegen der unterschiedlichen Zugänglichkeit zu reinigender Flächen und differierender Haftmöglichkeiten kann hier noch weniger eine Gleichverteilung erwartet werden. Es ist vielmehr eine gezielte Kontrolle an Risikopunkten notwendig.

Zur Absicherung von Befunden ist die statistische Auswertung größerer Probenzahlen erforderlich. Daraus resultiert die Festlegung von Richt-, Warn- und Grenzwerten in Zehnerpotenzen. Eine Konstanz der Keimzahl ist weder auf dem Vertriebsweg der Produkte noch in Rückhaltemustern zu erwarten, die Extrapolation eines status quo sehr stark von dem variablen Milieu- und Umweltbedingungen abhängig.

Demzufolge haben Vorschriften für den Keimgehalt erst spät und nur zögernd Eingang in gesetzliche Bestimmungen gefunden. Am Anfang steht hier die Preußische VO zur Durchführung des Milchgesetzes vom 16. 12. 1931, worin für rohe Vorzugsmilch Grenzwerte für den Keimgehalt festgelegt wurden. Der präzisierte Wert von 30 Kolibakterien in 1 ccm (ml) löste allerdings oft Kontroversen unter den Gutachtern aus. Bei anderen Lebensmitteln wurden mikrobiologische Befunde zunächst überwiegend nur als freiwilliger Qualitätsmaßstab verwendet. Hieraus erwuchsen jedoch zunehmend Standards, denen bindender Charakter verliehen wurde. Am detailliertesten ist die schweizerische Verordnung über die hygienisch-mikrobiologischen Anforderungen an Lebensmittel, Gebrauchs- und Verbrauchsgegenstände, die nach Bedarf aktualisiert wird und methodisch auf das Schweizerische Lebensmittelbuch, Kapitel 56 = Mikrobiologie, gestützt ist.

Spezifische Vorschriften über die Vorkehrungen, die für die Sicherung der Produktion mikrobiologisch einwandfreier Lebensmittel einzuhalten sind, gehen etwas weiter zurück, wenn man allgemein gehaltene Vorschriften über die Sauberhaltung einbezieht. Die Konkretisierung begann wiederum in der Milchwirtschaft. Allerdings wurde die Bekämpfung des Keimgehaltes in Milch für die menschliche Ernährung anfänglich mehr „aus wirtschaftlichen Gründen" vorgenommen. Die dafür notwendige Erhitzung wurde vom Gesetzgeber zunächst nur toleriert. Vorschriften über den Gesundheitszustand der Milchtiere und die Sauberkeit bei Milchgewinnung und Vertrieb wurden zur Absicherung gesundheitlicher Unbedenklichkeit für ausreichend gehalten. Darüber wurden zahlreiche lokale Verfügungen und Polizeiverordnungen bereits vor der Jahrhundertwende erlassen (SOMMERFELD 1909).

Einen Erhitzungszwang der Molkereien vor der Rückgabe von Nebenprodukten für Fütterungszwecke forderte erstmalig das Viehseuchengesetz vom 26. 6. 1909 in § 17, 5 „zum Schutz gegen die ständige Gefährdung der Viehbestände", konkretisiert durch § 28 der Ausführungsvorschriften vom 7. 12. 1911. Die im Milchgesetz vom

31. 7. 1930 definierten Erhitzungsverfahren wurden für Trinkmilch ausdrücklich nicht zwingend vorgeschrieben. Als erstes Land verfügte Niedersachsen am 24. 8. 1949 den Pasteurisierungszwang auf dieser Grundlage.

Die Wichtigkeit einwandfreier Behältnisse und Bearbeitungsgeräte und dementsprechend von rekontaminationsverhütenden Reinigungs- und Desinfektionsmaßnahmen für die Erzeugung hygienisch einwandfreier Lebensmittel wurde zwar schon vor der bakteriologischen Aera richtig eingeschätzt (z. B. LÖBE 1858, FLEISCHMANN 1875). Diese Praxiserfahrungen und Erkenntnisse fanden aber nur in allgemeinen Formulierungen Eingang in gesetzliche Bestimmungen. Das „wie" und „womit" blieb damit weitgehend durch den jeweiligen „Stand der Technik" bestimmt.

Eine Ermächtigung zum Erlaß von Hygienevorschriften ist bereits aus § 5 des Nahrungsmittelgesetzes vom 14. 5. 1879 abzuleiten: „... können ... Vorschriften erlassen werden, welche bestimmte Arten der Herstellung, Aufbewahrung und Verpackung ... verbieten." Hiervon wurde jedoch ebenso wie nach den ähnlich lautend fortgeschriebenen Bestimmungen der Lebensmittelgesetze vom 5. 7. 1927, vom 17. 1. 1936, vom 23. 12. 1958 und vom 15. 8. 1974 in bezug auf einheitliche Hygienevorschriften kein Gebrauch gemacht.

Es entstanden daraufhin zunächst lediglich lokale Polizeiverordnungen. Die regionale Regelung begann 1946 in der sowjetischen Besatzungszone, gefolgt am 29. 12. 1948 von einer daran angelehnten Verordnung für Groß-Berlin. Während diese Verordnungen und die für das Saarland vom 14. 10. 1949 für Lebensmittel allgemein galten, betrafen die in der Folge in den einzelnen Bundesländern erlassenen Hygiene-Verordnungen nur tierische Lebensmittel, in einigen Bundesländern durch den Erlaß von Speiseeisverordnungen ergänzt, die in Bayern zugleich die Backwaren umfaßt, wofür in Rheinland-Pfalz eine zusätzliche Verordnung erlassen wurde. Eine Synopse aller bis dahin erschienenen Hygiene-Verordnungen gab SCHMIDT (1963) und kommt zu dem Schluß, daß eine Beendigung der konkurrierenden Gesetzgebung laut Artikel 74 (20) des Grundgesetzes vom 23. 5. 1949 durch ein „Bundeshygienegesetz" nicht nur zur Verbesserung der Situation auf dem Gebiet der Lebensmittelhygiene erforderlich ist, „sondern auch die Stellung der Bundesrepublik bei künftigen Verhandlungen innerhalb der EWG stärken" würde. TERPLAN (1976) faßt den bis dahin erreichten Stand wie folgt: „Die Gesetze sehen umfangreiche Ermächtigungen für Ausführungsvorschriften vor, von denen bisher jedoch nur wenige erlassen worden sind."

Der wiederholt angestrebte Erlaß einer bundeseinheitlichen Lebensmittel-Hygieneverordnung konnte die Problematik der gleichzeitig vertikalen Abdeckung aller Lebensmittelbranchen und einer horizontalen Erfassung aller hygienerelevanten Schritte von der Urproduktion bis zum Verbraucher nicht bewältigen. In der Übergangsphase zur Europäischen Gemeinschaft wurden daher nur noch einige Novellen von Länderhygieneverordnungen erlassen.

15.2 Die heutige Rechtslage

Auf dem Weg in die Europäische Gemeinschaft wurden bereits einige zwischenstaatliche Richtlinien und Verordnungen eingebracht, die in der Folge in nationales Recht umzusetzen sind oder direkt Gültigkeit bekommen. Derzeit gültige Rechtsnormen werden in diesem Rahmen soweit möglich über eine „Harmonisierung" mit EG-Richtlinien aktualisiert. Ein Abschluß dieses Prozesses ist zur Zeit noch nicht absehbar. Zahlreiche nationale Vorschriften werden jedoch zumindest sinngemäß ihre Gültigkeit behalten.

Die heutige Rechtslage

Die derzeitige Situation ist in einer Übersicht (Tab. 15.2) zusammengestellt, die geregelte Sachverhalte und die Art der vorliegenden Regelungen in der Bundesrepublik Deutschland aufführt. Größere Unterschiede bestehen teilweise bereits zum benachbarten deutschsprachigen Ausland, also für Österreich und die Schweiz, wofür hinsichtlich einer EG-Angleichung z. Zt. eine unterschiedliche Entwicklung zu erwarten ist.

Tab. 15.2 Regelungen hygienerelevanter Sachverhalte

Kriterien	Gesetzliche Regelungen
1. Rohwarenunbedenklichkeit	Tierseuchengesetz + Richtlinie Arzneimittelgesetz Pflanzenschutzgesetz Aflatoxin-Verordnung Rückstands-Höchstmengen-Verordnung
2. Lebensmittelunbedenklichkeit	Lebensmittel- und Bedarfsgegenständegesetz Lebensmittelspezifische Einzelverordnungen (z. B. Diätverordnung, Eiprodukte-Verordnung)
3. Personalunbedenklichkeit	Bundesseuchengesetz Personalhygiene lt. Einzelverordnungen
4. Betriebseinrichtung und Anlagen	EG-Richtlinie über Lebensmittelhygiene Hygieneverordnungen der Bundesländer HygieneVO der tierischen Lebensmittel VCI-Richtlinien DIN-, EN- / CEN- und ISO-Normen / Standards GMP-, HACCP-, CAC alinorm und GLP-guidelines
5. Brauchwasserunbedenklichkeit	Bundesseuchengesetz Trinkwasserverordnung
6. Reinigungsmittel	Chemikaliengesetz Wasch- und Reinigungsmittelgesetz Wasserhaushalts- und Abwasserabgabengesetz
7. Desinfektionsmittel	Bundesseuchengesetz und BGA-Liste Tierseuchengesetz und Richtlinie des BMELF Arzneimittelgesetz Milchverordnung – DLG/DVG-Listungen Biozid-Richtlinie, EG-Entwurf Screening-Methode des Europa-Rats Wirksamkeitsprüfung nach DLG und DVG
8. Reinigungs- und Desinfektionserfolg	Allgemeine Sauberkeitsforderung Stand der Technik

15.2.1 Rohwarenunbedenklichkeit

Während auf der Erzeugerebene für pflanzliche Lebensmittel nur Vorschriften über zulässige Höchstmengen bestimmter Fremdstoffgruppen bestehen, gibt es für tierische Lebensmittel zahlreiche Regelungen, die die

Hygiene bei der Gewinnung betreffen. Ausgangspunkt ist das Tierseuchengesetz, das in der Fassung vom 29. 1. 1993 teilweise noch mit der Erstfassung vom 26. 1. 1909 übereinstimmt. Das betrifft z. B. den § 17, Abs. 5, der die Ermächtigung zum Erlaß von Vorschriften über den Betrieb von Molkereien enthält. Die Maßnahmen zur Seuchenhygiene in den Ausführungsvorschriften zum Viehseuchengesetz vom 7. 12. 1911 (BAVG) wurden zum 18. 6. 1993 durch die „Richtlinie des Bundesministers für Ernährung, Landwirtschaft und Forsten über Mittel und Verfahren für die Durchführung der Desinfektion bei anzeigepflichtigen Tierseuchen" abgelöst. Darin werden neben verschiedenen Rohstoffen von der DVG (1984) gelistete Mittel für die Tierhaltung, die zusätzlich bestimmte Anforderungen erfüllen (Kap. 15.2.7), vorgeschrieben.

Beachtlich ist darin neben den Angaben zum Arbeitsablauf die Definition für den Reinigungserfolg bei Räumen und Gegenständen für die Tierhaltung: „Die Reinigung ist abgeschlossen, wenn die Materialstruktur der Oberflächen deutlich erkennbar ist und sich im abfließenden Spülwasser keine Schmutzteilchen mehr befinden."

Nach dem in Deutschland geltenden Recht, dem Arzneimittelgesetz vom 24. 8. 1976 in der Fassung vom 27. 4. 1993, sind Mittel, die zur Bekämpfung von Krankheitserregern am menschlichen oder tierischen Körper bestimmt sind – dazu rechnen auch die Euterdesinfektionsmittel sowie die Zitzendipmittel, sofern letztere nicht als „Pflegemittel" deklariert sind – gemäß den Definitionen in § 2 (1) Nr. 4 grundsätzlich zulassungspflichtige Fertigarzneimittel entsprechend den Vorschriften des vierten Abschnitts dieses Gesetzes. Der Entwurf einer EG-Richtlinie über das Inverkehrbringen von Biozid-Produkten vom 27. 7. 1993 definiert im Anhang V Desinfektionsmittel als Erzeugnisse zur „Desinfektion der Haut (von Mensch oder Tier) und Artikel, die dazu bestimmt sind, in Kontakt mit der Haut zu kommen". Sie werden damit der Zulassungspflicht der zuständigen Behörde eines Mitgliedstaates unterliegen (Artikel 2 und 3).

Für die Hygiene bei der Milchgewinnung schreibt die Milchverordnung vom 23. 6. 1989 den Gesundheitszustand der Milchtiere und des Melkpersonals, die Reinigungsfähigkeit der Räumlichkeiten und aller milchberührten Flächen vor. § 12 deklariert die Anforderungen an Desinfektionsmittel. Danach sind „als geeignet insbesondere anzusehen" Mittel, die das DLG-Gütezeichen tragen (DLG 1991) oder den Prüfrichtlinien der DVG (1984) für den Lebensmittelbereich entsprechen.

Die Anforderungen an die hygienische Unbedenklichkeit der Anlieferungsmilch sind in der Milch-Güteverordnung vom 9. 7. 1980 geregelt. Neben dem Gehalt an somatischen Zellen wird die untersuchungstechnische Freiheit von Hemmstoffen und der Keimgehalt in die Bewertung einbezogen.

15.2.2 Lebensmittelunbedenklichkeit

Das Lebensmittel- und Bedarfsgegenständegesetz vom 15. 8. 1974 / 8. 7. 1993 stellt in § 8 als Grundforderung das Verbot auf, „Lebensmittel für andere derart herzustellen oder zu behandeln, daß ihr Verzehr geeignet ist, die Gesundheit zu schädigen." Der Erfolg aller Hygienemaßnahmen stellt demnach summarisch den Bewertungsmaßstab dar. Darunter ist die Abwesenheit von gesundheitsschädlichen Mikroorganismen, pathogenen Keimen oder Toxinbildnern, einzuordnen. „Abwesenheit von" ist nur über Grenzwerte konkretisierbar. Die Problematik eines analytisch erfaßbaren Grenzwertes illustrieren Einzelfälle wie der einer Zubereitung großer Mengen von Säuglingsnahrung mit Vorratshaltung unter vermehrungsfördernden Bedingungen (KIELWEIN 1986; KIELWEIN u. BAATZ 1987).

Die heutige Rechtslage

Die Ermächtigung des § 10 zum Erlaß von Hygienevorschriften führt unter den Gefährdungen, denen vorzubeugen ist, eine „ekelerregende oder sonst nachteilige Beeinflussung" u. a. durch Mikroorganismen und Verunreinigungen auf. Hierunter sind die apathogenen Verderbsorganismen einzuordnen, durch deren Entwicklung auch das Verbot „verdorben" bewirkt wird. Das hinsichtlich der Grenzwerte für pathogene Keime gesagte gilt hier ebenso.

Als ekelerregend kann beispielsweise eine mangelhafte Reinigung gelten, die im Extremfall Restverschmutzungen im Lebensmittel hinterläßt. Nach LEHMANN (1901) ist „der Begriff des Widerwärtigen zwar enorm individuell . . . viele Dinge werden aber von der Mehrzahl der Bevölkerung als ekelhaft empfunden . . . auch wenn der Hygieniker . . . von seinem Standpunkt aus die Berechtigung dieses Ekelgefühls bestreitet. Er mag für die Zukunft streben, das gesunde, eminent nützliche Ekelgefühl des Volkes so zu erziehen, daß möglichst nur solche Dinge als ekelhaft empfunden werden, die auch schädlich sind." Diese Erziehungsaufgabe ist heute noch keineswegs abgeschlossen.

Weiterreichende und in Einzelheiten gehende Bestimmungen enthalten die jeweiligen Hygieneverordnungen. Neben der allgemeinen Forderung der Reinigungsfähigkeit sowie der Reinigungsfrequenz sind hierin teilweise Grenz- oder Richtwerte für den Keimgehalt der Fertigprodukte vorgeschrieben.

Eine ständig aktualisierte Methodensammlung nach § 35 LMBG regelt hierfür die Nachweisverfahren. Da zu den Risikofaktoren gemäß § 10 auch Umweltbedingungen wie z. B. Temperatur gehören, kann der Reinigungserfolg nicht über eine Keimgehaltsbestimmung im Produkt verifiziert werden. § 19a, 3 ermächtigt jedoch zum Erlaß von Vorschriften über eine Dokumentation der durchgeführten Reinigungs- und Desinfektionsmaßnahmen. Zum Stand der Technik gehört dabei die „Gute Laborpraxis" (GLP, KAYSER u. SCHLOTTMANN 1993), die zu den Voraussetzungen für eine Zertifizierung (LAMPRECHT 1993) und damit für einen umfassenden Marktzugang zählt.

Eine mit der Reinigungstechnologie zusammenhängende Frage ist die Rückstandsunbedenklichkeit. Aus dem in § 30 (1) LMBG erlassenen Verbot, Gegenstände so zu behandeln, daß von ihnen toxikologisch bedenkliche Rückstände in Lebensmittel übergehen können, geht die generelle Nachspülpflicht mit Trinkwasser hervor. Daraus läßt sich ableiten, daß eine 0-Toleranz für Rückstände von Reinigungs- und Desinfektionsmitteln anzustreben wäre. Das kollidiert mit der nach § 47a (1) erteilten Handelsfreiheit innerhalb der EG, wenn nach den weitreichend eingeführten amerikanischen, von der FDA geprüften und im „code of federal regulations" (1991) registrierten „no rinse"-Verfahren gearbeitet und in den resultierenden Rückständen kein Verstoß gegen § 30, einem konkreten Import-Ausschließungsgrund gemäß § 47a (1) Nr. 1, gesehen wird (MROZEK 1994).

15.2.3 Personalunbedenklichkeit

Das Bundes-Seuchengesetz vom 18. 12. 1979 regelt in den §§ 17 und 18 die Tätigkeits- und Beschäftigungsverbote beim Verkehr mit Lebensmitteln und die zugehörigen Untersuchungspflichten. Demgemäß dürfen Personen, die an bestimmten Darm-, Atemwegs- oder Hauterkrankungen leiden, bei der Herstellung von tierischen Lebensmitteln oder Produkten, die solche als Bestandteile enthalten, nicht tätig werden. Vor der Erstaufnahme einer entsprechenden Tätigkeit ist ein Zeugnis des Gesundheitsamtes erforderlich. Bei bestehenden Arbeitsverhältnissen steht die Eigenverantwortung von Arbeitgeber und Arbeitnehmer im Vordergrund.

Die heutige Rechtslage

Zur laufenden Personalhygiene gehört neben Arbeits- und Schutzkleidung vor allem die Händehygiene. Vorschriften der Hygieneverordnungen verlangen die Schaffung geeigneter Voraussetzungen, wozu „hygienisch einwandfreie" Waschgelegenheiten und Abtrocknungsvorrichtungen zu rechnen sind. Erkennbare Sauberkeit und eine Händewäsche nach Verschmutzung, der sich „bei Bedarf" eine Desinfektion anschließen soll, können als allgemeine Richtlinie gelten. Weiterreichende Anwendungs- und Produktvorschriften existieren nicht. Soweit „nach Bedarf" ein Händedesinfektionsmittel benutzt werden muß, unterliegt dies den Vorschriften des Arzneimittelgesetzes vom 24. 8. 1976. Geprüfte und zugelassene Produkte findet man als eigene Gruppe in der jeweils gültigen BGA-Liste[1] für Desinfektionsmittel oder in der Liste der DGHM (Deutschen Gesellschaft für Hygiene und Mikrobiologie), die im übrigen ebenso wie die BGA-Liste auf humanmedizinische Belange abgestellt ist.

15.2.4 Vorschriften zur Produktionshygiene

Eine erfolgreiche Produktionshygiene setzt eine sichere Grundlage voraus: Standort, Betriebsgebäude mit äußeren und inneren Versorgungswegen, Betriebseinrichtungen und Produktionsfluß. Beim Gebäude und den Installationen ist die Reinigungsfähigkeit entscheidend, allgemein ist eine Ausgrenzung von Rekontaminationen anzustreben. Eine gesetzliche Regelung finden diese Forderungen im Anhang der EG-Richtlinie über Lebensmittelhygiene vom 14. 6. 1993. Konkretisiert werden sie in den Standards der FAO/WHO-Codex Alimentarius Commission, basierend auf den „General Principles of Food Hygiene" von 1985 (Neufassung 1994 im Entwurf).

In den Hygieneverordnungen werden die Voraussetzungen zur Einhaltung der lebensmittelrechtlichen Forderungen näher spezifiziert. Allgemein wird eine reinigungsfreundliche Konstruktion der Anlagen und Geräte und entsprechende Raumgestaltung gefordert. Auf die Notwendigkeit einer regelmäßigen Reinigung, der sich bei Bedarf eine Desinfektion anzuschliessen hat, wird hingewiesen. Konkrete Vorschriften über die Reinigungshäufigkeit, spezifiziert für einzelne Anlagenteile, enthält die Getränkeschankanlagen-VO vom 27. 11. 1989 / 24. 6. 1993 in § 11. Über die sachgerechte Durchführung ist gemäß § 10 in einem Betriebsbuch der Nachweis zu führen.

An der Stelle einer bundeseinheitlichen Hygieneverordnung legt die Richtlinie 93/43/EWG des Rates vom 14. 6. 1993 über Lebensmittelhygiene die Rahmenbedingungen für die Produktionshygiene fest. Sie verlangt gemäß Artikel 3 (2) die Produktionsüberwachung nach dem HACCP-System (PIERSON 1993), also der betriebsspezifischen Risikoanalyse und produktionsabsichernden Kontrolle (BRAUPAK). Artikel 5 empfiehlt die Aufstellung von Leitlinien der guten Hygienepraxis (guten Herstellungspraxis = GHP, englisch: good manufacturing practice = GMP). Einzuhaltende Mindestanforderungen sind in den zehn Abschnitten des Anhangs zusammengestellt für: Betriebsstätten, Räume, veränderliche Angebotsplätze, Transportmittel, Geräte, Abfälle, Wasser, Personal, Kontaminationsschutz, Schulung.

Eine umfangreiche Vernetzung mit einem festgeschriebenen „Stand der Technik" rundet das Bild ab. Beginnend mit der VDI Richtlinie 2660 (1971) über „Hygienemerkmale lebensmittelverarbeitender Maschinen und Anlagen" über DIN-Fachberichte wie z. B. Nr. 18 (1988) „Milchwirtschaftliche Anlagen, Reinigung und Desinfektion nach dem CIP-Verfahren" und ISO, EN bzw. CEN-Standards werden Anforderungen und Arbeitsverfahren geregelt (CHRISTELSOHN u. CZABON 1993/94).

---
[1] heute Liste des Robert-Koch-Institutes

Die heutige Rechtslage

Die Besonderheiten einzelner Branchen berücksichtigen die Richtlinien (guidelines) der Codex Alimentarius Commission (CAC) der FAO / WHO, die ausgehend von den oben erwähnten allgemeinen Grundsätzen der Lebensmittelhygiene (1985/1994) bereits ein weites Spektrum mit daraus abgeleiteten Spezifikationen abdecken. Eine Revision dieser „General Principles of Food Hygiene" wurde im Januar 1994 von der CAC zur Stellungnahme bekannt gemacht.

15.2.5 Wasserunbedenklichkeit

Das Bundesseuchengesetz vom 18. 12. 1979 schreibt in § 11 die gesundheitliche Unbedenklichkeit von Wasser vor, das in Betrieben, in denen Lebensmittel hergestellt oder behandelt werden, als „Brauchwasser" verwendet wird. § 7 der Trinkwasserverordnung vom 5. 12. 1990 und die zugehörigen Anlagen regeln die Anforderungen im einzelnen. Ausnahmen von der Pflicht zur Verwendung von Trinkwasser bestehen allgemein für das Speisewasser für Dampfgeneratoren und das Kühlwasser für Kältemaschinen sowie auf Fischereifahrzeugen im küstenfernen Einsatz. Bei pflanzlichen Lebensmitteln sind in begründeten Einzelfällen Ausnahmen möglich.

15.2.6 Reinigungsmittel

Gesetzliche Vorschriften bestehen für Reinigungsmittel hinsichtlich ihres Gefährdungspotentials für Anwender und die Umwelt. Das Chemikaliengesetz vom 25. 7. 1994, die Gefahrstoffverordnung vom 26. 10. 1993 und die Chemikalien-Verbotsverordnung vom 14. 10. 1993 regeln Produktion, Kennzeichnung, Vertrieb, Vorratshaltung und Anwendung für Bestandteile von Reinigungsmitteln, die ätzend, reizend oder sensibilisierend sind. Für Betriebsfremde unzugänglich zu lagern sind demnach z. B. NaOH oder KOH in fester Form und Salzsäure > 25 %. Laut § 16 der Gefahrstoff-Verordnung hat jeder Arbeitgeber einen Gefahrstoffkataster über Art, Menge und Einsatz von Gefahrstoffen zu führen. Sofern Gefahrstoffe in einem Verfahren eingesetzt werden, ist zu prüfen, ob ein Ersatz durch weniger gefährliche Stoffe möglich ist. Sonst ist eine Begründung für die Notwendigkeit der Verwendung anzugeben. Die Chemikalien-Verbotsverordnung begrenzt in Abschnitt 3 des Anhangs zu § 1 den Gehalt von Formaldehyd in Wasch-, Reinigungs- und Pflegemitteln auf 0,2 %, nimmt aber Industriereiniger von diesem Verbot aus.

Leitgedanke des Wasch- und Reinigungsmittelgesetzes vom 5. 3. 1987 ist der Gewässer- und Umweltschutz. Als Grundsatz ist in § 1 festgelegt, daß Reinigungsmittel bestimmungsgemäß gewässerschonend und auch bei technischer Verwendung sparsam unter geringstmöglichem Wasser- und Energieverbrauch einzusetzen sind. Es schreibt die biologische Abbaubarkeit organischer Bestandteile, insbesondere der Tenside, vor (§ 3). Die Höchstmengen für Phosphorverbindungen werden gemäß Ermächtigung in § 4 auf dem Verordnungswege nach dem Stand der Technik hinsichtlich geeigneter Ersatzmöglichkeiten festgelegt. Auf das Wasserhaushaltsgesetz vom 23. 9. 1986 und das Abwasserabgabengesetz vom 6. 11. 1990 und die darauf basierende kontinuierliche Anhebung der Gebühren für die Abwassereinleitung sei an dieser Stelle nur hingewiesen.

Die zum „Stand der Technik" zählende Reinigungswirksamkeit wurde nach den Arbeiten von Mohr (1954) in Prüfrichtlinien der DLG erfaßt. Sie enthalten die seither weiterentwickelten Methoden für eine anwendungsbezogene Prüfung und die für die Verleihung eines Gütezeichens zu erfüllenden Mindestanforderungen (DLG

1991). Erfolgreich geprüfte Reinigungs- und Desinfektionsmittel für Milcherzeuger-Betriebe werden ebenso wie Desinfektionsmittel für Molkereieinrichtungen in regelmäßig aktualisierten Listen geführt.

Die Getränkeschankanlagen VO vom 27. 11. 1989 begnügt sich in § 11 (9) mit der Forderung, daß Reinigungsmittel zu verwenden sind, „von denen der Hersteller bescheinigt hat, daß sie den allgemein anerkannten Regeln der Technik entsprechen."

15.2.7 Desinfektionsmittel

Für Desinfektionsmittel gelten zunächst allgemein die für Chemikalien gültigen einschränkenden Bestimmungen über Sicherheitskennzeichnung und Vertrieb, Lagerung, Anwendung und Umwelt-/Abwasserverträglichkeit (siehe 15.2.6). Das Arzneimittelgesetz vom 24. 8. 1976 definiert in § 2 (2), was als Arzneimittel im Sinne des Gesetzes gilt, schließt aber unter Nr. 4 b Mittel zur Bekämpfung von Mikroorganismen einschließlich Viren an Bedarfsgegenständen nach § 5 (1) 1 des LMBG ausdrücklich aus. Sie werden folglich in § 5 LMBG den Bedarfsgegenständen gemäß Abs. 1, Nr. 8 zugeordnet.

Maßnahmen zur Bekämpfung von Krankheitserregern und amtlich angeordnete Entseuchungen unterliegen den Bestimmungen des Bundesseuchengesetzes vom 18. 12. 1979. Hierfür sind Mittel zu verwenden, die nach Wirksamkeitsprüfung in einer nach § 10 c zu führenden Liste enthalten sind. Darin werden, nach Wirkstoffgruppen geordnet, die Anwendungsbedingungen und die Eignung (A = nur gegen vegetative Keime, B = gegen Viren) aufgeführt. Die Eignungsklassen C und D (= gegen Endosporen wirksam) sind den in einer Liste aufgeführten physikalischen Verfahren vorbehalten.

Für die Bekämpfung von Tierseuchenerregern gelten die Anweisungen der Richtlinie für die Durchführung der Desinfektion vom 18. 6. 1993 (vgl. 15.2.1). Sie umfaßt ebenfalls physikalische und chemische Verfahren, darunter Chemikalien wie NaOH, Formalin oder Peressigsäure, sowie aus der DVG-Liste für Desinfektionsmittel für die Tierhaltung diejenigen, für die gegen den jeweils zu bekämpfenden Seuchenerreger Wirksamkeit innerhalb von 2 Std. belegt ist.

Die Vorschriften des § 12 der Milchverordnung vom 23. 6. 1989 beziehen sich unter Anlage 2 Nr. 4 und Anlage 7 Nr. 1 auf die DLG-Gütezeichen für Melkanlagen, unter Anlage 4 Nr. 1.5 und ebenfalls Anlage 7 Nr. 1 auf die DLG-Gütezeichen für Molkereieinrichtungen. Die DVG-Liste für den Lebensmittelbereich deckt beide Anwendungsfelder ab. Alle diese Listen sind daher als „legalisierter Stand der Technik", der ständig aktualisiert wird, zu bezeichnen. Die EG-Richtlinie 92/46 vom 16. 6. 1992 über Milchhygiene verlangt in Anhang B, Kap. II, A5 daß Desinfektions- und ähnliche Mittel von der zuständigen Behörde zugelassen sein müssen und so zu verwenden sind, daß sie sich nicht nachteilig auf die Einrichtung und die Ausrüstungsgegenstände sowie die Ausgangsprodukte und Erzeugnisse im Sinne der Richtlinie auswirken. Auf ihre Kennzeichnung, auf Gebrauchsanleitungen und die Verpflichtung zur Nachspülung mit Trinkwasser wird hingewiesen.

Als übergeordnete, Desinfektionsmittel betreffende Vorschrift ist die im mehrfach überarbeiteten Entwurf vorliegende Richtlinie des Rates über das Inverkehrbringen von Biozid-Produkten vom 3. 8. 1993 zu werten. Nach einer Pressenotiz (NN, 24. 9. 1993) soll ein entsprechendes Gesetz 1996 in Kraft treten. Die weite Fassung des Biozidbegriffs als Wirkstoffe und Zubereitungen zur Bekämpfung schädlicher Organismen (Artikel 2) und die entsprechend umfangreiche Liste der Produktarten (Anhang V) erschwerte und verzögerte die Abstimmung. Vor dem Inkrafttreten sind für Desinfektionsmittel unterschiedlicher Zielrichtungen Methoden zur Wirksamkeitsprüfung EG-weit zu standardisieren, wodurch weitere Verzögerungen eintreten können

MROZEK 1992). Allein auf deutscher Seite müssen darin die Prüfvorschriften von BGA, DGHM, DLG und DVG zusammengeführt werden. Der vom Europa-Rat 1987 als „screening method" vorgelegte Standard-Suspensionstest konnte sich nicht allgemein durchsetzen.

15.2.8 Reinigungs- und Desinfektionserfolg

Eine erfolgreiche Reinigung und Desinfektion soll „Freiheit von" im chemischen und mikrobiologischen Sinn ohne jede Einschränkung bewirken. Für eine sachgerechte Definition hat es zwar immer wieder dem jeweiligen Stand der Technik entsprechende Überlegungen und auch konkrete Vorschläge gegeben, doch hat keiner Eingang in gesetzliche Vorschriften gefunden, es sei denn, man versteht darunter den Begriff „sauber". In diesem Sinne stellt die unter 15.2.1 für die Stallreinigung zitierte Aussage, in der Sauberkeit als makroskopische „optische Sauberkeit" beschrieben wird, eine Ausnahme dar. Auf gleiche Stufe ist das in den DLG-Richtlinien aufgestellte Bewertungskriterium der vollen Benetzbarkeit als „physikalische Sauberkeit" zu stellen. Die chemische Sauberkeit im Sinne einer Rückstandsfreiheit wird zwar erwartet, aber nicht definiert. Für die mikrobiologische Sauberkeit gibt es Prüfmethoden verschiedener Art. Standards über einen Grenzwert des Flächenkeimgehalts, wie er für Milchflaschen in verschiedener Höhe vorgeschlagen wurde (SchLÜSSLER u. MROZEK 1968), oder des Keimgehaltes in Spülflüssigkeiten zur mikrobiologischen Bewertung des Reinigungserfolges gehören als vergleichende Betriebskontrollmethoden ebenfalls zum Stand der Technik.

Im Rahmen der nach Artikel 3 der EG-Richtlinie über Lebensmittelhygiene vom 14. 6. 1993 im Rahmen von HACCP (= BRAUPAK) geforderten Nachweise könnten betriebsspezifische Werte erarbeitet und ggf. auch zu einzuhaltenden Standards zusammengefaßt werden.

Literatur

CHRISTELSOHN, M. u. CZABON, V. (Hrsg.) (Grundwerk 1993/94): Praxishandbuch Qualitätsmanagement – Lebensmittel, Kosmetika, Chemie, Loseblattsammlung im Behr's Verlag, Hamburg.

Code of Federal Regulations (1991): Food and Drug Administration Part 178, Indirect food additives: adjuvants, production aids, and sanitizers, Subpart B – substances utilized to control the growth of microorganisms. Revised as of April 1, 1991. National Archives and Records Administration Washingthon DC.

Codex Alimentarius Commission (1985): Recommended international code of practice – General principles of food hygiene, 2. revision, Secretariat of the joint FAO/WHO food standards programme, Rom.

Council of Europe (1987): Test methods for the antimicrobial activity of disinfectants in food hygiene, Council of Europe, Publications Section, Straßburg.

Deutsche Landwirtschaftsgesellschaft e. V. (1991): Prüfrichtlinien zur Verleihung des DLG-Gütezeichens für Reinigungs- und Desinfektionsmittel (R+D-Mittel) für die Milchwirtschaft, Stand 15. 1. 1991, DLG e. V. Eschborner Landstr. 122, Frankfurt/Main.

Deutsche Veterinärmedizinische Gesellschaft e. V. (1984): Richtlinien für die Prüfung chemischer Desinfektionsmittel, Herausgegeben von der DVG – Geschäftsstelle, Giessen.

FLEISCHMANN, W. (1875): Das Molkereiwesen. Ein Buch für Praxis und Wissenschaft. Verlag von Friedrich Vieweg und Sohn, Braunschweig.

KAYSER, D. u. SCHLOTTMANN, U. B. (1993): GLP – Gute Laborpraxis, 2. Aufl. Behr's Verlag, Hamburg.

Literatur

KIELWEIN, G. (1986): Salmonellen in Milchpulver nichts Ungewöhnliches, Interview in: Naturwiss. Rundschau 39, S. 455.

KIELWEIN, G. u. BAATZ, J. (1987): Durch Milchpulver ausgelöste Salmonellosen bei Kindern: Ursachen und Konsequenzen, Tagung Deutsche Gesellschaft für Milchwissenschaft, Kiel 21. 9. 1987.

LAMPRECHT, J. L. (1993): ISO 9000 – Vorbereitungen zur Zertifizierung, Behr's Verlag, Hamburg.

LEHMANN, K. B. (1901): Die Methoden der praktischen Hygiene, Lehrbuch zur hygienischen Untersuchung und Beurteilung für Ärzte, Chemiker und Juristen, 2. Aufl., Verlag J. F. Bergmann, Wiesbaden.

LÖBE, W. (1858): Handbuch der rationellen Landwirtschaft für praktische Landwirthe und Oekonomieverwalter. 3. Aufl., Verlag von Otto Wigand, Leipzig.

MOHR, W. (1954): Die Reinigung und Desinfektion in der Milchwirtschaft, Milchwirtschaftlicher Verlag Th. Mann KG, Hildesheim.

MROZEK, H. (1992): Die Harmonisierung der Prüfung von Desinfektionsmitteln, Lebensmittelchemie 46, S. 34-36.

MROZEK, H. (1994): Biozidrückstände in Lebensmitteln des Gemeinsamen Marktes, Kurzfassung eines Vortrags auf der 28. Arbeitstagung des Regionalverbandes Nord der Lebensmittelchemischen Gesellschaft am 20. 4. 1993 in Flensburg, Lebensmittelchemie 48, S. 6.

N. N. (1993): Richtlinie zu Bioziden kommt, Chemische Rundschau (Solothurn) 46, Nr. 38 vom 24. 9. 1993, S. 16.

PIERSON, M. D. u. CORLETT jr., D. A. (1993): HACCP, Grundlagen der produkt- und prozeßspezifischen Risikoanalyse, Behr's Verlag, Hamburg.

SCHLÜSSLER, H.-J. u. MROZEK, H. (1968): Praxis der Flaschenreinigung, Aus den Anwendungstechnischen Laboratorien der Firma Henkel & Cie, Düsseldorf.

SCHMIDT, C. R. (1963): Vergleichende Betrachtungen der Hygiene-Verordnungen der Länder, Inaugural-Dissertation der Tierärztlichen Fakultät der Universität München.

SOMMERFELD, P. (1909): Handbuch der Milchkunde. Verlag J. F. Bergmann, Wiesbaden.

TERPLAN, G. u. GROVE, H. H. (1976): Rechtliche Aspekte der Reinigung und Desinfektion in lebensmittelverarbeitenden Betrieben, Archiv Lebensmittelhygiene 27, S. 185-188.

Stichwortverzeichnis

x = Abbildung
xx = Tabelle

A

Abdruckverfahren 307
Abfüllorgane
–, Konstruktion 123x
–, Kontaminationswege 311x
–, Kontrolle 311
Abklatschverfahren 307x
Abstrichverfahren 308x
Abwasser
–, Desinfektionswirkstoffe
–, –, Inaktivierung 227
–, –, Reaktionen 223x, 224
–, Entlastung 230
–, Mengen
–, –, Lebensmittelbranchen 213xx
–, –, Reduzierung 214, 225, 226
–, Schwankungen 214, 215
–, –, Stapelreinigung 165
–, Sammlung 218
–, Stapeleinrichtungen 227
Abwasserbelastung
–, AOX 224, 225
–, Bestimmungsmethoden 216
–, Desinfektionsmittel 214
–, Einwohnergleichwert 213xx, 215
–, Fischgiftigkeit 215, 216
–, Lebensmittelbranchen 213xx
–, Minimierung 147, 154, 214, 225, 226xx, 340
–, N-Verbindungen 218, 219
–, Produktreste, organisch
–, –, Milchwirtschaftsbetriebe 216, 227 xx
–, –, Schlachtbetriebe 216
–, Produktverluste 225
–, P-Verbindungen 219, 220
–, Reinigungsmittel 214
–, Schadeinheiten 216xx
–, Schwellenwerte 216, 220
–, Schwermetalle 215, 220
 , Toncido 220
Abwasserreinigung
–, Desinfektionswirkstoffe 223, 224
–, Fettabscheidung 225, 226, 227
–, Maßnahmen, innerbetrieblich 227, 228
Agardiffusionstest 298, 301x, 302
Aktivchlor s. auch Chlor

–, AOX-Bildung 224, 225
–, Einsatzkonzentration 62, 196
–, Konzentrationsbestimmung 61, 281, 282
–, Materialverträglichkeit
–, –, Aluminiumwerkstoffe 257xx
–, –, Chrom-Nickel-Stahl 251xx
–, –, Kautschuk 262
–, –, Trennmembranen 261
–, Mischungsverträglichkeit 61
– Nachspülen 270
–, Proteinreaktion 115x, 116, 145
–, Reinigung, verloren 165
–, Rückstände 61, 317
–, –, Chloramin T 325, 327
–, –, Reaktion 324
–, Verbindungen 60xx
–, –, anorganisch 61, 62
–, –, organisch 62
–, Wirksamkeit 59, 63xx
–, Wirkstoffgehalt 61
Aktivjodbestimmung 282
Aktivsauerstoff 115x, 116
Aluminium
–, Brunnenwasserschwärzung 256
–, Korrosion
–, –, Grenzwert 290
–, –, Laugen 256
–, –, Peressigsäure 258
–, –, Säuren 257, 258
–, –, Spritzdruckeinfluß 258, 267x
–, –, Wasser 256
–, Korrosionsinhibitoren 267, 268
–, Korrosionsrate 290
–, Werkstoffe
–, –, Beständigkeit 256xx, 257xx, 258
–, –, Zusammensetzung 257
Amphotenside
–, Einsatzkonzentration 70
–, Haftung 114, 317xx
–, Hemmkonzentration, minimal 204
–, Rückstände
–, –, Fett 207xx
–, –, Fleisch 207xx
– , –, Speisegelatine 204, 325xx
–, –, Werkstoffe 205x, 317
–, Wirkungsmechanismus 117

345

Stichwortverzeichnis

Anlagenkonstruktion
–, Abfüllorgane 123x
–, Hygieneanforderungen 122, 123, 339
–, Stichleitungen 124
–, Toträume 124x
–, Widerstandsbeiwerte 136xx
AOX 215
–, Abwasserbelastung 224, 225
–, Bildung 224, 225
–, Schadeinheit 61
–, Trihalogenmethane 215
Arzneimittelgesetz 337, 341
Aseptik
–, Abfüllen 200
–, Anlagen
–, –, Oberflächenrauhheit 128
–, Verpackung 196, 197
Ausrollverfahren 309, 310
Ausschüttelmethode 309xx, 310

B

Befüllen s. Tauchreinigung
Belagsbildung
–, Flaschenreinigung 81
–, Milcherhitzer
–, Trennmembranen 230
Belüftungselement 252
Benetzung
–, Kontrolle 293
–, Kunststoffkorrosion 259
–, Oberflächen 55
–, Spannungsrißkorrosion 262
–, Tensideinfluß 56
Beschichtungsmethode 309
Betriebshygiene
–, Forderungen 23xx
–, Ziel 312
Betriebskontrolle
–, Limonadenherstellung 312xx
–, mikrobiologisch
–, –, Aufgabe 360
–, –, Häufigkeit 311
–, –, Keimzahlbeurteilungsschema 29xx
–, –, Routinekontrolle 310
–, sensorisch 312
Bier
–, Formaldehydgehalt
–, –, Grenzwert 329
–, –, natürlich 321

–, Monohalogenfettsäurereste 329
–, Oberflächenspannung 329
Bierfässer
–, Keimgehalt 309xx
–, Reinigung 180, 181xx, 182
–, –, Kegs 163
Bierstein 45
–, Entfernung 87
Biolumineszenzmethode 297
Bodenreinigung
–, Bürstmaschinen 176
–, Kosten 27xx, 28
Brauerei
–Abwasser
–, –, BSB_5 214
–, –, Chlorphenolbildung 225
–, –, Flaschenreinigung 217
–, –, Nitrat 219
–, Kellereireinigung 151, 159
Brillantschwarzreduktionstest 319
Brom 64
BSB_5 215
–, Abwasser
–, –, Brauerei 214
–, –, Lebensmittelbetriebe 213xx
Bürstmaschinen 176
Bundesseuchengesetz 338, 340, 341
–, Händedesinfektion 200

C

Chemikaliengesetz 340
Chemikalienverbots-VO 340
Chlor s. auch Aktivchlor
–, Abwasser
–, –, Chloraminbildung 224
–, –, Chlorphenolbildung 225
–, Einsatzformen 58, 59
–, Knickpunktchlorung 58
–, Oxidation, anodisch 199
–, Rückstände 209
–, Zehrung 58
Chloridionen
–, Absorption 254, 270
–, Bestimmung 277, 278
–, Bildung 269
–, Edelstahlkorrosion 254, 266
–, Grenzkonzentration 268, 269xx
–, Korrosionsermüdung 254
–, Kunststoffüberzüge 267

346

Stichwortverzeichnis

–, Lochfraß 252, 254, 258
Chlorung
–, Flaschenreinigung 195
–, Knickpunkt 58
–, Wasser 38, 40
–, –, Restmengen 58, 59, 61, 196
Chrom-Nickel-Stahl s. auch Edelstahl
–, Aufladung 125x
–, Austensitstabilisierung 250
–, Chromcarbidbildung 255
–, Chromoxidfilm 250
–, –, Lochfraß 252
–, –, Verletzung 255
–, –, Korrosion 250xx, 251xx
–, –, Beständigkeit
–, –, Grenzwert 290
–, –, Interkristallin 255x
–, –, Schweißnaht 254
–, –, SO_2-Dämpfe 271
–, –, Spannungsriß 253x
–, Molybdänzusatz 254, 266
–, Passivität 250, 251
–, Reinigungsempfehlungen 269xx
–, Zusammensetzung 251
CIP-Verfahren 151
–, Abwasserbelastung 154
–, Arbeitssicherheit 190
–, Demontage 190
–, Desinfektion 190
–, Einsatzbereiche 170
–, Membrananlagen 272
–, Objekte 170
–, Programme 171, 172xx, 173xx, 174xx
–, Reinigung, verloren 168
–, Reinigungsanlagen 169, 170, 171x
–, Reinigungsmittel 171
–, Überwachung 272
–, Verbrauchsdaten 154, 217xx
Containerreinigung 180, 181xx, 182
CSB 215
–, Abwasser 217
–, Reinigungslösungen 286, 287, 288

D

Dampf
–, Desinfektion
–, –, PVC-Schläuche 239
–, –, Wirkung 191
–, Verbrauch 217xx

Dampfstrahlreinigung 154
–, Druck 156
–, Effekt 159, 160
–, Einsatzbereiche 159xx
–, Hilfsmittel, technisch 160
Desinfektion s. auch Desinfektionsverfahren
–, Anlagen 105, 166
–, chemisch 189
–, chemo-thermisch 189
–, Definition 17, 19
–, Dokumentationspflicht 338
–, Flächen 191, 228
–, Flaschenwaschanlagen 196
–, Hände 107, 108, 339
–, Keimzahlreduzierung 105, 313xx, 314
–, –, pH-Effekt 116
–, –, Zeiteinfluß 141
–, Reinfektionsschutz 15
–, Seuchenfall 14, 337
–, technisch 107
–, thermisch 189, 191, 228
–, Umgebung 189
–, Wasser
–, –, Chlorung 38, 40
–, –, Oxidation, anodisch 38, 199
–, –, Ozonbehandlung 66
–, Wirkstoffbedarf 111, 112, 114
–, Wirkstoffzehrung 112, 189
–, Wirkungscharakter 107x
–, Zeitbemessung 143
Desinfektionseffekt s. auch Keimabtötung und -zahlreduktion
–, Anforderungen 19, 314
–, Anlagenzustand 198
–, Aufhebung 114
–, Dampfstrahlreinigung 160
–, Geschirrspülen 183
–, Hände 200
–, Kalkulation 312, 313, 314
–, Keimzahlgrenzwerte 342
–, Kontrolle 310, 334
–, –, Direktverfahren 307, 308, 309, 310
–, –, Indirektverfahren 311
, Laugen 72
–, pH-Einfluß 75
–, Probenahme 310, 311
–, Säuren 72
–, Verschmutzungseinfluß 73
–, Wirkstoffzehrung 113
Desinfektionslösungen

347

Stichwortverzeichnis

–, Abwasserreinigung, biologisch 223
–, Dosierung 192, 193
–, Einsatzempfehlungen 268, 269xx
–, Eintrocknen 192
–, Konzentrationsüberwachung 193
–, Schmutzbelastung 300, 304xx, 306
–, Stapelung 227
–, Wirksamkeitsverlust 227
–, Wirkstoffreste 222
Desinfektionsmittel
–, Anforderungen 56, 106, 337
–, Euterbehandlung 337
–, Film 192
–, Gesetzesregelungen 337, 341, 342
–, Hände 339
–, Hemmkonzentration, minimale 111, 298
–, Kontamination 203
–, –, Fleisch 206, 207x
–, –, Milch 207
–, MAK-Werte 57xx
–, Materialverträglichkeit 250xx, 251xx, 256xx, 257xx
–, Risikovolumen 57xx
–, Zitzendipmittel 337
–, Zusatz 318
Desinfektionsmittelprüfung s. auch spezielle Testmethoden wie Suspensionstest u. a.
–, Belastungsverhältnis 300
–, Eingriff, antimikrobiell 298
–, Entgiftungszusätze 112xx, 298, 300, 303xx
–, –, Ermittlung 302
–, Hemmwirkung 298, 301x
–, Restkeimzahlbestimmung 299, 305, 306
–, Testanordnung 300
–, Testorganismuswahl 299
–, Wirksamkeit 58, 73, 298
Desinfektionsverfahren s. auch Einzelverfahren
–, Automation 227
–, CIP 189, 190
–, Dampf 191
–, Durchführungskontrolle 75
–, Einlegen 190
–, Kombinationsverfahren 74
–, Melkanlagen 225
–, Niedertemperaturbereich 64, 66, 67
–, Prinzipien 18x, 20
–, Schaum 191
–, Tierseuchenbekämpfung 341
–, Überwachung 272, 307
–, Wirkstoffverfügbarkeit 113
–, Zeitpunkt 199, 200

Desinfektionswirkstoffe s. auch einzelne Stoffgruppen wie Chlor u. a.
–, Abwasser 223, 224, 227
–, Bewertung 300xx, 301
–, Eiweißfehler 112, 300
–, Entgiftungszusätze 112xx
–, Funktionen 57
–, Haftvermögen 197
–, Hartwasserempfindlichkeit 300
–, Mischungsverträglichkeit 75
–, Reaktionsmuster 115x, 116x, 117
–, Seifenfehler 113, 300
–, Verfügbarkeit 113
–, Wirkungscharakter 108
DGHM
–, Desinfektionsmittelprüfung 300
–, –, Flächendesinfektion 306
–, –, Händedesinfektion 200
–, Flächendesinfektion 73
–, Händedesinfektionsmittel 339
Dialdehyde 116x
Dichtungen
–, Desinfektion 190
–, Kautschuk
–, –, Beständigkeit 237, 261xx, 262xx, 263
–, –, Reinigungsempfehlungen 269
–, Kontrolle 273
–, Spaltkorrosion 253, 270
Diffusionsvorgänge 131, 259
–, Fetteinwanderung 242
–, Reinigungslösungen 264, 265x
–, Schmutzanteile
–, –, Kunststoffe 238, 240x
–, –, Reinigungslösung 91, 130x, 142
–, Wasser 239x, 263, 264x
DLG
–, Gütezeichen 337, 341
–, Prüfungen
–, –, Desinfektionsmittel 300
–, –, Reinigungs- und Desinfektionsmittel, kombiniert 73, 340, 341
Dosieranlagen 193
Dosierpumpen 193, 194x
Dupré-Effekt 136, 137x, 141
Durchbruchspotential 249x, 250
DVG
–, Desinfektionsmittelliste 341
–, Desinfektionsmittelprüfung 300, 306, 337

Stichwortverzeichnis

E

Edelstahl s. auch Chrom-Nickel-Stahl
–, Beständigkeit 250xx, 251xx
–, Korrosion
–, –, interkristallin 254
–, –, Spaltkorrosion 252x
–, –, Standdesinfektion 269
–, –, transpassiv 250
–, Rauhheit 126
–, Schmutzhaftung 242
–, Verfärbung 251
EG-Regelungen
–, Biozid-VO 341
–, Richtlinien
–, –, Lebensmittelhygiene 339, 342
–, –, Milchhygiene 341
Einbettungsverfahren 308, 309
Eiweißfehler 112, 300
Energie
–, Einsparung 180
–, Flußdiagramm 160x
–, Wärmeflußdiagramme 177x
Entgiftungszusätze 112xx, 300, 303xx, 310
–, Ermittlung 298, 302
Erhitzeranlagen
–, Beläge 80, 81x
–, –, Modellanschmutzung 196
–, Reinigung 173x
Ethylenoxidbegasung 196

F

Fett
–, Ablösen 132
–, –, Mindesttemperatur 132xx
–, –, Verdrängungsvorgang 87, 88x, 243x
–, Abscheidung 226
–, Alterung 84
–, Einwanderung
–, –, Kunststoffe 238, 241, 242x
–, –, PVC-Schläuche 238x, 240x, 241
–, Emulgierung 53, 87, 91, 144
–, Modellverschmutzung 295
–, Oberflächenspannung 242
–, Redeposition 91, 92
Flaschenreinigung
–, Abwasserbelastung, organisch 217
–, Aluminium
–, –, Auflösung 145, 256
–, –, Ausfüllung 168, 229
–, Energieeinsparung 180
–, Etikettenklebstoff 144, 145
–, Flaschenkontrolle 293, 294
–, Härteausfällung 81
–, Laugen 220
–, –, Verschleppung 227
–, –, Wechsel 145
–, Reinigungsmittel 180
–, Restkeimgehalt 195
–, –, Bestimmung 309
–, Schaumbildung 54
–, Waschanlagen
–, –, Desinfektion 196
–, –, Etikettenentfernung 177, 178, 180
–, –, Flüssigkeitsführung 179
–, –, Funktionsweise 176, 178
–, –, Nachspülwasserchlorung 195
–, –, Reinfektionsbereich 195x
–, –, Typen 176, 177, 178x, 179x
–, –, Verfahrensschritte 177
–, –, Wärmeflußdiagramm 177x
Fleisch
–, Desinfektionsmittelrückstände 206, 207x
–, Hemmstofftest 319
Fleischverarbeitungsbetriebe
–, Abwassermengen 214x, 215
–, Hygienekontrollplan 28xx
–, Infektionsquellen 24xx, 25xx
–, Reinigung und Desinfektion, kombiniert 145
–, Reinigungsverfahren 85xx
Fleischwirtschaft
–, CIP 170
–, Spülverfahren 163
–, Verschmutzungsarten 85
Fließgeschwindigkeit
–, Reinigung
–, –, Schwallreinigung 139
–, –, Systeme, geschlossen 135
–, –,Trennmembranen 163
–, Schmutzentfernung 89, 162
–, Spülen 16, 161
–, –, Zweiphasenströmung 138, 162
–, Unterschicht, laminar 134x
–, Wandschubspannung 134
Flotation 226
Fluor 64
Formaldehyd 66, 67
–, Bier 321
–, –, Rückstandsbestimmung 327xx
–, –, Rückstandsgrenzwert 329

349

Stichwortverzeichnis

–, Haftung 317xx
–, Mengenbegrenzung 340
–, Proteinreaktion 115x, 116x
–, Raumdesinfektion 198

G

Galvani-Element 247
Gefahrstoff-VO 42, 43, 340
Geflügelschlachterei 174xx
Gelreinigung 164
Gerüststoffe 43, 44xx
–, Materialverträglichkeit
–, –, Aluminiumwerkstoffe 256xx, 257xx
–, –, Edelstahl 250xx
–, –, Hochpolymere 260xx
Geschirrspülen
–, Kosten 27xx
–, Maschinentypen 183
–, Reinigungsmittel 183
–, –, enzymhaltig 87
–, Restkeimgehalt 183
Getränkeindustrie
–, CIP 170
–, Reinigung und Desinfektion, kombiniert 145
Getränkeschankanlagen
–, Reinigungsmittel 341
–, Reinigungsvorschriften 339
–, Spülen 162
Getränkeschankanlagen-VO 341
GHP 339
Gibbs'sche Gleichung 48
Glas
–, Beständigkeit 125
–, Reinigungsverhalten 244xx
–, Restschmutznachweis 294
GLP 338
Glutardialdehyd 67
Glycerol 67
GMP 13, 338, 339
Grenzflächenaktivität 47, 48x
Grenzflächenspannung 50x, 55
Guanidine 70, 71xx

H

HACCP 13, 339
Hände
–, Desinfektion 107, 108, 339
–, –, Effekt 200
–, Desinfektionsmittel 339
–, –, Wirksamkeitsprüfung 200

–, Infektionsquelle 21, 200
–, Waschen 21xx, 24, 339
–, –, Effekt 200
–, –, Waschwasserkeimzahlen 22xx
Haftspannung 55, 87, 243
Haftung
–, Mikroorganismen
–, –, Oberflächenbeschaffenheit 127, 128x, 129
–, –, Verankerung 85
–, Restflüssigkeit 129
–, Schmutz 82x
–, –, Attraktion, elektrisch 83
–, –, Oberflächenbeschaffenheit 127, 129
–, –, Trennmembranen 82
–, Tenside 205x, 209x
Halogencarbonsäuren 72
Halogene s. auch Einzelsubstanzen 58, 59, 64
–, Aktivchlorabspalter 59, 60xx, 61, 62
–, –, Anwendung 62, 63
–, Oxidationspotential 115
–, Konzentrationskontrolle 193
–, Synergismus 115
Hemmkonzentration, minimal 117
–, Desinfektionswirkstoffe 108
–, Prüfung 298, 302x
Hemmstofftest 318, 319, 320xx
–, Methoden 203, 319
HLB-Wert 47, 48
Hochpolymere
–, Benetzung 259
–, Beständigkeit 259, 260xx, 263
–, Diffusionsvorgänge 259
–, Spannungsrißkorrosion 259, 261, 262
–, Wasseraufnahme 263
Holz 129
Hygiene s. auch Betriebs-, Personalhygiene
–, Anlagenkonstruktion 122, 123, 339
–, Kette 13, 14
–, Kontrollplan 21, 28xx
–, Plan 21
–, Risiko
–, –, Bereiche 333xx
–, –, Reinigung, manuell 151, 152
Hypochlorit 61, 62
–, Chloridionenbildung 269
–, Lochfraß 252
–, Rückstände 327

J

Jodophore 63, 64

Stichwortverzeichnis

–, Einsatzempfehlungen 64, 270
–, Lochfraß 252
–, Rückstände
–, –, Bestimmung 325xx, 326xx, 328xx
–, –, Milch 209, 210xx

K

Kapazitätstest 305
Kautschuk
–, Abfärben 265
–, Beständigkeit 261xx, 262, 272
–, Reinigungsverhalten 244xx
–, Schädigung 272
Keimabtötung, thermisch s. auch Desinfektionseffekt und Keimzahlreduktion
–, Dampf 99xx, 101
–, –, Luftgehalt 100, 101, 102xx
–, D-Wert 104, 105xx
–, F-Wert 105
–, Gesetzmäßigkeit 103x
–, Heißluft 100xx
–, Heißwasser 99xx
–, L-Wert 105, 106xx
–, pH-Wert 98
–, Q_{10}-Wert 105
–, Resistenz 101xx
–, –, Stufen 98, 99xx
–, Temperatur-Zeit-Relation 97, 98xx
–, Treffertheorie 104
–, Wasseraktivität 98
–, Wassergehalt 97
–, Zeitabhängigkeit 103x, 141, 143
–, Z-Wert 105
Keimerfassung
–, Ausschütteln 310xx
–, Kontaktverfahren 308
Keimhemmung
–, Desinfektionswirkstoffe 108
–, –, Hemmkonzentration, minimal 111, 117, 298, 302x
Keimträgertest 298, 305x, 306
Keimzahlreduktion s. auch -abtötung und Desinfektionseffekt
–, Desinfektion 313xx
–, –, Anforderungen 105, 314
–, –, Hände 200, 201
–, Reinigung 141, 313xx
–, Spülen 313xx
Komplexbildner 45xx, 47
Kontaktverfahren 307, 308, 309, 310
Kontamination s. auch Rückstände

–, Desinfektionswirkstoffe
–, –, Lebensmittelfälschung 203
–, –, no-rinse-Verfahren 199
–, Reinigungsmittel 203
–, –, Haftwassermengen 324
–, Tenside 206x
Kontrolle
–, Desinfektionsverfahren 272
–, –, Direktverfahren 307, 308, 309, 310
–, –, Indirektverfahren 311
–, Dichtungen 273
–, Luft 26
–, Materialverträglichkeit 288, 289
–, Personal 21, 22, 23, 24
–, Plan 21, 28xx
–, Räume 24, 25
–, Reinigungsverfahren 20, 272, 293
–, Trennmembranen 273
Korngrenzenkorrosion s. Korrosion, interkristallin
Korrosion
–, Anlagenaußenseite 197
–, Belüftungselement 252
–, Definition 247
–, Durchbruchspotential 249x, 250
–, interkristallin 254, 255x
–, Oberflächenaufrauhung 290
–, –, Reinigungsmöglichkeit 128xx, 129
–, Potentialbereiche 249x
–, Potentialdifferenz 249
–, Risiko
–, –, Restflüssigkeit 266
–, –, Standdesinfektion 190
–, Sauerstofftyp 249
–, Schweißnähte 254x, 266
–, Spaltkorrosion 252
–, Spannungsri-korrosion 253x
–, Stromdichte-Potentialkurven 248x, 249
–, Test 288, 289
–, –, Bewertungskriterien 290, 291
–, transpassiv 250
–, Ursachenklärung 273
Korrosionsermüdung 254
Korrosionsinhibitoren s. auch Korrosionsschutz
–, Lösungen, sauer 200
–, Silikate 43, 267
–, Tenside 268
Korrosionsrate 290xx
Korrosionsschutz s. auch Korrosionsinhibitoren
–, Anlagen 266
–, Nachspülen 270

351

Stichwortverzeichnis

–, Reinigungsverfahren 268
–, –, Überwachung 272
–, Schutzüberzüge 266
Kühlwannen
–, Hygienezustand 25xx
–, Kontrolle 293
Kunststoffe s. auch Hochpolymere und Thermoplaste
–, Abkürzungsverzeichnis 274xx
–, Alterung 259
–, Behandlung, antistatisch 183
–, Benetzbarkeit 241, 244
–, Beständigkeit
–, –, mechanisch 235, 236
–, –, Reinigungslösungen 240
–, –, thermisch 237xx
–, Chloridabgabe 267
–, Extrusion
–, –, Keimabtötung 102
–, Fluß, kalter 237
–, Härte 236xx
–, Korrosion 259
–, Lebensmittelkontakt 235xx
–, –, Diffusionsvorgänge 125, 238, 239
–, –, Geruchsübertragung 238
–, Oberflächenspannung 241
–, Reinigungseffekt 241x
–, Reinigungsverhalten 244xx
–, Schmutzhaftung 242, 243xx
–, Schutzüberzüge 255
–, Stoffübergang
–, –, Wasseraufnahme 239, 264x
–, –, Weichmacherextraktion 240

L

Laugen
–, Abspülverhalten 324
–, Aluminiumkorrosion 256
–, –, Aufbereitung 228
–, –, Desinfektionseffekt 72
–, –, Kunststoffverträglichkeit 259, 260
–, –, Reaktionen
–, –, –, Hypochlorit 269
–, –, –, Kohlendioxid 270x
–, –, –, Wasserhärte 43, 44
Lebensmittel
–, Keimgehalt 338
–, Natriumgehalt 323xx
–, Oberflächenspannung 50xx
–, –, Tensidzusatz 328, 329

352

–, Produktionsunbedenklichkeit, hygienisch 336xx, 337
–, Qualitätssicherung 13, 19, 333xx, 334,
–, –, Rohwaren 14, 15
–, Reste 338
–, –, Keimabtötung 190
–, Rückstände
–, –, Desinfektionsmittel 317, 318, 320
–, –, Reinigungsmittel 322, 323
Lebensmittelbetrieb
–, Räume
–, –, Desinfektion 197x, 198
–, –, Hygiene 24
–, –, Reinigungsfähigkeit 337
–, Reklamationsüberwachung 306, 307
–, Risiko
–, –, Bekämpfung 15
–, –, Bereiche 333xx
–, Sanitärbereich
–, –, Keimzahlempfehlungen 25
Lebensmittelhygiene
–, Gesetzesregelungen 336xx, 338, 339, 340
–, Personalschulung 20, 21
–, Produktionshygiene 339, 340
–, Risiken, beeinflußbar 333xx
–, Standards 334, 339
–, Unbedenklichkeit 337, 338
Lebensmittelkontaktflächen
–, Kontaminationsquellen 203, 204
–, Materialbeständigkeit 124, 125
–, Produktadsorption 126
–, Reinigungsfähigkeit 122, 124, 337
Lebensmittelverpackung s. auch Flaschenreinigung
–, Reinigung und Desinfektion 196
–, Sterilisationsverfahren 196
–, Sterilität 195
Leitfähigkeitsmessung
–, Desinfektionslösungen 193
–, Reinigungslösungen 279, 280
Lochfraß
–, Bestimmung 291
–, Ermüdungsbruch 255
–, Halogenidionen 252, 258
–, Molybdäneinfluß 254
–, Repassivierung 252
–, Schweißnaht 255
–, Spannungsrißkorrosion 253, 254
Lokalelementbildung 258
Luftinfektionen 24, 26
–, Keime 198
–, Kontrolle, mikrobiologisch 311

Stichwortverzeichnis

M

Maul- und Klauenseuche 74
MEBAK 300
Meßsondenmontage 123, 124
Metalle s. auch einzelne Metalle
–, Korrosionsbeständigkeit 247, 250xx, 251xx, 256xx, 257xx, 258
–, Passivierung 249x
Methylenblaureduktionstest 319
Mikroorganismen
–, Desinfektionsmittelangriff 110x
–, Haftung 85, 127, 128x
–, –, Kunststoffe 236xx
–, Reaktivierung 114
–, Resistenz 98, 99xx, 101xx
–, –, Gruppen 111x
–, Schadwirkungen 18, 19
Milch
–, Desinfektionsmittelrückstände 207
–, –, Chlor 209, 324
–, –, Hemmstofftest 319
–, –, Jod 209, 210xx, 328
–, –, QAV 208x, 209x
–, –, Summation 209
–, Jodgehalt, natürlich 321
–, Reinigungsmittelrückstände 203, 323
–, Reste
–, –, Viskosität 227xx
–, –, Zusammensetzung 80xx
Milchgesetz 334, 335
–, Milch-Güte-VO 337
–, Milch-VO 337, 341
Milchsammelwagen 172
Milchstein 45, 83
–, Entfernung 87
–, Zusammensetzung 80xx
Milchwirtschaftsbetriebe
–, Abwasserbelastungen
–, –, BSB$_5$ 213xx, 216
–, –, Phosphor 218xx, 219xx
–, –, Stickstoff 218xx, 219xx
–, –, Zentrifugenschlamm 217
–, Abwasserreinigung, anaerob 228
–, CIP 170
–, Reinigung und Desinfektion, kombiniert 145
Mittenrauhtiefe 126
–, Aseptikanlagen 128
–, Haftflüssigkeit 129
Mizellen
–, Bildungskonzentration, kritisch 51

–, Fettemulgierung 53
–, Form 52x
Monohalogenfettsäuren 72
–, Rückstände
–, –, Bestimmung 326xx
–, –, Grenzwerte 329

N

Nachspülen
–, Desinfektionswirkstoffe 110
–, –, Abspülbarkeit 204xx, 205x, 209x
–, –, Restmengen 270, 318, 329
–, no-rinse-Verfahren 199, 338
–, Pflicht 338
–, Risiko 199
–, Tensidrückstände 206x
–, Trinkwasser 166, 338
–, Zeitpunkt 199
Nachspülwasser
–, Stapelung 169

O

Oberflächenaktivität s. Grenzflächenaktivität
Oberflächenbeschaffenheit
–, Erfassung, mikrobiell 307x, 308x, 309xx, 310
–, Reinigungsfähigkeit 126, 128x, 129
–, –, Gestalt 127
Oberflächenspannung
–, Kunststoffe 241
–, Lebensmittel 50xx, 51x
–, –, QAV-Zusatz 328
–, Messung 284, 285
–, Öle 242
–, Reinigungslösungen 51
–, Tensidlösungen 50x
–, Wasser 49, 50

P

Packstoffe s. auch Flaschenreinigung
–, Keimzahlbestimmung 309
–, Sterilisation 65, 194, 196
Passivität
–, Edelstahl 250, 251
–, Metalle 249
–, Repassivierung 252
Peptisation 92
Personalhygiene 338, 339 (s. auch Hände)
–, Anforderungen 23xx, 24

Stichwortverzeichnis

–, Arbeitskleidung 24
–, Milchgewinnung 337
Personalschulung 20, 21
Perverbindungen
–, Peressigsäure
–, –, Konzentrationsbestimmung 282, 283
–, –, Korrosion 252, 253
–, –, Reinigung und Desinfektion, kombiniert 225
–, Persäuren 65, 66
–, Wasserstoffperoxid 65
Phasentrennung 153
Phenole 72
–, Wirkungsmechanismus 116, 117
Phenolkoeffizient 117
Phosphorverbindungen
–, Abwasserbelastung 219xx
–, –, Elimination 219
–, Effekte 44xx
–, –, Hydrolyse 133
–, Komplexbildung 43, 45
Proteine
–, Aktivchlorreaktion 115, 116, 145
–, Denaturierung 118
–, Desinfektionsmittelprüfung
–, –, Belastungszusatz 309xx
–, –, Keimträgertest 305, 306
–, Eiweißfehler 112, 300
–, Modellanschmutzung 296
–, –, Ablösung 297
–, Schmutzabtrag 142, 143

Q

QAV 68xx, 69xx
–, Einsatzkonzentration 70
–, Haftung 114
–, Inaktivierung 114xx
–, Konzentrationsbestimmung 283, 284
–, Kunststoffreinigung 183
–, Rückstände 207x, 208, 209
–, –, Bestimmung 325xx, 328xx, 329
–, –, Grenzwert 329
–, –, Werkstoffe 317xx
–, Wirkungsmechanismus 117
Quellung 132

R

Raumdesinfektion 197, 198
Redeposition 91, 92
Reihenverdünnungstest 302x

Reinfektion 307, 314
–, Anlagenzustand, mikrobiologisch 312
–, Lokalisierung 307, 309
–, Quellen 190
Reinigung s. auch Reinigungsverfahren
–, Anlagen
–, –, Außenseite 176
–, –, UHT 134
–, Boden 176
–, Brauereikeller 151, 159, 169
–, Butterungsmaschine 163
–, Definition 16
–, Demontage 152
–, Dokumentationspflicht 338
–, Empfehlungen 237, 269xx
–, Energieverbrauch 147, 148
–, Erhitzer 173x
–, Fässer 180, 181xx, 182
–, Frequenz 338, 339
–, Gärbehälter 270
–, Geflügelschlachtereien 174xx
–, Getränkeschankanlagen 162, 339, 341
–, Käseformen 163
–, Kastenwaschanlage 182x, 183
–, Kegs 163
–, Keimzahlreduktion 141, 313xx
–, Kühlräume 134
–, Kunststoffe 236, 237
–, manuell
–, –, Hygienerisiko 151
–, –, Sicherheit 174
–, Mechanisierung 152
–, Milchsammelwagen 172xx
–, Oberflächengestalt 127x
–, Phasentrennung 153
–, Räume 164, 176
–, Rohrleitungen 138, 162
–, –, Stichleitungen 124
–, Rohrmelkanlagen 136, 162
–, Steriltankanlage 172xx
–, Tanks 157, 173xx
–, –, CO_2-Absaugung 168
–, Trennmembranen 91, 162, 168
–, Verdampferanlagen 162, 163
–, verloren 165
–, Wirbelverfahren 163
–, Zentrale 161
–, Ziele 40, 84, 109, 199
Reinigungseffekt s. auch Restschmutzmenge
–, Anforderungen 16

Stichwortverzeichnis

–, Definition 16, 337, 342
–, Einflußfaktoren 121x, 296
–, –, Substitution 146x
–, Fleischwirtschaft 85
–, Intervallspülen 137x
–, Kontrolle 334
–, –, Färbeverfahren 294, 295
–, –, mikrobiell 295
–, visuell 293
–, Konzentrationseinfluß 130x
–, Modellverschmutzungen 295, 296
–, Prüfung 340
–, Schmutzkonzentration 144x
–, Schwallreinigung 134
–, Spritzverfahren 140x
–, Temperatureinfluß 131xx, 144x, 134
–, Ultraschall 141
–, Universalreiniger 129
–, Vorspüldauer 86
–, Zeitabhängigkeit 141
Reinigungsgeschwindigkeit 127x, 133x, 144x
Reinigungskonstante 131
–, Einflußgrößen 130x, 132x
Reinigungslösungen
–, Abwasserbelastung 218xx, 219
–, Alkalität
–, –, Ladungseffekt 89, 92
–, –, Quellung 86
–, Aufbereitung 166, 171, 228, 229
–, –, Anlage 165x
–, –, BSB_5-Restwert 228, 229
–, –, Deckschichtbildung 230
–, –, Reinigungsmittelrückgewinnung 232
–, –, Retentatentsorgung 230
–, –, Schwermetallretention 230
–, Einsatzempfehlungen 268, 269xx
–, Erschöpfung 144, 145
–, Fließgeschwindigkeit 89, 161, 162
–, –, Reinigungseffekt 134x, 135
–, Konzentration
–, –, Bestimmung 277, 278, 279, 281
–, –, Kontrolle, automatisch 153
–, –, Leitfähigkeit, elektrisch 278
–, –, pH-Wert 280x, 281
–, –, Reinigungseffekt 132x
–, –, Titrationsalkalität 280x
–, Kunststoffe
–, –,Extraktion 240, 241, 263, 265x
–, –, Rißbildung 265
–, Oberflächenspannung 51x

–, Schmutz
–, –, Dispersion 91, 92xx
–, –, Hydrolyse 92, 229xx
–, –, Laktoseabbau 230
–, –, Schaumbildung 230
–, Schmutzbelastung
–, –, Bestimmung 286, 287, 288
–, –, Effekt 144x
–, Standzeit 164, 165
–, Temperatur
–, –, Abstrahlungsverluste 134
–, –, Regelung 153
–, –, Reinigungseffekt 132x
–, –, Schmutzveränderung 132, 133
–, Umnetzen 243
–, Wiederverwendbarkeit 229
Reinigungsmittel
–, Abwassereintrag 218
–, Anforderungen 42, 43, 341
–, AOX-Gehalt 225
–, Chloridbestimmung 278
–, CSB-Werte 220
–, Dosierung, automatisch 153
–, Einsparung 180, 231, 232
–, enzymhaltig 87, 132
–, –, Reaktionszeit 168
–, Faßreinigung 182
–, Geschirrspülen 183
–, Gesetzesregelungen 340
–, Handhabung 41
–, Keimabtötung 63xx
–, Kennzeichnung 42xx
–, Kombinationsprodukte, desinfizierend 73, 74
–, –, Wirkstoffe 75xx
–, Komponentenmittel 41, 180
–, Kunststoffe 183
–, Lagerung 41
–, Materialverträglichkeit 250xx, 251xx, 256xx, 257xx
–, Rückstände 203, 210, 211
–, –, Bestimmbarkeit 322, 323
–, –, Konzentration 324xx
–, Schaumreinigung 175
–, Spritzreinigung 159
, Typon 41
–, Universalreiniger 129
–, Verbrauch 14, 217xx, 228
–, Verwendung 340
Reinigungsprogramm 167xx
–, Ablaufsteuerung 152, 153, 227
–, Konzentrationskontrolle 279

Stichwortverzeichnis

Reinigungsverfahren s. auch Einzelverfahren
–, Automation 152, 227
–, Fließwegabsicherung 171
–, Kühlräume 159
–, manuell 164, 176
–, –, Alternativverfahren 152xx
–, –, Flächenleistung 27xx
–, Mechanik 155xx
–, Optimierung 146, 147
–, Schrittfolgen 167xx
–, Überwachung 272, 307
Reinigungszentrale 152
Reinigung und Desinfektion s. auch Hygiene
–, Bedeutung 20
–, Kombination 73, 74, 145
–, –, Desinfektionswirkstoffe 192
–, –, Kosten 14, 20, 26xx, 27xx
–, Sorgfalt 25xx
–, Wirkstoffauswahl 192
–, Ziele 13
Reinraumtechnik 198
Resistenzsteigerung 117
Restkeimzahl
–, Anforderungen 19, 105, 312, 314
–, Betriebsstandards 342
–, Bestimmung 299, 300, 305, 306
–, –, Keimausbeute 313
–, –, Kontaktverfahren 307, 308, 309, 310
–, Flaschenreinigung 19, 195
Restschmutzmenge s. auch Reinigungseffekt
–, Akkumulation 142
–, Bestimmung 295, 296, 297
–, Desinfektionswirkstoffzehrung 112, 114, 189
–, Nachweis 294, 295
–, Zeitabhängigkeit 142
Rohrmelkanlagen 136, 162
Rohrverschraubungen 122x
Rohwarenunbedenklichkeit 336xx, 337
Rückstände s. auch Restschmutz
–, Bestimmung 325xx, 326xx, 327xx, 328
–, –, Grenze 322
–, –, Präzision 328
–, –, Wiederholbarkeit 327
–, Blindwert 321
–, Desinfektionsmittel 114, 298
–, –, Erfaßbarkeit 324
–, –, Fremdstoffe 317
–, –, Lebensmittelverfälschung 203
–, –, Mengen 317xx
–, –, Nachspülen 318, 338

–, –, Zusatz 318
–, Freiheit 342
–, Grenzwerte 334
–, Nachweis, biologisch 203, 317, 319
–, Nachweisgrenze 321, 322
–, no-rinse-Verfahren 199, 338
–, Reinigungsmittel 322, 323
–, Risiko 210, 211x
–, Spuren, unvermeidbar 329
–, Summierung 204, 209, 321

S

Säuerungstest 319
Säuren
–, Abspülbarkeit 324
–, Biuretreaktion 87
–, Desinfektionseffekt 72
–, Einsatz 86
–, Kontrolle
–, –, Chloridgehalt 272
–, –, Konzentration 281
–, Materialverträglichkeit
–, –, Hochpolymere 259, 260
–, –, Metalle 250x, 257xx, 258
–, Schadeinheiten 219xx
Sanitärbereich 24
Sanitation 18, 19
Silikate 43xx
–, Ablagerungen 244
–, Korrosionsschutz 267, 268
Spaltkorrosion
–, Edelstahl 252x, 253
–, Ermüdungsbruch 254
Spannungsri·korrosion 253x, 254
–, Aluminiumwerkstoffe 258
–, Chrom-Nickel-Stahl 253x
–, Hochpolymere 259, 262, 263
Speiseeis-VO 335
Sporen
–, Abtötung, thermisch
–, –, Dampf 102xx
–, –, Feuchteeinfluß 99xx
–, –, Heißluft 103xx
–, Haftung 128xx
Spritzen
–, Aluminiumkorrosion 258, 267x, 268
–, Düsenausführung 158
–, Hilfsmittel, technisch 160
–, Hochdruckspritzen 154, 161x

Stichwortverzeichnis

–, –, Anwendungsarten 156
–, –, Aufpralldruck 91, 140, 155, 156x
–, –, Druck 155
–, –, Einsatzbereiche 159xx
–, –, Energieflußdiagramm 160x
–, –, Partikelentfernung 138, 139
–, –, Reinigungseffekt 157
–, –, Schädigungen 155, 156
–, Niederdruckspritzen 154
–, –, Anwendungsarten 157
–, –, Desinfektion 194
–, –, Druck 91, 139, 156
–, –, Einsatzbereiche 159xx
–, –, Raumdesinfektion 197x, 198
–, –, Reinigungseffekt 157
–, –, Spritzschatten 124, 154, 156, 157
–, Intervallspritzen 157, 158
–, Reinigungsmittel 159
–, Spritzstrahl 154, 157
–, Sprühen 154, 160
–, Verfahrensweise 158, 159
Spülen s. auch Nach- und Vorspülen
–, Definition 16, 17, 161
–, Desinfektionseffektkontrolle 310
–, Effekt, mechanisch 89x, 313xx
–, Fließgeschwindigkeit 89, 161, 162, 163
–, Hilfsmittel, technisch 162
–, Intervallspülen 136, 137x
–, Tensidfilm 137xx
–, Pulsspülen 136, 162
–, Schmutzreste 227xx
–, Spülmedien 310
–, Spülschatten 162
–, Tensidhaftung 324
–, Trennmembranen 91
Suspensionstest 298
–, Belastungszusätze 304xx
–, qualitativ 303, 304x
–, quantitativ 104x, 303
–, Standardtest 300

SCH

Schaum
–, Bestimmung 285, 286
–, Bildung 53, 54
–, –, Hilfsstoffe 93, 175
–, –, Schmutz 54, 93, 144, 230
–, –, Spritzverfahren 159
–, –, Zweiphasenströmung 162

–, Desinfektion 191
–, Inhibitoren 93
–, –, Zusatzmenge 145
–, Reinigungsmittel, kombiniert 175
–, Reinigungsverfahren 164, 174, 175x
–, Stabilität 53, 54xx
Schlachthöfe
–, Abwasserbelastung 213, 216
Schmutz
–, Abspülbarkeit 227xx
–, Alterung
–, –, Reinigungsaufwand 83, 225
–, –, Reinigungseffekt 84x
–, Arten 79xx, 80
–, –, Entfernbarkeit 84, 85
–, –, Infektionsquelle 80, 85
–, –, Zusammensetzung 80, 81
–, Belastung
–, –, Desinfektionslösungen 300, 306
–, –, Reinigungslösungen 144x, 286
–, Chloridadsorption 270
–, CSB 225
–, Dispersion 91, 92
–, Filmaufbau 297
–, Haftung 82x
–, –, Edelstahl 241x
–, –, Kräfte 83
–, –, Kunststoffe 236, 241x, 242
–, –, Oberflächenbeschaffenheit 83, 127, 129
–, Leitfähigkeit, elektrisch 279
–, Minderung 228
–, Produktviskosität 89
–, Quellung 86
–, Reinigungslösungen 144x
–, Reste 338
–, –, Bestimmung 286, 287, 288
–, –, Desinfektionseffekt 73
–, –, Schaumbildung 54, 93
Schmutzabtrag s. auch Reinigung
–, Halbwertszeit 142, 143
–, Kinetik 131
–, Partikel 88, 89x, 142, 162
–, –, Spritzstrahl 138
–, Plaques 86
–, Stofftransportmechanismen 88x, 89x, 90x
–, –, Diffusion 91, 130, 142
–, –, Produktviskosität 90
Schmutztragevermögen 91, 92, 144
Schwallreinigung 138x, 139
Schweißverbindungen

Stichwortverzeichnis

–, Anforderungen 266
–, Korrosion 254x
Schwermetalle
–, Abwasser 220
–, –, Retention 230
–, –, Schadeinheiten 216xx
–, Verbindungen, antimikrobiell 72

ST

Stärkerückstände 296
Standdesinfektion
–, Effekt 199
–, Korrosionsrisiko 190, 269
–, Wirkstoffkonzentration 113
Stapelreinigung 227
–, Anlagen 165, 169, 170
–, Reinigungskontrolle 144
Staupunktströmung 157
Sterilisation 18x, 189
–, Packstoffe 65, 194, 196
–, Reinraumtechnik 98
Strömungsschatten 122
Stromdichte-Potentialkurven 248x, 249
Stufenkontrolle 310, 311

T

Tauchreinigung 163
Tenside, Abbau, biologisch 220, 221xx, 222
–, Abspülverhalten 205, 209x, 324
–, –, Intervallspülen 137x
–, amphoter 46
–, anionisch 46
–, Aufbau 47
–, Chelationstenside 47
–, CSB 220
–, Desinfektionsmittel 67
–, Fettemulgierung 51, 53, 87, 91
–, Grenzflächenaktivität 47, 48x
–, HLB 47
–, Lösungen
–, –, Benetzung 56
–, –, Grenzflächenspannung 50x
–, –, Oberflächenspannung 49, 50
–, –, Mizellen
–, –, Bildung 51
–, –, Form 52x
–, –, Temperatureinfluß 133
–, –, Waschwirkung 52x
–, nichtionogen 46

–, –, Lösungsverhalten 54
–, Ökotoxizität 222
–, Rückstände
–, –, Fleisch 206, 207x
–, –, Geschmacksbeeinflussung 323
–, –, Lebensmittel 322
–, –, Milch 203
–, Spaltdruck 89
–, Spannungsrißkorrosion 262
–, Systematik 46xx
–, Umnetzen 87
Thermoplaste
–, Dauerbelastungstemperatur 237xx
–, Reinigungsverhalten 244xx
Thresholdeffekt 43
Tierseuchengesetz 337
Totraum
–, Desinfektion, thermisch 191
–, Konstruktion, reinigungsfreundlich 124x
Trennmembranen
–, Beständigkeit 261xx, 262
–, –, Anlagen 271
–, Desinfektion 167, 272
–, Laugenaufbereitung 228, 229xx
–, Reinigung 167, 168
–, –, CIP 172xx
–, –, Mittel, enzymhaltig 87, 168
–, –, Spülen 91, 162, 163
–, Schmutzhaftung 82, 83
–, Werkstoffbezeichnungen 274xx
Trinkwasser-VO 340
Trübungstemperatur 54xx

U

Ultraschallreinigung 163
–, Einsatz 164, 181
Umgebungshygiene 24
–, Desinfektion 197, 198
–, Reinigung 40
Umlaufreinigung 151
Umnetzung 243

V

Verdrängungsspannung 87
Verpackung s. Packstoffe
Verschlüsse
–, Reinigungsfähigkeit 122
Vireninaktivierung 111
Vorspülen 83

Stichwortverzeichnis

–, Effekte 86, 225
–, Nachspülwasser 169
–, Reinigung und Desinfektion, kombiniert 74, 166

W

Wärmekennzahlen 191xx
Wandschubspannung 135
–, Schwallreinigung 139
–, Spülen
–, –,Rohre 89
–, –, Trennmembranen 91
Waschen 16
–, Abwaschen 17
–, Hände 21xx, 24 339
–, –, Wirksamkeit 22xx
Wasch- und Reinigungsmittel-Gesetz 340
Wasser
–, Aluminiumkorrosion 256
–, Anforderungen 37xx, 38, 340
–, –, Inhaltsstoffe 36
–, –, mikrobiell 36
–, –, sensorisch 36, 37
–, Brauchwasser
–, –, Infektionsquelle 26
–, –, Keimselektion 199
–, –, Unbedenklichkeit 340
–, Chloridbestimmung 277
–, Einsparung 33, 154, 165
–, –, Flaschenreinigung 179, 180
–, Inhaltsstoffe 34, 35xx
–, Kunststoffe
–, –, Benetzung 241, 259
–, –, Einlagerung 239x, 259, 263
–, –, Spannungsri·korrosion 259
–, Oberflächenspannung 49
–, Reinigungsfunktionen 37, 38
–, Trinkwasser 33
–, Überwachung, mikrobiologisch 311
–, Unbedenklichkeit 340
–, Verbrauch 33, 34
–, –, CIP 217xx
–, –, Flaschenreinigung 179, 180
Wasseraufbereitung s. auch Wasserhärte
–, Chlorung 38, 40
–, –, Chlorierungsprodukte 38
–, –, Knickpunktchlorung 58
–, –, Korrosion 38
–, –, Restchlorgehalt 58, 59, 61, 196
–, Entchlorung 38
–, Keimanreicherung 39, 40

–, Ozonbehandlung 66
Wasserhärte 34
–, Ausfällung
–, –, Aluminiumkorrosion 258
–, –, Flaschenreinigung 81, 180
–, Bestimmung 277
–, Desinfektionsmittel
–, –, Wirksamkeitsverlust 39, 40xx
–, Enthärtung 38, 39
–, –, Anlagenverkeimung 40
–, Hartwasser, standardisiert 299
–, Komplexierung 43, 45xx, 180
–, Maßeinheiten 35xx
–, Reaktionen 43
–, Streuung 36xx
Wasserstein 45
–, Flaschenreinigung 180
Wasserstoffperoxid
–, Konzentrationsbestimmung 282, 283
–, Rückstände
–, –, Bestimmung 326xx, 328
–, –, UHT-Milch 327
–, Verpackungssterilisation 196
Werkstoffe
–, Benetzbarkeit 55
–, Wärmekennzahlen 191xx
Widerstandsbeiwerte 136xx
Wirkdruckzumischer 192, 193x

Y

Young'sche Gleichung 55

Z

Zetapotential 92
Zirkoniumdioxid 258
Zirkulationsreinigung 151
Zitzendipmittel 337
Zitzengummi
–, Beständigkeit 265
–, Schädigung 272
Zweiphasenströmung 138, 162

359

1. Auflage 1993
Unveränderter Nachdruck 1996
Hardcover · DIN A5 · 204 Seiten
DM 149,– inkl. MwSt., zzgl. Vertriebskosten
ISBN 3-86022-088-8

Interessenten
Dieses Werk erleichtert einer Unternehmensführung die Entscheidung zur Einführung eines Qualitätssicherungssystems nach einer der ISO-Normen und ist ein hilfreicher Leitfaden für den Weg zur Zertifizierung. Die ausführlichen Aspekte zusammen mit zahlreichen Beispielen ermöglichen Geschäftsführern, Produktmanagern, Technischen Betriebsleitern, Qualitätssicherungsbeauftragten, Leitern von QS-Einheiten und deren Mitarbeitern eine gründliche Vorbereitung und effektive Nutzung der Normen.

Der Autor
James L. Lamprecht ist u.a. Berater mit über 20 Jahren Erfahrung auf dem Gebiet der Betriebswirtschaft, wirtschaftlicher Entwicklung und dem Total Quality Management.

Aus dem Inhalt
Was ist die ISO 9000-Reihe? Aufbau, Zweck und Anwendungsbereich · Welches Modell soll gewählt werden? · Wer sollte ein ISO 9000-Qualitätssicherungssystem einführen? · ISO 9000-Handelsschranke oder Gelegenheit für Verbesserungen? · Aufklärung über einige Mißverständnisse bei den ISO-Normen

Überblick über die Forderungen der ISO 9001/Q 91: ISO 9001-Qualitätssicherungssysteme – Modell zur Darlegung der Qualitätssicherung in Design/Entwicklung, Produktion, Montage und Kundendienst

Interpretation und Anwendung der Norm ISO 9001: Das Lesen der Norm · Weitere Anmerkungen zur Interpretation · Anwendung eines Abschnittes: ein Beispiel

Das ISO-Qualitätssicherungssystem – Vorgehensweise: Voraussetzungen für ein Qualitätssicherungssystem · Das ISO-Modell zum Qualitätssicherungssystem und das Total Quality Management · Zweck und Anwendungsbereich: Was muß berücksichtigt werden? · Fragen der Organisation und Zertifizierung · Fallstudien

Einige Vorschläge zur Organisation eines Qualitätssicherungssystems:

Die Pyramide des Qualitätsmodells: Stufe 1: das Qualitätssicherungs-Handbuch · Dokumentation nach Stufe 2 · Dokumentation nach Stufe 3 · Einige Hinweise zur Dokumentation · Wie Sie es nicht machen sollten · Wie Sie komplexe Verfahren dokumentieren

Dokumentation Ihrer Verfahren: Wie dokumentiert man Verfahren? · Wie erstellt man ein Flußdiagramm?

Vorgehensweise: Zeitaufwand · Implementierungsplan

Zertifizierungsstellen und EN 45011/2: Allgemeine Kriterien für Stellen, die Produkte zertifizieren

Das Qualitätsaudit durch Dritte: Allgemeines über Audits · Auditarten · Gegenüberstellung: Externe Audits und Audits durch Dritte · Offizielle Auditoren (unabhängige Dritte) · Qualifikationskriterien für Qualitätsauditoren · Das Verfahren eines Audits durch unabhängige Dritte

Wie erleichtern Sie sich das Audit? Die Notwendigkeit eines internen Audits · Elemente eines erfolgreichen Interviews · Vorbereitungen für das Interview · Durchführung des Interviews · Beziehung Auditor-Befragter · Fragen formulieren · Einige Hinweise zur Art der Fragestellung · Wo sollen Sie beginnen? · Wieviel Zeit muß man aufbringen? · Der Bericht · Wie bereitet man sich auf ein Audit vor? · Was sagt man und wie?

BEHR'S...VERLAG

B. Behr's Verlag GmbH & Co. · Averhoffstraße 10 · D-22085 Hamburg
Telefon (040) 22 70 08/18-19 · Telefax (040) 220 10 91
E-Mail: Behrs@Behrs.de · Homepage: http://www.Behrs.de